"十三五"国家重点出版物出版规划项目
面向可持续发展的土建类工程教育丛书
21世纪高等教育土建类系列教材

# 建筑设备工程

## 第2版

主　编　李亚峰　邵宗义　李英姿
参　编　谢　慧　杨　晖　许秀红
　　　　马学文　王　冰　尚少文　班福忱
主　审　裴立德

机械工业出版社

本书被列入"'十三五'国家重点出版物出版规划项目"。

本书在第1版的基础上，与时俱进，依据学科变化、技术进步和新规范、新标准，参考第1版使用院校的反馈意见对相关内容进行了修订。

本书内容包括四部分，分别为流体力学与传热学基础知识，建筑给水排水工程，供暖通风、空气调节与燃气供应，建筑电气。主要介绍建筑给水排水、热水、消防、供暖通风、空调、燃气、照明、供配电和防雷与接地等的基础知识和基本原理，以及相应的设计、计算方法和材料设备等，并扼要讲述建筑设备工程与土建工程的关系和设计、施工配合等内容。

本书供高等院校建筑学、工程管理、工程造价、土木工程、城乡规划等建筑类专业的学生使用，也可供从事建筑设计、结构设计、工程管理与施工、工程预算的工程技术人员以及准备参加注册建筑师、注册造价工程师、注册建造师的考生使用。

本书配有电子课件，免费提供给选用本书作为教材的授课教师。需要者请登录机械工业出版社教育服务网（www.cmpedu.com）注册后下载。

**图书在版编目（CIP）数据**

建筑设备工程/李亚峰，邵宗义，李英姿主编. —2版. —北京：机械工业出版社，2016.8（2025.8重印）

"十三五"国家重点出版物出版规划项目 21世纪高等教育土建类系列教材

ISBN 978-7-111-54349-7

Ⅰ.①建… Ⅱ.①李…②邵…③李… Ⅲ.①房屋建筑设备-高等学校-教材 Ⅳ.①TU8

中国版本图书馆CIP数据核字（2016）第167232号

机械工业出版社（北京市百万庄大街22号 邮政编码100037）
策划编辑：刘 涛 责任编辑：刘 涛 张丹丹
责任校对：刘怡丹 封面设计：张 静
责任印制：邓 博
北京华宇信诺印刷有限公司印刷
2025年8月第2版·第12次印刷
184mm×260mm·24印张·644千字
标准书号：ISBN 978-7-111-54349-7
定价：59.80元

| 电话服务 | 网络服务 |
| --- | --- |
| 客服电话：010-88361066 | 机 工 官 网：www.cmpbook.com |
| 010-88379833 | 机 工 官 博：weibo.com/cmp1952 |
| 010-68326294 | 金 书 网：www.golden-book.com |
| **封底无防伪标均为盗版** | 机工教育服务网：www.cmpedu.com |

# 第2版前言

《建筑设备工程》第1版自2009年出版以来，深受广大读者的欢迎。随着建筑业的快速发展，建筑设备工程在理论与实践方面也都有了很大的发展，特别是《消防给水及消火栓系统技术规范》(GB 50974—2014)、《建筑设计防火规范》(GB 50016—2014)、《民用建筑供暖通风与空气调节设计规范》(GB 50736—2012)、《工业建筑供暖通风与空气调节设计规范》(GB 50019—2015)、《建筑物防雷设计规范》(GB 50057—2010)、《建筑照明设计规范》(GB 50034—2013)、《火灾自动报警系统设计规范》(GB 50116—2013)等一批新的规范的实施，对建筑设备的要求也有了新的变化。为了能及时反映建筑设备工程的新技术和相关规范新的技术要求，提高“建筑设备工程”课程的教学质量，有必要对第1版教材的结构、内容进行调整和完善。

本书是在《建筑设备工程》第1版基础上，按照“建筑设备工程”课程教学基本要求编写的。在编写过程中参考了许多新出版的教材和相关资料，并以国家现行的规范和标准为技术基础，反映了建筑设备工程的最新技术发展与实际要求。

本书主要包括流体力学与传热学基础知识，建筑给水排水工程，供暖通风、空气调节与燃气供应，建筑电气四部分内容，介绍建筑给水、排水、热水、消防、供暖、通风、空调、燃气、照明、供配电和防雷与接地的基础知识和基本原理，以及相应的设计、计算方法和材料设备等，并扼要讲述建筑设备工程与土建工程的关系和设计、施工配合等内容。同时介绍了近年来的新技术、新理论、新方法、新工艺和新设备，尽量反映本学科现代科学技术水平。

本书力求简明扼要、通俗易懂，兼顾不同专业的学生和工程技术人员的需要。理论密切联系实际，以利于读者进一步理解和掌握所学的理论知识。

本书共4篇17章，第1章、第2章、第3章、第9章、第12章由邵宗义（北京建筑大学）编写，第10章由杨晖（北京建筑大学）、邵宗义编写，第11章由谢慧（北京科技大学）、邵宗义编写，第4章由李亚峰（沈阳建筑大学）、许秀红（沈阳建筑大学）编写，第5章由李亚峰、马学文（东北大学）编写，第6章由李亚峰、王冰（沈阳建筑大学）编写，第7章由李亚峰、尚少文（沈阳建筑大学）编写，第8章由班福忱（沈阳建筑大学）编写，第13章、第14章、第15章、第16章、第17章由李英姿（北京建筑大学）编写。全书由李亚峰、邵宗义、李英姿统编定稿，裴立德主审。

由于我们的编写水平有限，对于书中缺点和错误之处，请读者不吝指教。

编　者

# 第1版前言

建筑设备工程是建筑学、土木工程、工程管理等专业的一门专业拓展课程，也是我国注册建筑师、注册造价师执业资格考试的主要内容之一。建筑设备包括建筑给水排水设备、暖通空调设备、建筑电气设备三部分，是建筑工程的重要组成部分。随着社会经济的发展和人民生活水平的提高，对现代建筑的功能与设施提出了更高的要求，为了创造卫生、舒适、美好的生活和工作环境，要求建筑内设置完善的给水、排水、供暖、空调、燃气、照明、供配电等设备。建筑设备的完善程度和技术水平的先进性已成为社会生产、房屋建筑和物质生活水平的重要标志。建筑学、土木工程、工程管理等专业的学生和工程技术人员都应具有建筑设备工程的基本知识，这样才能将建筑、结构、建筑设备三大部分有机地结合成一个整体，使其更出色地完成今后的工作任务。

本书主要包括流体力学与传热学基础知识，建筑给水排水工程，供热通风、空气调节与燃气供应，建筑电气四部分内容，分别介绍了建筑给水、排水、热水、消防、供暖、通风、空调、燃气、照明、供配电的基本知识和基本原理，以及相应的设计、计算方法和材料设备等，并扼要讲述了建筑设备工程与土建工程的关系和设计、施工相配合等方面的内容。同时，本书也介绍了近年来的新技术、新理论、新方法、新工艺和新设备，尽量反映本学科现代科学技术水平。

本书力求简明扼要、通俗易懂，兼顾不同专业的学生和工程技术人员的需要。理论密切联系实际，以便于读者进一步理解和掌握书中的理论知识。

本书共分4篇17章，第1章、第2章、第3章、第9章、第12章由北京建筑工程学院邵宗义编写；第4章、第5章由沈阳建筑大学李亚峰、许秀红编写；第6章、第8章由沈阳建筑大学李亚峰、刘强编写；第7章由沈阳建筑大学李亚峰、杨辉编写；第10章由北京建筑工程学院杨晖、邵宗义编写；第11章由北京科技大学谢慧编写；第13章、第14章、第15章、第16章、第17章由北京建筑工程学院李英姿编写。全书由李亚峰、邵宗义、李英姿统编定稿，裴立德主审。

由于编者的编写水平有限，对于书中的缺点和错误之处，敬请读者批评指正。

编　者

# 目　录

第1篇

# 流体力学与传热学基础知识

# 第1章

# 流体的主要物理性质及流体静力学

## 1.1　流体的主要物理性质

流体中由于各质点之间的内聚力极小，不能承受拉力，静止流体也不能承受剪切力，所以流体具有较大的流动性，且不能形成固定的形状。但流体在密闭状态下却能承受较大的压力。充分认识以上所说流体的基本特征，深刻研究流体处于静止或运动状态的力学规律，才能很好地把水、空气或其他流体按人们的意愿进行输送和利用，为人们日常生活和生产服务。

**1. 密度**

流体和固体一样，也具有质量。对于均质流体，单位体积的质量称为流体的密度，即

$$\rho=\frac{m}{V} \tag{1-1}$$

式中　$m$——流体的质量（kg）；

$V$——流体的体积（$m^3$）。

流体的密度随外界压力和温度而变化。

**2. 黏滞性**

用流速仪测出管道中某一断面的流速分布，如图1-1所示。流体沿管道直径方向分成很多流层，各流层的流速不同，并按照某种曲线规律连续变化，管轴心的流速最大，沿着管道壁的方向递减，直至管壁处的流速为零。

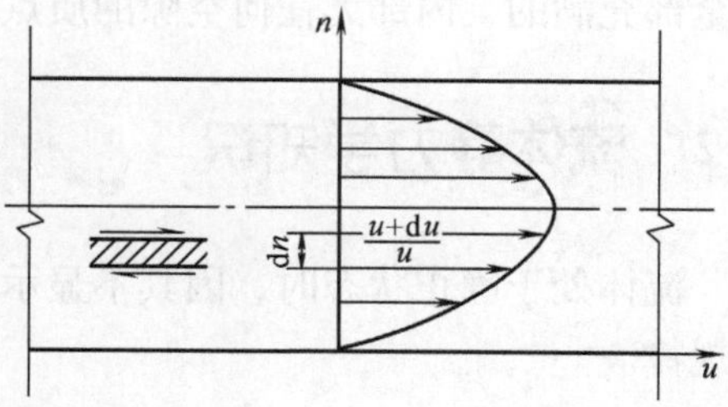


图1-1　管道中断面流速分布

牛顿在总结实验的基础上，首先提出了流体内摩擦力的假说——牛顿内摩擦定律，如用切应力表示，可写为

$$\tau=\frac{F}{S}=\mu\frac{\mathrm{d}u}{\mathrm{d}n} \tag{1-2}$$

式中　$F$——内摩擦力（N）；

$S$——摩擦流层的接触面面积（$m^2$）；

$\tau$——流层单位面积上的内摩擦力，又称切应力（$N/m^2$，或 Pa）；

$\mu$——与流体种类有关的系数，称为动力黏度（$N\cdot s/m^2$，或 $Pa\cdot s$）；

$\frac{\mathrm{d}u}{\mathrm{d}n}$——流速梯度，表示速度沿垂直于速度方向的变化率（$s^{-1}$）。

流体黏滞性的大小，可用黏度表达，除动力黏度 $\mu$ 外，常用运动黏度 $\nu=\mu/\rho$ 表示，单位为 $m^2/s$。

**3. 压缩性和热胀性**

流体压强增大体积减小的性质称为流体的压缩性，流体温度升高体积膨胀的性质称为流体的热胀性。

液体的压缩性和热胀性都很小，因此在很多工程技术领域中可以把液体的压缩性和热胀性忽略不计。

气体与液体不同，具有显著的压缩性和热胀性。在温度不过低，压强不过高时，气体的密度、压强和温度三者之间的关系服从理想气体状态方程，即

$$\frac{p}{\rho}=RT \tag{1-3}$$

式中 $p$——气体的绝对压强（$N/m^2$）；

$\rho$——气体的密度（$kg/m^3$）；

$T$——气体的热力学温度（K）；

$R$——气体常数[J/(kg·K)]。

对于空气，$R=287$J/(kg·K)；对于其他气体 $R=8314/N$ J/(kg·K)，$N$ 为该气体的相对分子质量。

对于速度较低（远小于声速）的气体，其压强和温度在流动过程中变化较小，密度可视为常数，这种气体称为不可压缩气体。反之，速度较高（接近或超过声速）的气体，在流动过程中密度变化很大，$\rho$ 不能视为常数，这种气体称为可压缩气体。

综上所述，对于建筑设备工程中的水、气流体，由于其流速在大多数情况下均较低，因而密度在流动过程中变化不大，可视为常数，一般将这种水、气流体，可以认为是一种易于流动的、具有黏滞性的和不可压缩的流体。

在研究流体运动规律中，还需要了解“连续介质”的概念。所谓连续介质，是把流体看成是全部充满的、内部无任何空隙的质点所组成的连续体。

## 1.2 流体静力学知识

流体处于静止状态时，因其不显示黏滞性，所以流体静力学的中心问题是研究流体压强的分布规律。

### 1.2.1 流体静压强及其分布规律

**1. 流体静压强及其特性**

如图1-2所示，这种情况必须把周围流体对部分流体的作用力加上去，以保持其静止状态不变。设作用于隔离体表面某一微小面积 $\Delta A$ 上的总压力是 $\Delta F$，当所取的面积无限缩小为一点 $a$，即 $\Delta A\to 0$，则

$$p=\lim_{\Delta A\to 0}\frac{\Delta F}{\Delta A} \tag{1-4}$$

这个极限值 $p$ 称为 $a$ 点的静压强。

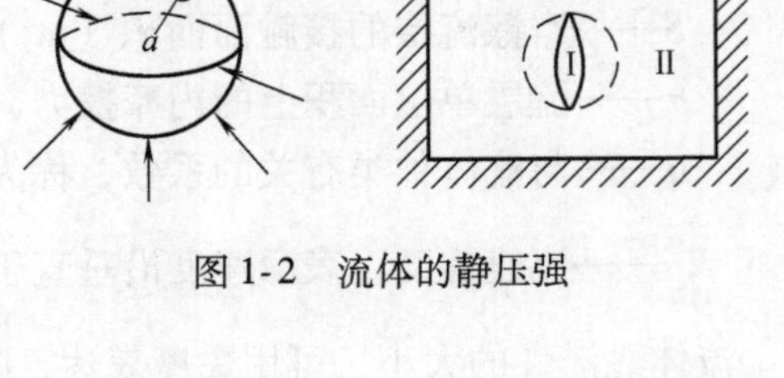

图1-2 流体的静压强

流体静压强的量纲为［力/面积］，在国际单位制中，单位常用Pa表示。

流体静压强有如下两个特性：

1）流体静压强的方向必定沿着作用面的内法线方向。

2）任意点的流体静压强只有一个值，它不因作用面的方位改变而改变。

**2. 流体静压强的分布规律**

静水压强基本方程式（又称为静水力学基本方程式）为

$$p = p_0 + \gamma h \tag{1-5}$$

式中　$p$——静止液体中任意点的压强（$kN/m^2$ 或 kPa）；

$p_0$——表面压强（$kN/m^2$或 kPa）；

$\gamma$——液体的重度（$kN/m^3$）；

$h$——所研究点在自由表面下的深度（m）。

该方程表示静水压强与水深成正比的直线分布规律。应用静水压强基本方程式分析问题时，要抓住等压面这个概念，即流体中压强相等的各点所组成的面为等压面，如图 1-3 所示。

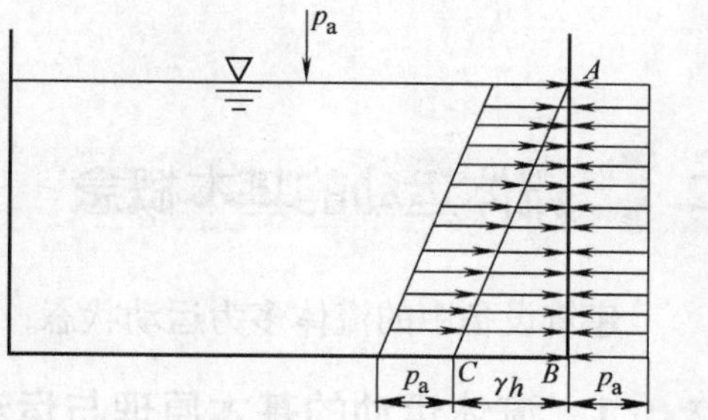


图 1-3　静止液体中的压强分布

## 1.2.2　压强的测量

工程计算中，压强有不同的量度基准：

（1）绝对压强　绝对压强是以完全真空为零点计算的压强，用 $p_A$ 表示。

（2）相对压强　相对压强是以大气压强为零点计算的压强，用 $p$ 表示。

由上所述，相对压强与绝对压强的关系为

$$p = p_A - p_a \tag{1-6}$$

式中　$p_a$——大气压强。

相对压强的正值称为正压（即压力表读数），负值称为负压，这时流体处于真空状态，通常用真空度（或真空压强）来度量流体的真空程度。所谓真空度，是指某点的绝对压强不足于一个大气压强的部分，用 $p_k$ 表示，即

$$p_k = p_a - p_A = -p \tag{1-7}$$

真空度实际上等于相对压强的绝对值。图 1-4 所示为压力计量基本图示。

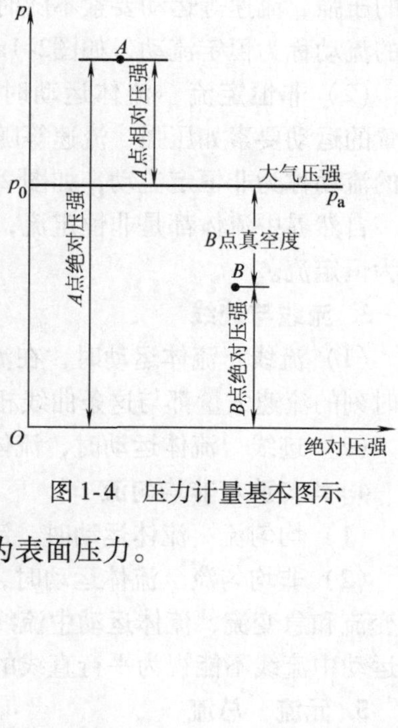


图 1-4　压力计量基本图示

压强单位如前所述，除可用单位面积上的压力和工程大气压表示外，还可用液柱高度表示，三者的关系为：1 个工程大气压≈$10mH_2O$≈735.6mmHg≈$98kN/m^2$≈98 000Pa。

测量流体静压强常用的测压仪器有液柱测压计、金属压力表和真空表等，多数测量仪表的显示值为相对压力值，也称为表面压力。

## 思考题与习题

1. 流体的主要物理性质的定义和物理含义是什么？
2. 什么叫连续介质？
3. 简述静水压强基本方程的形式。静止液体中压强分布与深度有什么关系？
4. 绝对压强、相对压强和真空度之间的相互关系是什么？

# 第2章

# 流体动力学基础知识

## 2.1 流体运动的基本概念

建筑设备中的流体多为运动状态，因此需要了解流体运动的基本概念。

### 2.1.1 流体运动的基本原理与运动分类

**1. 压力流与无压流**

（1）压力流　流体在压差作用下流动时，流体整个周围都和固体壁相接触，没有自由表面。

（2）无压流　流体在重力作用下流动时，流体的部分周界与固体壁相接触，部分周界与气体相接触，形成自由表面。

**2. 恒定流与非恒定流**

（1）恒定流　流体运动时，流体中任一位置的压强、流速等运动要素不随时间的变化而变化的流动称为恒定流动，如图2-1a所示。

（2）非恒定流　流体运动时，流体中任一位置的运动要素如压强、流速等随时间变化而变动的流动称为非恒定流动，如图 2-1b 所示。

自然界中流体都是非恒定流，工程中多将其取为恒定流。

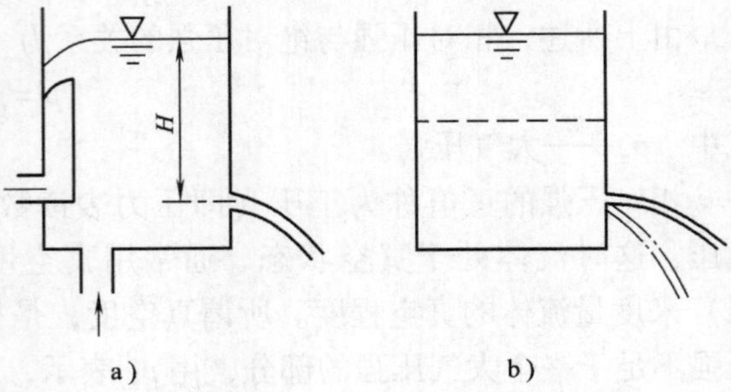


图 2-1　恒定流与非恒定流
a）恒定流　b）非恒定流

**3. 流线与迹线**

（1）流线　流体运动时，在流速场中画出某时刻的一条空间曲线，它上面所有流体质点在该时刻的流速矢量都与这条曲线相切，这条曲线就称为该时刻的一条流线。

（2）迹线　流体运动时，流体中某一个质点在连续时间内的运动轨迹称为迹线。

**4. 均匀流与非均匀流**

（1）均匀流　流体运动时，流线是平行直线的流动称为均匀流。

（2）非均匀流　流体运动时，流线不是平行直线的流动称为非均匀流。非均匀流又可分为渐变流和急变流，流体运动中流线几乎近于平行直线的流动称为渐变流，如图 2-2 中 $A$ 所示；流体运动中流线不能视为平行直线的流动称为急变流，如图 2-2 中的 $B$、$C$、$D$ 所示。

**5. 元流、总流**

（1）元流　流体运动时，在流体中取一微小面积 d$A$，并在 d$A$ 面积上各点引出流线并形成了一股流束称为元流。

（2）总流　流体运动时，无数元流的总和称为总流，如图 2-3 所示。

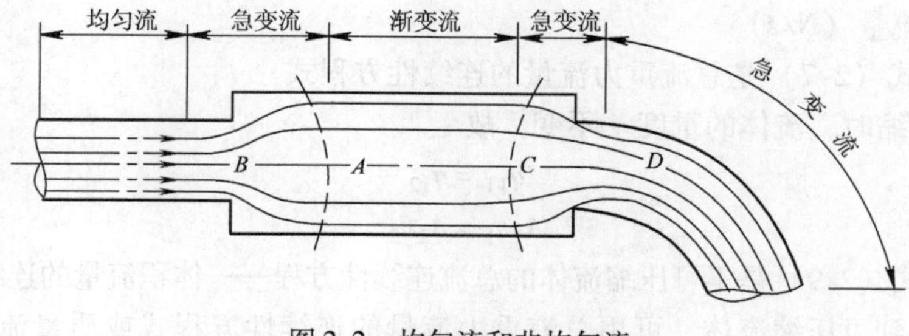


图 2-2　均匀流和非均匀流

**6. 过流断面、流量与断面平均流速**

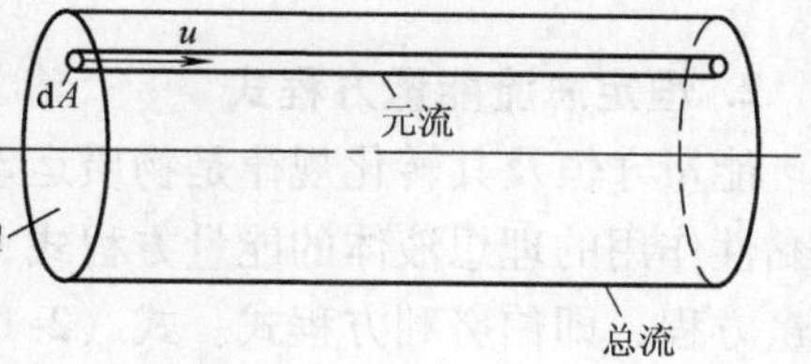


图 2-3　元流与总流

（1）过流断面　流体运动时，与元流或总流全部流线正交的横断面称为过流断面，用 d$A$ 或 $A$ 表示，单位为 $m^2$ 或 $cm^2$，如图 2-4 所示。

（2）流量　流体运动时，单位时间内通过过流断面的流体体积称为体积流量，用符号 $q_V$ 表示，单位是$m^3$/s或 L/s。一般流量指的是体积流量，但有时也引用质量流量，用符号 $q_m$ 表示，它表示单位时间内通过过流断面的流体质量，单位为 kg/s。

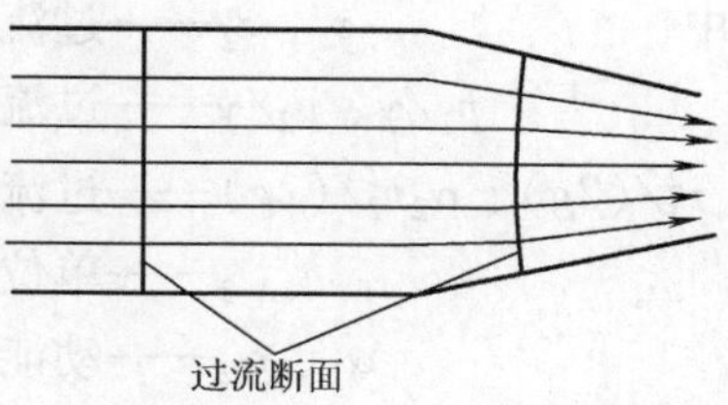


图 2-4　流线与过流断面

（3）断面平均流速　断面平均流速指断面上各点流速的平均值。因此，过流断面面积 $A$ 乘以断面平均流速 $v$ 所得到的流量，等于实际流速通过该断面的流量，即

$$q_V = vA = \int_A u\mathrm{d}A \tag{2-1}$$

显然，断面平均流速计算式为

$$v = \frac{\int_A u\mathrm{d}A}{A} = \frac{q_V}{A} \tag{2-2}$$

## 2.1.2　流体运动的基本方程

**1. 恒定流的连续性方程式**

在恒定总流中任取一元流，应用质量守恒定律，流进 1-1 断面的质量必然等于流出 2-2 断面的质量。因此，质量流量连续性方程式为

$$\rho_1 q_{V1} = \rho_2 q_{V2} \tag{2-3}$$

或

$$\rho_1 A_1 v_1 = \rho_2 A_2 v_2 \tag{2-4}$$

式中　$\rho$——密度（$kg/m^3$）；

$A$——总流过流断面面积（$m^2$）；

$v$——总流的断面平均流速（m/s）；

$q_V$——总流的流量（$m^3$/s）。

由于重度 $\gamma = \rho g$，同一地区重力加速度 $g$ 又相同，故

$$\gamma_1 q_{V1} = \gamma_2 q_{V2} \tag{2-5}$$

或

$$\gamma_1 A_1 v_1 = \gamma_2 A_2 v_2 \tag{2-6}$$

或

$$G_1 = G_2 \tag{2-7}$$

式中　$\gamma$——重度（$N/m^3$）；

$G$——重力流量（N/s）。

式（2-5）~式（2-7）是总流重力流量的连续性方程式。

当流体不可压缩时，流体的重度 $\gamma$ 不变，故

$$q_{V1}=q_{V2} \tag{2-8}$$

或

$$A_1v_1=A_2v_2 \tag{2-9}$$

式（2-8）和式（2-9）是不可压缩流体的总流连续性方程——体积流量的连续性方程式。

若在工程中遇到可压缩流体，可用总流重力流量的连续性方程式或质量流量的连续性方程式。

**2. 恒定总流能量方程式**

能量守恒及其转化规律是物质运动的一个普遍规律。1738 年瑞士科学家伯努利建立了不考虑黏性作用的理想液体的能量方程式，然后，考虑液体的黏性影响，推导出实际液体恒定总流的能量方程，即伯努利方程式。式（2-10）为几何意义上表示的能量方程。

$$z_1+\frac{p_1}{\gamma}+\frac{\alpha_1v_1^2}{2g}=z_2+\frac{p_2}{\gamma}+\frac{\alpha_2v_2^2}{2g}+h_{\omega 1\text{-}2} \tag{2-10}$$

式中 $z_1$、$z_2$——过流断面 1-1、2-2 上位置水头（m）；

$p_1/\gamma$、$p_2/\gamma$——过流断面 1-1、2-2 上压强水头（m）；

$\alpha_1v_1^2/(2g)$、$\alpha_2v_2^2/(2g)$——过流断面 1-1、2-2 上流速水头（m）；

$h_{\omega 1\text{-}2}$——单位质量液体通过流段 1~2 的平均水头损失（m）；

$\alpha_1$、$\alpha_2$——动能修正系数，一般 $\alpha=1.05\sim1.1$，为计算方便，常取 $\alpha=1.0$。

几何意义上的恒定总流能量方程式中每一项都表示某一几何高度，因此都可以在过流断面上用垂直线段在图中表示出来。这就可对方程式各项在流体流动过程中的变化关系加以更形象的描述。

各断面上的总水头 $H$ 的表达式为

$$H=z_i+\frac{p_i}{\gamma}+\frac{\alpha_iv_i^2}{2g} \tag{2-11}$$

如果把各断面上的总水头顶点连成一条线，则此线称为总水头线。由于水从 1-1 断面流到 2-2 断面有水头损失 $h_{\omega 1\text{-}2}$ 的存在，所以总水头线总是沿流程下降的倾斜线，如图 2-5 虚线所示。总水头线沿流程的降低值 $h_\omega$ 与沿程长度 $l$ 的比值，称为总水头坡度或水力坡度，它表示沿流程单位长度上的水头损失，用 $i$ 表示，即

$$i=\frac{h_\omega}{l} \tag{2-12}$$

如果把各过流断面的测压管水头（$z+p/\gamma$）连成线，该线称为测压管水头线。测压管水头线可能上升，可能下降，也可能水平；可能是直线，也可能是曲线。

对于不可压缩的气体，液体能量方程式同样可以适用。由于气体密度很小，能量方程式中重力做功可以忽略不计。对一般通风管道中，过流断面上的流速分布比较均匀，动能修正系数可采用 $\alpha=1.0$，这样，实际气体总流几何意义上的能量方程式为

$$\frac{p_1}{\gamma}+\frac{v_1^2}{2g}=\frac{p_2}{\gamma}+\frac{v_2^2}{2g}+h_{\omega 1\text{-}2} \tag{2-13}$$

或

$$p_1+\frac{\gamma v_1^2}{2g}=p_2+\frac{\gamma v_2^2}{2g}+\gamma h_{\omega 1\text{-}2} \tag{2-14}$$

式中 $p$——过流断面相对压强，工程上称静压；

$\gamma v^2/(2g)$——工程上称动压；

$p+\gamma v^2/(2g)$——过流断面的静压与动压之和，工程上称全压；

$\gamma h_{\omega 1\text{-}2}$——在连续流条件下，1-1、2-2 两过流断面间的压强损失。

实际气体总流的能量方程式与液体总流的能量方程式比较，除各项单位以压强来表达气体单位体积平均能量外，对应各项意义基本相近。

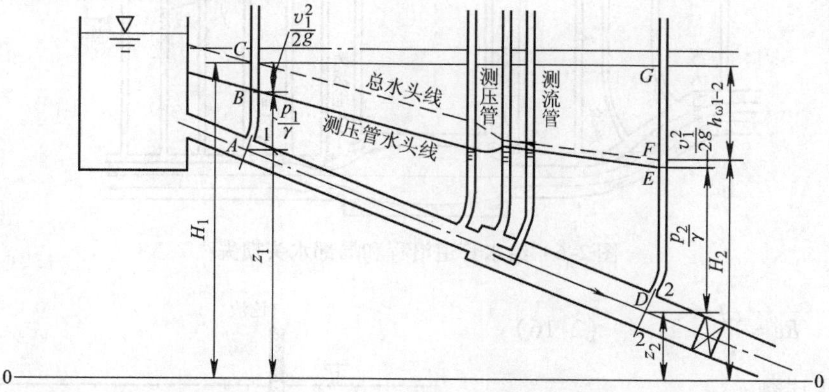


图 2-5　圆管中有压流动的总水头线与测压管水头线

## 2.2　流动阻力和水头损失

由于流体具有黏滞性及固体边壁的不光滑，所以流体在流动过程中既受到存在相对运动的各流层间内摩擦力的作用，又受到流体与固体边壁之间摩擦阻力的作用。同时由于固体边壁形状的变化，也会对流体的流动产生阻力。为了克服上述流动阻力，必须消耗流体所具有的机械能。单位质量的流体流动中所消耗的机械能，称为能量损失或几何意义上的能量损失，即水头损失。

### 2.2.1　流动阻力和水头损失的两种形式

**1. 沿程阻力和沿程水头损失**

流体在长直管（或明渠）中流动，所受的摩擦阻力称为沿程阻力。为了克服沿程阻力而消耗的单位质量流体的机械能除以重力加速度，称为沿程水头损失 $h_f$。

**2. 局部阻力和局部水头损失**

流体的边界在局部发生急剧变化时，迫使主流脱离边壁而形成旋涡，流体质点间产生剧烈的碰撞所形成的阻力称为局部阻力。为了克服局部阻力而消耗的单位质量流体的机械能除以重力加速度，称为局部水头损失 $h_j$。

如图 2-6 所示，整个管道的总水头损失 $h_\omega$ 等于各沿程水头损失 $h_f$ 与各局部水头损失 $h_j$ 分别叠加之和，即

$$h_\omega = \sum h_f + \sum h_j \tag{2-15}$$

### 2.2.2　流体流动的两种形态

流体在流动过程中呈现出两种不同的流态，分别为层流和湍流。

流体成层成束的流动，各流层间并无质点掺混现象的流态称为层流，如图 2-7a 所示；出现质点或液团相互掺混现象的流态称为湍流，流速越大，掺混程度越剧烈，如图 2-7b 所示。

判断流体的流动形态，通常采用雷诺数 $Re$ 来判断。

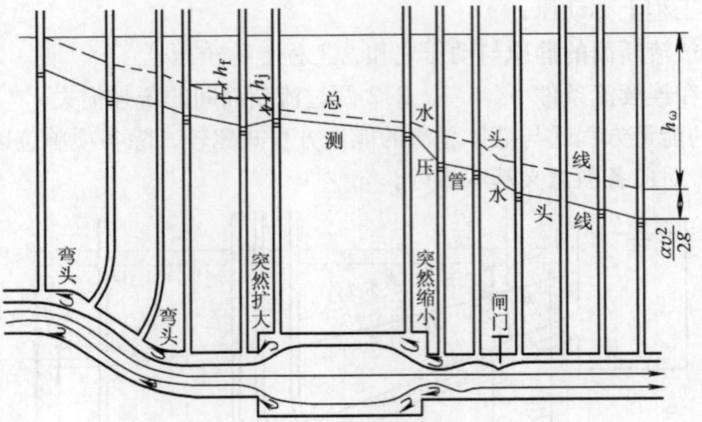


图2-6 给水管道沿程和局部水头损失

$$Re = \frac{vd}{\nu} \tag{2-16}$$

式中 $Re$——雷诺数；

$v$——圆管中流体的平均流速（m/s或cm/s）；

$d$——圆管的管径（m或cm）；

$\nu$——流体的运动黏度（$m^2/s$）。

对于圆管的有压管流：若 $Re<2000$ 时，流体为层流；若 $Re>2000$ 时，流体为湍流。

对于明渠流，通常以水力半径 $R$ 代替式（2-16）中的 $d$，于是明渠流中的雷诺数为

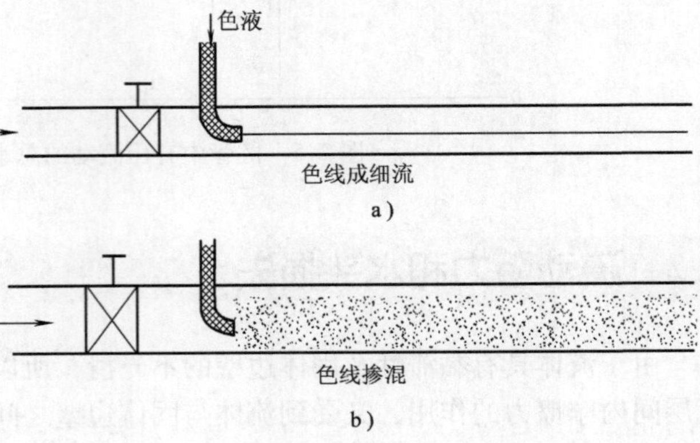


图2-7 管中液流的流动形态

$$Re = \frac{vR}{\nu} \tag{2-17}$$

水力半径 $R=A/x$，其中 $A$ 是过流断面面积，$x$ 是湿周，为流动的流体同固体边壁在过流断面上接触的周长。

若 $Re<500$，明渠流为层流形态；$Re>500$，明渠流为湍流形态。

在设备工程中，流体运动多数都处于湍流形态。

### 2.2.3 流体沿程阻力（水头）损失

流体运动时，由于其流态的不同，因此水头损失规律也不相同。

迄今用理论的方法只能推导出层流的沿程水头损失公式。对于湍流，目前采用理论和实验相结合的方法，建立半经验公式来计算沿程水头损失。

$$h_f = \lambda \frac{l}{d}\frac{v^2}{2g} \tag{2-18}$$

式中 $h_f$——沿程水头损失（m）；

$\lambda$——沿程阻力系数；

$d$——管径（m）；

$l$——管长（m）；

$v$——管中平均流速（m/s）。

对于气体管道，则可将式（2-18）写成压力损失的形式，即

$$p_f = \gamma\lambda \frac{l}{d}\frac{v^2}{2g} \tag{2-19}$$

式中 $p_f$——压力损失（Pa）。

对于非圆断面管渠，$d=4R$，则

$$h_f = \lambda \frac{l}{4R}\frac{v^2}{2g} \tag{2-20}$$

在实际工程中，有时是已知沿程水头损失 $h_f$ 和水力坡度 $i$，而要求流速 $v$ 的大小，因此，将式（2-20）整理后得

$$v = \sqrt{\frac{8g}{\lambda}}\sqrt{Ri} = C\sqrt{Ri} \tag{2-21}$$

式（2-21）称为均匀流流速公式或谢才公式，式中 $C$ 称为流速系数或谢才系数。

### 2.2.4 局部水头损失

在实际水力计算中，局部水头损失可以采用流速水头乘以局部阻力系数后得到，即

$$h_j = \zeta\frac{v^2}{2g} \tag{2-22}$$

式中 $\zeta$——局部阻力系数；

$v$——过流断面的平均流速，它与 $\zeta$ 值对应；

$g$——重力加速度。

## 2.3 孔口、管嘴出流及气体射流简介

### 2.3.1 孔口出流

**1. 薄壁圆形小孔口的液体自由出流**

如图2-8所示，在水箱水面以下深度为 $H$ 处的侧壁上开一个圆形小孔，整个水流在溢出孔口时有继续向中心收缩的趋势，直到离开孔口大约为孔口直径的1/2距离处，过流断面达到最小，称为收缩断面，收缩断面面积用 $A_0$ 表示。$A_0$ 与孔口面积 $A$ 的比值称为收缩系数 $\varepsilon$，在圆形孔口情况下，收缩系数 $\varepsilon$ 为

$$\varepsilon = \frac{A_0}{A} = 0.63 \sim 0.64 \tag{2-23}$$

收缩断面可视为渐变流断面，由能量方程式可推出经孔口流量与作用水头 $H$ 以及其他因素的关系式。

$$q_V = A_0 v_0 = \varepsilon A\phi\sqrt{2gH_0} = \mu_h A\sqrt{2gH_0} \tag{2-24}$$

式中 $q_V$——孔口出流的流量（$m^3/s$）；

$\phi$——孔口的流速系数，实验结果 $\phi = 0.97 \sim 0.98$；

$\mu_h$——孔口的流量系数，$\mu_h = \varepsilon\phi = 0.60 \sim 0.62$；

$A$——孔口面积（$m^2$）；

$H_0$——孔口的作用水头（m）。

**2. 淹没出流**

如果孔口出流淹没于同类流体中，则称之为淹没出流，如图2-9所示。

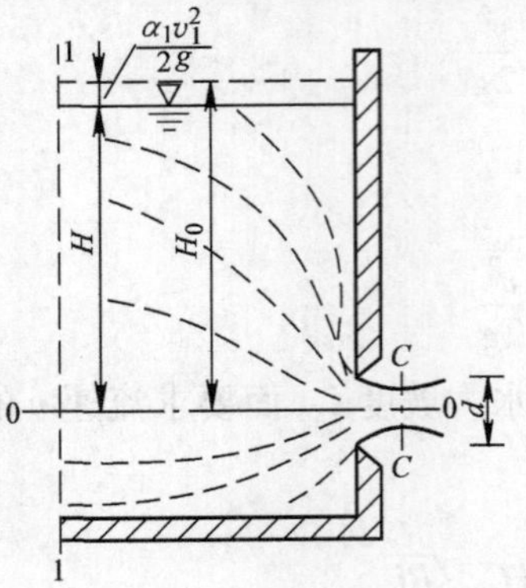


图2-8 孔口出流

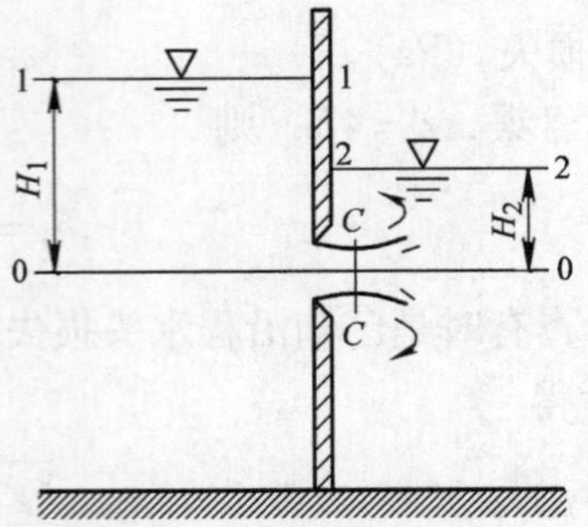


图2-9 淹没出流

## 2.3.2 管嘴出流

如图2-10所示，在直径为 $d$ 的圆形小孔口外部接一个长度为 $l=(3\sim4)d$ 的圆柱形短嘴，称为圆柱形外管嘴。水流经过水箱侧壁转弯进入管嘴内部，同样也发生流线收缩现象，在收缩断面周围有一个环行面积的旋涡区，水流经过C-C断面以后又逐渐扩大，至管嘴出口时已经充满全管。

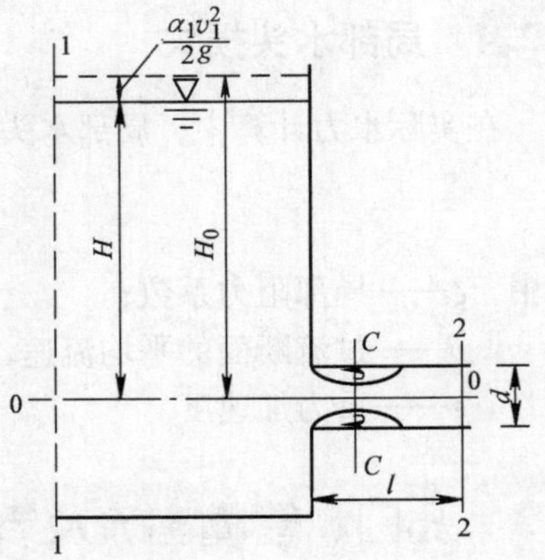


图2-10 管嘴出流

由能量方程式可得

$$q_V = Av_2 = \mu_j A\sqrt{2gH_0} \tag{2-25}$$

$$\mu_j = \phi_j = \frac{1}{\sqrt{1+\zeta_j}} \tag{2-26}$$

式中 $\zeta_j$——管嘴局部阻力系数。

## 2.3.3 气体射流简介

气体以较高的速度经孔口、管嘴或条缝向四方无限空间的静止气体喷射称为无限空间射流，外射到有限空间中则称为受限射流。

在有限空间中，由于固体边壁的影响，使边界层发展受到限制，形成了受限射流，受限射流具有特殊的运动规律。

在建筑通风空调工程中，广泛使用射流技术，因此必须对气体的射流有所了解。

**1. 无限空间湍流射流的特征**

如图2-11所示，具有出口速度为 $v_0$ 的射流，由于湍流的横向掺混，与周围气体产生了动量交换、热量交换、浓度交换（具有温差、浓度差时），从而把周围静止气体的质量卷吸到射流中去。随着横向动量交换，不断地卷吸周围静止气体的质量，故边界层厚度不断增大，但将不受外界气体的掺混影响，流速保持出口速度 $v_0$

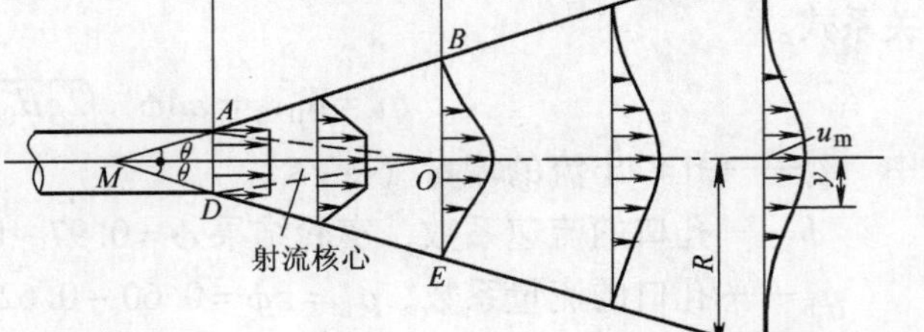


图2-11 气体射流

的部分称为射流核心。射流核心消失的断面称为过渡断面，就整个射流来说，射流过渡断面以前的部分被称为射流起始段，射流过渡断面以后的部分被称为主体段。

实验表明，射流的边界是直线扩散的圆锥面，圆锥的顶点称为射流极点，圆锥的半顶角 $\theta$ 称为射流扩散角。

$$\tan\theta = \alpha\phi \tag{2-27}$$

式中 $\theta$——射流扩散角；

$\alpha$——湍流系数；

$\phi$——射流喷口的形状系数。

实验表明：射流中任意点上的压强均等于周围静止气体的压强。因此，单位时间内通过射流各断面的动量相等。

**2. 有限空间射流**

如图2-12所示，有限空间射流由于边壁限制了射流边界层的发展，射流半径及流量不是一直增加，而是增大到一定程度后反而逐渐缩小，使其边界线呈橄榄状，橄榄形的边界外部与固体边壁形成与射流方向相反的回流区，于是流线呈闭合状，这些闭合流线环绕中心，就是射流与回流共同形成的旋涡中心。

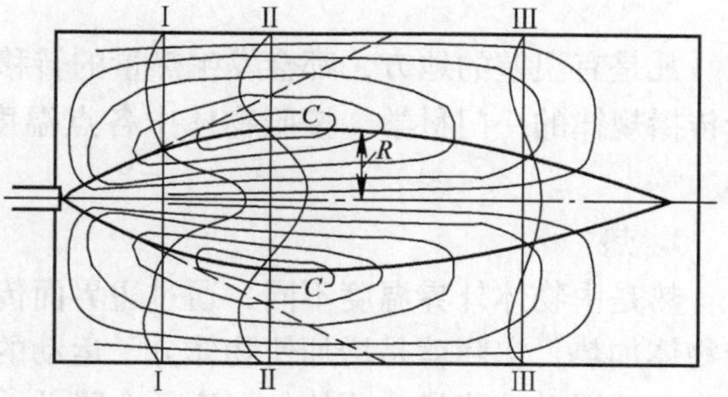


图2-12 有限空间的射流

射流出口至第一临界断面，由于固体边壁尚未妨碍射流边界层的扩展，所以各种运动参数所遵守的规律与无限空间射流一样。

从第一临界断面开始，射流边界层扩展受到影响，射流卷吸周围气体的作用减弱，因而射流半径的流量增加速率逐渐减慢，与此同时，射流中心速度减小的速率也在变慢。但总的趋势还是射流半径增大，流量增大。达到第二临界断面即包括旋涡中心的断面，射流各运动参数发生了根本的转折，射流流线开始越出边界产生回流，射流主体流量开始沿程减少，仅在此断面上射流主体流量为最大。

射流结构与喷嘴安装的位置有关。如喷嘴安装在房间高度、宽度的中央处，射流结构上下对称、左右对称，射流主体呈橄榄状，四周为回流区。但实际送风系统多将喷嘴靠近顶棚安置，如安置在0.7$H$（$H$为房高）以上，此时射流将贴附于顶棚上，回流区全部集中在射流的下部与地板间，这种现象称为贴附射流。这是由于靠近顶棚处流速大，静压小，而射流下部流速小，静压大，这样，在压差的作用下使射流贴附在顶棚上。贴附射流完全可以被视为完整射流的一半，其规律与完整射流相同。

## 思考题与习题

1. 流体运动的基本原理是什么？如何进行运动分类？
2. 流体运动的基本方程是什么？
3. 什么是流动阻力和水头损失？
4. 什么是流体的流动形态？
5. 什么是元流、总流？什么是过流断面、流量和流速？

# 第3章
# 传热学基础知识

## 3.1 传热学的基本概念

凡是有温差的地方，都会发生热量的转移，因此传热是一种普遍的现象，传热学正是研究热量传播规律的一门科学。按照物体中各点温度是否随时间变化，传热分为稳定传热和非稳定传热。

**1. 热**

热是由物体外界温度不同，通过边界而传递的能量，是物体间通过分子运动相传递的能量。给物体加热，实际就是增加使物体分子运动的能量，物体的温度将会升高；反之，使物体散热，减小分子运动的能量，物体的温度便会降低。

热的单位是J（焦耳），1J=1N·m（或0.24cal）。

热分为显热和潜热，以温度为特征的热称为显热。例如：每1L水，温度升高1K（1℃）吸收的热量为4200J；降低1K（1℃）放出的热量为4200J。以状态变化为特征的热称为潜热，也叫汽化热。例如：1L100℃的水蒸发为100℃蒸汽需要吸收2260kJ的热量。日常生活中水的蒸发过程，也是吸收的潜热。

**2. 热力学温度**

温度表示物体冷热的程度。热力学温度的单位为K（开尔文），是水三相点热力学温度的1/273.15。在表示温度差和温度间隔时，1K=1℃。热力学温度$T$与摄氏温度$t$之间的关系为$T=t+273.15$。

**3. 热膨胀**

物体受热，长度增长，体积增大，这是物质热力学能增加使分子间隔增大的结果。这种随温度增加而胀大的现象称为热膨胀。

（1）线膨胀　物体的线膨胀是指温度增加后物体在长度方向的增长。每升高1℃时单位长增加的长度称为线膨胀系数$\alpha_l$。

$$\alpha_l=\frac{L_2-L_1}{L_1(t_2-t_1)} \tag{3-1}$$

或

$$L_2-L_1=\Delta L=\alpha_l L_1(t_2-t_1) \tag{3-2}$$

式中　$L_1$、$L_2$、$\Delta L$——物体的原长、胀后长及增加长（m）；

$t_1$、$t_2$——原有温度及升温后的温度（℃或K）；

$\alpha_l$——线膨胀系数（$℃^{-1}$或$K^{-1}$）。

（2）体膨胀　物体的体积随温度的升高而胀大，其膨胀程度用体膨胀系数来表示。

$$V_2=\alpha_V V_1(t_2-t_1) \tag{3-3}$$

式中　$V_1$、$V_2$——$t_1$及$t_2$时的体积（$m^3$）；

$\alpha_V$——体膨胀系数（$℃^{-1}$或$K^{-1}$）；

$t_1$、$t_2$——原有温度及升温后的温度（℃或K）。

**4. 比热容**

物体1kg质量、温度升高1K所吸收的热量称为比热容。物体吸收的热量与其温度的升高成正比。

$$Q = cm(t_2 - t_1) \tag{3-4}$$

式中　$Q$——物体的吸热量（J）；

$m$——物体的质量（kg）；

$t_1$、$t_2$——物体的初温和终温（℃或K）；

$c$——物体的比热容[J/(kg·K)]。

## 3.2 传热方式与传热过程

### 3.2.1 传热方式

物体的传热方式可分为三种，即热传导、热对流和热辐射。

**1. 热传导**

由于物体内分子运动而将热量由高温部位传递到低温部位，这种热传递过程称为热传导，简称导热。

设图3-1为均质平板，面积为$A$，厚度为$\delta$，板两面温度为由$t_1$降到$t_2$，若热导率为$\lambda$，则单位时间通过平板的导热量$Q$与$A$及温差成正比，与板厚$\delta$成反比，即

$$Q = \frac{\lambda A(t_1 - t_2)}{\delta} \tag{3-5}$$

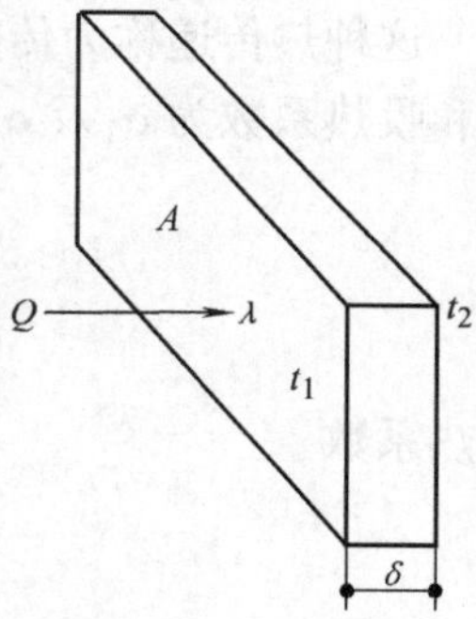

图3-1　导热平面

式中　$Q$——导热量（W）；

$A$——导热面积（$m^2$）；

$t_1$、$t_2$——均质平板两面温度（K）；

$\delta$——板厚（m）；

$\lambda$——热导率[W/(m·K)]，视材料而不同。

**2. 热对流**

热对流是流体各部分之间发生相对运动而引起的热量传递方式。对流发生在流体内部，流动着的流体和与其温度不同的固体壁面接触时的热交换运动，这种换热称为对流换热；如果流体是在外力作用下而产生的换热运动，这种对流换热称为强制对流换热；如果无外力作用，仅由部分流体受热膨胀密度减小产生浮力的流动换热称为自然对流换热。

$$Q = \alpha A(t_w - t_f) \tag{3-6}$$

$$q = \alpha(t_w - t_f) \tag{3-7}$$

式中　$Q$——对流换热量（W）；

$q$——单位面积的对流换热量（$W/m^2$）；

$t_w$、$t_f$——物体表面和流体的温度（K）；

$\alpha$——表面传热系数[$W/(m^2 \cdot K)$]。

**3. 热辐射**

物体通过电磁波来传递热量的方式称热辐射，它与导热和对流换热不同，热辐射不需中间媒介，故可在真空中进行。

黑体的辐射能在同温度物体中为最大，黑体单位时间内发出的辐射热量与其热力学温度的4次方成正比。

$$Q=\alpha_{\mathrm{R}}AT^4 \tag{3-8}$$

式中 $Q$——黑体辐射热量（W）；

$A$——辐射面积（$m^2$）；

$T$——黑体的热力学温度（K）；

$\alpha_{\mathrm{R}}$——斯忒藩－玻耳兹曼常量，$\alpha_{\mathrm{R}}=5.67\times10^{-8}\mathrm{W/(m^2\cdot K^4)}$。

## 3.2.2 传热过程

冬季，室外冷室内暖，室内热量将通过墙壁传递至室外的冷空气中，分析其过程为：

1）室内热空气流体（$t_1$）传递热量 $Q$ 于墙壁，此过程为对流作用。

2）热量 $Q$ 通过壁厚 $\delta$ 由热面（$\tau_1$）导热于冷面（$\tau_2$），此过程为导热作用。

3）热量 $Q$ 从外墙壁散热于冷空气中（$t_2$），此过程也是对流作用。

这种热传递称为传热过程，如图3-2所示。如墙壁面积为 $A$，墙的热导率为 $\lambda$，墙内外的散热和吸热系数为 $\alpha_1$ 及 $\alpha_2$，则三个环节的热传递量应相等，即

$$Q=\frac{A(t_1-t_2)}{\dfrac{1}{\alpha_1}+\dfrac{\delta}{\lambda}+\dfrac{1}{\alpha_2}} \tag{3-9}$$

传热系数

$$K=\frac{1}{\dfrac{1}{\alpha_1}+\dfrac{\delta}{\lambda}+\dfrac{1}{\alpha_2}} \tag{3-10}$$

$$Q=KA\ (t_1-t_2) \tag{3-11}$$

如墙壁为多层均质材料构成，其传热过程如图3-3所示，其热导率和相应厚度分别为 $\lambda_1$、$\lambda_2$、$\lambda_3$…及 $\delta_1$、$\delta_2$、$\delta_3$…则传热系数 $K$ 值为

$$K=\frac{1}{\dfrac{1}{\alpha_1}+\sum\dfrac{\delta_i}{\lambda_i}+\dfrac{1}{\alpha_2}} \tag{3-12}$$

式中 $Q$——传递热量（W）；

$\alpha_1$、$\alpha_2$——吸热及散热系数[$\mathrm{W/(m^2\cdot K)}$]；

$\lambda_i$——第 $i$ 种材料的热导率[$\mathrm{W/(m\cdot K)}$]；

$\delta_i$——第 $i$ 种材料的厚度（m）；

$K$——传热系数[$\mathrm{W/(m^2\cdot K)}$]。

将式（3-12）改写为

$$\frac{1}{K}=R=\frac{1}{\alpha_1}+\sum\frac{\delta_i}{\lambda_i}+\frac{1}{\alpha_2} \tag{3-13}$$

式（3-13）中 $R$ 为热阻，其单位是 $\mathrm{m^2\cdot K/W}$，类似于电工学中的电阻。从式（3-13）可以看出，各串联的总热阻等于各环节热阻之和，用其可便于进行多层传热过程的计算。

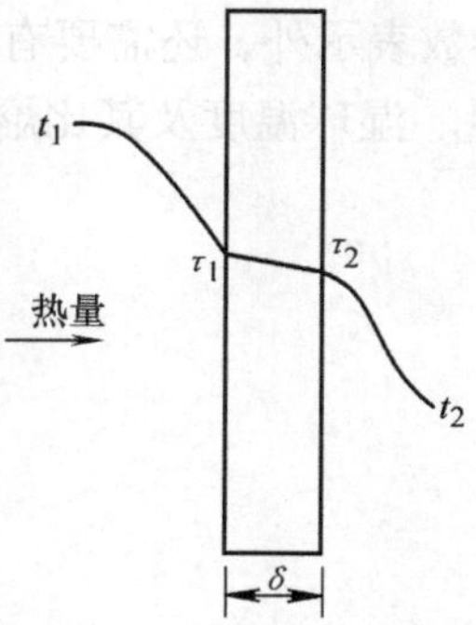


图3-2　传热过程

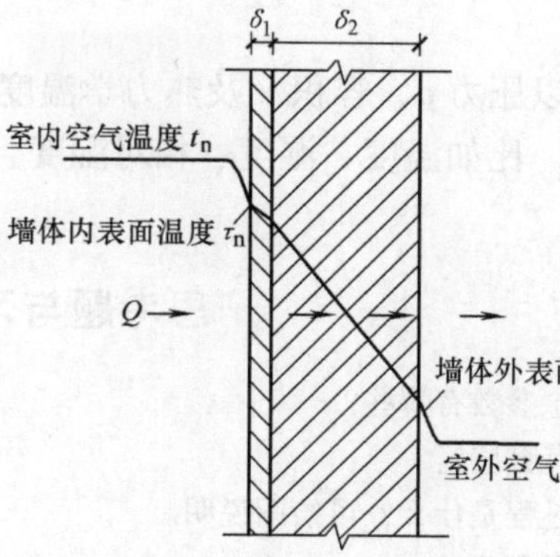


图3-3　通过围护结构的传热过程

## 3.2.3　热媒的性质

**1. 水**

水在传热学中的有关性质如下：

1）水的压缩性很小，一般情况可视为不可压缩体，但其膨胀却不可忽视。

2）水的比热容为4.187kJ/(kg·K)，凝结热为335kJ/kg，汽化热为2260kJ/kg，热容量很大，因而常被用于供暖或冷却的热媒。

3）水的沸点在标准大气压下为100℃，但其随压力的增加而提高，也随含有溶解物质的增多而提高。水的冰点却随压力的增加而降低。

4）水的密度和汽化热随温度的升高而降低。

5）水的黏滞性随温度的升高而降低，因而摩擦力相应也减小。

6）水是优质的溶剂。

**2. 蒸汽**

蒸汽分为饱和蒸汽和过热蒸汽。100℃的水称为饱和水，100℃的蒸汽称为饱和蒸汽，它含有一些雾状的小水滴，这种蒸汽也称为湿饱和蒸汽。若湿饱和蒸汽中再加热便会成为干饱和蒸汽。将饱和蒸汽再加热，并保持一定的压力，便会形成过热蒸汽。

饱和水再加热转化为饱和蒸汽，需要吸取汽化热2260kJ/kg，凝结为饱和水时放出同样的热量。

$$q = h_1 - h_2 \tag{3-14}$$

式中　$q$——1kg蒸汽凝结时的放热量；

$h_1$——进入散热设备蒸汽的比焓；

$h_2$——流出凝结水的比焓。

当进入散热设备的是饱和蒸汽，而流出散热设备的是饱和水时，则上式为

$$q = r \tag{3-15}$$

式中　$r$——汽化热。

蒸汽的比热容比热水大得多。蒸汽的状态参数是表现其在热力学特性方面的物理量，有温度 $t$、比热容 $c$ 或密度 $\rho$、压力 $p$、汽化热 $r$ 等。蒸汽的热惰性较小。

**3. 空气**

空气含有氮气、氧气及少量的二氧化碳和其他气体，还含有少量的水蒸气，其中氮气和氧气占总量的98%以上。不含水蒸气的空气称为干空气，含有少量水蒸气的空气称为湿空气，平常

的空气都是湿空气。

湿空气的状态除以压力 $p$、容积 $V$ 及热力学温度 $T$ 等参数表示外，还需要有标志湿空气中水蒸气含量的特性参数，比如温度、湿度、相对湿度、含湿量、湿球温度及其比焓等。此外，还需了解空气焓湿图。

## 思考题与习题

1. 传热学的基本概念参数有哪些？
2. 传热的基本方式有哪些？
3. 围护结构的传热过程是什么？可绘图说明。
4. 常用的供暖热媒有哪些？
5. 简述显热与潜热的概念。

# 第2篇

# 建筑给水排水工程

# 第 4 章
# 建筑给水系统

## 4.1 给水系统的分类与组成

### 4.1.1 给水系统的分类

**1. 生活给水系统**

生活给水系统供人们日常生活用水。除水压、水量应满足需要外，水质必须严格符合国家规定的饮用水水质的标准。

**2. 生产给水系统**

生产给水系统供工业生产中所需要的设备冷却水、原料和产品的洗涤水、锅炉及原料等用水。由于工业种类、生产工艺各异，因而生产给水系统对水量、水压、水质及安全方面的要求也不尽相同。

**3. 消防给水系统**

消防给水系统供建筑内部消防设备用水。消防给水系统必须按照建筑防火规范保证有足够的水量和水压，但对水质无特殊要求。

以上三种基本给水系统，在实际中可以单独设置，也可以根据建筑性质及其对水量、水压、水质和水温的要求，结合室外给水系统情况，考虑技术、经济和安全条件，设置两种或三种合并的给水系统。如生活和生产共用的给水系统，生活和消防共用的给水系统，生产和消防共用的给水系统，生活、生产和消防共用的给水系统。

### 4.1.2 给水系统的组成

建筑内部给水系统一般由引入管、水表节点、管道系统、给水附件、加压和贮水设备、消防设备等组成，如图 4-1 所示。

**1. 引入管**

引入管是城市给水管道与用户给水管道间的连接管。当用户为一幢单独建筑物时，引入管也称进户管；当用户为工厂、学校等建筑群体时，引入管被称为总进水管。

**2. 水表节点**

水表及其前后设置的闸门、泄水装置等总称为水表节点。闸门的作用是在检修和拆换水表时用以关闭管道；泄水装置的作用是用来放空管网，检测水表精度及测定进户点压力值。对于不允许断水的用户，一般采用有旁通管的水表节点；对于那些允许在短时间内停水的用户，可以采用无旁通管的水表节点。为了保证水表前水流平稳，计量准确，螺翼式水表前应有长度为 8 ~ 10 倍水表公称直径的直线管段。其他类型水表的前后，则应有不小于 300mm 的直线管段。

**3. 管道系统**

管道系统是指建筑内部各种管道，如水平或垂直干管、立管、支管等。

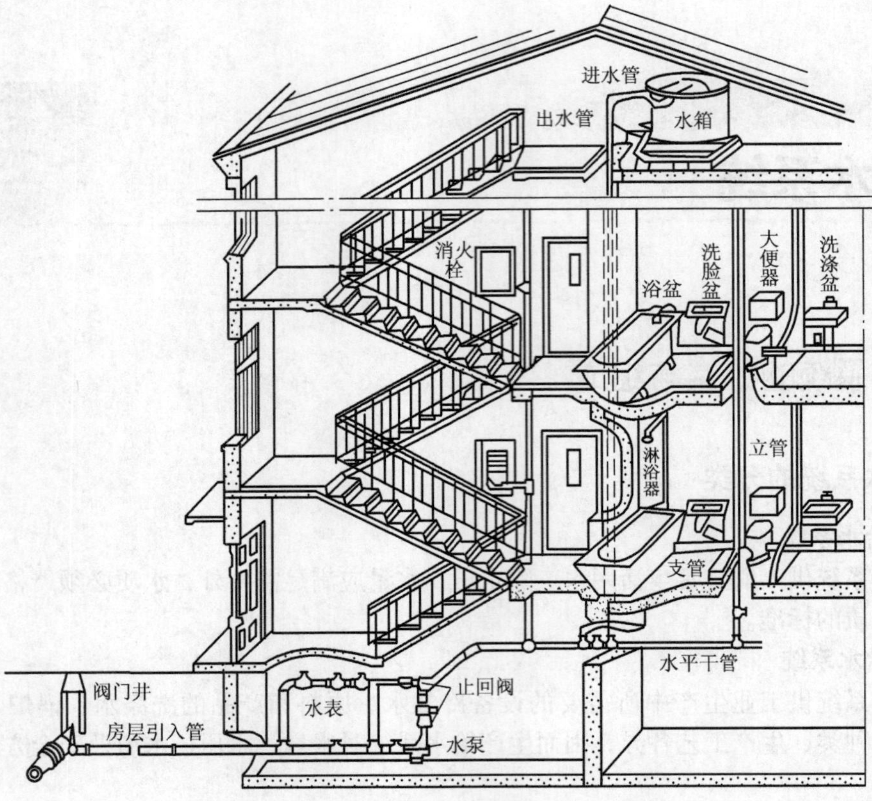


图4-1 建筑内部给水系统

**4. 给水附件**

给水附件包括控制附件和配水附件。控制附件主要包括各式阀门，配水附件主要包括各式配水龙头。

**5. 加压和贮水设备**

当室外给水管网中的水压、水量不能满足用水要求时，或者用户对水压稳定性、供水安全性有特殊要求时，须设置加压和贮水设备，常见的有水泵、水箱、贮水池和气压水罐等。

**6. 建筑内消防设备**

建筑内部消防给水设备常见的是消火栓设备，包括消火栓、水枪和水龙带等。当消防上有特殊要求时，还应安装自动喷水灭火设备，包括喷头、控制阀等。

## 4.2 给水方式

### 4.2.1 给水系统所需压力

建筑内部给水系统应具有一定的供水压力，该压力必须能使需要的水量输送到建筑物内最不利点的用水设备，并保证有足够的压力。

建筑内部给水系统需要的供水压力可以按下式计算，即

$$p = p_1 + p_2 + p_3 + p_4 \tag{4-1}$$

式中 $p$——建筑内部给水系统所需的压力，自室外引入管起点轴线算起（kPa）；

$p_1$——为克服最不利点与室外引入管起点的高度差所需压力（kPa）；

$p_2$——计算管路的沿程和局部压力损失（kPa）；

$p_3$——水表节点的压力损失（kPa）；

$p_4$——最不利点的最小工作压力（kPa）。

最小工作压力是指各种配水龙头或用水设备，为获得规定的出水量（额定流量）而必需的最小压力。它是在供水时克服配水龙头内的摩擦、冲击、流速变化等阻力所需的静水压力。

在初步确定给水方式时，建筑内部给水系统所需的压力值，可以根据建筑物的性质和层数进行粗略估算。对于住宅生活给水或类似的给水系统，一般一层建筑物为100kPa；二层建筑物为120kPa；三层及三层以上的建筑物，每增加一层增加40kPa。

对于引入管或建筑内部管道较长，或者建筑物层高超过3.5m的建筑物，上述值应适当增加。

## 4.2.2 基本给水方式

**1. 直接给水方式**

当室外管网的水压、水量能经常满足用水要求，建筑物内部给水无特殊要求时，可以利用室外管网的水压直接供水，如图4-2所示。这种方式供水较可靠，系统简单，投资省，并可以充分利用室外管网的压力，节约能源。

**2. 单设水箱给水方式**

单设水箱给水方式是将建筑内部给水系统与室外给水管网直接相连，并利用室外管网压力供水，同时设高位水箱调节流量和压力，如图4-3所示。当一天内室外管网大部分时间能满足建筑内用水要求，仅在用水高峰时，由于室外管网压力降低而不能保证建筑物上层用水时，采用此种方式。这种方式系统简单，投资省，可以充分利用室外管网的压力，节省能源，供水可靠性比直接供水方式好。但设置水箱会增加结构负荷，一般建筑物内水箱的容积不大于$20m^3$。

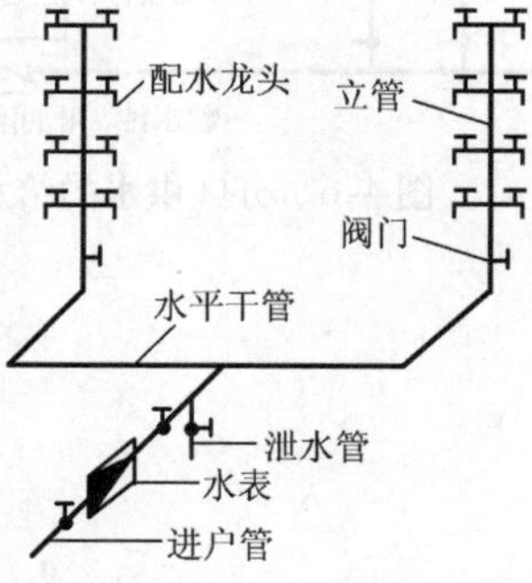


图4-2 直接给水方式

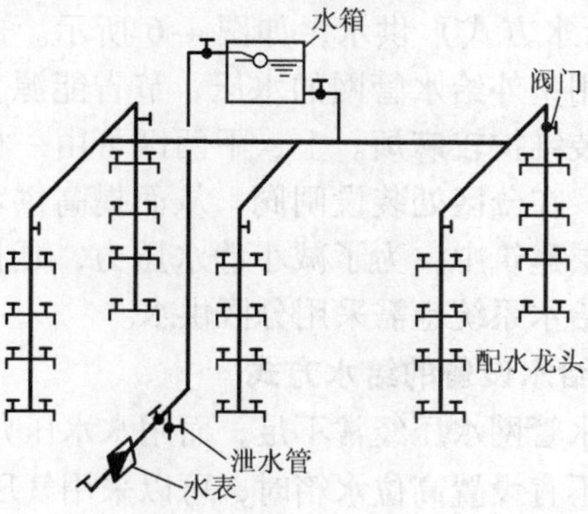


图4-3 单设水箱给水方式

**3. 设置水泵和水箱的给水方式**

当室外管网中的水压经常或周期性地低于建筑内部给水系统所需压力，建筑内部用水量较大且不均匀时，宜采用设置水泵和水箱的联合给水方式。该方式是用水泵从室外管网或贮水池中抽水加压，并利用高位水箱调节流量，如图4-4所示。这种方式供水可靠，供水压力稳定，同时水泵可以在高效率状态下工作。另外，在水箱中采用水位继电器等装置，可以使水泵启闭自动化。但设备费用较高，维护管理比较麻烦，如果管理不善，贮水池和水箱还有二次污染的问题。

**4. 单设水泵的给水方式**

当室外给水压力满足不了建筑内部用水需要，且建筑内部用水量较大又较均匀时，则可采用单设水泵的给水方式，这种给水方式常用于工厂的生产用水。对于用水不均匀的建筑物，单设水泵的给水方式一般采用一台或多台水泵的变速运行方式，保证水泵在较高的效率下工作，从而达到节能的目的。供水系统越大，节能效果就越显著。图4-5所示为水泵出口恒压的变速运行给水方式。

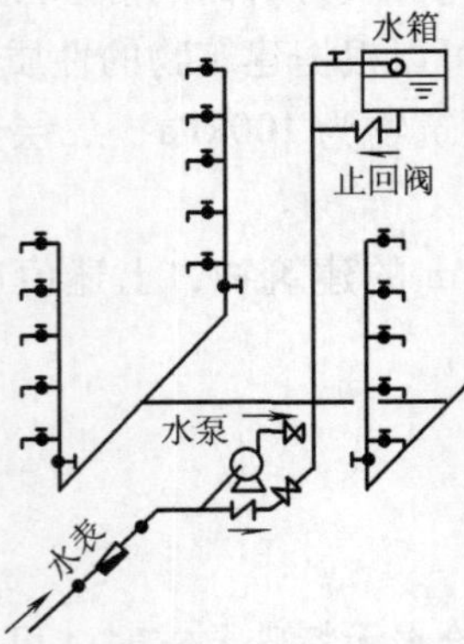


图4-4 设置水泵和水箱的给水方式

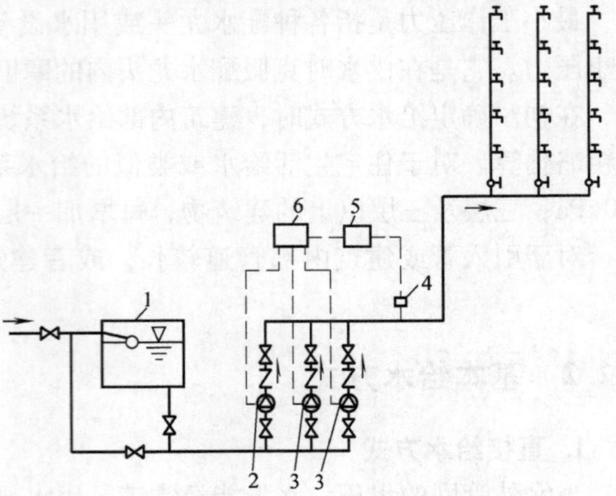


图4-5 变速运行给水方式

1—贮水池 2—变速泵 3—恒速泵

4—压力变送器 5—调节器 6—控制器

5. 分区供水的给水方式

在多层建筑及高层建筑中，当室外给水管网的压力仅能供下面几层，而不能满足上面几层用水要求时，为了充分有效地利用室外给水管网的压力，节省能源，常将给水系统分成上下两个供水区，下区由外网压力直接给水，上区采用水泵水箱联合给水方式（或其他升压给水方式）供水，如图4-6所示。这种方式能充分利用室外给水管网的水压，节省能源。但系统复杂，安装维护较麻烦。上、下两区可由一根或两根立管连通，在分区处装设闸阀，从而提高供水的可靠性。在高层建筑中，为了减小静水压力，延长零配件的寿命，给水系统也需采用分区供水。

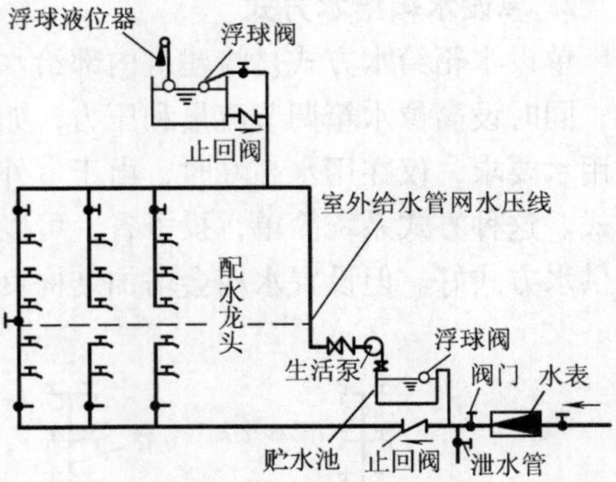


图4-6 分区供水的给水方式

6. 设气压给水设备的给水方式

当室外给水管网水压经常不足，而用水水压允许有一定的波动，又不宜设置高位水箱时，可以采用气压给水设备升压供水，如地震区、人防工程或屋顶立面有特殊要求等建筑的给水系统以及小型、简易、临时性给水系统和消防给水系统等。该给水方式就是用水泵从室外管网或贮水池中抽水加压，利用气压给水罐调节系统压力和控制水泵运行，如图4-7所示。当从外网直接抽水时，这种给水方式水质不易受污染、灵活，而且不需设高位水箱。但是，变压式气压给水的水压波动较大，水泵平均效率较低，耗能多，供水安全性也较差。气压给水设备有变压式、恒压式和隔膜式三种类型。

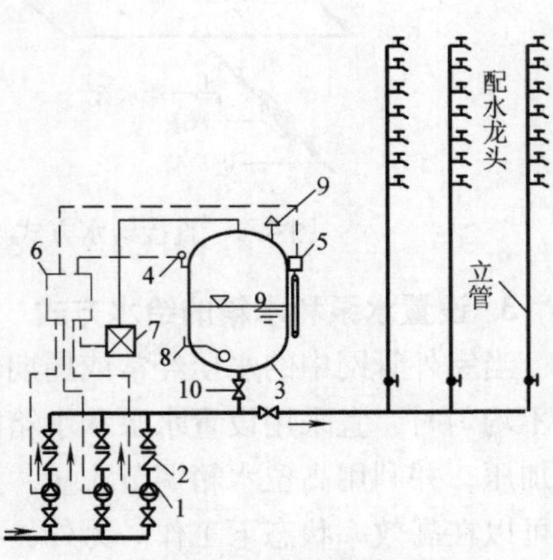


图4-7 气压给水方式

1—水泵 2—止回阀 3—气压水罐

4—压力信号器 5—液位信号器 6—控制器

7—补气装置 8—排气阀 9—安全阀 10—阀门

7. 管网叠压供水方式

为了充分利用市政管网的压力，节省供水能耗，近几年又研制开发出管网叠压供水设备。管网叠压供水系统在水泵和市政管网之间设一个调节罐，市政管网的自来水进入调节罐，水泵吸水管从调节罐吸水。其工作原理是：自来水进入调节罐，罐内的空气从真空消除器内排出，待水充满后，真空消除器自动关闭。当自来水能够满足用水压力及水量要求时，叠压供水设备通过旁通止回阀向建筑内用水管网直接供水；当自来水管网的压力不能满足用水要求时，系统通过压力传感器（或压力控制器、电接点压力表）给出启泵信号启动水泵运行。自来水的压力越低，水泵的转速越高；自来水的压力越高，水泵的转速越低。用水高峰期时，若自来水管网水量小于水泵流量时，调节罐内的水作为补充水源仍能正常供水，此时，空气由真空消除器进入调节罐，消除了自来水管网的负压，用水高峰期过后，系统恢复正常的状态。若自来水供水不足或管网停水而导致调节罐内的水位不断下降，液位探测器给出水泵停机信号以保护水泵机组。夜间及小流量供水时可通过小型膨胀罐供水，防止了水泵的频繁启动。

管网叠压供水设备具有可利用城镇给水管网的水压而节约能耗、设备占地面积较小、节省机房面积等优点。

叠压供水设备在城镇给水管网能满足用户的流量要求，而不能满足所需的水压要求，适合在设备运行后不会对管网的其他用户产生不利影响的情况下使用。各地供水行政主管部门（如水务局）及供水部门（如自来水公司）会根据当地的供水情况提出使用条件要求。中国工程建设协会标准《叠压供水技术规程》CECS 221—2012 第3.0.7条对此也做了明确的规定：“供水管网定时供水的区域；供水管网可利用的水头过低的区域；供水管网供水压力波动过大的区域；现有供水管网供水总量不能满足用水需求，使用叠压供水设备后，对周边现有（或规划）用户用水会造成影响的区域；供水管网管径偏小的区域；供水部门认为不得使用叠压供水设备的区域”这六种区域不得采用叠压供水技术。因此，当采用叠压供水设备直接从城镇给水管网吸水的设计方案时，要遵守当地供水行政主管部门及供水部门的有关规定，并将设计方案报请该部门批准认可。未经当地供水行政主管部门及供水部门的允许，不得擅自在城市供水管网中设置、使用管网叠压供水设备。

**8. 分质给水方式**

分质给水方式即根据不同用途所需的不同水质，分别设置独立的给水系统。如图4-8所示，饮用水给水系统供饮用、烹饪、盥洗等生活用水，水质符合GB 5749—2006《生活饮用水卫生标准》。杂用水给水系统，水质较差，仅符合GB/T 18920—2002《城市污水再生利用　城市杂用水水质》，只能用于建筑内冲洗便器、绿化、洗车、扫除等用水。近年来为确保水质，有些国家还采用了饮用水与盥洗、淋浴等生活用水分设两个独立管网的分质给水方式。

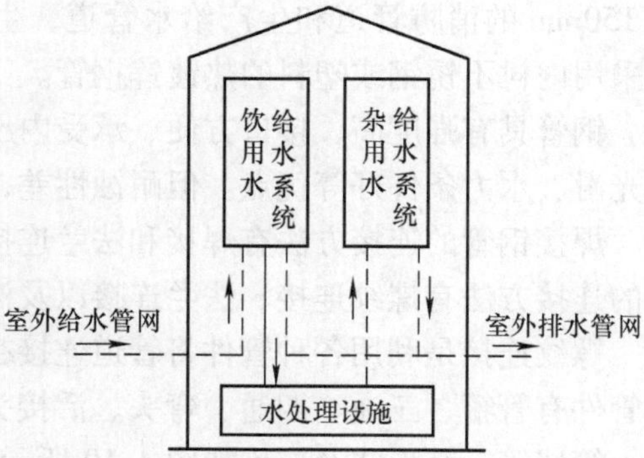

图4-8 分质给水方式

## 4.2.3 给水管网的布置方式

**1. 下行上给式**

下行上给式给水管网的布置方式如图4-2所示，水平配水干管敷设在底层（明装、埋设或沟敷）或地下室天花板下，自下而上供水。利用室外给水管网水压直接供水的居住建筑、公共建筑和工业建筑多采用这种方式。

**2. 上行下给式**

上行下给式给水管网的布置方式如图4-3所示，水平配水干管敷设在顶层天花板下或吊顶之内，自上而下供水。对于非冰冻地区，水平干管可敷设在屋顶上；对于高层建筑，也可敷设在技术夹层内。一般设有高位水箱的居住、公共建筑或下行布置有困难时多采用此种方式。其缺点是配水干管可能因漏水或结露损坏吊顶和墙面，寒冷地区干管还需保温，以免冰冻。

3. 中分式

如图4-9所示，水平干管敷设在中间技术层内或某中间层吊顶内，向上下两个方向供水。一般层顶用作露天茶座、舞厅或设有中间技术层的高层建筑多采用这种方式。其缺点是需设技术层或增加某中间层的层高。

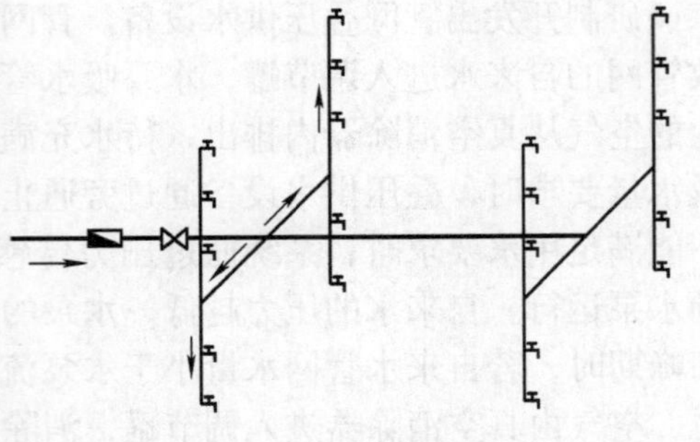

图4-9 中分式

## 4.3 给水管道的材料及给水附件

### 4.3.1 给水系统常用管材

给水系统常用的管材有钢管、塑料管、铸铁管、铜管、不锈钢管等。给水系统采用的管材、配件，应符合现行产品标准要求；生活饮用水给水系统所涉及的管材必须达到饮用水卫生标准，管道的工作压力不得大于产品标准允许的工作压力。

1. 钢管

目前，建筑给水系统使用的钢管有两种，一种是焊接钢管，一种是热镀锌钢管。焊接钢管主要用于消防管道和生产给水管道；热镀锌钢管主要用于管径小于或等于150mm的消防管道和生产给水管道，生活给水系统常采用内衬不锈钢或塑料的热镀锌钢管。

钢管具有强度高、接口方便、承受内压力大、内表面光滑、水力条件好等优点。但耐蚀性差，造价较高。

焊接钢管的连接方法有焊接和法兰连接，热镀锌钢管的连接方法有螺纹连接、法兰连接以及沟槽连接。

螺纹连接是利用各种管件将管道连接在一起。常用的管件有管箍、三通、四通、弯头、活接头、补心、根母、管堵等，其形式及应用如图4-10所示。

法兰连接一般用于直径较大（50mm以上）的管道与阀门、水泵、止回阀、水表等的连接。连接前先将法兰焊接或用螺纹连接在管端，再用螺栓连接起来。

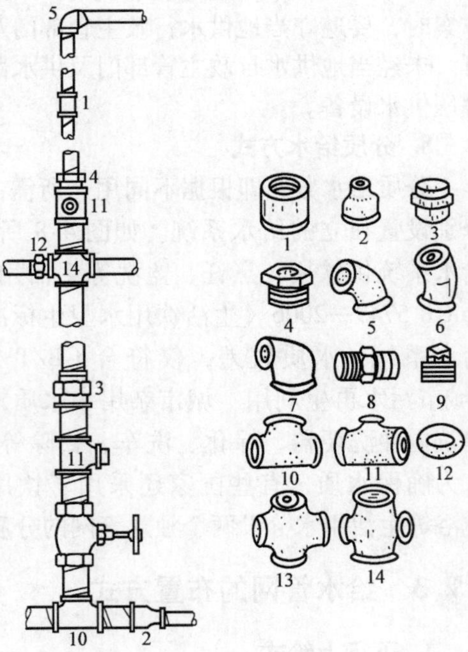

图4-10 螺纹连接配件

1—管接头 2—异径接头 3—活接头 4—补心 5—弯头 6—45°弯头 7—异径弯头 8—内接头 9—管堵 10—等径三通 11—异径三通 12—根母 13—四通 14—异径四通

2. 塑料管

建筑生活给水系统常用的塑料管材主要有给水硬聚氯乙烯（PVC-U）管、聚丙烯（PP-R）管、交联聚乙烯（PEX）管、氯化聚氯乙烯（PVC-C）管、聚乙烯（PE）管等。塑料管材耐腐蚀，不受酸、碱、盐和油类等介质的侵蚀，质轻而坚，管壁光滑，水力性能好，容易切割，加工安装方便，并可制成各种颜色。但其强度低，耐久性、耐热性能（PP-R管、PEX

管除外）较差。一般用于输送温度在45℃以下的建筑物内外的给水。

PVC-U管适用于系统的工作压力不大于0.6MPa，工作温度不大于45℃的给水系统。管道连接宜采用承插粘接，也可采用橡胶密封圈连接（采用这种连接时不能采用嵌墙敷设方式）。管道与金属管件螺纹连接时，应采用注射成型的外螺纹管件。管道与金属管材管道和附件为法兰连接时，宜采用注射成型带承口法兰外套金属法兰片连接。管道与给水栓连接部位应采用塑料增强管件、镶嵌金属或耐腐金属管件。

PP-R管适用于系统的工作压力不大于0.6MPa，工作温度不大于70℃的给水及热水系统。明敷和非直埋管道宜采用热熔连接，与金属管或用水器连接，应采用螺纹或法兰连接（需采用专用的过渡管件或过渡接头）。直埋、暗敷在墙体及地坪层内的管道应采用热熔连接，不得采用螺纹、法兰连接。当管道外径大于或等于75mm时可采用热熔、电熔、法兰连接。PP-R管不能用于室外。

PVC-C管有S6.3系列和S5系列。多层建筑可采用S6.3系列，高层建筑可采用S5系列（但高层建筑主干管和泵房内不宜采用）；室外管道压力不大于1.0MPa时，可采用S6.3系列，当大于1.0MPa时，应采用S5系列。管道采用承插粘接。与其他种类的管材、金属阀门、设备装置的连接，应采用专用嵌螺纹的或带法兰的过渡连接配件。螺纹连接专用过渡件的管径不宜大于63mm，严禁在管子上套螺纹。

PE管适用于温度不超过40℃，一般用途的压力输水，以及饮用水的输送。PE管的连接方式采用热熔连接或电熔连接。

PEX管是不污染环境的绿色管材，不含任何毒素，也不释放有害物质，焚烧后只产生水和二氧化碳。管外径小于25mm时，管道与管件宜采用卡箍式连接，大于或等于32mm时，宜采用卡套式连接。管道与其他管道附件、阀门等连接应采用专用的外螺纹卡箍或卡套式连接件。管道配水点，应采用耐腐蚀金属材料制作的内螺纹配件，且应与墙体固定。PEX管使用温度与允许工作压力请参见相关规范。

塑料管可以采用热熔对接、承插粘接、法兰连接等连接方式。

**3. 给水铸铁管**

铸铁管具有耐腐蚀、接装方便、寿命长、价格低等优点，但性脆、密度大、长度短。因此，给水铸铁管一般用于埋地管道。给水铸铁管有低压管、普压管和高压管三种，工作压力分别为不大于0.45MPa、0.75MPa和1MPa。当管内压力不超过0.75MPa时，宜采用普压给水铸铁管；超过0.75MPa时，应采用高压给水铸铁管。铸铁管一般应做水泥砂浆衬里，管道宜采用橡胶圈柔性接口（$DN \leqslant 300$mm宜采用推入式梯唇形胶圈接口，$DN > 300$mm宜采用推入式楔形胶圈接口）。

**4. 铝塑复合管**

铝塑复合管的内外塑料层采用的是交联聚乙烯，主要用于生活冷、热水管，工作温度可达90℃。铝塑复合管具有一定的柔性，保温、耐腐蚀，不渗透、气密性好，内壁光滑、重量轻、安装方便。铝塑复合管宜采用卡套式连接，当使用塑料密封套时，水温不得超过60℃；当使用铝制密封套时，水温不得超过100℃。

**5. 给水铜管**

铜管是以铜为主要原料的有色金属管，这里是指薄壁纯铜管。它是经拉制、挤制或轧制成形的无缝管。按有无包覆材料分，有裸铜管和塑覆铜管（管外壁覆有热挤塑料覆层，用以保护铜管和管道保温）。铜在化学活性排序中的序位很低，比氢还靠后，因而铜管性能稳定，极耐腐蚀。从使用历史看，许多铜管的使用时间已经超过了建筑物本身的使用寿命。另外，铜能抑制细菌的生长，保持饮用水的清洁卫生。

## 4.3.2 给水附件

给水附件指配水，控制及调节水量、压力等的附件，一般分为配水附件和控制附件两类。

**1. 配水附件**

配水附件是指安装在卫生器具及用水点的各式水龙头，用以调节和分配水量的配水龙头如图4-11所示。

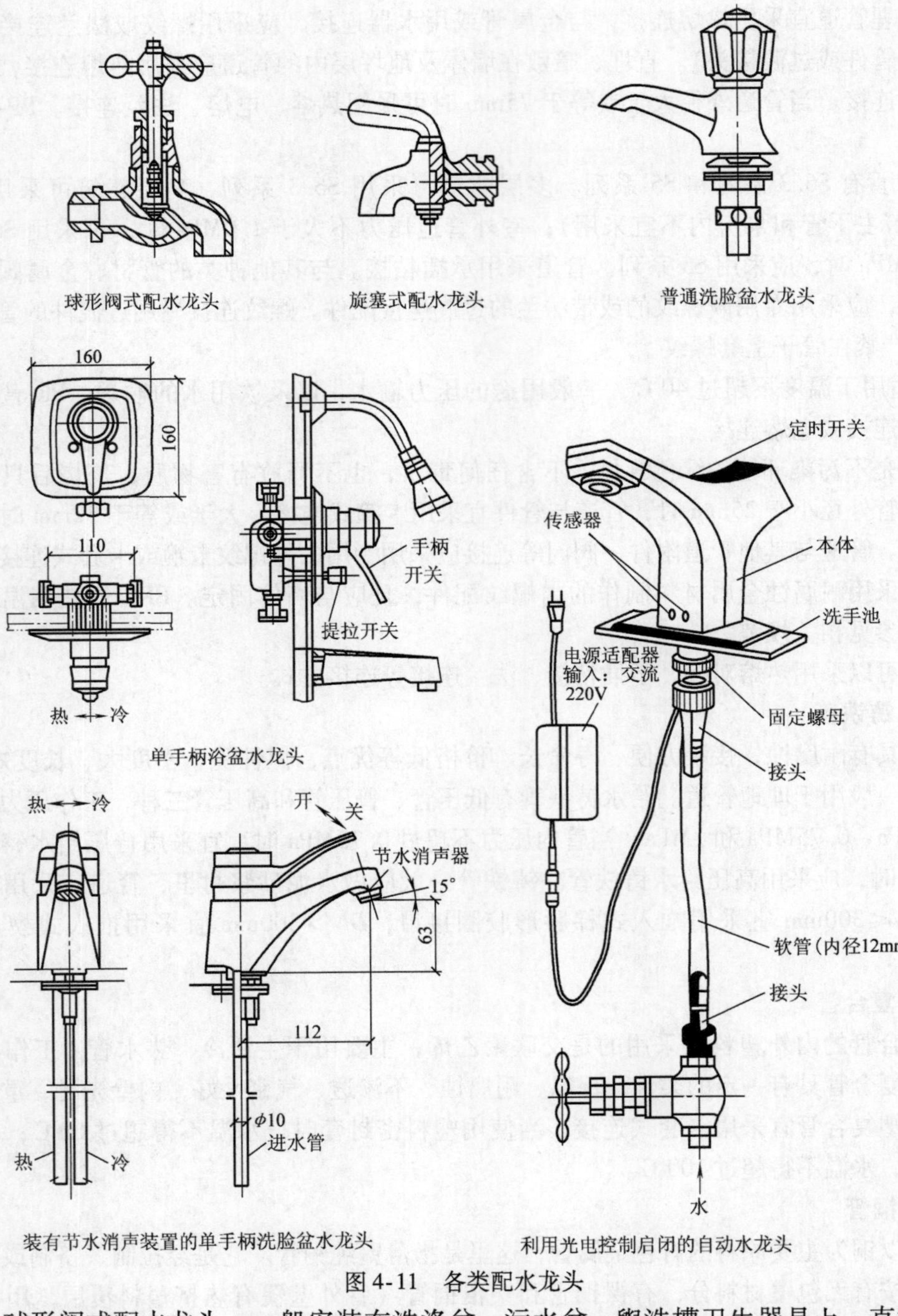


图4-11 各类配水龙头

（1）球形阀式配水龙头　一般安装在洗涤盆、污水盆、盥洗槽卫生器具上，直径有15mm、20mm、25mm三种。因水流流经此类龙头时改变流向，故此种龙头压力损失较大。

（2）旋塞式配水龙头　一般是铜制的，多安装在浴池、洗衣房、开水间的热水管道上。这种龙头旋转90°即完全开启，可迅速获得较大流量，而且阻力较小。但由于启闭迅速，容易产生水锤现象。

（3）普通洗脸盆水龙头　安装在洗涤盆上，单供冷水或热水。

（4）单手柄浴盆水龙头　可以安装在各种浴盆上。

（5）装有节水消声装置的单手柄洗脸盆水龙头　这种水龙头既能节水，又能减小噪声。

（6）利用光电控制启闭的自动水龙头　这种水龙头能够利用光电原理自动控制水龙头的启闭，不仅使用方便，而且可以避免自来水的浪费。

**2. 控制附件**

控制附件用来调节水量、水压，或开启和关闭水流。常用的控制附件有截止阀、闸阀、蝶阀、止回阀、浮球阀及安全阀等。

（1）截止阀　如图4-12a所示，只能用来关闭水流，也可作调节流量用。截止阀关闭严密，但水流阻力较大，一般安装在管径小于或等于50mm的管道上以及水泵出口等地方。安装时注意方向，应使水低进高出，防止装反。

（2）闸阀　如图4-12b所示，用来开启和关闭管道中的水流，不能用来调节流量。闸阀阻力较小，但水中杂质沉积阀座或经过长时间冲刷后，阀板关闭不严，易产生漏水现象。一般安装在管径大于或等于70mm的干管上。

（3）蝶阀　如图4-12c所示，用于调节和关断水流，这种阀门体积小，启闭方便。

（4）止回阀　用于阻止水流的反向流动，常用的有以下几种形式：旋启式止回阀，如图4-12d所示，水平安装和垂直安装均可，但因启闭迅速，易引起水锤现象，不宜在压力较大的管道上采用；升降式止回阀，如图4-12e所示，只能水平安装，水流阻力较大，宜用于小口径的管道上；消声止回阀，如图4-12f所示，可消除阀门关闭时的水锤冲击和噪声；梭式止回阀，如图4-12g所示，是一种新型止回阀，不仅水流阻力小，而且密封性能好。

（5）浮球阀　如图4-12h所示，是一种能够自动打开、自动关闭的阀门，一般安装在水箱或水池的进水管上用来控制水位。当水位达到设计水位时，浮球阀自动关闭进水管；当水位下降时，浮球阀自动打开进水管，继续进水。浮球阀所用的浮球较大，阀芯也易被卡住引起控制失灵。液压水位控制阀是浮球阀的升级换代产品，如图4-12i所示，其作用同浮球阀，并克服了浮球阀阀芯易被卡住引起溢水等弊病。

（6）安全阀　主要用于防止管网或密闭用水设备压力过高，一般有弹簧式和杠杆式两种，分别如图4-12j和图4-12k所示。

## 4.3.3　水表

**1. 常用水表的类型及特征**

水表是计量用水量的仪表。我国生产的水表有流速式和容积式两种，目前建筑给水系统广泛采用流速式水表。流速式水表是根据直径一定时，流量与流速成正比的原理来计量水量的。水流通过水表时冲动翼轮旋转，并通过翼轮轴带动齿轮盘，记录流过的水量。

流速式水表可分为旋翼式、螺翼式、复式和正逆流式四种类型，采用较多的是旋翼式、螺翼式，其结构如图4-13所示。

螺翼式水表的翼轮轴与水流方向平行，水流阻力较小，多为大口径水表，适用于测量大流量；旋翼式水表的翼轮轴与水流方向垂直，水流阻力较大，多为小口径水表，适用于测量小流量；复式水表由主表及副表组成，用水量小时仅由副表计量，用水量大时，则由主表和副表同时

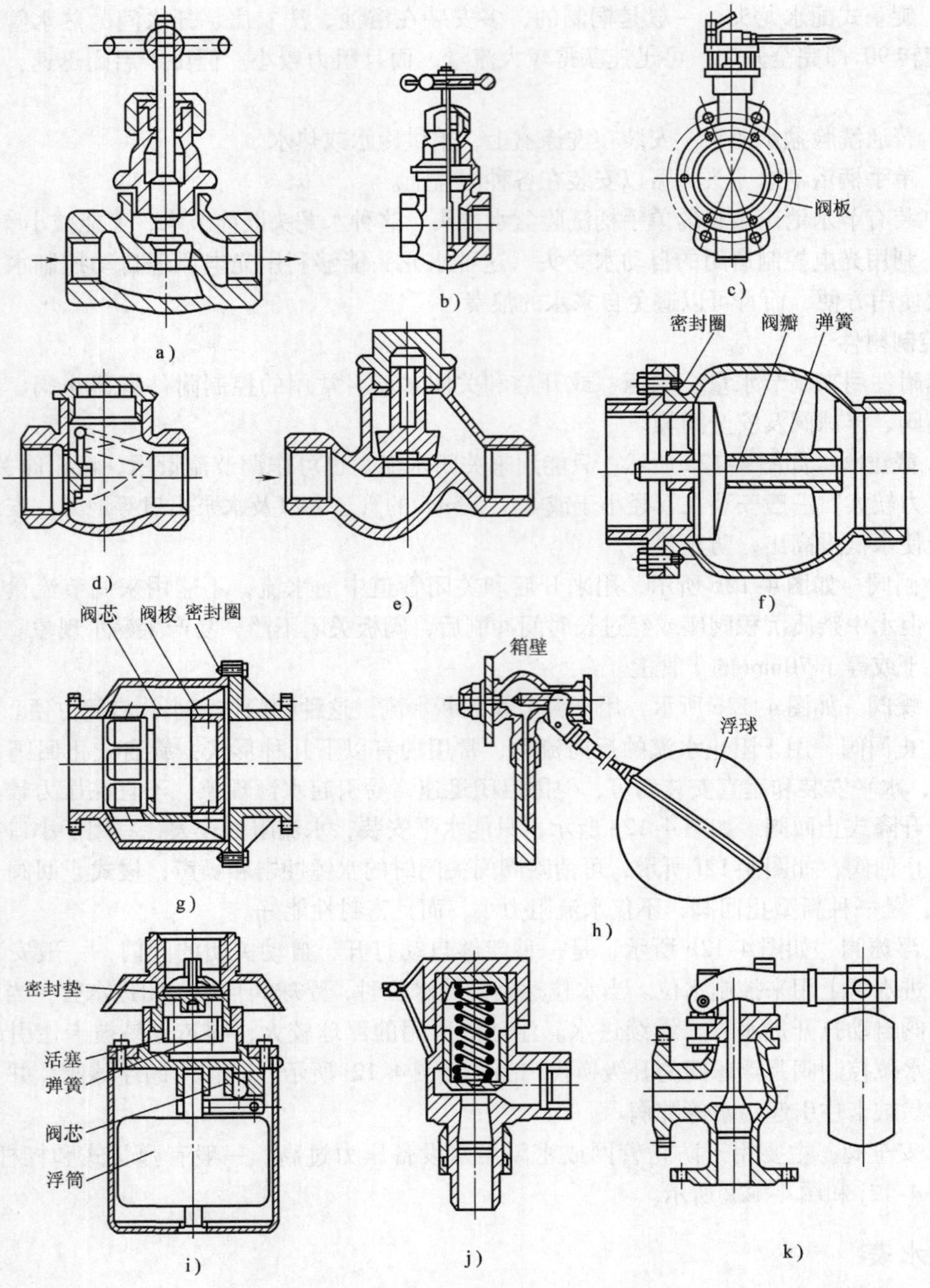


图4-12　各类控制附件

a）截止阀　b）闸阀　c）蝶阀　d）旋启式止回阀　e）升降式止回阀　f）消声止回阀
g）梭式止回阀　h）浮球阀　i）液压水位控制阀　j）弹簧式安全阀　k）杠杆式安全阀

计量，适用于用水量变化幅度较大的用户；正逆流水表可计量管内正、逆两向流量之总和，主要用于计量海水的正逆方向流量。

水表按计数器的工作环境分为干式和湿式两种。湿式水表的传动机构和计量盘浸没在水中，而干式水表的传动机构和计量盘用金属盘与水隔开。湿式水表构造简单，计量准确，密封性能好。但水质浊度高，将降低水表精度，缩短水表寿命。湿式水表适用于水温不超过40℃的洁净水，干式水表适用水温不超过100℃的洁净水。

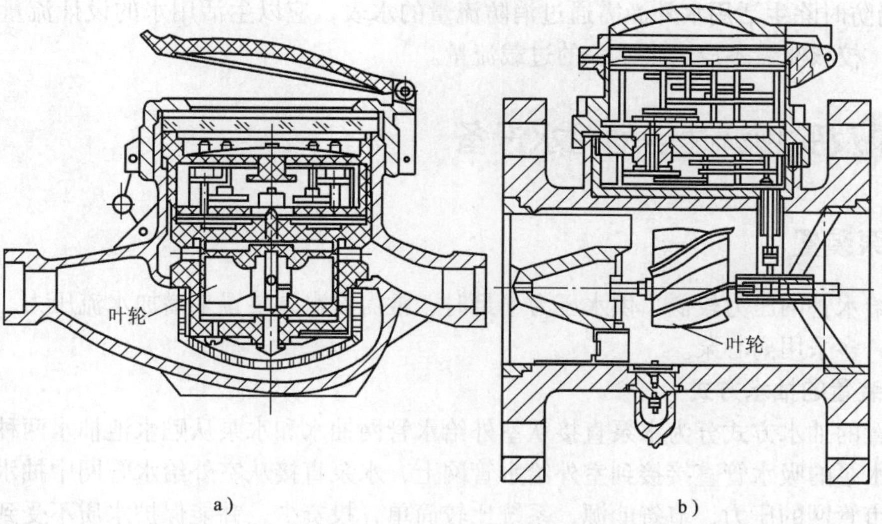


图4-13　流速式水表
a）旋翼式水表　b）螺翼式水表

按读数机构的位置水表可分为现场指示型、远传型和远传现场组合型。现场指示型水表计数器读数机构不分离，与水表为一体；远传型水表计数器示值远离水表安装现场，分无线和有线两种；远传、现场组合型水表，即在现场可读取示值，在远离现场处也能读取示值。

**2. 水表的主要特性参数**

水表的主要特性参数如下：

（1）过载流量 $q_{max}$　水表在无损坏情况下，短时间内最大允许使用的流量。其值为常用流量的2倍。

（2）常用流量 $q_p$　水表在正常工作条件即稳定或间歇流动下的最佳使用流量。

（3）分界流量 $q_t$　将流量范围分割成两个区的流量，“高区”和“低区”各自有一个该区的最大允许流量。

（4）最小流量 $q_{min}$　在最大允许误差限制内要求水表给出示值的最低流量，它与水表代号的数值有关。

（5）始动流量 $q_s$　水表开始连续指示时的流量，此时水表不计示值误差。但螺翼式水表没有始动流量。

（6）流量范围　由最小流量和过载流量所限定的范围，在此范围内水表的示值误差不得超过最大允许误差，该范围由分界流量分割成“高区”和“低区”两个区。

（7）最大允许计量误差　$q_{min} \leqslant$ 流量 $< q_t$ 时的最大允许误差为 ±5%；$q_t <$ 流量 $< q_s$ 时的最大允许误差为 ±2%。

**3. 水表的选择**

一般情况下，管道公称直径小于或等于50mm时，应采用旋翼式水表；公称直径大于50mm时，应采用螺翼式水表。在干式和湿式水表中应优先采用干式水表。

水表公称直径的确定：

1）水表口径宜与给水管道接口管径一致。

2）用水量均匀的生活给水系统的水表应以给水设计流量选定水表的常用流量。

3）用水量不均匀的生活给水系统的水表应以设计流量选定水表的过载流量。

4）在消防时除生活用水外尚需通过消防流量的水表，应以生活用水的设计流量叠加消防流量进行校核，校核流量不应大于水表的过载流量。

## 4.4 水泵及变频调速自动给水设备

### 4.4.1 水泵装置

当城市给水管网压力较低、供水压力不足时，常需设水泵装置来增加水流压力。在建筑内部给水系统中，多采用离心泵。

**1. 水泵装置的抽水方式**

水泵装置的抽水方式分为水泵直接从室外给水管网抽水和水泵从贮水池抽水两种。水泵直接抽水就是将水泵的吸水管直接接到室外给水管网上，水泵直接从室外给水管网中抽水。这种方式可以利用城市管网的压力，节省能源，系统比较简单，投资少，并能保护水质不受到污染。但在有些情况下，水泵直接抽水会降低城市管网的压力，从而影响附近地区用户的正常供水。当用水量较大，城市管网不能供水泵直接抽水时，应建造贮水池，城市管网不断地向池内贮水，水泵从贮水池抽水。这种抽水方式不会因大量抽水而影响城市管网的正常供水，而且贮水池存有一定的水量，供水安全可靠，但水泵不能利用城市管网的水压，消耗电能较多，而且水池中的水易被污染。

**2. 水泵的选择**

选择水泵首先要确定水泵的流量和与此流量相对应的扬程，然后合理选用水泵型号，使水泵在高效区工作。

水泵的流量按下列原则确定：水泵后无水箱等调节装置时，应按设计秒流量确定；水泵后有水箱等调节装置时，一般按最大小时流量确定。调速泵在额定转速的工作点，应位于水泵高效区的末端。

水泵的扬程应满足最不利配水点或消火栓等所需要的水压。

**3. 水泵的布置与安装**

水泵机组的布置应符合表4-1所示的规定。

**表4-1 水泵机组外轮廓面与墙和相邻机组的距离**

| 电动机额定功率/kW | 水泵机组外轮廓面与墙面之间的最小距离/m | 相邻水泵机组外轮廓面之间的最小距离/m |
|---|---|---|
| ≤22 | 0.8 | 0.4 |
| 23～55 | 1.0 | 0.8 |
| 55～160 | 1.2 | 1.2 |

注：1. 水泵侧面有管道时，外轮廓面计至管道外壁面。

2. 水泵机组是指水泵与电动机的联合体，或已安装在金属座架上的多台水泵组合体。

每台水泵宜设计单独的吸水管，若设计成共用吸水管，则一般至少要两条，并设连通管与每台泵吸水管连接。

为减少水泵运转时对周围环境的影响，应对水泵进行隔振处理。隔振技术以设备隔振为主，管道和支架隔振为辅。卧式水泵隔振宜加装隔振垫、隔振器或加装隔振基座；立式水泵隔振优先推荐阻尼弹簧隔振器，其上端与隔振基座和钢垫板用螺栓固定，其下端与混凝土基础用螺栓固定。水泵与管道之间采用软接头进行减振。

泵房内应当干燥、通风良好、光线充足，冬季不能冰冻，并应有排水措施。泵房净高不小于3.2m。在建筑物内布置水泵，泵房应远离要求安静和有防振要求的房间（如病房、卧室、教室等）。

### 4.4.2 变频调速自动供水设备

变频调速自动供水设备主要由控制器、变频器、压力变送器、水泵等组成。图4-14所示为水泵出口压力恒定控制的计算机供水系统示意图。

其工作过程为：根据用户对水压的要求，先在控制器中设定一个水泵出口压力值$p$。随着建筑内用水量的变化，水泵出口的压力值$p_x$也随之改变。压力变送器将水泵出口压力值$p_x$传送给控制器，控制器根据$p_x$与$p$的相互关系，通过变频器调节频率，改变电动机及水泵的转速，使供水量与用水量达到平衡，维持水泵出口压力基本恒定。当建筑内用水量增加时，水泵出口压力$p_x$下降，$p_x<p$，这时控制器通过变频器提高频率，致使水泵电动机转速提高，水泵出水量增加，$p_x$值上升，直至$p_x=p$；当建筑内用水量减少时，水泵出口的压力$p_x$上升，$p_x>p$，这时控制器通过变频器降低频率，致使水泵转速下降，出水量减少，$p_x$值下降，直至$p_x=p$。

水泵转速变化幅度一般在（80%～100%）$n_N$（额定转速），因为这个范围内机组和电控设备的总效率比较高。

采用变速泵供水的系统，当日夜用水量相差悬殊时，应设置小容积的高位水箱或气压罐与变速泵配合使用，或设置小型恒速泵与变速泵配合使用，解决小流量和零流量时变速泵的运行问题，因为在这种情况下，水泵工作效率低，轴功率将产生大量的机械热能，使水温升高，导致水泵故障。图4-15所示为带有自动补气气压罐的变频调速给水系统。

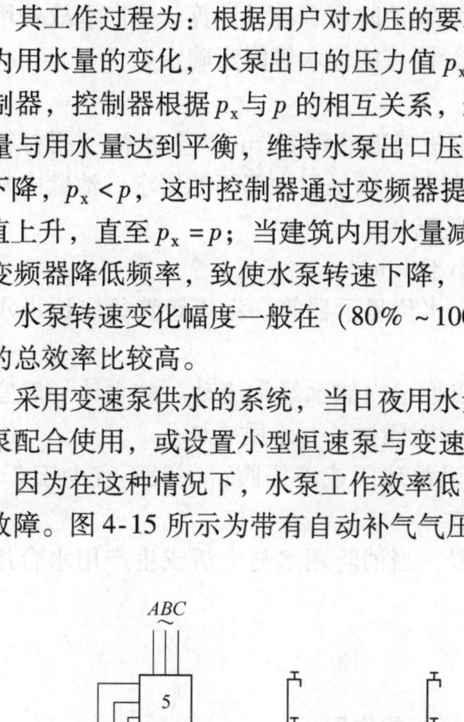


图4-14 水泵出口压力恒定控制的计算机供水系统示意图

1—贮水池 2—水泵 3—压力变送器 4—控制器 5—变频器 6—电动机

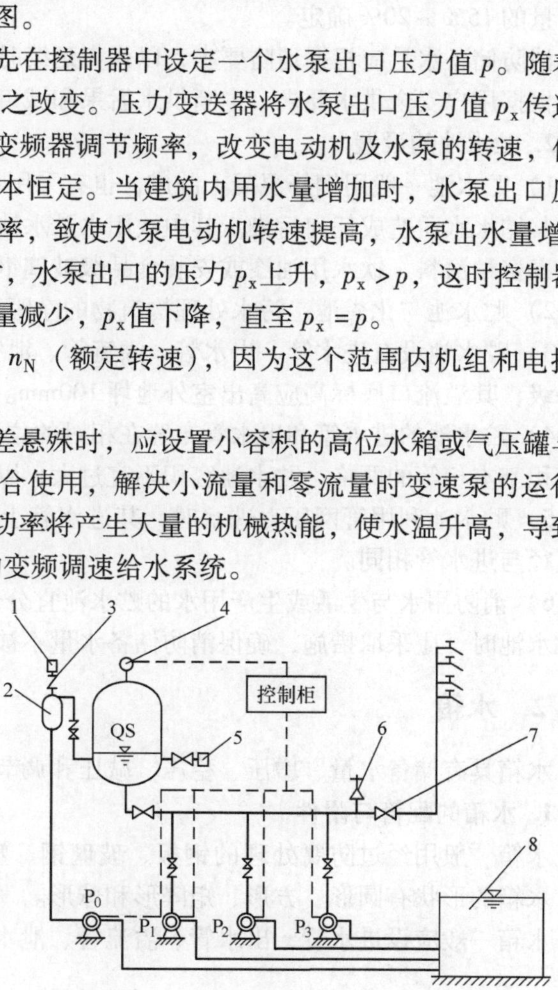


图4-15 带有自动补气气压罐的变频调速给水系统

1—吸气阀 2—补气罐 3—止回阀 4—压力开关 5—自动排气阀 6—安全阀 7—闸阀 8—贮水池 $P_0$—辅助水泵 $P_1$～$P_3$—主水泵

## 4.5 贮水池、水箱和气压给水设备

### 4.5.1 贮水池

在城市给水管网不能满足流量要求时，应在室内（地下室）或室外泵房附近设置贮水池，

以补充供水量不足。

**1. 贮水池的有效容积**

贮水池的有效容积包括建筑物的生活（生产）调节水量、消防贮备水量和生产事故备用水量。建筑物的生活（生产）调节水量与贮水池的进水量和水泵运行工作情况有关，详细计算请按照规范中的计算公式确定。当资料不足时，建筑物的生活（生产）调节水量可以按建筑最高日用水量的20% ~25%确定，最大不得大于48h的用水量；居住小区的调节水量可以按最高日用水量的15% ~20%确定。

消防储备水量应根据消防要求，以火灾延续时间内所需消防用水总量计算。生产事故备用水量应根据用户安全供水要求、中断供水后果和城市给水管网可能停水等因素确定。

**2. 贮水池的设置**

1）贮水池一般用钢筋混凝土制成，也有采用各种钢板或玻璃钢制作的。贮水池所用材料不得对其储水水质造成任何污染。其中饮用水贮水池内壁材料应满足卫生部门的要求。池壁内常喷刷无毒瓷釉涂料、饮水用油漆或安装食品级玻璃钢和贴瓷砖等。

2）贮水池与化粪池、污水处理构筑物的净距不宜小于10m。

3）贮水池设有进水管、出水管、溢流管、泄空管、水位显示器等。溢流管管径应比进水管大一级，其溢流口底标高应高出室外地坪100mm。

4）贮水池的进水管和出水管布置在相对的位置，以便池内储水经常流动。贮水池一般宜分成容积基本相等的两格。贮水池容积不宜过大，以防储水时间过长，水质变坏。

5）贮水池利用管网压力进水时，其进水管上应装设浮球阀或液压阀，一般不宜少于2个，其直径与进水管相同。

6）消防用水与生活或生产用水的贮水池宜分开设置，当消防用水与生活或生产用水合用一个贮水池时，应采取措施，确保消防储备水量不被动用。

### 4.5.2 水箱

水箱具有储备水量、增压、稳压、减压和调节水泵运行的作用。

**1. 水箱的配管与附件**

水箱一般用经过防腐处理的钢板、玻璃钢、塑料或钢筋混凝土制作。防腐材料不得污染水质。水箱的形状有圆形、方形、矩阵形和球形。

水箱一般应设进水管、出水管、溢流管、泄水管、通气管、液位计、人孔等，如图4-16所示。

（1）进水管与浮球阀　进水管至水箱上缘应有150 ~200mm的距离。当水箱利用管网压力进水时，进水管上应装设不少于2个浮球阀或液压水位控制阀，并在控制阀前装检修阀。当水箱利用加压泵进水并利用水位继电器控制水泵运行时，不装水位控制阀。进水管的管径按水泵出流量或建筑内部设计秒流量计算决定。

（2）出水管与止回阀　水箱出水管可以从侧壁或底部接出。生活给水的出水管其管内底应高于箱底100 ~150mm，以防污染物流入供水管网，出水管上一般设置阀门。进水管和出水管可以合用一条管道，此时出水管上应设止回阀。出水管的管径按设计秒流量计算。

（3）溢流管　溢流管的作用是控制水箱的最高水位。溢流管的直径应按排泄最大入流量确定，一般比进水管大1 ~2级；溢流管宜采用水平喇叭口集水，喇叭口下的垂直管段不宜小于4倍溢流管管径，喇叭口应比最高水位高50mm。溢流管上不得装设阀门。为了防止污水倒灌，溢流管不得与排水系统直接相连，必须采用间接排水，设断流水箱和水封装置。当水箱设置在平屋顶上时，溢流水可直接流在屋面上。

（4）泄水管 泄水管用以排放冲洗水箱的污水。泄水管应自水箱底部最低处接出，可连接在溢流管上，但不得与排水系统直接连接。管径不得小于50mm，泄水管上装有阀门。

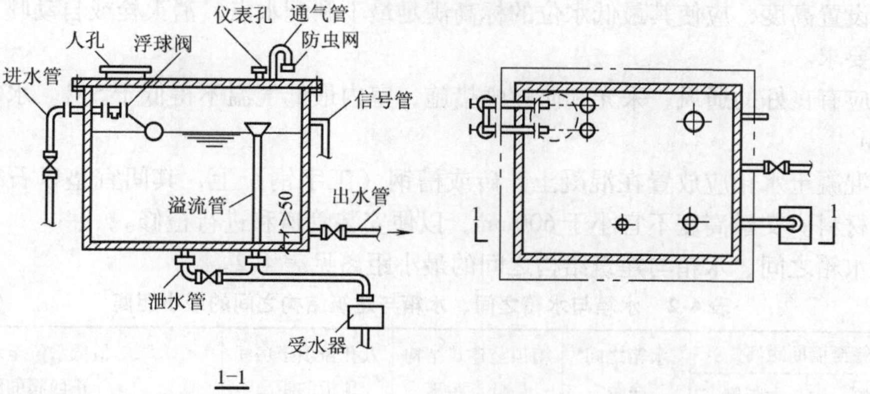


图4-16 水箱的配管与附件

（5）水位信号装置 该装置是反映水位控制阀失灵报警的装置。信号管管底一般比溢流水位低10mm，管径一般为15～20mm，信号管应接至经常有人值班房间的洗脸盆、洗涤盆等处。水箱一般应在侧壁安装玻璃液位计，并应有传送到监控中心的水位指示仪表。若水箱液位与水泵联动，则可在水箱侧壁或顶盖上安装液位继电器或信号器，采用自动水位报警装置。

在水箱内未装液位信号计时，可设水位信号管给出溢流信号，信号管上不装设阀门。

（6）通气管 通气管设在水箱盖上，可伸至室内或室外，但不得伸到有毒有害气体的地方，不得与排水系统和通风道相连。管口一般折弯朝下，并设有滤网。通气管管径一般宜为100～150mm。

另外，对设有托盘的水箱，还应设一根直径为32～40mm的泄水管，以排泄箱壁的凝结水。

**2. 水箱的有效容积**

高位水箱的有效容积由高位水箱的调节容积、高位水箱的消防储水容积和高位水箱的生产事故储水容积三部分组成，具体应根据高位水箱的功能确定。

水箱的调节容积目前有两种计算方法：一种是按水箱进水的不同情况由经验公式计算确定，另一种是根据经验进行估算。

由室外给水管网夜间直接进水的水箱，其容积一般按供水的用水人数和最高日用水定额确定。

水泵与水箱联合供水系统，当水泵由人工启闭时，水箱容积可按水箱服务区域内的最高日用水量的12%确定。

当水泵自动运行时，水箱调节容积按下式计算，即

$$V_{sb}=\frac{Cq_{Vb}}{4n_b} \tag{4-2}$$

式中 $V_{sb}$——水箱调节容积（$m^3$）；

$q_{Vb}$——水泵出水流量（$m^3/h$）；

$n_b$——水泵1h内最大起动次数，一般宜采用6～8次/h；

$C$——系数，一般$C\geqslant1.25$。

当无资料时，水箱调节容积可按水箱服务区域内的最大小时用水量的50%确定。

生产事故储水容积按工艺要求确定。消防储水容积按照消防要求确定，一般都以10min的室内消防设计流量计算。

**3. 水箱的设置高度及水箱间**

水箱的设置高度，应使其最低水位的标高满足最不利配水点、消火栓或自动喷水喷头的最小工作压力的要求。

水箱间应有良好的通风、采光和防蚊蝇措施，室内最低气温不得低于5℃。水箱间的净高不得小于2.2m。

非钢筋混凝土水箱应放置在混凝土、砖或槽钢（工字钢）上，其间宜垫以石棉橡胶板、塑料板等绝缘材料。支墩高度不宜小于600mm，以便安装管道和进行检修。

水箱与水箱之间、水箱与建筑结构之间的最小距离见表4-2。

**表4-2 水箱与水箱之间、水箱与建筑结构之间的最小距离** （单位：m）

| 水箱形式 | 水箱至墙面距离 | | 水箱之间净距 | 箱顶至建筑结构最低点距离 | 人孔盖顶至房间顶板的距离 | 最低水位至水管上止回阀的距离 |
|---|---|---|---|---|---|---|
| | 有阀侧 | 无阀侧 | | | | |
| 圆形 | 0.8 | 0.5 | 0.7 | 0.6 | 1.5 | 0.8 |
| 矩形 | 1.0 | 0.7 | 0.7 | 0.6 | 1.5 | 0.8 |

## 4.5.3 气压给水设备

气压给水设备按压力稳定情况可分为变压式和定压式两种，按气水接触方式可分为补气式和隔膜式两类。

（1）变压式气压给水设备 变压式气压给水设备在向给水系统输水过程中，给水系统的压力随着气压罐的压力变化而变化，如图4-17所示。罐内的水在压缩空气的起始压力$p_2$的作用下，被压送至给水管网。随着罐内水量的减少，压缩空气体积膨胀，压力减小。当压力降至最小工作压力$p_1$时，压力信号器动作，使水泵启动。水泵出水除供用户外，多余部分进入气压水罐，罐内水位上升，空气又被压缩，当压力达到$p_2$时，压力信号器动作，使水泵停止工作，气压水罐再次向管网输水。

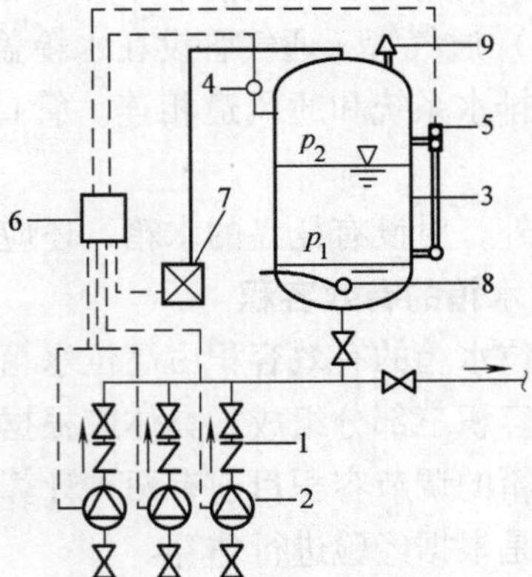


图4-17 单罐变压式气压给水设备

1—止回阀 2—水泵 3—气压水罐 4—压力信号器 5—液位信号器 6—控制器 7—补气装置 8—排气阀 9—安全阀

（2）定压式气压给水设备 给水系统的压力不随着气压罐的压力变化而变化。一般常用的做法是在变压式气压给水设备的供水管上安装压力调节阀，调节阀后水压在要求的范围内，使供水压力相对稳定。对于双罐变压式给水设备，可以在压缩空气连通管上安装压力调节阀，将阀后的气压控制在要求的范围内。

（3）补气式气压给水设备 气压罐中的水与气直接接触，长期运行罐内的空气量就会减少，因此应经常补气。补气的方式主要有空气压缩机补气、利用水泵出水管中的积存气补气、水射器补气和设补气罐补气等。

（4）隔膜式气压给水设备 隔膜式气压给水设备是在气压罐内装设橡胶隔膜将水与空气分开。常用的隔膜主要有帽形、囊形两类，图4-18所示为囊形隔膜式气压罐。隔膜式气压给水设备不仅省去补气装置，而且避免了空气对水的污染，因此应用广泛。

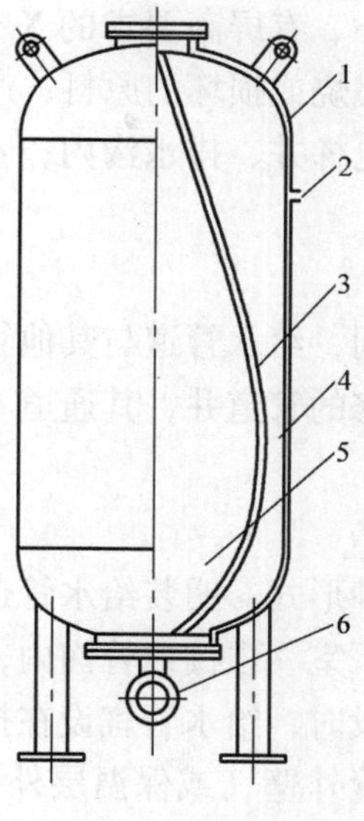


图4-18　囊形隔膜式气压罐

1—气压罐　2—充气口　3—橡胶隔膜　4—气室　5—水室　6—进出水口

## 4.6　给水管道的布置与敷设

给水管道布置与敷设的基本要求：①满足最佳水力条件；②满足维修及美观要求；③保证生产及使用安全；④保证管道不受破坏。

### 4.6.1　管道布置

**1. 确保供水安全并力求经济合理**

管道尽可能沿墙、梁、柱直线敷设，管路力求简短，以减少工程量，降低造价。干管应布置在用水量大或不允许间断供水的配水点附近，既利于供水安全，又可减少流程中不合理的传输流量，节省管材。

不允许间断供水的建筑，应从室外环状管网不同管段设两条或两条以上引入管，在室内将管道连成环状或贯通状双向供水。若必须同侧引入时，两条引入管的间距不得小于15m，并在两条引入管之间的室外给水管上装阀门。生活给水引入管与污水排出管的管外壁的水平净距不宜小于1.0m；引入管应有不小于0.003的坡度坡向室外给水管网或阀门井、水表井；引入管的拐弯处应设支墩；当穿越承重墙或基础时，应预留洞口，管顶上部净空高度不得小于建筑物的沉降量，一般不小于0.1m，并充填不透水的弹性材料。

室内给水管网宜采用枝状布置，单向供水。不允许间断供水的建筑和设备，应采用环状管网或贯通枝状双向供水（若不可能时，应采取设置高位水箱或增加第二水源等保证安全供水的措施）。

**2. 保护管道不受损坏**

给水埋地管道应避免布置在可能受重物挤压处。管道不得穿越生产设备基础，也不宜穿过伸缩缝、沉降缝。若需穿过时，应采取保护措施，如在墙体两侧采取柔性连接；在管道或保温层外皮上、下留有不小于150mm的净空；在穿墙处做成方形补偿器，水平安装。

**3. 不影响生产和建筑物的使用**

给水管道不得布置在遇水会损坏设备或引发事故的房间，如变配电间、电梯机房、通信机房、大中型计算机房、计算机网络中心、有屏蔽要求的X光室、CT室、档案室、书库、音像库房等；不得布置在遇水能引起爆炸、燃烧或损坏的原料、产品和设备上面，并避免在生产设备的上方通过；不得敷设在烟道、风道、电梯井、排水沟内；不得穿过大、小便槽（给水立管距大、小便槽端部不得小于0.5m）。

**4. 便于安装维修**

布置管道时其周围要有一定的空间，给水管道与其他管道和建筑结构之间应留有一定的操作距离，具体详见规范规定。需进入检修的管道井，其通道不宜小于0.6m。

## 4.6.2 管道敷设

给水管道的敷设有明装、暗装两种形式。明装给水管道尽量沿墙、梁、柱平行敷设；暗装给水横干管除直接埋地外，宜敷设在地下室、顶棚或管沟内，立管可敷设在管井中。

给水管与其他管道同沟或共架敷设时，给水管宜设在排水管、冷冻管的上面，热水管或蒸汽管的下面。当共用一个支架敷设时，管外壁（或保温层外壁）距墙面宜不小于0.1m，距梁、柱可减少至0.05m。而管道外壁（或保温层外壁）之间的最小距离宜按下列规定确定：$DN \leqslant 32\text{mm}$时，不小于0.1m；$DN > 32\text{mm}$时，不小于0.15m。管道上阀门不宜并列安装，应尽量错开位置，若必须并列安装时，管道外壁最小净距：$DN < 50\text{mm}$时，不宜小于0.25m；$DN = 50 \sim 150\text{mm}$时，不宜小于0.30m。

给水横干管宜有0.002～0.005的坡度，坡向泄水装置。

室内暗敷给水管道有直埋与非直埋两种形式。直埋式是将管道嵌墙敷设、埋地或在地坪面层内敷设；非直埋式是将管道敷设在管道井、管窿、吊顶内或地坪架空层内。

室内给水管道穿越承重墙或基础时，其要求与引入管要求相同；穿越地下构筑物外墙应设防水套管；穿越墙、梁可预埋套管或留洞；穿越楼板、屋面时一般应预留套管，穿越管应设固定支承，并应防渗漏。当管道采用嵌墙敷设时，应预留管槽或宜用开槽机开槽，管槽必须平整，并应按照各种管道的技术规程及GB 50242—2002《建筑给水排水及采暖工程施工质量验收规范》要求实施。管道穿越楼板、屋顶、墙所需留洞（或套管）的尺寸见表4-3。

管道在空间敷设时，必须固定，以保证施工方便和安全供水。固定管道常用支架、托架和吊环，其安装间距与管材有关，表4-4所示为水平钢管支架的最大间距。

**表4-3 管道穿越楼板、屋顶、墙所需留洞（或套管）的尺寸**

| 管道名称 | 穿楼板 | 穿屋面 | 穿（内）墙 | 备注 |
|---|---|---|---|---|
| PVC-U管 | 孔洞大于管外径50～100mm | | 与楼板同 | |
| PVC-C管 | 套管内径比管外径大50mm | | 与楼板同 | 为热水管 |
| PP-R管 | | | 孔洞比外径大50mm | |
| PEX管 | 孔洞宜大于管外径70mm，套管内径不宜大于管外径50mm | 与楼板同 | 与楼板同 | |
| PAP管 | 孔洞或套管的内径比管外径大30～40mm | 与楼板同 | 与楼板同 | |
| 铜管 | 孔洞比管外径大50～100mm | | 与楼板同 | |
| 薄壁不锈钢管 | （可用塑料套管） | （须用金属套管） | 孔洞比管外径大50～100mm | |
| 钢塑复合管 | 孔洞尺寸为管道外径加40mm | 与楼板同 | | |

表4-4 水平钢管支架的最大间距

| 公称直径/mm | 15 | 20 | 25 | 32 | 40 | 50 | 70 | 80 | 100 | 125 | 150 | 200 | 250 | 300 |
|---|---|---|---|---|---|---|---|---|---|---|---|---|---|---|
| 保温管/m | 2 | 2.5 | 2.5 | 2.5 | 3 | 3 | 4 | 4 | 4.5 | 6 | 7 | 7 | 8 | 8.5 |
| 不保温管/m | 2.5 | 3 | 3.25 | 4 | 4.5 | 5 | 6 | 6 | 6.5 | 7 | 8 | 9.5 | 11 | 12 |

钢管立管管卡安装应符合下列规定：

1）楼层高度≤5m，每层必须安装1个。

2）楼层高度>5m，每层不得少于2个。

3）管卡的安装高度，距地面应为1.5～1.8m，2个以上管卡应匀称安装，同一房间的管卡应安装在同一高度。

### 4.6.3 管道防护

**1. 防腐**

金属管材一般应采用适当的防腐措施。铸铁管及大口径钢管可采用水泥砂浆衬里，钢塑复合管就是钢管加强防腐性能的一种措施。埋地铸铁管宜在管外壁刷冷底子油一道、石油沥青两道；埋地钢管（包括热镀锌钢管）宜在外壁刷冷底子油一道、石油沥青两道外加保护层（当土壤腐蚀性能较强时可采用加强级或特加强防腐）；钢塑复合管埋地敷设，其外壁防腐同普通钢管；薄壁不锈钢管埋地敷设，宜采用管沟或外壁应有防腐措施（管外加防腐套管或外缚防腐胶带）；薄壁铜管埋地敷设，应在管外加防护套管。

明装的热镀锌钢管应刷银粉两道（卫生间）或调和漆两道；明装铜管应刷防护漆。

当管道敷设在有腐蚀性的环境中，管外壁应刷防腐漆或缠绕防腐材料。

**2. 防冻、防露**

设在温度低于零度以下位置的管道和设备，为保证冬季安全使用，均应采取保温措施。保温层的做法有涂抹式、预制式、浇灌式和捆扎式。对于容易产生结露现象的管道和设备应采取防结露措施，以防止腐蚀的速度加快，或影响建筑的使用。防露措施与保温方法相同。

**3. 防振**

管道、附件的振动不但会损坏管道附件造成漏水，还会产生噪声。给水管道系统的振动主要是管道中水流速度过大产生水锤现象引起的，因此，在设计给水系统时应控制管道的水流速度，在系统中尽量减少使用电磁阀或速闭型水阀。住宅建筑引入管的阀门后（沿水流方向）宜装设家用可曲挠橡胶接头进行隔振，并可在管支架、吊架内衬垫减振材料，以减小噪声的扩散。

## 4.7 用水定额与给水设计秒流量

### 4.7.1 用水定额

建筑内用水包括生活用水、生产用水和消防用水三部分。这三部分用水量的计算与其用水的特点有关。

生产用水的特点是在整个生产期间比较均匀，且有规律性，但用水量与工艺过程、生产设备、工作制度、产品性质等因素有关。一般生产用水量可按消耗在单位产品上的水量或单位时间内消耗在生产设备上的水量计算确定。

人们的生活用水在每日的用水过程中变化较大，其用水量是按用水定额及用水单位数来确定的。

最高日生活用水量按下式计算，即

$$q_{Vd}=\frac{mq_d}{1000} \tag{4-3}$$

式中 $q_{Vd}$——最高日生活用水量（$m^3/d$）；

$m$——设计单位数（人或床位数等）；

$q_d$——单位用水定额[L/(人·d)、L/(床·d)或L/($m^2$·d)]。

用水定额与建筑类型、建筑标准、建筑物内卫生设备的完善程度和区域等因素有关。住宅最高日生活用水定额及小时变化系数见表4-5，集体宿舍、旅馆和公共建筑最高日生活用水定额及小时变化系数见表4-6。

最大小时生活用水量应根据最高日（或最大班）生活用水量、使用时间和小时变化系数按下式计算，即

$$q_{Vh}=K_h\frac{q_{Vd}}{T} \tag{4-4}$$

式中 $q_{Vh}$——最大小时生活用水量（$m^3/h$）；

$q_{Vd}$——最高日（或最大班）生活用水量（$m^3/d$）；

$T$——每日（或最大班）使用时间（h）；

$K_h$——小时变化系数，按表4-5和表4-6采用。

**表4-5 住宅最高日生活用水定额及小时变化系数**

| 住宅类别 | | 卫生器具设置标准 | 生活用水标准/[L/(人·d)] | 小时变化系数 |
|---|---|---|---|---|
| 普通住宅 | Ⅰ | 大便器、洗涤盆 | 85~150 | 3.0~2.5 |
| | Ⅱ | 大便器、洗脸盆、洗涤盆、洗衣机、热水器和沐浴设备 | 130~300 | 2.8~2.3 |
| | Ⅲ | 大便器、洗脸盆、洗涤盆、洗衣机、集中热水供应（或家用热水机组）和沐浴设备 | 180~320 | 2.5~2.0 |
| 别墅 | | 大便器、洗脸盆、洗涤盆、洗衣机、洒水栓、家用热水机组和沐浴设备 | 200~500 | 2.3~1.8 |

注：1. 当地对住宅生活用水定额有具体规定时，可按当地规定执行。

2. 别墅用水定额中含庭院绿化用水和汽车洗车用水。

**表4-6 集体宿舍、旅馆和公共建筑最高日生活用水定额及小时变化系数**

| 序号 | 建筑物名称 | 单位 | 生活用水定额/L | 使用时数/h | 小时变化系数 |
|---|---|---|---|---|---|
| 1 | 单身职工宿舍、学生宿舍、招待所、培训中心、普通旅馆<br>设公用盥洗室<br>设公用盥洗室、淋浴室<br>设公用盥洗室、淋浴室、洗衣室<br>设单独卫生间、公用洗衣室 | <br><br>每人每日<br>每人每日<br>每人每日<br>每人每日 | <br><br>50~100<br>80~130<br>100~150<br>120~200 | 24 | 3.0~2.5 |
| 2 | 宾馆客房<br>旅客<br>员工 | <br>每床位每日<br>每人每日 | <br>250~400<br>80~100 | 24 | 2.5~2.0 |

（续）

| 序号 | 建筑物名称 | 单　位 | 生活用水定额/L | 使用时数/h | 小时变化系数 |
|---|---|---|---|---|---|
| 3 | 医院住院部 | | | | |
| | 设公用盥洗室 | 每床位每日 | 100 ~ 200 | 24 | 2.5 ~ 2.0 |
| | 设公用盥洗室、淋浴室 | 每床位每日 | 150 ~ 250 | 24 | 2.5 ~ 2.0 |
| | 设单独卫生间 | 每床位每日 | 250 ~ 400 | 24 | 2.5 ~ 2.0 |
| | 医务人员 | 每人每班 | 150 ~ 250 | 8 | 2.0 ~ 1.5 |
| | 门诊部、诊疗所 | 每病人每次 | 10 ~ 15 | 8 ~ 12 | 1.5 ~ 1.2 |
| | 疗养院、休养所住房部 | 每床位每日 | 200 ~ 300 | 24 | 2.0 ~ 1.5 |
| 4 | 养老院、托老所 | | | | |
| | 全托 | 每人每日 | 100 ~ 150 | 24 | 2.5 ~ 2.0 |
| | 日托 | 每人每日 | 50 ~ 80 | 10 | 2.0 |
| 5 | 幼儿园、托儿所 | | | | |
| | 有住宿 | 每儿童每日 | 50 ~ 100 | 24 | 3.0 ~ 2.5 |
| | 无住宿 | 每儿童每日 | 30 ~ 50 | 10 | 2.0 |
| 6 | 公共浴室 | | | | 2.0 ~ 1.5 |
| | 淋浴 | 每顾客每次 | 100 | 12 | |
| | 浴盆、淋浴 | 每顾客每次 | 120 ~ 150 | 12 | |
| | 桑拿浴（淋浴、按摩池） | 每顾客每次 | 150 ~ 200 | 12 | |
| 7 | 理发室、美容院 | 每顾客每次 | 40 ~ 100 | 12 | 2.0 ~ 1.5 |
| 8 | 洗衣房 | 每 kg 干衣 | 40 ~ 80 | 8 | 1.5 ~ 1.2 |
| 9 | 餐饮业 | | | | |
| | 中餐酒楼 | 每顾客每次 | 40 ~ 60 | 10 ~ 12 | 1.5 ~ 1.2 |
| | 快餐店、职工及学生食堂 | 每顾客每次 | 20 ~ 25 | 12 ~ 16 | 1.5 ~ 1.2 |
| | 酒吧、咖啡馆、茶座、卡拉 OK 房 | 每顾客每次 | 5 ~ 15 | 18 | 1.5 ~ 1.2 |
| 10 | 商场<br>员工及顾客 | 每 $m^2$ 营业厅每日 | 5 ~ 8 | 12 | 1.5 ~ 1.2 |
| 11 | 办公楼 | 每人每班 | 30 ~ 50 | 8 ~ 10 | 1.5 ~ 1.2 |
| 12 | 教学、实验楼 | | | | |
| | 中小学校 | 每学生每日 | 20 ~ 40 | 8 ~ 9 | 1.5 ~ 1.2 |
| | 高等院校 | 每学生每日 | 40 ~ 50 | 8 ~ 9 | 1.5 ~ 1.2 |
| 13 | 电影院、剧院 | 每观众每场 | 3 ~ 5 | 3 | 1.5 ~ 1.2 |
| 14 | 健身中心 | 每人每次 | 30 ~ 50 | 8 ~ 12 | 1.5 ~ 1.2 |
| 15 | 体育场（馆） | | | | |
| | 运动员淋浴 | 每人每次 | 30 ~ 40 | — | 3.0 ~ 2.0 |
| | 观众 | 每人每场 | 3 | 4 | 1.2 |
| 16 | 会议厅 | 每座位每次 | 6 ~ 8 | 4 | 1.5 ~ 1.2 |
| 17 | 客运站旅客、展览中心观众 | 每人每次 | 3 ~ 6 | 8 ~ 16 | 1.5 ~ 1.2 |
| 18 | 菜市场地面冲洗及保鲜用水 | 每 $m^2$ 每日 | 10 ~ 20 | 8 ~ 10 | 2.5 ~ 2.0 |
| 19 | 停车库地面冲洗水 | 每 $m^2$ 每次 | 2 ~ 3 | 6 ~ 8 | 1.0 |

注：1. 除养老院、托儿所、幼儿园的用水定额中含食堂用水，其他均不含食堂用水。

2. 除注明外，均不含员工生活用水，员工用水定额为每人每班 40 ~ 60L。

3. 医疗建筑用水中已含医疗用水。

4. 空调用水应另计。

建筑内部生活用水量在一天中每时每刻都是变化的，如果以最大小时生活用水量为设计流量，难以保证室内生活用水。因此，室内生活给水管道的设计流量应为建筑内卫生器具按配水最不利情况组合出流时的最大瞬时流量，又称设计秒流量。

## 4.7.2 给水设计秒流量

### 1. 住宅生活给水管道设计秒流量计算公式

在计算生活给水管道设计秒流量时，为了简化计算，将0.2L/s作为一个给水当量。卫生器具给水额定流量、当量、支管管径和流出最低工作压力见表4-7，住宅生活给水管道设计秒流量按下式计算，即

$$q_g = 0.2UN_g \tag{4-5}$$

式中 $q_g$——计算管段的设计秒流量（L/s）；

$U$——计算管段的卫生器具给水当量同时出流概率（%）；

$N_g$——计算管段的卫生器具给水当量总数；

0.2——1个卫生器具给水当量的额定流量（L/s）。

表4-7 卫生器具给水额定流量、当量、支管管径和流出最低工作压力

| 序号 | 给水配件名称 | 额定流量/（L/s） | 当量 | 支管公称管径/mm | 流出最低工作压力/MPa |
|---|---|---|---|---|---|
| 1 | 洗涤盆、拖布盆、盥洗槽<br>单阀水嘴<br>单阀水嘴<br>混合水嘴 | <br>0.15~0.20<br>0.30~0.40<br>0.15~0.20（0.14） | <br>0.75~1.00<br>1.5~2.00<br>0.75~1.00（0.70） | <br>15<br>20<br>15 | 0.050 |
| 2 | 洗脸盆<br>单阀水嘴<br>混合水嘴 | <br>0.15<br>0.15（0.10） | <br>0.75<br>0.75（0.5） | <br>15<br>15 | 0.050 |
| 3 | 洗手盆<br>单阀水嘴<br>混合水嘴 | <br>0.10<br>0.15（0.10） | <br>0.5<br>0.75（0.5） | <br>15<br>15 | 0.050 |
| 4 | 浴盆<br>单阀水嘴<br>混合水嘴（含淋浴转换器） | <br>0.20<br>0.24（0.20） | <br>1.0<br>1.2（1.0） | <br>15<br>15 | <br>0.050<br>0.050~0.070 |
| 5 | 淋浴器<br>混合阀 | <br>0.15（0.10） | <br>0.75（0.5） | <br>15 | <br>0.050~0.100 |
| 6 | 大便器<br>冲洗水箱浮球阀<br>延时自闭式冲洗阀 | <br>0.10<br>1.20 | <br>0.50<br>0.60 | <br>15<br>25 | <br>0.020<br>0.100~0.150 |
| 7 | 小便器<br>手动或自动自闭式冲洗阀<br>自动冲洗水箱进水阀 | <br>0.10<br>0.10 | <br>0.50<br>0.50 | <br>15<br>15 | <br>0.050<br>0.020 |
| 8 | 小便槽穿孔冲洗管（每米长） | 0.05 | 0.25 | 15~20 | 0.015 |
| 9 | 净身盆冲洗水嘴 | 0.10（0.07） | 0.50（0.35） | 15 | 0.050 |
| 10 | 医院倒便器 | 0.20 | 1.00 | 15 | 0.050 |
| 11 | 实验室化验水嘴（鹅颈）<br>单联<br>双联<br>三联 | <br>0.07<br>0.15<br>0.20 | <br>0.35<br>0.75<br>1.00 | <br>15<br>15<br>15 | <br>0.020<br>0.020<br>0.020 |
| 12 | 饮水器喷嘴 | 0.05 | 0.25 | 15 | 0.050 |

（续）

| 序号 | 给水配件名称 | 额定流量/（L/s） | 当量 | 支管公称管径/mm | 流出最低工作压力/MPa |
|---|---|---|---|---|---|
| 13 | 洒水栓 | 0.40<br>0.70 | 2.00<br>3.50 | 20<br>25 | 0.050～0.100<br>0.050～0.100 |
| 14 | 室内地面冲洗水嘴 | 0.20 | 1.00 | 15 | 0.050 |
| 15 | 家用洗衣机水嘴 | 0.20 | 1.00 | 15 | 0.050 |

注：1. 表中括弧内的数值是在有热水供应时，单独计算冷水或热水时使用。
2. 当浴盆上附设淋浴器时，或混合水嘴有淋浴器转换开关时，其额定流量和当量只计水嘴，不计淋浴器，但水压应按淋浴器计。
3. 家用燃气热水器，所需水压按产品要求和热水供应系统最不利配水点所需工作压力确定。
4. 绿地的自动喷灌应按产品要求设计。
5. 如为充气龙头，其额定流量为表中同类配件额定流量的70%。
6. 卫生器具给水配件所需流出最低工作压力，如有特殊要求时，其数值按产品要求确定。

设计秒流量由建筑物配置的卫生器具给水当量和管段的卫生器具给水当量同时出流概率确定。而管段的卫生器具给水当量同时出流概率与卫生器具的给水当量数和其平均出流概率 $U_0$ 有关。根据数理统计结果，卫生器具给水当量的同时出流概率计算公式为

$$U=\frac{1+\alpha_c(N_g-1)}{\sqrt{N_g}} \tag{4-6}$$

式中 $\alpha_c$——对应于不同卫生器具的给水当量平均出流概率 $U_0$ 的系数，见表4-8；
$N_g$——计算管段的卫生器具给水当量总数。

**表4-8 $\alpha_c$ 与 $U_0$ 的对应关系**

| $U_0$（%） | $\alpha_c\times10^2$ | $U_0$（%） | $\alpha_c\times10^2$ |
|---|---|---|---|
| 1.0 | 0.323 | 4.0 | 2.816 |
| 1.5 | 0.697 | 4.5 | 3.263 |
| 2.0 | 1.097 | 5.0 | 3.715 |
| 2.5 | 1.512 | 6.0 | 4.629 |
| 3.0 | 1.939 | 7.0 | 5.555 |
| 3.5 | 2.374 | 8.0 | 6.489 |

计算管段最大用水时卫生器具的给水当量平均出流概率按下式计算，即

$$U_0=\frac{q_0mK_h}{0.2N_gT\times3600}\times100\% \tag{4-7}$$

式中 $U_0$——生活给水配水管道的最大用水时卫生器具给水当量平均出流概率（%）；
$q_0$——最高用水日的用水定额[L/(人·d)]，见表4-5；
$m$——每户用水人数（人）；
$K_h$——小时变化系数，见表4-5；
$T$——用水小时数（h）。

其余符号同前。

建筑物的卫生器具给水当量最大用水时的平均出流概率参考值见表4-9。

**表4-9 最大用水时的平均出流概率参考值**

| 建筑物性质 | $U_0$ 参考值 | 建筑物性质 | $U_0$ 参考值 |
|---|---|---|---|
| 普通住宅Ⅰ型 | 3.4～4.5 | 普通住宅Ⅲ型 | 1.5～2.5 |
| 普通住宅Ⅱ型 | 2.0～3.5 | 别墅 | 1.5～2.0 |

应用以上公式应注意以下问题：

1）当计算管段上的卫生器具给水当量总数超过有关设定条件时，其流量应取最大用水时平均秒流量，即

$$q_g = 0.2U_0N_g \tag{4-8}$$

2）有两条或两条以上具有不同最大用水时卫生器具给水当量平均出流概率的给水支管的给水干管，该管段的最大用水时卫生器具给水当量平均出流概率应取加权平均值，即

$$\overline{U}_0 = \frac{\sum U_{0i}N_{gi}}{\sum N_{gi}} \tag{4-9}$$

式中 $\overline{U}_0$——给水干管的最大用水时卫生器具给水当量平均出流概率（%）；

$U_{0i}$——给水支管的最大用水时卫生器具给水当量平均出流概率（%）；

$N_{gi}$——相应支管的卫生器具给水当量总数。

**2. 宿舍（Ⅰ、Ⅱ类）、宾馆、办公楼等建筑生活给水管道设计秒流量计算公式**

宿舍、旅馆、宾馆、医院、疗养院、幼儿园、养老院、办公楼、商场、客运站、会展中心、中小学教学楼、公共厕所等建筑的生活给水设计秒流量 $q_g$ 按下式计算，即

$$q_g = 0.2\alpha\sqrt{N_g} \tag{4-10}$$

式中 $\alpha$——根据建筑物用途确定的系数，见表4-10。

**表4-10 根据建筑物用途确定的系数值**

| 建筑物名称 | $\alpha$值 |
|---|---|
| 幼儿园、托儿所、养老院 | 1.2 |
| 门诊部、诊疗所 | 1.4 |
| 办公楼、市场 | 1.5 |
| 学校 | 1.8 |
| 医院、疗养院、休养所 | 2.0 |
| 集体宿舍、旅馆、招待所、宾馆 | 2.5 |
| 客运站、会展中心、公共厕所 | 3.0 |

使用式（4-10）应注意下列几点：

1）如果计算值小于该管段上一个最大卫生器具给水额定流量，应采用一个最大的卫生器具给水额定流量作为设计秒流量。

2）如果计算值大于该管段上按卫生器具给水额定流量累加所得流量值，应按卫生器具给水额定流量累加所得流量值计算。

3）有大便器延时自闭冲洗阀的给水管段，大便器延时自闭冲洗阀的给水当量均以0.5计，计算得到的 $q_g$ 附加1.10L/s的流量后，为该管段的给水设计秒流量。

4）综合性建筑 $\alpha$ 值应按下式计算，即

$$\alpha = \frac{\alpha_1N_{g1} + \alpha_2N_{g2} + \cdots + \alpha_nN_{gn}}{N_g} \tag{4-11}$$

式中 $\alpha$——综合性建筑经加权平均法确定的总流量系数值；

$N_g$——计算管段的卫生器具给水当量总数；

$N_{g1}$、$N_{g2}$、…、$N_{gn}$——综合性建筑各部门的卫生器具给水当量总数；

$\alpha_1$、$\alpha_2$、…、$\alpha_n$——相应于 $N_{g1}$、$N_{g2}$、…、$N_{gn}$ 的设计秒流量系数 $\alpha$ 值。

**3. 宿舍（Ⅲ、Ⅳ类）、工业企业的生活间等建筑生活给水管道设计秒流量计算公式**

宿舍（Ⅲ、Ⅳ类）、工业企业的生活间、公共浴室、职工食堂或营业餐馆的厨房、体育场馆运动员休息室、剧院的化妆间、普通理化实验室等建筑的生活给水管道的设计秒流量 $q_g$ 按下式计算，即

$$q_g = \sum \frac{q_0 n_0 b}{100} \tag{4-12}$$

式中 $q_0$——同类型的一个卫生器具给水额定流量（L/s），见表4-7；

$n_0$——同类型卫生器具数；

$b$——卫生器具同时给水百分数（%），应按表4-11～表4-14采用。

**表4-11 工业企业的生活间、公共浴室、体育场馆运动员休息室等卫生器具同时给水百分数**

| 卫生器具名称 | 同时给水百分数（%） | | | | |
|---|---|---|---|---|---|
| | 工业企业生活间 | 公共浴室 | 剧院化妆间 | 体育场馆运动员休息室 | 洗衣房 |
| 洗涤盆（池） | 33 | 15 | 15 | 15（30） | （25～40） |
| 洗手盆 | 50 | 50 | 50 | 50（70） | |
| 洗脸盆、盥洗槽水嘴 | 60～100 | 60～100 | 50 | 80 | （60） |
| 浴盆 | | 50 | | | |
| 无间隔淋浴器 | 100 | 100 | | 100 | （100） |
| 有间隔淋浴器 | 80 | 60～80 | 60～80 | 60～80 | |
| 大便器冲洗水箱 | 30 | 20 | 20 | 20（70） | （30） |
| 大便器自闭式冲洗阀 | 2 | 2 | 2 | 2（15） | |
| 小便器自闭式冲洗阀 | 10 | 10 | 10 | 10 | |
| 小便器（槽）自动冲洗水箱 | 100 | 100 | 100 | 100 | |
| 净身盆 | 33 | | | | |
| 饮水器 | 30～60 | 30 | 30 | 30 | |
| 小卖部洗涤盆 | | 50 | | 50 | |

注：1. 健身中心的卫生间，可采用本表体育场馆运动员休息室的同时给水百分数。

2. “（）”内数字为参考数。

**表4-12 职工食堂、营业餐馆厨房同时给水百分数**

| 厨房设备名称 | 同时给水百分数（%） |
|---|---|
| 污水盆（池） | 50 |
| 洗涤盆（池） | 70 |
| 煮锅 | 60 |
| 生产性洗涤机 | 40 |
| 开水器 | 90 |
| 蒸汽发生器 | 50 |
| 灶台水嘴 | 100 |
| 大便器冲洗水箱 | 30 |

**表4-13 实验室卫生器具同时给水百分数**

| 卫生器具名称 | 同时给水百分数（%） | |
|---|---|---|
| | 科学研究实验室 | 生产实验室 |
| 单联化验龙头 | 20 | 30 |
| 双联或三联化验龙头 | 30 | 50 |

表 4-14 影剧院、体育场、游泳池卫生器具同时给水百分数

| 卫生器具名称 | 同时给水百分数（%） | | 卫生器具名称 | 同时给水百分数（%） | |
|---|---|---|---|---|---|
| | 电影院、剧院 | 体育场、游泳池 | | 电影院、剧院 | 体育场、游泳池 |
| 洗手盆 | 50 | 70 | 小便器手动冲洗阀 | 50 | 70 |
| 洗脸盆 | 50 | 80 | 小便器自动冲洗水箱 | 100 | 100 |
| 淋浴盆 | 100 | 100 | 小便槽多孔冲洗管 | 100 | 100 |
| 大便器冲洗水箱 | 50 | 70 | 小卖部的污水盆(池) | 50 | 50 |
| 大便器自闭式冲洗阀 | 10 | 15 | 饮水器 | 30 | 30 |
| 大便槽自动冲洗水箱 | 100 | 100 | | | |

应用式（4-12）时应注意：

1）如果计算值小于该管段上一个最大卫生器具给水额定流量，应采用一个最大的卫生器具给水额定流量作为设计秒流量。

2）大便器自闭式冲洗阀应单列计算，当单列计算值小于 1.2L/s 时，以 1.2L/s 计；大于 1.2L/s 时，以计算值计。

# 4.8 建筑给水管道的设计计算简介

## 4.8.1 计算内容

建筑给水管道的水力计算内容包括：确定给水管道各管段的管径；计算压力损失，复核水压是否满足最不利配水点的水压要求，选定加压装置及设置高度。

**1. 管径的确定**

各管段的管径是根据所通过的设计秒流量确定的，其计算公式为

$$d_j = \sqrt{\frac{4q_g}{\pi v}} \tag{4-13}$$

式中 $q_g$——计算管段的设计秒流量（$m^3/s$）；

$d_j$——管道计算内径（m）；

$v$——管段中的流速（m/s）。

从式（4-13）可知，在管段流量确定的条件下，管段流速的大小决定着管径的大小，设计时应综合技术和经济两方面因素恰当选用管内流速。管内流速过大，易产生噪声，因水锤现象损坏管道和附件，并增加管道水头损失，加大供水所需压力；管内流速过小，将造成管材浪费。根据以上分析，生活给水管道的水流速度宜按表 4-15 采用。与消防合用的给水管网，消防时其管内流速应满足消防要求。

表 4-15 生活给水管道的水流速度

| 管道公称直径/mm | 15～20 | 25～40 | 50～70 | ≥80 |
|---|---|---|---|---|
| 水流速度/（m/s） | ≤1.0 | ≤1.2 | ≤1.5 | ≤1.8 |

**2. 压力损失计算**

（1）沿程压力损失计算　给水管道沿程压力损失按下式计算，即

$$p_y = iL \tag{4-14}$$

式中 $p_y$——管段的沿程压力损失（kPa）；

$L$——计算管段的长度（m）；

$i$——管道单位长度的压力损失（kPa/m），可直接查水力计算表。

设计计算时，可直接使用由上列公式编制的水力计算表，由管段的设计秒流量 $q_g$，控制流速 $v$ 在正常范围内，查得管径和单位长度的压力损失 $i$。给水钢管的水力计算表见附录A，塑料管的水力计算表见附录B，其他管材的水力计算表详见《给水排水设计手册》。

（2）局部压力损失计算 给水管道局部压力损失计算公式为

$$h_j = \sum\zeta\frac{v^2}{2g} \tag{4-15a}$$

$$p_j = h_j\rho g \tag{4-15b}$$

式中 $h_j$——管段的局部压力损失相应的压头（m）；

$v$——管道内平均水流速度（m/s）；

$g$——重力加速度（m/s²）；

$\zeta$——局部阻力系数；

$p_j$——管段的局部压力损失（kPa）；

$\rho$——液体的密度。

由于给水管道中配件较多，局部阻力系数 $\zeta$ 值也不尽相同，因此，采用式（4-15）计算较为烦琐。在实际工程中，生活给水管道的配水管的局部压力损失，宜采用管（配）件当量长度法计算。螺纹接口的阀门及管件的摩阻损失当量长度见《给水排水设计手册》。

当管道的管（配）件当量长度资料不足时，可按管件的连接状况，按管网的沿程压力损失的百分数估算，具体参见其他相关资料。

### 4.8.2 建筑给水管道水力计算步骤

首先根据建筑平面图和初定的给水方式，绘制给水管道平面布置图及轴测图，然后按下列步骤进行水力计算：

1）根据轴测图选择最不利配水点，确定计算管路。

2）进行节点编号，划分计算管段，并将设计管段长度列于水力计算表中。

3）根据建筑物的类别选择设计秒流量公式，并正确计算管段的设计秒流量。

4）根据管段的设计秒流量，查相应水力计算表，确定管道管径和水力坡度。

5）确定给水管网沿程水头损失和局部水头损失，选择水表，计算水表水头损失。

6）确定给水管道所需压力 $p$，并校核初定给水方式。若初定为外网直接给水方式，当室外给水管网水压 $p_0 \geqslant p$ 时，原方案可行；$p$ 略大于 $p_0$ 时，可适当放大部分管段的管径，减小管道系统的水头损失，以满足 $p_0 \geqslant p$ 的条件；若 $p$ 大于 $p_0$ 很多，则应修正原方案，在给水系统中增设升压设备。对采用水箱上行下给式布置的给水系统，则应校核水箱的安装高度，若水箱高度不能满足供水要求，可采取提高水箱高度、放大管径、设增压设备或选用其他供水方式来解决。

7）确定非计算管段的管径。

8）对于设置升压、贮水设备的给水系统，还应对其设备进行选择计算。

## 4.9 高层建筑给水系统

高层建筑是指建筑高度（以室外地面至檐口或屋面面层高度计）超过24m的公共建筑、工业建筑或10层及10层以上的住宅（包括首层设置商业服务网点的住宅）。

### 4.9.1 技术要求

整幢高层建筑若采用同一给水系统供水，则下层管道中的静水压力就会很大。过大的静水压力会缩短管道、附件的使用寿命，并会造成使用不便，水量浪费，同时需要采用耐高压的管材、附件和配水器材，增加费用。因此，高层建筑给水系统必须解决低区系统静水压力过大的问题。

为保证供水的安全可靠性，高层建筑给水系统应采取竖向分区供水，即在建筑物的垂直方向按层分段，每段为一区，分别组成各自的给水系统。高层建筑给水系统分区范围一般为：住宅、旅馆、医院静水压力宜为0.30～0.35MPa；办公建筑宜为0.35～0.45MPa。

### 4.9.2 给水方式

**1. 串联式**

各区分设水箱和水泵，低区的水箱兼作高区的水池，如图4-19所示。其优点是：无须设置高压水泵和高压管线；水泵可保持在高效区工作，能耗较少；管道布置简捷，较省管材。缺点是：供水不够安全，下区设备故障将直接影响上层供水；各区水箱、水泵分散设置，维修管理不便，且要占用一定的建筑面积；水箱容积较大，将增加结构的负荷和造价。

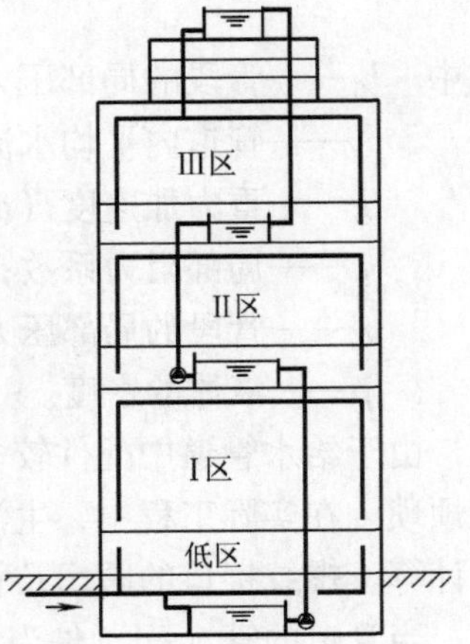

图4-19 串联式

**2. 并列式**

各区升压设备集中设在底层或地下设备层，分别向各区供水，如图4-20所示。其优点是：各区供水自成系统，互不影响，供水较为安全可靠；各区升压设备集中设置，便于维修管理；水泵、水箱并列在供水系统中，各区水箱容积较小，占地少。当采用无负压供水设备时，由于无水箱设备，并列式具有更大的优势。缺点是当采用水箱供水时，各区均需设水箱，且高区需要高压水泵和耐高压的管材。

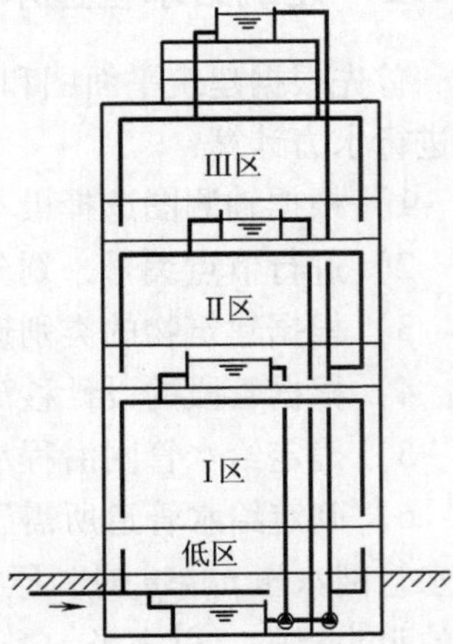

图4-20 并列式

**3. 减压式**

如图4-21所示，建筑物的全部用水量由设置在底部的水泵加压，提升至屋顶总水箱，再由此水箱依次向下区供水，并通过各区水箱或减压阀减压。此种方式的优点是：水泵数量少，占地少，且集中设置便于维修、管理；管线布置简单，投资省。缺点是：各区用水均需提升至屋顶水箱，不但水箱容积大，而且对建筑结构和抗震不利，同时也增加了电耗；供水不够安全，水泵或屋顶水箱输水管、出水管的局部故障都将影响各区供水。采用减压阀供水方式，可省去减压水箱，进一步缩小了占地面积，可使建筑面积充分发挥经济效益，同时也可避免由于管理不善等原因可能引起的水箱二次污染现象。

减压阀有弹簧式和比例式之分。图4-22所示为比例式减压阀，该阀构造简单、体积小，可垂直和水平安装，由于活塞后端受水面为前端受水面的整数倍，所以阀门关闭时，阀前后的压力比是定值，减压值不需人工调节。当阀后用水时，管内水压作用在活塞前端，推动活塞后移，减压阀开启通水，至阀后停止用水，活塞前移，阀门关闭。因通水时阀后压力是随流量增大而相应减小的，故需按该阀的流量-压力曲线选用其规格和型号。

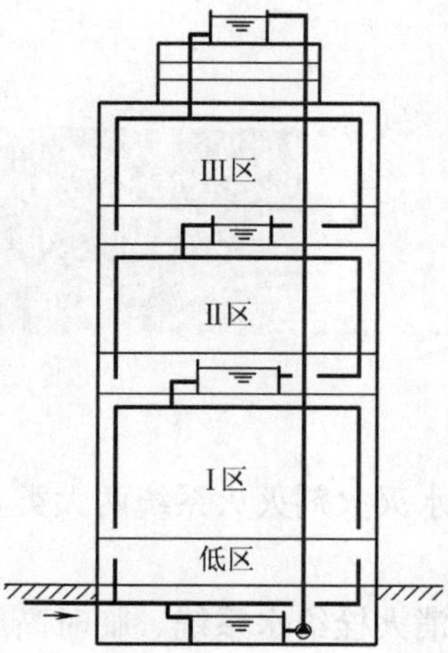


图4-21 减压式

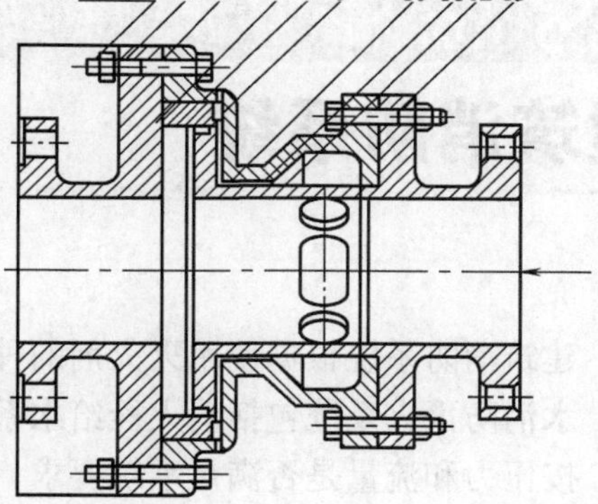


图4-22 比例式减压阀

1—螺栓 2—螺母 3、4—垫圈 5—出口法兰
6—阀体 7、9、11—O形密封圈 8—环套
10—活塞套 12—活塞 13—进口法兰

## 思考题与习题

1. 建筑给水系统由哪几部分组成？
2. 什么是水表节点？螺翼式水表和旋翼式水表有什么区别？
3. 水表的性能参数有哪些？
4. 水表的公称直径应如何确定？
5. 在什么情况下采用水泵、水箱联合工作的给水方式？这种方式有什么优缺点？
6. 室内供水的基本方式有哪几种？请写出各种供水方式的适用条件和优缺点。
7. 画出水箱示意图，并标出各种配管的位置。
8. 写出宿舍（Ⅰ、Ⅱ类）、宾馆、办公楼等建筑生活给水管道设计秒流量计算公式，并写出各符号的意义。
9. 写出宿舍（Ⅲ、Ⅳ类）、工业企业的生活间等建筑生活给水管道设计秒流量计算公式，并写出各符号的意义。
10. 高层建筑给水为什么要竖向分区？如何分区？
11. 画图说明高层建筑给水方式及优缺点。

# 第5章 建筑消防系统

建筑消防系统根据使用灭火剂的种类可分为水消防灭火系统和非水灭火剂灭火系统两大类。

水消防灭火系统包括消火栓给水系统和自动喷水灭火系统。

按压力和流量是否满足系统要求，消火栓给水系统可分为常高压消火栓给水系统、临时高压消火栓给水系统和低压消火栓给水系统。

自动喷水灭火系统可分为闭式系统和开式系统，闭式系统包括湿式系统、干式系统、预作用系统和重复启闭预作用系统；开式系统包括雨淋系统、水幕系统和水喷雾系统。

非水灭火剂灭火系统主要有干粉灭火系统、二氧化碳灭火系统、泡沫灭火系统、蒸气灭火系统以及七氟丙烷灭火系统、EBM 气溶胶灭火系统、烟烙尽（IG－541）灭火系统、三氟甲烷灭火系统、SDE 灭火系统等。

消火栓给水系统和自动喷水灭火系统都是以水为灭火剂的，因此，也称为建筑消防给水系统。

## 5.1 室内消火栓给水系统

按建筑性质不同，建筑可以分为工业建筑和民用建筑。民用建筑根据其使用性质、火灾危险性、疏散和扑救难度等又可以分为多种类型，见表 5-1。

**表 5-1 民用建筑分类**

| 名称 | 高层民用建筑 | | 单层或多层民用建筑 |
|---|---|---|---|
| | 一类 | 二类 | |
| 住宅建筑 | 建筑高度大于 54m 的住宅建筑 | 建筑高度大于 27m，但不大于 54m 的住宅建筑 | 建筑高度不大于 27m 的住宅建筑 |
| 公共建筑 | 1. 建筑高度大于 50m 的公共建筑<br>2. 建筑高度 24m 以上任一楼层建筑面积大于 1000m$^2$的商店、展览、电信、邮政、财贸金融建筑和综合建筑<br>3. 医疗建筑、重要公共建筑<br>4. 省级及以上的广播电视和防灾指挥调度建筑、网局级和省级电力调度<br>5. 藏书超过 100 万册的图书馆、书库 | 除一类外的非住宅高层民用建筑 | 1. 建筑高度大于 24m 的单层公共建筑<br>2. 建筑高度不大于 24m 的其他民用建筑 |

注：1. 表中未列入的建筑，其类别应根据本表类比确定。宿舍、公寓等非住宅类居住建筑的防火设计，除本规范另有规定外，应符合本规范有关公共建筑的要求。

2. 裙房与高层建筑主体之间未采用防火墙分隔时，裙房的防火设计应按高层建筑考虑；与高层建筑主体之间已采用防火墙分隔时，裙房的防火设计可按单、多层民用建筑考虑。

室内消火栓给水系统是把室外给水系统提供的水量输送到用于扑灭建筑内火灾而设置的灭火设施，是建筑物中最基本的灭火设施。

## 5.1.1　消火栓灭火系统的设置与选择

**1. 消火栓灭火系统的设置**

我国GB 50016—2014《建筑设计防火规范》规定下列建筑或场所应设置室内消火栓系统：

1）建筑占地面积大于300$m^2$的厂房和仓库。

2）高层公共建筑和建筑高度大于21m的住宅建筑。对于建筑高度不大于27m的住宅建筑，设置室内消火栓系统确有困难时，可设置干式消防竖管和不带消火栓箱的*DN*65的室内消火栓。

3）体积大于5000$m^3$的车站、码头、机场的候车（船、机）建筑、展览建筑、商店建筑、旅馆建筑、医疗建筑和图书馆建筑等单、多层建筑。

4）特等、甲等剧场，超过800个座位的其他等级的剧场和电影院等，超过1200个座位的礼堂、体育馆等单、多层建筑。

5）建筑高度大于15m或体积大于10 000$m^3$的办公建筑、教学建筑和其他单、多层民用建筑。

同时GB 50016—2014《建筑设计防火规范》规定下列建筑或场所可不设置室内消火栓系统，但宜设置消防软管卷盘或轻便消防水龙：

1）耐火等级为一、二级且可燃物较少的单、多层丁、戊类厂房（仓库）。

2）耐火等级为三、四级且建筑体积不大于3000$m^3$的丁类厂房；耐火等级为三、四级且建筑体积不大于5000$m^3$的戊类厂房（仓库）。

3）粮食仓库、金库、远离城镇并无人值班的独立建筑。

4）存有与水接触能引起燃烧爆炸的物品的建筑。

5）室内没有生产、生活给水管道，室外消防用水取自贮水池且建筑体积不大于5000$m^3$的其他建筑。

国家级文物保护单位的重点砖木或木结构的古建筑，宜设置室内消火栓。人员密集的公共建筑，建筑高度大于100m的建筑和建筑面积大于200$m^2$的商业服务网点内应设置消防软管卷盘或轻便消防水龙。高层住宅建筑的户内宜配置轻便消防水龙。

一般建筑物或厂房内，消防给水常常与生活或生产给水共用一个给水系统，只在建筑物防火要求高时，不宜采用共用系统，或共用系统不经济时，才采用独立的消防给水系统。

**2. 室内消火栓灭火系统的选择**

1）室内环境温度不低于4℃，且不高于70℃的场所，应采用湿式室内消火栓系统。

2）室内环境温度低于4℃或高于70℃的场所，宜采用干式室内消火栓系统。

3）建筑高度不大于27m的多层住宅建筑设置室内湿式消火栓系统确有困难时，可设置干式消防竖管。

4）严寒、寒冷等冬季结冰地区城市隧道及其他建筑物的消火栓系统，应采取防冻措施，并采用干式消火栓系统和干式室外消火栓。

5）干式消火栓系统的充水时间不应大于5min，并应符合下列规定：

① 在干管上宜设干式报警阀、雨淋阀或电磁阀、电动阀等快速启闭装置；当采用电动阀时，开启时间不应超过30s。

② 当采用雨淋阀或电磁阀、电动阀时，在消火栓箱处应设置直接开启快速启闭装置的手动按钮。

③ 在系统管道的最高处应设置快速排气阀。

## 5.1.2 消火栓给水系统的组成

**1. 水枪、水带、消火栓**

建筑内部消火栓给水系统一般由水枪、水带、消火栓、消防水池、消防管道、水源等组成，必要时还需设置水泵、水箱和水泵接合器等，如图5-1所示。水枪、水带、消火栓等设于有玻璃门的消火栓箱中，如图5-2所示。

水枪一般为直流式，其喷嘴口径主要有13mm、16mm、19mm三种。水带口径有50mm、65mm两种。口径13mm的水枪配置口径为50mm的水带；口径16mm的水枪可配置口径50mm或65mm的水带；口径19mm的水枪配置口径为65mm的水带。水带长度一般为15m、20m、25m三种，水带材质有麻质和化纤两种，有衬橡胶与不衬橡胶之分，衬橡胶水带阻力较小。水带的长度应根据建筑物长度计算选定。

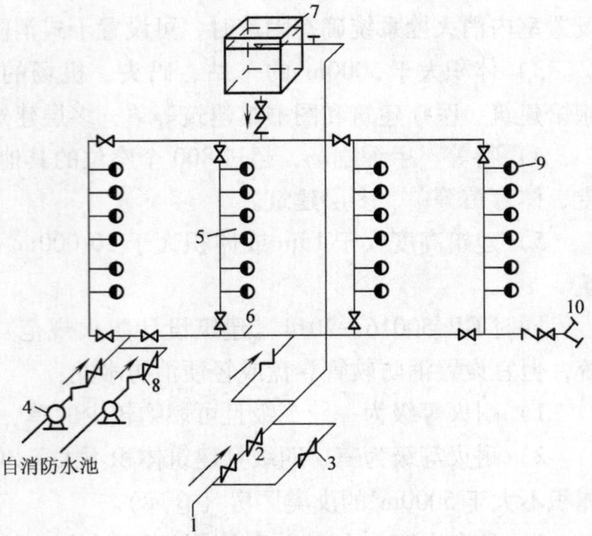

图5-1 水泵-水箱消防供水方式

1—引入管 2—水表 3—旁通管及阀门 4—消防水泵 5—竖管 6—干管 7—水箱 8—止回阀 9—消火栓设备 10—水泵接合器

消火栓均为内扣式接口的球形阀式水龙头，有单出口和双出口之分。单出口消火栓口径有50mm和65mm两种，双出口消火栓直径为65mm（见图5-3）。当每支水枪最小流量小于3L/s时选用口径为50mm的消火栓；流量大于3L/s时选用口径为65mm的消火栓。

**2. 消防卷盘**

在消火栓给水系统中，因喷水压力和消防流量较大，65mm口径的消火栓对没有经过消防训练的普通人员来说，难以操纵，影响扑灭初期火灾的效果，同时造成的水渍损失较大。因此，消火栓可加设消防卷盘（又称消防水喉），供没有经过消防训练的普通人员扑救初期火灾使用。

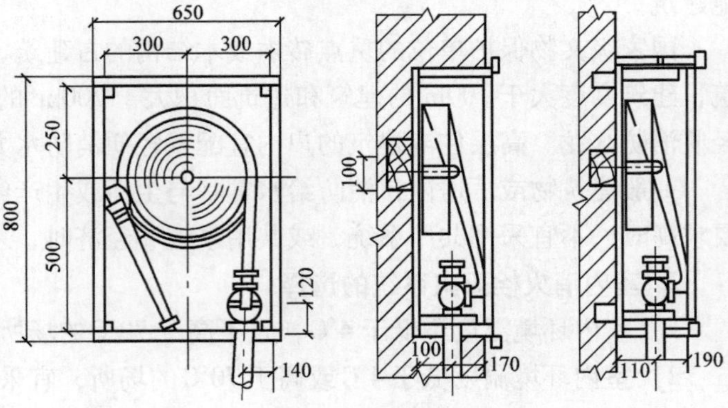

图5-2 消火栓箱

消防卷盘由25mm或32mm的小口径室内消火栓，内径不小于19mm的输水胶管，喷嘴口径为6mm、8mm或9mm的小口径开关和转盘配套组成，胶管长度为20~40m，整套消防卷盘与普通消火栓可设在一个消火栓箱内（见图5-4），也可从消防立管接出独立设置在专用消火栓箱内。

**3. 水泵接合器**

水泵接合器是连接消防车向室内消防给水系统加压供水的装置。当室内消防水泵发生故障或室内消防用水量不足时，消防车从室外消火栓、消防水池或天然水源取水，通过水泵接合器将水送至室内消防管网，保证室内消防用水。

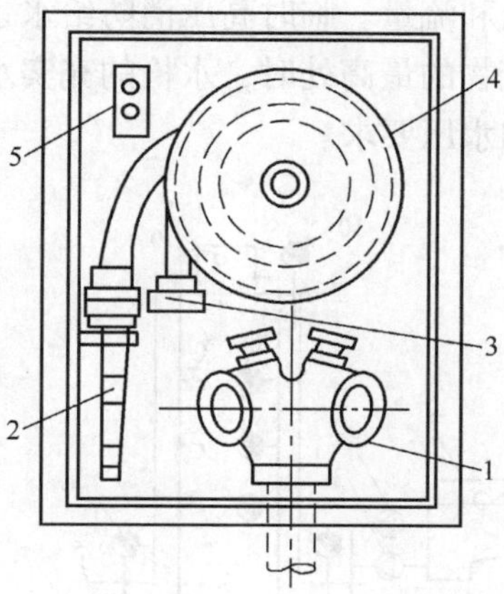


图5-3　双出口消火栓
1—双出口消火栓　2—水枪　3—水带接口
4—水带　5—消防水泵

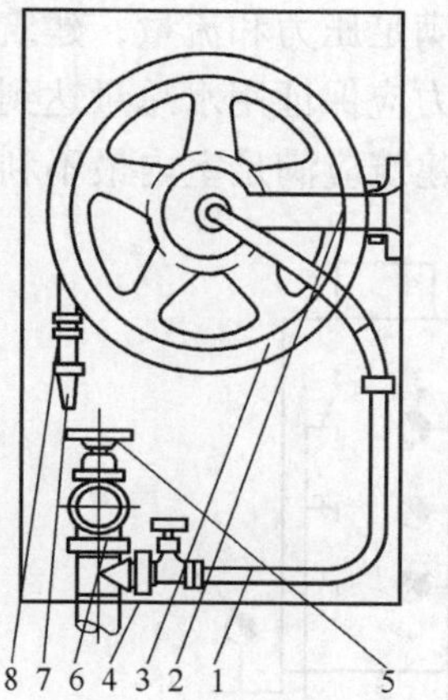


图5-4　消火栓与消防卷盘布置
1—卷盘供水管　2—卷盘摇臂　3—卷盘主体　4—箱壁
5—阀门　6—普通消火栓　7—水枪喷嘴　8—软管

水泵接合器的数量应按室内消防用水量计算确定；每个水泵接合器进水流量可达到10～15L/s，当计算的水泵接合器的数量少于两个时仍采用两个，以保证供水安全。

水泵接合器有地上式、地下式和墙壁式三种，如图5-5所示。水泵接合器应设在室外便于消防车使用的地点，距室外消火栓或消防水池的距离宜为15～40m，水泵接合器宜采用地上式，当采用地下式水泵接合器时，应有明显的标志。

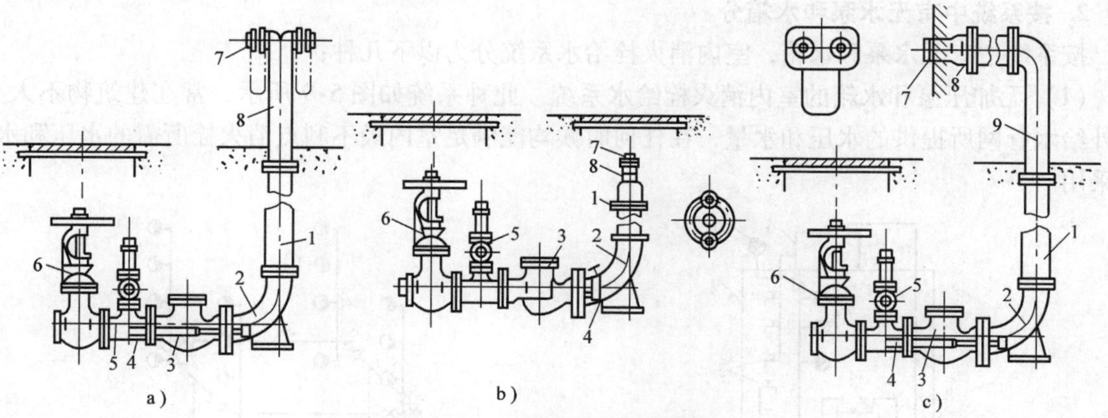


图5-5　水泵接合器外形图
a）SQ型地上式　b）SQ型地下式　c）SQ型墙壁式
1—法兰接管　2—弯管　3—升降式单向阀　4—放水阀　5—安全阀　6—楔式闸阀
7—进水用消防接口　8—本体　9—法兰弯管

## 5.1.3　室内消火栓给水系统的类型

**1. 按压力和流量是否满足系统要求分**

按压力和流量是否满足系统要求，室内消火栓给水系统分为以下几种：

（1）常高压消火栓给水系统（见图5-6）　水压和流量任何时间和地点都能满足灭火时所需要的压力和流量，系统中不需要设消防泵的消防给水系统。常高压消防给水系统管道的压力应保证用水总量达到最大，且在任何建筑物的最高处时，水枪的充实水柱仍不小于10m。

（2）临时高压消火栓给水系统（见图5-7）　水压和流量平时不完全满足灭火时的需要，在灭火时启动消防泵。当为稳压泵稳压时，可满足压力，但不满足水量；当屋顶消防水箱稳压时，建筑物的下部可满足压力和流量，建筑物的上部不满足压力和流量。临时高压消防给水系统，多层建筑管道的压力应保证用水总量达到最大，且在任何建筑物的最高处时，水枪的充实水柱仍不小于10m；高层建筑应满足室内最不利点灭火设施的水量和水压要求。

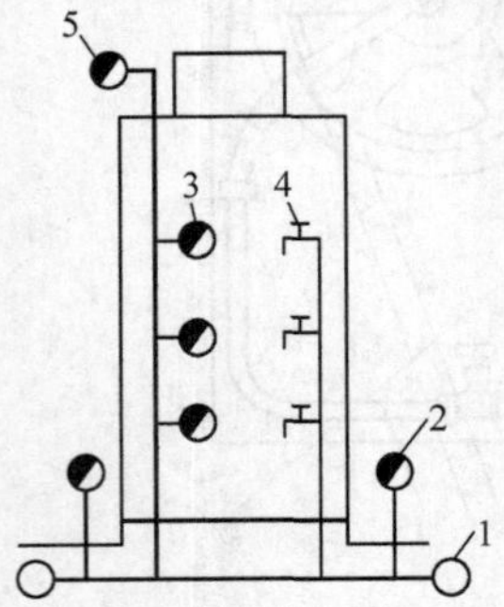

图5-6 常高压消火栓给水系统

1—室外环网 2—室外消火栓 3—室内消火栓 4—生活给水点 5—屋顶实验用消火栓

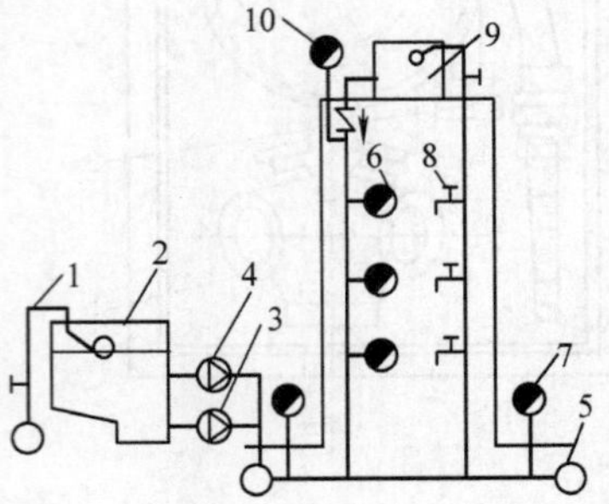

图5-7 临时高压消火栓给水系统

1—市政管网 2—水池 3—消防水泵组 4—生活水泵组 5—室外环网 6—室内消火栓 7—室外消火栓 8—生活用水 9—高位水箱和补水管 10—屋顶实验用消火栓

（3）低压消火栓给水系统（见图5-8） 低压消火栓给水系统管道的压力应保证灭火时最不利点消火栓的水压不小于0.10MPa（从地面算起）。满足或部分满足消防水压和水量要求，消防时可由消防车或由消防水泵提升压力，或作为消防水池的水源水，由消防水泵提升压力。

**2. 按系统中有无水泵和水箱分**

按系统中有无水泵和水箱，室内消火栓给水系统分为以下几种：

（1）无加压泵和水箱的室内消火栓给水系统 此种系统如图5-9所示，常在建筑物不太高，室外给水管网所提供的水压和水量，在任何时候均能满足室内最不利点消火栓所需的水压和水量时采用。

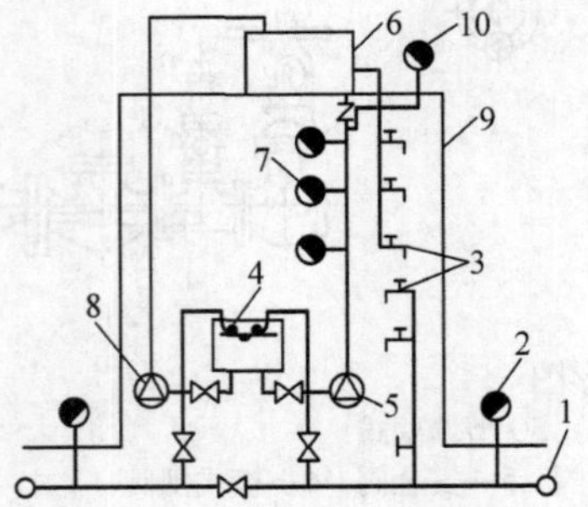

图5-8 低压消火栓给水系统

1—市政管网 2—室外消火栓 3—室内生活用水点 4—室内水池 5—消防水泵 6—水箱 7—室内消火栓 8—生活水泵 9—建筑物 10—屋顶实验用消火栓

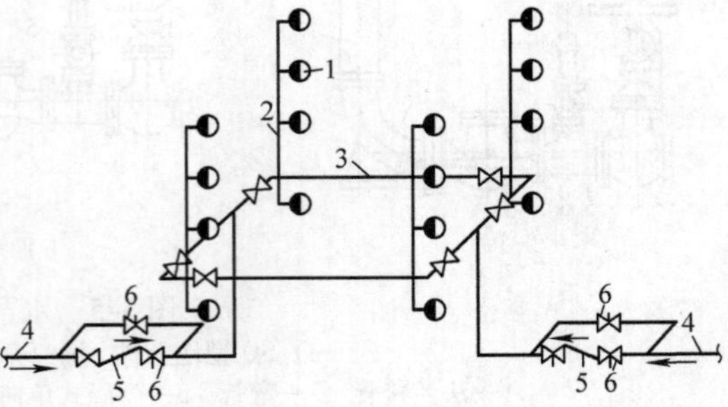

图5-9 无加压泵和水箱的室内消火栓给水系统

1—室内消火栓 2—室内消防竖管 3—干管 4—引入管 5—止回阀 6—旁通管及阀门

（2）设有水箱的室内消火栓给水系统 此种系统如图5-10所示，常用在室外给水管网一日内压力变化较大的城市或居住区。这种系统管网应独立设置，水箱可以和生产、生活用水合用，但水箱内应有保证消防用水不做他用的技术措施，从而保证在任何情况下，水箱均可提供10min的消防水用量，10min后，由消防车加压通过水泵接合器进行灭火。水箱的安装高度应满足室内管网最不利点消火栓水压和水量的要求。

（3）设置消防泵和水箱的室内消火栓给水系统 在室外给水管网经常不能满足室内消火栓

给水系统的水量和水压要求时，宜采用水泵、水箱联合供水的室内消火栓给水系统，如图5-11所示。消防水箱10min的消防用水量，其设置高度应保证室内最不利点消火栓的水压。消防泵只在消防时启用，对于共用的消防系统，消防泵应保证供应生活、生产、消防用水的最大秒流量，并应满足室内管网最不利点消火栓的水压。为了避免消防时消防水泵的出水进入水箱，应在水箱的消防出水管上设置单向阀。

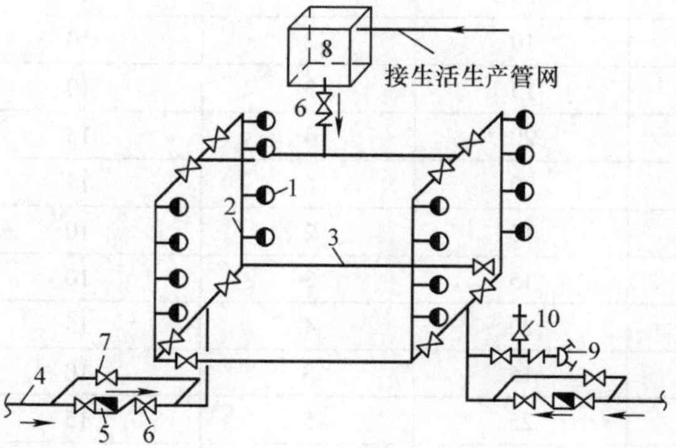


图5-10　设有水箱的室内消火栓给水系统
1—室内消火栓　2—消防竖管　3—干管　4—引入管
5—水表　6—止回阀　7—旁通管及阀门　8—水箱
9—水泵接合器　10—安全阀

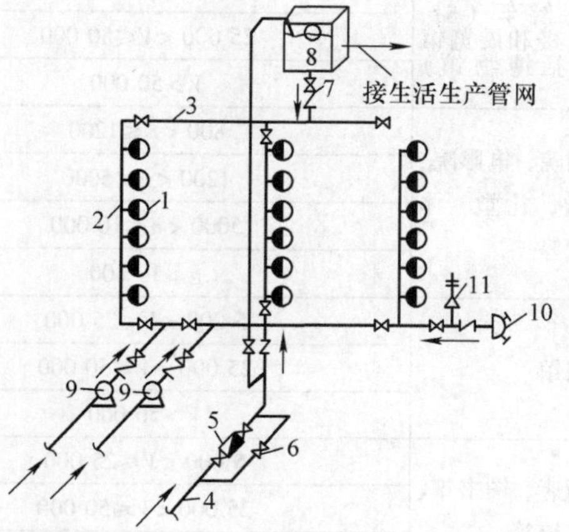


图5-11　设置消防泵和水箱的室内消火栓给水系统
1—室内消火栓　2—消防竖管　3—干管　4—引入管
5—水表　6—止回阀　7—旁通管及阀门　8—水箱
9—消防水泵　10—水泵接合器　11—安全阀

另外，按供水范围不同可分为单体消防给水系统和区域消防给水系统；按供水功能不同可分为独立消防给水系统、联合消防给水系统和合用给水系统。

## 5.1.4　室内消防用水量及充实水柱长度

### 1. 室内消火栓设计流量

室内消火栓设计流量应根据建筑物的用途、功能、高度、体积、耐火等级、火灾危险性等因素综合确定，但不应小于表5-2所示的规定。

**表5-2　室内消火栓设计流量**

| 建筑物名称 | 高度 $h$/m、体积 $V/m^3$、座位数 $n$、火灾危险性 | | | 消火栓用水量/(L/s) | 同时使用水枪支数 | 每根竖管最小流量/(L/s) |
|---|---|---|---|---|---|---|
| 厂房 | $h \leqslant 24$ | 甲、乙、丁、戊 | | 10 | 2 | 10 |
| | | 丙 | $V \leqslant 5000$ | 10 | 2 | 10 |
| | | | $V > 5000$ | 20 | 4 | 15 |
| | $24 < h \leqslant 50$ | 乙、丁、戊 | | 25 | 5 | 15 |
| | | 丙 | | 30 | 6 | 15 |
| | $h > 50$ | 乙、丁、戊 | | 30 | 6 | 15 |
| | | 丙 | | 40 | 8 | 15 |
| 仓库 | $h \leqslant 24$ | 甲、乙、丁、戊 | | 10 | 2 | 10 |
| | | 丙 | $V \leqslant 5000$ | 15 | 3 | 15 |
| | | | $V > 5000$ | 25 | 5 | 15 |
| | $h > 24$ | 丁、戊 | | 30 | 6 | 15 |
| | | 丙 | | 40 | 8 | 15 |

（续）

| 建筑物名称 | | 高度 $h$/m、体积 $V/\mathrm{m}^3$、座位数 $n$、火灾危险性 | 消火栓用水量/（L/s） | 同时使用水枪支数 | 每根竖管最小流量/（L/s） |
|---|---|---|---|---|---|
| 单层及多层 | 科研楼、实验楼 | $V \leqslant 10\,000$ | 10 | 2 | 10 |
| | | $V > 10\,000$ | 15 | 3 | 10 |
| | 车站、码头、机场候车（船、机）楼和展览馆（包括博物馆）等 | $5\,000 < V \leqslant 25\,000$ | 10 | 2 | 10 |
| | | $25\,000 < V \leqslant 50\,000$ | 15 | 3 | 10 |
| | | $V > 50\,000$ | 20 | 4 | 15 |
| | 剧院、电影院、会堂、礼堂、体育馆等 | $800 < n \leqslant 1200$ | 10 | 2 | 10 |
| | | $1200 < n \leqslant 5000$ | 15 | 3 | 10 |
| | | $5000 < n \leqslant 10\,000$ | 20 | 4 | 15 |
| | | $n > 10\,000$ | 30 | 6 | 15 |
| | 旅馆 | $5\,000 < V \leqslant 25\,000$ | 10 | 2 | 10 |
| | | $25\,000 < V \leqslant 50\,000$ | 15 | 3 | 10 |
| | | $V > 50\,000$ | 20 | 4 | 15 |
| | 商店、图书馆、档案馆等 | $5\,000 < V \leqslant 25\,000$ | 15 | 3 | 10 |
| | | $25\,000 < V \leqslant 50\,000$ | 25 | 5 | 15 |
| | | $V > 50\,000$ | 40 | 8 | 15 |
| | 病房楼、门诊楼等 | $5\,000 < V \leqslant 25\,000$ | 10 | 2 | 10 |
| | | $V > 25\,000$ | 15 | 3 | 15 |
| | 办公楼、教学楼、公寓、宿舍等其他建筑 | $h > 15$ 或 $V \geqslant 10\,000$ | 15 | 3 | 10 |
| 高层 | 住宅 | $21 < h \leqslant 27$ | 5 | 2 | 5 |
| | 住宅 | $27 < h \leqslant 54$ | 10 | 2 | 10 |
| | | $h > 54$ | 20 | 4 | 10 |
| | 一类公共建筑 | $h \leqslant 50$ | 20 | 4 | 10 |
| | 二类公共建筑 | $h \leqslant 50$ | 30 | 6 | 15 |
| | | $h > 50$ | 40 | 8 | 15 |
| 国家级文物保护单位的重点砖木、木结构的古建筑 | | $V \leqslant 10\,000$ | 20 | 4 | 10 |
| | | $V > 10\,000$ | 25 | 5 | 15 |
| 地下建筑 | | $V \leqslant 5\,000$ | 10 | 2 | 10 |
| | | $5\,000 < V \leqslant 10\,000$ | 20 | 4 | 15 |
| | | $10\,000 < V \leqslant 25\,000$ | 30 | 6 | 15 |
| | | $V > 25\,000$ | 40 | 8 | 20 |
| 人防工程 | 展览馆、影院、剧场、礼堂、健身体育场所等 | $V \leqslant 1\,000$ | 5 | 1 | 5 |
| | | $1\,000 < V \leqslant 2\,500$ | 10 | 2 | 10 |
| | | $V > 2\,500$ | 15 | 3 | 10 |
| | 商场、餐厅、旅馆、医院等 | $V \leqslant 5\,000$ | 5 | 1 | 5 |
| | | $5\,000 < V \leqslant 10\,000$ | 10 | 2 | 10 |
| | | $10\,000 < V \leqslant 25\,000$ | 15 | 3 | 10 |
| | | $V > 25\,000$ | 20 | 4 | 10 |

（续）

<table>
<tr><th colspan="2">建筑物名称</th><th>高度 h/m、体积 V/m³、座位数 n、火灾危险性</th><th>消火栓用水量/（L/s）</th><th>同时使用水枪支数</th><th>每根竖管最小流量/（L/s）</th></tr>
<tr><td rowspan="4">人防工程</td><td rowspan="2">丙、丁、戊类生产车间、自行车库</td><td>V≤2 500</td><td>5</td><td>1</td><td>5</td></tr>
<tr><td>V>2 500</td><td>10</td><td>2</td><td>10</td></tr>
<tr><td rowspan="2">丙、丁、戊类物品库房、图书资料档案库</td><td>V≤3 000</td><td>5</td><td>1</td><td>5</td></tr>
<tr><td>V>3 000</td><td>10</td><td>2</td><td>10</td></tr>
</table>

注：1. 丁、戊类高层厂房（仓库）室内消火栓的设计流量应按本表减少 10L/s，同时使用消防水枪数可按本表减少 2 支。
2. 消防软管卷盘、轻便消防水龙及多层住宅楼梯间中的干式消防竖管，其消火栓设计流量可不计入室内消防给水设计流量。
3. 当一座多层建筑有多种使用功能时，室内消火栓设计流量应分别按本表中不同功能计算，且应取最大值。

**2. 消防水池的贮水量**

消防水池有效容积的计算应符合下列规定：

1）当市政给水管网能保证室外消防给水设计流量时，消防水池的有效容积应满足在火灾延续时间内室内消防用水量的要求。

2）当市政给水管网不能保证室外消防给水设计流量时，消防水池的有效容积应满足火灾延续时间内室内消防用水量和室外消防用水量不足部分之和的要求。

由于各种消防流量都能够确定，因此消防水池的有效容积计算的关键是确定火灾延续时间。建筑物火灾延续时间不应小于表 5-3 所示的规定，相关内容见 GB 50974—2014《消防给水及消火栓系统技术规范》。

表 5-3　不同场所的火灾延续时间

<table>
<tr><th colspan="3">建筑</th><th>场所与火灾危险性</th><th>火灾延续时间/h</th></tr>
<tr><td rowspan="11">建筑物</td><td rowspan="4">工业建筑</td><td rowspan="2">仓库</td><td>甲、乙、丙类仓库</td><td>3.0</td></tr>
<tr><td>丁、戊类仓库</td><td>2.0</td></tr>
<tr><td rowspan="2">厂房</td><td>甲、乙、丙类厂房</td><td>3.0</td></tr>
<tr><td>丁、戊类厂房</td><td>2.0</td></tr>
<tr><td rowspan="3">民用建筑</td><td rowspan="2">公共建筑</td><td>高层建筑中的商业楼、展览楼、综合楼，建筑高度大于 50m 的财贸金融楼、图书馆、书库、重要的档案楼、科研楼和高级宾馆等</td><td>3.0</td></tr>
<tr><td>其他公共建筑</td><td rowspan="2">2.0</td></tr>
<tr><td colspan="2">住宅</td></tr>
<tr><td colspan="2" rowspan="2">人防工程</td><td>建筑面积小于 3000m²</td><td>1.0</td></tr>
<tr><td>建筑面积大于或等于 3000m²</td><td rowspan="2">2.0</td></tr>
<tr><td colspan="3">地下建筑、地铁车站</td></tr>
</table>

消防水池的给水管应根据其有效容积和补水时间确定，补水时间不宜大于 48h，但当消防水池有效总容积大于 2000m³ 时，不应大于 96h。消防水池给水管管径应经计算确定，且不应小于 *DN*50。

当消防水池采用两路供水且在火灾情况下连续补水能满足消防要求时，消防水池的有效容积应根据计算确定，但不应小于 100m³，当仅设有消火栓系统时不应小于 50m³。

**3. 消防水箱的贮水量**

临时高压消防给水系统的高位消防水箱的有效容积应满足初期火灾消防用水量的要求，并应符合下列规定：

1）一类高层公共建筑，不应小于 36m³，但当建筑高度大于 100m 时，不应小于 50m³；当建筑高度大于150m时，不应小于100$m^3$。

2）多层公共建筑、二类高层公共建筑和一类高层住宅，不应小于18$m^3$，当一类高层住宅建筑高度超过100m时，不应小于36$m^3$。

3）二类高层住宅，不应小于12$m^3$。

4）建筑高度大于21m的多层住宅，不应小于6$m^3$。

5）当工业建筑室内消防给水设计流量小于或等于25L/s时，不应小于12$m^3$，大于25L/s时，不应小于18$m^3$。

6）总建筑面积大于10 000$m^2$且小于30 000$m^2$的商店建筑，不应小于36$m^3$，总建筑面积大于30 000$m^2$的商店建筑，不应小于50$m^3$。当与1）的规定不一致时，应取其较大值。

**4. 充实水柱长度**

充实水柱长度是指水枪射流中对灭火起作用的那段消防射流。也就是包含全部射流水量75%～90%的那段密实水柱。根据消防实践证明，当水枪的充实水柱长度小于7m时，由于火场烟雾大，辐射热高，扑救火灾有一定困难；当充实水柱长度增大时，水枪的反作用力也随之加大，充实水柱长度超过15m时，因射流的反作用力而使消防队员无法把握水枪灭火。因此，火场常用的充实水柱长度一般为10～15m。

GB 50974—2014《消防给水及消火栓系统技术规范》要求室内消火栓栓口动压和消防水枪充实水柱应符合下列规定：

1）消火栓栓口动压不应大于0.50MPa，当大于0.70MPa时应设置减压装置。

2）高层建筑、厂房、库房和室内净空高度超过8m的民用建筑等场所的消火栓栓口动压，不应小于0.35MPa，且消防水枪充实水柱长度应按13m计算；其他场所的消火栓栓口动压不应小于0.25MPa，且消防水枪充实水柱长度应按10m计算。

## 5.1.5 消火栓给水系统的布置

**1. 消火栓的设置**

（1）室内消火栓的布置要求　室内消火栓的布置应符合下列规定：

1）设置室内消火栓的建筑物，包括设备层在内的各层均应设置消火栓。

2）屋顶设有直升机停机坪的建筑，应在停机坪出入口处或非电器设备机房处设置消火栓，并且到停机坪机位边缘的距离不应小于5.0m。

3）消防电梯间前室内应设置消火栓，并应计入消火栓使用数量。

室内消火栓应设在明显易于取用的地点。栓口离地面高度为1.1m，其出水方向应向下或与设置消火栓的墙面成90°角。冷库的室内消火栓应设在常温穿堂内或楼梯间内。

设有室内消火栓的建筑，如为平屋顶，宜在平屋顶上设置实验和检查用的消火栓。

高位水箱设置高度不能保证最不利点消火栓的水压要求时，应在每个室内消火栓处设置直接启动消防水泵的按钮，并应有保护措施。

室内消火栓的布置应满足同一平面有2支消防水枪的2股充实水柱同时到达任何部位的要求，但建筑高度小于或等于24m且体积小于或等于5000$m^3$的多层仓库、建筑高度小于或等于54m且每单元设置一部疏散楼梯的住宅，以及表5-2中规定可采用1支消防水枪的场所，可采用1支消防水枪的1股充实水柱到达室内任何部位。

（2）消火栓的保护半径　消火栓的保护半径是以消火栓为圆心，消火栓能充分发挥作用的水平距离。

消火栓的保护半径可按下式计算，即

$$R = 0.8L_d + L_s \tag{5-1}$$

式中 $R$——消火栓保护半径（m）；

$L_d$——水带的长度（m）；

$L_s$——水枪的充实水柱在水平面的投影长度（m），对于一般建筑（层高3~3.5m），由于两层楼板的限制，一般取 $L_s=3m$，对于工业厂房和层高大于3.5m的民用建筑，按 $L_s=H_m\cos45°$ 计算（$H_m$ 为水枪充实水柱长度）。

（3）消火栓的布置间距 室内消火栓的间距应经过计算确定。但高层工业建筑、高架库房、甲乙类厂房，室内消火栓的间距≤30m；其他单层和多层建筑，室内消火栓的间距≤50m。

1）如图5-12a所示，当室内宽度较小只有一排消火栓，并且只要求一股水柱到达室内任何部位时，消火栓的间距按下式计算，即

$$S_1 \leqslant 2\sqrt{R^2-b^2} \tag{5-2}$$

式中 $S_1$——一股水柱时消火栓间距（m）；

$R$——消火栓的保护半径（m）；

$b$——消火栓的最大保护宽度（m），对于外廊式建筑，$b$ 为建筑宽度，对于内廊式建筑，$b$ 为走道两侧中最大一边宽度。

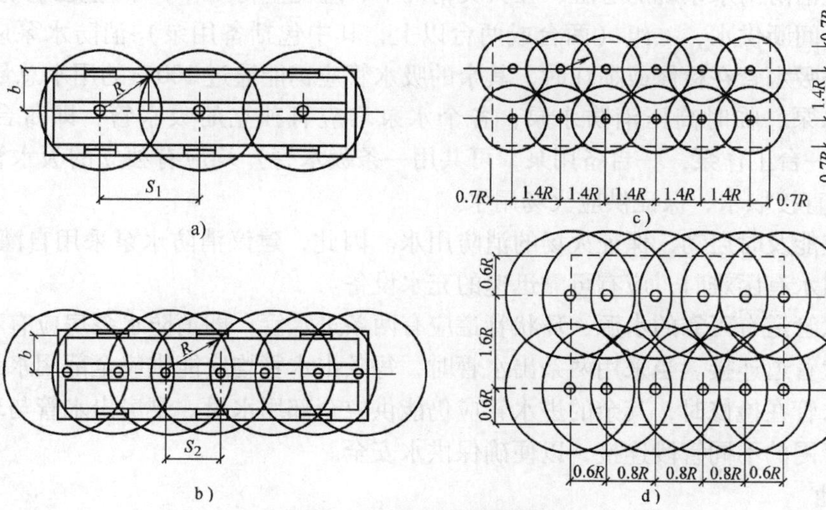


图5-12 消火栓布置间距

a）单排一股水柱到达室内任何部位 b）单排两股水柱到达室内任何部位

c）多排一股水柱到达室内任何部位 d）多排两股水柱到达室内任何部位

2）如图5-12b所示，当室内只有一排消火栓，且要求有两股水柱同时到达室内任何部位时，消火栓的间距按下式计算，即

$$S_2 \leqslant \sqrt{R^2-b^2} \tag{5-3}$$

式中 $S_2$——两股水柱时消火栓间距（m）。

3）如图5-12c所示，当建筑物较宽，需要布置多排消火栓，且要求有一股水柱到达室内任何部位时，消火栓的间距按下式计算，即

$$S_n = 1.4R \tag{5-4}$$

4）如图5-12d所示，当建筑物较宽，需要布置多排消火栓，且要求有两股水柱同时到达室内任何部位时，消火栓的间距按图5-12d确定。

**2. 水泵接合器的布置**

水泵接合器是连接消防车向室内消防给水系统加压供水的装置。当室内消防水泵发生故障或室内消防用水量不足时，消防车从室外消火栓、消防水池或天然水源取水，通过水泵接合器将水送至室内消防管网，保证室内消防用水。

下列场所的室内消火栓给水系统应设置消防水泵接合器：

1）高层民用建筑。

2）设有消防给水的住宅、超过5层的多层民用建筑。

3）超过2层或建筑面积大于10000$m^2$的地下或半地下建筑（室）、室内消火栓设计流量大于10L/s平战结合的人防工程。

4）高层工业建筑和超过4层的多层建筑。

5）城市市政隧道。

自动喷水灭火系统、水喷雾灭火系统、泡沫灭火系统和固定消防炮灭火系统等水灭火系统，均应设置消防水泵接合器。

消防给水为竖向分区供水时，在消防车供水压力范围内的分区，应分别设置水泵接合器；当建筑高度超过消防车供水高度时，消防给水应在设备层等方便操作的地点设置手抬泵或移动泵接力供水的吸水和加压接口。

**3. 消防水泵**

消防水泵是消防给水系统的心脏，在火灾情况下，应能坚持工作，不应受到火灾的威胁。为保证消防水泵不间断供水，一组（两台或两台以上，其中包括备用泵）消防水泵应有两条吸水管，当其中一条吸水管在检修或损坏时，其余的吸水管应仍能通过100%的用水总量。

高压消防水泵、临时高压消防水泵，各个水泵均应有独立的吸水管，即每台工作消防泵（如一个系统，一台工作泵，一台备用泵，可共用一条吸水管）均应有独立的吸水管从消防水池（或市政管网）直接取水，保证供应火场用水。

消防水泵应能及时启动，保证火场的消防用水。因此，建议消防水泵采用自灌式引水方式。若采用自灌式引水有困难时，应有可靠迅速的充水设备。

为保证环状管道有可靠的水源，环状管道应有两条进水管，即消防水泵房应有不少于两条出水管直接与环状管道连接。当采用两条出水管时，每条出水管均应能供应全部用水量。也就是说当其中一条出水管在检修时，其余的进水管应仍能供应全部用水量。泵房出水管与环状管网连接时，应与环状管网的不同管段连接，以便确保供水安全。

**4. 消防水池**

GB 50974—2014《消防给水及消火栓系统技术规范》规定，符合下列规定之一时，应设置消防水池：

1）当生产、生活用水量达到最大，市政给水管网或引入管不能满足室内、外消防用水量时。

2）当采用一路消防供水或只有一条引入管，且室外消火栓设计流量大于20L/s或建筑高度大于50m时。

3）当市政消防给水设计流量小于建筑的消防给水设计流量时。

当消防水池的总蓄水有效容积大于500$m^3$时，宜设两个能独立使用的消防水池，并应设置满足最低有效水位的连通管；但当大于1000$m^3$时，应设置能独立使用的两座消防水池，每座消防水池应设置独立的出水管，并应设置满足最低有效水位的连通管。

储存室外消防用水的消防水池或供消防车取水的消防水池，应符合下列规定：

1）消防水池应设置取水口（井），且吸水高度不应大于6.0m。

2）取水口（井）与建筑物（水泵房除外）的距离不宜小于15m。

3）取水口（井）与甲、乙、丙类液体储罐等构筑物的距离不宜小于40m。

4）取水口（井）与液化石油气储罐的距离不宜小于60m，当采取防止辐射热保护措施时，可为40m。

**5. 消防水箱**

消防水箱的主要作用是供给建筑扑灭初期火灾的消防用水量，并保证相应的水压要求。设置临时高压消防给水系统的建筑物应设置消防水箱（包括气压水罐、水塔、分区给水系统的分区水箱）。高位消防水箱可采用热镀锌钢板、钢筋混凝土、不锈钢板等建造。

高位消防水箱的设置位置应高于其所服务的水灭火设施，最低有效水位应满足水灭火设施最不利点处的静水压力，并应符合下列规定：

1）一类高层民用公共建筑不应低于0.10MPa，但当建筑高度超过100m时，不应低于0.15MPa。

2）高层住宅、二类高层公共建筑、多层民用建筑不应低于0.07MPa，多层住宅不宜低于0.07MPa。

3）工业建筑不应低于0.10MPa，当建筑体积小于20 000$m^3$时，不宜低于0.07MPa。

4）自动喷水灭火系统等自动水灭火系统应根据喷头灭火需求压力确定，但不应小于0.10MPa。

5）当高位消防水箱不能满足上述1）~4）的静压要求时，应设稳压泵。

高位消防水箱的设置应符合下列规定：

1）当高位消防水箱在屋顶露天设置时，水箱的人孔以及进出水管的阀门等应采取锁具或阀门箱等保护措施。

2）严寒、寒冷等冬季冰冻地区的消防水箱应设置在消防水箱间内，其他地区宜设置在室内，当必须在屋顶露天设置时，应采取防冻、隔热等安全措施。

3）高位消防水箱与基础应牢固连接。

高位消防水箱间应通风良好，不应结冰，当必须设置在严寒、寒冷等冬季结冰地区的非采暖房间时，应采取防冻措施，环境温度或水温不应低于5℃。

**6. 给水管道布置**

消火栓给水管道布置应满足下列要求：

1）室内消火栓系统管网应布置成环状，当室外消火栓设计流量不大于20L/s（建筑高度超过50m的住宅除外），且室内消火栓不超过10个时，可布置成枝状。

2）当由室外生产生活消防合用系统直接供水时，合用系统除应满足室外消防给水设计流量以及生产和生活最大小时设计流量的要求外，还应满足室内消防给水系统的设计流量和压力要求。

3）室内消防管道管径应根据系统设计流量、流速和压力要求经计算确定；室内消火栓竖管管径应根据竖管最低流量经计算确定，但不应小于*DN*100。

室内消火栓环状给水管道检修时应符合下列规定：

1）室内消火栓竖管应保证检修管道时关闭停用的竖管不超过1根，当竖管超过4根时，可关闭不相邻的2根。

2）每根立管上下两端与供水干管相接处应设置阀门。

室内消火栓给水管网宜与自动喷水等其他水灭火系统的管网分开设置；当合用消防泵时，供水管路沿水流方向应在报警阀前分开设置。

架空充水管道应设置在环境温度不低于5℃的区域，当环境温度低于5℃时，应采取防冻措施；当温差变化较大时，室外架空管道应校核管道系统的膨胀和收缩，并应采取相应的技术措施。

埋地管道的地基、基础、垫层、回填土压实密度等的要求，应根据刚性管或柔性管管材的性质，结合管道埋设处的具体情况，按现行国家标准 GB 50268—2008《给水排水管道工程施工及验收规范》和 GB 50332—2002《给水排水工程管道结构设计规范》的有关规定执行。当埋地管直径不小于 *DN*100 时，应在管道弯头、三通和堵头等位置设置钢筋混凝土支墩。

消防给水管道不宜穿越建筑基础，当必须穿越时，应采取防护套管等保护措施。

埋地钢管和铸铁管，应根据土壤和地下水腐蚀性等因素确定管外壁防腐措施；海边、潮湿空气中等含有腐蚀性介质的场所的架空管道外壁应采取相应的防腐措施。

### 5.1.6 消火栓给水系统的计算

消火栓给水系统计算的主要任务是根据室内消火栓消防水量的要求，进行合理的流量分配后，确定给水系统管道的管径，系统所需水压，水箱的设置高度、容积和消防水泵的型号等。

**1. 室内消火栓栓口处所需水压力**

消火栓栓口所需的水压力按下式计算，即

$$p_x = p_q + p_d + p_k \tag{5-5}$$

式中 $p_x$——消火栓栓口的水压（kPa）；

$p_d$——水带的压力损失（kPa）；

$p_k$——消火栓栓口压力损失（kPa），按 20kPa 计算；

$p_q$——水枪喷嘴处的压力（kPa）。

$$p_q = H_q \gamma \tag{5-6}$$

式中 $H_q$——水枪喷嘴处的压头（m）；

$\gamma$——水的重度（$kN/m^3$）。

水枪喷嘴处的压头与充实水柱高度的关系为

$$H_q = \frac{\alpha_f H_m}{1 - \varphi \alpha_f H_m} \tag{5-7}$$

式中 $H_m$——消火栓充实水柱高度（m）；

$\varphi$——与水枪喷嘴口径有关的实验数据，见表 5-4；

$\alpha_f$——与 $H_m$ 有关的实验数据，见表 5-5。

**表 5-4 系数 $\varphi$ 值**

| 水枪喷嘴直径 $d$/mm | 13 | 16 | 19 |
|---|---|---|---|
| $\varphi$ | 0.0165 | 0.0124 | 0.0097 |

**表 5-5 系数 $\alpha_f$ 值**

| $H_m$/m | 7 | 10 | 13 | 15 | 20 |
|---|---|---|---|---|---|
| $\alpha_f$ | 1.19 | 1.20 | 1.21 | 1.22 | 1.24 |

设计时根据规范对最小流量的要求和充实水柱的要求，也可以直接查表 5-8 确定水枪喷嘴处的压力。

水流通过水带的压力损失按下式计算，即

$$p_d = A_d L_d q_x^2 \gamma \tag{5-8}$$

式中 $p_d$——水带的压力损失（kPa）；

$A_d$——水带的比阻，可采用表5-6中的值；

$L_d$——水带的长度（m）；

$q_x$——水枪的射流量（L/s）。

**表5-6　水带的比阻 $A_d$ 值**

| 水带材料 | 水带直径/mm | |
|---|---|---|
| | 50 | 65 |
| 帆布、麻质 | 0.015 | 0.0043 |
| 衬胶 | 0.00677 | 0.00172 |

**2. 水枪的实际射流量**

水枪的实际射流量按下式计算，即

$$q_x=\sqrt{BH_q} \tag{5-9}$$

式中　$q_x$——水枪的射流量（L/s）；

$B$——水枪水流特性系数，与水枪口直径有关，可查表5-7；

$H_q$——水枪喷嘴处的压头（m）。

**表5-7　水枪水流特性系数 $B$**

| 水枪口直径/mm | 13 | 16 | 19 | 22 |
|---|---|---|---|---|
| $B$ | 0.346 | 0.793 | 1.577 | 2.836 |

设计时根据规范对最小射流量的要求和充实水柱的要求，可以直接查表5-8确定消火栓栓口处所需的水压力，水带的长度按25m计。

**表5-8　$H_m$、$H_q$、$q_x$ 计算成果表**

| 规范要求最小射流量/(L/s) | 最小充实水柱 $H_m$/m | 栓口直径 $DN$/mm | 喷嘴直径 $d$/mm | 设计射流量 $q_x$/(L/s) | 设计充实水柱 $H_m$/m | 设计喷嘴压力 $p_q$/kPa | 水带压力损失 $p_d$/kPa | | 设计栓口所需压力 $p_x$/kPa | |
|---|---|---|---|---|---|---|---|---|---|---|
| | | | | | | | 帆布、麻质 | 衬胶 | 帆布、麻质 | 衬胶 |
| 2.5 | 7.0 | 50 | 13 | 2.50 | 11.6 | 181.3 | 23.5 | 10.6 | 225 | 212 |
| | | | 16 | 2.72 | 7.0 | 93.1 | 27.8 | 12.5 | 141 | 126 |
| 2.5 | 10.0 | 50 | 13 | 2.50 | 11.6 | 181.3 | 23.5 | 10.6 | 225 | 212 |
| | | | 16 | 3.34 | 10.0 | 140.8 | 12.0 | 4.8 | 173 | 166 |
| 2.0 | 7.0 | 65 | 19 | 2.00 | 11.4 | 158.3 | 26.9 | 10.8 | 205 | 189 |
| | 13.0 | 65 | 19 | 2.42 | 13.0 | 186.1 | 31.6 | 12.6 | 238 | 219 |

**3. 消防管网水力计算**

消防管网水力计算的主要目的是计算消防给水管网的管径、消防水泵的流量和扬程，并确定消防水箱的设置高度。

由于建筑物发生火灾地点的随机性以及水枪充实水柱数量的限定（即水量限定），在进行消防管网水力计算时，对于枝状管网应首先选择最不利立管和最不利消火栓，以此确定计算管路，并按照消防规范规定的室内消防用水量进行流量分配，低层建筑消防立管流量分配应按表5-2确定。对于环状管网（由于着火点不确定），可假定某管段发生故障，仍按枝状管网进行计算。在最不利点水枪射流量确定后，以下各层水枪的实际射流量应根据消火栓栓口处的实际压力计算。在确定了消防管网中各管段的流量后，通常可从钢管水力计算表中直接查得管径及单位管长沿程水头损失值。

消火栓给水管道中的流速一般以1.4～1.8m/s为宜，不允许大于2.5m/s。消防管道沿程水头损失的计算方法与给水管网计算相同，其局部水头损失按管道沿程水头损失的10%采用。

当有消防水箱时，应以水箱的最低水位作为起点选择计算管路、计算管径和水头损失，确定水箱的设置高度或补压设备。当设有消防水泵时，应以消防水池最低水位作为起点选择计算管路、计算管径和水头损失，确定消防水泵的扬程。

## 5.2 自动喷水灭火系统

自动喷水灭火系统是一种固定形式的自动灭火装置，系统的喷头以适当的间距和高度安装于建筑物、构筑物内部。当建筑物内发生火灾时，喷头会自动开启灭火，同时发出火警信号，启动消防水泵从水源抽水灭火。

自动喷水灭火系统可分为闭式系统和开式系统，闭式系统包括湿式系统、干式系统、预作用系统和重复启闭预作用系统；开式系统包括雨淋系统、水幕系统和水喷雾系统。

### 5.2.1 自动喷水灭火系统设置原则

我国现行的GB 50084—2001（2005年版）《自动喷水灭火系统设计规范》规定：自动喷水灭火系统应在人员密集、不宜疏散、外部增援灭火与救生较困难的性质重要或火灾危险性较大的场所中设置。规范同时又规定：自动喷水灭火系统不适用于存在①遇水发生爆炸或加速燃烧的物品；②遇水发生剧烈化学反应或产生有毒有害物质的物品；③洒水将导致喷溅或沸溢的液体的场所。

GB 50016—2014《建筑设计防火规范》也对生产建筑，仓储建筑，单、多层民用建筑，高层民用建筑是否设置自动喷水灭火系统做了具体的规定。

GB 50016—2014《建筑设计防火规范》规定下列高层民用建筑或场所应设置自动喷水灭火系统，除该规范另有规定和不宜用水保护或灭火者外：

1）一类高层公共建筑（除游泳池、溜冰场外）。

2）二类高层公共建筑的公共活动用房、走道、办公室和旅馆的客房、可燃物品库房、自动扶梯底部和垃圾道顶部。

3）高层建筑中的歌舞娱乐放映游艺场所。

4）高层公共建筑中经常有人停留或可燃物较多的地下、半地下室房间。

5）建筑高度大于27m但小于或等于100m的住宅建筑的公共部位，建筑高度大于100m的住宅建筑。

雨淋自动喷水灭火系统适用于燃烧猛烈、蔓延迅速的某些严重危险级场所。GB 50016—2014《建筑设计防火规范》规定下列场所应设置雨淋自动喷水灭火系统：

1）火柴厂的氯酸钾压碾厂房，建筑面积大于100$m^2$的生产和使用硝化棉、喷漆棉、火胶棉、赛璐珞胶片、硝化纤维的厂房。

2）建筑面积大于60$m^2$或储存量大于2t的硝化棉、喷漆棉、火胶棉、赛璐珞胶片、硝化纤维的仓库。

3）日装瓶数量大于3000瓶的液化石油气储配站的灌瓶间、实瓶库。

4）特等、甲等剧场的舞台葡萄架下部，超过1500个座位的其他等级剧场和超过2000个座位的会堂或礼堂的舞台葡萄架下部。

5）建筑面积不小于400$m^2$的演播室，建筑面积不小于500$m^2$的电影摄影棚。

6）乒乓球厂的轧坯、切片、磨球、分球检验部位。

水幕系统主要是用于隔火，不能直接扑灭火灾。GB 50016—2014《建筑设计防火规范》规定下列部位宜设置水幕系统：

1）特等、甲等剧场，超过1500个座位的其他等级的剧场，超过2000个座位的会堂或礼堂和高层民用建筑中超过800个座位的剧场、礼堂的舞台口及上述场所中与舞台相连的侧台、后台的门窗洞口。

2）应设防火墙等防火分隔物而无法设置的局部开口部位。

3）需要冷却保护的防火卷帘或防火幕的上部。

舞台口也可采用防火幕进行分隔。

水喷雾灭火系统是将水雾化，一般用于变压器等火灾的扑救。GB 50016—2014《建筑设计防火规范》规定下列场所应设置自动灭火系统，且宜采用水喷雾灭火系统：

1）单台容量在40MV·A及以上的厂矿企业油浸变压器，单台容量在90MV·A及以上的电厂油浸变压器，单台容量在125MV·A及以上的独立变电站油浸变压器。

2）飞机发动机试验台的试车部位。

3）设置在高层民用建筑内充可燃油的高压电容器和多油开关室。

设置在室内的油浸变压器，充可燃油的高压电容器和多油开关室，可采用细水雾灭火系统。

## 5.2.2　闭式自动喷水灭火系统

### 1. 系统类型

闭式自动喷水灭火系统主要可分为湿式自动喷水灭火系统、干式自动喷水灭火系统、预作用自动喷水灭火系统和重复启闭预作用自动喷水灭火系统。

（1）湿式自动喷水灭火系统　湿式自动喷水灭火系统主要由闭式喷头、湿式报警阀、报警装置（水流指示器、水力警铃、压力开关）、管网及供水设施等组成，如图5-13所示。湿式自动喷水灭火系统管网内充满有压水，发生火灾后，当温度升高到喷头开启温度时，喷头的感温元件爆裂或闭锁熔化脱落，水即从喷头喷出灭火，同时发出火警信号。

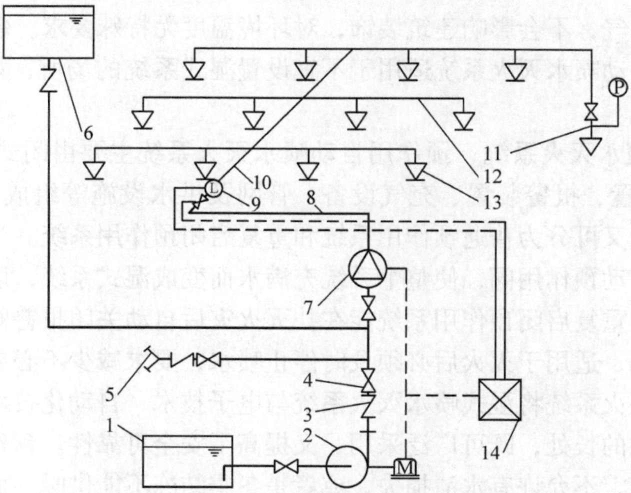


图5-13　湿式自动喷水灭火系统示意图

1—水池　2—水泵　3—止回阀　4—闸阀　5—水泵接合器　6—消防水箱　7—湿式报警阀组　8—配水干管　9—水流指示器　10—配水管　11—末端试水装置　12—配水支管　13—闭式喷头　14—报警控制器　P—压力表　M—驱动电动机

湿式自动喷水灭火系统具有灭火速度快、控火效率高的特点，但当管道出现渗漏时会损坏建筑的装饰。湿式自动喷水灭火系统适用于常年温度在 4～70℃，且能用水灭火的建筑物、构筑物，如宾馆饭店、办公楼、医院、厂房、仓库等场所。

（2）干式自动喷水灭火系统　干式自动喷水灭火系统主要由闭式喷头、干式报警阀、报警装置、充气设备、管网及供水设施等组成，如图 5-14 所示。干式自动喷水灭火系统平时管网内不充水，而是充满压缩空气，当发生火灾火点温度上升到一定值时，喷头开启，气体喷出，管网压力降低，使压力水打开控制阀进入配水管网灭火。

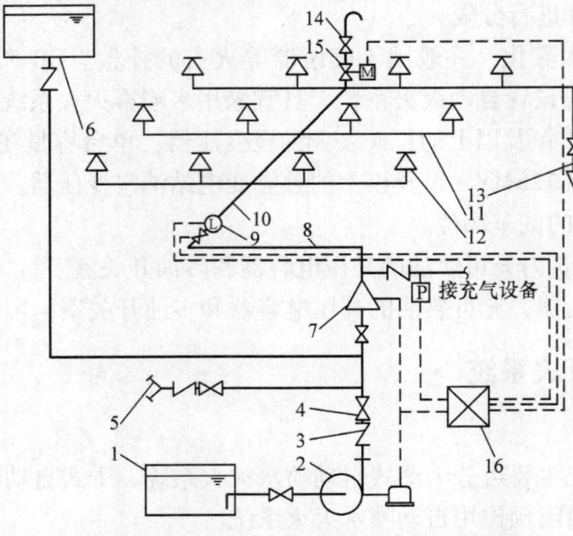


图 5-14　干式自动喷水灭火系统示意图

1—水池　2—水泵　3—止回阀　4—闸阀　5—水泵接合器　6—消防水箱　7—干式报警阀组　8—配水干管　9—水流指示器　10—配水管　11—配水支管　12—闭式喷头　13—末端试水装置　14—快速排气阀　15—电动阀　16—报警控制器

干式自动喷水灭火系统的特点是在干式报警阀前的管道内充有压力水，在干式报警阀后的管道内充有压缩空气或氮气，不会影响建筑装饰，对环境温度无特殊要求。但干式系统的喷头较湿式系统出水慢。干式自动喷水灭火系统适用于不宜设置湿式系统的场所，如环境温度小于 4℃或大于 70℃的场所。

（3）预作用自动喷水灭火系统　预作用自动喷水灭火系统主要由闭式喷头、预作用阀（或雨淋阀）、火灾探测装置、报警装置、充气设备、管网及供水设施等组成，如图 5-15 所示。预作用自动喷水灭火系统又可分为普通预作用系统和重复启闭预作用系统。当发生火灾时，探测器启动发出报警信号，启动预作用阀，使整个系统充满水而变成湿式系统，以后动作程序与湿式喷水灭火系统完全相同。重复启闭预作用系统能在扑灭火灾后自动关闭报警阀，发生复燃时又能再次开启报警阀恢复喷水，适用于灭火后必须及时停止喷水，要求减少不必要水渍损失的场所。

预作用自动喷水灭火系统将湿式喷水灭火系统与电子技术、自动化技术紧密结合起来，集湿式和干式喷水灭火系统的长处，既可广泛采用，又提高了安全可靠性。预作用自动喷水灭火系统适用于建筑装饰要求高，不允许有水渍损失，或者是冬季结冻不能供暖，而又要求灭火及时的建筑物。具有下列要求之一的场所应采用预作用系统：系统处于准工作状态时，严禁管道漏水，如贵重物品用房和计算机房等；严禁系统误喷，如棉花和烟草库房等；替代干式系统。

在同一区域内设置相应的火灾探测器和闭式喷头，火灾探测器的动作必须先于喷头的动作。为保证系统在火灾探测器发生故障时仍能正常工作，系统应设置手动操作装置。当采用不充气的空管预作用喷水灭火系统时，可采用雨淋阀。当采用充气的预作用喷水灭火系统时，为了防止系

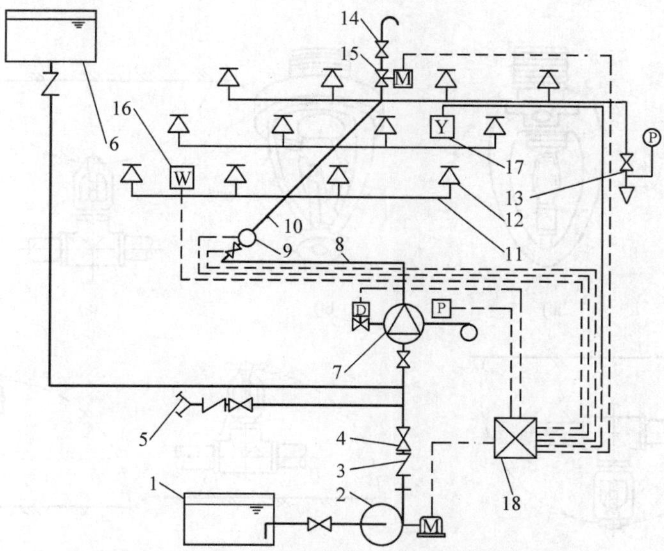


图5-15 预作用自动喷水灭火系统示意图

1—水池 2—水泵 3—止回阀 4—闸阀 5—水泵接合器 6—消防水箱 7—预作用报警阀组 8—配水干管 9—水流指示器 10—配水管 11—配水支管 12—闭式喷头 13—末端试水装置 14—快速排气阀 15—电动阀 16—感温探测器 17—感烟探测器 18—报警控制器

统的气体渗漏，应采用隔膜式雨淋阀。

（4）重复启闭预作用自动喷水灭火系统 发生火灾时专用探测器可以控制系统排气充水，必要时喷头破裂及时灭火。当火灾扑灭环境温度下降后，专用探测器可以自动控制系统关闭，停止喷水，以减少火灾损失。当火灾死灰复燃时，系统可以再次启动灭火。当非火灾时喷头意外破裂，系统不会喷水。适用于必须在灭火后及时停止喷水的场所。

**2. 闭式自动喷水灭火系统的主要部件**

（1）闭式喷头 闭式喷头按感温元件分为玻璃球喷头和易熔合金锁片喷头。玻璃球喷头是在热的作用下，使玻璃球内的液体膨胀产生压力，导致玻璃球爆破脱落喷水，如图5-16a所示。易熔合金锁片喷头是在热的作用下，使易熔合金锁片熔化脱落而开启喷水，如图5-16b所示。按溅水盘的形式和安装位置不同洒水喷头分为直立型、下垂型、边墙型、吊顶型、普通型和干式下垂型，如图5-16c、d、e、f、g、h所示。

另外，也可以根据感温等级对喷头进行分类，可以根据色标判别喷头的公称动作温度。表5-9所示为各种喷头的动作温度和色标。

（2）报警阀组 报警阀是自动喷水灭火系统的重要组成部分，在发生火灾时能发出火警信号。不同种类的自动喷水灭火系统采用不同的报警阀，如湿式报警阀、干式报警阀、预作用报警阀，如图5-17所示。共有*DN*50、*DN*65、*DN*80、*DN*125、*DN*150、*DN*200这6种规格。

一个报警阀组控制的喷头数应符合下列规定：

湿式系统、预作用系统不宜超过800只；干式系统不宜超过500只。对于中轻危险等级场所，为了提高系统的可靠性，可考虑一个报警阀在同一层的保护面积限制为不大于5000m$^2$。当配水支管同时安装保护吊顶下方和上方空间的喷头时，应只将数量较多一侧的喷头计入报警阀组控制的喷头总数。

每个报警阀组供水的最高与最低位置喷头，其高程差不宜大于50m。

雨淋阀组的电磁阀，其入口应设过滤器。并联设置雨淋阀组的雨淋系统，其雨淋阀控制腔的入口应设止回阀。

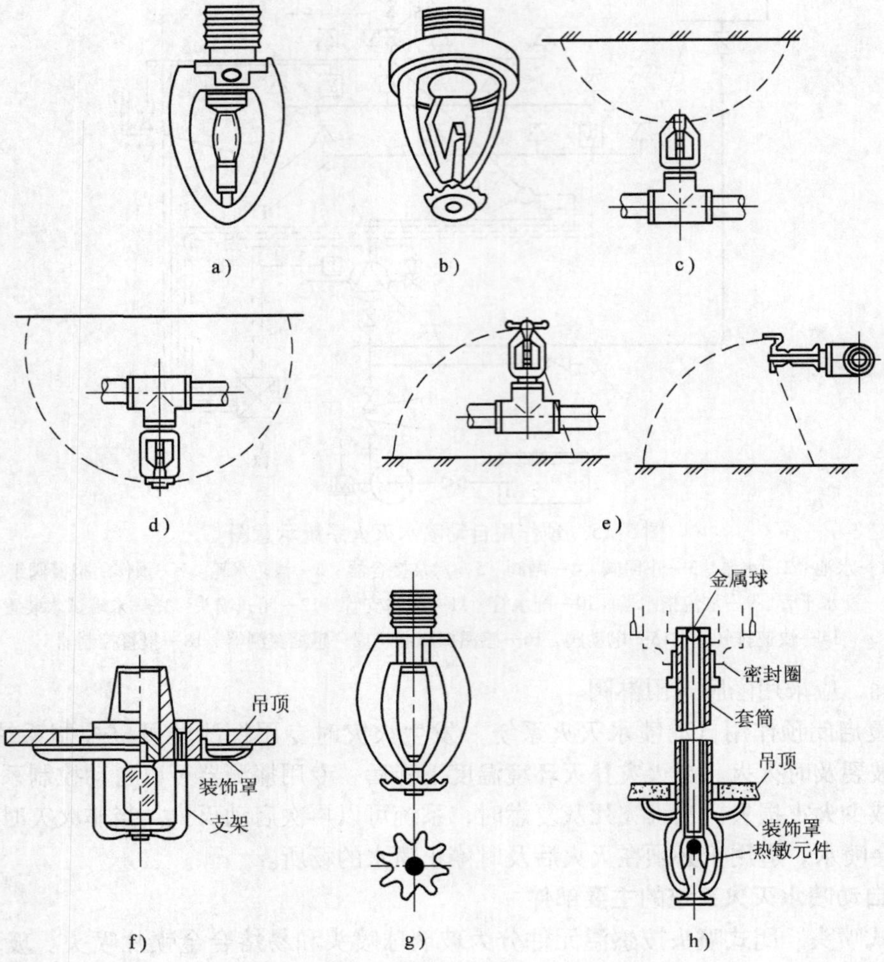


图 5-16 闭式喷头构造示意图

a) 玻璃球洒水喷头 b) 易熔合金洒水喷头 c) 直立型洒水喷头 d) 下垂型洒水喷头 e) 边墙型（立式，水平式）洒水喷头 f) 吊顶型洒水喷头 g) 普通型洒水喷头 h) 干式下垂型洒水喷头

**表 5-9 各种喷头的动作温度和色标**

| 类 别 | 公称动作温度/℃ | 色标 | 接管直径 *DN*/mm | 最高环境温度/℃ | 连接形式 |
| --- | --- | --- | --- | --- | --- |
| 易熔合金喷头 | 55~77 | 本色 | 15 | 42 | 螺纹 |
| | 79~107 | 白色 | 15 | 68 | 螺纹 |
| | 121~149 | 蓝色 | 15 | 112 | 螺纹 |
| | 163~191 | 红色 | 15 | | 螺纹 |
| 玻璃球喷头 | 57 | 橙色 | 15 | 27 | 螺纹 |
| | 68 | 红色 | 15 | 38 | 螺纹 |
| | 79 | 黄色 | 15 | 49 | 螺纹 |
| | 93 | 绿色 | 15 | 63 | 螺纹 |
| | 141 | 蓝色 | 15 | 111 | 螺纹 |
| | 182 | 紫红色 | 15 | 152 | 螺纹 |

报警阀组宜设在没有冰冻危险、安全及易于操作的地点，报警阀距地面的高度宜为 1.2m。安装报警阀的部位应设有排水设施。

ZSFZ湿式报警阀　　干式　　ZSFU型预作用阀

图5-17　报警阀

连接报警阀进出口的控制阀应采用信号阀。当不采用信号阀时，控制阀应设锁定阀位的锁具。

水力警铃与报警阀配套使用，由水流冲击叶轮报警，设在有人值班的地点附近。水力警铃的工作压力不应小于0.05MPa，与报警阀连接的管道应是镀锌钢管，其管径应为20mm，总长不宜大于20m。水力警铃与报警阀间的高度不大于5m。警铃宜一个系统安装一只，共用时最多不宜超过三个系统共用一个警铃。

（3）水流报警装置　水流报警装置主要有水力警铃、水流指示器和压力开关。

水力警铃（见图5-18a）是一种水力驱动的机械装置，由壳体、叶轮、铃锤和铃盖等组成。当阀瓣被打开，水流通过座圈上的沟槽和小孔进入延迟器，充满后，继续流向水力警铃的进水口，在一定的水流压力下，推动叶轮带动铃锤转臂旋转，使铃锤连续击打铝铃而发出报警铃声。

水流指示器（见图5-18b）用于湿式自动喷水灭火系统中。通常安装在各楼层配水干管或支管上，其功能是当喷头开启喷水时，水流指示器中桨片摆动接通电信号送至报警控制器报警，并指示火灾楼层。

压力开关（见图5-18c）是自动喷水灭火系统中的一个重要部件，一般垂直安装于延迟器和水力警铃之间的管道上，其作用是将系统的压力信号转换为电信号输出。

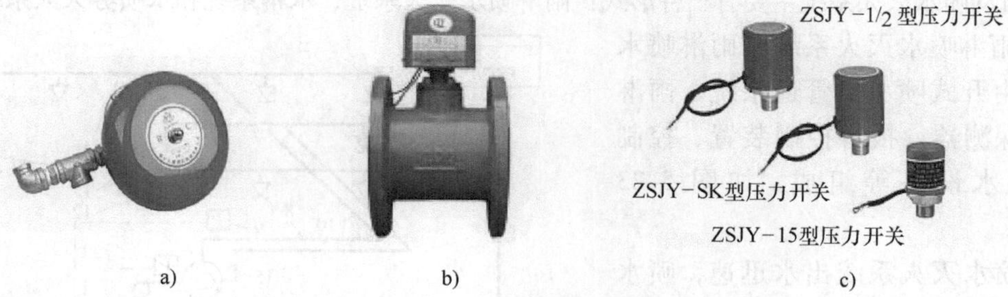


图5-18　水流报警装置

a）ZSJL型水力警铃　b）水流指示器　c）ZSJY型压力开关

（4）延迟器　延迟器是一个有进水口和出水口的圆筒形储水容器，如图5-19所示。下端有进水口，与报警阀的报警口连接相通，上端有出水口，连接水力警铃，用于防止由于水源水压波动原因引起报警阀开启而导致的误报。报警阀开启后，水流需经30s左右充满延迟器后方可冲入水力警铃。

（5）末端试水装置　末端试水装置由截止阀、三通、喷头体（试水接头）与压力表组成，如图5-20和图5-21所示。每个报警阀组控制的最不利点喷头处，应设末端试水装置，以供检验系统工作情况。其他防火分区、楼层均应设直径为25mm的试水阀。试水接头出水口的流量系数，应等同于同楼层或防火分区内的最小流量系数喷头。末端试水装置的出水，应采取孔口出流的方式排入排水管道。

图5-19 延迟器

图5-20 末端试水装置实物图

（6）火灾探测器 火灾探测器是自动喷水灭火系统的重要组成部分。目前常用的有感烟、感温探测器，如图5-22所示。感烟探测器是利用火灾发生地点的烟雾浓度进行探测，感温探测器是通过火灾引起的温升进行探测。火灾探测器布置在房间或走廊的顶棚下面。

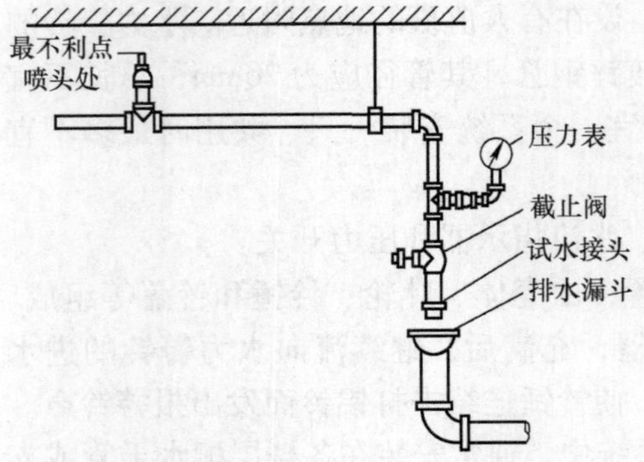


图5-21 末端试水装置组成

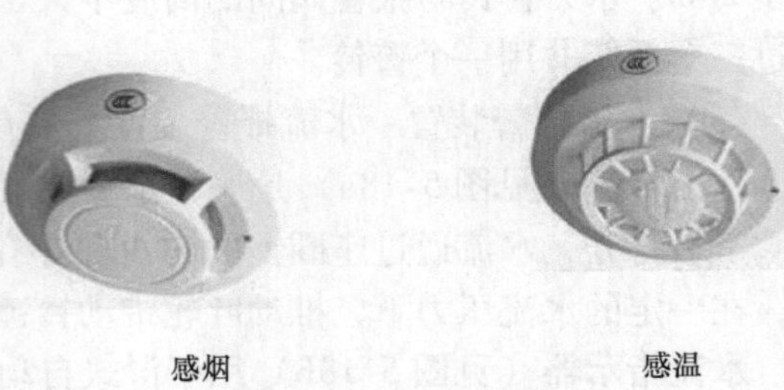


图5-22 火灾探测器

## 5.2.3 开式自动喷水灭火系统

### 1. 系统类型

开式自动喷水灭火系统主要有三种形式：雨淋喷水灭火系统、水幕系统和水喷雾灭火系统。

（1）雨淋喷水灭火系统 雨淋喷水灭火系统由开式喷头、管道系统、雨淋阀、火灾探测器、报警控制装置、控制组件和供水设备等组成，如图5-23所示。

雨淋喷水灭火系统出水迅速，喷水量大，覆盖面积大，其降温和灭火效率显著。但系统的喷头全部为开式，启动完全由控制系统操纵，因而对自动控制系统的可靠性要求高。该系统适用于控制来势凶猛、蔓延快的火灾。

（2）水幕系统 水幕系统不直接扑灭火灾，而是阻挡火焰热气流和热辐射向邻近保护区扩散，起到防火分隔的作用。

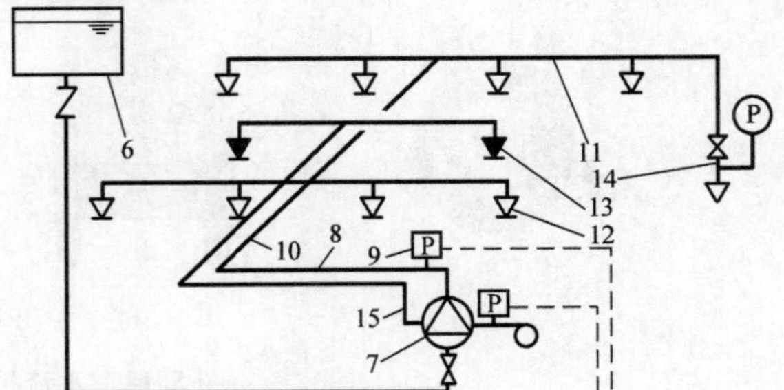

图5-23 传动管启动雨淋喷水灭火系统

1—水池 2—水泵 3—闸阀 4—止回阀 5—水泵接合器 6—消防水箱 7—雨淋报警阀组 8—配水干管 9—压力开关 10—配水管 11—配水支管 12—开式洒水喷头 13—闭式喷头 14—末端试水装置 15—传动管 16—报警控制器

水幕系统的工作原理与雨淋自动喷水灭火系统基本相同，只是喷头出水的状态不同，作用不同。按水幕系统灭火的不同作用，可将该系统分为冷却型、局部阻火型及防火水幕带三种类型。冷却型水幕主要以冷却作用为主，增强建（构）筑物的耐火性能，以防火灾扩展。如某些不宜采用防火门、防火窗而用简易防火分隔物代替的部位，其上部设置的水幕即为此类。局部阻火型水幕设置于建筑物中一些面积较小（小于3$m^2$）的孔洞、开口处。防火水幕带一般用在需要而无法装置防火分隔物的部位，如展览楼的展览厅、剧院的舞台等，防火水幕可起到分隔及防止火灾进一步扩大的作用。

（3）水喷雾灭火系统　该系统用喷雾喷头把水粉碎成细小的水雾滴之后喷射到正在燃烧的物质表面，通过表面冷却、窒息以及乳化、稀释的同时作用实现灭火。由于水喷雾具有多种灭火机理，使其具有适用范围广的优点，不仅可以提高扑灭固体火灾的灭火效率，同时由于水雾具有不会造成液体飞溅、电气绝缘性好的特点，在扑灭可燃液体火灾、电气火灾中均得到了广泛的应用，可用在燃油、燃气锅炉房、配电室等场所。

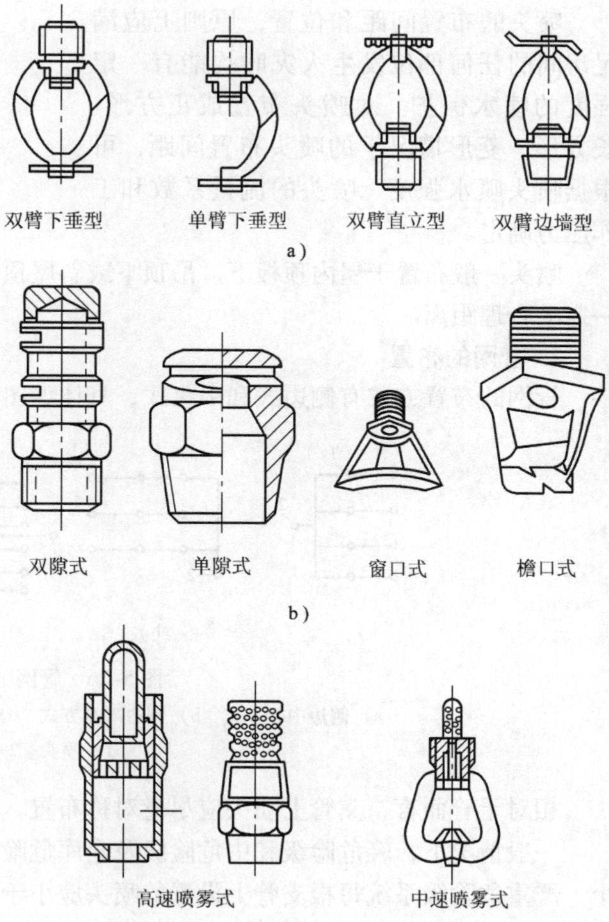

图5-24　开式喷头构造示意图
a）开启式洒水喷头　b）水幕喷头　c）喷雾喷头

**2. 开式自动喷水灭火系统的主要部件**

（1）开式喷头　开式喷头与闭式喷头的区别仅在于其缺少由热敏感元件组成的释放机构，喷口呈常开状态，主要分为洒水喷头、水幕喷头和喷雾喷头，如图5-24所示。

（2）雨淋阀　雨淋阀是靠水压力控制阀的开启和关闭，图5-25所示为隔膜型雨淋阀。

阀体内部分成A、B、C三室，A室接于供水管上，B室接雨淋配水管，C室与传动管网相连，平时A、B、C三室均充满水。由于C室通过一个直径为3mm的小孔阀与供水管相通，使A、C两室的水具有相同的压力。B室内的水具有静压力，其静压力是由雨淋管网的水平管道与雨淋阀之间的高差造成的。位于C室的大圆盘隔膜的面积是位于A室小圆盘隔膜面积的两倍以上，因此处于相同水压力下，雨淋阀处于关闭状态。当发生火灾时，火灾探测控制设备将自动使C室中的水流出，水压释放，C室内大圆盘上的压力骤降，大圆盘上、下两侧形成大的压力差，雨淋阀在供水管的水压推动下自动开启，向雨淋管网供水灭火。

（3）火灾探测传动控制系统　火灾探测传动控制系统主要有以下四种：

1）带易熔锁封钢索绳控制的传动装置。

2）带闭式喷头控制的充水或充气式传动管装置。

3）电动传动管装置。

4）手动旋塞传动控制装置。

### 5.2.4 自动喷水灭火系统的布置

**1. 喷头的布置**

喷头的布置形式有正方形、长方形、菱形。具体采用何种形式，应根据建筑平面和构造确定。

喷头的布置间距和位置，原则上应满足房间的任何部位发生火灾时均能有一定强度的喷水保护。对喷头布置成正方形、长方形、菱形情况下的喷头布置间距，可根据喷头喷水强度、喷头的流量系数和工作压力确定。

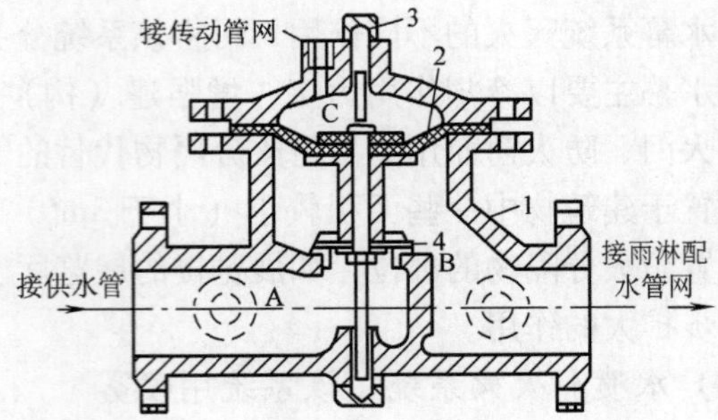


图5-25 隔膜型雨淋阀

1—阀体 2—大圆盘橡胶隔膜

3—工作塞 4—小圆盘橡胶隔膜

喷头一般布置于屋内顶板下、吊顶下或斜屋顶下，安装时应考虑与屋内大梁、顶板、边墙有一定的合理距离。

**2. 管网的布置**

管网的布置方式有侧边式和中央式，具体如图5-26所示。

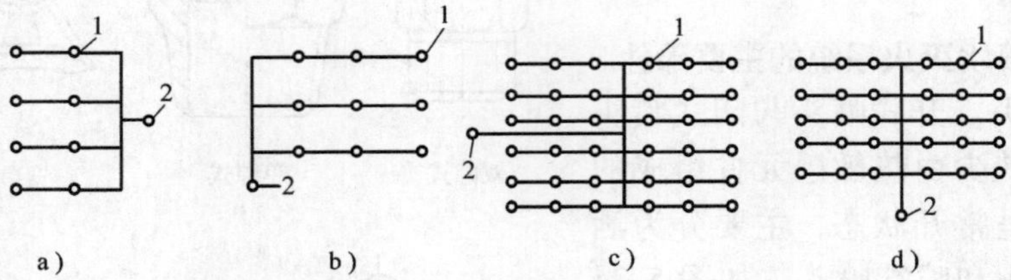


图5-26 管网的布置方式

a）侧边中心方式 b）侧边末端方式 c）中央中心方式 d）中央末端方式

1—喷头 2—立管

相对干管而言，支管上喷头应尽量对称布置。

一般情况下，轻危险级和中危险级及仓库危险级系统每根支管上设置的喷头应小于或等于8个，严重危险级系统每根支管上设置的喷头应小于或等于6个。

**3. 报警阀的布置**

报警阀应设在距地面高度为1.2m，且没有冰冻危险，易于排水，管理维修方便及明显的地点。每个报警阀组供水的最高与最低喷头，其高程差不宜大于50m。一个报警阀所控制的喷头数应符合相关规定。

**4. 水力警铃的布置**

水力警铃应设在有人值班的地点附近，与报警阀连接的管道，其管径为20mm，总长度不宜大于20m。

**5. 末端试水装置的布置**

每个报警阀组控制的最不利点喷头处，应设末端试水装置。其他防火分区、楼层的最不利点喷头处，均应设置直径为25mm的试水阀，以便必要时连接末端试水装置。

**6. 水泵的布置**

自动喷水灭火系统应设独立的供水泵，并应按一运一备或两运一备比例设置备用泵；水泵应采用自灌式吸水方式，每组供水泵的吸水管不应少于2根；报警阀入口前设置环状管道的系统，每组供水泵的出水管不应少于2根；供水泵的吸水管应设控制阀，出水管应设控制阀、止回阀、压力表和直径不小于65mm的试水阀。必要时，应采取控制供水泵出口压力的措施。

**7. 水箱的布置**

采用临时高压给水系统的自动喷水灭火系统应设高位消防水箱。

建筑高度不超过24m，并按轻危险级或中危险级场所设置湿式系统、干式系统或预作用系统时，如设置高位消防水箱确有困难，应采用5L/s流量的气压给水设备供给10min初期用水量。

消防水箱的出水管应符合下列规定：应设止回阀，并应与报警阀入口前管道连接；轻危险级、中危险级场所的系统，管径不应小于80mm，严重危险级和仓库危险级不应小于100mm。

**8. 水泵接合器的布置**

系统应设水泵接合器，每个水泵接合器的流量宜按10～15L/s计算。

### 5.2.5　自动喷水灭火系统的计算

自动喷水灭火系统计算的目的在于确定系统管径及选定设备。

**1. 设计的基础数据**

为保证火灾时喷头喷出的水有足够的强度及有效作用面积，各种危险等级的设计喷水强度、喷头作用面积和喷头工作压力见表5-10。

**表5-10　自动喷水灭火系统设计的基础数据**

| 火灾危险等级 | | 喷水强度/[L/(min·m²)] | 喷头作用面积/m² | 喷头工作压力/MPa |
|---|---|---|---|---|
| 轻危险级 | | 4 | 160 | 0.1 |
| 中危险级 | Ⅰ级 | 6 | | |
| | Ⅱ级 | 8 | | |
| 严重危险级 | Ⅰ级 | 12 | 260 | 0.1 |
| | Ⅱ级 | 16 | | |

注：最不利点处喷头最低压力不得小于0.05MPa。

具体应用时，对湿式、干式和预作用喷水灭火系统所需基础数据应不小于表5-10所示的规定值；雨淋喷水系统应按表5-10中严重危险级数据确定；水幕系统用于保护或配合防火幕、防火卷帘起防火隔断作用时，其设计喷水流量应不小于0.5L/(s·m)。在自动喷水灭火系统上安装加密喷头代替水幕配合防火卷帘作为防火隔断时，可作为自动喷水系统对待，不另增加设计喷水流量。在舞台口和孔洞面积超过3.0m²部位设置防火水幕，其设计喷水流量不宜小于2L/(s·m)。

**2. 流速与管径**

自动喷水灭火系统管道的设计流速 $v \leqslant 5$m/s，在个别情况下配水支管设计流速 $v \leqslant 10$m/s。系统管径 $DN \geqslant 25$mm。

## 5.3　其他灭火设施简介

因建筑使用功能不同，其内的可燃物性质各异，仅使用水作为消防手段是不能达到扑救火灾的目的，甚至还会带来更大的损失。因此，应根据可燃物的物理、化学性质，采用不同的灭火方法和手段，只有这样，才能达到预期的目的。本节简单介绍二氧化碳灭火、干粉灭火、泡沫灭火、七氟丙烷灭火等非水灭火系统的灭火原理及主要设备。

## 5.3.1 二氧化碳灭火系统

**1. 灭火原理**

二氧化碳是一种惰性气体，自身无色、无味、无毒，密度比空气约大50%，来源广泛且价格低廉。长期存放不变质，灭火后能很快散逸，不留痕迹，在被保护物表面不留残余物，也没有毒害，是一种较好的灭火剂。

二氧化碳灭火剂主要是通过窒息（隔离氧气）和冷却的作用达到灭火目的，其中窒息作用为主导作用。

二氧化碳灭火系统可用于扑救各种液体火灾和那些受到水、泡沫、干粉灭火剂的玷污而容易损坏的固体物质的火灾。另外，二氧化碳是一种不导电的物质，其电绝缘性比空气还高，可用于扑救带电设备的火灾。二氧化碳灭火系统具有不污损保护物、灭火快、空间淹没效果好等优点。这种灭火系统日益被重视。

二氧化碳灭火系统可分为全淹没灭火系统和局部应用灭火系统。

全淹没灭火系统是指在规定的时间内，向防护区喷射一定浓度的二氧化碳，并使其均匀地充满整个防护区的灭火系统。该系统适用于无人居留或发生火灾能迅速（30s以内）撤离的防护区。

局部应用灭火系统是指向保护对象以设计喷射率直接喷射二氧化碳，并持续一定时间的灭火系统。该系统适用于经常有人的较大防护区内，扑救个别易燃烧设备或室外设备。

**2. 二氧化碳灭火系统的主要设备**

二氧化碳灭火系统的组成如图5-27所示。其主要设备有：二氧化碳储存容器、安全阀、选择阀、启动用气容器、喷嘴及检测控制器等。

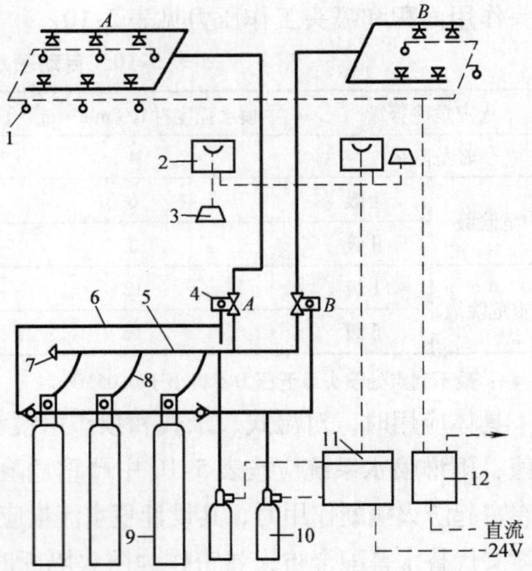


图5-27 二氧化碳灭火系统

1—探测器 2—手动启动装置 3—报警器 4—选择阀 5—总管 6—操作管 7—安全阀 8—连接管 9—储存容器 10—启动用气容器 11—控制盘 12—检测控制器

## 5.3.2 干粉灭火系统

干粉灭火系统是以干粉作为灭火剂的灭火系统。干粉灭火剂是一种干燥的、易于流动的细微粉末，平时储存于干粉灭火器或干粉灭火设备中，灭火时由加压气体（二氧化碳或氮气）将干粉从喷嘴射出，形成一股雾状粉流射向燃烧物，起到灭火作用。

干粉灭火剂具有灭火历时短、效率高、绝缘好、灭火后损失小、不怕冻、不用水、可长期储存等优点。

干粉灭火剂按其应用的范围可分为：普通干粉灭火剂、多用干粉灭火剂、金属干粉灭火剂。

**1. 干粉灭火系统的分类**

干粉灭火系统按系统的启动方式不同，可分为手动干粉灭火系统和自动干粉灭火系统；按固定方式不同，可分为固定式干粉灭火系统和半固定式干粉灭火系统；按保护对象情况不同，可分为全淹没系统和局部保护系统；按供气方式不同，可分为加压式和储压式。

**2. 干粉灭火系统的组成和主要设备**

干粉灭火系统主要由两部分组成，即干粉灭火设备部分和火灾自动探测控制部分。干粉灭火设备由干粉储罐、动力气体容器、容器阀、输气管、过滤器、减压器、高压阀、输粉管、球形阀、压力表、喷嘴、喷枪、干粉炮等组成。火灾自动探测控制部分由火灾探测器、启动瓶、启动瓶控制机构、报警器、控制盘等组成。

（1）干粉储罐　干粉储罐是装有一定质量干粉灭火剂的密闭压力容器。它是一只筒体为圆柱形，两端为椭圆形封头的压力容器，也有采用球形压力容器的。干粉储罐的结构示意图如图5-28所示。

（2）干粉的驱动装置　大型的干粉灭火设备一般采用氮气作为驱动气体，较小型的干粉灭火设备有时采用二氧化碳作为驱动气体。动力气瓶由瓶体和瓶头阀组成，瓶体与常用的40L氮气瓶或氧气瓶一样；瓶头阀有手动、气动、电动等开启形式。手动瓶头阀一般用于较小的干粉灭火设备或半固定式灭火装置上，它仅有一两个气瓶，手动操作启动比较容易。气动阀和电动阀则用在多个动力气瓶组成的气瓶组上，以便实现自动启动。图5-29所示是一种常见的气动阀，它的启动压力为1.2~2.0MPa，由上阀体、下阀体、手轮、灌气接头、排气管、安全阀组成。这种阀门当气动启动机构失灵时，可以转动手轮，使气瓶打开。

（3）减压阀　减压阀有三种，第一种是安装在每只气瓶的出口；第二种是安装在瓶组的总输气管上；第三种是安装在干粉储罐的进气口。较常用的是安装在输气管路上的减压阀。图5-30所示是活塞式减压阀构造图，它是一种反作用的气体平衡式减压阀。该减压阀主要由阀体、主阀门、副阀门、活塞、弹簧、调节手轮、压盖、密封塞、进气管接头组成。它的进口压力为13~15MPa，出口压力可在0~7.5MPa范围内调节。但出口压力根据干粉储罐的工作压力调定后要打上铅封，不能再任意转动调节手轮。

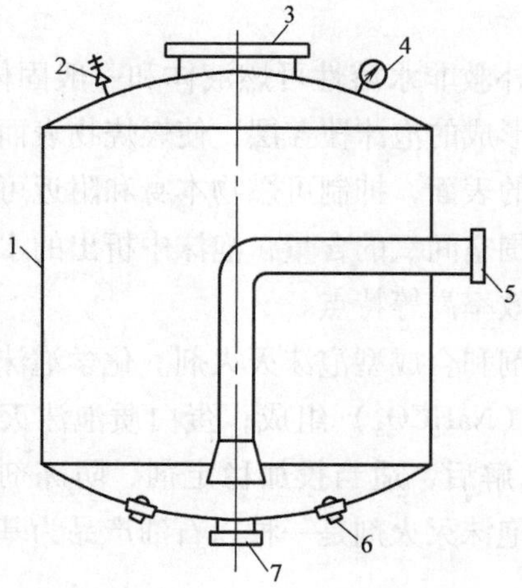


图5-28　干粉储罐结构示意图

1—罐体　2—安全阀　3—装粉口　4—压力表
5—出粉管　6—进气口　7—清扫口

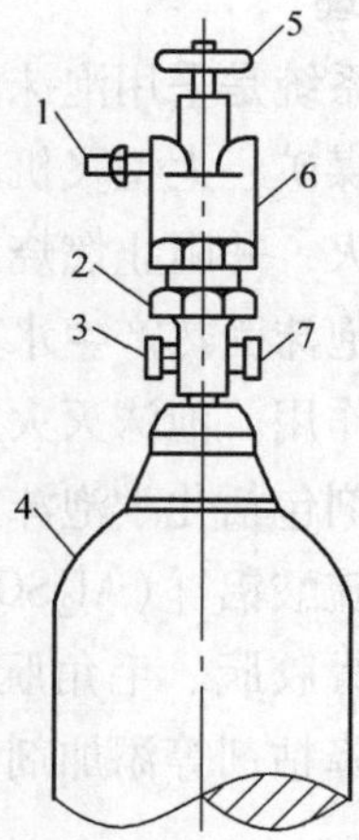


图5-29　氮气瓶与瓶头阀

1—排气管　2—下阀体　3—灌气接头　4—氮气瓶
5—手轮　6—上阀体　7—安全阀

（4）干粉喷射器　干粉喷射器主要指干粉喷嘴和喷枪。目前使用的干粉喷嘴主要有三种形式：直流喷嘴、扩散喷嘴和扇形喷嘴，如图5-31所示。

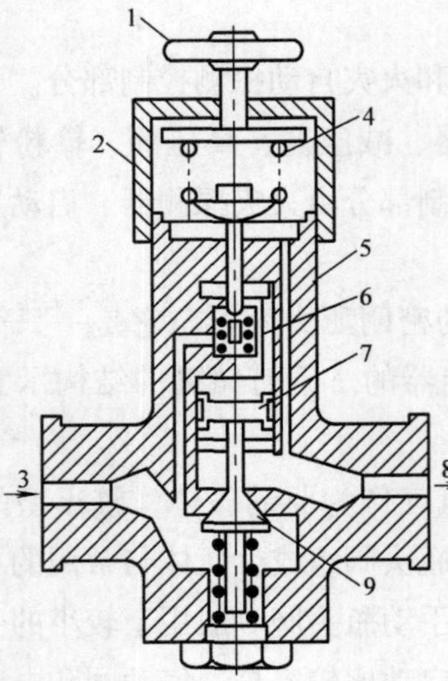


图5-30 活塞式减压阀构造

1—调节手轮 2—压盖 3—进气口 4—弹簧
5—阀体 6—副阀门 7—活塞
8—排气口 9—主阀门

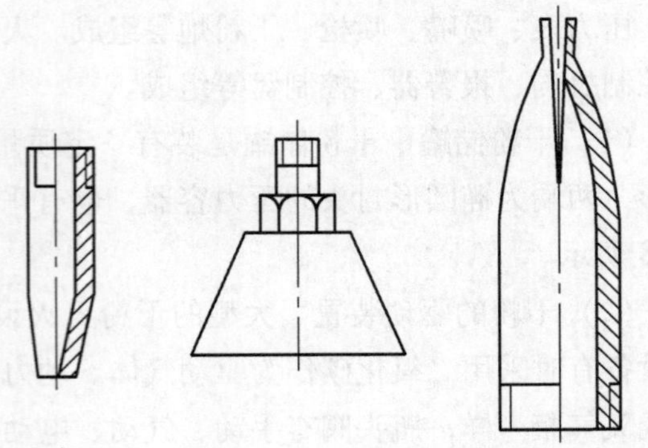

a) b) c)

图5-31 三种类型干粉灭火剂固定喷嘴

a）直流喷嘴 b）扩散喷嘴
c）扇形喷嘴

干粉喷枪有多种规格，要根据干粉灭火设备要求合理选用。

（5）管道和附件 管道包括气体输送管路、干粉输送管。干粉输送管路上的阀门（包括总管上的阀门和各防护区的选择阀）一定要采用球阀，以便使阀门通道的内径与干粉输送管路的内径保持一致，不然会造成阻粉现象，甚至发生堵塞。

## 5.3.3 泡沫灭火系统

**1. 灭火原理**

泡沫灭火系统是采用泡沫液作为灭火剂，主要用于扑救非水溶性可燃液体和一般固体火灾，如商品油库、煤矿、大型飞机库等。泡沫灭火主要通过形成的泡沫覆盖层，使燃烧物表面与空气隔绝，窒息灭火，并阻止燃烧区的热量作用于燃烧物质的表面，抑制可燃物本身和附近可燃物质的蒸发，同时泡沫受热产生水蒸气，可减少着火物质周围空间氧的含量，泡沫中析出的水可对燃烧物产生冷却作用。泡沫灭火系统具有安全可靠、灭火效率高等特点。

泡沫灭火剂包括化学泡沫灭火剂、蛋白质泡沫灭火剂和合成型泡沫灭火剂。化学泡沫灭火剂由带结晶水的硫酸铝［$(Al_2SO_4)_3 \cdot H_2O$］和碳酸氢钠（$NaHCO_3$）组成；蛋白质泡沫灭火剂的成分主要是对骨胶朊、毛角朊、动物角、蹄、豆饼等水解后，适当投加稳定剂、防冻剂、缓蚀剂、防腐剂、降粘剂等添加剂形成的混合液体；合成型泡沫灭火剂是一种以石油产品为基料制成的泡沫灭火剂。

**2. 泡沫灭火系统的类型和主要设备**

泡沫灭火系统有多种类型，按其使用方式不同有固定式、半固定式和移动式之分；按泡沫喷射方式不同有液上喷射、液下喷射和喷淋方式之分；按泡沫发泡倍数不同有低倍、中倍和高倍之分。

泡沫系统的主要设备有泡沫比例混合器、空气泡沫产生器、泡沫喷头、泡沫液储罐、消防泵等。图5-32所示为固定式泡沫喷淋系统。

## 5.3.4 七氟丙烷灭火系统

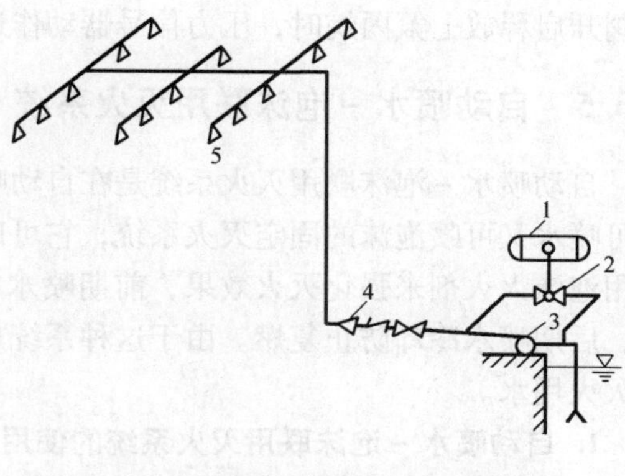


图 5-32 固定式泡沫喷淋系统

1—泡沫液储罐 2—泡沫比例混合器 3—消防泵 4—空气泡沫产生器 5—喷头

**1. 灭火原理**

七氟丙烷是以化学灭火方式为主的气体灭火剂，其商标名称为 FM200，化学名称为 HFC-227ea，化学式为 $CF_3CHFCF_3$，相对分子质量为170。七氟丙烷是通过抑制燃烧反应而进行灭火的。七氟丙烷对大气臭氧层无破坏作用，不导电，灭火后无残留物。

七氟丙烷灭火系统适用于扑救以下物质引起的火灾：固体物质的表面火灾，如纸张、木材、织物、塑料、橡胶等的火灾；液体火灾或可熔固体火灾，如煤油、汽油、柴油以及醇、醛、醚、酯、苯类火灾；灭火前应能切断气源的气体火灾，如甲烷、乙烷、煤气、天然气等的火灾；带电设备与电气线路火灾，如变配电设备、发电机、电缆等的火灾。

七氟丙烷气体灭火系统可根据需要设计成无管网系统、单元独立系统和组合分配系统。

**2. 系统的组成和主要设备**

七氟丙烷灭火系统由七氟丙烷储瓶、瓶头阀、电磁启动器、释放阀、止回阀、安全阀、压力信号器、喷头等组成。图5-33所示为单元独立灭火系统的构成形式。

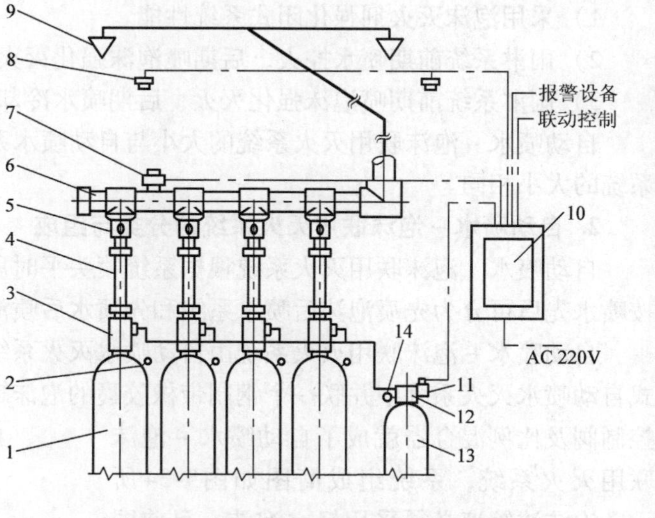


图 5-33 单元独立灭火系统的构成形式

1—七氟丙烷储瓶 2、14—压力表 3—瓶头阀 4—高压软管 5—止回阀 6—集流管 7—压力信号器 8—探测器 9—喷头 10—控制盘 11—电磁启动器 12—启动瓶瓶头阀 13—氮气启动瓶

1）七氟丙烷储瓶平时用于储存七氟丙烷，在储瓶瓶口安装瓶头阀，瓶头阀出口与管网系统相连。

2）瓶头阀安装在七氟丙烷储瓶瓶口上，具有封存、释放、充装、超压排放等功能。

3）电磁启动器安装在启动瓶钢瓶上，按灭火控制指令给其通电启动，进而打开释放阀及瓶头阀。

4）七氟丙烷止回阀安装在七氟丙烷储瓶出流的汇流管上，防止七氟丙烷从汇流管向储瓶倒流。

5）高压软管用于瓶头阀与七氟丙烷止回阀之间的连接，形成柔性结构，便于瓶体称重检漏和安装。

6）气体止回阀安装在系统的启动气路上，用于控制释放阀的启闭，与释放阀相对应的七氟丙烷瓶头阀联动启闭。

7）安全阀安装在汇流管上，起到保护系统的作用。

8）压力信号器安装在释放阀的出口部位（对于单元独立系统，则安装在汇流管上）。当释放阀开启释放七氟丙烷时，压力信号器动作送出工作信号给灭火控制系统。

## 5.3.5 自动喷水－泡沫联用灭火系统

自动喷水－泡沫联用灭火系统是在自动喷水灭火系统中配置可供给泡沫混合液的设备，组成既可喷水又可喷泡沫的固定灭火系统，它可以是开式系统，也可以是闭式系统。它的主要特点是利用泡沫灭火剂来强化灭火效果，前期喷水控火，后期喷泡沫强化灭火效果；或前期喷泡沫灭火，后期喷水冷却防止复燃。由于这种系统加入了泡沫灭火剂，因此灭火效果更好，而且可以节省灭火用水。

**1. 自动喷水－泡沫联用灭火系统的使用范围**

自动喷水－泡沫联用灭火系统是比自动喷水灭火系统更有效的系统，用于高层民用建筑的柴油发电机房和燃油锅炉房，也有用于地下停车库，其灭火效果比普通自动喷水灭火系统好，又比固定式泡沫喷淋灭火系统简单、经济。

自动喷水－泡沫联用灭火系统应用于A类固体火灾、B类易燃液体火灾、C类气体火灾的扑灭。我国GB 50067—2014《汽车库、修车库、停车场设计防火规范》明确提出：Ⅰ类地下汽车库、Ⅰ类修车库等宜设置泡沫－水喷淋系统。

GB 50084—2001（2005年版）《自动喷水灭火系统设计规范》规定，存在较多易燃液体的场所，宜按下列方式之一采用自动喷水－泡沫联用灭火系统：

1）采用泡沫灭火剂强化闭式系统性能。

2）雨淋系统前期喷水控火，后期喷泡沫强化灭火效能。

3）雨淋系统前期喷泡沫强化灭火，后期喷水冷却防止复燃。

自动喷水－泡沫联用灭火系统的大小与自动喷水系统湿式、干式、预作用、雨淋、水喷雾等系统的大小相同。

**2. 自动喷水－泡沫联用灭火系统的分类与组成**

自动喷水－泡沫联用灭火系统根据系统喷头平时所处的状态可以分为闭式系统和开式系统；按喷水先后可分为先喷泡沫后喷水系统和先喷水后喷泡沫系统。

自动喷水－泡沫联用灭火系统由自动喷水灭火系统和泡沫灭火系统两部分组成，即在普通湿式自动喷水灭火系统中并联一个钢制带橡胶囊的泡沫罐，橡胶囊内装泡沫浓缩液，在系统中配上控制阀及比例混合器就成了自动喷水－泡沫联用灭火系统，系统组成简图如图5-34所示。泡沫浓缩液必须采用轻水泡沫。目前国内生产的轻水泡沫有两种泡沫液：一种用于油类及碳氢化合物火灾，另一种用于扑灭极性溶剂、水溶性和非水溶性碳水化合物火灾。泡沫添加系统有有压系统和无压系统两种类型。泡沫罐一般为钢制，内有橡胶囊，囊内装泡沫浓缩液，钢罐和橡胶囊之间可进水。罐的形式有卧式和立式两种，国内生产的泡沫罐和比例混合器组装在一起为一个整体。

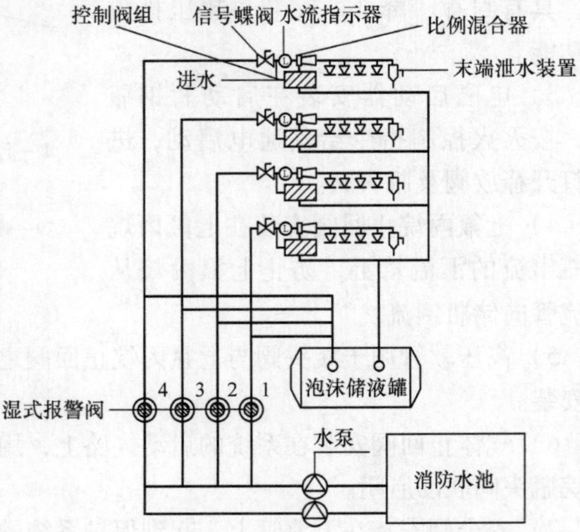

图5-34 自动喷水－泡沫联用灭火系统组成简图

当发生火灾时，闭式喷头出水，报警阀打开，消防水进入管网。一部分水进入泡沫罐的水室，利用水压将泡沫液挤过控制阀及比例混合器，通过消防水的引射作用，将泡沫液掺进消防水中。混合液从喷头喷出，在遇空气后自动生成灭火泡沫。由于该系统不需要特殊的泡沫喷头和泡沫发生器，大大简化了使用条件，且其水力计算可视同湿式自动喷水灭火系统，故一般的湿式自动喷水灭火系统按上述做法很容易就改造成了自动喷水-泡沫联用灭火系统。

## 思考题与习题

1. 室内消火栓灭火系统由哪几部分组成？
2. 哪些建筑或场所应设置室内消火栓系统？
3. 如何选择室内消火栓灭火系统？
4. 水泵接合器的作用是什么？它有几种类型？
5. 常用的闭式自动喷水灭火系统有哪几种？适用条件是什么？
6. 闭式自动喷水灭火系统的主要组件有哪些？其作用是什么？
7. 开式自动喷水灭火系统的主要组件有哪些？其作用是什么？
8. 自动喷水灭火系统的管道布置有何要求？
9. 水喷雾灭火系统有何特点？适用条件是什么？
10. 二氧化碳灭火系统有何特点？适用条件是什么？
11. 干粉灭火系统的特点是什么？
12. 泡沫灭火系统的灭火机理是什么？
13. 七氟丙烷气体灭火系统有何特点？适用条件是什么？
14. 自动喷水-泡沫联用灭火系统适用于哪些场所？

# 第6章 建筑热水供应系统

## 6.1 建筑热水供应系统的组成与供水方式

### 6.1.1 建筑热水供应系统的分类

按热水供应范围，建筑内热水供应系统可分为局部热水供应系统和集中热水供应系统。

局部热水供应系统是指供给单个或数个配水点所需热水的小型系统。局部热水供应的范围较小，热水分散制备。一般靠近用水点设置小型加热设备供一个或几个配水点使用，热水管路短，热损失小，适用于使用要求不高，用水点少而分散的建筑，如建筑内的餐厅、理发店、洗衣房、浴室等的热水供应。

集中热水供应系统是指供给一幢或数幢建筑物所需热水的系统。集中热水供应的范围较大，热水集中制备，利用管道输送到各配水点。一般在建筑内设专用锅炉房或热交换间，由加热设备将水加热后，供一幢或几幢建筑使用，适用于使用要求高、耗热量大、用水点多且分布较密集的建筑，如宾馆的客房、餐厅、洗衣房、浴室全部可供热水，类似数幢建筑内的热水供应以及建筑小区的热水供应。

### 6.1.2 建筑热水供应系统的组成

建筑热水供应系统主要由热媒系统、热水系统、附件三部分组成，如图6-1所示。

热媒系统由热源、水加热器和热媒管网组成，又称第一循环系统。

热水系统主要由换热器、供热水管道、循环加热管道、供冷水管道等组成，又称第二循环管道系统。

附件包括蒸汽、热水的控制附件及管道的连接附件，如温度自动调节器、疏水阀、减压阀、安全阀、膨胀管、管道补偿器、闸阀、水嘴、止回阀等。

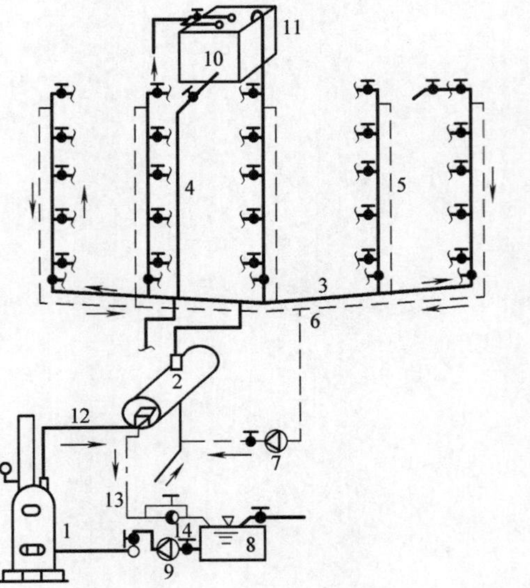


图6-1　集中热水供应系统

1—蒸汽锅炉　2—换热器　3—配水干管　4—配水立管　5—回水立管　6—回水干管　7—回水泵　8—凝水箱　9—凝水泵　10—给水箱　11—通气管　12—蒸汽管　13—凝水管　14—疏水阀

### 6.1.3 热水供水方式

**1. 按热水加热方式分**

热水供水方式按热水加热方式不同分为直接加热和间接加热，如图6-2所示。直接加热是利用以燃气、燃油、燃煤为燃料的热水锅炉，把冷水直接加热到所需温度，或者是将蒸汽或高温水通过穿孔管或喷射器直接通入冷水混合制备热水。直接加热具有热效率高、节能的特点，特别是蒸汽直接加热方式，设备简单，热效率高，投资省。但其噪声大，对蒸汽质量要求高，锅炉供水量大，且需对补充水进行水质处理，故运行费用高。

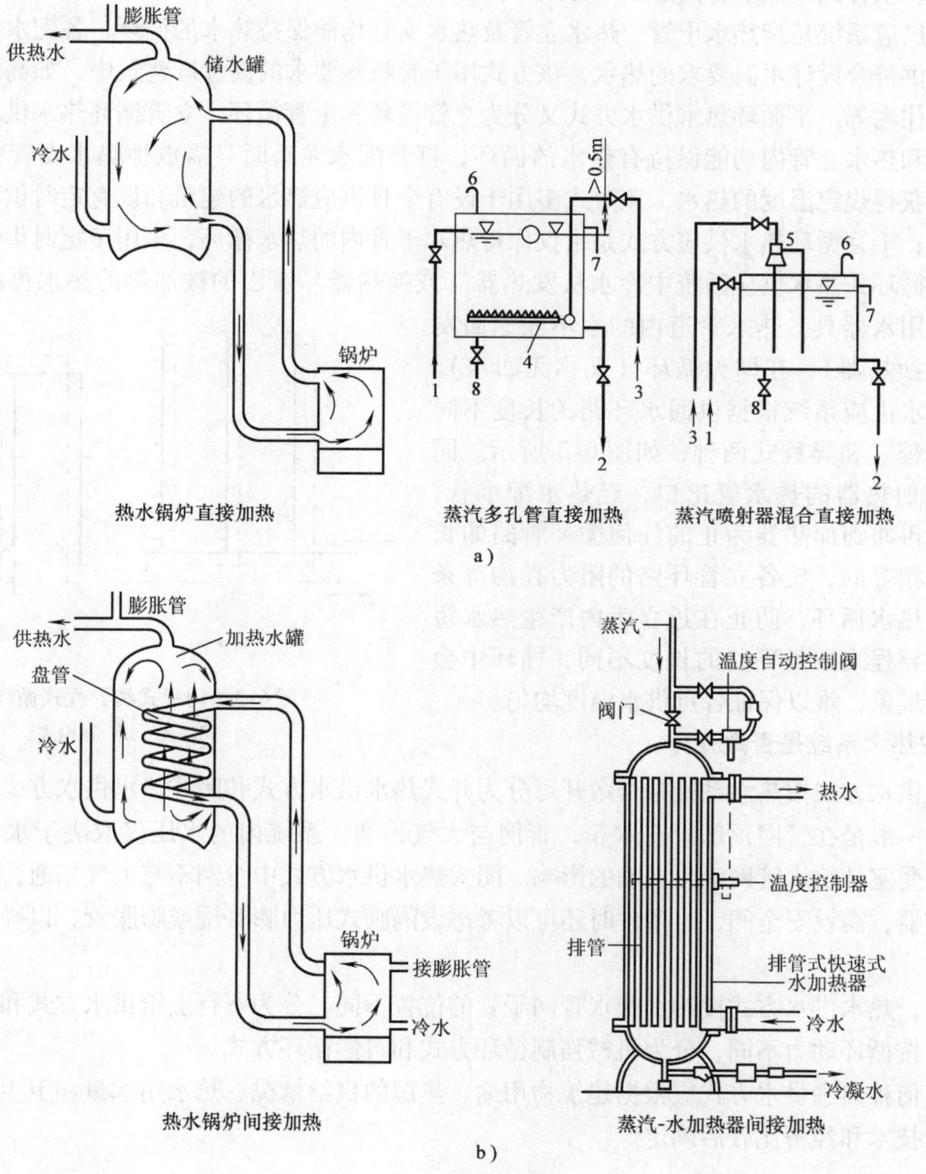


图6-2　加热方式

a）直接加热　b）间接加热

1—给水　2—热水　3—蒸汽　4—多孔管　5—喷射器　6—通气管　7—溢水管　8—泄水管

直接加热方式仅适用于具有合格的蒸汽且对噪声无严格要求的公共浴室、洗衣房、工矿企业等。

间接加热是将热媒通过水加热器把热量传递给冷水以达到加热的目的，在加热过程中热媒与被加热水不直接接触。该方式的优点是可重复利用冷凝水，只需对少量补充水进行软化处理，运行费用低，且不产生噪声，蒸汽不会对热水产生污染，供水安全稳定。

间接加热方式适用于供水要求稳定、安全且噪声要求严格的旅馆、住宅、医院、办公楼等建筑。

**2. 按热水管网的循环方式分**

热水供水方式按热水管网的循环方式不同，分为全循环、半循环和无循环热水供应系统。全循环热水供应系统是指热水干管、热水立管及热水支管均能保持热水的循环，各配水龙头随时打开均能提供符合设计水温要求的热水，该方式用于有特殊要求的高标准建筑中，如高级宾馆、饭店，高级住宅等。半循环热水供水方式又分为立管循环和干管循环。立管循环热水供水方式是指热水干管和热水立管内均能保持有热水的循环，打开配水龙头时只需放掉热水支管中少量的存水，就能获得规定温度的热水，该方式多用于设有全日供应热水的建筑和设有定时供应热水的高层建筑中；干管循环热水供应方式是指仅保持热水干管内的热水循环，多用于定时供应热水的建筑中。无循环式热水供应系统中冷水从发热器（或换热器）流出的被加热的热水再流经热水供应管道至用水器具，热水管道内的水不能返回发热器（或换热器），亦即无循环（又称无回水）。循环式热水供应系统根据供回水环路的长度不同又分为同程式和异程式两种，如图6-3所示。同程式指从加热器的热水管出口，经热水配水管、回水管，再回到加热器为止的任何循环管路的长度几乎是相等的，使各立管环路的阻力在均等条件下进行热水循环，防止在近立管内产生热水短路现象；异程式指各环路的长度不同，循环中会出现短路现象，难以保证各点供水温度均匀。

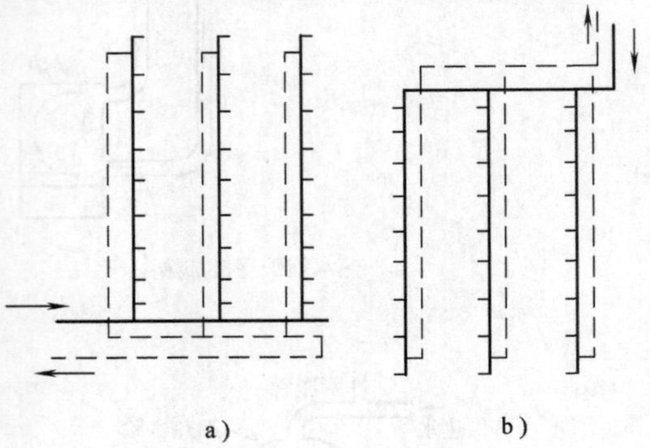


图6-3 同程式和异程式循环

a）同程式 b）异程式

**3. 按热水系统是否敞开分**

热水供水方式按热水系统是否敞开可分为开式热水供水方式和闭式热水供水方式。开式热水供水方式一般是在管网顶部设有水箱，管网与大气连通，系统内的水压仅取决于水箱的设置高度，而不受室外给水管网水压波动的影响。闭式热水供水方式中管网不与大气相通，冷水直接进入水加热器，需设安全阀，有条件时还可以考虑设隔膜式压力膨胀罐或膨胀管，以确保系统的安全运转。

另外，热水供水方式按热水配水管网干管的位置不同，分为下行上给供水方式和上行下给供水方式；按循环动力不同，分为机械强制循环方式和自然循环方式。

选用何种热水供水方式应根据建筑物用途、热源的供给情况、热水用水量和卫生器具的布置情况进行技术和经济比较后确定。

## 6.2 热水供应系统的主要设备

建筑内热水供应系统的主要设备有发热设备、换热设备、储热设备等。

### 6.2.1 发热设备

**1. 锅炉**

锅炉是最常用的发热设备，常用的锅炉有燃煤锅炉、燃油锅炉、燃气锅炉、电热锅炉。图6-4所示为快装锅炉构造示意图。

**2. 燃气热水器**

燃气热水器的热源有天然气、焦炉煤气、液化石油气和混合煤气四种。依照燃气压力有低压（$p\leqslant5$kPa）、中压（5kPa$<p\leqslant150$kPa）热水器之分。民用和公共建筑中生活、洗涤用燃气热水设备一般均采用低压，工业企业生产所用燃气热水器可采用中压。此外，按加热冷水方式不同，燃气热水器有直流快速式和容积式之分，图6-5所示为容积式燃气热水器的构造。容积式燃气热水器具有一定的储水容积，使用前应预先加热，可供几个配水点或整个管网，可用于住宅、公共建筑和工业企业的局部或集中的热水供应。

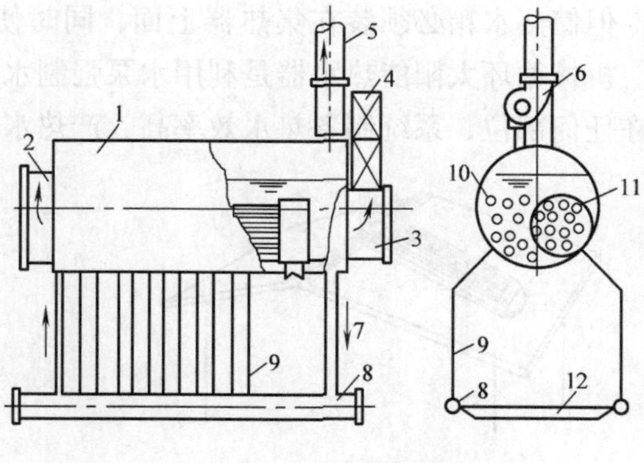

图6-4 快装锅炉构造示意图

1—锅炉 2—前烟箱 3—后烟箱 4—省煤器 5—烟囱 6—引风机 7—下降管 8—联箱 9—鳍片式水冷壁 10—第二组烟管 11—第一组烟管 12—炉壁

**3. 电热水器**

电热水器是把电能通过电阻丝变为热能加热冷水的设备，一般以成品在市场上销售。电热水器产品有快速式和容积式两种。快速式电热水器无储水容积或储水容积很小，不需在使用前预先加热，在接通水路和电源后即可得到被加热的热水。容积式电热水器具有一定的储水容积，其容积可由10L到10m³。该种热水器在使用前需预先加热，可同时供应几个热水用水点在一段时间内使用，一般适用于局部供水和管网供水系统。典型容积式电热水器构造如图6-6所示。

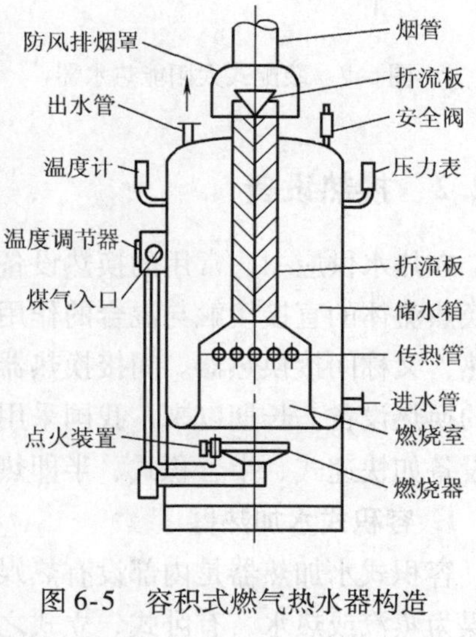

图6-5 容积式燃气热水器构造

**4. 太阳能热水器**

太阳能热水器是将太阳能转换成热能并将水加热的装置。其优点是：结构简单、维护方便、节省燃料、运行费用低、不存在环境污染的问题。缺点是：受天气、季节、地理位置等影响不能连续稳定运行，为满足用户要求需配置储热和辅助加热设施，占地面积较大，布置受到一定的限制。

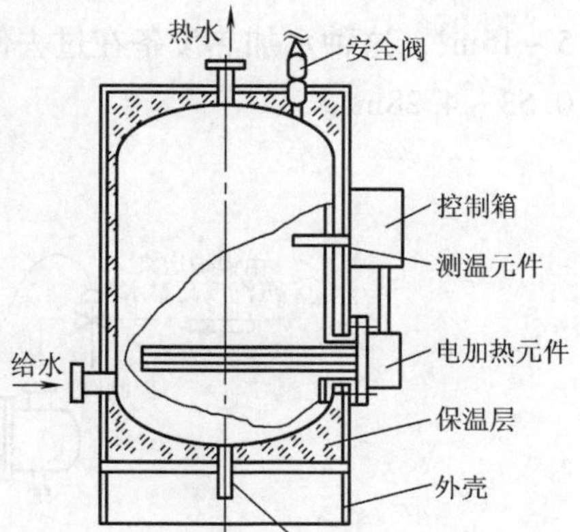

图6-6 容积式电热水器构造

太阳能热水器按组合形式分为装配式和组合式两种。装配式太阳能热水器一般为小型热水器，即将集热器、储热水箱和管路由工厂装配出售，适用于家庭和分散使用场所，目前市场上有多种产品，如图6-7所示。组合式太阳能热水器，即将集热器、储热水箱、循环水泵、辅助加热设备按系统要求分别设置而组成，适用于大面积供应热水系统和集中供应热水系统。

太阳能热水器按热水循环系统不同分为自然循环和机械循环两种。自然循环太阳能热水器是靠水温差产生的热虹吸作用进行水的循环加热，该种热水器运行安全可靠，不需用电和专人管理，但储热水箱必须装在集热器上面，同时使用的热水会受到时间和天气的影响，如图6-8所示。机械循环太阳能热水器是利用水泵强制水进行循环的系统。该种热水器储热水箱和水泵可放置在任何部位，系统制备热水效率高，产热水量大。

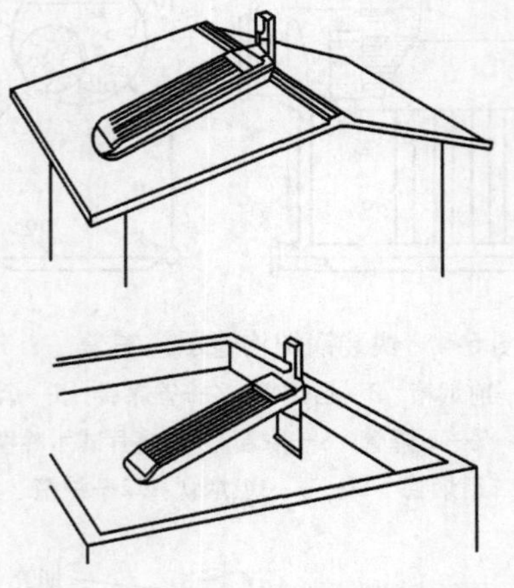

图6-7 装配式太阳能热水器

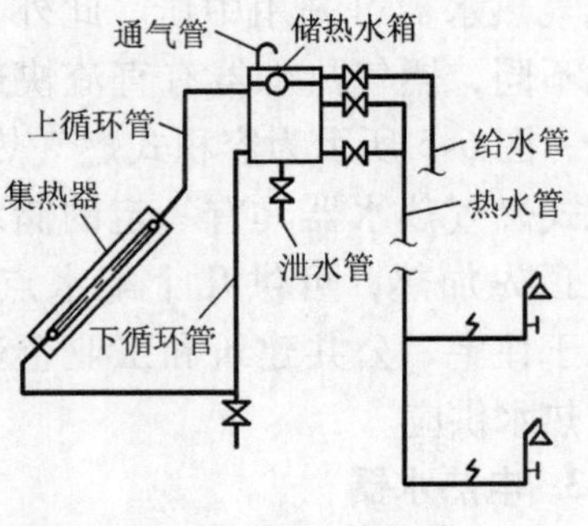


图6-8 自然循环太阳能热水器

## 6.2.2 换热设备

在热水供应中，常用的换热设备有混合式换热器和间壁式换热器。前者称直接换热器，它通过换热流体的直接接触与混合的作用来进行热量交换；后者通过金属壁面把冷热流体隔开并进行传热，又称间接换热器。间接换热器在建筑热水供应中应用十分广泛。水加热器是间接换热方式中的换热设备。长期以来，我国采用的间接换热器主要是传统的容积式水加热器。随后，新型换热设备如快速式、半容积式、半即热式水加热器相继问世。

**1. 容积式水加热器**

容积式水加热器是内部设有热媒导管的热水储存容器，具有加热冷水和储备热水两种功能，热媒为蒸汽或热水，有卧式、立式之分。图6-9所示为卧式容积式水加热器构造示意图，其容积为0.5～15m$^3$，这种水加热设备在过去使用较为普遍。立式容积式水加热器有甲、乙型两类，容积为0.53～4.28m$^3$。

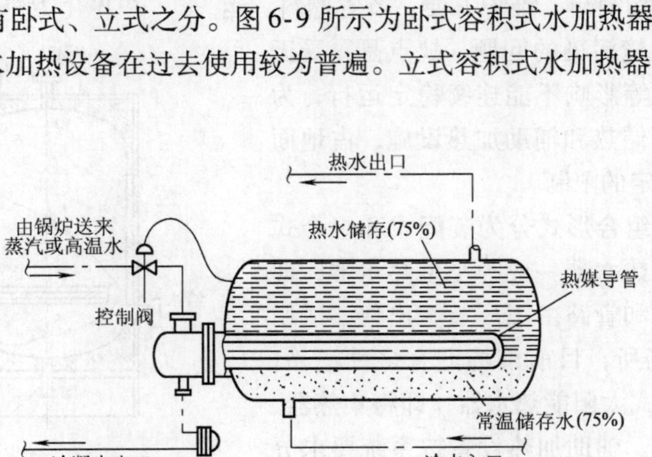


图6-9 卧式容积式水加热器构造示意图

容积式水加热器的优点是具有较大的储存和调节能力，被加热水通过时压力损失较小，用水点处压力变化平稳，出水水量较为稳定。但该加热器中，被加热水流速缓慢，传热系数小，热交换效率低，且体积庞大占用过多的建筑空间，在热媒导管中心线以下约有30%的储水容积是低于规定水温的常温水或冷水，所以储罐的容积利用率也很低。

**2. 半容积式水加热器**

半容积式水加热器是带有适量储存与调节容积的内藏式容积式水加热器，由储热水罐、内藏式快速换热器和内循环泵三个主要部分组成，如图6-10所示。其中储热水罐与快速换热器隔离，被加热水在快速换热器内迅速加热后，通过热水配水管进入储热水罐，当管网中热水用水低于设计用水量时，热水的一部分落到储罐底部，与补充水（冷水）一道经内循环泵升压后再次进入快速换热器加热。

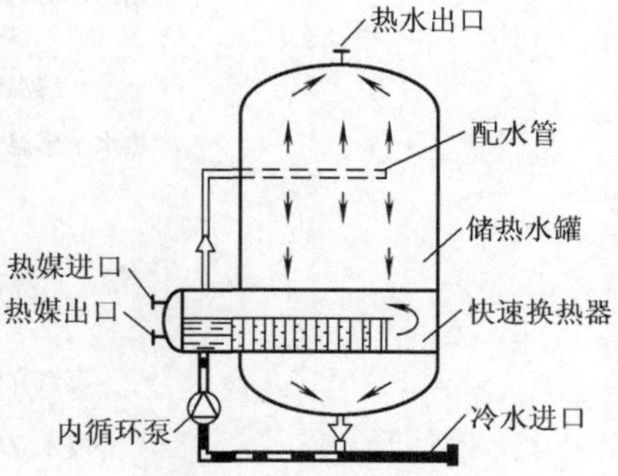


图6-10　半容积式水加热器构造示意图

半容积式水加热器具有体形小（储热容积比同样加热能力的容积式水加热器减少2/3）、加热快、换热充分、供水温度稳定、节水节能的优点，但由于内循环泵不间断地运行，因此需要有极高的质量保证。

**3. 快速式水加热器**

快速式水加热器就是热媒与被加热水通过较大速度的流动进行快速换热的一种间接加热设备。根据热媒的不同，快速式水加热器有汽-水和水-水两种类型，前者热媒为蒸汽，后者热媒为过热水。根据加热导管的构造不同，又有单管式、多管式、板式、管壳式、波纹板式、螺旋板式等多种形式。图6-11所示为多管式汽-水快速式水加热器。

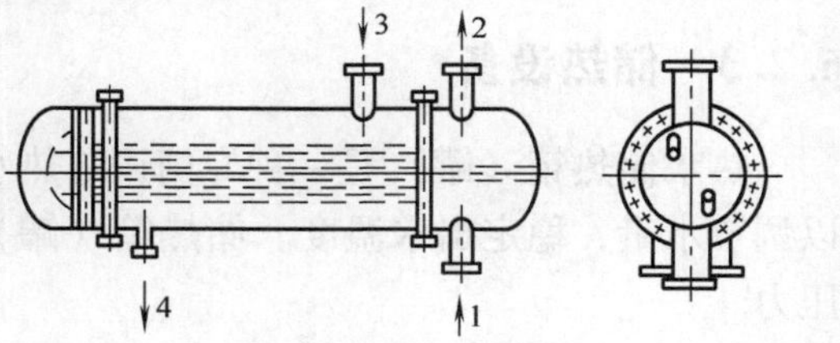


图6-11　多管式汽-水快速式水加热器

1—冷水　2—热水　3—蒸汽　4—冷凝水

快速式水加热器具有效率高、体积小、安装搬运方便的优点，缺点是不能储存热水，水头用水损失大，在热媒或被加热水压力不稳定时，出水温度波动较大，仅适用于用水量大，而且比较均匀的热水供应系统或建筑物热水供暖系统。

**4. 半即热式水加热器**

半即热式水加热器是带有超前控制，具有少量储存容积的快速式水加热器，其构造如图6-12所示。热媒经控制阀和底部入口通过立管进入各并联盘管，冷凝水入立管后由底部流出，冷水从底部经孔板入罐，同时有少量冷水进入分流管。入罐冷水经转向器均匀进入罐底并向上流过盘管得到加热，热水由上出口流出。部分热水在顶部进入感温管开口端，冷水以与热水用水量成比例的流量由分流管同时入感温管，感温元件读出瞬间感温管内的冷、热水平均温度，即向控制阀发出信号，按需要调节控制阀，以保持所需的热水输出温度，只要一有热水需求，热水出口处的水温尚未下降，感温元件就能发出信号开启控制阀，具有预测性。

半即热式水加热器具有快速加热被加热水、浮动盘管自动除垢的优点，其热水出水温差一般能控制在±2.2℃内，且体积小，节省占地面积，适用于各种负荷需求的机械循环热水供应系统。

**5. 加热水箱**

加热水箱是一种简单的热交换设备。在水箱中安装蒸汽多孔管或蒸汽喷射器，可构成直接加热水箱；在水箱内安装排管或盘管即构成间接加热水箱。加热水箱适用于公共浴室等用水量大而均匀的定时热水供应系统。

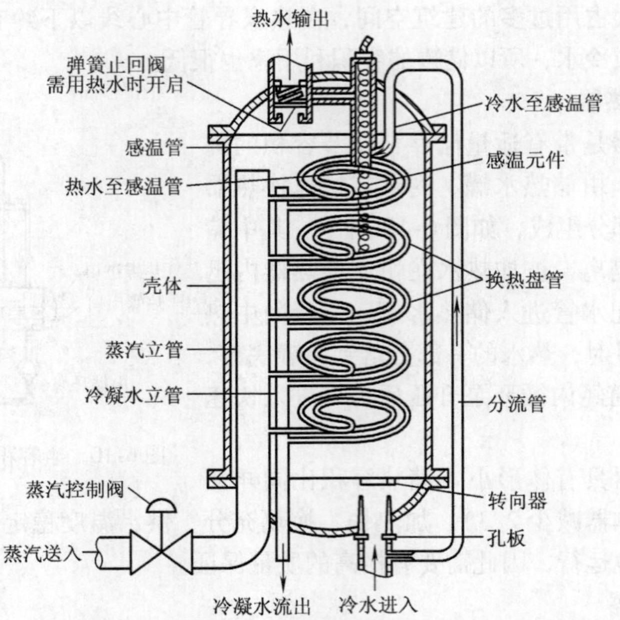


图 6-12 半即热式水加热器构造示意图

### 6.2.3 储热设备

热水储热箱（罐）是一种专门调节热水量的容器，可在用水不均匀的热水供应系统中设置，以调节水量，稳定出水温度。储热箱（罐）断面呈圆形，两端有封头，常为闭式，能承受流体压力。

储热箱（罐）可按标准图制作和选用，也可根据供热水的实际情况和储热量大小不按标准图制作和采用。

## 6.3 热水供应系统的管材和附件

### 6.3.1 热水供应系统的管材和管件

热水系统采用的管材和管件，应符合现行产品标准的要求。管道的工作压力和工作温度不得大于产品标准标定的允许工作压力和工作温度。

热水管道应选用耐腐蚀和安装连接方便可靠的管材，可采用薄壁铜管、薄壁不锈钢管、塑料热水管、塑料和金属复合热水管等。定时供应热水不宜选用塑料热水管。

当采用塑料热水管或塑料和金属复合热水管材时应符合下列要求：

1）管道的工作压力应按相应温度下的许用工作压力选择。

2）设备机房内的管道不应采用塑料热水管。

3）塑料热水管宜暗设。

管件宜采用和管道相同的材质。

### 6.3.2 热水供应系统的附件

**1. 自动温度调节装置**

当水加热器的出水温度需要控制时，可采用直接式自动温度调节器或间接式自动温度调节装置控制进入换热器内的热媒量，以达到控制供应热水的水温的目的。

直接式自动温度调节装置由温包、感温元件和调压阀组成，如图6-13所示。

温度调节器必须直立安装，温包放置在水加热器热水出口的附近，温包探测换热器内水温，传导给感温元件，感温元件随即开启和关闭调压阀调节其中流经的热媒量，继而也就调节了换热器的水温。

部分国产直接作用式自动温度调节装置宜用在气温为20～50℃的环境内，温度调节范围为：0～50℃、20～70℃、50～100℃、70～120℃、100～150℃、150～200℃，公称压力为1.0MPa，具体选用应根据产品样本的数据确定。

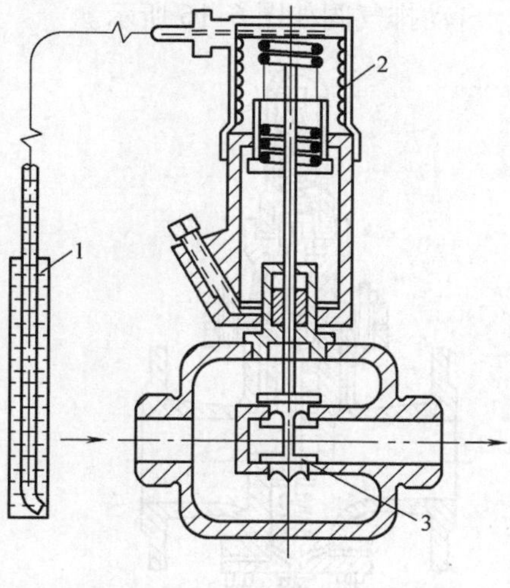


图6-13　自动温度调节装置构造图

1—温包　2—感温元件　3—调压阀

**2. 疏水阀**

疏水阀安装在凝结水管段上，其作用是保证蒸汽凝结水及时排放，同时又防止蒸汽流失。

疏水阀按其工作压力分低压和高压两种，一般常用高压疏水阀。常见的疏水阀有浮筒式、吊桶式、热动式、脉冲式、温调式等类型。图6-14所示为吊桶式疏水阀，动作前吊桶下垂阀孔开启，吊桶上的孔眼也开启。当凝结水开始进入时，吊桶内外的凝结水及冷空气都由阀孔排出。但是，一旦凝结水中混有蒸汽进入疏水阀，吊桶内双金属片受热膨胀而把吊桶上的双孔关闭。蒸汽进入疏水阀内越多，吊桶内充气会越多，疏水阀内逐渐增多的凝结水会浮起吊桶。吊桶上浮，会关闭阀孔，则又阻止蒸汽和凝结水排出。在吊桶内蒸汽因散热降温变为凝结水，吊桶内双金属片重新收缩而打开吊桶孔眼，充气被排放，浮力再一次减少会使吊桶下落而开启阀孔排水。如此循环工作，起到阻汽排水的作用。

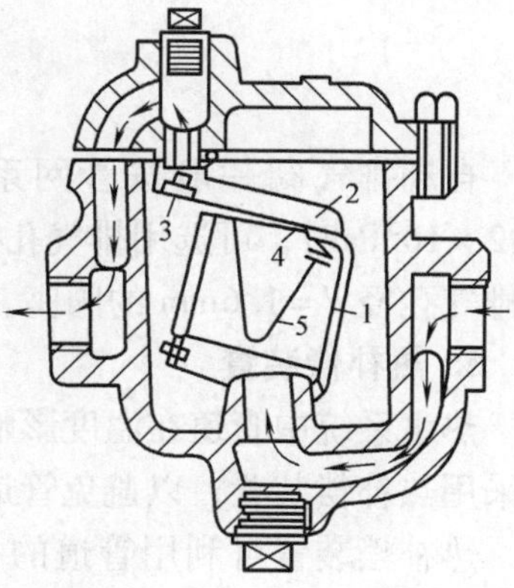


图6-14　吊桶式疏水阀

1—吊桶　2—杠杆　3—珠阀

4—快速排气孔　5—双金属弹簧片

当疏水阀仅用作排除管道中的冷凝水时，疏水阀管径可选用*DN*15、*DN*20的规格。

**3. 减压阀**

汽-水换热器的蒸汽压力一般小于0.5MPa，若蒸汽供应压力远大于换热器所需压力，必须用减压阀把蒸汽压力降到需要的数值，只有这样，才能保证设备使用安全。

减压阀是利用流体通过阀瓣产生阻力而降压，并达到所要求数值的自动调节阀，其阀后压力可在一定范围内进行调整。减压阀的类型有活塞式、波纹管式和膜片式等几种。

活塞式减压阀如图6-15所示。

活塞式减压阀适用于阀前后压差范围为0.15MPa≤$\Delta p$<0.40MPa；波纹管式减压阀适用于阀前后压差为0.15～0.6MPa。减压阀应安装在水平管段上，阀体直立，安装节点还应设置闸门、安全阀、压力表、旁通管等附件。

**4. 排气装置**

为排除热水供应系统最高处积存的空气或由热水释放出的空气，以保证管内热水流动，防止管道腐蚀，因此在上行下给式系统的配水干管末端或最高处及向上抬高的管段应设排气装置；在下行上给式系统则可利用最高配水点放气。排气装置有手动式和自动式两种。常用的自动排气阀能自动排气且能阻止热水外泄，效果较好。

自动排气阀如图6-16所示。

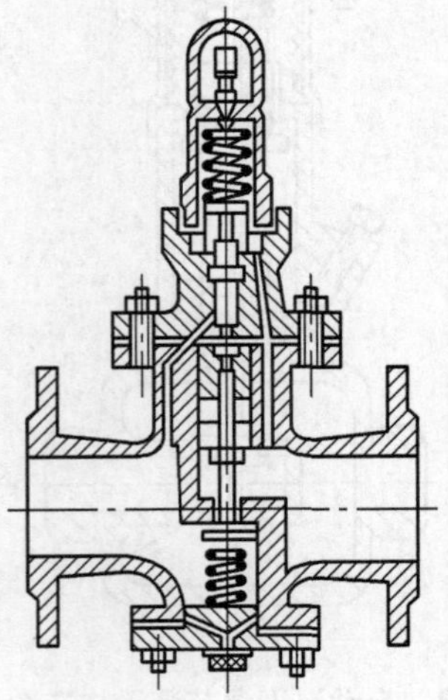

图6-15 活塞式减压阀

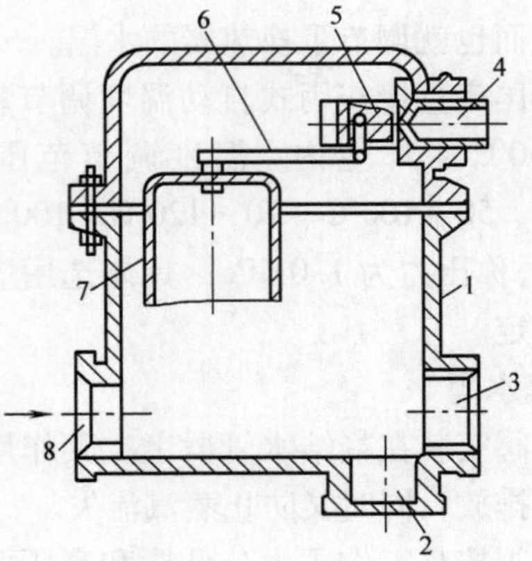


图6-16 自动排气阀

1—阀体 2—直角安装出水口 3—水平安装出水口
4—阀座 5—滑阀 6—杠杆 7—浮钟 8—进水口

自动排气阀一般按管网系统的工作压力来选定，当系统热水温度 $t \leqslant 95℃$，工作压力 $p \leqslant 2\times10^5$Pa时，可选用排气孔径 $d=2.5$mm 的阀座；当工作压力 $p=2\times10^5 \sim 4\times10^5$Pa 时，可选用排气孔径 $d=1.6$mm 的阀座。

**5. 热补偿装置**

热水系统中管道在温度影响下，能热胀冷缩，因此为保证热水管网使用安全，在热水管道上应采用热补偿装置，以避免管道、设备、器具受损和漏水。

热补偿装置可利用管道的自然补偿和设置补偿器来实现。自然补偿即利用管道敷设自然形成的L形或Z形弯曲管段来补偿管道的温度变形。通常的做法是在转弯前后的直线段上设置固定支架，让其伸缩在弯头处补偿，如图6-17所示。L形、Z形的长臂一般不宜大于20~25m，短臂长度应经计算后确定。其计算方法参阅有关手册。

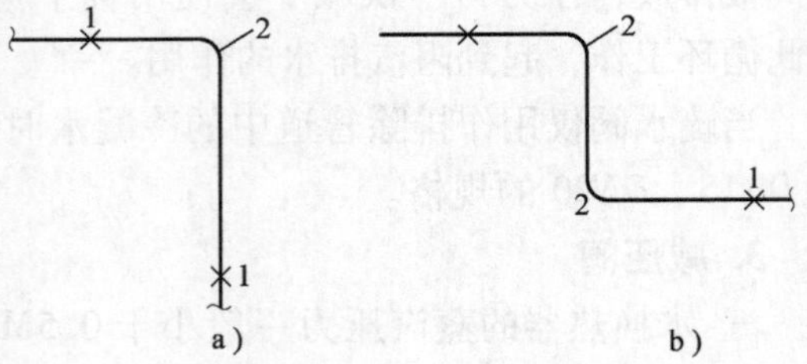


图6-17 自然补偿管道

a）L形 b）Z形

1—固定位置 2—摵弯管

当直线管段较长，管道热伸长量超过自然补偿能力时，应每隔一定距离设置补偿器来补偿管道的伸缩量。补偿器种类有波纹补偿器、方形补偿器、套管式补偿器、球形补偿器等。

**6. 膨胀管、膨胀水罐、安全阀**

在集中热水供应系统中，冷水被加热后，水的体积膨胀，如果热水系统是密闭的，在卫生器具不用水时，必然会增加系统的压力，有胀裂管道的危险，因此需设膨胀管、膨胀水罐、安全阀。具体见第9章建筑供暖系统的相关内容。

**7. 分水器、集水器、分汽缸**

1）多个热水、多个蒸汽管道系统或多个较大热水、蒸汽用户均宜设置分水器、分汽缸。凡设分水器、分汽缸的热水、蒸汽系统的回水管上宜设集水器。

2）分水器、分汽缸、集水器宜设置在热交换间、锅炉房等设备用房内，以方便维修、操作。

3）分水器等的筒体直径应大于2倍最大接入管直径。其长度及总体设计应符合压力容器设计的有关规定。

## 6.4 热水供应系统的管道敷设与保温

### 6.4.1 热水管网的敷设

热水管网的布置和敷设，除了满足给（冷）水管网布置敷设的要求外，还应该注意由于水温高带来的体积膨胀、管道伸缩补偿、保温、排气等问题。

对于下行上给的热水管网，水平干管可敷设在室内地沟内或地下室顶部。对于上行下给的热水管网，水平干管可敷设在建筑物最高层吊顶或专用设备技术层内。干管的直线段应设置足够的伸缩器，上行下给式系统配水干管最高点应设排气装置，下行上给配水系统，可利用最高配水点放气。下行上给式系统设有循环管道时，其回水立管可在最高配水点以下（约0.5m）与配水立管连接，上行下给式系统可将循环管道与各立管连接。为便于排气和泄水，热水横管均应有与水流相反的坡度，其值一般小于或等于0.003，并在管网的最低处设泄水阀门，以便检修时泄空管网存水。

根据建筑物的使用要求，热水管网也有明装和暗装两种形式。明装管道应尽可能在卫生间、厨房沿墙、柱敷设，一般与冷水管平行；暗装管道可布置在管道竖井或预留沟槽内。塑料热水管宜暗设，明设时立管宜布置在不受撞击处，如不能避免时，应在管外加保护措施。

立管与横管连接时，为避免管道伸缩应力破坏管网，立管与横管相连应采用“乙”字管，如图6-18所示。

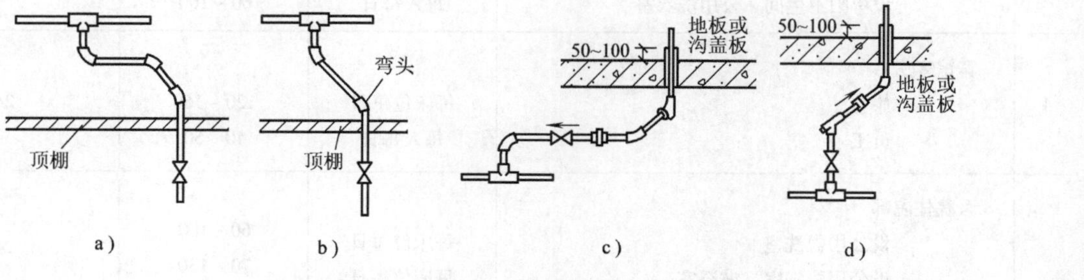


图6-18 热水立管与水平干管的连接方式

管道穿楼板、基础及墙壁处应设套管，让其自由伸缩。穿楼板的套管应高出楼板地面20mm，厨卫为50mm，以防楼板集水时，通过套管内缝隙流到下层。

### 6.4.2 热水供应系统的保温

热水供应系统的热水锅炉、热水机组、水加热设备、储水器、分（集）水器、热水输（配）水、循环回水干（立）管应做保温，以减少热损失。

保温层结构由保温层、防潮层和保护层组成。常用的保温材料有岩棉制品及其管壳、矿渣制品及其管壳、微孔硅酸钙制品及其管壳、超细玻璃棉、硅酸铝制品、珍珠岩制品、泡沫玻璃制品、聚苯乙烯泡沫塑料、聚氨酯泡沫塑料、泡沫石棉制品等。防潮层材料有油毡纸、铝箔、带金属网沥青玛蹄脂、布面涂沥青漆。保护层材料有不锈钢薄板、镀锌薄钢板、布面涂漆、带金属网石棉－水泥抹面、铝箔（铝箔分为以玻璃钢、牛皮纸、塑料为基层三种）。保温层厚度要根据热媒温度、保温层外表面温度及保温材料的性质确定。

# 6.5 建筑内部热水供应系统计算简介

## 6.5.1 热水用水定额、水温和水质

### 1. 热水用水定额

热水用水定额根据卫生器具完善程度和地区条件，应按表6-1所示确定。

表6-1 热水用水定额

| 序号 | 建筑物名称 | 单　位 | 最高日用水定额/L | 使用时间/h |
|---|---|---|---|---|
| 1 | 住宅<br>有自备热水供应和淋浴设备<br>有集中热水供应和淋浴设备 | <br>每人每日 | <br>40~80<br>50~100 | 24 |
| 2 | 别墅 | 每人每日 | 70~110 | 24 |
| 3 | 单身职工宿舍、学生宿舍、招待所、培训中心、普通旅馆<br>设公用盥洗室<br>设公用盥洗室、淋浴室<br>设公用盥洗室、淋浴室、洗衣室<br>设单独卫生间、公用洗衣室 | <br>每人每日<br>每人每日<br>每人每日<br>每人每日 | <br>25~40<br>40~60<br>50~80<br>60~100 | 24或定时供应 |
| 4 | 宾馆客房<br>旅客<br>员工 | <br>每床位每日<br>每人每日 | <br>120~160<br>40~50 | 24 |
| 5 | 医院住院部<br>设公用盥洗室<br>设公用盥洗室、淋浴室<br>设单独卫生间<br>医务人员<br>门诊部、诊疗所<br>疗养院、休养所住房部 | <br>每床位每日<br>每床位每日<br>每床位每日<br>每人每班<br>每病人每次<br>每床位每日 | <br>60~100<br>70~130<br>110~200<br>70~130<br>7~13<br>100~160 | 24<br><br><br>8<br><br>24 |
| 6 | 养老院 | 每床位每日 | 50~70 | 24 |
| 7 | 幼儿园、托儿所<br>有住宿<br>无住宿 | <br>每儿童每日<br>每儿童每日 | <br>20~40<br>10~15 | <br>24<br>10 |

（续）

| 序号 | 建筑物名称 | 单　位 | 最高日用水定额/L | 使用时间/h |
|---|---|---|---|---|
| 8 | 公共浴室<br>淋浴<br>淋浴、浴盆<br>桑拿浴（淋浴、按摩池） | <br>每顾客每次<br>每顾客每次<br>每顾客每次 | <br>40～60<br>60～80<br>70～100 | 12 |
| 9 | 理发室、美容院 | 每顾客每次 | 10～15 | 12 |
| 10 | 洗衣房 | 每kg干衣 | 15～30 | 8 |
| 11 | 餐饮厅<br>营业餐厅<br>快餐店、职工及学生食堂<br>酒吧、咖啡厅、茶座、卡拉OK房 | <br>每顾客每次<br>每顾客每次<br>每顾客每次 | <br>15～20<br>7～10<br>3～8 | <br>10～12<br>11<br>18 |
| 12 | 办公楼 | 每人每班 | 5～10 | 8 |
| 13 | 健身中心 | 每人每次 | 15～25 | 12 |
| 14 | 体育场（馆）　运动员淋浴 | 每人每次 | 25～35 | 4 |
| 15 | 会议厅 | 每座位每次 | 2～3 | 4 |

注：1. 热水温度以60℃计。

2. 表内所列用水定额均已包括在给水用水定额中。

卫生器具的一次和小时热水用水量及水温应按表6-2所示确定。

**表6-2　卫生器具的一次和小时热水用水量及水温**

| 序号 | 卫生器具名称 | 一次用水量/L | 小时用水量/L | 使用水温/℃ |
|---|---|---|---|---|
| 1 | 住宅、旅馆、别墅、宾馆<br>带有淋浴器的浴盆<br>无淋浴器的浴盆<br>淋浴器<br>洗脸盆、盥洗槽水嘴<br>洗涤盆（池） | <br>150<br>125<br>70～100<br>3<br> | <br>300<br>250<br>140～200<br>30<br>180 | <br>40<br>40<br>37～40<br>30<br>50 |
| 2 | 集体宿舍、招待所、培训中心淋浴器<br>有淋浴小间<br>无淋浴小间<br>盥洗槽水嘴 | <br>70～100<br><br>3～5 | <br>210～300<br>150<br>50～80 | <br>37～40<br>37～40<br>37 |
| 3 | 餐饮业<br>洗涤盆（池）<br>洗脸盆（工作人员用）<br>洗脸盆（顾客用）<br>淋浴器 | <br><br>3<br><br>40 | <br>250<br>60<br>120<br>400 | <br>50<br>30<br>30<br>37～40 |
| 4 | 幼儿园、托儿所<br>浴盆：幼儿园<br>托儿所<br>淋浴器：幼儿园<br>托儿所<br>盥洗槽水嘴<br>洗涤盆（池） | <br>100<br>30<br>30<br>15<br>15<br> | <br>400<br>120<br>180<br>90<br>25<br>180 | <br>35<br>35<br>35<br>35<br>30<br>50 |

（续）

| 序号 | 卫生器具名称 | 一次用水量/L | 小时用水量/L | 使用水温/℃ |
|---|---|---|---|---|
| 5 | 医院、疗养院、休养所 | | | |
| | 洗手盆 | | 15~25 | 35 |
| | 洗涤盆（池） | | 300 | 50 |
| | 浴盆 | 125~150 | 250~300 | 40 |
| 6 | 公共浴室 浴盆 | 125 | 250 | 40 |
| | 淋浴器 有淋浴小间 | 100~150 | 200~300 | 37~40 |
| | 无淋浴小间 | | 450~540 | 37~40 |
| | 洗脸盆 | 5 | 50~80 | 35 |
| 7 | 办公楼 洗手盆 | | 50~100 | 35 |
| 8 | 理发室、美容院 洗脸盆 | | 35 | 35 |
| 9 | 实验室 | | | |
| | 洗脸盆 | | 60 | 50 |
| | 洗手盆 | | 15~24 | 30 |
| 10 | 剧场 | | | |
| | 淋浴器 | 60 | 200~400 | 37~40 |
| | 演员用洗脸盆 | 5 | 80 | 35 |
| 11 | 体育场馆 淋浴器 | 30 | 300 | 35 |
| 12 | 工业企业生活间 | | | |
| | 淋浴器 一般车间 | 40 | 360~540 | 37~40 |
| | 脏车间 | 60 | 180~480 | 40 |
| | 洗脸盆或盥洗槽水嘴 一般车间 | 3 | 90~20 | 30 |
| | 脏车间 | 5 | 100~150 | 35 |
| 13 | 净身器 | 10~15 | 120~180 | 40 |

注：一般车间指现行GBZ 1—2010《工业企业设计卫生标准》中规定的3、4级卫生特征的车间；脏车间指该标准中规定的1、2级卫生特征的车间。

**2. 热水用水水温**

（1）冷水的计算温度 冷水的计算温度，应以当地最冷月平均水温资料确定。当无水温资料时，可以从相关的设计手册中查得各地区的冷水计算温度。

（2）热水供水温度和使用温度 热水供水温度是指热水供应设备的出口温度，最低供水温度一般不低于55℃，最高供水温度一般不高于75℃。热水使用温度与用水对象有关，盥洗用为30~35℃，沐浴用为37~40℃，洗涤用约为50℃。

**3. 热水用水水质**

1）生活热水水质的卫生标准，应符合现行的GB 5749—2006《生活饮用水卫生标准》的要求。

2）生产用热水的水质，应根据生产工艺要求确定。

3）集中热水供应系统的原水的水处理，应根据水质、水量、水温、水加热设备的构造、使用要求等因素经技术经济分析后，根据具体条件确定。

## 6.5.2 耗热量、热水量和加热设备供热量的计算

### 1. 设计小时耗热量的计算

设有集中热水供应系统的居住小区的设计小时耗热量，当公共建筑的最大用水时时段与住宅的最大用水时时段一致时，应按两者的设计小时耗热量叠加计算；当公共建筑的最大用水时时段与住宅的最大用水时时段不一致时，应按住宅的设计小时耗热量加公共建筑的平均小时耗热量叠加计算。

1）全日供应热水的住宅、别墅、招待所、培训中心、旅馆、宾馆的客房（不含员工）、医院住院部、养老院、幼儿园、托儿所（有住宿）等建筑的集中热水供应系统的设计小时耗热量应按下式计算，即

$$Q = K_h m q_h c(t_r - t_l)\rho_r / 86400 \tag{6-1}$$

式中 $Q$——设计小时耗热量（W）；

$K_h$——热水小时变化系数，全日供应热水时可按表6-3～表6-5采用；

$m$——用水计算单位数、人数或床位数；

$q_h$——热水用水定额［L/(人·d) 或 L/(床·d)］，按表6-1采用；

$c$——水的比热容，$c=4187\text{J}/(\text{kg}\cdot℃)$；

$t_r$——热水温度（$t_r=60℃$）；

$t_l$——冷水温度（℃）；

$\rho_r$——热水密度（kg/L）。

生产上需要的设计小时热水供应量，按产品类型、数量及相应的生产工艺及时间确定。

表6-3 住宅、别墅的热水小时变化系数 $K_h$ 值

| 居住人数 $m$ | ≤100 | 150 | 200 | 250 | 300 | 500 | 1000 | 3000 | ≥6000 |
|---|---|---|---|---|---|---|---|---|---|
| $K_h$ | 5.12 | 4.40 | 4.13 | 6.88 | 6.70 | 6.28 | 2.86 | 2.48 | 2.34 |

表6-4 旅馆的热水小时变化系数 $K_h$ 值

| 床位数 $m$ | ≤150 | 300 | 450 | 600 | 900 | ≥1200 |
|---|---|---|---|---|---|---|
| $K_h$ | 6.84 | 5.61 | 4.97 | 4.58 | 4.19 | 6.90 |

表6-5 医院的热水小时变化系数 $K_h$ 值

| 床位数 $m$ | ≤50 | 75 | 100 | 200 | 300 | 500 | ≥1000 |
|---|---|---|---|---|---|---|---|
| $K_h$ | 4.55 | 6.78 | 6.54 | 2.93 | 2.60 | 2.23 | 1.95 |

2）定时供应热水的住宅、旅馆、医院及工业企业生活间、公共浴室、学校、剧院、体育馆（场）等建筑的集中热水供应系统的设计小时耗热量应按下式计算，即

$$Q = \sum q_h c(t_r - t_l)\rho_r N_0 b / 3600 \tag{6-2}$$

式中 $Q$——设计小时耗热量（W）；

$q_h$——卫生器具热水的小时用水定额（L/h），应按表6-2采用；

$c$——水的比热容，$c=4187\text{J}/(\text{kg}\cdot℃)$；

$t_r$——热水温度（℃）；

$t_l$——冷水温度（℃）；

$\rho_r$——热水密度（kg/L）；

$N_0$——同类型卫生器具数；

$b$——卫生器具的同时使用百分数，按表6-6采用。

**表6-6 卫生器具同时使用百分数 $b$ 值**

| 建筑物名称 | 卫生器具同时使用百分数 $b$ 值 |
|---|---|
| 工业企业生活间、公共浴室、学校、剧院、体育馆（场）等的浴室内的淋浴器和洗脸盆 | 均按100%计 |
| 住宅、旅馆、医院、疗养院病房 | 卫生间内浴盆或淋浴器可按70%～100%计，其他器具不计，但定时连续供水时间应不小于2h |
| 住宅一户带多个卫生间 | 只按一个卫生间计算 |

**2. 热水量的计算**

建筑内集中热水供应系统中的设计小时热水供应量，理论上应根据日热水用量小时变化曲线、换热方式、锅炉及换热器的工作制度确定。在无上述资料时可按下式计算，即

$$Q_r = Q/[1.163c(t_r - t_l)\rho_r] \tag{6-3}$$

式中 $Q_r$——设计小时热水量（L/h）；

$Q$——设计小时耗热量（W）；

$c$——水的比热容，$c = 4187\text{J}/(\text{kg}\cdot℃)$；

$t_r$——热水温度（℃）；

$t_l$——冷水计算温度（℃）；

$\rho_r$——热水密度（kg/L）。

**3. 热媒耗量的计算**

（1）蒸汽直接与被加热水混合加热的蒸汽耗量

$$G = 0.001kQ/(h_m - h_r) \tag{6-4}$$

式中 $G$——蒸汽耗量（kg/s）；

$Q$——设计小时耗热量（W）；

$k$——热媒管道热损失附加系数，$k = 1.05 \sim 1.10$；

$h_m$——蒸汽比焓（kJ/kg）；

$h_r$——蒸汽与冷水混合后的热水比焓（kJ/kg），$h_r = 4.187t_r$；

$t_r$——蒸汽与冷水混合后的热水温度（℃）。

（2）蒸汽通过传热面间接加热冷水的蒸汽耗量

$$G = 0.001kQ/r \tag{6-5}$$

式中 $G$——蒸汽耗量（kg/s）；

$Q$——设计小时耗热量（W）；

$r$——蒸汽的汽化热（kJ/kg）。

（3）热媒为高温水通过传热面间接加热冷水的热水耗量

$$G = 0.001kQ/[c(t_{mc} - t_{mz})] \tag{6-6}$$

式中 $G$——高温水耗量（kg/s）；

$Q$——设计小时耗热量（W）；

$t_{mc}$——进换热器高温水进口温度（℃）；

$t_{mz}$——出换热器换热后的热媒温度（℃）；

$c$——水的比热容，$c = 4187\text{J}/(\text{kg}\cdot℃)$。

由热水热力网供暖，应采用供回水的最低温度计算，但热力网供水的初温和被加热水的终温的温差不得小于10℃。

### 6.5.3　热水管网的水力计算简介

建筑内热水管网水力计算是在绘制管网平面图和轴测图后进行的，计算的内容有：计算热媒管道的管径及相应的压力损失；计算配水管网和循环管网的管径及压力损失；计算和选择锅炉、换热器、储热器、循环水泵、疏水阀、安全阀、调压阀、自动温度调节装置、膨胀管补偿器等。

热水管网水力计算分热媒管网水力计算和配水管网、循环管网的水力计算。

**1. 热水配水管网水力计算**

从换热器或热水储罐出来的热水进入各用热水器具之间的管网称配水管网，配水管网的水力计算方法与冷水管网的水力计算方法相类似，如设计秒流量公式、卫生器具热水给水额定流量、支管管径和最低工作压力等。主要区别是管道水力计算按“热水管道水力计算表”来取用，另外，热水管道内的水流速度应比冷水小一些。

**2. 热水循环管网水力计算**

从各配水管网出来的部分热水回至换热器或热水储罐之间的管网称循环管网。循环管网由于流程长，管网较大，为保证循环效果，一般多采用机械循环方式。热水供应方式不同，循环管网的计算内容也不同。

全日热水供应系统机械循环管网计算步骤如下：

1）确定回水管管径。

2）计算配水管网各管段的热损失。

3）计算配水管网总的热损失，将各管段的热损失相加便得到配水管网总的热损失。

4）计算总循环流量。

5）计算循环管路各管段通过的循环流量。

6）复核各管段的终点水温。

7）计算循环管网的总水头损失（最不利环路的循环压力损失）。

8）选择循环水泵。

定时循环热水供应系统的循环泵大都在供应热水前半小时开始运转，直到把水加热至规定温度，循环泵即停止工作。因定时供应热水的情况下，用水较集中，故在供应热水时，不考虑热水循环，循环泵的选择是按1h内循环管网中的水循环次数而定的，一般为2～4次，其上、下限的选择，可依系统的大小和水泵产品情况确定。循环水泵的扬程与全日热水供应系统的计算相同。

自然循环热水管网计算的方法基本上与机械循环方式相同。但应在求出循环管网的总水头损失之后，先校核一下系统的自然循环压力值是否满足要求。

## 6.6　高层建筑热水供应系统

高层建筑具有层数多、建筑高度高、热水用水点多等特点，如果选用一般建筑的各种热水供水方式，则会使热水管网系统中压力过大，产生配水管网始末端压差悬殊、配水均衡性难以控制等一系列问题。与给水系统相同，可采用竖向分区的热水供水方式来解决管网系统压力过大的问题。高层建筑热水系统的分区与给水系统的分区应一致，各区水加热器、储水器的进水均应由同区的给水系统设专管供应，以保证系统内冷、热水的压力平衡，便于调节冷、热水混合龙头的出水温度，达到节水、节能、用水舒适的目的。

## 6.6.1 热水供应方式

**1. 集中加热热水供应方式**

如图6-19所示，各区热水配水循环管网自成系统，水加热器、循环水泵集中设在底层或地下设备层，各区所设置的水加热器或储水器的进水由同区给水系统供给。其优点是：各区供水自成系统，互不影响，供水安全可靠；设备集中设置，便于维修、管理。缺点是：高区水加热器和配、回水主立管管材需承受高压，设备和管材费用较高。所以该分区形式适用于不宜多于3个分区的高层建筑。

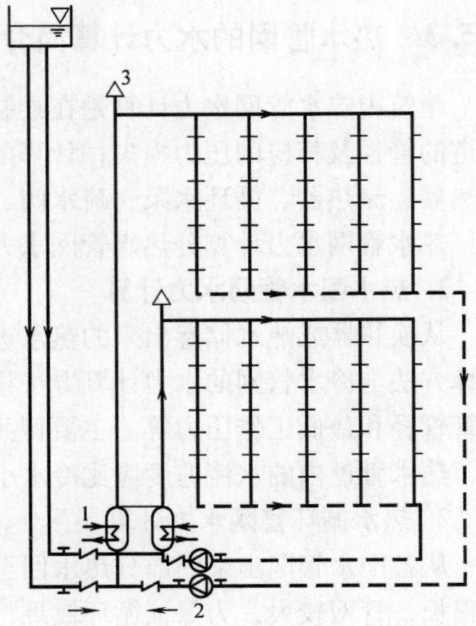

图6-19 集中设置加热器、分区设置热水管网的供水方式

1—水加热器 2—循环水泵 3—排气阀

**2. 分散加热热水供应方式**

如图6-20所示，各区热水配水循环管网也自成系统，但各区的加热设备和循环水泵分散设置在各区的设备层中。该方式的优点是：供水安全可靠，且水加热器按各区水压选用，承压均衡，且回水立管短。缺点是：设备分散设置，不但要占用一定的建筑面积，维修管理也不方便，且热媒管线较长。图6-20a所示为各区均为上行下回热水供应方式，图6-20b所示为各区采用上行下回与下行上回混合设置的热水供应方式。

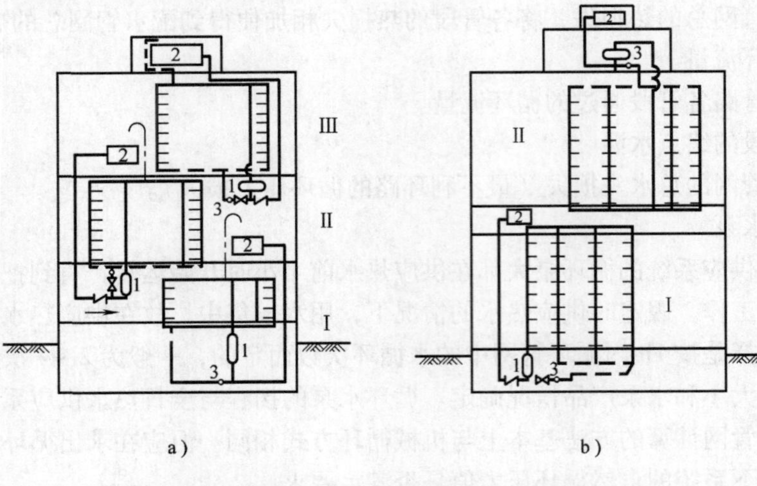

图6-20 分散设置水加热器、分区设置热水管网的供水方式

a）各区系统均为上行下回方式 b）各区系统混合设置

1—水加热器 2—给水箱 3—循环水泵

## 6.6.2 管网布置与敷设

一般高层建筑热水供应的范围大，热水供应系统的规模也较大，为确保系统运行时的良好工况，进行管网布置与敷设时，应注意以下几点：

1）当分区范围超过5层时，为使各配水点随时得到设计要求的水温，应采用全循环或立管循环方式；当分区范围小，但立管数多于5根时，应采用干管循环方式。

2）为防止循环流量在系统中流动时出现短流，影响部分配水点的出水温度，可在回水管上设置阀门，通过调节阀门的开启度，平衡各循环管路的水头损失和循环流量。若因管网系统大，循环管路长，用阀门调节效果不明显时，可采用同程式管网布置形式，使循环流量通过各循环管路的流程相当，可避免短流现象，利于保证各配水点所需水温。

3）为提高供水的安全可靠性，尽量减小管道、附件检修时的停水范围，或充分利用热水循环管路提供的双向供水的有利条件，放大回水管管径，使其与配水管管径接近，当管道出现故障时，可临时当作配水管使用。

## 6.7　饮水供应

饮水供应系统目前主要有开水供应系统、冷饮水供应系统和饮用净水供应系统（管道直饮水系统）三类。采用何种系统应根据地区条件、人们的生活习惯和建筑物的性质确定。一般办公楼、旅馆、学生宿舍、军营等多采用开水供应系统；工矿企业生产车间和大型公共集会场所，如体育馆、展览馆、游泳场、车站、码头及公园等人员密集处，饮用开水很不方便，尤其在夏季，饮用温水、冷饮水更为适宜，故可采用冷饮水供应系统；而饮用净水供应系统（管道直饮水系统）则适用于对饮用水水质有较高要求的居住小区及高级住宅、别墅、商住办公楼、星级宾馆、学校及其他公共场所。

### 6.7.1　饮水定额

根据建筑物的性质和地区的条件，饮水定额及小时变化系数可按表6-7所示选用。表中所列数据既适用于开水供应，也适用于冷饮水和饮用净水（直饮水）供应。但饮水定额不包括制备冷饮水时冷凝器的冷却用水量。表6-7中小时变化系数为饮水供应时间内的变化系数。

**表6-7　饮水定额及小时变化系数**

| 建筑物名称 | 单　位 | 饮水定额/L | 小时变化系数 $K_h$ |
|---|---|---|---|
| 热车间 | 每人每班 | 3～5 | 1.5 |
| 一般车间 | 每人每班 | 2～4 | 1.5 |
| 工厂生活间 | 每人每班 | 1～2 | 1.5 |
| 办公楼 | 每人每班 | 1～2 | 1.5 |
| 集体宿舍 | 每人每日 | 1～2 | 1.5 |
| 教学楼 | 每学生每日 | 1～2 | 2.0 |
| 医院 | 每病床每日 | 2～3 | 1.5 |
| 影剧院 | 每观众每场 | 0.2 | 1.0 |
| 招待所、旅馆 | 每客人每日 | 2～3 | 1.5 |
| 体育馆（场） | 每观众每场 | 0.2 | 1.0 |

注：小时变化系数是指饮水供应时间内的变化系数。

此外，对于居住小区、住宅、别墅等建筑设有饮用净水供应系统（管道直饮水系统）时，考虑到饮用净水（直饮水）除了供日常饮用外，还包括烹饪、洗瓜果、调配饮料等用水，故其饮水定额比表6-7所列的值稍大，宜为4～7L/(人·d)。由于饮用净水（直饮水）具有用水量小、用水集中等特点，故其小时变化系数取值较大，一般 $K_h$ 宜为6。

### 6.7.2　开水供应系统

**1. 开水制备**

开水的制备方式有集中制备开水和分散制备开水两种。

开水可以通过开水炉、电热炉直接将自来水烧开制得，这是一种直接加热方式，常采用的热源为燃煤、燃油、燃气、蒸汽、电等；另一种方法是利用热媒间接加热制备开水。这两种都属于集中制备开水的方式。

目前，在住宅、办公楼、科研楼、实验楼等建筑中，常采用小型的电开水器，灵活方便，可随时满足要求；还有的采用饮水机，既可制备开水，同时也可制备冷饮水，较好地解决了由气候变化引起的人们需求的变化，使用前景较好。这些都属于分散制备开水的方式。

**2. 开水的供应**

（1）开水集中制备分散供应　在开水间集中制备开水，人们用容器取水饮用。这种方式适合于机关、学校等建筑。

（2）开水集中制备管道输送供应　在开水间统一制备开水，通过管道输送至各饮用点。为保证各开水供应点的水温，还应设置循环管道系统。

（3）统一热源分散制备分散供应　在建筑中把热媒输送至每层制备点，在各制备点（开水间）制备开水，以满足各楼层的需要。这种方式使用方便，并能保证开水温度，在大型多层或高层建筑中常采用这种开水供应方式。

## 6.7.3 冷饮水供应系统

**1. 冷饮水的制备**

为保证进入冷却设备的自来水达到饮用标准，一般要经过预处理进一步去掉杂质和消毒灭菌，通常采用砂滤、紫外线消毒或活性炭吸附等方法。处理后的水经制冷设备冷却后，应根据饮用要求，按一定标准投加调料，如食盐、糖浆、二氧化碳等。当制备的冷饮水量大且储存时间长时，则应投加防腐剂。

**2. 冷饮水的供应**

冷饮水的供应方法与开水的供应方法基本相同，也有集中制备分散供应和集中制备管道输送等方式。

（1）冷饮水集中制备分散供应　对中、小学校以及体育场（馆）、车站、码头等人员流动较集中的公共场所，可采用如图6-21所示的冷饮水供应系统。但在夏季不启用加热设备，预处理后的自来水经制冷设备冷却后降至要求水温；在冬季，冷饮水温度要求与人体温度接近，一般为35～40℃。

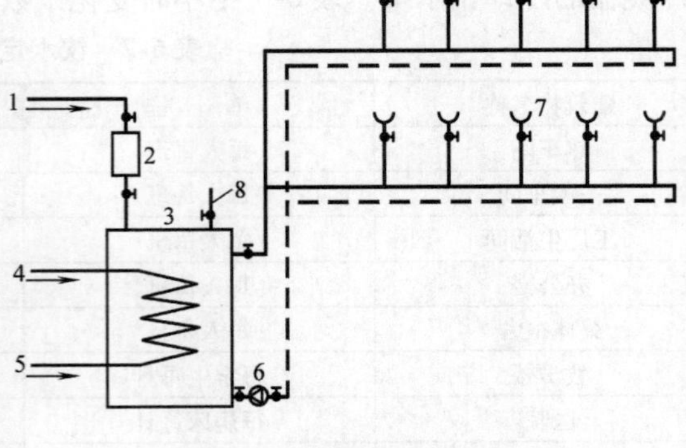


图6-21　冷饮水供应系统

1—给水　2—过滤器　3—水加热器（开水器）　4—蒸汽　5—冷凝水　6—循环泵　7—饮水器　8—安全阀

（2）冷饮水集中制备管道输送　根据制冷设备、饮水器循环水泵安装位置、管道布置情况等，冷饮水供应有上行下给的全循环方式和下行上给的全循环方式。

## 6.7.4 管道直饮水系统

管道直饮水系统是指原水经深度净化处理，通过管道输送，供人们直接饮用的供水系统。管道直饮水的水质应符合国家现行标准 CJ 94—2005《饮用净水水质标准》的规定。

**1. 管道直饮水的制备**

管道直饮水系统水量小、水质要求高，以自来水或其他符合生活饮用水源水质标准的水为原水，经过深度净化处理后制得。水的深度净化处理一般包括预处理、主处理和后处理三大部分内容。一般处理方法有机械处理、活性炭处理、膜处理和消毒处理等。目前常采用膜技术对其进行深度处理。对硬度和水中矿物质的调节则采用含矿物质的粒状介质过滤器进行处理。一般处理工艺为：

（1）预处理　预处理主要是降低水中的色度、浊度和臭味。以自来水为原水生产管道直饮水的预处理一般可分为三个过程：粗滤、吸附过滤、精滤。也可根据原水水质采用其他组合工艺。

（2）主处理　主处理是净水的核心工序，可进一步去除预处理和常规处理中难以去除的小分子和无机盐。目前常采用离子交换法和膜分离技术。

（3）后处理　后处理的目的主要是通过消毒的方法将水中的细菌、病毒、微生物杀灭，并分离水中的残留有机物，达到保证净水水质、改善口感的目的；同时为使洁净水中含有适量的矿物盐，可以对水进行矿化。

确定管道直饮水消毒工艺应考虑以下几个因素：杀菌效果与持续能力、残余药剂的无毒性、管道直饮水的口感以及运行管理费用等。

管道直饮水生产中采用的消毒方式主要为臭氧消毒、紫外线消毒及电子消毒设备消毒等几种。

矿化是将膜处理后的水再进入装填有含矿物质的粒状介质（如木鱼石、麦饭石、珊瑚礁等）的过滤器中处理，使过滤出水含有一定的矿物盐。

自来水经预处理、主处理和后处理三段净水工艺后，其出水水质均能达到《饮用净水水质标准》，能够生产卫生、安全、健康的高品质的饮用水。

**2. 管道直饮水系统供应**

管道直饮水的供应系统通常包括供水水泵、循环水泵、供水管网、回水管网、消毒设备等几部分。一般住宅、公寓每户仅考虑在厨房安装一个管道直饮水的配水龙头，其他公共建筑则根据需要设置饮水点。

管道直饮水供水方式有以下几种：

（1）水泵和高位水箱供水方式　采用高位水箱和配套水泵供水，饮用净水车间和设备设于管网的下部。管网为上行下给供水方式，高位水箱出口设消毒器，并在回水管路中设置防回流器，以保证供水水质，如图6-22所示。

（2）变频调速泵供水方式　应用变频器调整水泵转速，改变水泵出水量。饮用净水车间和设备设于管网的下部。管网为下行上给供水方式，在回水管路中设置防回流器，如图6-23所示。

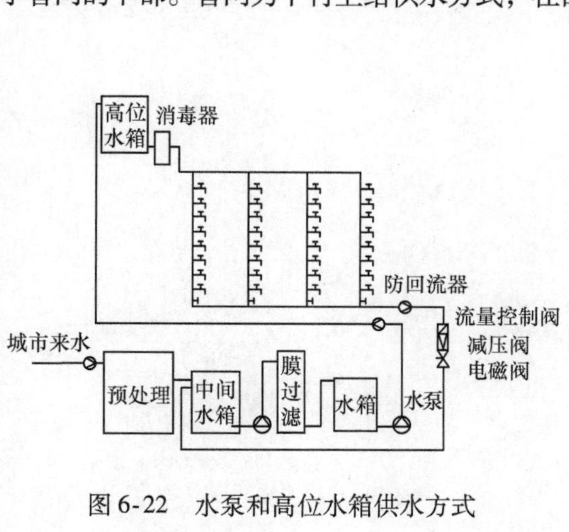


图6-22　水泵和高位水箱供水方式

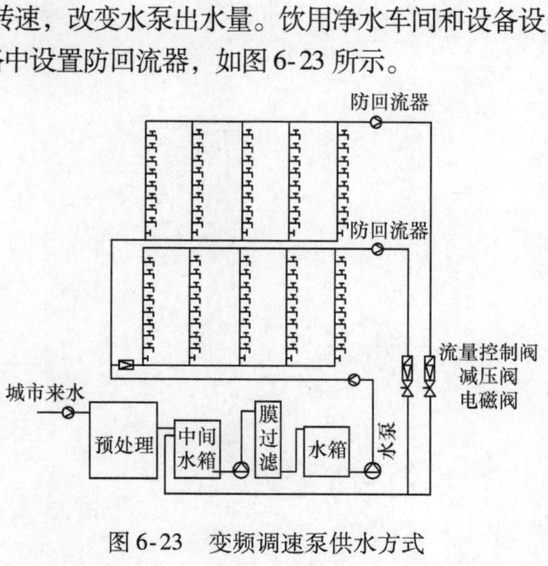


图6-23　变频调速泵供水方式

（3）屋顶水罐（箱）重力流供水方式　采用屋顶水罐（箱）重力流供水，饮用净水车间和设备设于管网的上部。管网为上行下给供水方式，屋顶水罐（箱）出口设消毒器，并在回水管路中设置防回流器，以保证供水水质，如图6-24所示。

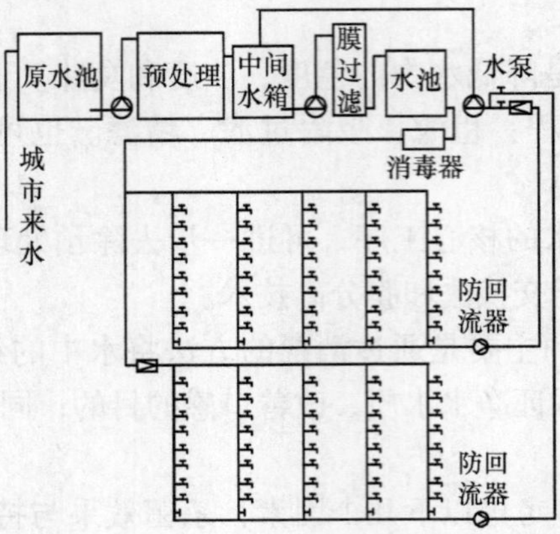


图6-24　屋顶水箱重力流供水方式

## 思考题与习题

1. 建筑热水供应系统由哪些部分组成？
2. 热水供水方式有哪些？
3. 热水供应系统的发热设备和换热设备有哪些？
4. 热水供应系统的主要附件有哪些？
5. 怎样解决开式和闭式热水供应系统的排气和水加热时的体积膨胀？
6. 怎样解决热水供应系统管道的热收缩？
7. 热水管网水力计算的内容有哪些？
8. 简述半即热式水加热器的工作原理及特点。
9. 高层建筑热水供应方式有哪些？各有什么优缺点？
10. 管道直饮水系统的供应方式有哪些？

# 第 7 章
# 建筑排水系统

## 7.1 排水系统的分类和组成

建筑内部排水系统的任务，就是将人们在日常生活和工业生产过程中使用过的、受污染的水以及降落到屋面的雨水和雪水收集起来，及时排到室外。

### 7.1.1 排水系统的分类

**1. 按所排除污（废）水的性质分类**

（1）生活排水系统　生活排水系统接纳并排除居住建筑、公共建筑及工业企业的生活污水与生活废水。按照污（废）水处理、卫生条件或杂用水水源的需要，生活排水系统又可分为排除大便器（槽）、小便器（槽）以及用途与此相似的卫生设备产生的生活污水排水系统和排除盥洗、洗涤废水的废水排水系统。生活污水经过化粪池局部处理后排入室外排水系统；生活废水经过处理后，可作为杂用水，用来冲洗厕所、浇洒道路和绿地、冲洗汽车等。

（2）工业废水排水系统　工业废水排水系统排除工业企业生产过程中产生的废水。按照污染程度的不同，可分为生产废水排水系统和生产污水排水系统。生产废水是指在使用过程中受到轻度污染或水温稍有升高的水，通常经某些处理后即可在生产中重复使用或直接排放水体。生产污水是指在使用过程中受到较严重污染的水，多半具有危害性，需要经过处理，达到排放标准后才能排放。

（3）建筑雨水排水系统　建筑雨水排水系统收集排除屋面、墙面和窗井等雨（雪）水。

**2. 按水力状态分类**

（1）重力流排水系统　利用重力势能作为排水动力，管道系统排水按一定充满度（或充水率）设计，管系内水压基本与大气压力相等的排水系统。常见的和传统的建筑内部排水系统均为重力流。

（2）压力流排水系统　利用重力势能或水泵等机械作为排水动力，管道系统排水按满流设计，管系内整体水压大于（局部可小于）大气压力的排水系统。重力流排水有困难或组团排水为减小排水管径时，可采用压力流排水。

压力流排水系统是在卫生器具排水口下装设微型污水泵，卫生器具排水时微型污水泵启动加压排水，使排水管内的水流状态由重力非满流变为压力满流。压力流排水系统的排水管径小，管配件少，占用空间小，横管无需坡度，流速大，自净能力较强，管道布置不受限制，卫生器具出口可不设水封，室内环境卫生条件好。

（3）真空排水系统　在建筑物地下室内设有真空泵站，真空泵站由真空泵、真空收集器和污水泵组成。采用设有手动真空阀的真空坐便器，其他卫生器具下面设液位传感器，自动控制真空阀的启闭。卫生器具排水时真空阀打开，真空泵启动，将污水吸到真空收集器里贮存，定期由污水泵将污水送到室外。真空排水系统能节水（真空坐便器一次用水量是普通坐便器的 1/6），管径小（真空坐便器排水管管径为 *de*40mm，而普通坐便器最小为 *de*117mm），横管无需重力坡度，甚至可向高处流动（最高达 5m），自净能力强，管道不会淤积，即使管道受损，污水也不会外漏。

**3. 按通气方式分类**

根据排水系统的通气方式，建筑内部污（废）水排水系统分为单立管排水系统、双立管排水系统和三立管排水系统，如图 7-1 所示。

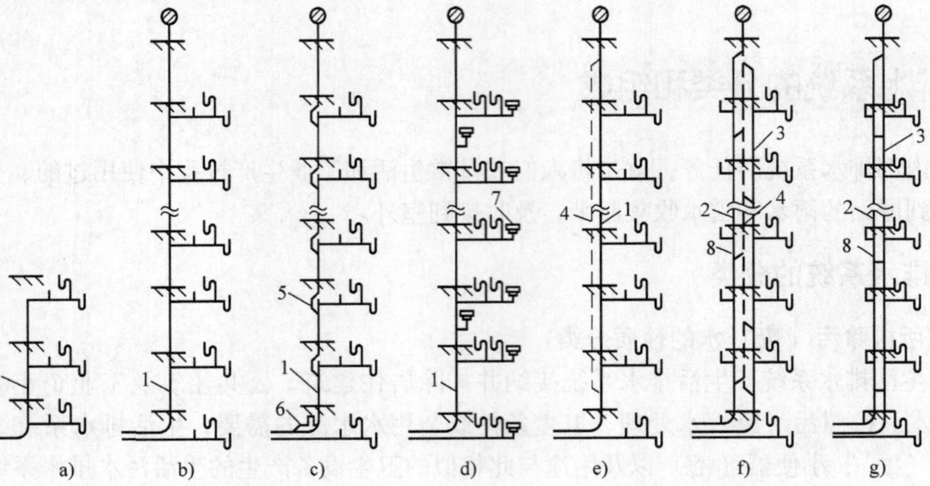


图 7-1 污（废）水排水系统的类型

a）无通气管的单立管 b）普通单立管 c）特制配件单立管 d）吸气阀单立管 e）双立管 f）三立管 g）废水与污水立管互为通气管

1—排水立管 2—污水立管 3—废水立管 4—通气立管 5—上部特制配件 6—下部特制配件 7—吸气阀 8—结合通气管

（1）单立管排水系统 单立管排水系统是指只有一根排水立管，没有专门通气立管的系统。按建筑层数和卫生器具的多少，它可分为无通气管的单立管排水系统、有通气立管的普通单立管排水系统和特制配件单立管排水系统三种类型。

无通气管的单立管排水系统适用于立管短，卫生器具少，排水量小，立管顶端不便伸出屋面的情况。

有通气立管的普通单立管排水系统适用于一般多层建筑。

特制配件的单立管排水系统是在横支管与伸顶通气排水系统的立管连接处，设置特制配件代替一般的三通，在立管底部与横干管或排出管连接处设置特制配件代替一般的弯头。这种通气方式是在排水立管管径不变的情况下，利用特殊结构改变水流方向和状态，增大排水能力。因此也叫诱导式内通气，适用于各类多层和高层建筑。

（2）双立管排水系统 双立管排水系统由一根排水立管和一根通气立管组成。排水立管和通气立管进行气流交换，也称干式外通气。适用于污（废）水合流的各类多层和高层建筑。

（3）三立管排水系统 三立管排水系统由一根生活污水立管、一根生活废水立管和一根通气立管组成，两根排水立管共用一根通气立管。三立管排水系统的通气方式也是干式外通气，适用于生活污水和生活废水需分别排出室外的各类多层和高层建筑。

在三立管排水系统中去掉专用通气立管，将废水立管与污水立管每隔 2 层互相连接，利用两立管的排水时间差，互为通气立管，这种外通气方式也叫湿式外通气。

## 7.1.2　污（废）水排水系统的组成

建筑内部污（废）水排水系统一般由卫生器具和生产设备的受水器、排水管道、清通设备和通气系统组成。在有些建筑的污（废）水排水系统中，根据需要还设有污（废）水的提升设备和局部处理构筑物，如图7-2所示。

**1. 卫生器具和生产设备受水器**

卫生器具又称卫生设备或卫生洁具，是接纳、排出人们在日常生活中产生的污（废）水或污物的容器或装置。生产设备受水器是接纳、排出工业企业在生产过程中产生的污（废）水或污物的容器或装置。除便溺用的卫生器具外，其他卫生器具均在排水口处设置栏栅。

**2. 排水管道**

排水管道包括器具排水管（含存水弯）、横支管、立管、埋地干管和排出管。其作用是将各个用水点产生的污（废）水及时、迅速地输送到室外。

**3. 通气系统**

由于建筑内部排水管内是气、水两相流，为保证排水管道系统内空气流通，压力稳定，避免因管内压力波动使有毒、有害气体进入室内，减少排水系统噪声，需设置通气系统。通气系统包括伸顶通气管、专用通气管以及专用附件。

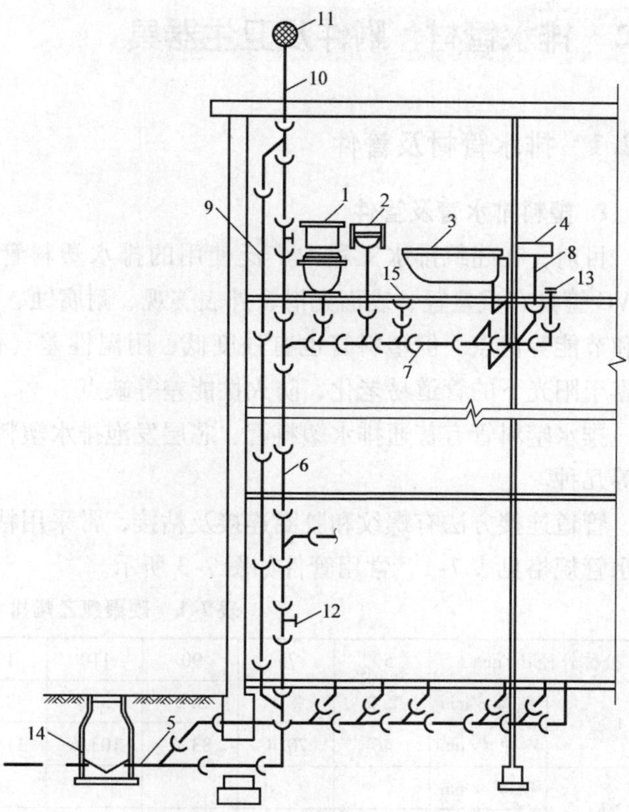


图7-2　污（废）水排水系统组成

1—坐便器　2—洗脸盆　3—浴盆　4—厨房洗涤盆　5—排水出户管　6—排水立管　7—排水横支管　8—器具排水管（含存水弯）　9—专用通气管　10—伸顶通气管　11—通气帽　12—检查口　13—清扫口　14—排水检查井　15—地漏

建筑标准要求较高的多层住宅和公共建筑，10层及10层以上的高层建筑的生活污水立管宜设专用通气立管。如果生活排水立管所承担的卫生器具排水设计流量超过仅设伸顶通气立管的排水立管的最大排水能力时，应设专用通气管道系统。专用通气管道系统包括通气支管、通气立管、结合通气管和汇合通气管等。

**4. 清通设备**

清通设备包括设在横支管顶端的清扫口、设在立管或较长横干管上的检查口和设在室内较长的埋地横干管上的检查口（井）。其作用是疏通管道内沉积、粘附物，保障管道排水畅通。

**5. 提升设备**

提升设备指通过水泵提升排水的高程或使排水加压输送。工业与民用建筑的地下室、人防建筑、高层建筑的地下技术层和地下铁道等处标高较低，在这些场所产生、收集的污（废）水不能自流排至室外的检查井，须设污（废）水提升设备。

### 6. 污水局部处理构筑物

当建筑内部污水未经处理不允许直接排入市政排水管网或水体时，需设污水局部处理构筑物，如处理民用建筑生活污水的化粪池，降低锅炉、加热设备排污水水温的降温池，去除含油污水的隔油池，以及以消毒为主要目的的医院污水处理构筑物等。

# 7.2 排水管材、附件及卫生器具

## 7.2.1 排水管材及管件

### 1. 塑料排水管及管件

目前，在建筑排水工程中广泛使用的排水塑料管是硬聚氯乙烯塑料管（简称 UPVC 管）。UPVC 管具有重量轻、表面光滑、外表美观、耐腐蚀、容易切割、便于安装、造价低廉、外表美观和节能等优点。但塑料管也有强度低、耐温性差（使用温度为 -5 ~ +50℃）、立管噪声大、暴露于阳光下的管道易老化、防火性能差等缺点。

排水塑料管有普通排水塑料管、芯层发泡排水塑料管、拉毛排水塑料管和螺旋消声排水塑料管等几种。

管道连接方法有螺纹和胶圈连接及粘接，常采用粘接方法，既快捷方便又牢固。硬聚氯乙烯排水管规格见表 7-1，常用管件如图 7-3 所示。

表 7-1 硬聚氯乙烯排水管规格

| 公称外径 $de$/mm | | 50 | 75 | 90 | 110 | 125 | 160 | 200 | 250 | 315 |
|---|---|---|---|---|---|---|---|---|---|---|
| 1 型 | 壁厚 $e$/mm | 2.0 | 2.3 | 3.2 | 3.2 | 3.2 | 4.0 | 4.9 | 6.2 | 7.7 |
| | 内径 $d_j$/mm | 46 | 70.4 | 83.6 | 103.6 | 118.6 | 152.0 | 190.2 | 237.6 | 299.6 |
| 2 型 | 壁厚 $e$/mm | | | | | 3.7 | 4.7 | 5.9 | 7.3 | 9.2 |
| | 内径 $d_j$/mm | | | | | 117.6 | 150.6 | 188.2 | 235.4 | 296.6 |
| 管长/m | | 4000 ~ 6000 | | | | | | | | |

### 2. 普通排水铸铁管及管件

普通排水铸铁管的水压试验压力为 1.5MPa，采用承插连接，接口有铅接口、石棉水泥接口、沥青水泥砂浆接口、膨胀性填料接口、水泥砂浆接口等。常用于一般的生活污水、雨水和工业废水的排水管道。常用的排水铸铁管管件有管箍、弯头、三通、四通、存水弯、锥形变径管、地漏、清扫口、检查口等。还有一些新型排水异形管件，如二联三通、三联三通、角形四通、H 形透气管、Y 形三通等，如图 7-4 所示。

### 3. 柔性接口排水铸铁管及管件

柔性接口排水铸铁管在管内水压下具有良好的曲挠性与伸缩性，能适应建筑楼层间变位导致的轴向位移和横向曲挠变形，防止管道裂缝与折断。柔性接口排水铸铁管有两种：一种采用连续铸造工艺制造，承口带法兰，管壁较厚，采用法兰压盖、橡胶密封圈、螺栓连接，如图 7-5a 所示；另一种是水平旋转离心铸造工艺制造，无承口，管壁薄而均匀，重量轻，采用不锈钢带、橡胶密封圈、卡紧螺栓连接，如图 7-5b 所示，具有安装更换管道方便、美观的特点。

柔性排水铸铁管管件有立管检查口、三通、45°三通、45°弯头、90°弯头、45°和 30°通气管、四通、P 形和 S 形存水弯等。

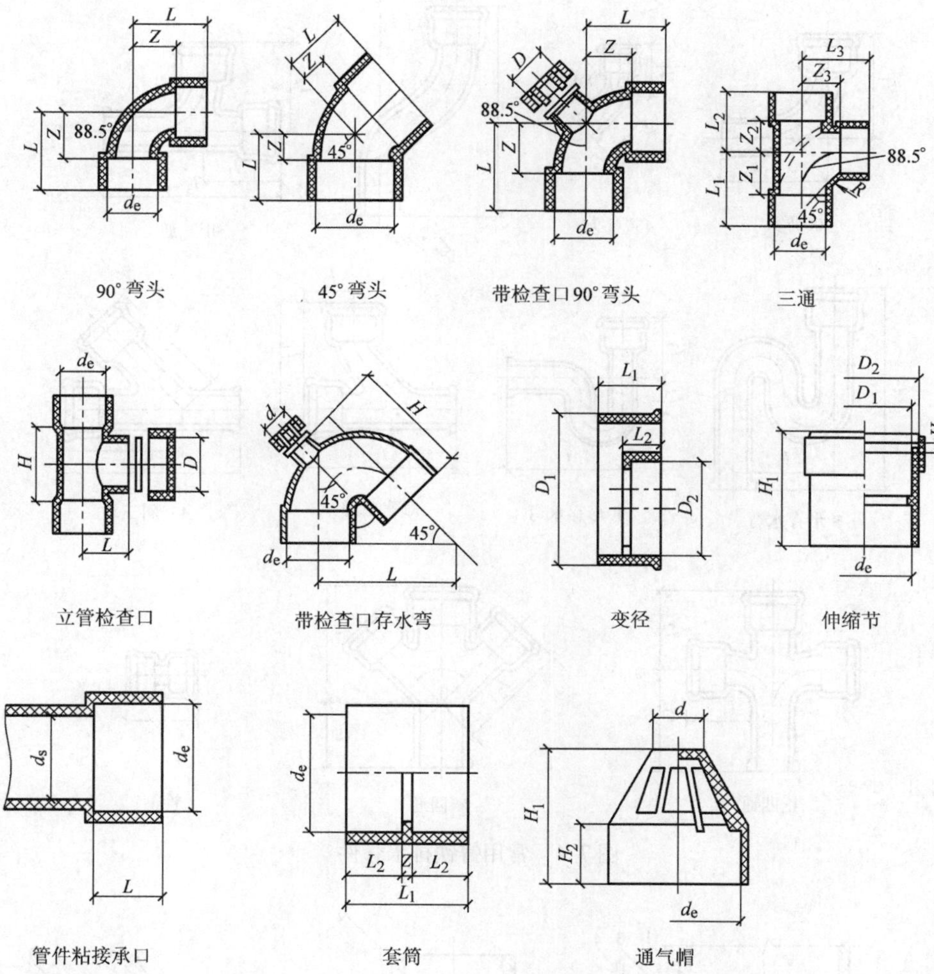


图 7-3　常用塑料排水管件示意图

柔性接口排水铸铁管具有强度大、抗振性能好、噪声低、防火性能好、寿命长、膨胀系数小、安装施工方便、美观（不带承口）、耐磨和耐高温性能好的优点，但是造价较高。建筑高度超过 100m 的高层建筑、对防火等级要求高的建筑物、地震区建筑、要求环境安静的场所，环境温度可能出现 0℃ 以下的场所以及连续排水温度大于 40℃ 或瞬时排水温度大于 80℃ 的排水管道，应采用柔性接口机制排水铸铁管。

## 7.2.2　附件

### 1. 存水弯

存水弯的作用是防止排水管道系统中的气体窜入室内。按存水弯的构造分为管式存水弯和瓶式存水弯。管式存水弯有 P 形、S 形和 U 形三种，如图 7-6 所示。P 形存水弯适用于排水横管距卫生器具出水口位置较近的场所；S 形存水弯适用于排水横管距卫生器具出水口较远，卫生器具排水管与排水横管垂直连接的场所；U 形存水弯设在水平横支管上。瓶式存水弯本身也由管体组成，但排水管不连续，其特点是易于清通，外形较美观，一般用于洗脸盆或洗涤盆等卫生器具的排出管上。

图 7-7 所示为几种新型的补气存水弯，补气存水弯在卫生器具大量排水形成虹吸时能够及时

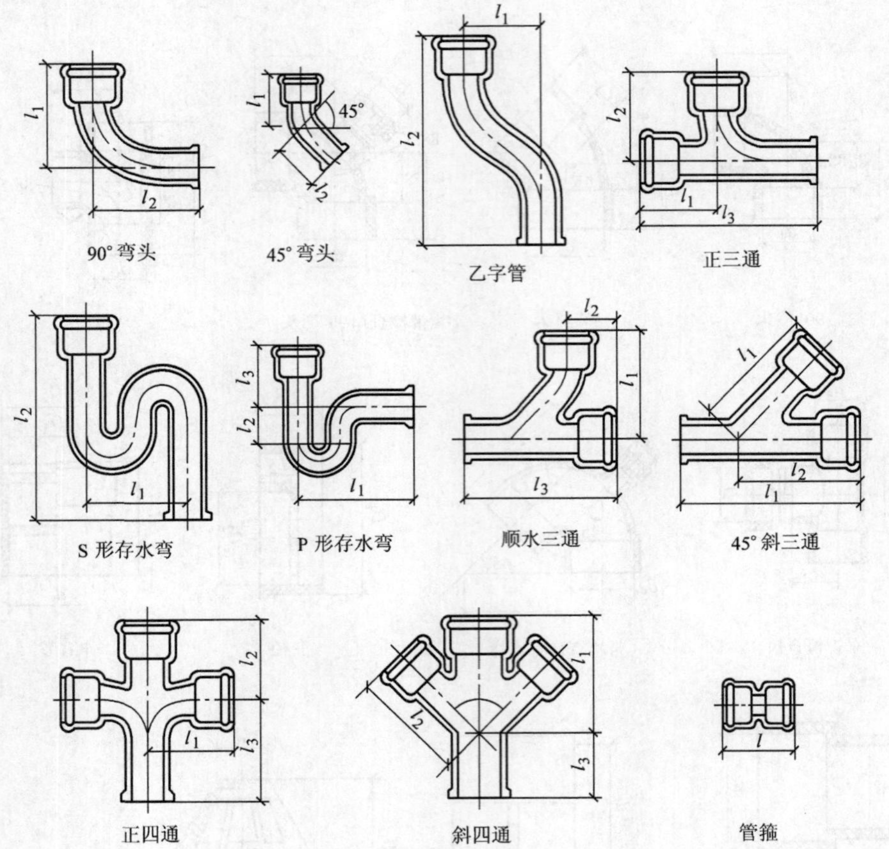


图 7-4 常用铸铁排水管件

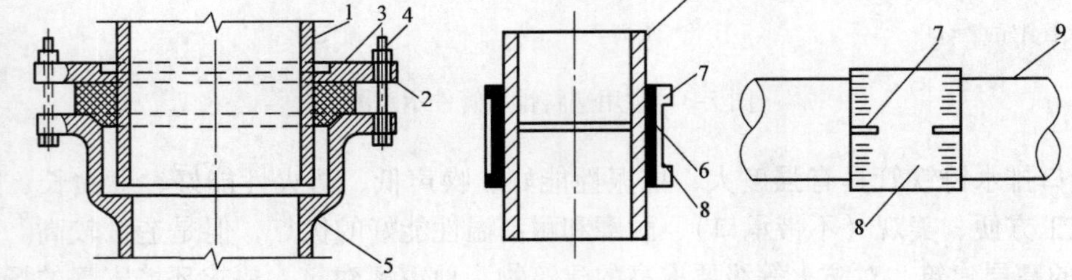


图 7-5 排水铸铁管连接方法

a）法兰压盖螺栓连接 b）不锈钢带卡紧螺栓连接

1—插口端头 2—法兰压盖 3—橡胶密封圈 4—紧固螺栓 5—承口端头 6—橡胶圈 7—卡紧螺栓 8—不锈钢带 9—排水铸铁管

向存水弯出水端补气，防止惯性虹吸过多吸走存水弯内的水，保证水封的高度。其中，图 7-7a 为外置内补气，图 7-7b 为内置内补气，图 7-7c 为外补气。

**2. 检查口**

检查口装在排水立管上，是用于清通排水立管的附件。隔一层设置一个检查口，其间距不大于 10m，但在最底层和有卫生器具的最高层必须设置。检查口中心距操作地面一般为 1m，并应高于该层卫生器具上边缘 0.15m。

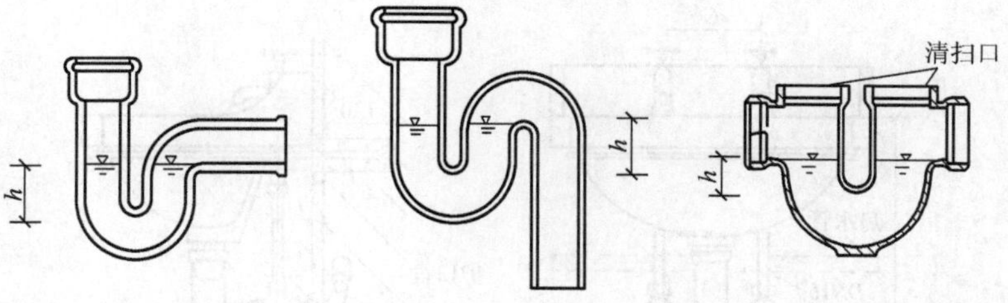


图7-6 存水弯
a) P形 b) S形 c) U形

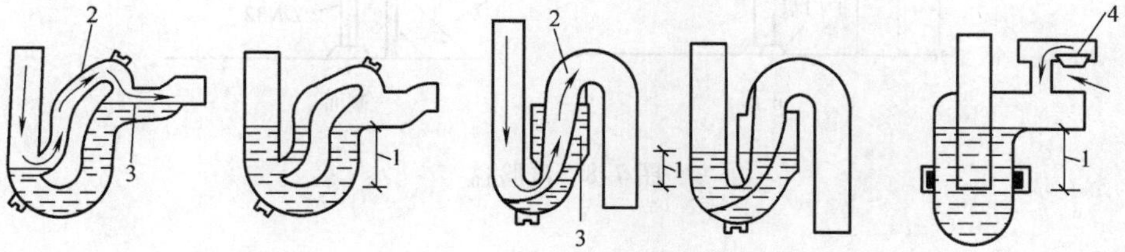


图7-7 几种新型的补气存水弯
a) Grevak 存水弯 b) Mcalpine 存水弯 c) 阀式存水弯
1—水封 2—补气管 3—滞水室 4—阀口

**3. 清扫口**

清扫口装在排水横管上，是用于清扫排水横管的附件。清扫口设置在楼板或地坪上且与地面相平，也可用带清扫口的弯头配件或在排水管起点设置堵头代替清扫口。污水管起点的清扫口与管道相垂直的墙面距离不得小于0.20m；若污水管起点设置堵头代替清扫口时，与墙面距离不得小于0.40m。

**4. 地漏**

地漏是一种内有水封，用来排放地面水的特殊排水装置，一般设置在经常有水溅落的卫生器具（如浴盆、洗脸盆、小便器、洗涤盆等）附近地面、地面有水需要排除的场所（如淋浴间、水泵房）或地面需要清洗的场所（如食堂、餐厅），住宅还可用其作为洗衣机排水口。

地漏按其构造有扣碗式、多通道式、双篦杯式、防回流式、密闭式、无水式、防冻式、侧墙式、洗衣机专用地漏等多种形式。

## 7.2.3 卫生器具

**1. 盥洗用卫生器具**

（1）洗脸盆 用于洗脸、洗手和洗头用的盥洗用卫生器具，如图7-8所示。洗脸盆按外形分，有长方形、椭圆形、马蹄形和三角形；按安装方式分，有挂式、立柱式和台式。

（2）盥洗槽 设在公共卫生间内，可供多人同时洗手洗脸等用的盥洗卫生器具。按水槽形式分，有单面长条形、双面长条形和圆环形。

**2. 沐浴用卫生器具**

（1）浴盆 供人们清洗全身用的沐浴卫生器具，设在住宅、宾馆、医院等卫生间及公共浴室内，多为陶瓷制品，也有搪瓷、玻璃钢、人造大理石等制品。按其使用功能分，有普通浴盆（见图7-9）、坐浴盆与旋涡浴盆；按其形状分，有长方形、圆形、三角形和人体形；按有无裙边

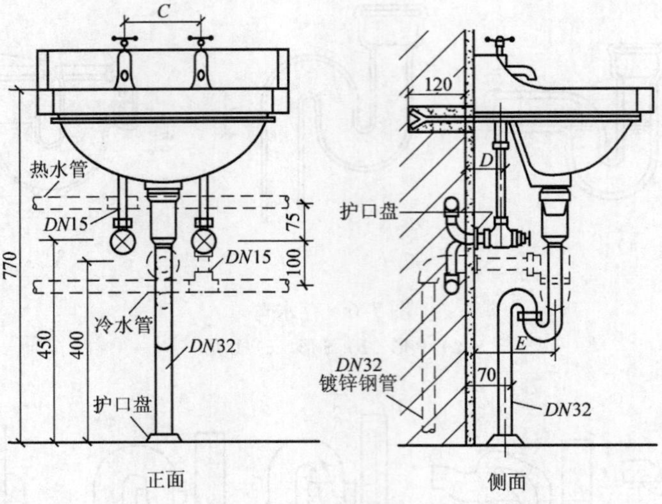


图 7-8 洗脸盆

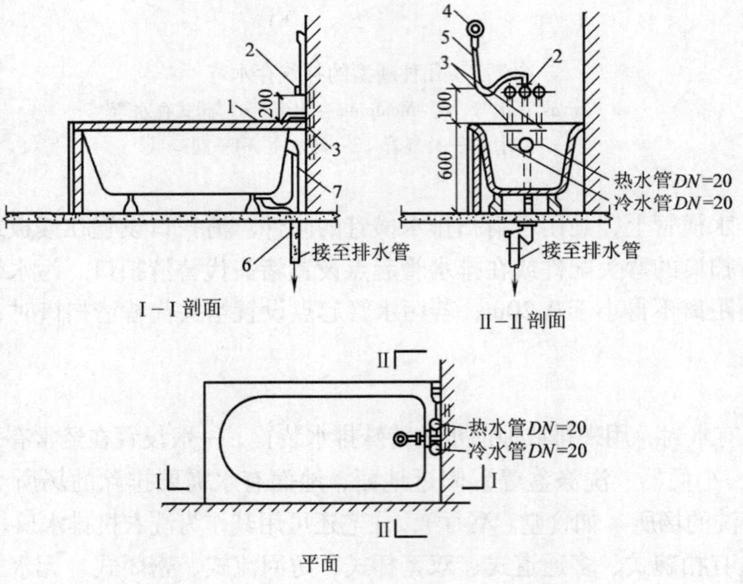


图 7-9 普通浴盆

1—浴盆 2—混合阀门 3—给水管 4—莲蓬头 5—蛇皮管 6—存水弯 7—溢水管

分，有无裙边和有裙边浴盆。

(2) 淋浴器 淋浴器是一种由莲蓬头、出水管和控制阀组成，喷洒水流供人沐浴的卫生器具。一般用于住宅、旅馆、工业企业生活间、医院、学校、机关、体育馆等建筑的卫生间或公共浴室内。淋浴器按供水方式分，有单管式和双管式；按出水管的形式分，有固定式和软管式；按控制阀分，有手动式、脚踏式和自动式；按莲蓬头分，有散流式、充气式和按摩式；按清洗范围分，有普通淋浴器和半身淋浴器。

淋浴器有成套供应的成品和现场用管件组装两类，淋浴器的冷、热水管有明装和暗装两种，明装检修较为方便。较高级建筑多采用暗装，并采用单手柄混水阀门。图 7-10 所示为淋浴器安装图。

（3）净身盆　净身盆是一种由坐便器、喷头和冷热水混合阀等组成的卫生器具，如图 7-11 所示，供便溺后清洗下身用，常设在设备完善的旅馆客房、住宅、女职工较多的工业企业及妇产科医院等建筑卫生间内。净身盆的尺寸与大便器基本相同，有立式和墙挂式两种。

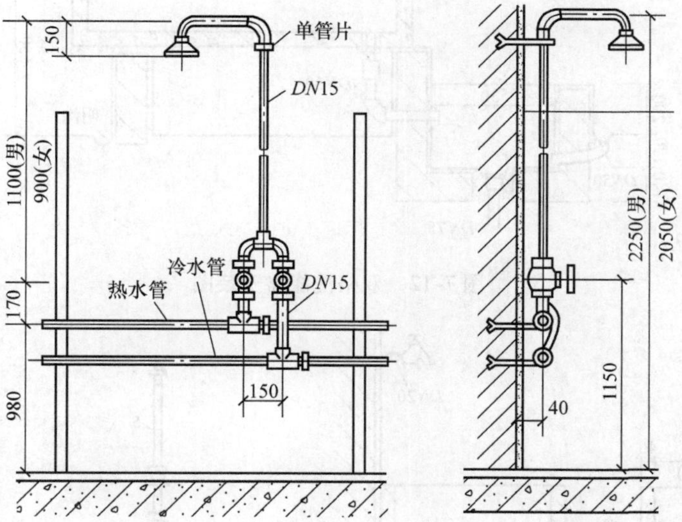


图 7-10　淋浴器安装图

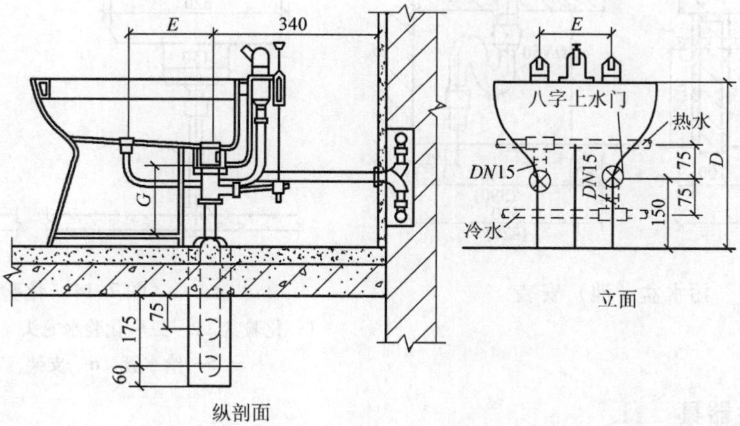


图 7-11　净身盆

**3. 洗涤用卫生器具**

（1）洗涤盆（池）　洗涤盆装设在厨房或公共食堂内，用来洗涤碗碟、蔬菜等。洗涤盆有单格和双格之分，双格洗涤盆一格洗涤，另一格泄水。图 7-12 所示为双格洗涤盆安装图。

（2）污水盆（池）　污水盆装设在公共建筑的厕所、盥洗室内，供洗涤拖把、打扫厕所或倾倒污水用，安装图如图 7-13 所示。

（3）化验盆　化验盆是洗涤化验器皿，供化验用水，倾倒化验污水用的卫生器具，如图 7-14 所示。盆体本身带有存水弯，材质多用陶瓷，也有玻璃钢、搪瓷制品。根据使用要求，可装设单联、双联和三联式鹅颈龙头。化验盆一般设在工厂、科研机关、学校的化验室或实验室内。

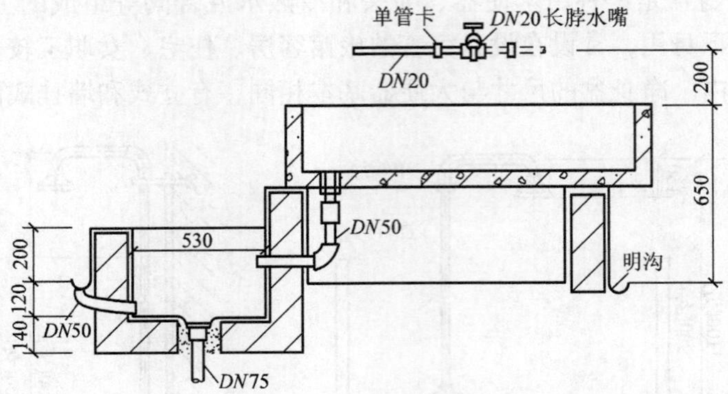


图 7-12 双格洗涤盆安装图

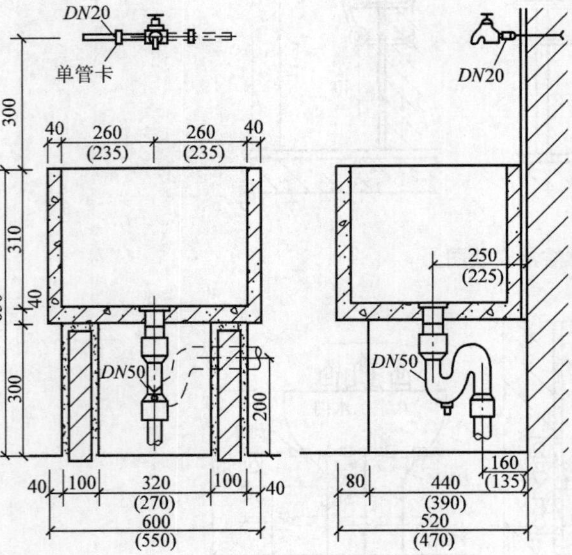


图 7-13 污水盆（池）安装

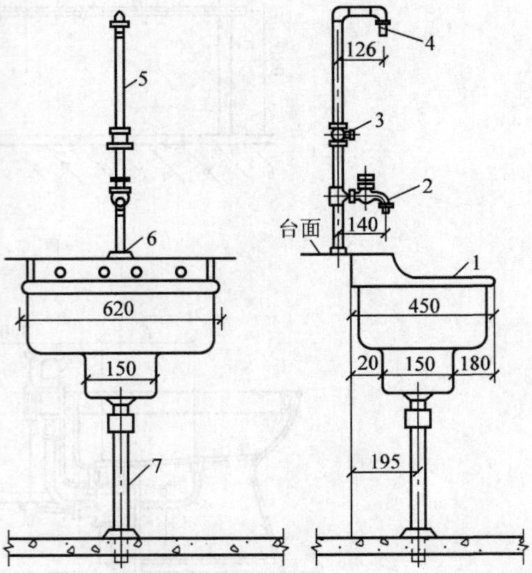


图 7-14 化验盆

1—化验盆 2—三联化验水龙头 3—管接头 4—弯头 5—给水管 6—支架 7—排水管

**4. 便溺用卫生器具**

便溺用卫生器具设置在卫生间或厕所内，用来收集生活污水。

（1）大便器 大便器用于接纳、排除粪便，同时防臭。按其使用方式分，有坐式大便器、蹲式大便器和大便槽。

蹲式大便器多用于集体宿舍和公共建筑物中的公共厕所中。蹲式大便器本身不带存水弯，安装时另加存水弯。在地板上安装蹲式大便器，至少需设高为180mm的平台。蹲式大便器可单独或成组安装，多采用高位水箱或延时自闭式冲洗阀或脚踏式冲洗阀冲洗，图7-15所示为高水箱蹲式大便器安装图。

坐式大便器按冲洗的水力原理分为冲洗式和虹吸式两类。近年来开发出一些功能更完善、节水效果明显、排污能力强、冲洗噪声小、造型美观、使用舒适的虹吸类坐便器，如喷射虹吸式坐便器和旋涡虹吸式连体坐便器。图7-16所示为几种坐式大便器的构造示意图。

坐式大便器通常采用低水箱冲洗，一般用于住宅和宾馆。图7-17所示为低水箱坐式大便器安装图。

大便槽是一个长条形沟槽。一般采用混凝土或钢筋混凝土浇筑，槽底有一定坡度，便槽用隔板分成若干蹲位。由于冲洗不及时，污物易附着在槽壁上，易散发臭味，但设备简单，造价低，常用于低标准的公共厕所，如学校、火车站、汽车站、游乐场等场所。大便槽采用集中自动冲洗水箱或红外线数控冲洗装置。

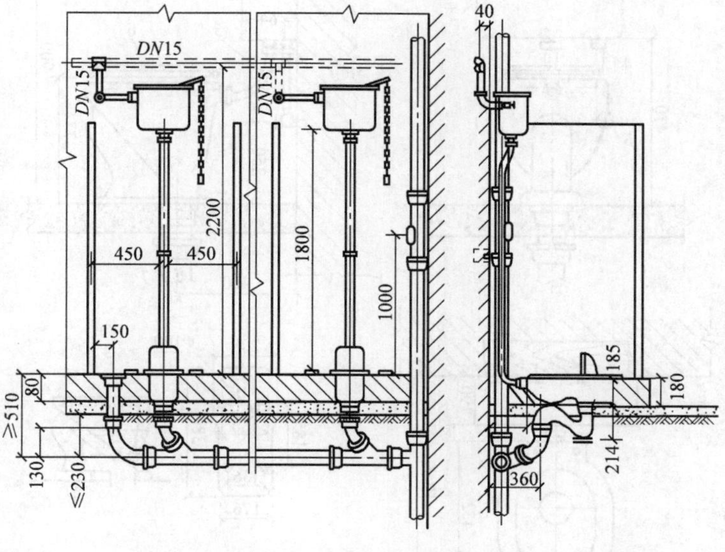


图7-15　高水箱蹲式大便器安装图

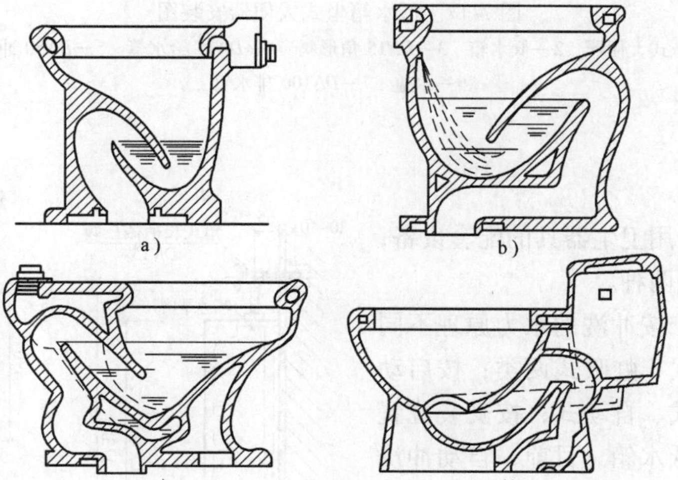


图7-16　坐式大便器构造

a）冲洗式　b）虹吸式　c）喷射虹吸式　d）旋涡虹吸式

（2）小便器　小便器设置在公共建筑的男厕所内，用以收集和排除小便的便溺用卫生器具。按其形状分有立式和挂式两类，如图7-18所示。立式小便器又称落地小便器，用于标准高的建筑；挂式小便器，又称小便斗，安装在墙壁上。公共建筑的冲洗方式，宜采用感应式或非手触式。

（3）小便槽　小便槽是可供多人同时使用的长条形沟槽，由长条形水槽、冲洗水管、排水地漏或存水弯等组成。采用混凝土结构，表面贴瓷砖，用于工业企业、公共建筑和集体宿舍的公

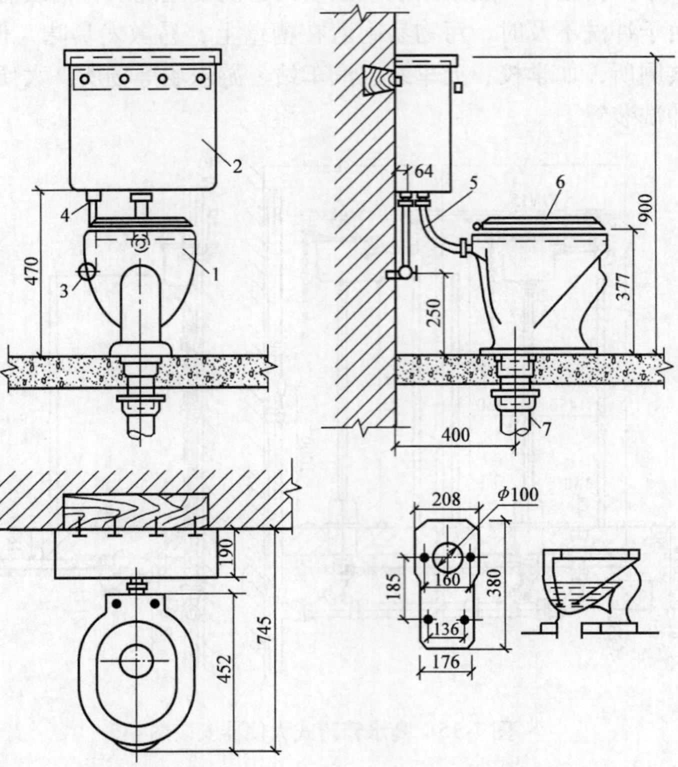


图 7-17 低水箱坐式大便器安装图

1—坐式大便器 2—低水箱 3—*DN*15 角形阀 4—*DN*15 给水管 5—*DN*50 冲水管 6—木盖 7—*DN*100 排水管

共卫生间。

**5. 冲洗设备**

冲洗设备是便溺用卫生器具的配套设备，有冲洗水箱和冲洗阀两种。

（1）冲洗水箱 按冲洗的水力原理不同冲洗水箱分为冲洗式、虹吸式两类；按启动方式不同分为手动式、自动式；按安装位置不同分为高水箱和低水箱。目前，自动冲洗水箱多采用虹吸式。高位水箱用于蹲式大便器和大小便槽，公共厕所宜用自动冲洗水箱，如图 7-19 所示。住宅和旅馆的坐式大便器多用手动低位水箱冲洗，如图 7-20 所示。

冲洗水箱的优点是具有足够冲洗一次所需的贮水容量，水箱进水管管径小，所需出流水头小，即水箱浮球阀要求的流出水头仅 20～30kPa，一般室内给水压力均易满足；冲洗水箱能起空气隔断作用，不致引起回流污

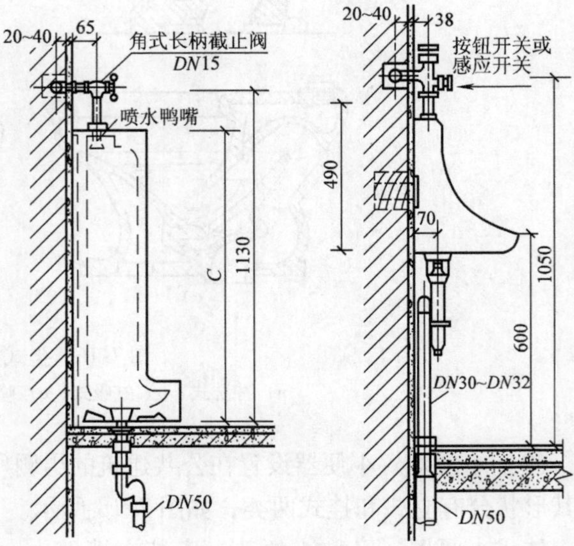


图 7-18 小便器

a）立式小便器 b）挂式小便器

染。冲洗水箱的缺点是占地面积大，有噪声，进水浮球阀容易漏水，水箱及冲洗管外壁易产生凝结水，自动冲洗水箱浪费水量。

（2）冲洗阀　冲洗阀为直接安装在大、小便器冲洗管上的另一种冲洗设备。冲洗阀体积小，外表洁净美观，不需水箱，使用便利。但其构造复杂，容易阻塞损坏，要经常检修。冲洗阀多用在公共建筑、工厂及火车站厕所内。按照现行政策及有关规定，公共建筑的冲洗阀宜选用感应式或脚踏式。

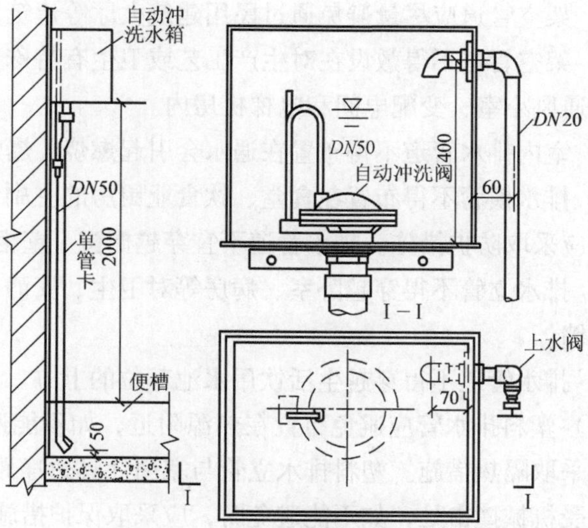


图7-19　自动冲洗水箱

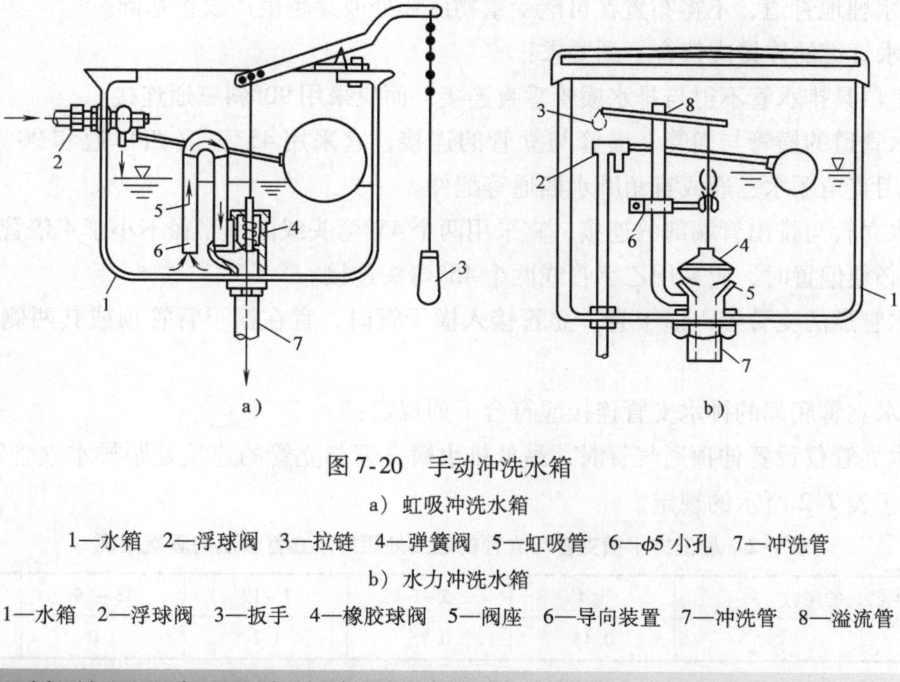


图7-20　手动冲洗水箱

a）虹吸冲洗水箱

1—水箱　2—浮球阀　3—拉链　4—弹簧阀　5—虹吸管　6—$\phi$5小孔　7—冲洗管

b）水力冲洗水箱

1—水箱　2—浮球阀　3—扳手　4—橡胶球阀　5—阀座　6—导向装置　7—冲洗管　8—溢流管

## 7.3　排水管道及通气系统的布置与敷设

### 7.3.1　排水管道的布置与敷设

1）排水管道宜地下埋设或在地面上、楼板下明设，如建筑有要求时，可在管槽、管道井、管窿、管沟或吊顶内暗设，但应便于安装和检修。在气温较高、全年不结冻的地区，可沿建筑物外墙敷设。

2）排水立管宜靠近排水量最大的排水点。如粪便污水立管应尽量靠近大便器，大便器排水支管尽可能径直接入；废水分流，废水立管应靠近浴盆。

3）三立管排水系统中的专用通气立管布置在污、废水立管间或污、废水立管对面一侧。

4）架空管道应尽量避免通过民用建筑大厅等建筑艺术和美观要求较高之处。

5）架空管道不得敷设在对生产工艺或卫生有特殊要求的生产厂房内，以及食品和贵重商品仓库、通风小室、变配电间和电梯机房内。

6）室内排水管道不得布置在遇水会引起燃烧、爆炸的原料产品和设备的上面。

7）排水横管不得布置在食堂、饮食业厨房的主副食操作烹调的上方。当受条件限制不能避免时，应采取防护措施。排水管道不宜穿越橱窗、壁柜。

8）排水立管不得穿越卧室、病房等对卫生、安静有较高要求的房间，并不宜靠近与卧室相邻的内墙。

9）排水管道不得穿越生活饮用水池部位的上方。

10）塑料排水管应避免布置在热源附近，如不能避免，并导致管道表面受热温度大于60℃时，应采取隔热措施。塑料排水立管与家用灶具边净距不得小于0.4m。塑料排水立管应避免布置在易受机械撞击处，如不能避免时，应采取保护措施。

11）排水管道不得穿过沉降缝、伸缩缝、变形缝、烟道和风道。

12）排水埋地管道，不得布置在可能受重物压坏处或穿越生产设备基础。

室内排水管道的连接应符合下列要求：

1）卫生器具排水管不得与排水横管垂直连接，而应采用90°斜三通连接。

2）排水管道的横管与横管、横管与立管的连接，宜采用45°三（四）通和90°斜三（四）通，也可采用直角顺水三通或直角顺水四通等配件。

3）排水立管与排出管端部的连接，宜采用两个45°弯头或曲率半径不小于4倍管径的90°弯头；如立管必须偏置时，应采用乙字管或两个45°弯头连接。

4）排水管道的支管接入横干管、立管接入横干管时，宜在横干管管顶或其两侧45°的范围内接入。

靠近排水立管底部的排水支管连接应符合下列规定：

1）排水立管仅设置伸顶通气管时，最低排水横支管与立管的连接处距排水立管管底的垂直距离不得小于表7-2所示的规定。

**表7-2 最低排水横支管与立管的连接处距排水立管管底的垂直距离**

| 立管连接卫生器具的层数 | ≤4 | 5~6 | 7~12 | 13~19 | ≥20 |
|---|---|---|---|---|---|
| 垂直距离/m | 0.45 | 0.75 | 1.2 | 3.0 | 6.0 |

注：当与排出管连接的立管底部放大一号管径或横干管比与之连接的立管大一号管径时，可将表中垂直距离缩小一档。

2）排水支管连接在排出管或排水横干管时，连接点距离立管底部水平距离不宜小于3.0m，且不得小于1.5m。

3）当连接点位于排水立管反向（及立管的另一侧）时，连接点距离立管底部水平距离不宜小于1.5m。当靠近排水立管底部的排水横支管的连接不能满足上述要求时，排水支管应单独排至室外或在排水支管上设防止污水喷溅的装置（如排水止回阀等）。

4）横支管接入横干管竖直转向管段时，连接点应距转向处以下不得小于0.6m。

排出管与室外排水管道的连接应符合下列要求：

1）排出管管底宜与室外排水管道的管顶相平。如有困难时，两管道的管顶标高应相平。

2）排出管与室外排水管道的连接处的水流转角不得小于90°；当有跌差且跌差高度大于0.3m时，可不受角度限制。

3）排出管与室外排水管连接处设置检查井，检查井中心到建筑外墙的距离不宜小于3m，室外检查井中心至污水立管或排出管清扫口的距离不大于表7-3所示的数据。

表7-3　室外检查井中心至污水立管或排出管清扫口的距离

| 管径/mm | 50 | 75 | 100 | >100 |
|---|---|---|---|---|
| 最大长度/m | 10 | 12 | 15 | 20 |

## 7.3.2　通气系统的布置与敷设

排水通气立管应高出屋面0.3m以上，并大于最大积雪高度；在距通气管出口4m以内有门窗时，通气管应高出门窗过梁0.6m或引向无门窗一侧；对于平屋顶，若经常有人逗留，则通气管应高出屋面2.0m，并设置防雷装置。通气管上应做铅丝球或透气帽，以防杂物落入。

建筑标准要求较高的多层住宅和公共建筑，10层及10层以上高层建筑的生活污水立管宜设专用通气立管。如果生活排水立管所承担的卫生器具排水设计流量，超过仅设伸顶通气立管的排水立管的最大排水能力时，应设专用通气立管。通气管道系统包括通气支管、通气立管、结合通气管和汇合通气管等，如图7-21所示。

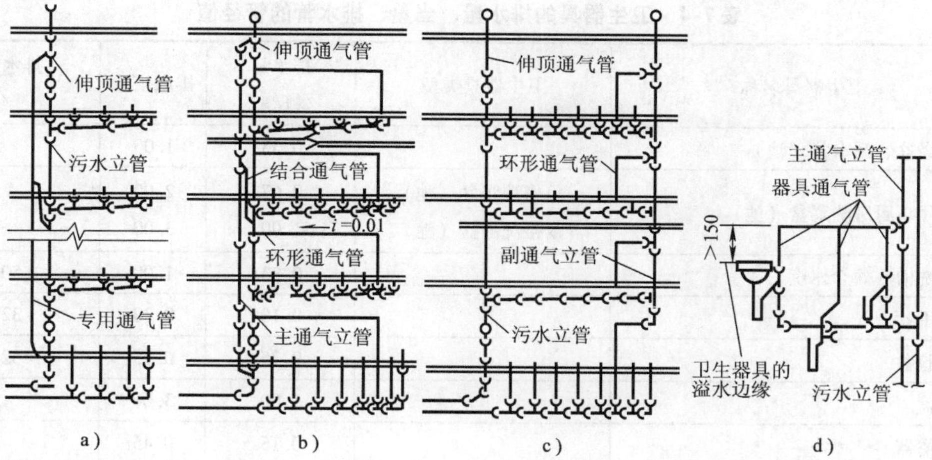


图7-21　通气管道系统图
a）专用通气立管　b）主通气立管与环形通气管　c）副通气立管与环形通气管
d）主通气立管与器具通气管

通气支管包括环形通气管和器具通气管两类。当排水横支管较长、连接的卫生器具较多（连接4个及4个以上卫生器具且长度大于12m或连接6个及6个以上大便器）时应设置环形通气管。环形通气管在横支管起端的两个卫生器具之间接出，连接点在横支管中心线以上，与横支管呈垂直或45°连接。器具通气管一般用于卫生标准要求较高的排水系统，如高级旅馆等；器具通气管在卫生器具的存水弯出口端接出。环形通气管和器具通气管与通气立管连接，连接处的标高应在卫生器具上边缘0.15m以上，且有不小于0.01的上升坡度。

结合通气管用于专用通气立管与排水立管的连接。专用通气立管每隔2层设一个，主通气立管宜每隔8～10层设一个。结合通气管的上端在卫生器具上边缘以上不小于0.15m处与通气立管以斜三通连接，下端在排水横支管以下与排水立管以斜三通连接。当连接有困难时也可用H管件代替结合通气管。当污水立管与废水立管合用一根通气立管时，结合通气管可隔层分别与污水立管和废水立管连接，但最低层排水横支管以下应装设结合通气管。

通气立管有专用通气立管、主通气立管和副通气立管三类。通气立管不得接纳污水、废水和雨水，通气管不得与通风管或烟道连接。

## 7.4 排水系统的设计计算

### 7.4.1 排水定额

人们每日排出的生活污水量与气候、建筑物内卫生设备的完善程度、生活习惯等有关。居住小区生活排水系统排水定额是其相应的生活给水系统用水定额的85%～95%。居住小区生活排水系统小时变化系数与其相应的生活给水系统小时变化系数相同。公共建筑生活排水定额和小时变化系数与公共建筑生活给水用水定额和小时变化系数相同。

在计算排水设计流量时，为了便于累加计算，以污水盆排水量0.33L/s为一个排水当量，将其他卫生器具的排水量与0.33L/s的比值作为该种卫生器具的排水当量。卫生器具排水的特点是突然、迅猛、流速较大，因此，一个排水当量的排水流量是一个给水当量的额定流量的1.65倍。各种卫生器具的排水量、排水当量、排水管的管径值见表7-4。

表7-4 卫生器具的排水量、当量、排水管的管径值

| 序号 | 卫生器具名称 | 卫生器具类型 | 排水量/(L/s) | 排水当量 | 排水管管径/mm |
|---|---|---|---|---|---|
| 1 | 洗涤盆、污水盆（池） | | 0.33 | 1.00 | 50 |
| 2 | 餐厅、厨房洗菜盆（池） | 单格洗涤盆（池）<br>双格洗涤盆（池） | 0.67<br>1.00 | 2.00<br>3.00 | 50<br>50 |
| 3 | 盥洗槽（每个水嘴） | | 0.33 | 1.00 | 50～75 |
| 4 | 洗手盆 | | 0.10 | 0.30 | 32～50 |
| 5 | 洗脸盆 | | 0.25 | 0.75 | 32～50 |
| 6 | 浴盆 | | 1.00 | 3.00 | 50 |
| 7 | 淋浴器 | | 0.15 | 0.45 | 50 |
| 8 | 大便器 | 高水箱<br>低水箱冲落式<br>低水箱虹吸式<br>自闭式冲洗阀 | 1.50<br>1.50<br>2.00<br>1.50 | 4.50<br>4.50<br>6.0<br>4.50 | 100<br>100<br>100<br>100 |
| 9 | 医用倒便器 | | 1.50 | 4.50 | 100 |
| 10 | 小便器 | 自闭式冲洗阀<br>感应式冲洗阀 | 0.10<br>0.10 | 0.30<br>0.30 | 40～50<br>40～50 |
| 11 | 大便槽 | ≤4个蹲位<br>>4个蹲位 | 2.50<br>3.00 | 7.50<br>9.00 | 100<br>150 |
| 12 | 小便槽（每米） | 自动冲洗水箱 | 0.17 | 0.50 | |
| 13 | 化验盆（无塞） | | 0.20 | 0.60 | 40～50 |
| 14 | 净身器 | | 0.10 | 0.30 | 40～50 |
| 15 | 饮水器 | | 0.05 | 0.15 | 25～50 |
| 16 | 家用洗衣机 | | 0.50 | 1.50 | 50 |

## 7.4.2　排水设计秒流量

**1. 住宅、集体宿舍（Ⅰ、Ⅱ类）、旅馆等建筑的排水设计秒流量计算**

住宅、集体宿舍（Ⅰ、Ⅱ类）、旅馆、酒店式公寓、医院、疗养院、幼儿园、养老院、办公楼、商场、图书馆、书店、客运中心、航站楼、会展中心、中小学教学楼、食堂或营业餐厅等建筑的排水设计秒流量按下式计算，即

$$q_p = 0.12\alpha\sqrt{N_u} + q_{max} \tag{7-1}$$

式中　$q_p$——设计管段的排水设计秒流量（L/s）；

$N_u$——计算管段排水当量总数；

$q_{max}$——计算管段上排水量最大的一个卫生器具的排水量（L/s）；

$\alpha$——根据建筑物性质而定的系数，$\alpha$ 的取值见表 7-5。

**表 7-5　根据建筑物性质而定的系数 $\alpha$ 值**

| 建筑物 | 住宅、宾馆、医院、疗养院、幼儿园、养老院的卫生间 | 集体宿舍、旅馆和其他公共建筑的公共盥洗室和厕所间 |
|---|---|---|
| $\alpha$ | 1.5 | 2.0～2.5 |

如果采用式（7-1）计算所得的流量值大于该管段上所有卫生器具排水量的累加值，应按卫生器具排水量的累加值计。

**2. 集体宿舍（Ⅲ、Ⅳ类）、工业企业生活间、公共浴室、洗衣房等建筑的排水设计秒流量计算**

集体宿舍（Ⅲ、Ⅳ类）、工业企业生活间、公共浴室、洗衣房、职工食堂或营业餐厅的厨房、实验室、影剧院、体育场馆等建筑物的排水设计秒流量按下式计算，即

$$q_p = \sum q_{0i} n_{0i} b_{0i} \tag{7-2}$$

式中　$q_p$——排水设计流量（L/s）；

$q_{0i}$——计算管道上第 $i$ 种卫生器具的排水量（L/s）；

$n_{0i}$——计算管道上第 $i$ 种卫生器具的数量；

$b_{0i}$——计算管道上第 $i$ 种卫生器具同时排水百分数（%），同给水，参见第 6 章，大便器同时排水百分数按 12% 计算。

当采用式（7-2）计算所得的流量小于一个大便器的排水量时，按一个大便器的排水量计算。

## 7.4.3　排水管道的设计计算

建筑内排水系统的排水立管和横管的管径均可以通过水力计算确定，但为了排水通畅，防止管道堵塞，保障室内环境卫生，GB 50015—2003《建筑给水排水设计规范》（2009 年版）对排水管道的最小管径做了明确的规定。在进行建筑内排水管道设计计算时，首先应通过水力计算确定管径，同时还应满足最小管径的要求。

**1. 排水管道的最小管径**

排水管道的管径在一般情况下应遵循如下规定：

1）建筑内排水管最小管径不得小于 50mm。

2）大便器排水管最小管径不得小于 100mm。

3）多层住宅厨房间的立管管径不宜小于 75mm。

4）建筑底层排水管道与其楼层管道分开单独排出时，其排水横支管管径可按立管工作高度≤2m的数值确定。

5）公共食堂厨房内的污水采用管道排除时，其管径比计算管径大一级，但干管管径不得小于100mm，支管管径不得小于75mm。

6）医院污物洗涤盆（池）和污水盆（池）的排水管管径不得小于75mm。

7）小便槽或连接3个及3个以上的小便器，其污水支管管径不宜小于75mm。

8）浴池的泄水管管径宜采用100mm。

**2. 排水立管水力计算**

排水立管的排水能力与管径、系统是否通气、通气的方式和管材有关，设有通气管系的塑料排水立管最大排水能力见表7-6。

**表7-6 设有通气管系的塑料排水立管最大排水能力**

| 排水立管管径/mm | 排水能力/(L/s) | |
|---|---|---|
| | 仅设伸顶通气管 | 有专用通气立管或主通气立管 |
| 50 | 1.2 | |
| 75 | 3.0 | |
| 90 | 3.8 | |
| 110 | 5.4 | 10.0 |
| 125 | 7.5 | 16.0 |
| 160 | 12.0 | 28.0 |

注：表内数据是在立管底部放大一级管径条件下的排水能力。

**3. 排水横管的水力计算**

（1）设计计算规定　在设计计算横支管和横干管时，为保证管道系统排水通畅，压力稳定，管道的设计充满度、管道的坡度、水流速度等水力要素必须满足有关规定。建筑内部排水横管（塑料管）的最大设计充满度要求见表7-7。

**表7-7 建筑内部排水横管（塑料管）的最大设计充满度和最小坡度**

| 横管外径/mm | 最 小 坡 度 | 最大设计充满度 |
|---|---|---|
| 110 | 0.004 | 0.5 |
| 125 | 0.0035 | 0.5 |
| 160 | 0.003 | 0.6 |
| 200 | 0.003 | 0.6 |

建筑内部生活排水管道的坡度有通用坡度和最小坡度两种。通用坡度是指正常条件下应予以保证的坡度，最小坡度为必须保证的坡度。一般情况下应采用通用坡度，当横管过长或建筑空间受到限制时，可采用最小坡度。建筑内塑料排水横管的最小坡度见表7-7。标准的塑料排水管件（三通、弯头）的夹角为91.5°，所以塑料排水横管的标准坡度均为0.026。

工业废水的水质与生活污水不同，其排水横管的通用坡度和最小坡度见相关资料。

（2）水力计算表　根据水力计算公式及各项参数的规定，可编制各种材质排水横管的水力计算表，设计计算时可以直接通过水力计算表确定管径、流速和坡度等。附录C、附录D分别为塑料排水管水力计算表和机制铸铁排水管水力计算表。

## 7.4.4 通气管道的设计计算

伸顶通气管管径宜与排水立管管径相同。但在最冷月平均气温低于-13℃的地区，应在室内平顶或吊顶以下0.3m处将管径放大一级。

双立管排水系统通气管的管径，应根据排水能力、管道长度确定，不宜小于排水管管径的1/2。当通气立管长度大于50m时，为保证排水立管内气压稳定，通气立管管径应与排水立管相同。

结合通气管的管径不宜小于通气立管管径。

有些建筑不允许伸顶通气管分别出屋顶，可用一根横向管道将各伸顶通气管汇合在一起，集中在一处出屋顶，该横向通气管称为汇合通气管。汇合通气管管径可按下式计算，即

$$D_{\mathrm{h}} \geqslant \sqrt{d_{\max}^2 + 0.25 \sum d_i^2} \tag{7-3}$$

式中 $D_{\mathrm{h}}$——通气横干管和总伸顶通气管管径（mm）；

$d_{\max}$——最大一根通气立管管径（mm）；

$d_i$——其余通气立管管径（mm）。

## 7.5 污（废）水的提升和局部处理

### 7.5.1 污（废）水的提升

民用和公共建筑的地下室、人防建筑、消防电梯底部集水坑内以及工业建筑内部标高低于室外地坪的车间和其他用水设备房间排放的污（废）水，若不能以重力流排入室外检查井时，应设置集水池、排水泵设施，把污（废）水集流，提升排出，以保持室内良好的环境卫生。

建筑内污（废）水提升常用的设备有潜水泵、液下泵和立（卧）式离心泵。因潜水泵和液下泵在水面以下运行，无噪声和振动，能自灌，应优先选用。

### 7.5.2 污（废）水局部处理

当生活污水中油脂、泥沙、病原菌、致病菌等含量较多或水温过高时，为使城市污水处理厂处理效果不受影响和降低排水管道维修工作量，应在建筑小区内或建筑物周边设置各种功能的生活污水局部处理构筑物，如化粪池、降温池、沉淀池、隔油池和医院污水处理构筑物等。

**1. 化粪池**

化粪池是一种利用沉淀和厌氧发酵原理，去除生活污水中可沉淀和悬浮性有机物，储存并厌氧消化在池底的污泥的处理设施，属于初级的过渡性生活污水处理构筑物，可用于无污水处理厂的风景区、保护区，或对排放水质要求较高的新建住宅区。

化粪池有矩形和圆形两种池形。为达到好的处理效果，化粪池应分格并贯通（见图7-22）。对于矩形化粪池，长度与宽度、深度的比例应按污水中的悬浮物的沉降条件与积存数量，经水力计算确定，但水面至池底深度不得小于1.3m，长度不得小于1.0m，宽度不得小于0.75m；圆形化粪池直径不得小于1.0m。当日处理污水量小于或等于$10m^3$时，采用双格化粪池，其中第一格的容量为计算总容量的75%；当日处理水量大于$10m^3$时，采用三格化粪池，第一格的容量宜为计算总容量的60%，其余两格各占总容量的20%。

化粪池多设于建筑物背向大街的一侧靠近卫生间的地方，应尽量隐蔽，不宜设在人们经常活动之处。为避免侵害建筑物的基础，化粪池外壁距建筑物外墙不宜小于5m，并不得影响建筑物基础。为避免污染给水水源，化粪池外壁距地下取水构筑物不得小于30m。

**2. 隔油池**

食堂、餐饮业等排出的污水中含有大量的油脂，尤其是动物脂肪容易凝结，堵塞排水管道，

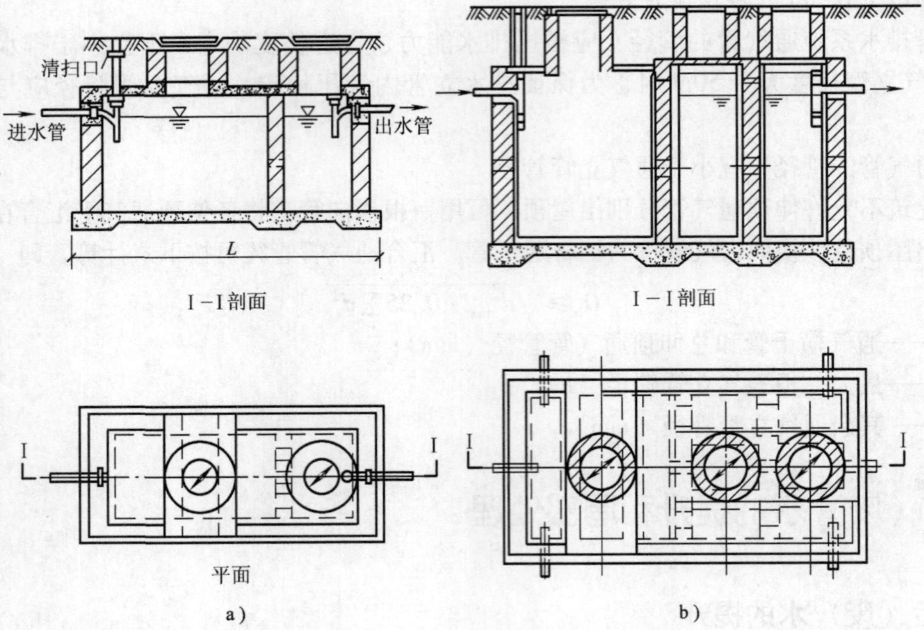


图 7-22　化粪池构造图
a）双格化粪池　b）三格化粪池

在排放之前必须去除。另外，其他含油污水如汽车洗车台、汽车库及其他类似场所排放的污水中含有汽油、煤油、柴油等矿物油。汽油等轻油进入管道后挥发并聚集于检查井，达到一定浓度后会发生爆炸而引起火灾，破坏管道，所以也应设隔油池进行处理。含油污水采用隔油池进行处理，污水在池中的流速不得大于 0.005m/s，停留时间为 2～10min；池内存油容积不得小于该池有效容积的 25%，清掏周期不宜大于 6d。粪便污水不得排入隔油池。地下式隔油池的结构如图 7-23 所示。

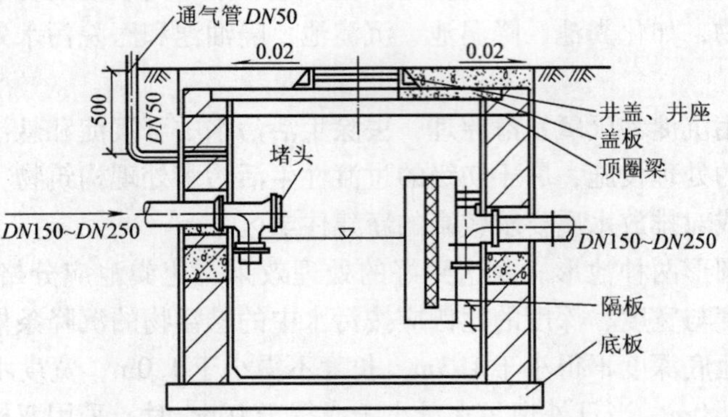


图 7-23　地下式隔油池的结构

## 7.6　屋面雨水排水系统

屋面雨水的排除方式可分为外排水系统和内排水系统，在有些建筑中也有采用内排水与外排水方式相结合的混合雨水排水系统。

## 7.6.1　外排水雨水系统

外排水雨水系统是雨水管系设置在建筑物外部的雨水排水系统。按屋面有无天沟，又分为檐沟外排水和天沟外排水两种方式。

**1. 檐沟外排水**

檐沟外排水系统由檐沟和水落管组成，降落到屋面的雨水沿屋面集流到檐沟，然后流入隔一定距离沿外墙设置的水落管，排至建筑物外地下雨水管道或地面，如图7-24所示。

水落管管材多采用镀锌钢管、铸铁管、UPVC管，也有用玻璃钢管的。

水落管断面有圆形和矩形两种。矩形钢管一般为80mm×100mm或80mm×120mm；铸铁管管径一般为75mm、100mm；UPVC管外径为75mm或110mm。

按经验民用建筑水落管间距为8～12m，工业建筑为18～24m。

檐沟外排水系统适用于一般居住建筑、屋面面积较小的公共建筑和单跨工业建筑。

**2. 天沟外排水**

天沟外排水系统由天沟、雨水斗、排水立管及排出管组成，如图7-25所示。天沟设置在两跨中间并坡向墙端，降落在屋面上的雨雪水沿坡向天沟的屋面汇集到天沟，沿天沟流向建筑物两端（山墙、女儿墙方向），流入雨水斗并经墙外立管排至地面或雨水管道。

天沟外排水系统一般以建筑物的伸缩缝或沉降缝作为天沟分水线。天沟的断面形式多为矩形或梯形。天沟坡度不宜太大，以免屋顶垫层过厚而增加结构荷载；但也不宜太小，以免屋顶漏水或施工困难，一般以0.003～0.006为宜。为了排水安全，防止天沟末端积水太深，在天沟顶端设置溢流口，溢流口比天沟上檐低50～100mm。

天沟外排水系统适用于长度不超过100m的多跨工业厂房。

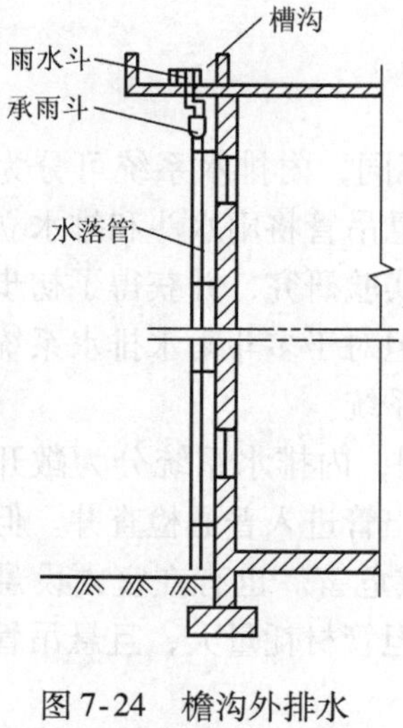


图7-24　檐沟外排水

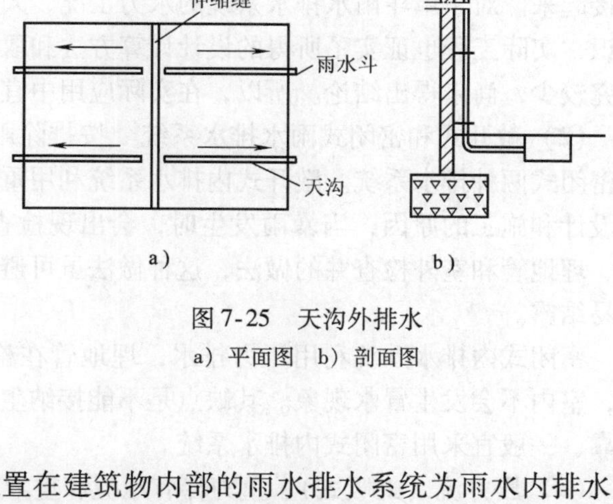


图7-25　天沟外排水
a）平面图　b）剖面图

## 7.6.2　内排水雨水系统

在建筑物屋面设置雨水斗，而雨水管道设置在建筑物内部的雨水排水系统为雨水内排水系统，常用于屋面跨度大、屋面曲折（壳形、锯齿形）、屋面有天窗等设置天沟有困难的情况，以及立面要求比较高的高层建筑、大面积平屋顶建筑、寒冷地区的建筑等不宜在室外设置雨水立管的情况。内排水雨水系统可分为单斗雨水排水系统和多斗雨水排水系统。

**1. 内排水系统的组成**

内排水系统由雨水斗、连接管、雨水悬吊管、立管、排出管、检查井及雨水埋地管等组成，如图7-26所示。雨水降落到屋面上，沿屋面流入雨水斗，经悬吊管入排水立管，再经排出管流入雨水检查井，或经埋地干管排至室外雨水管道。

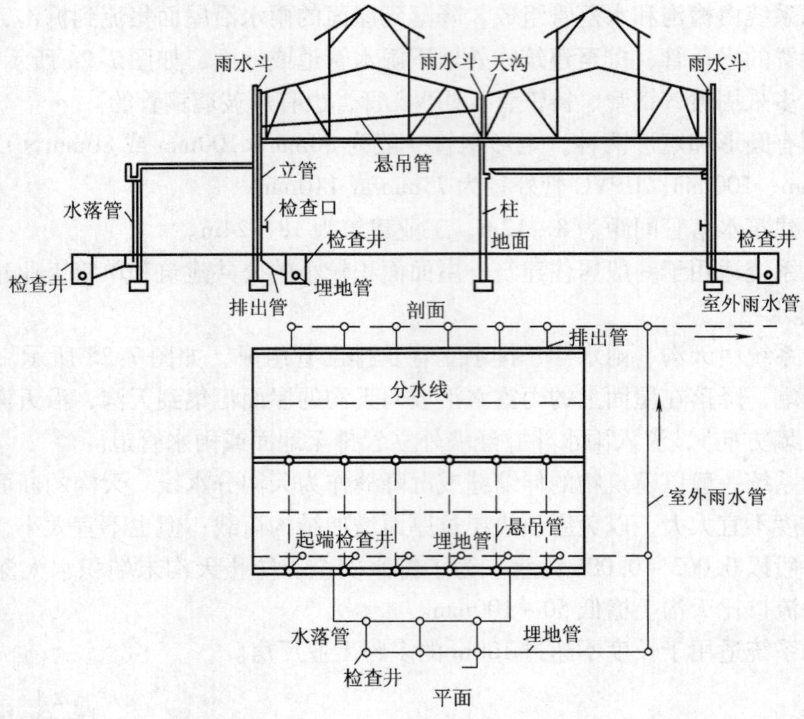


图7-26 内排水系统

**2. 内排水系统的分类**

（1）单斗和多斗雨水排水系统 按每根立管连接的雨水斗数量不同，内排水系统可分为单斗和多斗雨水排水系统两类。单斗系统一般不设悬吊管，多斗系统中悬吊管将雨水斗和排水立管连接起来。对于单斗雨水排水系统的水力工况，人们已经进行了一些实验研究，并获得了初步的认识，实际工程也证实了所得的设计计算方法和取用参数比较可靠。但对于多斗雨水排水系统的研究较少，尚未得出结论。所以，在实际应用中宜采用单斗雨水排水系统。

（2）敞开式和密闭式雨水排水系统 按排除雨水的安全程度不同，内排水系统分为敞开式和密闭式两种排水系统。敞开式内排水系统利用重力排水，雨水经排出管进入普通检查井。但由于设计和施工的原因，当暴雨发生时，会出现检查井冒水现象，造成危害。也有在室内设悬吊管、埋地管和室外检查井的做法，这种做法虽可避免室内冒水现象，但管材耗量大，且悬吊管外壁易结露。

密闭式内排水系统利用压力排水，埋地管在检查井内用密闭的三通连接。当雨水排泄不畅时，室内不会发生冒水现象。其缺点是不能接纳生产废水，需另设生产废水排水系统。为了安全可靠，一般宜采用密闭式内排水系统。

（3）压力流（虹吸式）、重力伴有压流和重力无压流雨水排水系统 按雨水管中水流的设计流态，可分为压力流（虹吸式）、重力伴有压流和重力无压流雨水排水系统。

压力流（虹吸式）雨水排水系统采用虹吸式雨水斗，管道中呈全充满的压力流状态，屋面雨水的排泄过程是一个虹吸排水过程。工业厂房、库房、公共建筑的大型屋面雨水排水宜采用压力流（虹吸式）雨水排水系统。

重力伴有压流雨水排水系统中设计水流状态为伴有压流，系统的设计流量、管材、管道布置等考虑了水流压力的作用。

**3. 内排水系统的布置与安装**

（1）雨水斗　雨水斗是一种专用装置，设置在屋面雨水与天沟进入雨水管道的入口处，具有拦截污物、疏导水流和排泄雨水的作用。国内常用的雨水斗有65型、79型、87型雨水斗，虹吸雨水斗等，有75mm、100mm、150mm和200mm等多种规格。

（2）连接管　连接管是连接雨水斗和悬吊管的一段竖向短管。连接管应牢固固定在建筑物的承重结构上，下端用45°斜三通与悬吊管相连，其管径一般与雨水斗短管同径，但不宜小于100mm。

（3）悬吊管　悬吊管连接雨水斗和排水立管，是雨水内排水系统中架空布置的横向管道。悬吊管一般沿梁或屋架下弦布置，其管径不得小于雨水斗连接管，如沿屋架悬吊时，其管径不得大于300mm。

雨水悬吊管一般采用钢管或铸铁管，如管道可能受到振动或生产工艺有特殊要求，应采用钢管。

（4）立管　雨水立管接纳雨水斗或悬吊管的雨水，与排出管连接。立管管径不得小于与其连接的悬吊管管径，立管管材与悬吊管相同。

立管宜沿墙、柱明装，在民用建筑内，一般设在楼梯间、管井、走廊等处，不得设置在居住房间内。

为避免排水立管发生故障时，屋面雨水系统将瘫痪，设计时，建筑屋面各个汇水范围内，雨水排水立管不宜少于两根。

（5）排出管　排出管是立管与检查井间的一段有较大坡度的横向管道，排出管管径不得小于立管管径。排出管出口的下游排水管宜采用管顶平接法，且水流转角不得小于135°。

（6）埋地管　埋地管敷设在室内地下，承接立管的雨水并将其排至室外雨水管道。埋地管最小管径为200mm，最大不超过600mm。其管材一般采用非金属管材，如混凝土管、钢筋混凝土管、UPVC管、陶土管等，管道坡度按生产废水管道最小坡度计算。

（7）附属构筑物　常见的附属构筑物有检查井、检查口和排气井，用于雨水系统的检修、清扫和排气。检查井适用于敞开式内排水系统，设置在排出管与埋地管连接处，埋地管转弯、变径及长度超过30m的直线管路上。检查井井深不小于0.7m，井内采用管顶平接，水流转角不小于135°，井底设高流槽，流槽应高出管顶200mm。排出管先接入排气井，水流稳定后再进入检查井。

## 7.6.3 屋面雨水排水系统的计算

**1. 雨水量计算**

屋面雨水排水系统雨水量的大小是设计计算雨水排水系统的依据，其值与该地降雨强度 $q$、汇水面积 $A$ 以及由屋面坡度确定的屋面宣泄能力系数 $k_1$ 有关。

雨水量可按下列公式计算，即

$$q_V = k_1 \frac{Aq_5}{10\ 000} \tag{7-4}$$

式中　$q_V$——雨水设计流量（L/s）；

$A$——屋面设计汇水面积（$m^2$）；

$k_1$——设计重现期为1年时屋面宣泄系数；

$q_5$——当地降雨历时为5min的降雨强度［L/(s·ha)］。

由于降雨本身的规律性不是很强，而雨水管道设计计算公式是根据长期积累的气象资料，通过数理统计分析得到的，公式中采用的一些参数，如设计重现期、降雨历时、径流系数等都带有一定的经验性，因此在进行工程设计时，应参照一些经验来确定设计参数。

**2. 普通外排水设计计算**

根据屋面坡向和建筑物立面要求，按经验布置水落管，划分并计算每根水落管的汇水面积，按式（7-4）计算每根水落管需排泄的雨水量 $q_V$，查表7-8，确定水落管管径。

**表7-8 雨水排水立管管径及最大设计泄流量**

| 管径/mm | 75 | 100 | 125 | 150 | 200 |
|---|---|---|---|---|---|
| 最大设计泄流量/(L/s) | 9 | 19 | 29 | 42 | 75 |

注：75mm管径立管用于阳台排放雨水。

**3. 天沟外排水设计计算**

天沟外排水设计计算主要是配合土建要求，设计天沟断面的形式和尺寸。为增大天沟的泄流量，天沟断面形式多采用水力半径大、湿周小的宽而浅的矩形或梯形。为了排水安全可靠，天沟应有不小于100mm的保护高度，天沟起点水深不小于80mm。对于粉尘较多的厂房，考虑到积灰占去部分容积，应适当增大天沟断面，以保证排水畅通。

天沟设计计算有以下两种情况：

1）土建专业根据屋面结构要求，已确定天沟的形式和断面，需要校核天沟的泄水能力。

2）在天沟长度、暴雨重现期已确定的情况下，计算天沟断面形式和尺寸，提交给土建专业。

具体计算步骤见有关手册。

**4. 内排水系统设计计算**

内排水系统设计计算包括选择布置雨水斗，布置并计算确定连接管、悬吊管、立管、排出管和埋地管的管径。雨水斗应根据一个雨水斗最大允许汇水面积来确定其类型和直径；连接管管径一般与雨水斗相同，但不得小于100mm。悬吊管也按最大允许汇水面积确定直径。立管连接一根悬吊管时，因立管管径不得小于悬吊管管径，所以立管管径与悬吊管管径相同；若一根立管连接两根悬吊管，应先计算立管的汇水面积$A$，再根据立管最大允许汇水面积确定管径。排出管管径一般与立管管径相同，但如果为了改善整个雨水排水系统的泄水能力，排出管也可比立管放大一级管径。为排水通畅，埋地管坡度不小于0.003。敞开式内排水系统按非满流设计，其最大允许充满度在管径小于或等于300mm时为0.50；管径为350～450mm时为0.65；管径大于或等于500mm时为0.80。密闭式内排水系统按满流计算。埋地管的管径也按埋地管最大允许汇水面积确定。

## 7.7 高层建筑排水系统

高层建筑排水立管长，排水量大，立管内气压波动大，因此，高层建筑排水系统必须解决好通气问题，稳定管内气压。

### 7.7.1 高层建筑排水方式

高层建筑排水方式主要有设置专用通气管道系统和新型单立管排水系统，新型单立管排水系统主要有苏维脱排水系统、空气芯旋流排水系统、芯形排水系统。

**1. 设置专用通气管道系统**

设置专用通气管能较好地稳定排水管内气压，提高通水能力。专用通气管道系统的设置与安装详见本章7.3.2。

**2. 苏维脱排水系统**

该系统主要配件为气水混合器和气水分离器，如图7-27a所示。

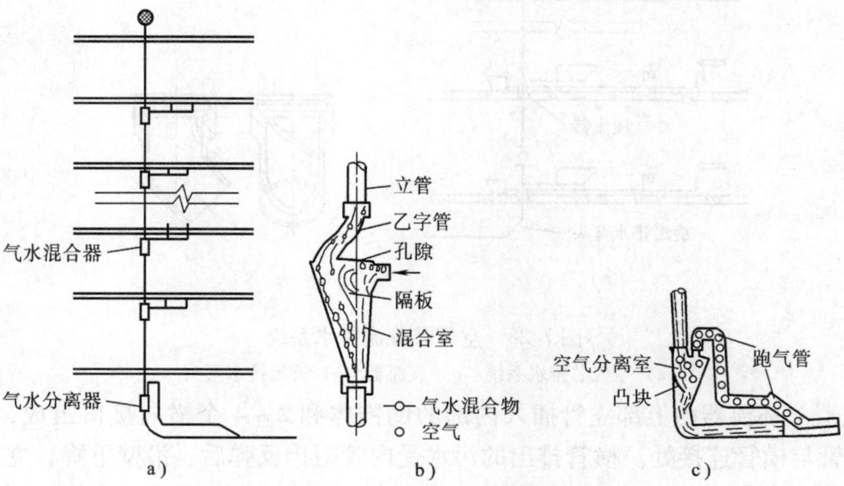


图7-27　苏维脱排水系统的组成

a）苏维脱排水系统　b）气水混合器　c）气水分离器

（1）气水混合器　气水混合器由上流入口、乙字管、隔板、隔板上小孔、横支管流入口、混合室和排出口组成，如图7-27b所示。气水混合器设置在立管与横管连接处，自立管下降的污水，经乙字管时，水流撞击分散与周围的空气混合，变成密度小呈水沫状的气水混合物，下降速度减慢，可避免出现过大的抽吸力。横支管排出的污水受隔板阻挡，只能从隔板右侧向下排放，不会在立管中形成水舌，能使立管中保持气流畅通，气压稳定。

（2）气水分离器　气水分离器由流入口、顶部通气口、有突块的空气分离室、跑气管和排出口组成，如图7-27c所示。气水分离器设置在立管底部的转弯处，分离水中的气体，使污水的体积变小，速度减慢，动能减小，底部正压减小，使管内气压稳定。

**3. 空气芯旋流排水系统**

该系统的主要配件为旋流器和旋流排水弯头，如图7-28a所示。

（1）旋流器　旋流器由底座、盖板、旋流叶片组成，如图7-28b所示，安装在立管与横管的连接处。从横支管排出的污水，通过导流板从切线方向以旋转状态进入立管，立管下降水流经固定旋流叶片沿壁旋转下降，当水流下降一段距离后，旋流作用减弱，但流过下层旋流接头时，经旋流叶片导流，又可增加旋流作用，直至底部，使管中间形成气流畅通的空气芯，压力变化很小。

（2）旋流排水弯头　旋流排水弯头是一个内有导向叶片的45°弯头，如图7-28c所示，安装在排水立管底部转弯处。立管下降的附壁薄膜水流，在导向叶片作用下，旋向弯头对面内壁上，使水流沿弯头下部流入干管，可避免因干管内出现水跃而封闭气流，造成过大正压。

**4. 芯形排水系统**

该系统的主要配件为环流器和角笛弯头。

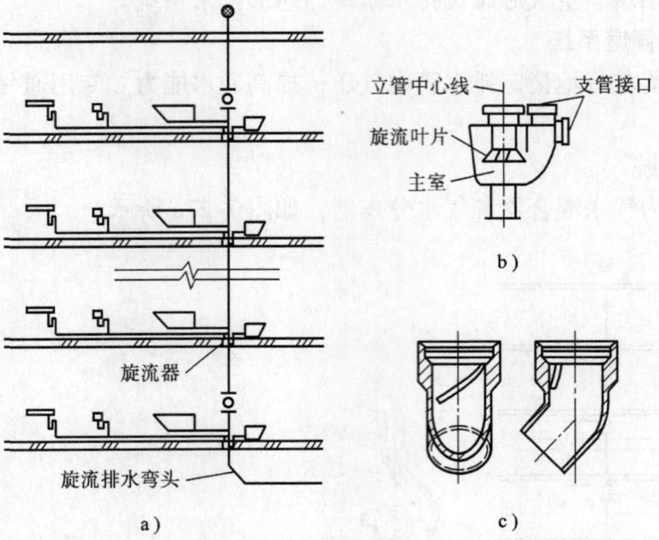


图 7-28 空气芯旋流排水系统

a) 空气芯排水系统 b) 旋流器 c) 旋流排水弯头

(1) 环流器 环流器由上部立管插入内部的倒锥体和 2 ~ 4 个横向接口组成，如图 7-29 所示，安装在立管与横管连接处。横管排出的污水受内管阻挡反弹后，沿壁下降，立管中的污水经内管入环流器，经锥体时水流扩散，形成水气混合液，流速减慢，沿壁呈水膜状下降，使管中气流畅通。

(2) 角笛弯头 如图 7-30 所示，安装在立管底部转弯处。自立管下降的水流因过水断面扩大，流速变缓，夹杂在污水中的空气释放，且弯头曲率半径大，加强了排水能力，可消除水跃和水塞现象，避免立管底部产生过大正压。

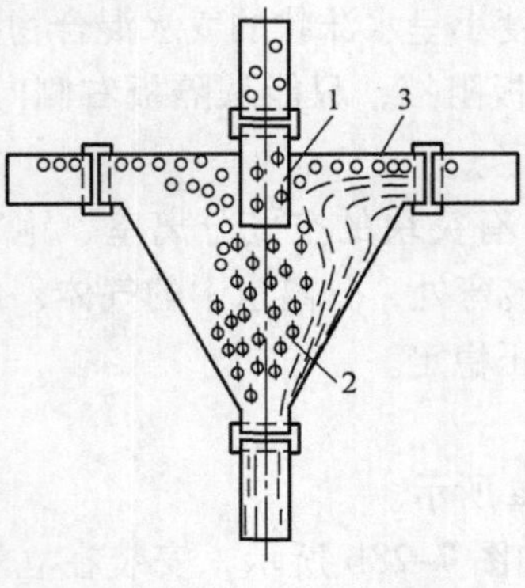


图 7-29 环流器

1—内管 2—气水混合物 3—空气

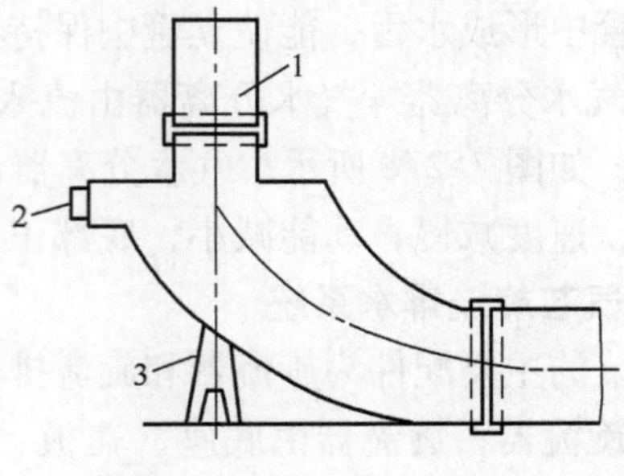


图 7-30 角笛弯头

1—立管 2—检查口 3—支墩

以上单立管排水系统在我国高层建筑排水工程中已有应用，但尚不普遍。我国已经引进、改进和开发生产了 5 种上部特制配件和 3 种下部特制配件，上部特制配件有混合器、环流器、环旋器、侧流器、管旋器等；下部特制配件有跑气器、角笛弯头、大曲率异径弯头等。

## 7.7.2 高层建筑排水管材

高层建筑的排水立管高度大，管中流速大，冲刷能力强，目前多使用柔性连接的排水铸铁管。对高度很大的排水立管还应考虑采取消能措施，通常在立管每隔一定的距离装设一个乙字管或设置消能器。由于高层建筑层间位变较大，立管接口应采用弹性较好的柔性材料连接，以适应变形的要求。

## 思考题与习题

1. 室内排水系统由哪几部分组成？
2. 建筑内部污（废）水排水系统分为哪几类？
3. 通气管系统有何作用？通气管有哪些类型？
4. 卫生器具的冲洗设备具体有哪些？
5. 如何计算集体宿舍（Ⅰ、Ⅱ类）排水的设计秒流量？
6. 如何确定排水立管的管径？
7. 屋面雨水排除方式有哪些？
8. 在什么情况下采用内排水系统排放雨水？
9. 雨水内排水系统有哪几种？
10. 新型排水系统主要有哪几种？都有哪些主要配件？

# 第 8 章 建筑中水系统及游泳池给水排水

## 8.1 建筑中水系统简介

中水是指各种排水经处理后，达到规定的水质标准，可在生活、市政、环境等范围内杂用的非饮用水。中水系统是由中水原水的收集、储存、处理和中水供给等工程设施组成的有机结合体，是建筑物或建筑小区的功能配套设施之一。

在一栋或几栋建筑物内建立的中水系统叫建筑物中水；在小区内建立的中水系统叫小区中水。建筑物中水和小区中水的总称为建筑中水。

### 8.1.1 建筑中水系统的分类组成

建筑中水系统由中水原水系统、中水处理设施和中水供应系统三部分组成。中水原水系统包括原水收集设施、输送管道系统和一些附属构筑物。

中水处理设施一般包括前处理设施、主要处理设施和深度处理设施。其中前处理设施主要有格栅、滤网和调节池等；主要处理设施根据工艺要求不同可以选择不同的构筑物，常用的有沉淀池、混凝池、生物处理构筑物等；深度处理设施根据水质要求可以采用过滤、活性炭吸附、膜分离或生物曝气滤池等。

中水供应系统包括供配水管网和升压贮水设施，如中水贮水池、中水高位水箱、中水泵站等。

### 8.1.2 中水水源及中水回用水质标准

**1. 中水水源**

中水水源应根据原水水质、水量、排水状况和中水回用水的水质水量来确定。中水水源按污染程度不同一般分为下述六种类型，选择时可以根据处理的难易程度和水量的大小按照下列顺序进行排列：①冷却水；②沐浴废水；③盥洗废水；④洗衣废水；⑤厨房废水；⑥厕所废水。

实际工程中通常是几种水组合排放的，常见的有三种组合形式：

1）盥洗废水和沐浴废水（有时包括冷却水）的混合排水，称为优质杂排水。这种组合的排水水质最好，应优先选择。

2）盥洗废水、沐浴废水和厨房废水的混合排水，称为杂排水，其水质比优质杂排水差一些。

3）各类生活污水的混合排水（含杂排水和厕所排水），称为生活污水，水质最差，处理难度较大。

医院污水和含有有毒、有害物质的生产污水不宜作为中水水源。

中水水源的水量一般按照建筑内作为中水水源给水量的80%～90%计算。

**2. 中水回用水质标准**

中水回用水质应符合下列要求：

1）卫生上应安全可靠，其控制指标主要有大肠菌群、细菌总数、SS、$BOD_5$、COD 等。

2）人们在感官上无不快感觉，其控制指标主要有浊度、色度、臭味、表面活性剂、油脂等。

3）不应引起设备和管道的腐蚀和结垢，其控制指标主要有硬度、pH 值、蒸发残渣、溶解性物质等。

中水回用水质标准应根据不同的用途具体确定，具体参见有关规定。

## 8.1.3 中水处理的基本流程及处理设施

**1. 中水处理的基本流程**

中水处理工艺流程应根据中水原水的水质、水量及中水回用对水质、水量的要求进行选择。进行方案比较时还应考虑场地状况、环境要求、投资条件、缺水背景、管理水平等因素，经过综合经济技术比较后确定。

1）当以优质杂排水或杂排水作为中水水源时，可采用以物化处理为主的工艺流程，或采用生物处理和物化处理相结合的工艺流程。

2）当以含有粪便污水的排水作为中水原水时，宜采用二段生物处理与物化处理相结合的处理工艺流程。

3）利用污水处理站二级处理出水作为中水水源时，宜选用物化处理或与生化处理结合的深度处理工艺流程。

**2. 中水处理设施**

（1）格栅、筛网　格栅用于截留原排水中较大的漂浮或悬浮的机械杂质，设置在进水管（渠）上或调节池进口处。筛网一般设于格栅后面，进一步截留细小杂质，如毛发、线头等。

（2）调节池　调节池的作用是调节水量，均化水质，以保证后续处理设施能够稳定、高效地运行。调节池的容积应按照排水量的变化规律、处理规模和处理设备的运行方式来决定。为防止原排水在池内沉淀、腐化，一般应进行预曝气。

（3）沉淀池　沉淀池的作用是分离清水。在建筑中水工程中，由于处理规模相对较小，因此，多采用竖流式或斜板（管）沉淀池。

（4）生化处理　中水处理常用的生物处理方法主要有生物接触氧化法、生物转盘等。厌氧-好氧工艺（A/O 法）、膜生物反应器（MBR）等处理方法也被应用到中水处理工程，并取得了较好的处理效果。

（5）过滤　过滤主要是去除二级处理后水中残留悬浮物和胶体物质。一般采用普通快滤池、压力式过滤器、纤维球过滤器、超滤膜过滤器等。我国采用无烟煤、石英砂双层过滤、深层滤池较多，其效果好，含污能力强，周期长。压力式过滤器均有定型产品，可参照产品样本给定的性能进行选用。

（6）消毒　中水系统的消毒处理是中水回用的安全保证。任何一种流程都必须有消毒步骤，以达到卫生学方面的中水标准。常用的消毒剂有液氯、次氯酸钠、氯片、漂白粉、臭氧、二氧化氯等，其中液氯、次氯酸钠和二氧化氯使用较多。

## 8.1.4 中水管道系统设计

中水管道系统由中水原水管道系统和中水供水管道系统组成。中水原水管道系统的设计原则、基本要求和方法与建筑排水管道的基本相同，其区别在于需根据中水原水水源的选择，对排水系统进行划分。中水供水管道系统的设计原则、基本要求和方法与建筑给水管道的要求相同。

中水管道系统的布置应满足下列要求：中水原水管道系统应设分流、溢流设施和超越管，以便中水处理设备检修以及在过载时可将部分或全部原水直接排放。为了便于管道布置，在不影响使用功能的前提下，宜尽量将排水设备集中布置（如同层相邻、上下层对应等）。

中水管道宜明装敷设，不宜暗装于墙体和楼面内，以便及时检查。中水管道与生活饮用水管道、排水管道平行埋设时，水平净距不小于0.5m；交叉埋设时，中水管道在饮用水管道下面、排水管道上面，其净距不小于0.5m。

## 8.1.5 安全防护及控制监测

**1. 安全防护**

中水系统可节约水资源，减少环境污染，具有良好的综合效益，但也有不安全的一面。为了防止中水供水的中断、误用、误接等事故的发生，在中水供应和使用过程中，还要采取必要措施，以确保中水供应与使用的安全性。

中水系统中主要的安全防护措施有：

1）中水处理设施应安全稳定运行，出水水质应达到城市杂用水水质标准。因排水的不稳定性，在主要处理前应设调节池，连续运行时，调节池的调节容积按日处理量的30%～40%计算；间歇运行时，调节容积为设备最大连续处理水量的1.2倍。中水高位水箱的容积不小于日中水用水量的5%。因中水处理站的出水量与中水用水量不一致，在处理设施后应设中水贮水池。连续运行时，中水贮水池调节容积按日处理水量的20%～30%计算；间歇运行时，可按处理设备连续运行期间内，设备处理水量与中水用水量差值的1.2倍计算。

2）中水贮水池（箱）宜采用耐腐蚀、易清垢的材料制作，钢板池（箱）内壁应采取防腐措施，中水供水管道及附件不得采用非镀锌钢管。

3）中水供水系统必须独立设置，中水管道严禁与生活饮用水管道直接连接，以免污染生活饮用水水质。

4）向中水水箱或水池补给生活饮用水的管道应高出最高水位2.5倍管径以上，用空气隔断装置进行隔断。

5）中水贮水池（箱）设置的溢流管、泄水管均应采用间接排水方式排出，溢流管应设隔网。

6）中水管道与生活饮用水管道、排水管道平行埋设时，水平净距不小于0.5m；交叉埋设时，中水管道在饮用水管道的下面，排水管道的上面，其净距不小于0.5m。

7）中水管道和中水设备应有明显的标志，避免发生误用。明装的中水管道外壁应涂浅绿色标志。中水水池、水箱、阀门、给水栓均应有明显的“中水”标志。

8）中水管道上不得装水龙头，便器冲洗宜采用密闭型设备和器具，绿化、浇洒、洗车冲洗宜采用壁式或地下式给水栓。

**2. 控制监测**

控制监测是中水处理系统安全运行的可靠保证。中水处理系统的控制监测主要有以下几方面：

（1）卫生学指标的监测　中水回用水的卫生学指标是中水供水安全性的重要指标，中水供应系统应设置监测仪表，以保证消毒剂的最低投加量和足够的反应时间，使中水回用水质满足卫生学指标要求。

（2）水质指标的监测 在系统的原水管上和中水供应管上设置取样管，定期取样送检。经常性的监测项目包括主要指标的分析，如pH值、SS、$COD_{Cr}$、余氯等。

（3）水量的计量与平衡 在系统的原水管上和中水供应管上设置计量装置，以保证水量的平衡。

（4）中水处理设备的运行控制 中水处理设备的运行方式有手动、半自动和自动三种。一般处理规模小于或等于$200m^3/d$时，可采用手动控制；大于$200m^3/d$且小于$1000m^3/d$时，可采用半自动控制；大于$1000m^3/d$时，可采用自动控制。运行控制监控的主要内容有：水泵的启停、液位显示和报警、流量计量、水质检测等。

## 8.2 游泳池给水排水

游泳池是供人们在水中以规定的各种姿势划水前进或进行活动的人工建造的水池。水上游乐池是供人们在水上或水中娱乐、休闲和健身的各种游乐设施。

### 8.2.1 游泳池的水质、水温、水源

**1. 水质**

世界级比赛，如奥林匹克运动会、世界锦标赛、世界杯赛竞赛用的游泳池，循环水净化后进入游泳池的水质，应符合国际游泳联合会（FINA）关于游泳池水水质卫生标准的规定。国家级比赛，如全国运动会、全国大学生运动会等竞赛活动用游泳池以及学校的游泳池等，循环水净化后进入游泳池的水质，可以参照国际游泳联合会（FINA）关于游泳池水水质卫生标准的规定执行。其他游泳池的水质标准也应满足相关规定。

游泳池或水上游乐池的初次充水和正常使用过程中的补充水水质都应符合国家现行的GB 5749—2006《生活饮用水卫生标准》的要求。

游泳池或水上游乐池的饮水、淋浴等生活用水水质，应符合GB 5749—2006《生活饮用水卫生标准》的要求。

**2. 水温**

游泳池和水上游乐池的池水设计水温，应根据使用性质、使用对象、用途等因素确定。露天游泳池为26～28℃，露天水上游乐池为22～23℃；室内训练游泳池、宾馆内游泳池、公共游泳池、跳水池为26～28℃；造浪池、环流池、滑道池、休闲池为28～29℃，蹼泳池不低于23℃；儿童池、戏水池28～30℃；按摩池不超过40℃；竞赛游泳池为25～27℃。

**3. 水源**

游泳池和水上游乐池的初次充水、重新换水和正常使用中的补充水，均应采用城市生活饮用水；当采用城市生活饮用水不经济或有困难时，公共使用游泳池和水上游乐池的初次充水、换水和补充水可采用井水（含地热水）、泉水（含温泉水）或水库水，但水质应满足要求。

### 8.2.2 排水系统

游泳池应该设池岸排水装置，在池岸外侧沿看台或建筑墙设清洗池岸排水的排水槽。如有困难时，可设置地漏排水，但不得使清洗池岸排水流入游泳池。如果游泳池溢流水作为中水水源，池岸排水槽可与池子溢流水槽合用，但溢流水槽应为非淹没型。

设计事故泄水的泄空时间宜采用4h，换水泄空时间宜采用8h，重力泄水应有防止雨水或污水回流装置。

## 8.2.3 游泳池供水系统

**1. 供水方式**

游泳池按设计要求分为浅水游泳池、训练游泳池和娱乐池。浅水游泳池主要供儿童使用，多为圆形或椭圆形，且多配备泳具，如滑台、喷水设备等；训练游泳池一般供各种比赛用，如跳水、水球比赛、花样游泳等；娱乐池是指配备有丰富娱乐设施的游泳池。

游泳池的池水使用有定期换水、定期补水、直流供水、定期循环供水、连续循环供水等多种方式。由于水资源是十分宝贵的，节约用水是节约能源的一个重要组成部分，通常情况下游泳池池水均应循环使用。

游泳池给水系统的供水方式一般常用的有定期换水、直流供水和循环供水三种供水方式。

（1）定期换水供水方式　每隔一定时间换水一次，一般2～3d换水一次，随时投加漂白粉消毒，这种方式卫生条件差，在我国不被推荐使用。

（2）直流供水方式　需要不断补充新水，为15%～20%，连续排污。这种方式系统简单，投资较省。当有充足水源时，可以采用。

（3）循环供水方式　设置专用净化系统，对池水进行循环、净化、消毒、加热等处理，可以保证循环池水水质符合卫生要求，适合各类游泳池。目前我国多采用这种形式。

游泳池和水上游乐池的池水净化系统，应优先选用循环净化给水系统；水源充沛的地区，仅夏天使用的露天游泳池和水上游乐池经技术经济、环境效益等比较后，可以采用直流净化给水系统；幼儿戏水池和儿童游泳池，宜采用直流给水系统或直流净化给水系统。

**2. 循环方式**

游泳池池水的循环，应保证配水均匀，不出现短路、涡流、死水区，有利于池水的全部交换和更新，防止水质恶化。常用的循环方式有：

（1）逆流式循环方式　如图8-1a所示，在池底均匀布置进水口，循环水从底部向上供水，周边溢流回水。这种方式配水均匀，底部沉积物少，利于池水表面的污物去除，是国际游泳联合会推荐的循环方式。但基建投资费用比较高。

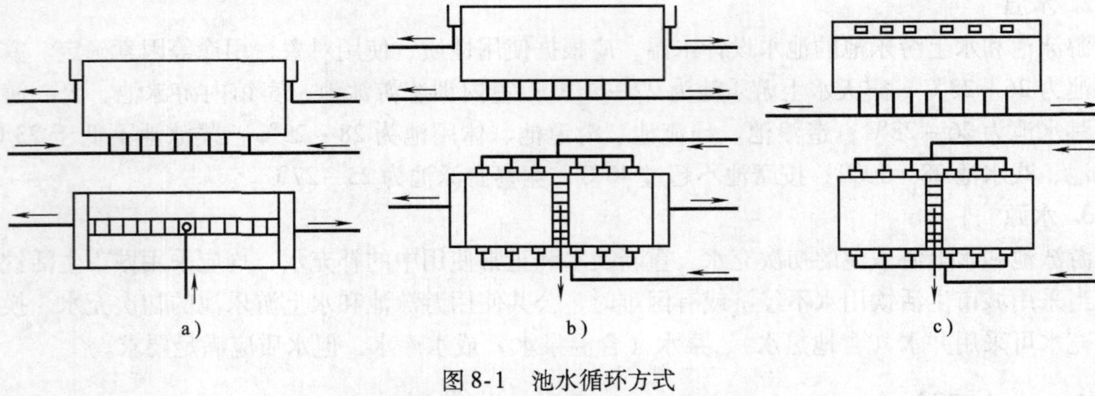


图8-1　池水循环方式

a）逆流式　b）混流式　c）顺流式

（2）混流式循环方式　如图8-1b所示，循环水从游泳池的底部和两端进水，从两侧溢流回水。这种方式水流比较均匀，池底沉积物少。

（3）顺流式循环方式　如图8-1c所示，全部循环水量从游泳池两端壁或两侧壁（也可采用四壁）上部对称进水，由深水处的底部回水，底部回水口可以与排污口合用。这种方式可以使每个进水口的流量和流速基本保持一致，有利于防止形成涡流和死水区。国内游泳池多采用这种方式。

游泳池和水上游乐池的循环方式，应根据池子的形状、池水深度、池水体积、使用性质、池内设施等因素综合分析比较后确定。一般情况下，竞赛游泳池、训练游泳池、宾馆游泳池、多功能池等应采用逆流式循环方式或混流式循环方式；公共游泳池、露天游泳池宜采用顺流式循环方式；水上游乐池宜采用混流式循环方式。

**3. 循环系统的设置**

游泳池池水的循环系统设计是保证池水水质标准的关键因素，应满足以下基本要求：给水口和回水口的布置，应保证池中水流分布均匀，不发生短路，不产生旋涡，不出现死水区，防止局部水质恶化；保证被净化的水与池内的水能够有序地交换更新；有利于施工安装、运行管理等。

（1）循环水泵 游泳池给水系统应设置循环水泵将游泳池中的池水抽吸出来，压送到过滤净化装置以及加热装置，净化过滤后再送回到游泳池。

循环水泵应选用耐蚀性好的低转速水泵，并应按不少于2台水泵同时工作确定数量。循环水泵的设计应符合以下要求：

1）应设计成自灌式。

2）水泵吸水管的水流速度宜采用1.0～1.2m/s，水泵出水管内的水流速度宜采用1.5～2.0m/s。

3）水泵泵组宜靠近平衡水池或均衡水池、游泳池及水上游乐池等的吸水口。

（2）循环管道及附属装置 循环给水管道的材质应选用PVC塑料管或ABS塑料管。有特殊要求的加热器出水口与未被加热水混合处之间的管道，应选用铜管或不锈钢管，其工作压力宜为1.0MPa，并应考虑水温升高的管道，其允许承压能力会下降的因素。

逆流式游泳池循环系统，池两侧的回水管应分别接至均衡池，其管径应经过计算确定。回水管应有0.002的坡度坡向均衡水池。

循环水供、回水管道，沿着水池周边埋地敷设时，管道应采取防腐和不被压坏的防护措施。循环给水管道中的水流速度不得超过2.0m/s，循环回水管中的水流速度宜为0.7～1.0m/s。

游泳池和水上游乐池上给水口和回水口的设置，对水流组成很重要，其布置应符合以下要求：

1）数量应满足循环流量的要求。

2）位置应使池水水流均匀循环，不发生短流。

3）逆流式循环时，回水口应设在溢流回水槽内；混流式循环时，回水口分别设置在溢流回水槽和池底最低处；顺流式循环时，池底回水口的数量应按淹没流计算，但不得少于2个。

游泳池和水上游乐池的泄水口应设置在池底最低处，应按4h全部排空池水来确定泄水口的面积和数量。采用重力式泄水时，泄水管需设置空气隔断装置，而不应与排水管直接连接。

溢流回水槽应设置在逆流式或混流式循环系统的池子两侧壁或四周，截面尺寸应按溢流水量计算，最小截面为200mm×200mm。槽内回水口数量应由计算确定，间距一般不大于3.0m。槽底以1%坡度坡向回水口。回水口与回水管采用等程连接、对称布置管路，并接入均衡水池。

游泳池的池岸应设置不少于4个冲洗池岸用的清洗水嘴，宜设在看台或建筑的墙槽内或阀门井内（室外游泳池），每日冲洗两次，每次冲洗时间30min。

游泳池和水上游乐池还应设置消除池底积污的池底清污器；标准游泳池和水上游乐池宜采用全自动池底清污器；中小型游乐池和休闲池宜采用移动式真空池底清污器或电动清污器。

（3）平衡水池、均衡水池 平衡水池的作用是平衡池水水位。采用顺流式、混流式循环给水方式的游泳池和水上游乐池应设置平衡水池，循环水泵没有条件设计成自灌式时也应设置平衡水池。

平衡水池的有效容积不应小于循环水系统的管道和过滤、加热设备的水容积，且不应小于循环水泵5min的出水量。平衡水池的最高水位应与游泳池或游乐池的池水表面的水位相一致。

均衡水池的作用是平衡池水水量。采用逆流式循环给水方式的游泳池和水上游乐池应设置均衡水池，回收溢流回水，均衡游泳池或游乐池的水量浮动，同时可以贮存过滤器反冲洗用水和间接补水。

均衡水池的最高水表面应低于游泳池或游乐池溢流回水管管底300mm以上。

## 8.2.4 循环水的净化

游泳池水需经过预净化、过滤、加药和消毒处理，必要时还需进行加热等过程后循环使用，以节约用水。

**1. 预净化**

为防止游泳池或水上游乐池池水中夹带的固体杂质和毛发、树叶、纤维等杂物损坏水泵，破坏过滤器滤料层，从而影响过滤效果和水质，池水的回水首先进入毛发聚集器进行预净化。毛发聚集器装设在循环水泵的吸水管上。过滤筒（网）必须经常清洗或更换，否则会增加水流阻力，降低水泵扬程，减小水泵出水量，影响循环周期。

**2. 过滤**

游泳池或水上游乐池的循环水具有处理水量恒定、浊度低的特点，为简化处理流程，减少净化设备机房占地面积，一般采用水泵加压一次提升的循环方式，过滤设备采用压力过滤器。

压力过滤器应根据池子的大小、使用目的、平面布置、人员负荷、管理条件和材料情况等因素统一考虑。

用于压力过滤器滤料的有石英砂、无烟煤、聚苯乙烯塑料珠、硅藻土等，国内使用石英砂比较普遍。过滤器反冲洗周期通常按照压力过滤器的水头损失和使用时间来决定，当滤料为石英砂、无烟煤和沸石时，过滤器的水头损失不超过0.06MPa；当过滤器使用时间超过5d，或游泳池、水上游乐池在池水不泄空时计划停止使用时间超过5d，或游泳池、水上游乐池泄空池水停止使用前，均应对过滤器进行反冲洗，以防止原滤料层表面上的污物在停用期间产生板结，使滤料因厚度不均匀而发生裂缝。过滤器应采用水进行反冲洗，有条件时宜采用气、水组合反冲洗。

**3. 加药**

由于游泳池和水上游乐池池水的污染主要来自人体的汗等分泌物，仅使用物理性质的过滤不足以去除微小污物，故池水中的循环水进入过滤器之前需要投加混凝剂，以便把水中微小污物吸附聚集在药剂的絮凝体上，形成较大块状体经过滤去除。混凝剂宜采用氯化铝或精制硫酸铝、明矾等。

pH值对混凝效果和氯消毒有影响，故宜在消毒之前投加pH值调整剂。pH值偏高或偏低均会对游泳者或游乐者的眼睛、皮肤、头发产生损伤，或使其有不舒适感。另外，pH值小于7.0时会对池子的材料和设备产生腐蚀。故应定期地投加纯碱或碳酸盐类，以调整池水的pH值在规定的范围。

当池水在夜间、雨天或阴天不循环时，由于含氯不足就会产生藻类，使池水呈现黄绿色或深绿色，透明度降低。这时应定期向池水中投加硫酸铜药剂，以消除和防止藻类产生。

**4. 消毒**

游泳池和水上游乐池的池水必须进行消毒杀菌处理，消毒方法应符合杀菌力强、不污染水质的要求，并在水中有持续杀菌的功能，对人体无刺激或刺激性很小；消毒设备应简单，运行安全、可靠，操作管理方便，建设投资和运行费用低。消毒方式应根据池子的使用性质确定，常用的方法有臭氧消毒和氯消毒。

**5. 加热**

为适应各类游泳池对池水温度的要求，提高游泳池的利用率，游泳池的补充水和循环水都需要进行加热处理。池水加热所需的热量为池水表面蒸发损失的热量、池壁池底传导损失的热量、管道和净化水设备损失的热量以及补充新鲜水加热所需热量的总和，应经计算确定。加热方式宜采用间接式。

### 8.2.5 洗净设施

**1. 浸脚消毒池**

为减轻游泳池和水上游乐池池水的污染程度，进入水池的每位人员均应对脚部进行洗净消毒。因此，必须在进入游泳池或水上游乐池的入口通道上设置浸脚消毒池，以保证进入池子的人员一一通过，不得绕行或跳越通过。浸脚消毒池的长度不小于2.0m，池宽与通道宽度相等，池内消毒液的有效深度不小于0.15m。

浸脚消毒池和配管应采用耐腐蚀材料制造，池内消毒液宜连续供给、连续排放，也可采用定期更换的方式，但更换时间不超过4h，以池中消毒液的余氯量保持在5~10mg/L的范围为原则。

**2. 强制淋浴**

在游泳池和水上游乐池入口通道设置强制淋浴，它是清除游泳者和游乐者身体上污物的有效措施。强制淋浴宜布置在浸脚消毒池之前，强制淋浴通道的尺寸应使被洗净人员有足够的冲洗强度和冲洗效果。强制淋浴通道长度为2.0~3.0m，淋浴喷头不少于3排，每排间距应不大于1.0m，每排喷头数不少于2只，间距为0.8m。当采用多孔淋浴管时，其孔径不小于0.8mm，孔间距不大于0.6m，喷头安装高度不宜大于2.20m，开启方式应采用光电感应的自动控制。

**3. 浸腰消毒池**

公共游泳池宜在强制淋浴之前设置浸腰消毒池，以对游泳者进行消毒。浸腰消毒池的有效长度不宜小于1.0m，成人用池有效水深为0.9m，儿童用池有效水深0.4~0.6m，池子两侧设扶手，采用阶梯形为宜。池水宜采用连续供应、连续排放的方式，若采用定时更换池水的方式，则换水时间间隔不应超过4h。

浸腰消毒池靠近强制淋浴布置，当设置在强制淋浴之后时，池中余氯量不得小于5mg/L；设置在强制淋浴之前时，池中余氯不得小于50mg/L。

浸腰消毒池在国外应用较多，在我国应用较少。

## 思考题与习题

1. 什么叫中水？
2. 简述建筑中水系统的组成。
3. 简述中水处理常用的单元设施。
4. 游泳池池水的循环方式有哪些？
5. 简述游泳池循环水净化常用的工艺过程。
6. 游泳池洗净设施有哪些？

# 第3篇

# 供暖通风、空气调节与燃气供应

# 第9章 建筑供暖系统

供暖系统由热源、输送管网和散热设备组成。有时也把制热换热设施、室外输热管网、大型用热设备等称为供热系统，将专门保持室内温度的系统称为室内供暖系统（也称为采暖系统）。

## 9.1 建筑设计热负荷

供暖系统的热负荷是指在某一室外温度下，为了达到要求的室内温度，保持房间的热平衡，供暖系统在单位时间内向建筑物供给的热量。它随着建筑物房间的得失热量的变化而变化。供暖系统的热负荷是设计供暖系统的基本依据。

### 9.1.1 房间热平衡

为了正确地计算出建筑物的供暖热负荷，必须了解建筑物的热量得失情况。

房间内散失热量一般包括：

1）通过围护结构两侧传出的热量 $Q_1$。

2）由门窗缝隙渗入的室外空气吸热量 $Q_2$。

3）由外门、外墙的孔洞等侵入的室外空气吸热量 $Q_3$。

4）通过其他途径散失的热量。

房间内获得热量的来源一般包括：

1）通过围护结构进入的太阳辐射热量 $Q_4$。

2）通过其他途径获得的热量。

如房间获得的热量小于散失的热量，其差值即为供暖系统的热负荷。

对于一般居住和公共建筑以及产热量很少的工业建筑，可以认为除太阳辐射得热外，其他均不计；失热也只考虑围护结构传热耗热量 $Q_1$，门窗缝隙渗入的室外空气吸热量 $Q_2$，以及外门、外围护结构孔洞和其他生产跨间流入的室外空气吸热量 $Q_3$，太阳辐射得热可在 $Q_1$ 中按一定比例扣除，故供暖系统设计热负荷为

$$Q = Q_1 + Q_2 + Q_3 \tag{9-1}$$

供暖设计热负荷计算，一般以房间为对象，逐个房间进行计算。

### 9.1.2 围护结构的基本耗热量

**1. 围护结构的传热系数**

围护结构的传热系数 $K$ 值，是指在单位时间内，单位面积的围护结构在两侧温差为1℃时，由一侧传至另一侧的热量。传热系数的倒数称为热阻，传热系数越大，其热阻就越小。

常用围护结构的传热系数 $K$ 值，可直接由相关手册中查出。在表9-1中给出了一部分最常用围护结构的 $K$ 值，该数值与建筑节能的要求还有一定的差距。

表 9-1 常用围护结构的传热系数 $K$ 值

| 围护结构类型 | $K/[W/(m^2 \cdot K)]$ | 围护结构类型 | $K/[W/(m^2 \cdot K)]$ |
|---|---|---|---|
| 门 | | 外窗及天窗 | |
| 实体木制外门 单层 | 4.65 | 单层 | 5.82 |
| 双层 | 2.33 | 双层（木框） | 2.68 |
| 带玻璃阳台外门 | | 单层 | 6.40 |
| 单层（木框） | 5.82 | 双层（金属框） | 3.26 |
| 双层（木框） | 2.68 | 单框二层玻璃窗 | 3.49 |
| 单层（金属框） | 6.40 | 商店橱窗 | 4.65 |
| 双层（金属框） | 3.26 | | |
| 内墙双面抹灰 | | 外墙（内表面抹灰砖墙） | |
| 12 砖墙 | 2.31 | 24 砖墙 | 2.08 |
| 24 砖墙 | 1.72 | 37 砖墙 | 1.56 |
| | | 49 砖墙 | 1.27 |

建筑围护结构的传热途径及表面传热系数如图 9-1 所示。

**2. 围护结构的基本耗热量计算**

通过围护结构的传热量 $Q_1$ 在计算中分为围护结构的基本耗热量和附加耗热量两部分。

基本耗热量（$Q'$）是指在一定条件下，通过房间各部分围护结构的传热量；附加耗热量（$Q''$）是指当通过房间各部分围护结构的传热条件发生变化时，对基本耗热量的修正。如太阳辐射得热量的影响，对于一般的民用、公共和工业建筑，工程上就采用修正耗热量的计算方法。

修正耗热量包括朝向修正、风力修正和高度修正。

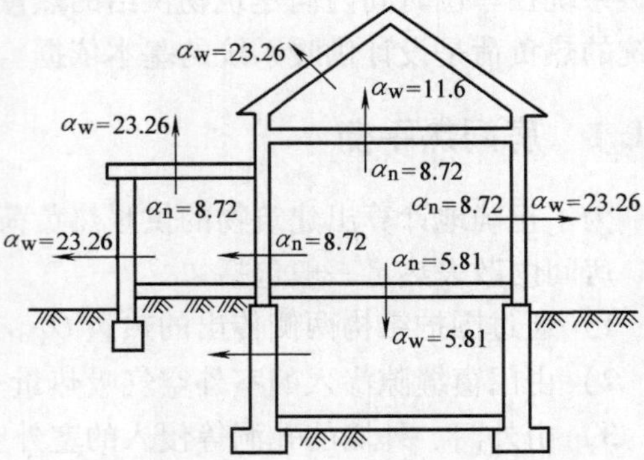


图 9-1 建筑围护结构的传热途径及表面传热系数［单位：$W/(m^2 \cdot K)$］

在稳态传热条件下，通过房间各部分围护结构的传热量，即围护结构的基本耗热量的基本计算公式为

$$Q' = KA(t_n - t_w)a \tag{9-2}$$

式中 $K$——围护结构的传热系数［$W/(m^2 \cdot K)$］；

$A$——围护结构的传热面积（$m^2$）；

$t_n$——供暖室内空气计算温度（℃）；

$t_w$——供暖室外空气计算温度（℃）；

$a$——围护结构的温差修正系数。

对于供暖房间来说，房间基本耗热量应为其各外围护结构（墙、窗、门、楼板、屋顶、地面等）传热量的总和，即

$$Q' = \sum Q_i = \sum K_i A_i (t_n - t_w) a \tag{9-3}$$

为了计算和以后修正的方便，一般将围护结构按朝向、材料结构和室内外温差的不同划分为各个计算部分。对一侧不与室外空气直接接触的围护结构，当两侧温差大于5℃时，要计算通过该围护结构的传热量。

**3. 供暖设计室内计算温度**

室内计算温度一般是指距地面 2m 以内，人们活动空间的空气温度。室内计算温度的高低应

满足人们的生活、学习、工作要求和生产的工艺要求。居住及公共建筑室内计算温度可参考表9-2选取，或可参照有关设计手册选取。

表9-2　居住及公共建筑室内计算温度

| 序　号 | 房间名称 | 室内温度/℃ | |
|---|---|---|---|
| | | 一　般 | 上下范围 |
| 1 | 饭店、宾馆的卧室与起居室 | 20 | 18~22 |
| 2 | 住宅、宿舍的卧室与起居室 | 18 | 16~20 |
| 3 | 厨房（一般煤气灶、双眼燃气灶） | 10 | 5~15 |
| 4 | 门厅、走廊、楼梯间 | 16 | 14~16 |
| 5 | 浴室 | 25 | 21~25 |
| 6 | 洗衣室 | 18 | 16~20 |
| 7 | 公共厕所 | 15 | 14~16 |

### 4. 供暖设计室外计算温度

在计算围护结构的基本耗热量时，假定传热过程是在稳定状态下进行的，即围护结构的各种传热参数都不随时间而改变，其中室外计算温度也是采用某一个固定值。

根据GB 50019—2015《工业建筑供暖通风与空气调节设计规范》和GB 50736—2012《民用建筑供暖通风与空气调节设计规范》的规定，供暖室外计算温度应采用当地历年平均每年不保证5天的日平均温度，各地区供暖设计室外计算温度可参见有关设计手册。

### 5. 温差修正系数

当供暖房间的围护结构外侧不直接与室外相接触，中间隔着不供暖的房间或空间时，此时通过该围护结构的传热量应考虑温差修正系数 $a$。

根据经验得出各种情况的温差修正系数 $a$ 值见有关设计手册，一般取0.3~1.0（见表9-3）。

表9-3　温差修正系数 $a$ 值

| 序号 | 围护结构特征 | $a$ |
|---|---|---|
| 1 | 外墙、平屋顶及直接接触室外空气的楼板等 | 1.00 |
| 2 | 带通风间层的平屋顶、坡屋顶闷顶及与室外空气相同的不供暖地下室上面的楼板等<br>与有外门窗的不供暖楼梯间相邻的隔墙 | 0.90<br>0.80 |
| 3 | 不供暖地下室上面的楼板<br>多层建筑<br>高层建筑 | <br>0.70<br>0.60 |
| 4 | 外墙上有窗户时<br>外墙上无窗户且位于室外地坪以上时<br>外墙上无窗户且位于室外地坪以下时 | 0.75<br>0.60<br>0.40 |
| 5 | 与有外门窗的不供暖房间相邻的隔墙<br>与无外门窗的不供暖房间相邻的隔墙 | 0.70<br>0.40 |
| 6 | 伸缩缝、沉降缝墙<br>防震缝墙 | 0.30<br>0.70 |

### 6. 地面传热系数的计算

室内的热量通过地面下的土壤传到室外大气。通过靠近外墙的地面下的土壤传热途径较短，热阻较小；通过远离外墙的地面下的土壤传到室外大气时，所经过的途径较长，热阻较大。因此，室内地面的传热系数是随着离外墙的远近而有变化的。但当离外墙8m以外时，其传热系数变化很小，可认为是常数。由于地面的耗热量在房间总耗热量中占的比例较小，工程中常用近似计算法，把地面沿外墙平行的方向，分成四个计算地带，如图9-2所示，第一地带图中的阴影部分的面积，需要计算两次。对于不保温地面［组成地面的各层材料的热导率 $\lambda$ 都大于 1.16W/(m·K)］，各地带的传热系数见表9-4。

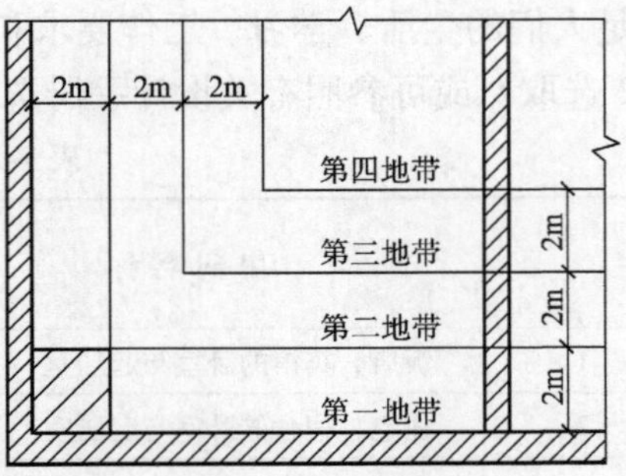

图9-2 地面传热地带的划分

**表9-4 不保温地面的总传热阻及传热系数**

| 地带 | $R_0$/(m$^2$·K/W) | $K_0$/[W/(m$^2$·K)] |
|---|---|---|
| 第一地带 | 2.15 | 0.47 |
| 第二地带 | 4.30 | 0.23 |
| 第三地带 | 8.60 | 0.12 |
| 第四地带 | 14.20 | 0.07 |

## 9.1.3 围护结构的附加耗热量

修正耗热量包括朝向修正、风力修正和高度修正，一般是按基本耗热量的百分数进行修正，故其值也称为附加耗热量。

**1. 朝向修正耗热量**

当太阳照射建筑物时，阳光直接透过玻璃窗而使室内得到太阳辐射热，同时由于阳光照射面的围护结构比较干燥，外表面温度升高和附近气温升高就会使围护结构向外传递的热量减少。因此，耗热量也相应减少。各朝向修正率见表9-5。

**表9-5 朝向修正率**

| | | | |
|---|---|---|---|
| 北、东北、西北 | 0~10% | 东南、西南 | -10%~-15% |
| 东、西 | -5% | 南 | -15%~-30% |

**2. 风力修正耗热量**

风力修正耗热量是考虑室外风速变化而对外围护结构传热基本耗热量的修正。我国冬季各地平均风速不大，一般为2~3m/s，为简化计算可不考虑修正。只对建造在不避风的高地、湖（河）边、海岸、旷野上的建筑物或城镇、小区内特别高出的建筑物，在垂直的外围护结构的基本耗热量的基础上再附加5%~10%。

**3. 高度修正耗热量**

对于民用和工厂的辅助建筑，房间高度在4m以下时，不进行高度附加；房间高度大于4m时，每增高1m，应附加的耗热量为房间围护结构总耗热量（包括围护结构基本耗热量和其他修正耗热量）的2%，但总的附加值不超过15%。楼梯间不考虑高度修正，因为楼梯间的散热器尽量布置在底层，已考虑了垂直方向热空气的上升。

因此，围护结构的传热耗热量为基本耗热量与附加耗热量之和，即

$$Q = Q' + Q'' \tag{9-4}$$

## 9.1.4　冷风渗透和冷风侵入耗热量

### 1. 冷风渗透耗热量

在风力及热压造成的室内外压差作用下，室外的低温空气，就会通过关闭的门窗缝隙渗入室内。把这部分空气从室外温度加热到室内温度所需要的热量，称为冷风渗透耗热量。

影响冷风渗透耗热量的因素很多，如门窗构造、门窗朝向、室外风速、风向、室内外空气温差、建筑物的高低以及内部通道状况等。工程中常用近似计算法，一般有缝隙法、换气次数法和百分数法。此处仅介绍缝隙法，其他方法则可参见供暖通风设计手册。

加热经门窗缝隙渗入室内的冷空气所需要的耗热量 $Q_2$，应根据门窗性质、朝向，冬季室外平均风速，室内外空气温差以及缝隙长度进行计算。计算公式为

$$Q_2 = 0.278 V \rho_w c (t_n - t_w) \tag{9-5}$$

式中　$\rho_w$——室外供暖计算温度下的空气密度（$kg/m^3$）；

$c$——空气的比热容［$kJ/(kg \cdot K)$］，$1kJ/h = 0.278W$；

$V$——经门窗缝隙进入室内的空气量（$m^3/h$）；

$t_n$、$t_w$——室内、外供暖计算温度（℃）。

经门窗缝隙渗入室内的空气量为

$$V = lLn \tag{9-6}$$

式中　$l$——门窗缝隙长度（m）；

$L$——门窗缝隙单位长度每小时渗入的空气量［$m^3/(h \cdot m)$］，由表9-6查取；

$n$——冷风渗透朝向修正系数。

**表9-6　门窗缝隙渗入的空气量 $L$**　［单位：$m^3/(h \cdot m)$］

| 门窗类型 | 冬季室外平均风速/(m/s) | | | | | |
|---|---|---|---|---|---|---|
| | 1.0 | 2.0 | 3.0 | 4.0 | 5.0 | 6.0 |
| 单层木窗 | 1.0 | 2.0 | 3.1 | 4.3 | 5.5 | 6.7 |
| 双层木窗 | 0.7 | 1.4 | 2.2 | 3.0 | 3.9 | 4.7 |
| 单层钢窗 | 0.6 | 1.5 | 2.6 | 3.9 | 5.2 | 6.7 |
| 双层钢窗 | 0.4 | 1.1 | 1.8 | 2.7 | 3.6 | 4.7 |
| 推拉铝窗 | 0.2 | 0.5 | 1.0 | 1.6 | 2.3 | 2.9 |
| 平开铝窗 | 0 | 0.1 | 0.3 | 0.4 | 0.6 | 0.8 |
| 门 | 2.0 | 5.0 | 7.0 | 10.0 | 13.0 | 16.0 |

注：当有密封条时，表中数据可乘以0.5~0.6的系数。

由于风向不同，不同朝向的门窗缝隙渗入的空气量是不同的。因此，通过缝隙渗透的风量，必须乘以冷风渗透的朝向修正系数 $n$。

北京等城市的 $n$ 值，见GB 50019—2015《工业建筑供暖通风与空气调节设计规范》和GB 50736—2012《民用建筑供暖通风与空气调节规范》。

### 2. 冷风侵入耗热量

在冬季，外门开启时，由于风压和热压的作用，会有大量的冷空气侵入室内。把这部分空气加热到室内温度所消耗的热量称为冷风侵入耗热量。

同冷风渗透耗热量一样，冷风侵入耗热量可按下式计算，即

$$Q_3 = 0.278 c V_w \rho_w (t_n - t_w) \tag{9-7}$$

式中　$V_w$——流入的冷空气量（$m^3/h$）；

$\rho_w$——冷空气的密度（$kg/m^3$）。

其他符号同式（9-5）。

由于流入的冷空气量 $V_w$ 不易确定，冷风侵入耗热量可按下述经验确定：对于短时间开启外门的民用建筑和工厂的辅助建筑物（不包括阳台门、太平门和设置空气幕的门），采用外门基本耗热量乘以下列百分数来计算。当楼的总层数为 $n$ 时

| | |
|---|---|
| 一道门 | $65n\%$ |
| 二道门（有门斗） | $80n\%$ |
| 三道门（有两个门斗） | $60n\%$ |
| 公共建筑的主要出入口 | $500n\%$ |

## 9.1.5 建筑耗热指标

供暖设计热负荷的概算，可采用面积热指标法或体积热指标法。

**1. 面积热指标法**

利用面积热指标法计算建筑物的供暖设计热负荷，可按下式进行概算，即

$$Q_n = Aq_f \times 10^{-3} \tag{9-8}$$

式中 $Q_n$——建筑物的供暖设计热负荷（kW）；

$A$——建筑物的建筑面积（$m^2$）；

$q_f$——建筑物的供暖面积热指标（$W/m^2$），它表示每 $1m^2$ 建筑面积的供暖设计热负荷，见表9-7。

**2. 体积热指标法**

利用体积热指标法，可按下式概算建筑物的供暖设计热负荷，即

$$Q'_n = q_V V_w \ (t_n - t_w) \ \times 10^{-3} \tag{9-9}$$

式中 $Q'_n$——建筑物的供暖设计热负荷（kW）；

$V_w$——建筑物的外轮廓体积（$m^3$）；

$t_n$——供暖室内计算温度（℃）；

$t_w$——供暖室外计算温度（℃）；

$q_V$——建筑物的供暖体积热指标（也称建筑物的比热特性热指标）[$W/(m^3 \cdot ℃)$]，它表示各类建筑物在室内外温差 1℃时，每 $1m^3$ 建筑物外围体积的供暖设计热负荷，见表9-8。

**表9-7 供暖面积热指标推荐值**

| 建筑物类型 | 住宅 | 居住区综合 | 学校办公楼 | 医院、托幼 | 旅馆 | 商店 | 食堂、餐厅 | 影剧院、展览馆 | 大礼堂、体育馆 |
|---|---|---|---|---|---|---|---|---|---|
| 未采取节能措施建筑热指标 $q_f/(W/m^2)$ | 58~64 | 50~67 | 60~80 | 65~80 | 60~70 | 65~80 | 115~140 | 95~115 | 115~165 |
| 采取节能措施建筑热指标 $q_f/(W/m^2)$ | 40~45 | 45~55 | 50~70 | 55~70 | 50~60 | 55~70 | 100~130 | 80~105 | 100~150 |

注：1. 本表摘自 CJJ 34—2010《城镇供热管网设计规范》。

2. 热指标中已包括了约5%的管网热损失。

表 9-8　北京地区民用建筑比热特性热指标 $q_V$

| 建筑物名称 | 建筑物体积/m³ | 比热特性热指标 $q_V$ | |
|---|---|---|---|
| | | 一层玻璃 /[W/(m³·℃)] | 北面及西面为双层玻璃 /[W/(m³·℃)] |
| 住宅 1~2 层 | 700~1 200 | 0.39 | 0.16 |
| 住宅 4~5 层 | 9 000~12 000 | 0.64 | 0.58 |
| 行政办公楼 4~5 层 | 18 000~22 000 | 0.58 | 0.52 |
| 高等学校、中学 3~4 层 | ≤22 000 | 0.58 | 0.52 |
| 小学、幼儿园、托儿所 2 层 | ≤35 000 | 0.81 | 0.76 |
| 医院 4~5 层 | ≤10 000 | 0.64 | 0.58 |

供暖体积热指标 $q_V$ 值的大小，主要与建筑物的结构与外形有关。建筑物围护结构传热系数越大，采光率越高，体形系数（建筑物与室外大气接触的外表面积与其包围的体积的比值）越大，建筑物单位体积的热损失越大。因此，这种情况下，$q_V$ 可取表 9-8 中较大值，反之，取表中较小值。

供暖面积热指标 $q_f$ 值的大小，还与当地室外设计温度有关，但由于寒冷地区外围护结构的保温措施随室外计算温度的降低而增强，因此，东北、华北各地区 $q_f$ 都相差不多，所以，$q_f$ 值的选取可参考 $q_V$ 的取值方法，并应考虑建筑物层高的影响。

## 9.2　供暖系统的形式

### 9.2.1　供暖系统的分类

1）按供暖系统使用热媒不同可分为热水供暖系统和蒸汽供暖系统。以热水作为热媒的供暖系统，称为热水供暖系统，集中供暖的供回水温度推荐为 85℃/60℃；以蒸汽作为热媒的供暖系统，称为蒸汽供暖系统。

2）按供暖系统中使用的散热设备不同，可分为散热器供暖系统和热风供暖系统。以各种对流散热器或辐射对流散热器作为室内散热设备的热水或蒸汽供暖系统，称为散热器供暖系统。对流散热器是指全部或主要靠对流传热方式而使周围空气受热的散热器；辐射对流散热器若是以对流传热为主散热给室内的供暖系统，也称为对流供暖系统。民用建筑散热器供暖系统应采用热水作为热媒，宜按照 75℃/50℃ 连续供暖设计，供水温度不宜大于 85℃，供回水温差不宜小于 20℃。热风供暖系统是以热空气作为传热媒介的对流供暖系统。对于一些工业建筑采用热风供暖时，还应满足消防的要求。

3）按供暖系统中散热方式的不同分为对流供暖系统和辐射供暖系统。利用对流换热或以对流换热为主散热给室内的供暖系统，称为对流供暖系统；以辐射传热为主散热给室内的供暖系统，称为辐射供暖系统。利用建筑物内部顶棚、地板、墙壁或其他表面（如金属辐射板）作为辐射散热面而进行的供暖是典型的辐射供暖系统。

### 9.2.2　供暖系统的形式

**1. 自然循环热水供暖系统**

以不同温度的水的密度差为动力而进行循环的系统，称为自然循环系统。图 9-3 所示为重力循环热水供暖系统的工作原理图，在图中假设整个系统只有一个放热中心1（散热器）和一个加热中心2（锅炉），用供水管路3和回水管路4把锅炉与散热器相连接，在系统的最高处连接一个膨胀水箱5，用它容纳水在受热后膨胀而增加的体积。

在系统工作之前，先将系统中充满冷水。当水在锅炉内被加热后，密度减小，同时受着从散热器流回来密度较大的回水的驱动，使热水沿供水干管流回锅炉。这样便形成了图9-3所示按箭头方向的水的流动。

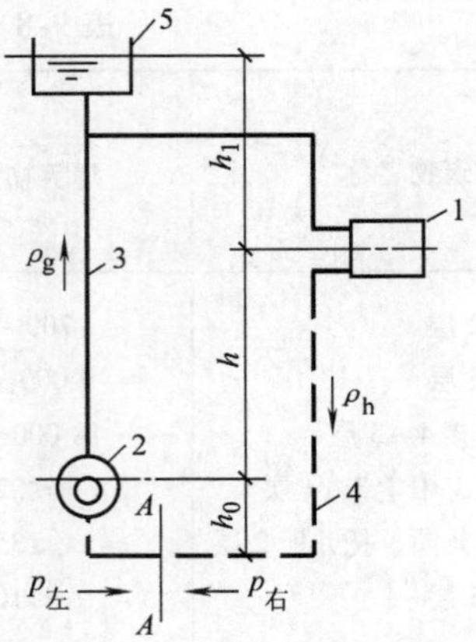


图9-3 重力循环热水供暖系统的工作原理图
1—散热器 2—热水锅炉 3—供水管路 4—回水管路 5—膨胀水箱

假设循环环路最低点的断面A—A处有一设想阀门，若将阀门关闭，则在A—A断面两侧受到不同的水柱压力。设$p_右$和$p_左$分别表示A—A断面右侧和左侧的水柱压力，则

$$p_右 = g(h_0\rho_h + h\rho_h + h_1\rho_g) \tag{9-10}$$

$$p_左 = g(h_0\rho_h + h\rho_g + h_1\rho_g) \tag{9-11}$$

断面A—A两侧之压差值，即系统的循环作用压力为

$$\Delta p = p_右 - p_左 = gh(\rho_h - \rho_g) \tag{9-12}$$

式中 $\Delta p$——重力循环系统的作用压力（Pa）；
$g$——重力加速度（$m/s^2$），取$9.81m/s^2$；
$h$——冷却中心至加热中心的垂直距离（m）；
$\rho_g$、$\rho_h$——供、回水密度（$kg/m^3$）。

由式（9-12）可见，重力循环热水供暖系统的循环作用压力的大小，取决于水温（水的密度）在循环环路的变化状况，即起循环作用的只有散热器中心和锅炉中心之间这段高度内的水柱密度差。如供水温度为95℃，回水温度为70℃，则每米高差可产生的作用压力为：$gh(\rho_h - \rho_g) = 9.81 \times 1 \times (977.81 - 961.92)Pa = 156Pa$，不同水温下水的密度，见有关资料。

重力循环热水供暖系统主要分为双管和单管两种形式，图9-4a所示为双管上供下回式系统；图9-4b所示为单管上供下回顺流式系统。为了使下层散热器水温提高，可设计成单管跨越式，如图9-4b所示，流向散热器的热水水流分成两部分，一部分直接进入该层散热器，而另一部分则通过跨越管与本层散热器回水混合后再流向下一层散热器。有时，也可以在跨越管上增设阀门，在系统调试前阀门关闭，系统调试时用它调节热水流量，以减缓上热下冷的弊病。

图9-5所示为单管上供下回式系统。上供下回式重力循环热水供暖系统管道布置时，供水干管必须有向膨胀水箱方向上升的坡度，其反向的坡度为0.5%～1.0%；散热器支管的坡度一般取1%，有利于系统内的空气被顺利地排除。重力循环系统中水的流速较低，水平干管中流速小于0.2m/s；在干管中空气气泡的浮升速度为0.1～0.2m/s，而在立管中约为0.25m/s，因此在上供下回重力循环热水供暖系统充水和运行时，空气能逆着水流方向，经过供水干管聚集到系统的最高处，通过膨胀水箱排除。为使系统顺利排除空气，在系统停止运行或检修时能通过回水干管顺利地排水，回水干管应有向锅炉方向的向下坡度。

图9-6所示为一种单户式系统。单户式系统是重力循环热水供暖系统的一种特殊形式，常作为单层房屋单户（或若干户）使用。供水干管敷设在顶棚下或阁楼内，回水干管可置于地沟内

或地板上；热源为小型锅炉，它一般设置在散热器同一层或低于散热器，膨胀水箱则设置在阁楼内或最高处。为了减少系统的压力损失，应尽量缩短配管的长度。散热器可设置在内墙距地坪 300～400mm 处，由于提高了散热器的位置，作用压力将会增加，这样有利于系统的循环。

在双管系统中，由于各层散热器与锅炉的高差不同，虽然流入和流出各层散热器的供、回水温度相同（不考虑管道沿途冷却的影响），但仍将形成上层作用压力大，下层压力小的现象。即使选用不同的管径，也不能使各层压力损失达到平衡，由于流量分配不均，必然会出现上热下冷的现象，通常称作系统垂直失调。而且层数越多，上下层的作用压力差值越大，垂直失调就会越严重。

**2. 机械循环热水供暖系统的主要形式**

（1）双管热水供暖系统　双管热水供暖系统按供水干管的位置不同，可分为上分、中分、下分（或上供、中供、下供）三种形式。图9-7所示为双管上分式（上供下回式）系统的示意图，供水干管布置在顶层散热器之上，热水沿主立管上升，分流入供水水平干管，再由立管向下分配，经支管进入散热器。散热后的回水经支管流入立管，汇入回水水平干管。系统膨胀水箱（开口式）的膨胀管接到循环水泵吸入口，在供水干管末端最高处设集气排气设备（集气罐）。

中分式系统，供水干管在中间某一层的地板上或顶棚下，如图9-8所示。该系统在供水干管末端最高点设集气罐，在供水干管上边的散热器上设有手动或自动放风门。这种系统避免了上分式系统明管敷设供水干管时挡上腰窗的问题，缓和了上分式系统的垂直失调现象。

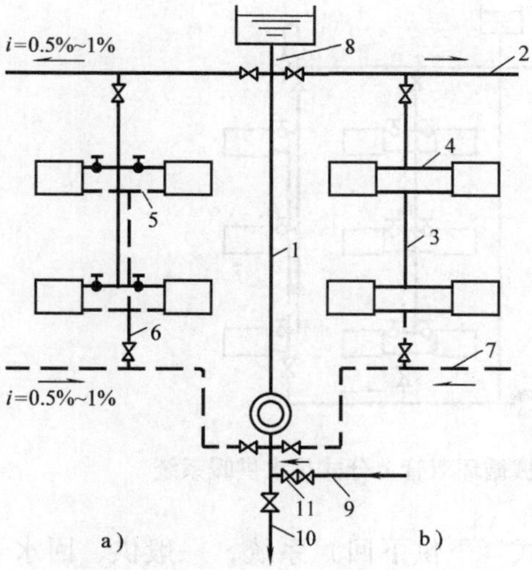


图9-4　重力循环供暖系统

a）双管上供下回式系统　b）单管顺流式系统

1—总立管　2—供水干管　3—供水立管　4—散热器供水支管　5—散热器回水支管　6—回水立管　7—回水干管　8—膨胀水箱连接管　9—充水管（接上水管）　10—泄水管（接下水道）　11—止回阀

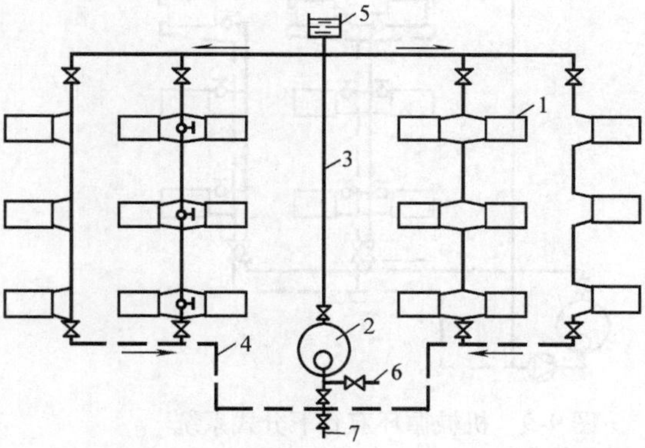


图9-5　单管上供下回式系统

1—散热器　2—锅炉　3—供水管　4—回水管　5—膨胀水箱　6—上水管及阀门　7—排水管

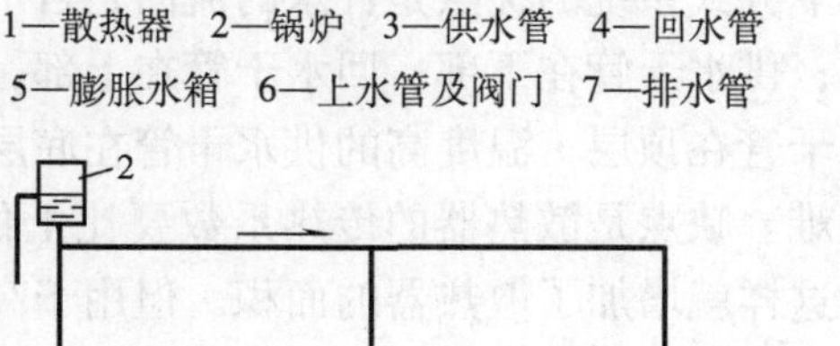


图9-6　单户式系统

1—散热器　2—膨胀水箱　3—小型锅炉

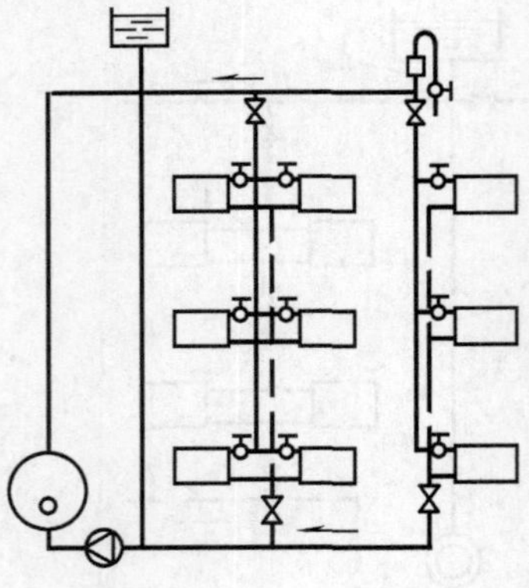

图 9-7 机械循环双管上分式热水供暖系统

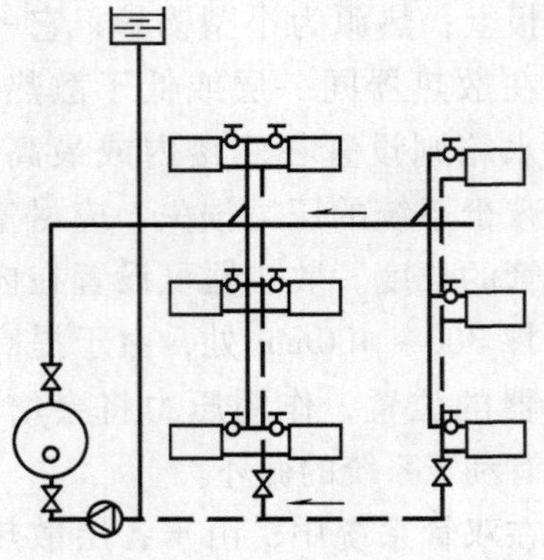

图 9-8 机械循环双管中分式热水供暖系统

下分式（下供下回）系统，一般供、回水干管均敷设在地沟或地下室内，如图 9-9 所示。由于自然循环的作用压力，正好被管道的沿程阻力所消耗，因此可以减小或消除双管系统的垂直失调，因此，这是一种推荐的做法，一般适用于6层以下的建筑。系统中的空气是通过最上层散热器上部的手动或自动放风门排除的。有的高温水系统，把回水干管设在最上层（即下供上回式），称为倒流式系统，如图 9-10 所示。

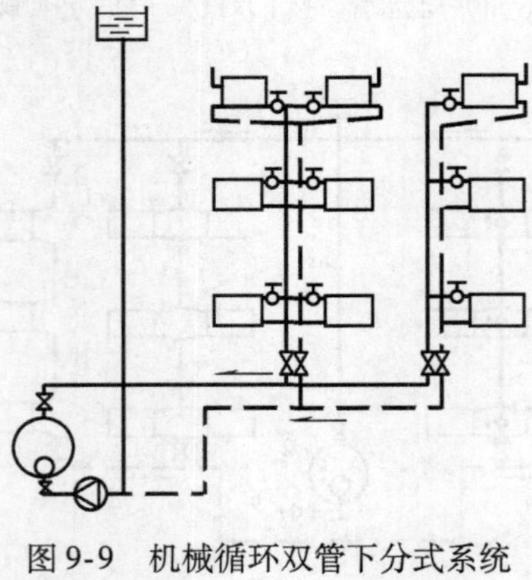

图 9-9 机械循环双管下分式系统

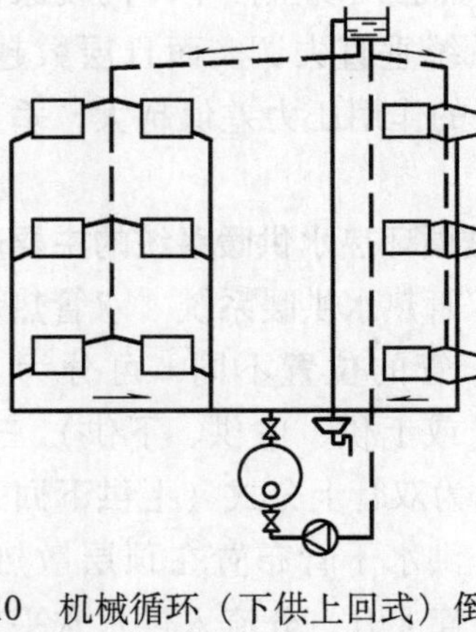

图 9-10 机械循环（下供上回式）倒流式系统

下分式系统的优点是：水的流向是自下而上，与系统内的空气流向一致，因而空气排除比较容易；供水干管在下部，回水干管在上部，故无效热损失小；用于高温水系统时，由于温度低的回水干管在顶层，温度高的供水干管在底层，这样就可减少膨胀水箱的标高，减少布置高架水箱的困难。缺点是散热器的传热系数要比上供下回式系统低；散热器的平均水温几乎等于出口水温，这样就增加了散热器的面积。但用于高温水供暖时，这一特点却有利于满足散热器表面温度不致过高的卫生要求。因此，这种形式宜应用于高温水供暖系统中。

对于某些建筑物，因设置地沟困难，又不允许在地板上安装管道，所以把回水干管布置在散热器上方，即所谓上供上回式，如图 9-11 所示。但底层散热器要安装泄水阀门。

双管系统由于自然循环压头的作用，某些系统形式容易引起垂直失调现象，所以多用于6层以下的建筑物。如果在散热器支管上设置温控阀，则可以改善垂直失调现象。另外，随着分户计量、按热收费政策的实施，户内双管系统会得到广泛的发展。

（2）单管式热水供暖系统 单管式热水供暖系统构造简单，节省管材，造价低。采用上分式系统能够集中排除空气，可减轻垂直失调，是目前五六层建筑物采用最多的一种系统，个别可用到12层。但层数过多，会使立管管径过大，下部水温过低，散热器面积过大而不好布置。

图9-12所示为单管垂直顺序式热水供暖系统，热水自上而下顺序流过各层散热器。为了提高下层散热器的水温，可设计成带闭合管段的单管垂直式热水供暖系统。

图9-13所示为带闭合管段的单管垂直式热水供暖系统，这种系统立管中的热水，一部分流入散热器，另一部分直接流过闭合管段，与由散热

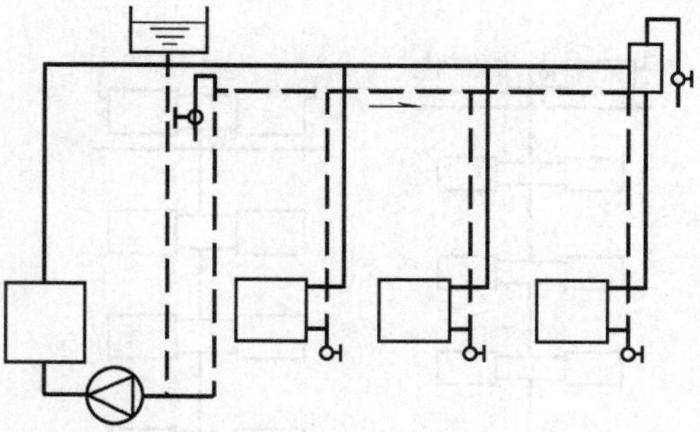

图9-11 机械循环双管上供上回式供暖系统

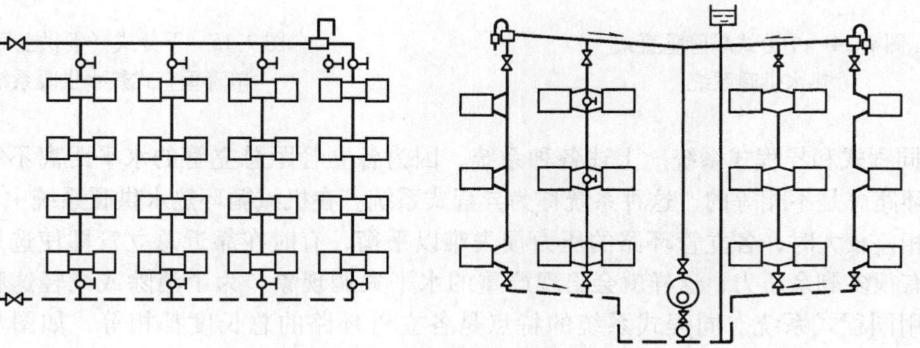

图9-12 机械循环单管垂直顺序式热水供暖系统

器流出的回水汇合于立管，汇合后的热水再流入下一层的散热器，进行同样的分配。这种系统与单管垂直顺序式系统相比，可以提高下层散热器进水温度，散热器支管上可以加装阀门，而具有可调节散热器热量的优点，但构造较为复杂。图9-13b所示为上面两层带闭合管段的图示。

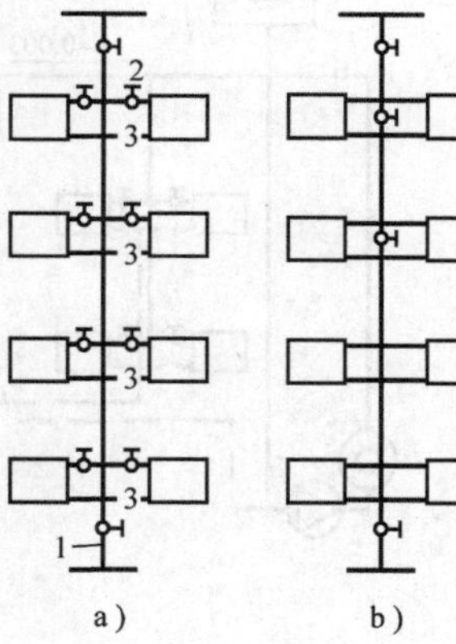


图9-13 带闭合管段的单管垂直式热水供暖系统

1—立管 2—支管 3—闭合管

中分式单管垂直式热水供暖系统如图9-14所示，供水干管上边的散热器要安装手动或自动放风门，也分带闭合管段与不带闭合管段两种形式。下分式（下供上回式）单管垂直式热水供暖系统如图9-15所示。该系统的优缺点同双管同类系统一样，适用于高温水供暖系统。

（3）水平串联热水供暖系统　水平串联的散热器不宜过多，过多时除后面的水温过低而使散热器片数过多外，管道的胀缩问题处理不好易漏水。为此系统的环路不宜过长，每一环路的散热器以8～12组为宜。

水平式系统与垂直式系统相比，具有如下特点：系统的总造价一般要比垂直式系统低；系统管路简单，节省管材，无穿过各层楼板的立管，施工方便；有可能利用最高层的辅助空间（如楼梯间、厕所等）架设开口式膨胀水箱，不必在顶棚上再专设安装膨胀水箱的房间，这样不仅降低了建筑造价，还不影响建筑物外形美观；根据建筑物的使用要求，可以按层调节供热量。

因此，水平式系统也是我国应用较多的一种形式。

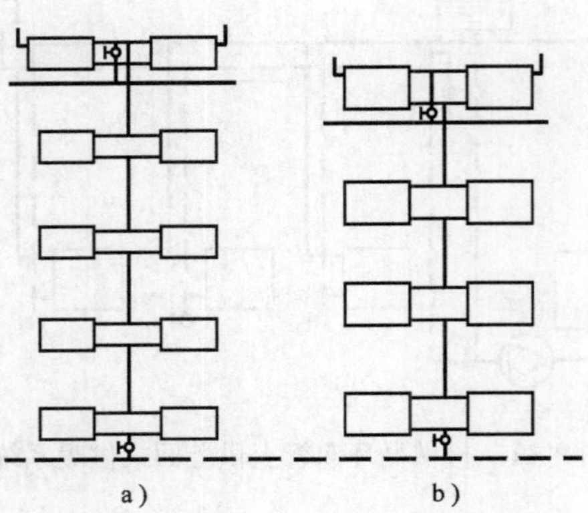


图 9-14 中分式单管垂直式热水供暖系统

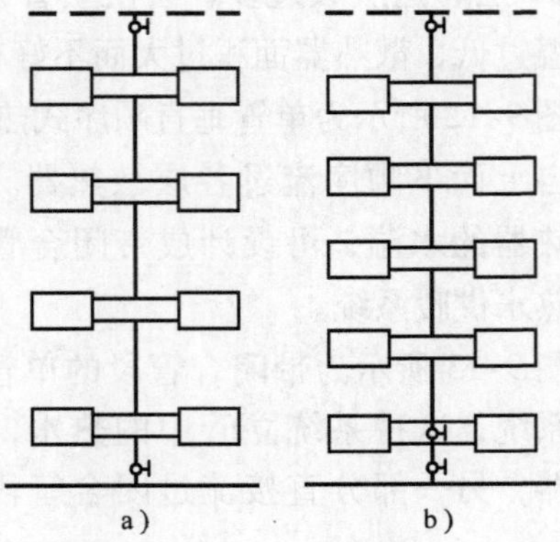


图 9-15 下分式（下供上回式）单管垂直式热水供暖系统

（4）同程式和异程式系统 上述各种系统，因为各立管距总立管的水平距离不相等，各立管水循环环路总是不相等的，这种系统称为异程式系统。在机械循环热水供暖系统中，当各环路的总长度相差较大时，各立管环路的压力损失难以平衡，有时在靠近总立管即使选用了最小管径，但仍有很多剩余压力，这样就会出现严重的水平失调现象。为了消除或减轻这种现象的发生，可采用同程式系统。同程式系统的特点是各立管环路的总长度都相等，如图 9-16 所示。由于最近立管环路与最远立管环路长度相同，所以环路的压力损失容易平衡。

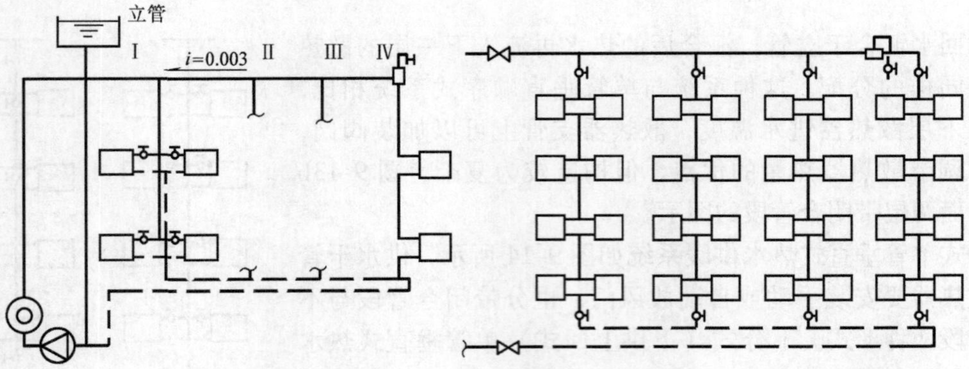


图 9-16 同程式热水供暖系统

同程式系统的管径和长度比异程式系统都大，这就增加了投资和施工工程量，且若设计与调节不好，个别立管可能水循环停滞或倒流。由于它有上述缺点，故采用同程式热水供暖系统应有一定的根据。对于常用的单管热水供暖系统，一般应按异程式设计。

**3. 分户计量供暖系统的形式**

按照 GB 50736—2012《民用建筑供暖通风与空气调节设计规范》规定，居住建筑宜采用垂直双管系统或共用立管的分户独立循环双管系统，也可采用垂直单管跨越式系统。图 9-17 所示为某住宅集中供暖、分户计量的供暖系统形式，与传统供暖系统形式相比，系统的划分、管道的走向、敷设方式和管件配置已与传统的供热系统大相径庭。

住宅建筑供暖系统的室内管道敷设方式已由单一的金属管道明装，改为塑料管或铝塑复合管埋地暗装，其形式以双管系统和带有跨越管的单管系统形式应用最多。

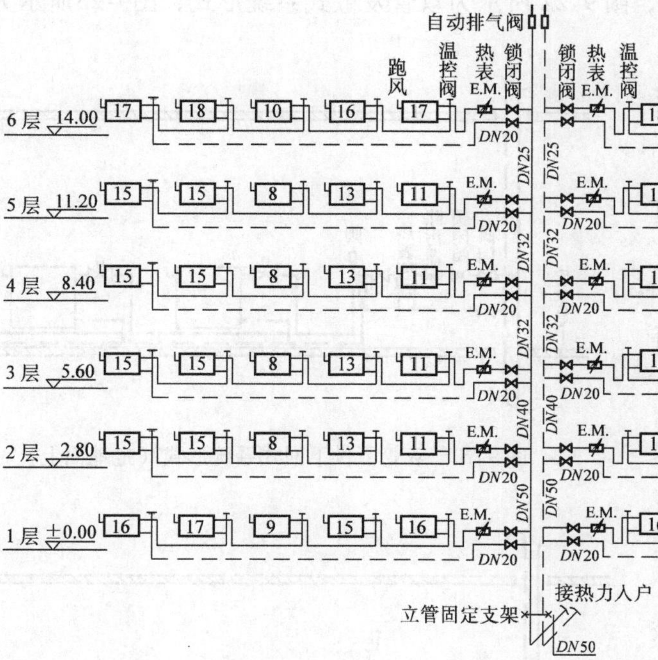


图 9-17　集中供暖、分户计量的供暖系统形式

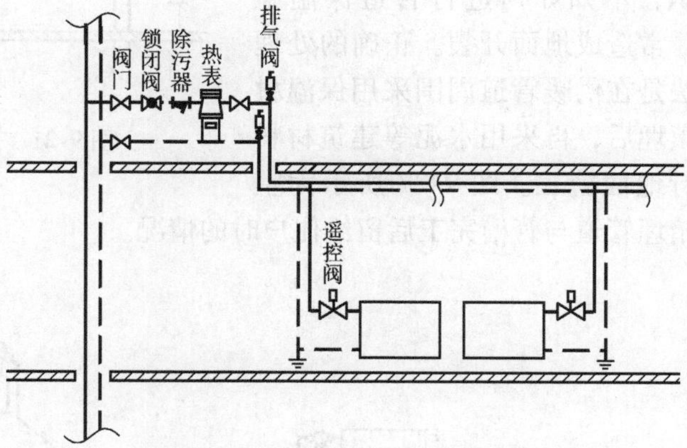


图 9-18　热表在上层的双管上供上回式系统

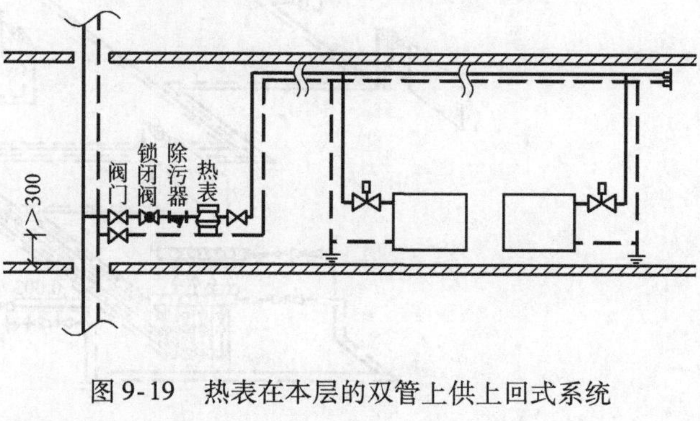


图 9-19　热表在本层的双管上供上回式系统

（1）双管系统　从安装形式上分，双管系统分为两种形式：一种是各组散热器直接从户内干管上引出的传统双管系统形式；另一种是用户设有分水器，每组散热器均从分水器上并联引出的发散形式。双管系统可在各组散热器上设置温控阀，实现独立调节，因此热舒适性较好，采用该系统形式的较多。但由于发散式系统在室内地下水平管路数量较多，系统设计及水平散热器的流量分配计算相对复杂一些，因此该方式适用于住宅面积较大、房间分隔较多以及室内热舒适性要求较高的场合。图 9-18 和图 9-19 所示为双管上供上回式系统，户内形式一样，所不同的是热表的位置不同。该系统采用钢管明装方式，安装、维修比较方便，使用材料、安装方法与传统的供暖形式基本相同。该供暖形式在实施分户计量的初期应用较多，缺点是泄水较为困难。该系统的安装要点是确保水平管的坡度满足设计要求，不造成存气现象。

图 9-20 所示为供回水管走地面的明装双管下供下回式系统形式，图 9-21 所示为供回水管走

填充层的双管下供下回式系统形式，图9-22所示为双管发散式系统形式，图9-23所示为双管发散式供暖平面。

双管发散式系统的管道与散热器的连接方式如图9-24所示。

（2）单管跨越系统　单管跨越系统的形式如图9-25所示，埋地管和散热器的连接方式如图9-26所示。

单管跨越式的管线也分为地面敷设和埋地敷设，其做法与双管系统基本相同，只是与散热器的连接方式稍有不同。

许多施工单位将埋地敷设的管道处暴露，将处理工作交给用户。这种做法的优点是可以让用户在二次装修时，注意到管道不将其破坏；缺点是用户往往对埋设供暖管道的地面处的处理缺乏相关的技术知识，不知如何进行管道保温施工，常造成地面开裂。正确的处理方法是在供暖管道周围采用保温材料填埋后，再采用水泥等建筑材料进行地面施工。图9-27所示为室内暗埋管道与管槽完工后留给住户时的情况。

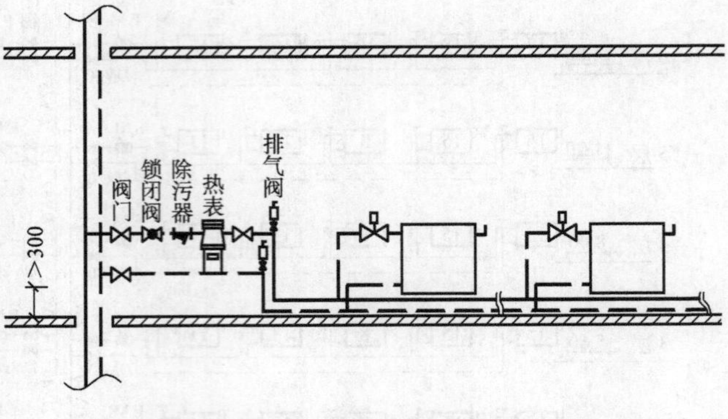


图9-20　双管下供下回式系统形式（走地面上）

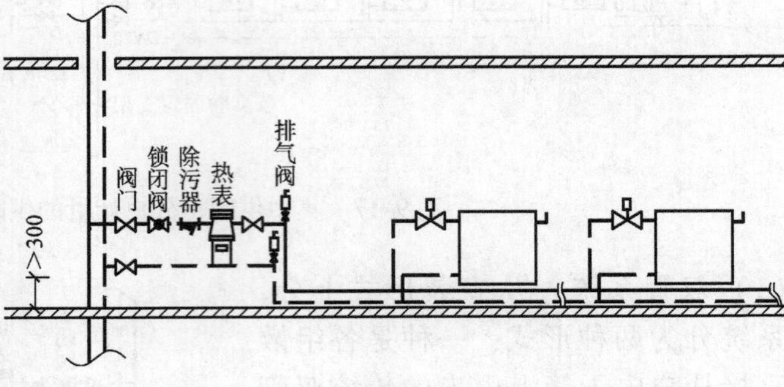


图9-21　双管下供下回式系统形式（走填充层）

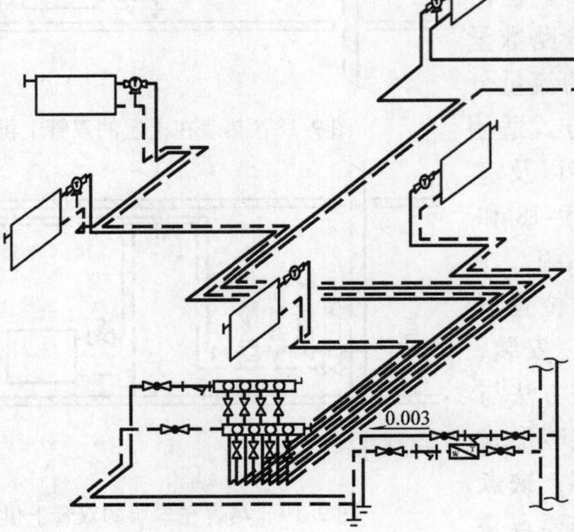


图9-22　双管发散（放射）式系统形式

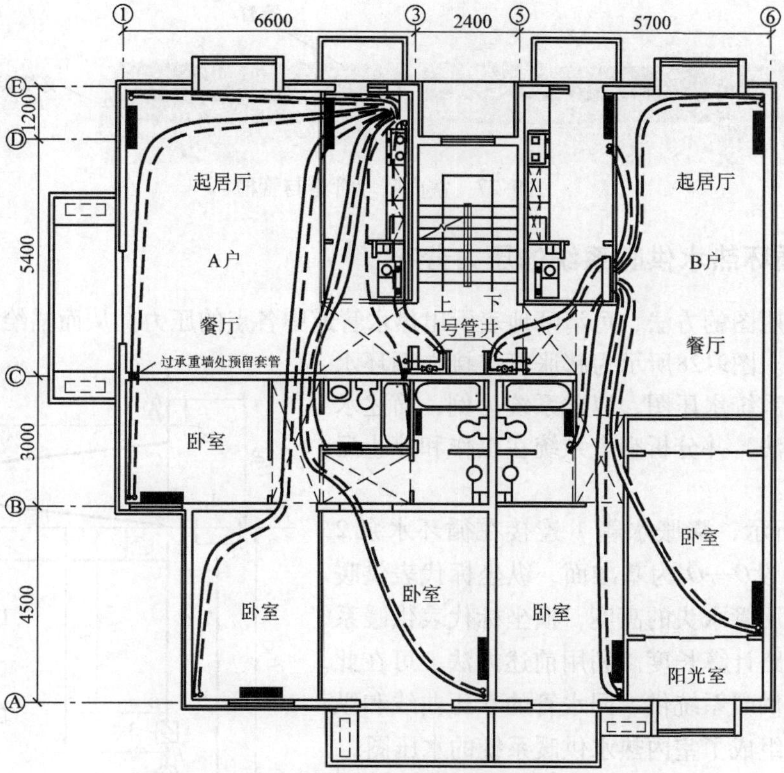


图9-23 双管发散（放射）式供暖平面

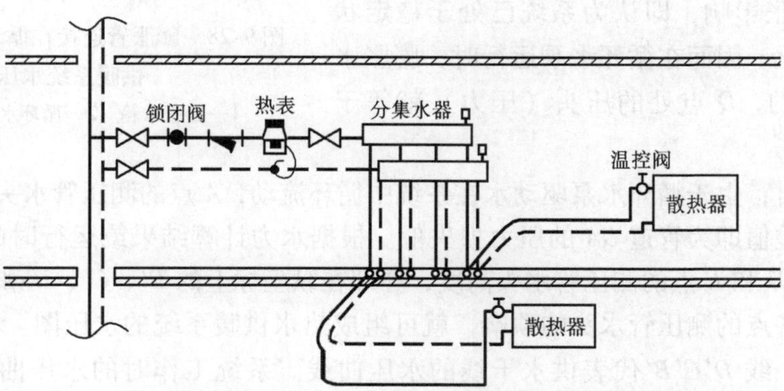


图9-24 双管发散式系统的管道与散热器的连接方式（走填充层）

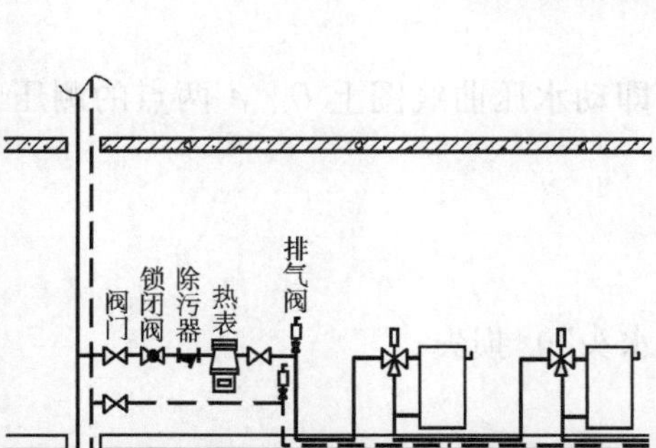


图9-25 单管跨越系统的形式

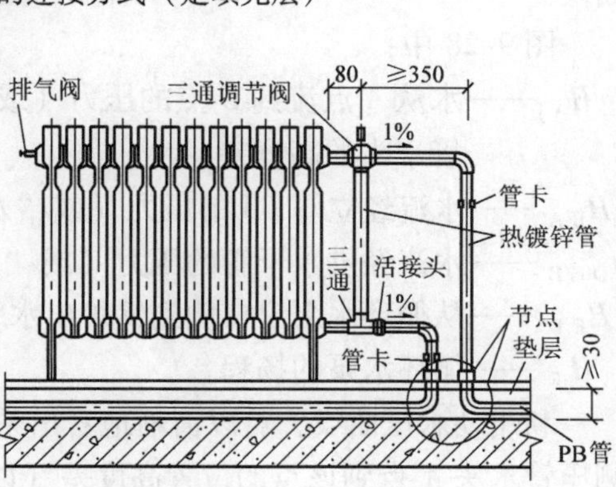


图9-26 埋地管和散热器的连接方式

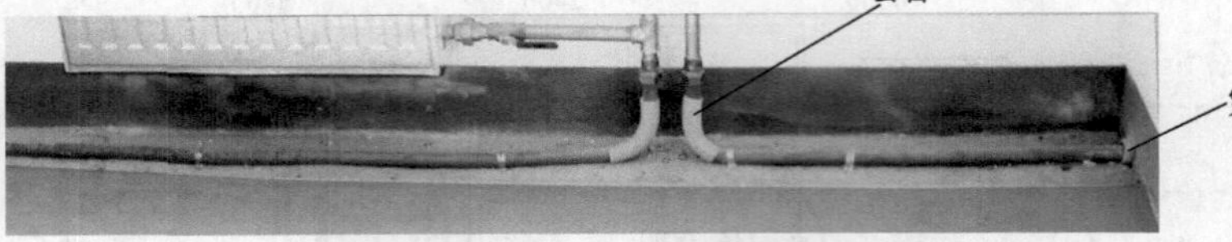


图9-27 室内暗埋管道与管槽

## 9.2.3 机械循环热水供暖系统的压力分布

通过绘制水压图的方法，可清晰地表示出热水管道中各点的压力，从而描绘出整个供暖系统的压力分布情况。图9-28所示为膨胀管连接在循环水泵吸入口的供暖系统水压图，以此系统为例，简述水压曲线的绘制方法，并分析整个系统在工作和停止运行时的压力状况。

如图9-28所示，膨胀水箱1连接在循环水泵2进口侧$O$点处。设$O—O'$为基准面，纵坐标代表供暖系统的高度和测压管水头的高度，横坐标代表供暖系统水平干线的管路计算长度。利用前述方法，可在此坐标系统内绘出供暖系统供、回水管的水压曲线和纵断面图。该图即组成了室内热水供暖系统的水压图。

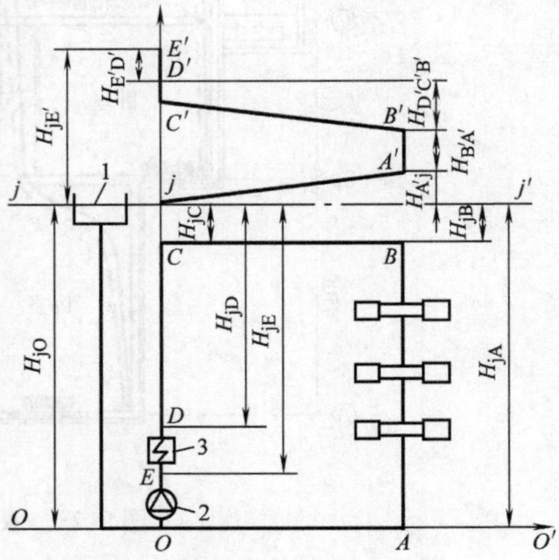


图9-28 膨胀管连接在循环水泵吸入口的供暖系统水压图

1—膨胀水箱 2—循环水泵 3—锅炉

设膨胀水箱的水位高度线为$j—j$。如不考虑漏水或加热时水的膨胀影响，即认为系统已处于稳定状态，不再发生变化。因而在循环水泵运行时，膨胀水箱的水位是不变的，$O$点处的压头（压力）就等于$H_{jO}$（$mH_2O$）。

当系统工作时，由于循环水泵驱动水在系统中循环流动，$A$点的测压管水头必然高于$O$点的测压管水头，其差值即为管道$OA$的压力损失值。根据水力计算结果或运行时的实际压力损失，就可确定$B$、$C$、$D$和$E$点的测压管水头高度，亦即在纵坐标上的$B'$、$C'$、$D'$和$E'$点的位置。

如顺次连接各点的测压管水头的顶端，就可组成热水供暖系统的水压图。其中$jA'$代表回水干线的水压曲线；线$D'C'B'$代表供水干线的水压曲线。系统工作时的水压曲线，称为动水压曲线。

图9-28中：

$H_{A'j}$——水从$A$点流到$O$点的压力（或“水头”）损失，即动水压曲线图上$O$、$A$两点的测压管水头的高度差；

$H_{B'A'}$——水流经立管$BA$的压力（或“水头”）损失；

$H_{D'C'B'}$——水流经供水干管的压力（或“水头”）损失；

$H_{E'D'}$——从循环水泵出口侧到锅炉出水管段的压力（或“水头”）损失；

$H_{jE'}$——循环水泵的扬程。

利用动水压曲线，可以清晰地看出系统工作时各点的压力大小。如$A$点的压头就等于$A$点测压管水头$A'$点到该点的位置高度差（以$H_{A'A}$表示）。同理，$B$、$C$、$D$、$E$和$O$点的压头分别为$H_{B'B}$、$H_{C'C}$、$H_{D'D}$、$H_{E'E}$、$H_{jO}$。

当系统循环水泵停止运行时，整个系统的水压曲线呈一条水平线。各点的测压管水头都相等，其值为$H_{jO}$，系统中$A$、$B$、$C$、$D$、$E$和$O$点的压头分别为$H_{jA}$、$H_{jB}$、$H_{jC}$、$H_{jD}$、$H_{jE}$和$H_{jO}$。系统停止工作时的水压曲线，称为静水压曲线。

通过上述分析可知，热水供暖系统水压曲线的位置取决于定压装置对系统施加的压力大小和定压点的位置。采用开式高位水箱膨胀水箱定压的系统，各点的压力取决于膨胀水箱的安装高度（静水压线高）和膨胀管与系统的连接位置。当膨胀水箱的安装高度超过用户系统的充水高度，且膨胀水箱的膨胀管又连接在靠近循环水泵进口侧时，就可以保证整个供暖系统，无论在运行或停止运行时，各点的压力都超过大气压力。这样系统中不会出现负压，不会引起热水汽化或吸入空气等，从而保证系统可靠地运行。

如果膨胀管仅连接在回水干管的某个位置，水压图就变成图9-29所示的情况，局部在循环水泵运行时，会出现低于静水压线的情况。

由此可见，在机械循环热水供暖系统中，膨胀水箱不仅起到容纳系统水体积膨胀的作用，还起着对系统定压的作用，因此也称其为定压装置。开式高位膨胀水箱是最简单的一种定压装置。

供暖系统的定压方式还有多种，主要有密闭式膨胀水箱定压（利用罐内气压代替水箱高度产生的静压）、补给水泵定压。

如将膨胀水箱连接在热水供暖系统的供水干管上，则系统的水压曲线就成为如图9-30所示的情况。此时的静水压曲线高于系统的充水高度，运行时的动水压曲线都降低了（即整个系统各点的压力都降低了）。此时如果供暖系统的水平供水干管过长，阻力损失较大，则有可能在干管上出现负压。图9-30中$FB$段供水干管的压力低于大气压力，就会吸入空气或发生水的汽化现象，影响系统的正常运行，在机械循环热水供暖系统中，应将膨胀水箱的膨胀管连接在循环水泵吸入口侧的回水干管上。

利用安装在用户系统最高处的膨胀水箱定压的方式，称为高位水箱定压方式。这种定压方式设备简单，安全可靠，是机械循环低温热水供暖系统最常用的定压方式。

对于自然循环热水供暖系统，由于系统的循环作用压头小，水平供水干管的压力损失只占一小部分，膨胀水箱水位与水平供水干管的标高差足以克服水平供水干管的压力损失，因此供水干管上不会出现负压。

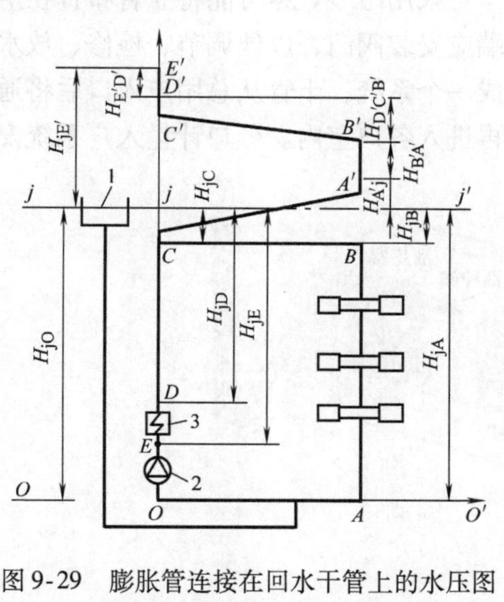


图9-29　膨胀管连接在回水干管上的水压图

1—膨胀水箱　2—循环水泵　3—锅炉

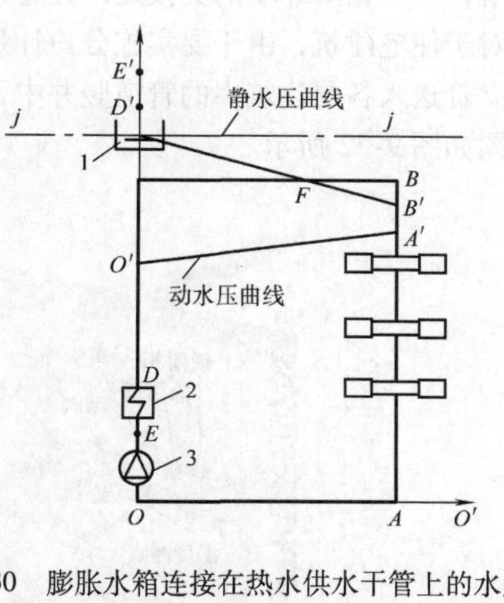


图9-30　膨胀水箱连接在热水供水干管上的水压图

1—膨胀水箱　2—锅炉　3—循环水泵

# 9.3 供暖系统的安装

## 9.3.1 室内供暖系统的安装

室内热水供暖系统管道布置的内容有确定入口位置，确定供、回水干管走向，分几个支环路，选择系统形式等。室内热水供暖系统的管道布置是否合理，直接影响系统的造价和供暖效果。管道布置的依据是建筑物的平面外形及结构尺寸、与外网的连接方式以及运行情况等。管道布置力求节省管材，便于调节和排除管道内的空气，而且要求各并联环路的压力损失易于平衡。

**1. 供暖入口与入户**

供暖系统的引入口宜设置在建筑物热负荷对称分配的位置，一般宜在建筑物的中部。这样可以缩短系统的作用半径。在民用建筑和生产厂房辅助性建筑中，系统的总立管在房间内的位置不应影响人们的生活和工作。图9-31所示为带热计量表的热力入口做法。

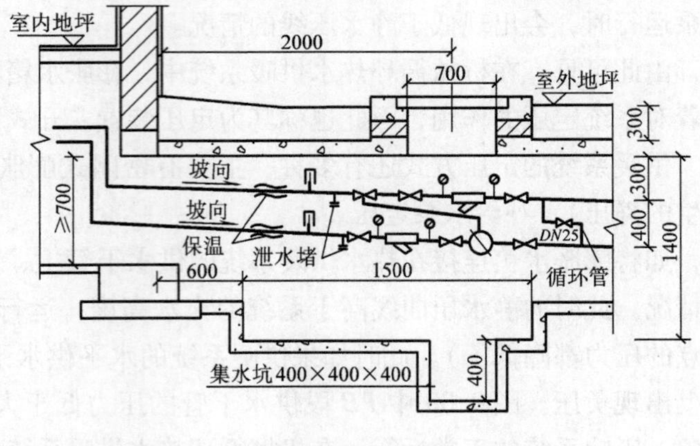

图9-31 带热计量表的热力入口做法

对于非住宅建筑，上供下回式系统（或中供式系统）的供水管多设在顶层（或中间某层）顶棚下，顶棚梁底标高距窗户顶部的距离应满足供水干管的坡度和设置集气罐所需的高度。若要穿梁需预先埋设套管，并校核其套管高度及位置。回水干管、下分式的供水干管一般敷设在地沟内或地下室内，地沟上每隔一定距离应设人孔，上盖活动盖板，以便于检修。

为了有效地排除系统内的空气，所有水平供水干管应具有不小于0.002~0.003的坡度，坡向在机械循环系统应与水的流向相反，在自然循环系统应与水的流向相同。室内热水供暖系统的管路应尽可能明装，当对室内美观、装修有特殊要求时，可采用暗装。尽可能将立管布置在房间的角落，尤其在两外墙的交接处。在每根立管的上、下端应安装阀门，以便调节、检修、放水。

对于住宅建筑，由于要实施分户计量，每个用户自成一个系统，干管从总用户入口后将通过分支立管送入各层建筑中的管道竖井中，经分户热表后再进入各户室内。分户计量入户系统安装示意图如图9-32所示。

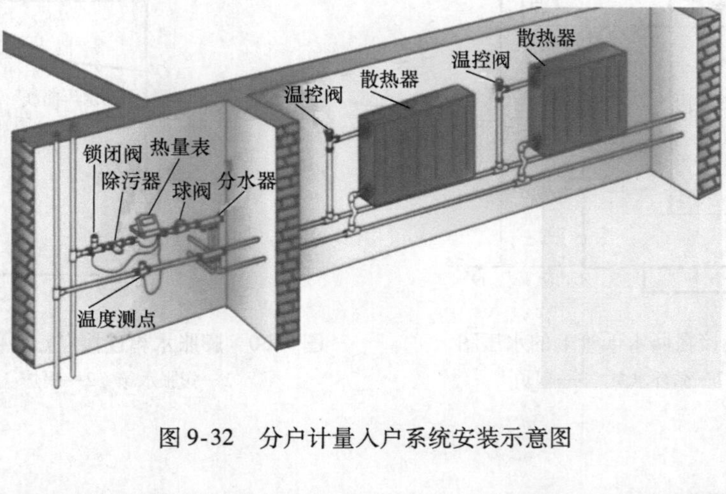

图9-32 分户计量入户系统安装示意图

**2. 供暖管道的安装**

室内热水供暖和低压蒸汽系统干管通常采用焊接钢管；支管采用焊接钢管、塑料管和复合管；带有热表的分户供暖系统明装管道采用镀锌钢管；暗埋管道采用交联塑料管或铝塑复合管等。

热水供暖系统通常采用焊接钢管，$DN \leqslant 32$mm 采用螺纹连接，$DN > 32$mm 采用焊接连接；室内暖沟内或地下室顶板下敷设的热水供暖供、回水干管或热水干管管道，因为管线长，接口较少，也可采用整体保温管焊接连接；蒸汽供暖系统中使用的无缝钢管均采用焊接连接。供暖系统中管道与阀门或其他需要经常拆卸的部件连接处可采用法兰连接，螺纹连接时应设置活接头。生活热水系统采用镀锌钢管时做法同供暖；采用铜管时，可利用钎焊连接或专用管件连接；采用塑料管时，多采用粘接或热熔连接。

供暖立管的平面位置及其与散热器的连接关系如图9-33所示，暗装的供暖及热水管道应做好保温层和保护层，管槽的做法如图9-34所示，参考尺寸见表9-9。立管安装应从底层到顶层逐层安装，安装时首先确定安装位置，然后画好立管垂直中心线，确定立管卡安装位置，安装好各层立管卡。

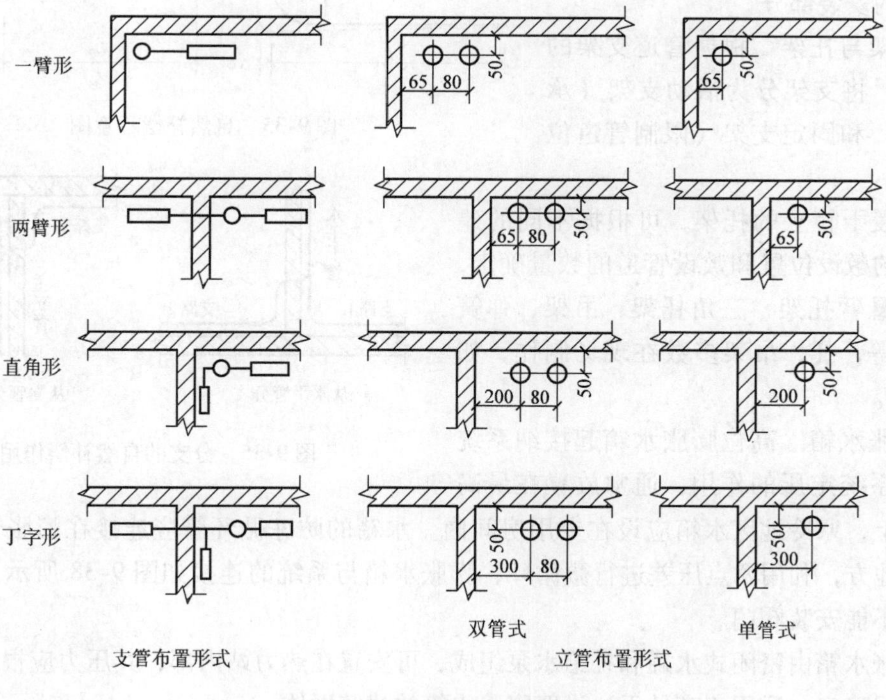


图9-33 供暖立管安装位置

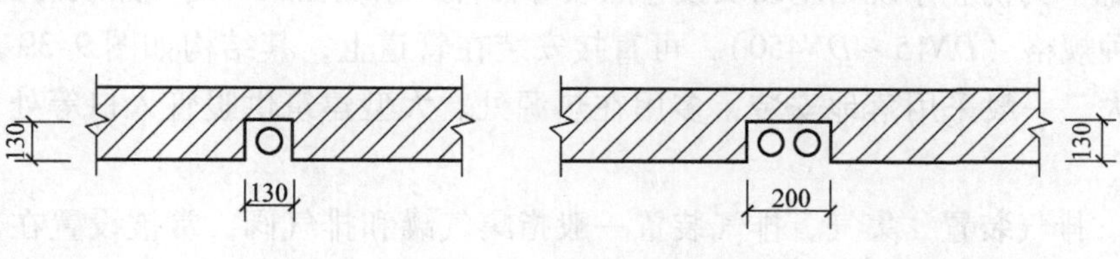


图9-34 供暖立管暗装剔槽示意图

表 9-9 暗装管道的管槽尺寸

| 管道名称及规格 | | 暗装管道管槽尺寸（宽×深）/mm×mm |
|---|---|---|
| 供暖立管 | $DN\leqslant 25$mm | 130×130 |
| | $DN=32\sim 50$mm | 150×130 |
| | $DN=70\sim 100$mm | 200×200 |
| | $DN=125\sim 150$mm | |
| 两根立管 | $DN\leqslant 32$mm | 200×130 |
| 水平管及散热器支管 | $DN\leqslant 32$mm | 60×60 |
| | $DN=32\sim 40$mm | 150×100 |

### 3. 供暖系统附件的安装

（1）补偿器的安装　室内供暖系统管道一般较细，补偿应尽量利用管道转弯等处进行自然补偿，如图9-35、图9-36所示。当自然补偿无法满足需要时，就需要安装管道补偿器，补偿器的安装可参见9.3.2室外供暖管道的安装部分。

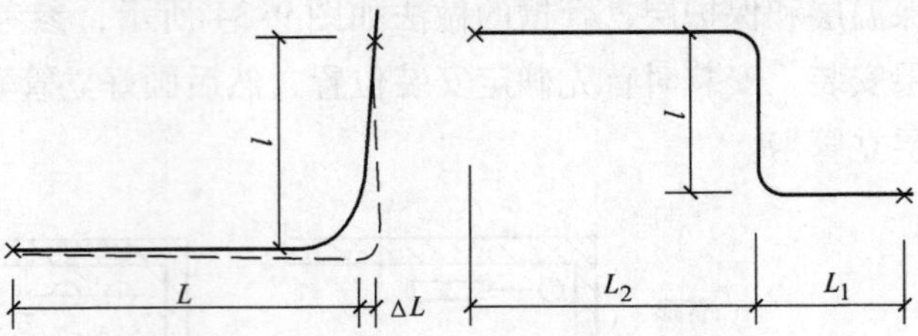

图9-35 自然补偿示意图

（2）支架与托架　根据管道支架的作用、特点，将支架分为活动支架（承受管道重量）和固定支架（限制管道位移）。

供热供暖干管上的托架，可根据不同的建筑物、不同的敷设位置和敷设管道的数量确定，具体可分为悬臂托架、三角托架、吊架、弹簧吊架和管卡等，托、吊架多数在现场制作，如图9-37所示。

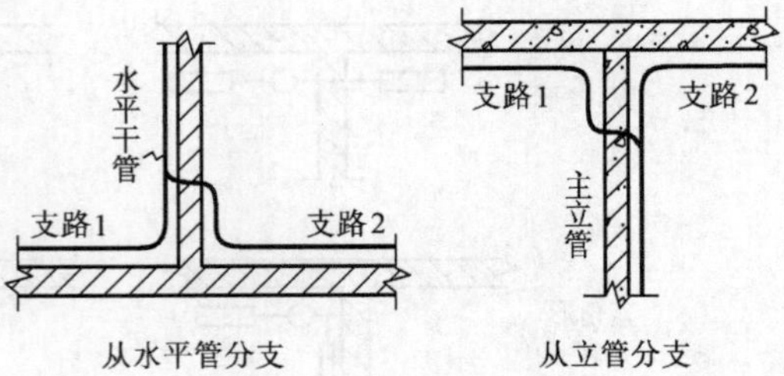

图9-36 分支的自然补偿作用

（3）膨胀水箱　高位膨胀水箱起接纳系统膨胀水和为系统定压的作用，通常放置在最高建筑物屋顶上，寒冷地区水箱应设在专用房间内。水箱的防冻循环管应连接在膨胀管接口处前1.5~3m的地方，利用两点压差进行微循环，膨胀水箱与系统的连接如图9-38所示。膨胀管和循环管上都不能安装阀门。

闭式膨胀水箱由密闭式水罐和补给水泵组成，可安置在热力站内部，其压力应根据建筑物高度、分区情况确定，适用于高处无法设置膨胀水箱的建筑群体。

（4）除污器　为防止系统堵塞以及损坏热表等器件，系统在入口处和热表前安装除污器。Y形除污器有多种规格（$DN15\sim DN450$），可直接安装在管道上，其结构如图9-39所示。立式除污器的体积较大，一般采用落地安装，多用在热源处、大型建筑供暖管入口等处，其结构如图9-40所示。

（5）集气、排气装置　集气、排气装置一般指集气罐和排气阀，常被设置在热水系统管道的最高处，上供式系统也可将其放在供水干管末端或连在倒数第一、第二根立管接干管处，下供式系统集气罐和排气阀往往与空气管相接，双管系统的每根立管上宜设置集气、排气装置。集气罐分为立式和卧式两种，一般用厚4~5mm的钢板卷成或用$\phi100\sim\phi250$mm的钢管焊成，集气罐

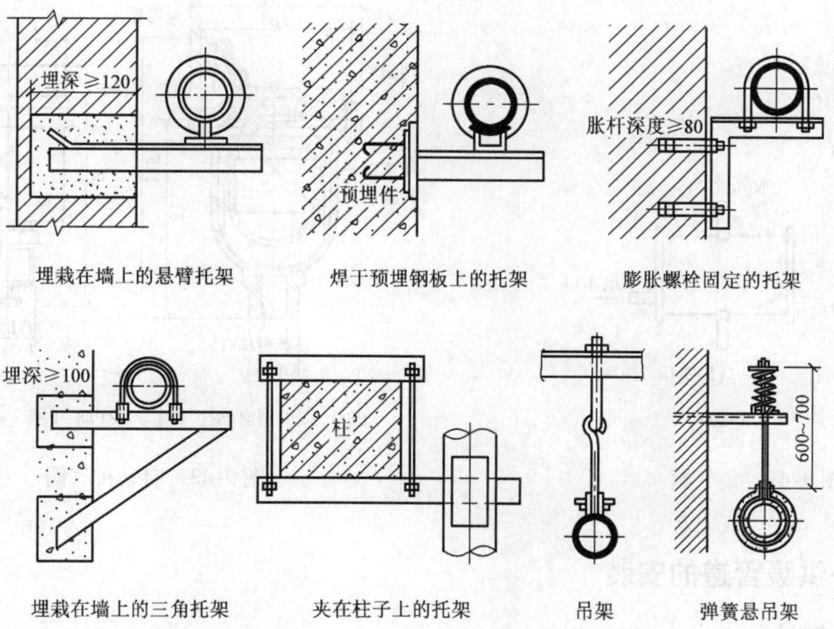


图9-37　室内供暖系统的几种托、吊架

的直径应比连接处干管直径大一倍以上，便于气体析出并聚集于罐顶。为了增大贮气量，进、出水管宜接近罐底，罐上部设15mm的放气管，放气管末端设放气阀门，并通到有排水设施的地方。也可以在集气罐的顶部设置自动排气阀，省去手动放气的麻烦。也有集气、排气的组合阀罐体产品。自动排气阀安装时，应立式安装，并在自动排气阀与管路接点之间安装一个阀门。集气罐和自动排气阀如图9-41、图9-42所示。

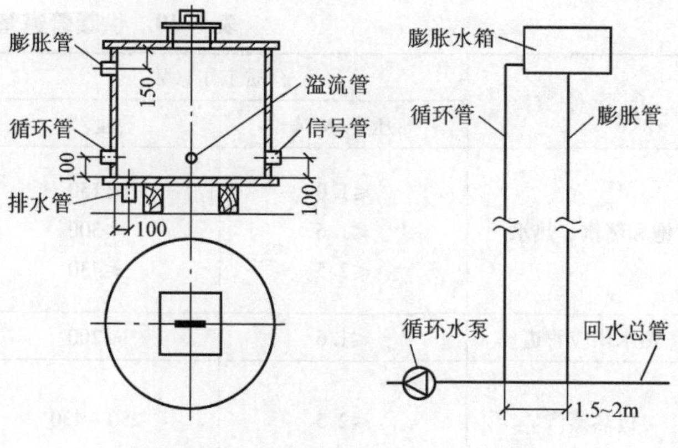


图9-38　膨胀水箱与系统的连接

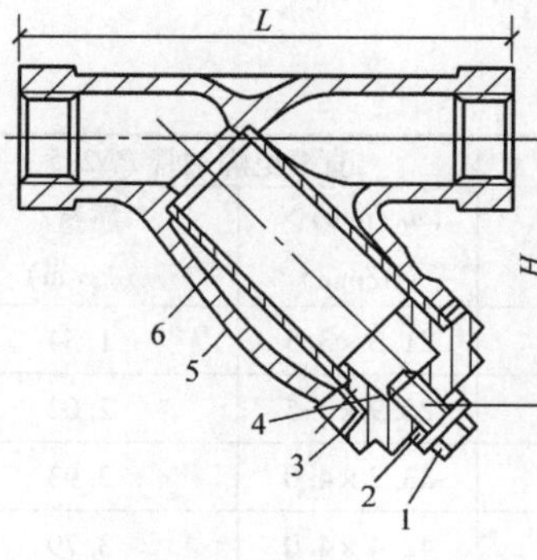


图9-39　Y形除污器

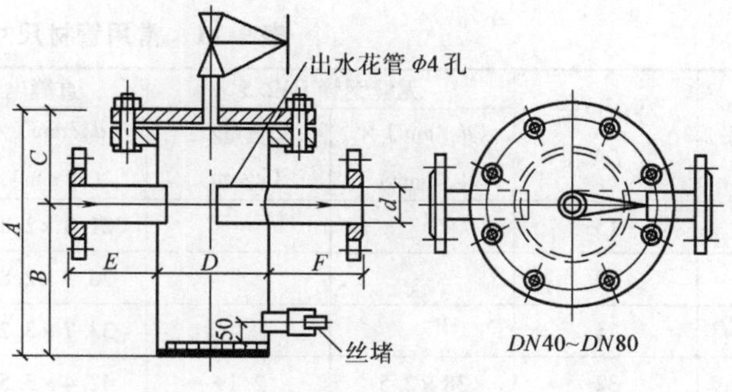


图9-40　立式除污器（体积较大）

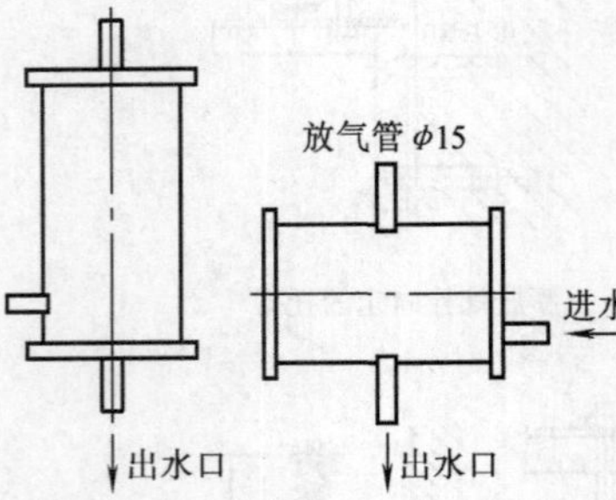


Ⅰ立式　　Ⅱ卧式

图9-41　集气罐

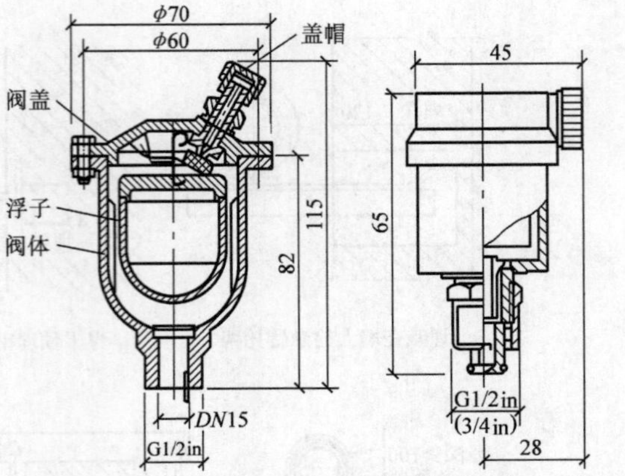


PPQ-R-S型自动排气阀　　ZP88-1型立式自动排气阀

图9-42　自动排气阀

## 9.3.2 室外供暖管道的安装

### 1. 管道与管材

室外供暖管道多采用焊接钢管、无缝钢管和螺旋焊钢管，输送介质工作压力大于2.5MPa时或输送介质工作温度高于200℃时，一般应选用无缝钢管。供暖管道管材的选择可见表9-10。

表9-10　供暖管道管材的选择

| 介质种类 | 介质工作参数 | | 钢管材料 | 管道类型 |
|---|---|---|---|---|
| | 压力/MPa | 温度/℃ | | |
| 饱和蒸汽、热水 | ≤1.0<br>≤1.6<br>≤2.5 | ≤150<br>≤300<br>≤430 | Q235—AF<br>Q235—A<br>10钢、20钢 | 无缝钢管<br>电焊钢管 |
| 热水供应管道 | ≤1.6 | ≤200 | Q235—A | 水煤气管 |
| 过热蒸汽 | ≤2.5 | 250～430 | 10钢、20钢 | 无缝钢管<br>电焊钢管 |

各种管材规格、质量、公称压力、允许压力、试验压力等参数，分别见表9-11和有关设计手册。

表9-11　常用管材尺寸及其质量

| 序号 | 公称尺寸 DN | 无缝钢管 *PN*2.5 | | 直缝电焊钢管 *PN*1.6 | | 直缝电焊钢管 *PN*2.5 | |
|---|---|---|---|---|---|---|---|
| | | $(d_0/\text{mm})\times(S/\text{mm})$ | 质量/(kg/m) | $(d_0/\text{mm})\times(S/\text{mm})$ | 质量/(kg/m) | $(d_0/\text{mm})\times(S/\text{mm})$ | 质量/(kg/m) |
| 1 | 15 | | | 21.3×2.8 | 1.28 | 21.3×3.5 | 1.54 |
| 2 | 20 | | | 26.9×2.8 | 1.66 | 26.9×3.5 | 2.02 |
| 3 | 25 | | | 33.7×3.2 | 2.41 | 33.7×4.0 | 2.93 |
| 4 | 32 | 38×2.5 | 2.19 | 42.4×3.5 | 3.36 | 42.4×4.0 | 3.79 |
| 5 | 40 | 45×2.5 | 2.62 | 48.3×3.5 | 3.87 | 48.3×4.5 | 4.86 |
| 6 | 50 | 57×3 | 4.00 | 60.3×3.8 | 5.29 | 60.3×4.5 | 6.90 |

（续）

| 序号 | 公称尺寸 DN | 无缝钢管 PN2.5 | | 直缝电焊钢管 PN1.6 | | 直缝电焊钢管 PN2.5 | |
|---|---|---|---|---|---|---|---|
| | | ($d_0$/mm)×(S/mm) | 质量/(kg/m) | ($d_0$/mm)×(S/mm) | 质量/(kg/m) | ($d_0$/mm)×(S/mm) | 质量/(kg/m) |
| 7 | 65 | 76×3 | 5.40 | 76.1×4.0 | 7.11 | 76.1×4.5 | 7.95 |
| 8 | 80 | 89×3.5 | 7.38 | 88.9×4.0 | 8.38 | 88.9×5.0 | 10.35 |
| 9 | 100 | 108×4 | 10.26 | 114.3×4.0 | 10.88 | 114.3×5.0 | 13.48 |
| 10 | 125 | 133×4 | 12.73 | 139.7×4.0 | 13.39 | 139.7×5.5 | 18.20 |

**2. 管道敷设**

室外热力管道的敷设方式有架空敷设和埋地敷设。架空敷设可采用单柱式支架、带拉索支架、栈架或沿桥梁等结构敷设，也可沿建筑物的墙壁或屋顶敷设。通常可分为高架敷设（距地4~6m）、中架敷设（距地2~4m）和低架敷设（距地0.5~1m），如图9-43所示。

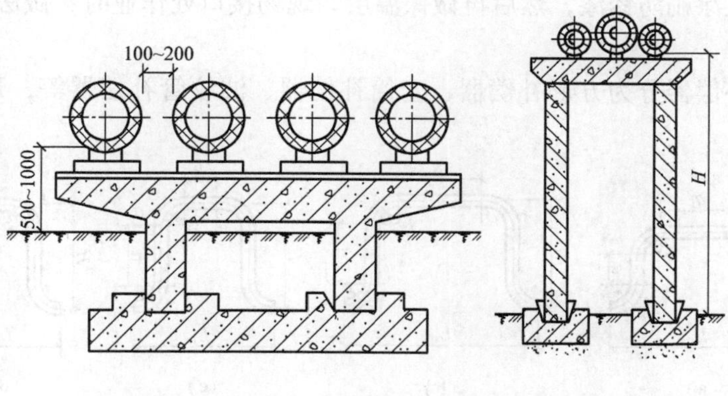


图9-43　管道低支架敷设和中、高支架敷设

热力管道在多数情况下采用地下敷设的方式，地下敷设又分为地沟敷设和直埋敷设。

（1）地沟敷设　地沟敷设分为通行地沟敷设、半通行地沟敷设和不通行地沟敷设，如图9-44所示。

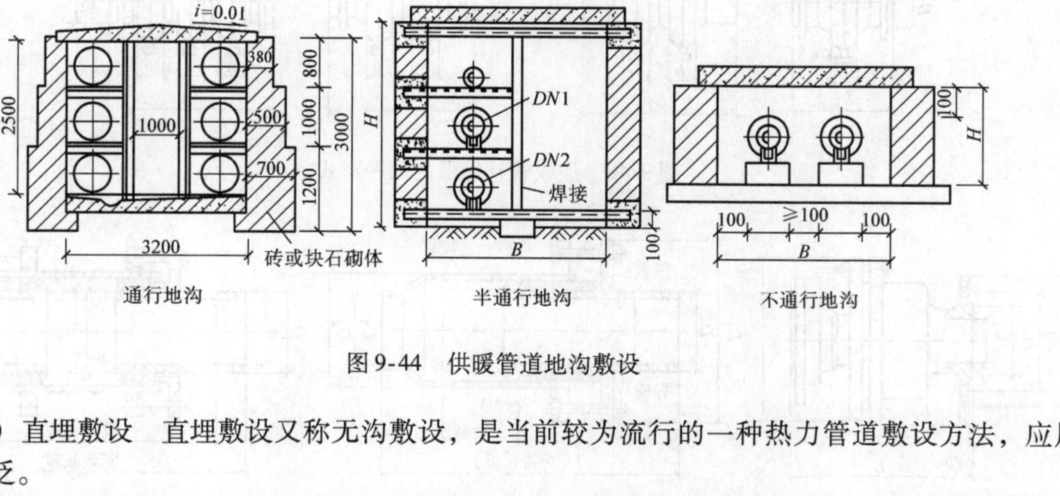


图9-44　供暖管道地沟敷设

（2）直埋敷设　直埋敷设又称无沟敷设，是当前较为流行的一种热力管道敷设方法，应用非常广泛。

目前采用最多的是将供暖管道、保温层和保护外壳三者紧密粘结在一起，形成整体式的预制保温管结构形式，被称为直埋保温管。直埋保温管的结构形式分为两类，一类是根据国外经验研制的保温结构为“氰聚塑”形式的预制保温管，另一类是引进国外生产线生产的“管中管”形式的预制保温管。整体预制保温管的结构如图9-45所示，保温管直埋如图9-46所示。

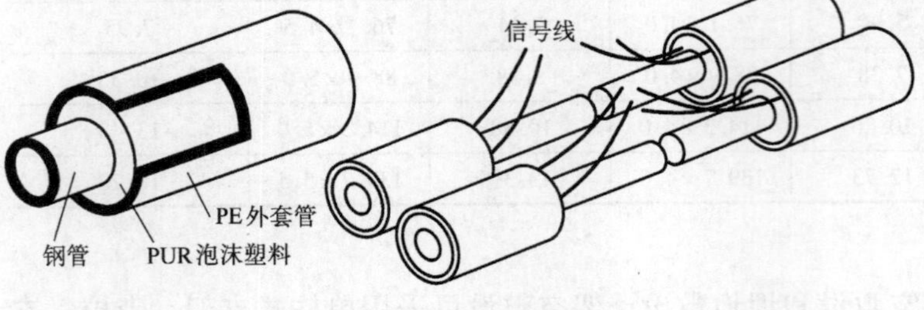


图9-45 整体预制保温管的结构

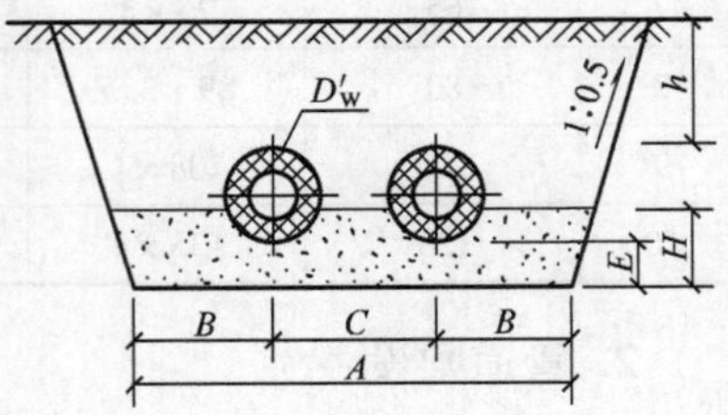


图9-46 保温管直埋

保温管管材一般选用无缝钢管，大口径可用螺旋焊接钢管，管道规格为 $DN25 \sim DN800$。防腐层做法是在管壁上涂刷防锈漆，然后再做保温层。现场接口处作业时，做法相同。

**3. 管道补偿器**

室外热力管道补偿器分为方形补偿器、套筒补偿器、波纹管补偿器等，形状如图9-47～图9-51所示。

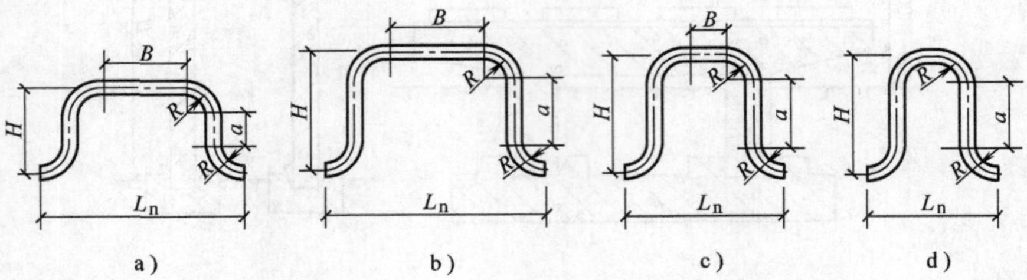

图9-47 方形补偿器的构造

a）Ⅰ型 $B=2a$ b）Ⅱ型 $B=a$ c）Ⅲ型 $B=0.5a$ d）Ⅳ型 $B=0$（$L_n$ 为开口距离）

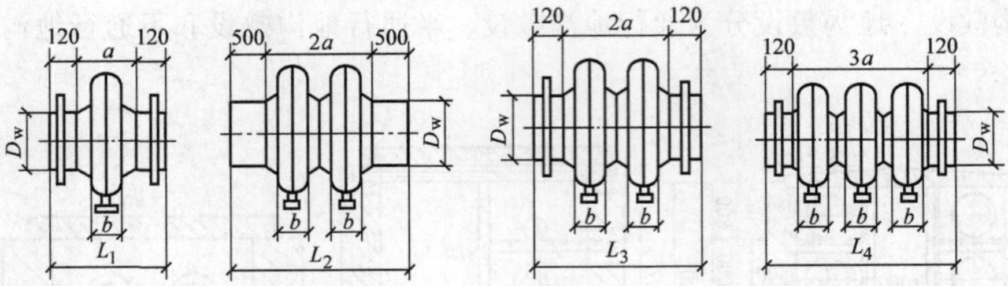

图9-48 波纹管补偿器的四种形式

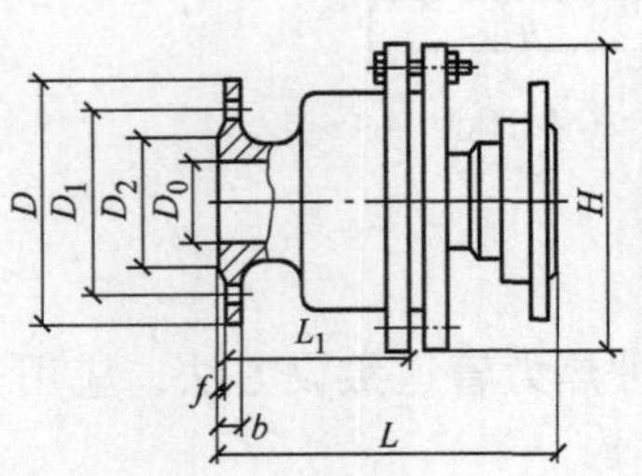

图9-49 球形补偿器

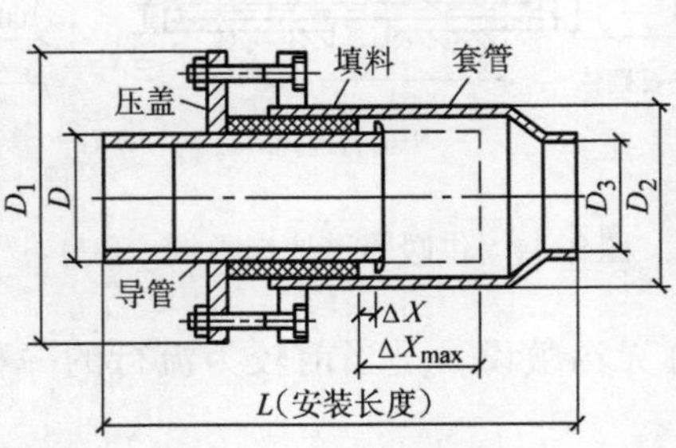


图9-50 单向套筒补偿器

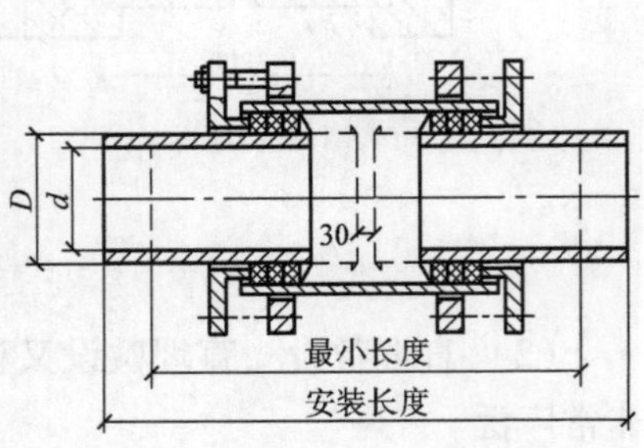


图9-51 双向套筒补偿器

**4. 支座**

室外供暖管道支座的形式较多，一般分为滑动支座、滚动支座、固定支座等，如图9-52～图9-58所示。

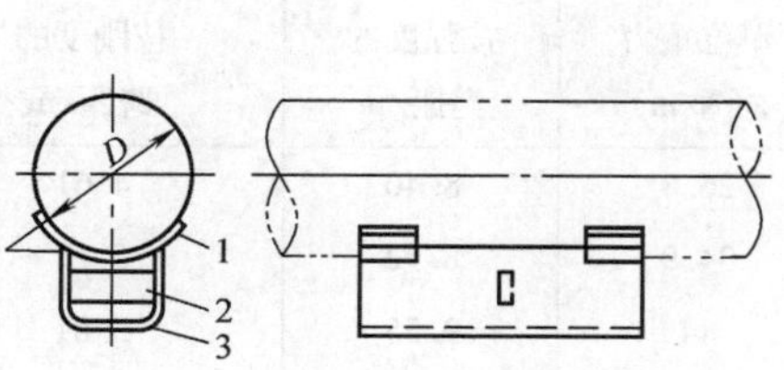


图9-52　曲面槽滑动支座

1—弧形板　2—肋板　3—曲面槽

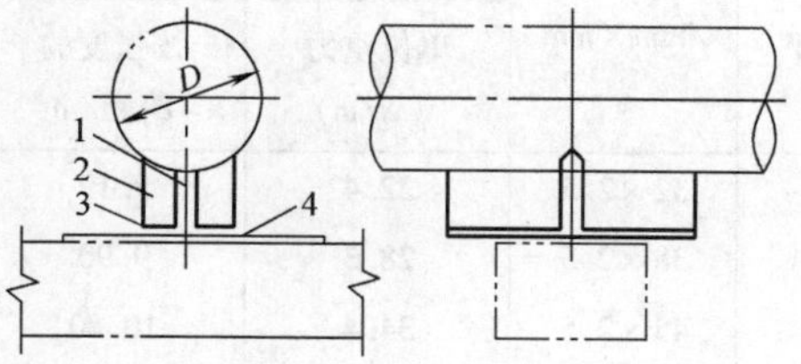


图9-53　丁字托滑动支座

1—顶板　2—底板　3—侧板　4—支撑板

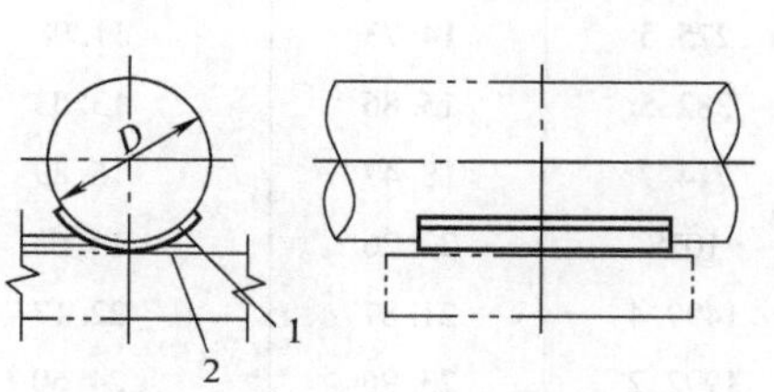


图9-54　弧形板滑动支座

1—弧形板　2—支撑板

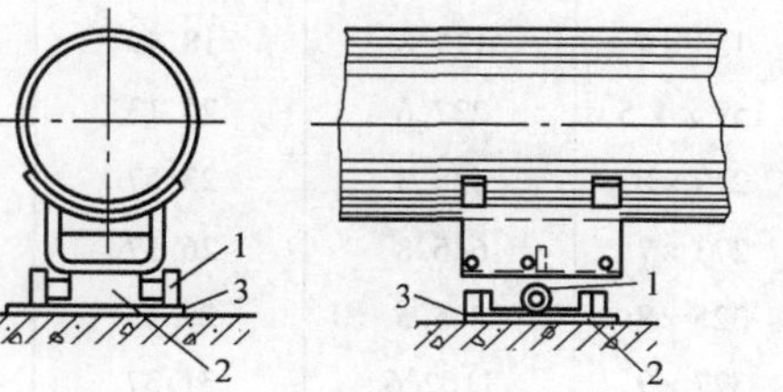


图9-55　辊轴式滚动支座

1—辊轴　2—导向板　3—支撑板

固定支座应安装在牢固的结构上。在地沟内常用梁式结构和柱式结构，梁式结构是槽钢或角钢水平安装，两端用混凝土浇筑在管沟壁上；柱式结构是槽钢（或角钢）垂直安装，上下用混凝土浇筑在沟底与沟盖上，活动支座间的最大允许间距应能同时满足管道的强度条件和刚度条件，应按满足两个条件中的最小值作为最大允许间距，也可按表9-12、表9-13选取。

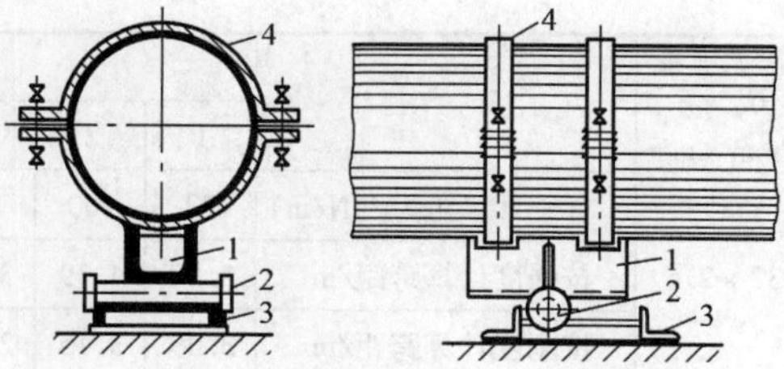


图9-56　滚柱式滚动支座

1—槽板　2—滚柱　3—槽钢支撑座　4—管箍

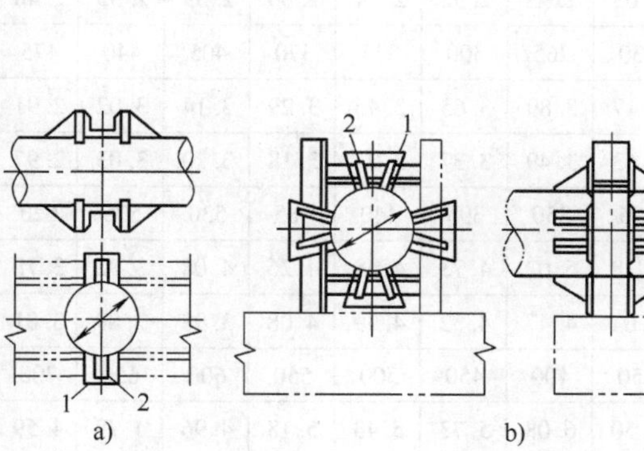


图9-57　挡板式固定支座

a）双面挡板式固定支座　b）四面挡板式固定支座

1—挡板　2—肋板

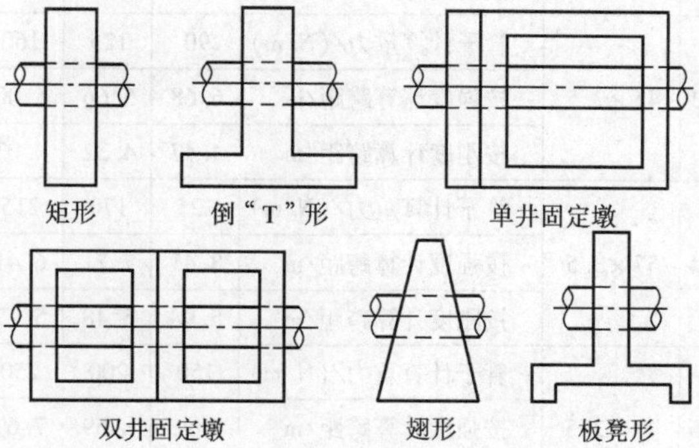


图9-58　直埋敷设管道固定墩

**表 9-12 不保温管道最大跨距**

| 公称直径/mm | 外径×壁厚/mm×mm | 最大跨距 | | | | | |
|---|---|---|---|---|---|---|---|
| | | 汽体管 | | | 液体管 | | |
| | | 单位重力/(N/m) | 按强度的跨距/m | 按刚度的跨距/m | 单位重力/(N/m) | 按强度的跨距/m | 按刚度的跨距/m |
| 25 | 32×2.5 | 22.4 | 9.19 | 4.86 | 26.8 | 8.40 | 4.61 |
| 32 | 38×2.5 | 28.3 | 9.90 | 5.49 | 34.9 | 8.92 | 5.17 |
| 40 | 45×2.5 | 34.4 | 10.80 | 6.24 | 44 | 9.55 | 5.81 |
| 50 | 57×3.5 | 60.1 | 12.04 | 7.36 | 75 | 10.86 | 6.90 |
| 65 | 73×3.5 | 80.2 | 13.57 | 8.80 | 106.2 | 11.80 | 8.21 |
| 80 | 89×3.5 | 101.7 | 15.01 | 10.11 | 141.4 | 12.73 | 9.20 |
| 100 | 108×4 | 137.3 | 16.83 | 11.77 | 201.6 | 13.89 | 10.55 |
| 125 | 133×4 | 174.8 | 18.49 | 13.63 | 275.5 | 14.73 | 11.98 |
| 150 | 159×4.5 | 237.6 | 20.13 | 15.48 | 382.5 | 15.86 | 13.53 |
| 200 | 219×6 | 438.3 | 23.57 | 19.37 | 714.7 | 18.47 | 16.89 |
| 250 | 273×7 | 645.8 | 26.17 | 22.65 | 1078 | 20.26 | 19.63 |
| 300 | 325×8 | 885.5 | 28.45 | 25.68 | 1499.4 | 21.87 | 22.17 |
| 350 | 377×9 | 1162.6 | 31.37 | 28.57 | 1992.2 | 23.96 | 24.60 |
| 400 | 426×9 | 1346.4 | 32.07 | 30.94 | 2417.6 | 23.94 | 26.13 |

注：$p=1.3$MPa $t=200$ ℃。

**表 9-13 各种保温管道最大允许跨距**

| 序号 | 管子规格 $D_w \times S$ /mm×mm | 项目 | 管子单位长度计算重力的分类 | | | | | | | | | | | |
|---|---|---|---|---|---|---|---|---|---|---|---|---|---|---|
| | | | 1 | 2 | 3 | 4 | 5 | 6 | 7 | 8 | 9 | 10 | 11 | 12 |
| 1 | 32×2.5 | 管子计算重力/(N/m) | 70 | 100 | 130 | 160 | 190 | 220 | 250 | 280 | 310 | 340 | 370 | 400 |
| | | 按强度计算跨距/m | 5.20 | 4.39 | 3.81 | 3.43 | 3.15 | 2.93 | 2.75 | 2.59 | 2.46 | 2.35 | 2.26 | 2.17 |
| | | 按刚度计算跨距/m | 3.49 | 3.15 | 2.92 | 2.75 | 2.63 | 2.52 | 2.43 | 2.35 | 2.28 | 2.22 | 2.17 | 2.13 |
| 2 | 38×2.5 | 管子计算重力/(N/m) | 80 | 115 | 150 | 185 | 220 | 255 | 290 | 325 | 360 | 395 | 430 | 465 |
| | | 按强度计算跨距/m | 5.89 | 4.91 | 4.30 | 3.87 | 3.55 | 3.30 | 3.09 | 2.92 | 2.77 | 2.66 | 2.54 | 2.44 |
| | | 按刚度计算跨距/m | 4.07 | 3.67 | 3.40 | 3.21 | 3.05 | 2.93 | 2.92 | 2.74 | 2.66 | 2.59 | 2.53 | 2.48 |
| 3 | 45×2.5 | 管子计算重力/(N/m) | 90 | 125 | 160 | 195 | 230 | 265 | 300 | 335 | 370 | 405 | 440 | 475 |
| | | 按强度计算跨距/m | 6.68 | 5.66 | 5.00 | 4.53 | 4.17 | 3.89 | 3.65 | 3.46 | 3.29 | 3.14 | 3.02 | 2.91 |
| | | 按刚度计算跨距/m | 4.47 | 4.32 | 4.03 | 3.81 | 3.63 | 3.49 | 3.37 | 3.27 | 3.18 | 3.10 | 3.03 | 2.97 |
| 4 | 57×3.5 | 管子计算重力/(N/m) | 125 | 170 | 215 | 260 | 305 | 350 | 395 | 440 | 485 | 530 | 575 | 620 |
| | | 按强度计算跨距/m | 8.41 | 7.21 | 6.41 | 5.83 | 5.38 | 5.02 | 4.73 | 4.48 | 4.26 | 4.08 | 3.92 | 3.78 |
| | | 按刚度计算跨距/m | 5.98 | 5.48 | 5.12 | 4.86 | 4.64 | 4.47 | 4.32 | 4.19 | 4.08 | 3.98 | 3.89 | 3.81 |
| 5 | 73×3.5 | 管子计算重力/(N/m) | 150 | 200 | 250 | 300 | 350 | 400 | 450 | 500 | 550 | 600 | 650 | 700 |
| | | 按强度计算跨距/m | 9.92 | 8.59 | 7.69 | 7.02 | 6.50 | 6.08 | 5.73 | 5.43 | 5.18 | 4.96 | 4.77 | 4.59 |
| | | 按刚度计算跨距/m | 7.38 | 6.08 | 6.38 | 6.06 | 5.80 | 5.59 | 5.41 | 5.25 | 5.11 | 4.99 | 4.88 | 4.78 |
| 6 | 89×3.5 | 管子计算重力/(N/m) | 190 | 250 | 310 | 370 | 430 | 490 | 550 | 610 | 670 | 730 | 790 | 850 |
| | | 按强度计算跨距/m | 10.98 | 9.56 | 8.59 | 7.86 | 7.30 | 6.83 | 6.45 | 6.13 | 5.85 | 5.59 | 5.38 | 5.18 |
| | | 按刚度计算跨距/m | 8.48 | 7.85 | 7.38 | 7.03 | 6.74 | 6.49 | 6.29 | 6.11 | 5.95 | 9.81 | 9.69 | 5.57 |

（续）

| 序号 | 管子规格 $D_w \times S$ /mm×mm | 项 目 | 管子单位长度计算重力的分类 | | | | | | | | | | | |
|---|---|---|---|---|---|---|---|---|---|---|---|---|---|---|
| | | | 1 | 2 | 3 | 4 | 5 | 6 | 7 | 8 | 9 | 10 | 11 | 12 |
| 7 | 108×4 | 管子计算重力/(N/m) | 245 | 320 | 395 | 470 | 545 | 620 | 695 | 770 | 845 | 920 | 995 | 1070 |
| | | 按强度计算跨距/m | 12.60 | 11.02 | 9.92 | 9.09 | 8.45 | 7.92 | 7.48 | 7.10 | 6.78 | 6.50 | 6.25 | 6.03 |
| | | 按刚度计算跨距/m | 10.01 | 9.29 | 8.75 | 8.34 | 8.00 | 7.72 | 7.47 | 7.26 | 7.08 | 6.92 | 6.77 | 6.63 |
| 8 | 133×4 | 管子计算重力/(N/m) | 300 | 390 | 480 | 570 | 660 | 750 | 840 | 930 | 1020 | 1110 | 1200 | 1290 |
| | | 按强度计算跨距/m | 14.11 | 12.38 | 11.16 | 10.24 | 9.52 | 8.93 | 8.44 | 8.02 | 7.66 | 7.34 | 7.06 | 6.81 |
| | | 按刚度计算跨距/m | 11.74 | 10.90 | 10.29 | 9.80 | 9.41 | 9.08 | 8.80 | 8.56 | 8.34 | 8.15 | 7.98 | 7.82 |
| 9 | 159×4.5 | 管子计算重力/(N/m) | 370 | 485 | 600 | 715 | 830 | 945 | 1060 | 1175 | 1290 | 1405 | 1520 | 1635 |
| | | 按强度计算跨距/m | 16.13 | 14.90 | 12.66 | 11.60 | 10.77 | 10.09 | 9.53 | 9.05 | 8.64 | 8.28 | 7.96 | 7.67 |
| | | 按刚度计算跨距/m | 13.71 | 12.70 | 11.97 | 11.40 | 10.94 | 10.55 | 10.22 | 9.93 | 9.68 | 9.46 | 9.26 | 9.07 |
| 10 | 219×6 | 管子计算重力/(N/m) | 620 | 770 | 920 | 1070 | 1220 | 1370 | 1520 | 1670 | 1820 | 1970 | 2120 | 2270 |
| | | 按强度计算跨距/m | 19.69 | 17.66 | 16.16 | 14.99 | 14.04 | 13.24 | 12.57 | 11.99 | 11.49 | 11.04 | 10.65 | 10.29 |
| | | 按刚度计算跨距/m | 17.63 | 16.59 | 15.79 | 15.14 | 14.60 | 14.14 | 13.74 | 13.38 | 13.07 | 12.79 | 12.53 | 12.30 |
| 11 | 273×7 | 管子计算重力/(N/m) | 880 | 1060 | 1240 | 1420 | 1600 | 1780 | 1960 | 2140 | 2320 | 2500 | 2680 | 2860 |
| | | 按强度计算跨距/m | 22.23 | 20.25 | 18.72 | 17.50 | 16.49 | 15.63 | 14.89 | 14.26 | 13.69 | 13.19 | 12.74 | 12.33 |
| | | 按刚度计算跨距/m | 20.85 | 19.79 | 18.94 | 18.24 | 17.65 | 17.14 | 16.69 | 16.29 | 15.93 | 15.61 | 15.31 | 15.04 |
| 12 | 325×8 | 管子计算重力/(N/m) | 1150 | 1370 | 1590 | 1810 | 2030 | 2250 | 2470 | 2690 | 2910 | 3130 | 3350 | 3570 |
| | | 按强度计算跨距/m | 24.75 | 22.67 | 21.04 | 19.73 | 18.63 | 17.69 | 16.88 | 16.18 | 15.56 | 15.00 | 14.50 | 14.05 |
| | | 按刚度计算跨距/m | 23.95 | 22.82 | 21.89 | 21.12 | 20.46 | 19.89 | 19.38 | 18.93 | 18.53 | 18.56 | 17.83 | 17.52 |

**5. 阀门**

（1）阀门的设置　在满足使用和维修的条件下，应尽量减少阀门的设置。干线上，通常在管道分支线长度超过25m的分支处、预留扩建处安装阀门。热水供暖管道输送干线每隔2000～3000m，输配干线每隔1000～1500m，宜装设一个分段阀门，蒸汽供暖管网可不安装分段阀门。$DN \geqslant 600$mm的阀门，应采用电动驱动装置，由远动系统操作的阀门，其旁通阀也应采用电动驱动装置。工作压力≥1.6MPa，且$DN \leqslant 350$mm的管道上的闸阀应安装旁通阀，旁通阀的直径可按闸阀直径的十分之一选用。

室内供暖系统的分支处、立管上下端、用热设备前应安装关断阀门，散热器前可根据系统形式和调节要求安装两通或三通调节阀、温控阀。

（2）阀门的选择　在供暖管道上常用的阀门有闸阀、截止阀、蝶阀、止回阀（单向阀）、温控阀、调节阀、平衡阀等。阀门应根据用途、介质的种类和使用温度及工作压力等因素进行选择。

闸阀只用于全开、全闭的供暖管道，不允许用作节流。闸阀有明杆和暗杆之分，暗杆适用于非腐蚀性介质及安装操作位置受到限制的地方；明杆适用于腐蚀性介质、操作位置不受限制及室内的管道上。

截止阀阻力较大，用于需要进行小范围调节、$DN \leqslant 200$mm的供暖管道上。

蝶阀用于全开、全关供热管道上。

止回阀（单向阀）有旋启式和升降式。旋启式可用于介质垂直向上流动的管道及水平管道上；升降式只适用于小口径及水平安装管道上。止回阀常被用在水泵出口、水表（热表）入口等不允许反向流动的地方。

调节阀分为手动调节阀和自动调节阀，具有良好的调节性能，常用来进行流量的调节。平衡阀可起到自动限制流量从而达到各环路平衡的效果，常被安装在干线分支及热力入口处。

## 9.4 散热设备

供暖系统的散热设备主要包括散热器、辐射供暖散热装置和热风设备。

### 9.4.1 散热器的种类

常用的散热器有铸铁散热器和钢制散热器两大类。铸铁散热器按其形状又可分为柱形、翼形等。其优点是具有耐蚀性，但承压一般不宜超过0.4MPa，较笨重，组对劳动强度大，适用于压力小于0.4MPa的供暖系统或高度为40m以内的建筑物内。钢制散热器有板式、壁板式、柱式、对流式等，具有重量轻、承受压力高、光滑美观、易清扫、占地面积小、安装简便等优点。

新型散热器不仅具有传热系数高、外表美观的特点，还可根据房间的不同需要做成各种形状，甚至可以满足装饰、装修的需要。新生产工艺使钢制散热器解决了耐蚀性差的问题，并具有重量轻、热效率高等特点，在新型散热器中，占据了很大的比例。另外，铜铝等有色金属制造的散热器、复合型散热器也受到了消费者的欢迎。图9-59所示是几种新样式散热器。新型散热器的安装与传统的安装方式也有所不同。

图9-59 几种新样式散热器

### 9.4.2 散热器的计算

散热器宜明装。暗装时应留有足够的空气流通通道，并方便维修。当供暖热负荷、供暖系统形式及散热器选型确定后，即可决定散热器的面积、组数及每一组的片数（有些散热器是不需要确定片数的，但要确定每组的面积）。

散热器的面积$A$按下式计算，即

$$A=\frac{Q}{K(t_p-t_n)}\beta_1\beta_2\beta_3 \tag{9-13}$$

式中 $Q$——散热器的散热量（W）；

$K$——散热器的传热系数，表示散热器传热性能的好坏［W/(m$^2$·K)］；

$t_p$——散热器内热媒的平均温度（℃）；

$t_n$——室内供暖计算温度（℃）；

$\beta_1$——散热器片数修正系数，见表9-14；

$\beta_2$——散热器连接方式修正系数，见表9-15；

$\beta_3$——散热器安装形式修正系数，见表9-16。

**表9-14　柱形散热器片数修正系数 $\beta_1$**

| 散热器片数 | 6片以下 | 6~10片 | 11~20片 | 20片以上 |
|---|---|---|---|---|
| $\beta_1$ | 0.95 | 1.0 | 1.05 | 1.1 |

**表9-15　柱形、柱翼形散热器连接方式修正系数 $\beta_2$**

| 连接方式 | 同侧上进下出 | 异侧上进下出 | 异侧下进下出 | 异侧下进上出 | 同侧下进上出 |
|---|---|---|---|---|---|
| $\beta_2$ | 1.00 | 1.01 | 1.10 | 1.20 | 1.25 |

**表9-16　散热器安装形式修正系数 $\beta_3$**

| 安装形式图示 | 安装说明 | $\beta_3$ | 安装形式图示 | 安装说明 | $\beta_3$ |
|---|---|---|---|---|---|
| 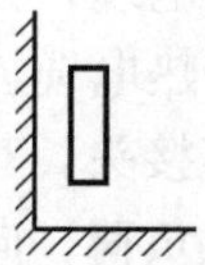 | 散热器明装 | 1.00 | 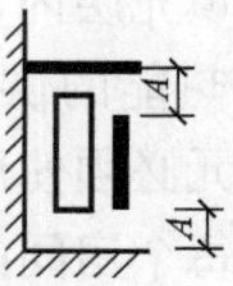 | 散热器罩前面板上下开口<br>$A=130$mm<br>洞口敞开<br>洞口设格栅 | <br><br>1.2<br>1.4 |
| 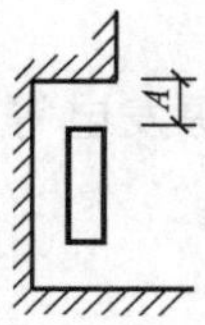 | 散热器安装在墙龛内<br>$A=40$mm<br>$A=80$mm<br>$A=100$mm | <br>1.11<br>1.07<br>1.06 | 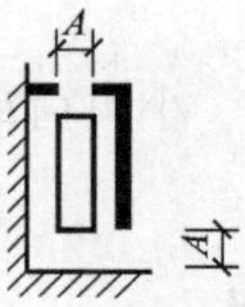 | 散热器罩上面及前面板下部开口<br>$A=260$mm<br>$A=220$mm<br>$A=180$mm<br>$A=150$mm | <br>1.12<br>1.13<br>1.19<br>1.25 |
| 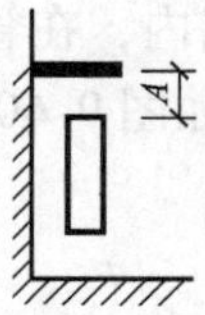 | 散热器上设置搁板<br>$A=40$mm<br>$A=80$mm<br>$A=100$mm | <br>1.05<br>1.03<br>1.02 | 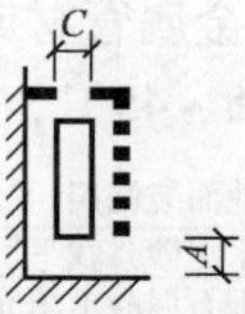 | 散热器罩上面开口宽度 $C$ 不小于散热器厚度，散热器罩前面下端孔口高度不小于100mm，其余为格栅 | 1.15 |

有外窗的房间，散热器宜布置在窗下；进深较大的房间宜在房间内外侧分别设置散热器；托儿所、幼儿园的散热器应暗装或加装防护罩；散热器落地安装时宜设置防撞设施；有冻结危险的门斗内不应设置散热器；楼梯间散热器应尽量布置在底层，当底层布置不下时，可参考表9-17进行分配。

**表9-17　楼梯间散热器分配比例**

| 建筑物总层数 | 散热器安装的楼层 | | | | | |
|---|---|---|---|---|---|---|
| | 1层 | 2层 | 3层 | 4层 | 5层 | 6层 |
| 2层 | 65% | 35% | | | | |
| 3层 | 50% | 30% | 20% | | | |
| 4层 | 50% | 30% | 20% | | | |
| 5层 | 50% | 25% | 15% | 10% | | |
| 6层 | 50% | 20% | 15% | 15% | | |
| 7层 | 45% | 20% | 15% | 10% | 10% | |
| ≥8层 | 40% | 20% | 15% | 10% | 10% | 5% |

散热器的片数 $n$ 可按下式计算，即

$$n=A/a \tag{9-14}$$

式中　$a$——每片散热器片的面积（$m^2$）。

散热器的面积或片数可根据设计手册中的计算方法选择或按散热器面积速查表进行选择，也可按厂家样本选择。维修中常按后一种方法选择散热器的片数。

## 9.5 低温地板辐射供暖

地板辐射供暖的热量自下而上，与人体的需热感觉一致，可在不提高室内温度的情况下，给人以舒服的感觉，是近年来较为流行的一种供暖形式。低温地板辐射供暖可分为发热电缆和低温热水地板辐射供暖两种形式。

### 9.5.1 发热电缆地板辐射供暖

将专用的发热电缆埋设在地面填充层内，直接供暖时，一般使用18W/m的加热电缆，为了使用夜间低谷电，有时采用带存储热能的供暖系统，这时可使用18～175W/m的加热电缆。发热电缆的安装要点是每一个供暖单元必须使用一整根发热电缆，埋地部分绝对不能有接头，其发热量大小应等于房间的热负荷，且每个房间必须安装温度控制器。用户可根据房间热负荷，向厂家定购发热电缆，也可由专业厂家进行安装。这种供暖方式还被用在管道的电伴热和道路除雪化冰等方面。

除有供电政策支持、环保要求、小负荷或采用蓄热式供暖方式以及由可再生能源发电等外，一般不得采用电加热供暖。

### 9.5.2 低温热水地板辐射供暖

低温热水地板辐射供暖是将非金属管材或复合管材作为加热管敷设在地面填充层内，在管内通有不高于60℃的热水，通常为35～45℃，温差不宜小于5℃和大于10℃，其构造如图9-60所

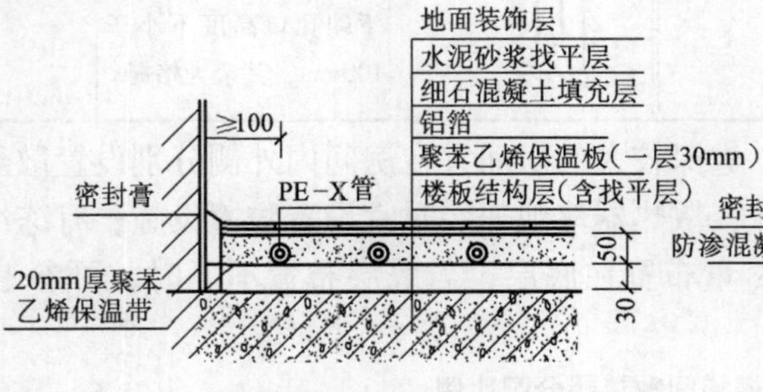


地板供暖地面做法详图
（适用于卧室、起居室、餐厅、书房）

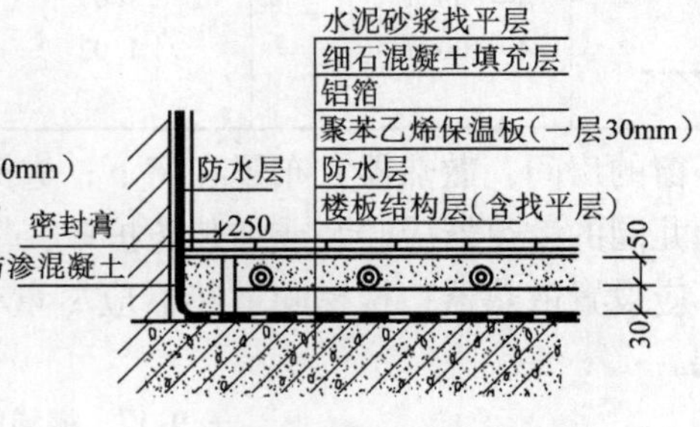


地板供暖地面做法详图
（适用于卫生间、厨房、洗衣房）

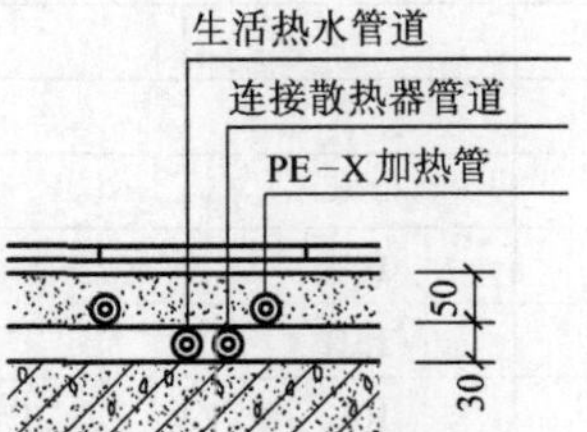


地板供暖地面做法详图
（用于地暖管道与其他管道发生交叉的情况）

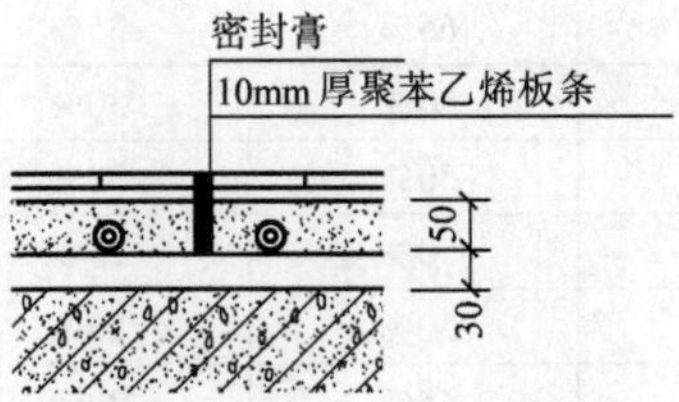


地板供暖地面做法详图
（地暖填充层伸缩缝做法）

图9-60 低温热水地板辐射供暖构造图

示。当外界提供的水温不合适时，还应进行混水降温，混水降温可集中进行，也可在各用户内利用带混水泵和温控阀的分集水器进行。

地板供暖的管材材质、壁厚的选择，应根据工程的耐久年限、管材的性能、管材的累计使用时间以及系统的运行水温、工作压力等条件来确定。其加热管上的覆盖层厚度不应小于50mm，当面积超过30m$^2$ 或长度大于6m时，应设置伸缩缝，伸缩缝宽度在5～10mm，中间填充弹性膨胀材料。当管道穿越伸缩缝时，应设置长度不小于100mm的柔性套管，做法如图9-61所示。

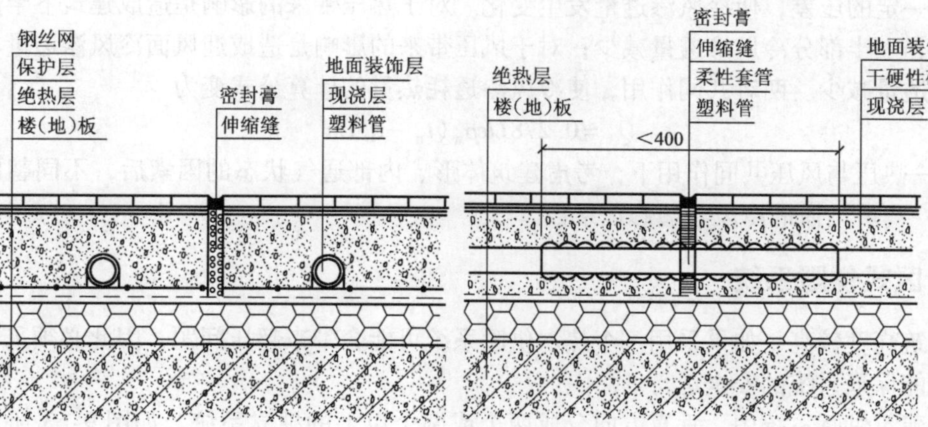


图9-61　地埋管穿越伸缩缝时应加装套管

在低温热水地板辐射供暖布管时，同一集（分）水器下的环路管长应尽量接近，且每个环路的阻力不宜超过30kPa，系统的工作压力不宜大于0.8MPa，且每个环路长度不得超过120m。由于地板辐射供暖的管道为无坡敷设，因此应在分（集）水器等系统高点设置排气装置。地板供暖的平面布置如图9-62所示。

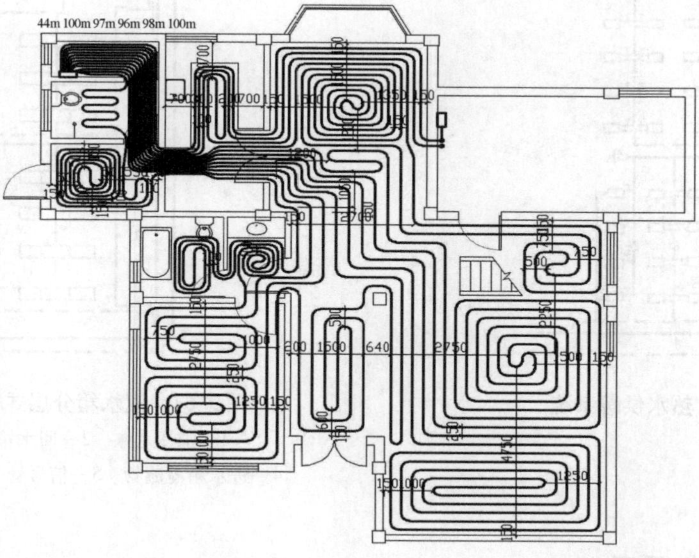


图9-62　地板供暖平面图

还有敷设在围护结构中的毛细管网辐射供暖、供冷系统。这里不再赘述，可参照相关文献。

## 9.6 高层建筑供暖系统

### 9.6.1 高层建筑供暖负荷的计算

高层建筑由于体积大，高度高，内部各种竖井造成烟囱效应，受热压和风压的影响，建筑室内外会产生一定的压差，使冷风渗透量发生变化。对于热压带来的影响是造成建筑下半部分冷风渗透量增加，上半部分冷风渗透量减少；对于风压带来的影响是造成迎风面冷风渗透量增加，背风面冷风渗透量减少。两者共同作用，使冷风渗透耗热量的计算公式变为

$$Q_3 = 0.278Llc\rho_w(t_n - t_w)m \tag{9-15}$$

式中 $m$——热压与风压共同作用下，考虑建筑体形、内部通气状态的因素后，不同朝向、不同高度门窗的冷风渗透修正系数。

### 9.6.2 分区式供暖系统

高层建筑高度较高，如果采用一个热水供暖系统可能会带来超压问题，因此必须采取适当的技术措施才能保证系统的安全运行。

在高层建筑供暖系统中，垂直方向分成两个或两个以上的独立系统，如图9-63所示。当采用的散热器承压能力较低时，常采用这种系统。下区系统通常与室外管网直接连接，它的高度主要取决于室外管网的压力工况和散热器的承压能力；上区系统与室外管网采用隔绝式连接，利用水换热器使上区系统的压力与室外管网隔绝。

当室外管网供水温度较低，使用换热器所需加热面积过大而不经济合理时，可考虑如图9-64所示的双水箱分层式热水供暖系统。

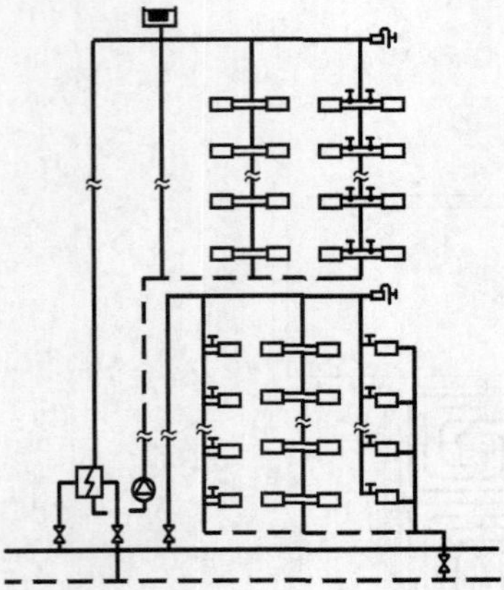

图9-63 分层式热水供暖系统

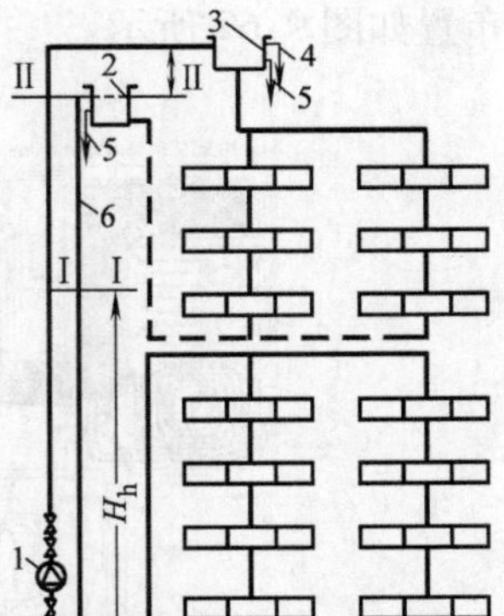


图9-64 双水箱分层式热水供暖系统

1—加压水泵 2—回水箱 3—进水箱

4—进水箱溢流管 5—信号管 6—回水箱溢流管

### 9.6.3 不分区式供暖系统

为了简化供暖系统，降低造价，便于施工与管理，在高层建筑中，多采用承压能力较高的散热器（如某些钢制散热器、加稀土的铸铁散热器）。故无需考虑分区问题，主要考虑避免立管过粗和垂直方向的失调问题。目前采用较多的不分区式供暖系统有下述几种：

（1）垂直单管带闭合管段的系统　如图9-65a所示，这种系统与多层建筑单管系统无本质区别，可用于9～12层的建筑。

（2）垂直单管中分式系统　如图9-65b所示，在建筑中间设回水干管或供水干管，顶层和底层各设一供水干管或回水干管。

（3）奇偶层分设立管系统　如图9-65c所示，中间不设干管，不影响房间的使用和美观，同时减小了供暖立管的管径。

（4）单、双管混合式系统　其立管做法如图9-66b所示。对于9层以上的建筑物，如果使用条件要求较高，可采用单双管混合系统，将散热器沿垂直方向分成若干区，每区为三四层。在每一区内为双管系统，区与区之间为单管系统。这种系统既能避免层数过多时，双管系统的严重垂直失调现象，又能避免单管系统散热器立管、支管过粗的缺点，还能对散热器个别地进行局部调节。

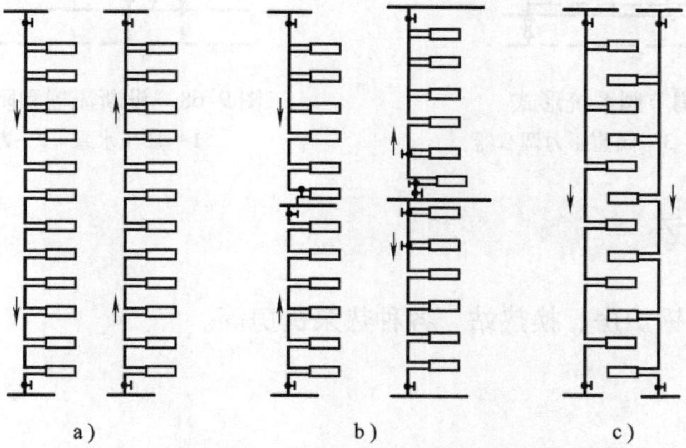


图9-65　高层建筑不分区热水供暖单管系统立管图

a）垂直单管带闭合管段　b）垂直单管中分式　c）奇偶层分设立管

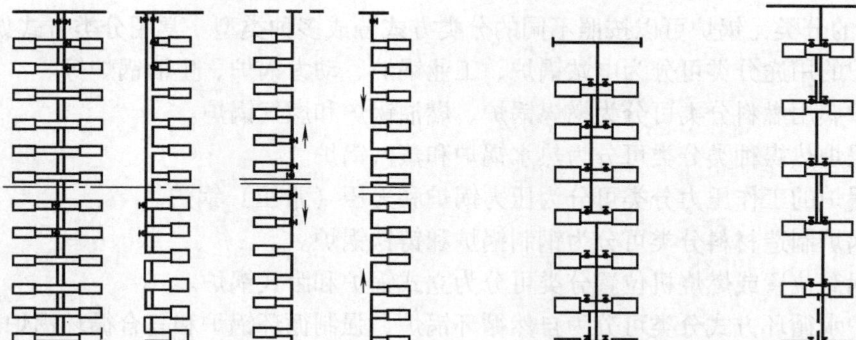


图9-66　高层建筑不分区热水供暖系统

a）散热器分区单管系统　b）散热器分区单、双管系统

（5）阀前压力调节阀系统　对于供热室外管网压力较低的情况，可以采用图9-67所示的阀前压力调节阀的系统形式。

（6）高层直连供暖系统　图9-68所示为设断流器和阻旋器的直连供暖系统，又称为高层无水箱直连供暖系统。通过断流器和阻旋器组合实施减压和关断，将系统压力维持在设定的数值，实现高低系统的直连。

高层住宅建筑也可实施分户计量，其供暖形式可参照有关章节。

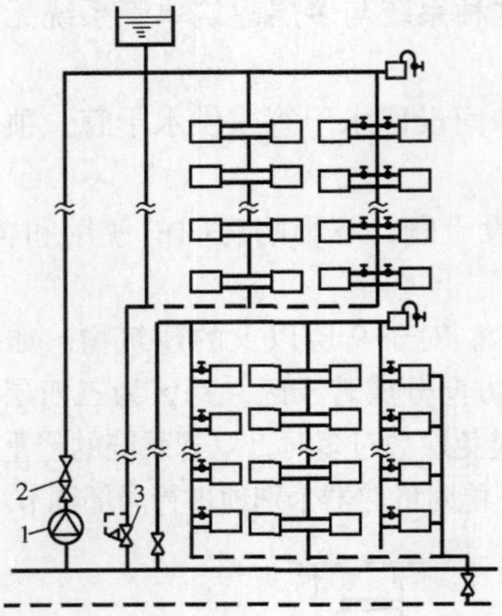


图 9-67 阀前压力调节阀系统形式

1—加压水泵 2—止回阀 3—阀前压力调节器

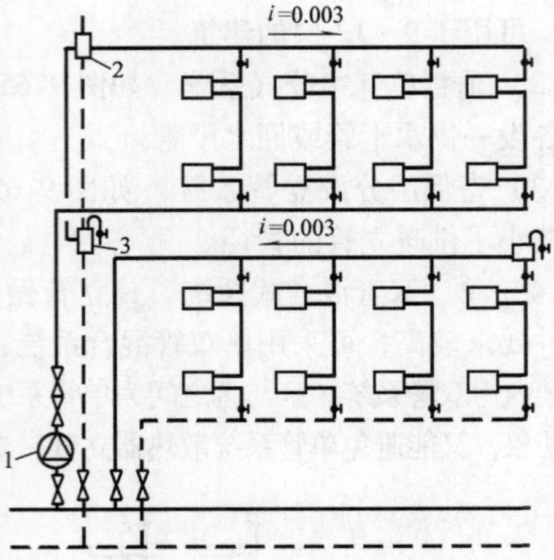


图 9-68 设断流器和阻旋器的直连供暖系统

1—加压水泵 2—断流器 3—阻旋器

## 9.7 供暖热源概述

常用的供暖热源有锅炉房、换热站、各种热泵机房等。

### 9.7.1 锅炉房

**1. 锅炉本体**

锅炉中的炉膛、锅筒、燃烧器、水冷壁、过热器、省煤器、空气预热器、构架和炉墙等主要部件构成生产蒸汽的核心部分，称为锅炉本体。

（1）锅炉的分类 锅炉可以按照不同的分类方式分成多种类型。常用分类方式如下：

1）按锅炉的用途分类可分为电站锅炉、工业锅炉、动力锅炉、生活锅炉等。

2）按锅炉燃用燃料分类可分为燃煤锅炉、燃油锅炉和燃气锅炉。

3）按照锅炉热媒种类分类可分为热水锅炉和蒸汽锅炉。

4）按照锅炉的工作压力分类可分为压力锅炉和无压（常压）锅炉。

5）按照锅炉制造材料分类可分为钢制锅炉和铸铁锅炉。

6）按照锅筒位置或燃烧机位置分类可分为立式锅炉和卧式锅炉。

7）按锅炉水循环方式分类可分为自然循环锅炉、强制循环锅炉和复合循环锅炉。

8）燃煤锅炉按燃煤燃烧方式分类可分为层燃炉、室燃炉和沸腾炉；按锅炉管内通过的是水还是烟气分类可分为火管锅炉、水管锅炉和水火管组合式锅炉。

还有其他分类方法这里不再赘述。

（2）锅炉工作原理 锅炉由“炉”和“锅”组成，炉中火焰把热量传递给锅中的水，水吸热后温度升高（热水锅炉）或变为蒸汽（蒸汽锅炉）。燃气锅炉的工作原理如图 9-69 所示。

（3）锅炉参数 蒸汽锅炉参数有额定蒸发量（t/h）、额定蒸汽压力（MPa）、额定蒸汽温度（℃）、给水温度（℃）等；热水锅炉参数有额定热功率（MW）、额定出水压力（MPa）、额定出水温度（℃）或额定进（出）水温度（℃）等。热水锅炉的出力有时也用蒸发量表示，1t/h 的热量等于 0.7WM（60 万大卡）。

（4）锅炉附件和仪表 锅炉附件及仪表是锅炉不可缺少的组成部分。它主要包括安全阀、

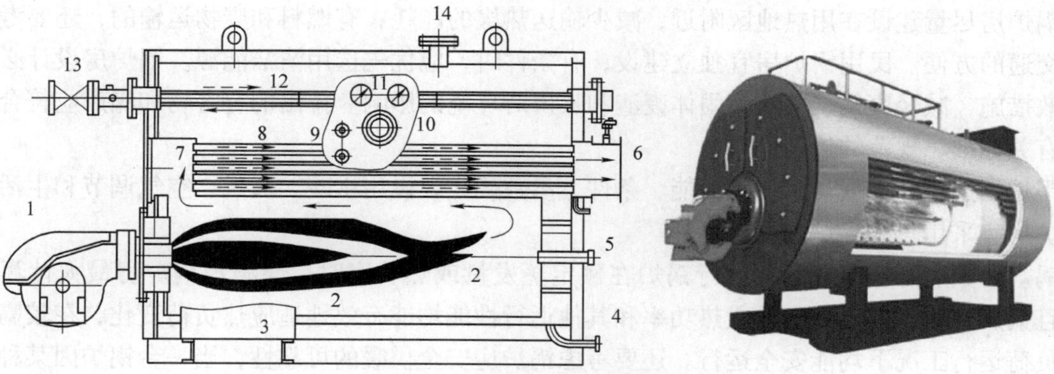

图9-69　燃气锅炉工作原理

1—燃烧器　2—炉膛　3—控制柜　4—排污口　5—观火口　6—烟气出口　7—前烟箱　8—烟管　9—水位探头　10—水位观察孔　11—真空表　12—换热器　13—进出水阀　14—防爆口

压力表、水位表、温度表、高低水位报警和联锁保护装置、主汽阀、给水阀、排污装置、锅炉管道及防爆门等用于锅炉安全、经济运行控制的阀门及仪表装置等。

**2. 锅炉房分类及锅炉辅助设备**

锅炉房是锅炉及辅助设备放置的场所。锅炉房可分为企业所属的工业锅炉房、供暖及生活热水的民用锅炉房、为某个区域服务的区域锅炉房、与其他建筑结构无联系的独立锅炉房和有结构联系的非独立锅炉房以及建在地下的地下锅炉房和半地下锅炉房。还可按照燃料不同分为燃煤锅炉房、燃气锅炉房和燃油锅炉房等。

锅炉的辅助设备根据锅炉的类型不同，还有许多配套的辅助设备，如送、引风系统，向锅炉供给燃烧需要的空气及将煤燃烧后的烟气排出锅炉，包括送风机、引风机和烟风道等；磨煤、燃料输配装置及管道；除尘、除灰系统；给排水系统，包括给水泵、阀门和管道等；自动控制和监测系统（锅炉自动控制、锅炉汽温调节）。

锅炉房主要设备包括锅炉本体、燃料供给系统、燃烧系统、软化及除氧等水处理系统、热水循环系统或蒸汽输送系统、排烟系统、余热回收系统等。燃气锅炉房还会有燃气调压站，燃油锅炉房还有储油设施，燃煤锅炉房还需要有煤厂、灰场及供煤系统、除渣系统、鼓风引风系统、除尘系统、余热回收利用系统等。燃煤锅炉房的锅炉下部还要有燃烧设备、鼓引风设备以及除渣设备等空间。燃煤锅炉房设备示意如图9-70所示。

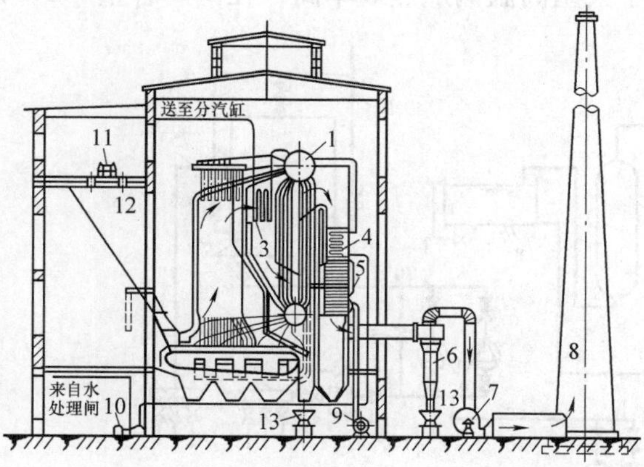

图9-70　燃煤锅炉房设备示意图

1—锅筒　2—链条炉排　3—蒸汽过热器　4—省煤器　5—空气预热器　6—除尘器　7—引风机　8—烟囱　9—送风机　10—给水泵　11—运煤带式运输机　12—煤仓　13—灰车

**3. 锅炉房设计**

（1）总则

1）锅炉的选择。锅炉房设计应符合国家相关方针政策、法律法规，并满足节能环保的要求。民用锅炉房建设要充分考虑所在地区的总体规划，做到远近期的结合，还要留有余地，并与周边建筑物相协调。民用热源尽可能利用废热、余热。较大型的热源要优先考虑能源的综合利用，提倡热电联供、冷热电三联供、分布式能源梯级利用等系统。

锅炉房尽量建设在用热地区附近，减少输送热媒的能耗；有燃料和废物运输的，还要考虑场地及交通的方便。民用锅炉房宜独立建设，有条件时，应优先选用清洁能源。锅炉房设计必须采取有效措施，减轻废气、废水、固体废渣和噪声对环境的影响。排出的有害物和噪声应符合国家现行有关标准、规范的规定。

锅炉的选型应根据具体使用功能、条件、参数确定，民用供暖、通风、空气调节和生活用热的锅炉房宜采用热水锅炉。

锅炉台数和容量应按所有运行锅炉在额定蒸发量或热功率时，能满足锅炉房最大计算热负荷，且锅炉台数、额定蒸发量或热功率和其他运行性能均能有效地适应热负荷变化，在较高或较低热负荷运行工况下均能安全运行。还要考虑锅炉房安全供暖的可靠性，当一台锅炉因某种原因突然停止运行时，其他锅炉仍可满足大部分生产和生活的用热需要。因此，锅炉房的锅炉台数一般不宜少于2台，新建锅炉房不宜超过5台，扩建和改建不宜超过7台，非独立锅炉房，不宜超过4台。

锅炉房宜设置必要的修理、运输和生活设施，当可与周边建筑共用时，可不单独设置。

同一锅炉房应尽量选用同一类型和规格的锅炉，宜选用同一种热媒，以便于管理。

2）直供式锅炉房与间供式锅炉房。有的锅炉直接产生用户所需热媒种类和参数的热媒，可以直接供给用户；有的则由锅炉产生高温水或蒸汽，经换热器换热后才能满足用户的需要，这就形成了两种不同的供暖方式。

直供式热水锅炉房（热介质为75～50℃的低温系统）系统如图9-71所示，水在锅炉加热升温为75℃，通过室外管网直接送往热用户。水在散热器放热后，降温为50℃时返回锅炉房，由循环水泵送入锅炉，重新加热至75℃后送出。直供式系统多用于锅炉容量在4.2MW以下且供暖规模不太大的锅炉房。

间供式热水锅炉房（热介质为115～70℃或130～70℃的高温水系统）系统如图9-72所示。由于大型高温锅炉热效率高，在锅炉容量7MW以上的大型集中锅炉房中常用这种供暖方式。

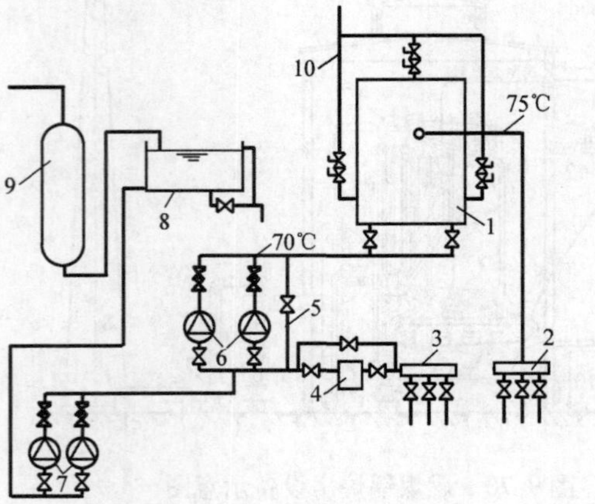


图9-71 热水锅炉房系统图（直供式）

1—锅炉 2—分水器 3—集水器 4—除污器

5—旁通管 6—循环泵 7—补水泵 8—软水箱

9—离子交换器 10—排污管

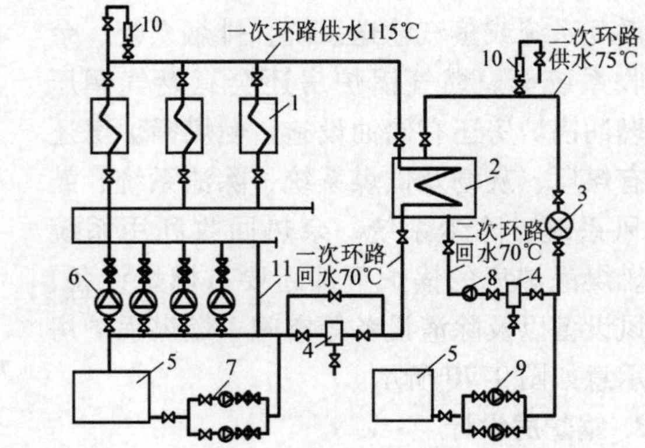


图9-72 热水锅炉房系统图（间供式）

1—锅炉 2—换热器 3—热用户 4—除污器

5—软水箱 6—一次水循环泵 7—一次水补水泵

8—二次水循环泵 9—二次水补水泵 10—集气罐 11—旁通管

间供式的热水循环有两个网路，第一环路是由锅炉房内一次水循环泵推动的一次供、回水网路，把锅炉与换热站中的换热器联系起来。一次水的供水温度一般为115℃或130℃，回水为70～80℃；第二环路是由换热站内二次循环泵推动的二次供、回水网路，把换热器与热用户联系起来，二次水的供水温度一般为75℃，回水为50℃。

间供式与直供式的区别在于锅炉房与热用户之间增加换热站，而且外网又出现了一次水与二次水的两个网路，高温一次水与低温二次水要在若干个换热站中的水-水换热器中进行热交换，这就增加了许多设备，因此间供式的投资及占地均较直供式高许多。但因间供式具有良好的安全性，运行热效率高，且便于整个系统的分区调节、维修与管理，目前已在大容量热水锅炉的集中锅炉房中广为采用，效果很好。

（2）燃煤锅炉房

1）锅炉房在小区平面上的位置。锅炉房应尽量靠近主要热负荷集中的地区；锅炉房应尽量位于地势较低地点（但要注意地下水和地面水对锅炉的影响），以便蒸汽系统的凝结水回收和热水系统的排气；锅炉房应位于供暖季节主导风向的下方，避免烟尘吹向主要建筑物和建筑群；锅炉房的位置应有较好的朝向，以便自然通风和采光；锅炉房的位置应便于供水、供电和排水，便于燃料和灰渣的运输和堆放；要考虑锅炉房有扩建的可能性，选择锅炉房的位置时，应注意留有扩建的余地。

2）锅炉房布置实例。图9-73所示为一座设有两台2t快装锅炉的小型锅炉房的平面布置图。该锅炉分为锅炉间、水泵间、水处理间、办公休息室、浴厕间以及风机房等。当风机产生的噪声对周围无影响时，可不单独设置风机房。锅炉间及各种附属房间的尺寸均已在图9-73中标出，锅炉与各墙之间的距离也已给出。各种门的开启方向都要按要求设计。锅炉间的净高为6.0m（梁底），其他附属房间的净高为3.5m（梁底）。

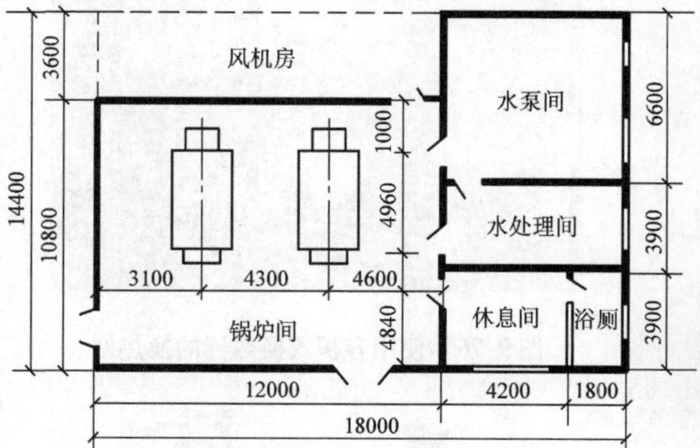

图9-73 小型燃煤锅炉房平面布局

（3）燃气（或燃油）锅炉房 燃气（或燃油）锅炉房的设置，必须满足多个设计、施工、质量验收规范对其的制约。应同时满足现行的《锅炉房设计规范》《城镇燃气设计规范》《建筑设计防火规范》以及《锅炉安全技术监察规程》等标准要求。若当地有地方标准时，应同时满足地方标准。燃气（或燃油）锅炉房宜设置在地上独立的建筑物内，若受条件限制，需要与主体建筑相连或设置在主体建筑的地下室、半地下室、首层、顶层及中间层时，应经当地消防、安监和环保等部门批准。严禁设在聚集

图9-74 燃气锅炉房实景

人多的房间或主要疏散口的两旁。当总蒸发量不超过6t、单台蒸发量不超过2t的锅炉，可毗邻民用建筑布置，但必须用防火墙分开。

燃气锅炉应设置性能可靠的可燃性气体报警器，报警器与排气风机和电磁阀三者联锁。报警时，排气风机开启将室内废气排出室外，同时燃气防爆电磁阀关闭，切断气源。燃气锅炉房机房必须设置防爆型事故排风，保证通风换气次数不少于40次/h。机房包括照明在内的所有电气设施必须采用防爆型。燃气锅炉房实景如图9-74所示。

## 9.7.2 换热站

换热站也称热力站，分为城市换热站（即城市集中供热系统换热站的一种）和集中锅炉房附属换热站。根据热网工况和不同的条件，采用不同的连接方式将热网输送的热媒加以调配、调节、转换，向热用户系统重新分配热量，并根据需要进行集中计量、检测供暖热媒的参数，以满足热用户要求。

换热站的主要设备为换热器，换热器的种类较多，如图9-75～图9-77所示。除此以外还有水泵、水箱、分汽缸、分水器、过滤器等装置，个别换热站还需要设置二次水处理设备。

目前，将换热器、循环水泵、补水泵以及控制装置组合在一起的换热机组应用较为广泛，其外形如图9-78所示。

图9-75 使用板式换热器的换热站

图9-76 使用容积式换热器的换热站

图9-77 使用快速加热器的换热站

图9-78 换热机组

换热站内的布置根据设备的不同而不同，换热器前端应考虑检修和清理加热器管束的空间，换热器侧面应具有不小于0.8m的通道，容积式换热器罐底距地面不应小于0.5m，罐后距墙不小于0.8m，罐顶距室内梁底不小于2.0m。

水泵基础应高出地面0.1m以上，水泵基础之间的距离及水泵基础距墙面的距离均应不小于

0.7m，两台水泵可做成联合基础，两台以上的水泵则不得做联合基础。水泵安装时，应注意泵体减振和管道隔振，通用做法是泵体安装应加装减振基础（见图9-79），管道上应安装减振部件，并配合弹性减振支架、吊架的应用，减少噪声对周边环境的影响。

图9-79 某换热站循环水泵安装图

换热站的循环水泵一般为多台设置，常采用两用一备、三用一备、四用一备等配置方式，其设计运行调节方式多采用质调节，也有部分换热站设计采用分阶段改变流量的质调节，后者比前者节能，应优先推荐使用。

换热站的水处理设备包括水的软化装置和除氧装置，其中软化水装置使用较多，现多采用全自动软化水装置。机组可根据用户的设定，当达到一定时间或到达一定的水处理量时，自动进行反洗，省去人工进行反洗的过程。其施工安装也十分简单，除氧设备大多采用整套成型产品。

换热站的定压方式同锅炉房定压方式，主要有高位膨胀水箱定压、补给水泵定压、气体定压罐定压和补给水泵变频调速定压等多种方式。中小型换热站，应尽量采用膨胀水箱定压方式，水箱通常高架于小区最高的建筑上，膨胀管接至换热站循环水泵吸入口附近。大型换热站，通常采用闭式膨胀水箱定压方式或补给水泵定压方式，闭式膨胀水箱是利用罐内的气体压力来模拟水箱所在高度，可以放置在热源内，图9-80所示为一个小型供暖系统的闭式膨胀水箱，但闭式膨胀水箱的体积较大，需占用一定空间。

图9-80 小型供暖系统的闭式膨胀水箱

## 思考题与习题

1. 什么是建筑供暖设计热负荷？包括哪些内容？
2. 围护结构设计时，主要的热工参数有哪些？应达到什么标准？
3. 自然循环热水供暖系统的工作原理是什么？有哪几种形式？
4. 供暖系统机械循环系统常用的形式有哪些？
5. 什么是热水供暖系统的同程式和异程式？各有什么特点？
6. 常用供暖方式有哪些？
7. 膨胀水箱、集气罐在供暖系统中的作用是什么？
8. 什么是供暖系统的分户计量？什么系统形式可实现分户计量？
9. 低温热水地板辐射供暖系统有何特点？
10. 室外供暖管道的敷设方式和各自的特点是什么？

# 第10章 建筑通风系统

## 10.1 建筑通风概述

通风与建筑的联系非常紧密，采用科学的通风方法是改善室内空气品质的有效技术手段。人们有80%以上的时间是在住宅、办公室、车间、商场等民用或工业建筑物中度过的，大多数的工业生产过程也是在建筑物或封闭空间（隧道、矿井）中完成的。人们在生活和生产过程中，或多或少地产生了一些有害物质，包括余热、余湿、二氧化碳、粉尘、二氧化硫、一氧化碳、氮氧化物以及苯、甲醛等，因此需要设法改善室内的空气环境。无论是民用建筑还是工业建筑，都需要采取必要的通风措施，把污浊的空气排出室外，对粉尘和有害物进行必要的净化和吸收，使之满足排放标准，同时将新鲜空气或经过简单净化符合卫生要求的空气送入室内，改善室内的空气品质。

建筑消防防烟排烟、人防通风、气力输送等也是通风工程的重要内容。

建筑通风按照促使气流运动的动力不同，可以分为自然通风和机械通风；按照通风系统的作用范围不同可以分为局部通风和全面通风；按照气流的运动方向不同可以分为送风和排风。对于建筑物而言，向房间送入空气称为送风，从房间排出空气称为排风。通风系统还可按照作用功能划分为除尘、净化、事故通风、消防（防烟排烟）通风、人防通风等。还有利用封闭的风力系统进行物料输送的系统，被称作气力输送系统。

**1. 自然通风**

自然通风是利用室外风力所造成的风压或室内外空气温差所形成的热压作用使室内外空气进行交换的通风方法。自然通风不需要额外消耗其他形式的能量，也不需要进行复杂的系统管理，具有节能和环保的优点，因此在建筑通风中被广泛采用。例如，利用穿堂风换气或烟囱效应使得室内被污染的空气从天窗排出，室外的新鲜空气进入室内就是典型的自然通风。但由于风压和热压的形成受室内外气象条件的限制，因此在有些情况下，完全依靠自然通风不能满足建筑物内空气环境的要求。

**2. 机械通风**

机械通风是借助通风机所产生的动力使空气流动的通风方法。风机的风压和风量可以根据需要确定，空气流动的速度和方向也可以方便地控制，因此比自然通风更加可靠。但机械通风系统比较复杂，风机需要消耗电能，一次性投资和运行管理费用都比较高。

**3. 局部通风与全面通风**

局部通风是利用局部气流，使局部工作地点的空气环境保持良好，不受有害物的污染。局部通风又分为局部排风和局部送风。住宅厨房中利用机械排油烟罩排出烹饪过程中产生的有害物质，避免其向室内扩散，就是利用了局部机械排风的方式。

全面通风也称为稀释通风，就是利用清洁的空气稀释室内空气中有害物，降低其浓度，同时将污染空气排出室外，保证室内空气环境达到卫生标准的要求。可见，全面通风就是对整个房间进行换气。

## 10.2　自然通风

自然通风是一种被广泛采用且经济有效的通风方式，非常适合在一般的居住建筑、普通办公楼、工业厂房（尤其是高温车间）中使用。按照产生气流运动的原因，自然通风又分为热压作用下的自然通风和风压作用下的自然通风。实际建筑中的自然通风过程，往往受到风压和热压的共同作用。

### 10.2.1　热压作用

某一建筑如图 10-1 所示，在某一侧外墙上下开有两个窗 a 和 b，高差为 $h$；建筑室内、外温度为 $t_i$ 和 $t_o$，室内、外空气密度为 $\rho_i$ 和 $\rho_o$。假设窗 a 内外的空气静压分别为 $p_{ai}$ 和 $p_{ao}$，窗 b 内外的空气静压分别为 $p_{bi}$ 和 $p_{bo}$。

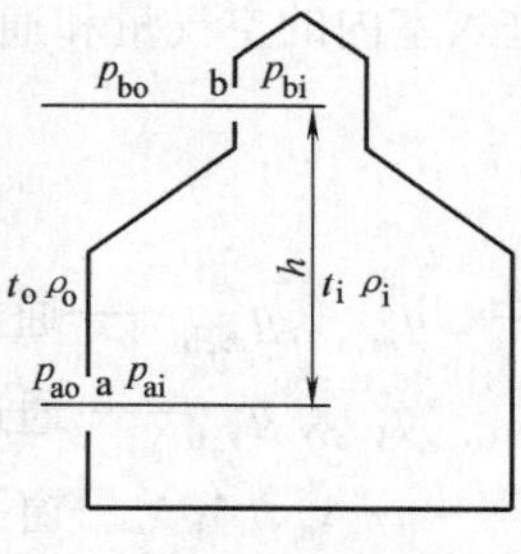

图 10-1　热压作用下的自然通风

首先关闭上部窗孔 b，开启下部窗孔 a，如果窗孔 a 两侧存在压差，则会产生空气的流动。空气流动的结果会使得窗孔 a 两侧的压差逐渐减小，直到 a 窗内外压强相等，即

$$p_{ai}=p_{ao} \tag{10-1}$$

此时，空气流动停止，根据流体静力学原理，窗 b 内外的空气静压强 $p_{bi}$ 和 $p_{bo}$ 分别为

$$p_{bi}=p_{ai}-\rho_i gh \tag{10-2}$$

$$p_{bo}=p_{ao}-\rho_o gh \tag{10-3}$$

窗 b 内外的压差为

$$\Delta p_b=p_{bi}-p_{bo}=p_{ai}-p_{ao}+(\rho_o-\rho_i)gh=\Delta p_a+(\rho_o-\rho_i)gh \tag{10-4}$$

若 $t_i>t_o$，则室内、外空气密度之间有 $\rho_i<\rho_o$，窗 b 内侧压强大于外侧，开启窗 b 后，空气会从内向外流出。随着空气向外流动，室内静压逐渐降低，使得 $p_{ai}<p_{ao}$，室外空气会通过窗 a 进入。当通过窗 a 进入室内的空气量与通过窗 b 排出的空气量相等时，这一过程达到稳定，形成了稳定的自然通风。

式（10-4）还可以写为

$$\Delta p_b+|\Delta p_a|=(\rho_o-\rho_i)gh \tag{10-5}$$

把 $(\rho_o-\rho_i)gh$ 称为热压。如果室内外空气没有温差，就不会形成热压作用下的自然通风。当外墙上只有一个窗孔时，相当于图中窗 a 和窗 b 连在一起，此时窗户的上部排风，下部进风。若 $t_i<t_o$，则空气流动的方向相反，即 b 为进风窗，a 为排风窗。

为了便于计算，建筑通风中将室内某一点的压力与室外同标高未受建筑或其他物体扰动的空气压力的差值称为这一点的余压 $p_x$。仅有热压作用，室外空气静止时，窗孔内外的压差就是窗孔的余压。余压为正的窗户为排风窗，余压为负的窗户为进风窗。如果以窗 a 的中心平面作为基准面，由式（10-4）可知，任何一个窗户的余压等于窗 a 的余压 $p_{xa}$ 和该窗户与窗 a 的高差 $h_{x-a}$ 与室内外空气密度差和重力加速度乘积之和，即

$$p_x=p_{xa}+(\rho_o-\rho_i)gh_{x-a} \tag{10-6}$$

当 $t_i > t_o$ 时，余压从进风窗 a 的负值逐渐增大到排风窗的正值，沿着房间高度呈线性分布，如图 10-2 所示。其中，在 0—0 平面上，余压 $p_{x0}$ 等于零，0—0 平面就被称为中和面。位于中和面上的窗户两侧压力相等，因此没有空气进出。如果将中和面作为基准面，则窗孔 a 和 b 的余压 $p_{xa}$ 和 $p_{xb}$ 分别为

$$p_{xa} = p_{x0} - (\rho_o - \rho_i) g h_1 = -(\rho_o - \rho_i) g h_1 \tag{10-7}$$

$$p_{xb} = p_{x0} + (\rho_o - \rho_i) g h_2 = (\rho_o - \rho_i) g h_2 \tag{10-8}$$

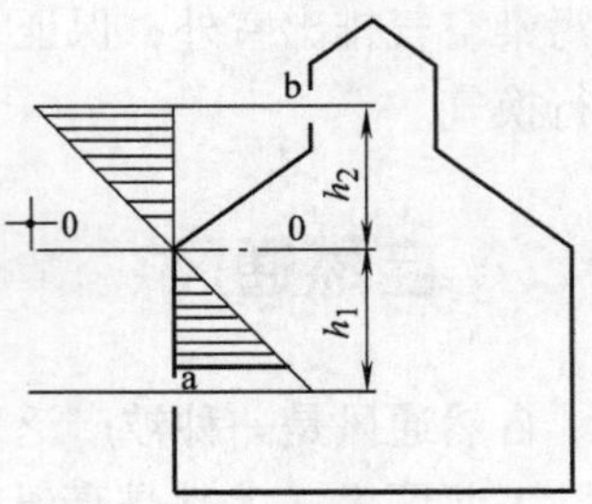

图 10-2 余压沿房间高度的分布

式中 $h_1$、$h_2$——窗孔 a 和 b 到中和面的距离（m）。

可见，任何一个窗孔的余压与其至中和面的距离成正比。当 $t_i > t_o$ 时，中和面以上窗孔余压为正，中和面以下窗孔余压为负。将余压值代入公式 $q_m = L\rho = vA\rho = \mu A\sqrt{2\Delta p \cdot \rho}$，得到通过窗孔 a 进入室内的空气量和通过窗孔 b 排出的空气量分别为

$$q_{m,a} = q_{V,a}\rho_o = v_a A_a \rho_o = \mu_a A_a \sqrt{2(\rho_o - \rho_i) g h_1 \rho_o} \tag{10-9}$$

$$q_{m,b} = q_{V,b}\rho_i = v_b A_b \rho_i = \mu_b A_b \sqrt{2(\rho_o - \rho_i) g h_2 \rho_i} \tag{10-10}$$

式中 $q_{m,a}$、$q_{m,b}$——通过窗孔 a 和 b 的空气的质量流量（kg/s）；

$q_{V,a}$、$q_{V,b}$——通过窗孔的空气的体积流量（$m^3/s$）；

$A_a$、$A_b$——窗孔的面积（$m^2$）；

$v_a$、$v_b$——空气流过窗孔时的流速（m/s）；

$\rho_i$、$\rho_o$——室内、外空气的密度（$kg/m^3$）；

$\mu_a$、$\mu_b$——窗孔的流量系数；

$h_1$、$h_2$——窗孔 a、b 距中和面的距离。

当满足房间卫生要求所需要的通风量一定时，用上面这两个公式可以求得相应的进、排风窗的面积。

### 10.2.2 风压作用

室外气流遇到建筑物时会发生绕流，从而在建筑的迎风面形成一个空气滞留区，此处的静压力高于大气压力，处于正压状态。而气流在建筑物的顶部和后侧会产生涡流，其中屋顶上部的涡流区称为回流空腔，建筑物背风面的涡流区称为回旋气流区。这两个区域的静压力都低于大气压力，为负压区，将其统称为空气动力阴影区。很显然，此时位于正压区的开口为进风口，而处于负压区的开口为排风口。

建筑物周围的风压分布和大小取决于建筑本身的几何形状、室外风向及风速。当风向一定时，建筑外围护结构上各点的风压为

$$p_f = K\frac{v_o^2}{2}\rho_o \tag{10-11}$$

式中 $p_f$——风压（Pa）；

$K$——空气动力系数；

$v_o$——室外空气的流速（m/s）；

$\rho_o$——室外空气的密度（$kg/m^3$）。

不同形状的建筑在不同风向下，空气动力系数 $K$ 的分布不同。$K$ 值一般是通过模型实验得到的，$K$ 值为正，说明该点的风压为正，此处的窗户为进风窗；$K$ 值为负，说明该点的风压为负，

此处的窗户为排风窗。

如图10-3所示，室外风速为$v_o$，没有热压作用时，迎风面窗孔a的风压为$p_{fa}$，背风面窗孔b的风压为$p_{fb}$，则$p_{fa}>p_{fb}$。若开启窗孔a，关闭窗孔b，室内外空气流动的结果是室内空气压力$p_i$与室外压力$p_{fa}$相等。此时再开启窗孔b，则室内空气通过窗孔b向室外流动，从而使室内空气压力降低，室外空气再次通过窗孔a进入，直到通过两个窗孔流入和流出的空气量相等，这一过程才达到平衡。

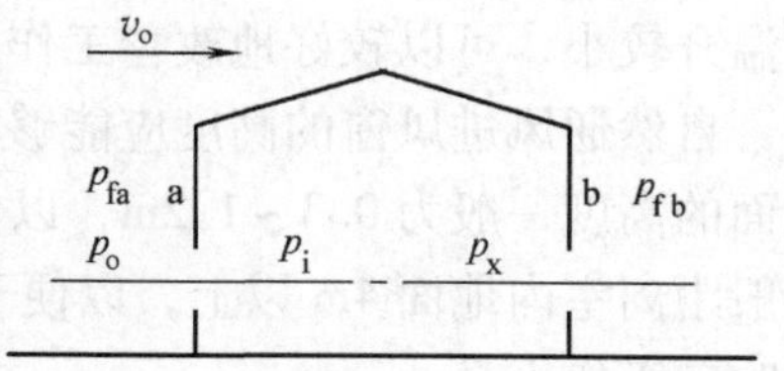


图10-3　风压作用下的自然通风

实际建筑的自然通风过程往往受到风压和热压的共同作用，如图10-4所示。此时外围护结构上窗孔a和窗孔b的内外空气压力值分别为

$$\Delta p_a = p_{xa} - K_a \frac{v_o^2}{2}\rho_o \tag{10-12}$$

$$\Delta p_b = p_{xb} - K_b \frac{v_o^2}{2}\rho_o = p_{xa} + (\rho_o - \rho_i)gh - K_b \frac{v_o^2}{2}\rho_o \tag{10-13}$$

式中　$K_a$、$K_b$——窗孔a和b的空气动力系数。

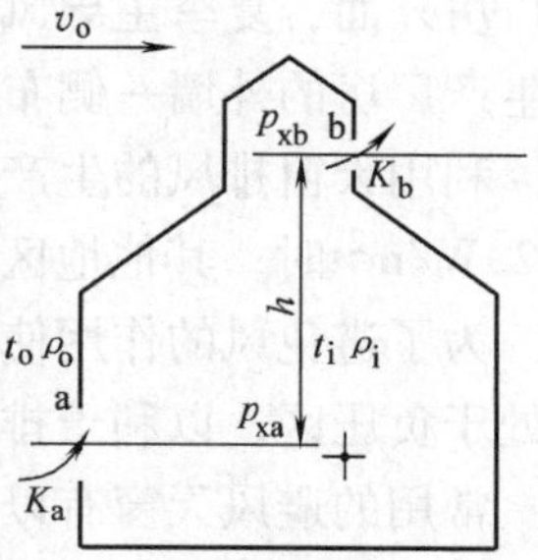


图10-4　风压和热压共同作用下的自然通风

由于室外风速和风向经常变化，并且无法人为加以控制，因此在进行自然通风设计时只需定量计算热压作用下的自然通风量，对于风压造成的自然通风量，根据规范只需定性地加以考虑即可。

### 10.2.3　自然通风的设计原则

自然通风在大部分情况下是一种经济有效的通风方式，但由于受到气象条件、建筑平面规划、建筑结构形式、室内工艺设备布置、窗户形式与开窗面积、其他机械通风设备等因素的影响，也是一种难以进行有效控制的通风方式。由于自然通风的原理不外乎“热压”和“风压”这两种基本的作用形式，因此如何利用风压和热压使自然通风能更好地满足建筑内人员和生产工艺对通风的要求，就需要在建筑总体规划、建筑形式设计、工艺布局以及通风设备的选择和布置方面遵循一些基本的原则。

在确定总图的方位时，为避免大面积外墙和玻璃窗受到西晒，应当尽量将建筑纵轴布置成东西向，炎热地区的建筑尤其应以避免西晒为主。

采用自然通风的建筑，其主要进风面一般应与夏季主导风向成60°~90°角，不宜小于45°。

为避免受到高大建筑周围正压区或负压区的影响，采用自然通风的低矮建筑应当与高大建筑保持足够的距离，尤其是在有自然通风进、排风口的方向。

建筑物的高度对自然通风有很大的影响。室外风速随高度的增加而增大，而建筑门窗两侧的风压差与风速的平方成正比。另外，热压与建筑物的高度也成正比。因此，自然通风的风压及热压作用都随着建筑物高度的增加而增强。这对高层建筑物的室内通风是有利的。

如果建筑物迎风面和背风面的外墙开孔面积占外墙总面积1/4以上，应当尽量使得室外气流能横贯整个房间，形成所谓的“穿堂风”。在我国南方，冷、热加工车间和一般的民用建筑都广泛采用穿堂风。当穿堂风作为热车间的主要降温措施时，应将主要热源布置在夏季主导风向的下风侧。

对于多层车间，在工艺条件允许的情况下，热源应尽量安设在上层，下层用于进风。室外新鲜空气由下部直接进入工作区，从上部排风。这样，热空气可不经过工作区而直接排出，工作区的温升较小，可以较好地改善工作区的劳动条件。

自然通风进风窗的高度应能够根据其使用的季节来确定。夏季使用的进风窗下边缘距离室内地面的高度一般为0.3～1.2m，以便于室外新鲜空气直接进入工作区；冬季使用的进风窗下边缘一般距离室内地面4m以上，以便于室外气流到达工作区前能和室内空气充分混合，以免冷风直接吹向工作人员。

为了增大进风面积，以自然通风为主的热车间应尽量采用单跨厂房。在多跨厂房中应将冷、热跨间隔布置，尽量避免热跨相邻。

以热压为主进行自然通风的厂房，应将散热设备尽量布置在天窗下方；高温热源应尽量布置在厂房外面，夏季主导风向的下风侧。布置在室内的热源，应采取有效的隔热降温措施，并应靠近生产厂房的外墙一侧布置。

利用天窗排风的生产厂房，符合下列情况之一者应采用避风天窗：炎热地区，室内散热量大于23W/m$^2$时；其他地区，室内散热量大于35W/m$^2$时；不允许气流倒灌时。

为了避免风的作用使天窗发生倒灌，可以在天窗上增设挡风板，保证排风天窗在任何风向下都处于负压区，以利于排风，这种天窗称为避风天窗。

常用的避风天窗有以下几种：

（1）矩形天窗　这种天窗采光面积大，当热源集中布置在车间中部时，热气流能够迅速排除，但是建筑结构复杂，造价高，如图10-5所示。

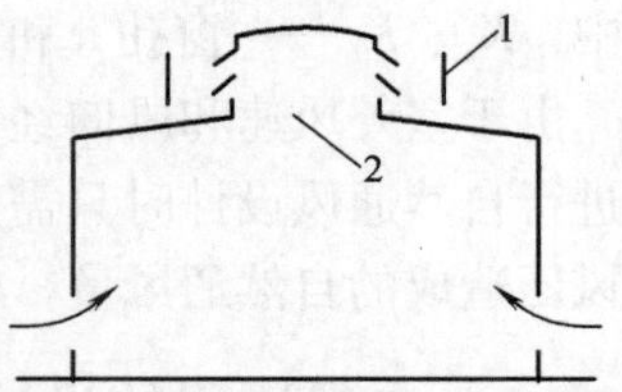


图10-5　矩形避风天窗

1—挡风板　2—喉口

（2）下沉式天窗　下沉式天窗是把部分屋面下移，利用屋架本身的高度形成天窗，又可分为纵向下沉式、横向下沉式和天井式三种。下沉式天窗比矩形天窗降低厂房高度2～5m，比较经济，但清灰、排水比较困难，如图10-6所示。

（3）曲（折）线形天窗　曲（折）线形天窗是一种新型的轻型天窗，其挡风板是按曲（折）线制作的，因此阻力比较小，排风能力大，具有构造简单、重量轻、施工方便、造价低等优点，如图10-7所示。

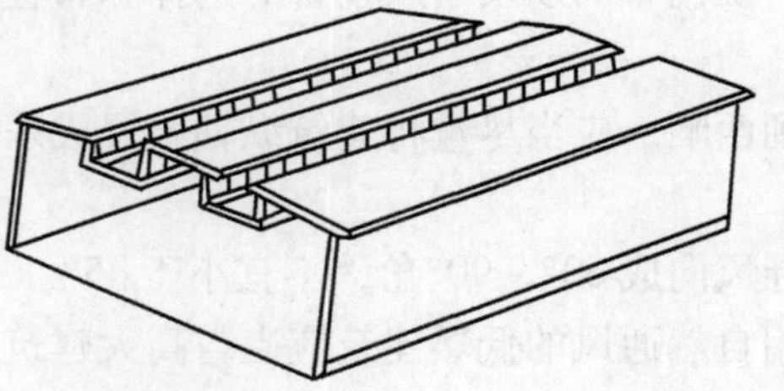

图10-6　纵向下沉式天窗

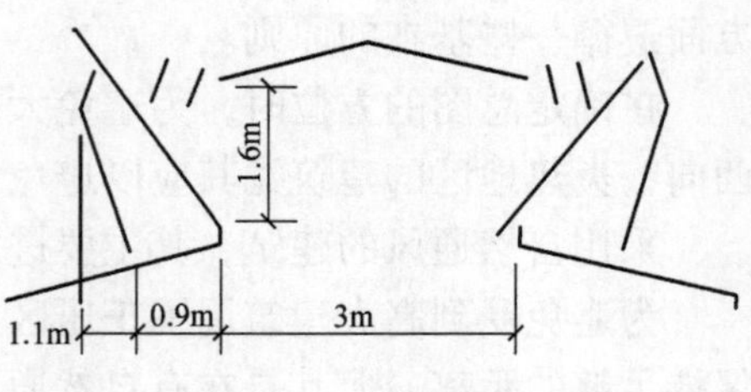


图10-7　曲（折）线形天窗

在选择排风天窗时，要综合考虑天窗的避风性能、单位面积天窗的造价等。反映天窗排风能力大小的主要参数是局部阻力系数$\xi$，$\xi$值越小，排风能力越大。几种常用天窗的$\xi$值见表10-1。

**表10-1　几种常用天窗的$\xi$值**

| 型　号 | 尺　寸 | $\xi$值 | 备　注 |
|---|---|---|---|
| 矩形天窗 | $H=1.82$m　$B=6$m　$L=18$m | 5.38 | 无窗扇，有挡雨片 |
| | $H=1.82$m　$B=9$m　$L=24$m | 4.64 | |
| | $H=3.0$m　$B=9$m　$L=30$m | 5.68 | |

（续）

| 型　号 | 尺　寸 | ξ 值 | 备　注 |
|---|---|---|---|
| 天井式天窗 | $H=1.66\text{m}$　$l=6\text{m}$ | 4.24～4.13 | 无窗扇，有挡雨片 |
| | $H=1.78\text{m}$　$l=12\text{m}$ | 3.83～3.57 | |
| 横向下沉式天窗 | $H=2.5\text{m}$　$l=24\text{m}$ | 3.4～3.18 | |
| | $H=4.0\text{m}$　$l=24\text{m}$ | 5.35 | |
| 曲（折）线形天窗 | $B=3.0\text{m}$　$H=1.6\text{m}$ | 2.74 | |
| | $B=4.2\text{m}$　$H=2.1\text{m}$ | 3.91 | |

注：$B$—天窗喉口宽度，$L$—厂房跨度，$H$—天窗垂直口高度，$l$—井长。

当局部自然通风系统和设有排风天窗的全面自然通风系统中使用排风风帽时，为了避免倒灌，常常使用避风风帽。避风风帽是在普通风帽外围设一周挡风圈，因此其避风原理与避风天窗的原理相同。避风风帽的构造如图 10-8 所示。

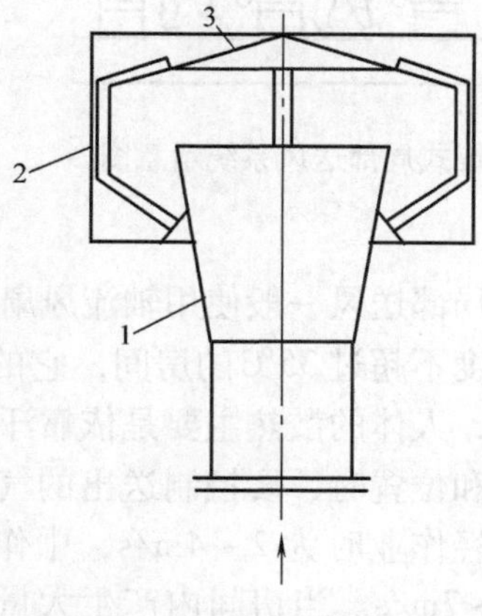


图 10-8　避风风帽的构造
1—渐扩管　2—挡风圈　3—遮雨盖

## 10.3　局部通风

局部通风系统分为局部排风和局部送风两类。局部排风是在污染源附近设置排风设备，将污染物质就近、及时地收集起来排出，同时向室内补充新鲜空气。这种通风方式能够避免污染物在更大的空间扩散，用较小的风量实现对污染物的有效控制。局部排风方式适用于建筑内各污染源位置相对比较集中的场合，如住宅厨房的油烟污染、化学实验室的操作台等。局部送风则是向建筑内局部地点送入满足卫生要求的新鲜空气，以改善这一地点的空气环境。当保持整个房间空气质量良好、所需成本较高或没有必要时，如在体积很大、工艺过程对室内空气环境没有特殊要求的工业厂房中仅有个别工作人员，且工作人员的活动范围比较小时，采用局部送风来满足人员工作范围内的空气环境要求是比较经济的。

### 10.3.1　局部送风

局部送风系统有系统式和分散式两种。图10-9所示是铸造车间浇注工段系统式局部送风系统示意图。空气经过集中处理后，通过风机、管道及送风口组成的系统送至工作区的局部地点。系统式送风根据需要可以对空气进行冷却、加热、净化等处理。常用的送风口有固定式、旋转式（见图 10-10）。当操作人员活动范围较大时，可采用设有活动导流叶片的旋转式喷头，喷头与风管之间的连接为可旋转的活动连接，能够调整气流方向。安装在热车间内的局部送风喷口，送出的气流应从人体的前侧上方倾斜地吹到头、颈和胸部，使人体对辐射热最为敏感的部位处在送风气流的包围之中，同时不允许有污染气流吹向人体。

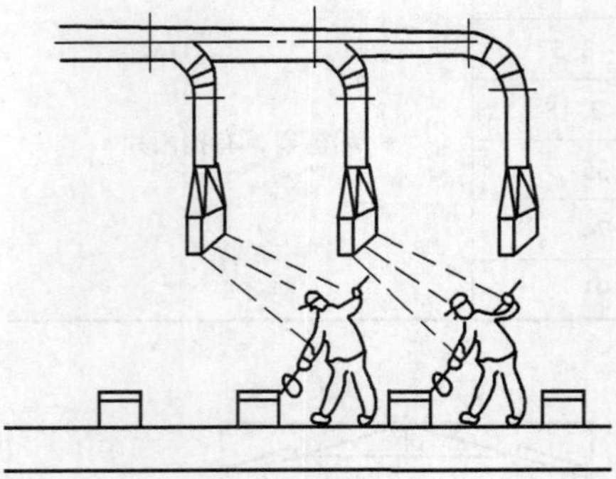

图 10-9 系统式局部送风系统示意图

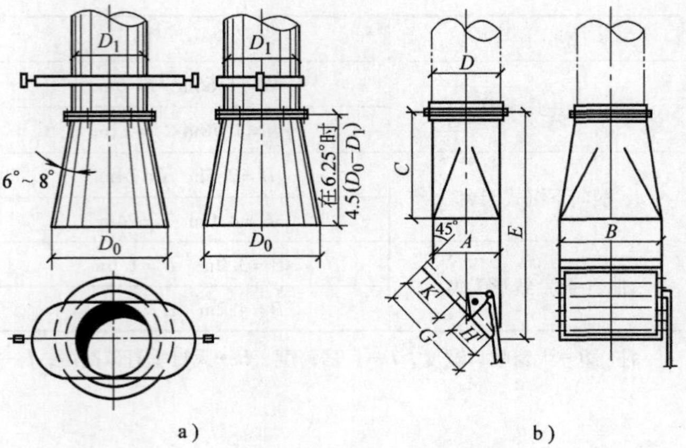


图 10-10 局部送风喷头

a）固定式 b）旋转式

分散式局部送风一般使用轴流风扇或喷雾风扇，采用室内再循环空气。轴流风扇适用于辐射强度小、温度不超过35℃的房间，它的作用是加大工作地点的风速，以帮助人体散热。在环境温度较高时，人体的散热主要是依靠汗液的蒸发，汗液蒸发的速度随风速的增大而加快。在确定风扇的风量和位置时，要控制送出的气流到达工作地点时的速度，一般轻作业时为2~4m/s，中作业时为3~5m/s，重作业时为5~7m/s。当房间内产生大量粉尘时，不宜使用风扇。喷雾风扇的结构如图10-11所示，其工作原理是在风扇的送风气流中加入细小的水滴，利用水雾在工作地点的人体或物体表面蒸发来吸收热量，达到降温的效果。这种方法适用于空气相对湿度较低、房间中热辐射强度较大的情况。使用喷雾风扇时，水滴的直径最好控制在60μm以下，气流到达工作地点的速度应控制在3~5m/s。

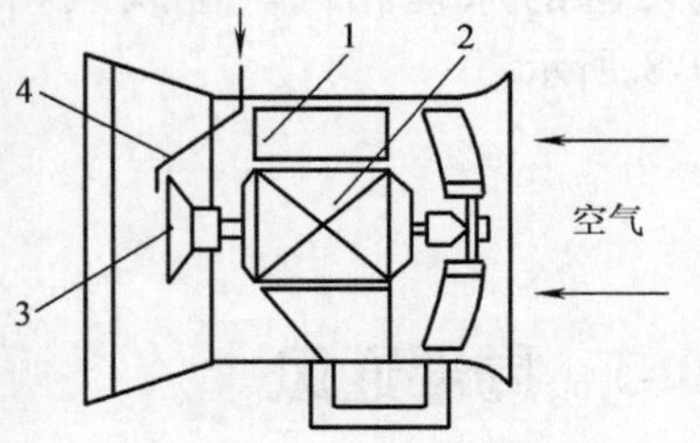


图 10-11 喷雾风扇的结构

1—导风板 2—电动机

3—甩水盘 4—供水盘

## 10.3.2 局部排风

局部排风系统的组成包括：局部排风罩、风管、除尘或净化设备、风机和排烟烟囱等。

局部排风罩的作用是捕集有害物，它的性能对局部排风系统的技术、经济效果有着直接的影响。排风罩的形式和形状要根据污染源的特点和散发污染物质的规律来设计。排风罩的安装不应当影响生产操作过程，同时尽量靠近有害物源，以保证以最小的风量有效、迅速地排除工作地点产生的有害物。另外，排风气流的方向应当从工作人员一侧流向有害物，避免有害物浓度高的气流流经工作人员。局部排风罩按照作用原理有以下几种类型。

**1. 密闭式排风罩**

如图10-12所示，密闭式排风罩是将工艺设备连同其散发的有害污染物密闭起来，使之与室内空气彻底隔离开，通过排风在罩内形成负压，防止有害物逸出。密闭罩的特点是不受室内气流的干扰，同其他类型的排风罩相比所需排风量最小，排风效果最好。但是检修和人员操作不便，需要在排风罩上设监视孔才能看到里面的工作过程。

**2. 柜式排风罩**（通风柜）

如图10-13所示，柜式排风罩实际上是密闭罩的特殊形式，即在密闭罩的一侧设有开敞面，以方便工艺操作和观察工作过程。开敞面和排风口的位置要根据工艺操作需要、污染物的密度及温度来布置。

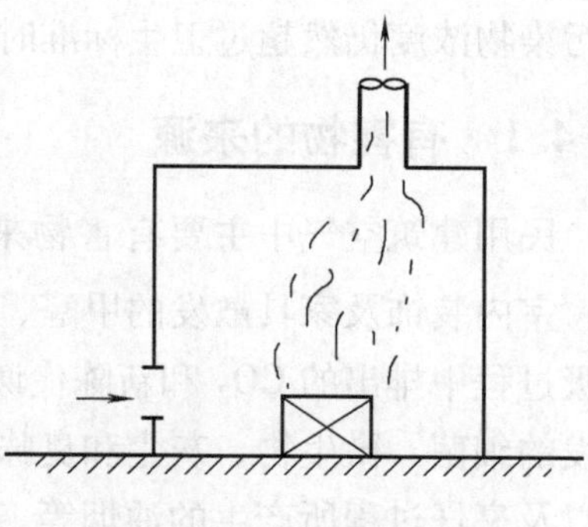

图 10-12　密闭式排风罩

**3. 外部吸气式排风罩**

如图 10-14 所示，外部吸气式排风罩是在生产设备不能封闭时，在有害物产生地点上部或近旁借助于风机在排风罩吸入口处造成的负压作用，将有害物吸入排风系统。这种排风罩与上面两种排风罩相比，所需的风量较大。

**4. 吹吸式排风罩**

如图 10-15 所示，当工艺操作过程不允许将污染源封闭起来，或污染源直径较大，单靠吸气气流控制有害物所需风速过大时，采用吹吸式排风罩是一种非常有效的方法。吹吸式排风罩是将吹气气流和吸气气流结合起来，以吹风口喷出的射流作为动力将污染源散发出的有害气体吹向设在另一侧的吸风口排出，以保证工作区的卫生条件。

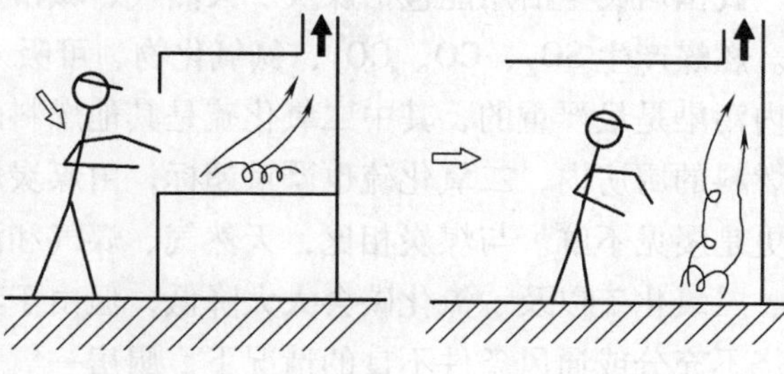

a)　　b)

图 10-13　柜式排风罩

**5. 接受式排风罩**

如图 10-16 所示，当某些生产设备或机械本身能将污染物以一定方向排出或散发时，排风可以采用接受式排风罩。此时排风罩只起到接收污染气流的作用，因此设计时应将排风罩置于污染气流运动的前方，比如车间内高温热源的气流排风罩应位于车间的顶部或上部，对于砂轮磨削过程中抛甩出的粉尘，应将排风罩口迎向粉尘被甩出的方向。

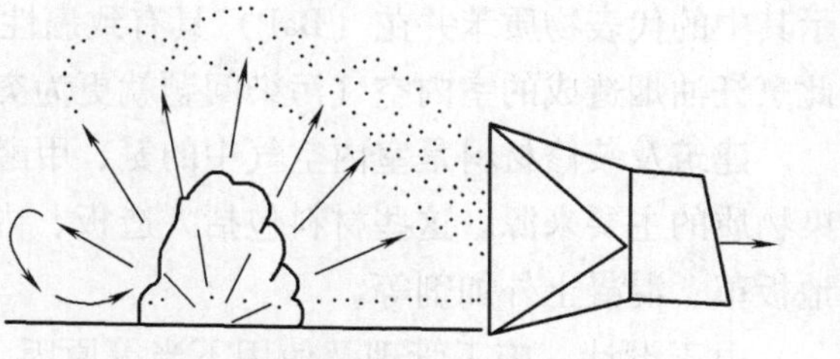

图 10-14　外部吸气式排风罩

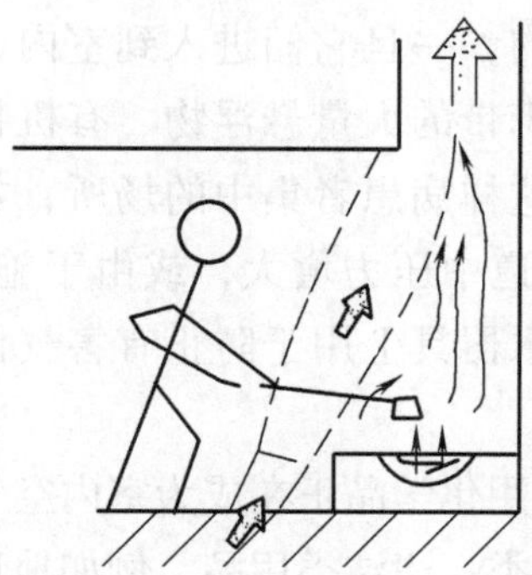

图 10-15　吹吸式排风罩

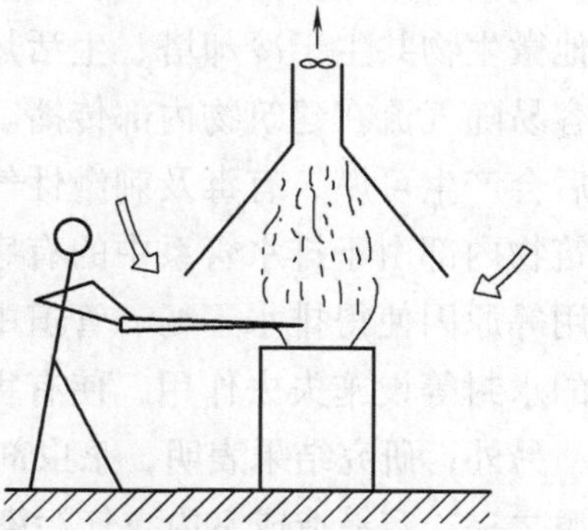

图 10-16　接受式排风罩

为了保护大气环境，局部排风罩收集到的污染空气如果达不到排放标准的要求，需要先进行净化。有害物净化的基本原理在后面的章节中具体讲解。

## 10.4　全面通风

在有害物源非常分散、不固定，以及条件所限不能采用局部排风，或者采用局部排风后，室内污染物浓度仍然超过卫生标准时，可采用全面通风。

### 10.4.1 有害物的来源

民用建筑空气中主要有害物来自生活燃料燃烧过程释放的 $SO_2$、CO、$CO_2$、可吸入颗粒物等；室内装饰及家具散发的甲醛、苯等有机挥发性气体；天然石材散发的放射性气体氡；人体在呼吸过程中排出的 $CO_2$ 和新陈代谢过程释放的气味；室内建筑设备因为疏于管理或运行不良而散发的细菌、微生物、灰尘和臭味；人们在日常生活中因为过度使用化学物质而散发的有机性气体以及烹饪过程所产生的油烟等。

我国居民生活用能包括煤炭、天然气、城市煤气、液化石油气以及燃用新型甲醇和碳五燃料等。燃煤产生 $SO_2$、CO、$CO_2$、氮氧化物、可吸入颗粒物等。煤炭所造成的一氧化碳和二氧化硫室内污染是最严重的，其中二氧化硫是其他燃料的数倍到上百倍不等。即使是在夏季，采用煤炭为燃料的厨房内，二氧化硫也严重超标，由煤炭燃烧不完全所造成的居住建筑中一氧化碳中毒事件更是屡见不鲜。与煤炭相比，天然气、煤气和液化石油气等气体燃料燃烧所产生的可吸入颗粒物、二氧化硫以及一氧化碳会大大降低，但由于其燃烧温度较高，氮氧化物的排放量会增大。在燃烧不充分或通风条件不良的情况下，厨房一氧化碳的浓度也会超标。

烹饪油烟污染也是造成室内空气污染的重要污染源。烹饪油烟是油脂加热后氧化分解的产物，有220多种成分。油烟中主要的有害物质是多环芳烃化合物（PAHs），而有关毒理学研究显示其中的代表物质苯并芘（BaP）具有致癌性。由于我国传统烹饪方式以煎、炒、炸等为主，因此烹饪油烟造成的室内空气污染问题就更为突出。

建筑及装修材料是室内空气中的氨、甲醛、苯、甲苯和二甲苯等挥发性有机化合物和氡等污染物质的主要来源。这些材料包括人造板、内墙涂料、木器涂料、地毯、壁纸、胶粘剂、家具、地板革、混凝土外加剂等。

由于设计、施工管理及使用不当等原因，使得有些室内供水系统或通风空调设备中会滋生各种细菌，例如会滋生导致类似肺炎或其他呼吸系统疾病的军团菌等。这些细菌常常与藻类等其他微生物共生于冷却塔、生活热水系统或潮湿的空气处理机组内，一旦它们进入到室内，就很容易随气流在建筑物内部传播。建筑物内部生活污水及废水中携带的大量悬浮物、有机物发酵后会产生可燃、有毒及刺激性气体或病毒和病菌，尤其像医院这样病患者集中的场所，如果建筑物内部由于排水管系中的有害气体未及时排除等原因导致管道中压力增大，或由于施工、使用等原因使得排水不畅、管道中压力波动过大，都会使室内用水器具上用于防止有害气体溢出的水封等设施失去作用，使有害物质溢出，污染室内空气。

另外，研究结果表明，杀虫剂、空气清新剂、衣物干洗剂等日用化学品正在成为室内空气污染源之一。容易造成室内空气污染的日用化学品主要包括以下六大类：清洁类用品，例如地毯清洁剂、厨房器具清洁剂、厕所清洁剂等；抛光类用品，例如家具擦光剂、地板擦光剂等；家用气溶胶，例如空气清新剂等；化妆用品，例如各种喷雾发胶以及具有染发、烫发等特殊功能的化妆品；家用农药，例如各种适于家用的杀虫剂、杀菌剂、杀鼠剂等；其他类，如除臭剂、消毒剂等用品。这些化学品的使用虽然提高了人们的生活品质，方便了人们的生活，但其中大量的有机挥发物包括有机氯、萘等，对人的心脏、智力都会产生影响，有些物质如塑料中用作增塑剂的多氯联苯可以诱导肝癌、腺瘤的发展，并通过母体转移给胎儿。

基于我国室内空气污染的现状，为了提高人们对室内空气环境重要性的认识，并为改善室内空气品质提供依据，2002年11月19日国家质量监督检验检疫总局、国家环保总局和卫生部联合制定了GB/T 18883—2002《室内空气质量标准》，这是我国第一部有关室内空气质量的标准。

除了粉尘及各种有害气体和蒸汽外，建筑物中人和各种设备所散发的余热和余湿也会造成室内空气温度升高、湿度增大。人所能够适应的温湿度是有一定的范围的，温度过高或过低都会影响人的正常生理机能。调查表明，在夏热冬冷地区，空气温度不超过28℃时，人们对热环境均表示满意；28～30℃时，约30%的人会感到热，但很少有人感到难以忍受；30～34℃时，84%的人感到热，14.5%的人感到难以忍受；超过34℃时，100%的人感到热，42%的人感到难以忍受。而室内湿度过高，会阻碍汗液蒸发，影响散热和皮肤表面温度，从而影响人的舒适感。另外，湿度高还会促进室内环境中细菌和其他微生物的生长繁殖，这些微生物还可通过呼吸系统进入人体，导致人产生呼吸或消化系统的多种疾病。

## 10.4.2 全面通风量的计算

不论是在工业建筑还是在民用建筑中，全面通风都具有稀释室内空气中的有害物、消除室内余热和余湿的作用。因此在设计全面通风系统时，通风量要根据系统在不同建筑物内所承担的主要任务来确定。

**1. 消除室内余热的通风量**

为消除室内余热的通风量的计算公式为

$$q_{V,\mathrm{r}}=\frac{Q}{c\rho(t_\mathrm{p}-t_\mathrm{j})} \tag{10-14}$$

式中 $q_{V,\mathrm{r}}$——全面通风量（$m^3/s$）；

$Q$——室内余热量（kJ/s）；

$c$——空气的质量比热容，$c=1.01\mathrm{kJ/(kg\cdot K)}$；

$t_\mathrm{p}$——排风温度（K）；

$\rho$——进入空气的密度（$kg/m^3$）；

$t_\mathrm{j}$——进风温度（K）。

**2. 消除室内余湿的通风量**

当全面通风的目的是消除室内余湿时，通风量的计算公式为

$$q_{V,\mathrm{s}}=\frac{W}{\rho_\mathrm{n}(d_\mathrm{p}-d_\mathrm{j})} \tag{10-15}$$

式中 $q_{V,\mathrm{s}}$——消除余湿所需通风量（$m^3/s$）；

$\rho_\mathrm{n}$——室内空气的密度（$kg/m^3$）；

$W$——室内余湿量（g/s）；

$d_\mathrm{p}$——排出空气的含湿量［g/kg（干空气）］；

$d_\mathrm{j}$——进入空气的含湿量［g/kg（干空气）］。

**3. 为稀释有害气体所需的通风量**

当全面通风的目的是稀释室内空气中的有害物时，通风量的计算公式为

$$q_{V,\mathrm{y}}=\frac{KX}{y_\mathrm{n}-y_\mathrm{s}} \tag{10-16}$$

式中 $q_{V,\mathrm{y}}$——全面通风量（$m^3/s$）；

$X$——室内有害物散发量（mg/s）；

$y_n$——室内空气质量标准中规定的有害物最高容许浓度（$mg/m^3$）；

$y_s$——送风中有害物的最高容许浓度（$mg/m^3$）；

$K$——安全系数，对于一般房间 $K=3\sim10$，对于生产车间 $K\geqslant6$，对专门设计的小型实验室 $K=1$。

当不能准确得到室内有害物散发量 $X$ 时，式（10-16）无法应用。这时，全面通风量可以根据类似房间的实测资料和经验数据，按房间的换气次数确定。计算公式为

$$q_{V,y}=nV \tag{10-17}$$

式中 $n$——房间的换气次数（次/h），按表10-2选用；

$V$——房间的容积（$m^3$）。

**表10-2 不同房间的换气次数**

| 房间名称 | 换气次数/(次/h) | 房间名称 | 换气次数/(次/h) |
|---|---|---|---|
| 住宅居室 | 1.0 | 食堂贮粮间 | 0.5 |
| 住宅浴室 | 1.0~3.0 | 托幼所 | 5.0 |
| 住宅厨房 | 3.0 | 托幼浴室 | 1.5 |
| 食堂厨房 | 1.1 | 学校礼堂 | 1.5 |
| 学生宿舍 | 2.5 | 教室 | 1.0~1.5 |

实际的建筑物中往往不是仅存在一种污染物质，而且污染源在产生污染物质的同时还常常伴有余热、余湿的释放，此时全面通风量的确定要遵循以下原则：

1）当室内有多种有机溶剂（如苯及其同系物、醇类、醋酸酯类）的蒸气或是有刺激性气味气体（如三氧化硫、二氧化硫、氟化氢及其盐类）同时存在时，全面通风量应按各类气体分别稀释至容许值时所需要的换气量之和计算。除上述有害物质外，对于其他有害气体同时散发于室内空气的情况，其全面通风量只需按换气量最大者计算即可。

2）对于室内要求同时消除余热、余湿及有害物的情况，全面通风量应按其所需的最大换气量计算。

## 10.5 通风系统的设备与构件

通风系统是由多种设备、材料和构件组合而成的。例如组成机械排风系统的局部排风罩、风管、阀门、除尘或净化设备、风机和排烟烟囱等。本节介绍主要的三种设备及构件：通风机、风管和室外进、排风口。

### 10.5.1 通风机

通风机按照其工作原理、用途及压力可分为多种类型，建筑通风空调工程中常用的风机分类见表10-3。

**表10-3 常用风机的分类**

| 分类方式 | 类别 | 使用范围 |
|---|---|---|
| 按工作原理分 | 离心式 | 低、中、高压系统，一般的通风空调和防排烟系统 |
| | 轴流式 | 大流量、较低压力的系统，一般的通风空调和防排烟系统 |
| | 贯流式 | 常常作为风机盘管、空气幕、分体空调等设备的配套风机 |

（续）

| 分类方式 | 类别 | | 使用范围 |
|---|---|---|---|
| 按用途分 | 通用 | | 用于一般通风换气、输送清洁空气 |
| | 专用 | | 用于输送高温、有腐蚀性的气体等 |
| | 管道式 | | 直接连接在管道上作为通风换气或增压用 |
| | 屋顶 | | 安装在屋顶上，用于工业与民用建筑的排气，用于排烟系统的多为离心式风机 |
| | 排尘 | | 用于含粉尘、木屑、纤维等气体的输送 |
| | 防爆 | | 输送有爆炸危险的气体及安装在有爆炸危险的场所 |
| 按压力分 | 离心式 | 高压 $p>3000\text{Pa}$ | 主要用于特殊工业通风系统，如气体输送系统 |
| | | 中压 $1000\text{Pa}\leqslant p\leqslant 3000\text{Pa}$ | 除尘排风系统 |
| | | 低压 $p<1000\text{Pa}$ | 工业与民用建筑的通风和空调 |
| | 轴流式 | 高压 $p\geqslant 500\text{Pa}$ | 各种通风换气 |
| | | 低压 $p<500\text{Pa}$ | |

离心风机和轴流风机是通风系统中最为常用的两种风机，这两种风机都属于叶轮机，其工作原理是通过叶轮的旋转带动空气产生高的动压转换成静压，风机的构造如图10-17和图10-18所示。

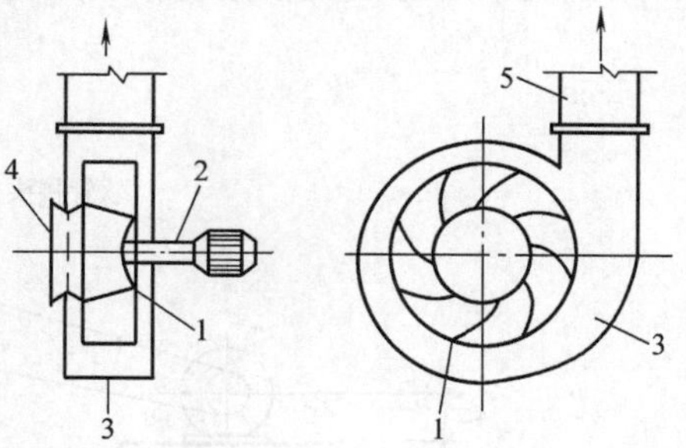


图10-17 离心风机构造示意图

1—叶轮 2—电机轴 3—机壳 4—导流器 5—排风口

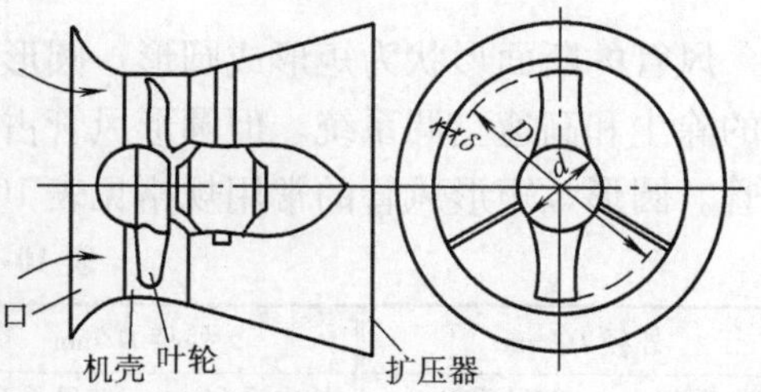


图10-18 轴流风机构造示意图

轴流风机与离心风机的主要性能参数有：

1）风量（$q_V$）：风机在单位时间内输送的空气量，单位为$m^3/s$或$m^3/h$。

2）全压（或风压$p$）：每$1m^3$空气通过风机所获得的动压和静压之和。

3）轴功率（$P$）：电动机施加在风机轴上的功率，单位为kW。

4）有效功率（$P_x$）：空气通过风机后实际获得的功率，单位为kW。

5）效率（$\eta$）：风机的有效功率与轴功率的比值，其计算公式为

$$\eta=\frac{P_x}{P}\times 100\% \qquad (10\text{-}18)$$

6）转速（$n$）：风机叶轮每分钟的旋转数（r/min）。

一般要根据被输送气体的成分和性质以及阻力损失大小来选择风机。在确定风机型号时，应当在通风量和风道系统阻力损失计算值的基础上附加安全系数，风量的安全系数一般取1.05～1.10，风压的安全系数一般取1.10～1.15。另外，风机在不同风压和风量下工作时，其效率也不同。一般风机设备的生产者会提供不同产品的性能选择表或曲线，用户在选择时应尽可能使风机的正常运行工况处于设备的高效率范围内。

与离心风机相比，轴流风机的特点是风压较小，单级式轴流风机的风压一般低于300Pa；可以在低压下输送大流量的空气，噪声较大；风机自身体积小，占地少，常用于无须设置风管或风管阻力较小的通风系统。

中、大型的离心风机一般安装在混凝土基础上，轴流风机通常安装在风管中间或墙洞中。有隔声要求时，风机应当安装在弹簧或橡胶减振的台座上。图10-19和图10-20所示为轴流风机和

离心风机的常见安装方法。

### 10.5.2 风管

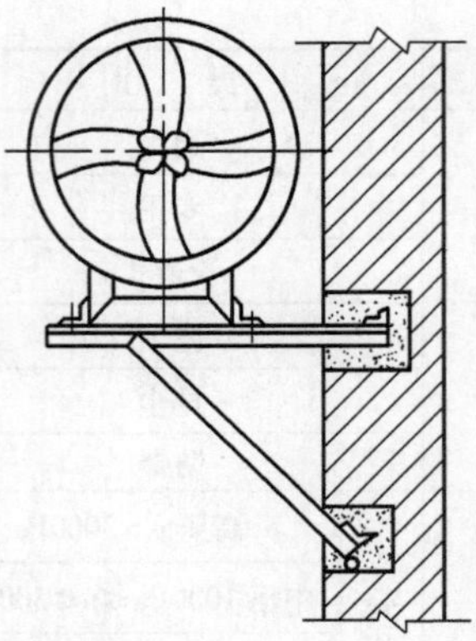

图 10-19 轴流风机在墙上安装

风管的作用是将通风系统中的各组成部分连接起来，使之构成一个完整的系统。风管中的风速应按照设计规范规定值选用，一般机械通风的干管风速为 3～6m/s，支管风速为 3～4.5m/s；自然进排风道的流速为 1.0～1.5m/s。

制作风管的常用材料有薄钢板、不锈钢板、铝板、塑料板、胶合板、纤维板、玻璃钢等，结构风道可使用混凝土、砖或其他建筑材料砌筑。选择风管材料时要考虑系统所输送的媒介性质及安装风管的空间的条件，输送腐蚀性气体的风管可采用硬塑料板、玻璃钢制作或采用涂刷防腐油漆的钢板；埋地风道通常用混凝土板做底，两边砌砖，用预制钢筋混凝土板做顶；利用建筑空间兼作风道时，多采用混凝土或砖砌风道。

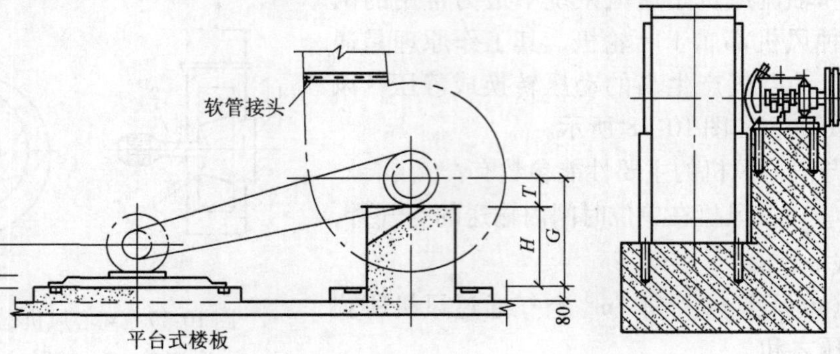


图 10-20 离心风机在混凝土基础上安装

风管的断面形状为矩形或圆形。圆形风管的强度大、阻力小、耗材少，常用于高流速、小管径的除尘和高速空调系统。但圆形风管占用空间大，不易与建筑配合。因此，多数建筑采用矩形风管。圆形、矩形风管的常用规格见表 10-4 和表 10-5。

**表 10-4 圆形风管统一规格**

| 外径 D/mm | | 外径 D/mm | | 外径 D/mm | | 外径 D/mm | |
|---|---|---|---|---|---|---|---|
| 基本系列 | 辅助系列 | 基本系列 | 辅助系列 | 基本系列 | 辅助系列 | 基本系列 | 辅助系列 |
| 100 | 90<br>100 | 250 | 240<br>250 | 560 | 530<br>560 | 1250 | 1180<br>1250 |
| 120 | 110<br>120 | 280 | 260<br>280 | 630 | 600<br>630 | 1400 | 1320<br>1400 |
| 140 | 130<br>140 | 320 | 300<br>320 | 700 | 670<br>700 | 1600 | 1500<br>1600 |
| 160 | 150<br>160 | 360 | 340<br>360 | 800 | 750<br>800 | 1800 | 1700<br>1800 |
| 180 | 170<br>180 | 400 | 380<br>400 | 900 | 850<br>900 | 2000 | 1900<br>2000 |
| 200 | 190<br>200 | 450 | 420<br>450 | 1000 | 950<br>1000 | | |
| 220 | 210<br>220 | 500 | 480<br>500 | 1120 | 1060<br>1120 | | |

注：应优先选用基本系列。

表 10-5　矩形风管统一规格

| 外边长(长×宽)/mm×mm | 外边长(长×宽)/mm×mm | 外边长(长×宽)/mm×mm | 外边长(长×宽)/mm×mm | 外边长(长×宽)/mm×mm | 外边长(长×宽)/mm×mm |
|---|---|---|---|---|---|
| 120×120 | 160×160 | 200×160 | 250×120 | 250×200 | 320×160 |
| 160×120 | 200×120 | 200×200 | 250×160 | 250×250 | 320×200 |
| 320×250 | 500×250 | 630×500 | 1000×320 | 250×500 | 1600×1000 |
| 320×320 | 500×320 | 630×630 | 1000×400 | 1250×630 | 1600×1250 |
| 400×200 | 500×400 | 800×320 | 1000×500 | 1250×800 | 2000×800 |
| 400×250 | 500×500 | 800×400 | 1000×630 | 1250×1000 | 2000×1000 |
| 400×320 | 630×250 | 800×500 | 1000×800 | 1600×500 | 2000×1250 |
| 400×400 | 630×320 | 800×630 | 1000×1000 | 1600×630 | |
| 500×200 | 630×400 | 800×800 | 1250×400 | 1600×800 | |

在很多情况下，需要对风管进行防腐和保温处理，例如夏季空调送风风管有可能结露，就需要对风管进行保温处理，可采用风管内保温和风管外保温，保温材料主要有聚苯保温板、泡沫橡胶塑料（橡塑）、玻璃纤维棉等，保温厚度应根据计算结果确定。

风管的布置应该服从整体布局，并与土建、生产工艺和给排水等各专业互相协调、配合；应使风管少占建筑空间并不得妨碍生产操作；风管布置还应尽量缩短管线、减少分支，避免复杂的局部管件，便于安装、调节和维修；风管之间或风管与其他设备、管件之间合理连接以减少阻力和噪声；风管布置应尽量避免穿越沉降缝、伸缩缝和防火墙等；对于埋地风管应避免与建筑物基础或生产设备底座交叉，并应与其他管线综合考虑；风管在穿越火灾危险性较大房间的隔墙、楼板处以及垂直和水平风道的交接处，均应符合防火设计规范的规定。

施工时，多采用先敷设主干风道，再连接支管及风口的施工程序。

## 10.5.3　室外进、排风口

建筑通风的本质是室内外空气的交换。通风系统通过室外进、排风口引入室外新鲜空气并向室外排出来自室内的空气。

室外进风口是通风和空调系统采集新鲜空气的入口。室外进风口可采用竖直风道塔式进风口，也可以采用设在建筑物外围结构上的墙壁式或屋顶式进风口，如图 10-21、图 10-22 所示。

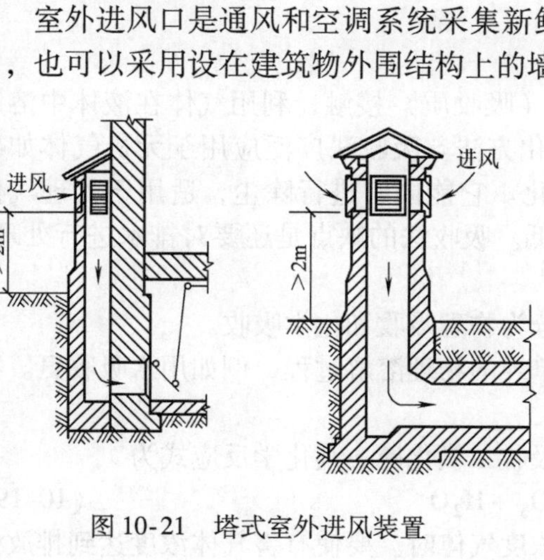


图 10-21　塔式室外进风装置

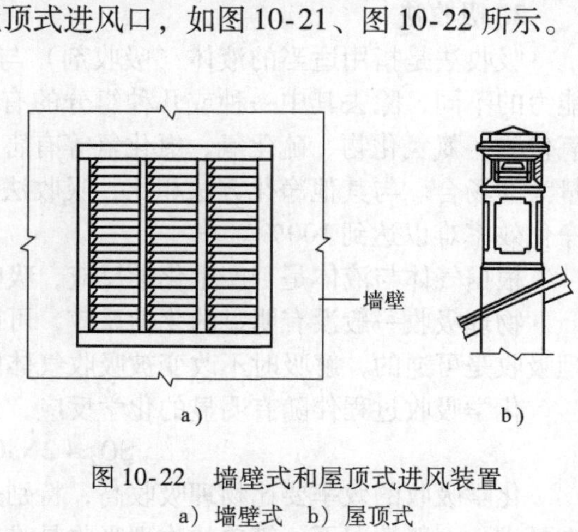


图 10-22　墙壁式和屋顶式进风装置
a）墙壁式　b）屋顶式

室外进风口的位置应满足以下要求：设置在室外空气较为洁净的地点，在水平和垂直方向上都应远离污染源；室外进风口下缘距室外地坪的高度不宜小于 2m，并需装设百叶窗，以免吸入地面上的粉尘和污物，同时可避免雨、雪的侵入；用于降温的通风系统，其室外进风口宜设在背阴的外墙侧；室外进风口的标高应低于周围的排风口，且宜设在排风口的上风侧，以防吸入排风口排出的污浊空气；当进风口、排风口的水平间距小于20m时，进风口应比排风口至少低6m；屋顶式进风口应高出屋面0.5~1.0m，以免吸进屋面上的积灰或被积雪埋没。

室外新鲜空气由进风装置采集后直接送入室内通风房间或送入进风室，根据用户对送风的要求进行预处理。机械送风系统的进风室多设在建筑物的地下层或底层，也可以设在室外进风口内侧的平台上。

室外排风口可以设在侧墙或屋面上。当设在屋面上时，排风口应高于屋面1m以上，出口处应设置风帽或百叶风口。

机械通风进排风口的流速控制在3.5~5.0m/s，自然通风的进排风口流速为0.2~1.0m/s。

## 10.6 有害气体的净化与除尘

建筑物内产生的粉尘或有害物质直接排到室外会造成大气污染，因此当排风中有害物浓度较高或有害物量较大时，必须先对其进行净化处理，达到排放标准的要求后才能排到大气中。有些时候净化过程同时也是某些细小物料或有用物质成分的回收过程。

### 10.6.1 有害气体的净化处理

有害气体的净化方法主要有四种：燃烧法、吸收法、吸附法和冷凝法。

**1. 燃烧法**

燃烧过程是一种热氧化过程，通过氧化反应把废气中的烃类成分有效地转化为二氧化碳和水，其他成分如卤素或含硫的有机物也可转化为允许向大气排放或容易回收的物质。燃烧法广泛应用于有机溶剂蒸气和碳氢化合物的净化处理，也可用于除臭。

燃烧法主要有两种：热力燃烧和催化燃烧。热力燃烧是在明火下的火焰燃烧，反应温度一般在600~800℃。通风排气中的可燃成分浓度一般比较低，燃烧氧化后释放的热量不足以维持燃烧，因此需要依靠辅助燃料，能耗较高。催化燃烧是在催化剂作用下，使化合物在较低的温度下氧化分解，反应温度一般在200~400℃，反应过程不产生明火，能耗较低，但催化剂的价格较贵。

**2. 吸收法**

吸收法是指用适当的液体（吸收剂）与有害气体（吸收质）接触，利用气体在液体中溶解能力的不同，除去其中一种或几种组分的有害气体净化方法。吸收法广泛应用于无机气体如硫氧化物、氮氢化物、硫化氢、氯化氢等有害气体的净化。它能同时进行除尘，适用于处理气体量大的场合。与其他净化方法相比，吸收法的费用较低。吸收法的缺点是还要对排水进行处理，净化效率难以达到100%。

根据气体与液体是否产生化学反应，吸收法可以分为物理吸收和化学吸收。

物理吸收一般没有明显的化学反应，可以看作是单纯的物理溶解过程，例如用水吸收氨。物理吸收是可逆的，解吸时不改变被吸收气体的性质。

化学吸收过程伴随有明显的化学反应，例如用碱吸收二氧化硫，其化学反应式为

$$SO_2 + 2NaOH = Na_2SO_3 + H_2O \tag{10-19}$$

化学吸收的效率要比物理吸收高，特别是处理低浓度气体时。要使有害气体浓度达到排放标准要求，一般情况下，简单的物理吸收是难以满足要求的，因此常采用化学吸收。

**3. 吸附法**

吸附法是利用某种松散、多孔的固体物质（吸附剂）对气体的吸附能力除去其中某些有害

成分（吸附质）的净化方法。这种方法广泛应用于低浓度有害气体的净化，特别是各种有机溶剂蒸气。吸附法的净化效率能达到100%。一定量的吸附剂所吸附的气体量是有一定限度的，经过一定时间吸附达到饱和时，要更换吸附剂。饱和的吸附剂经再生（解吸）后可重复使用。常用的吸附剂有活性炭、硅胶、活性氧化铝等。

吸附法也分为物理吸附和化学吸附两种。物理吸附是依靠分子间的吸引力（范德华力）将吸附质吸附在吸附剂表面，这一过程是可逆的放热过程。化学吸附常常是对吸附剂进行浸渍处理，使浸渍物质与吸附质在吸附剂表面发生化学反应，例如碱浸渍过的活性炭可以用来吸附二氧化硫。化学吸附过程是不可逆的。

**4. 冷凝法**

有些液体受热蒸发后产生的有害气体可以通过冷凝的方法将其从空气中分离出来，这种净化方法称为冷凝法。冷凝法的净化效率低，只适用于浓度高、冷凝温度高的有害蒸气。

通风排气中有害气体的净化主要采用吸收法和吸附法。图10-23、图10-24所示为常用的吸收设备和吸附设备。

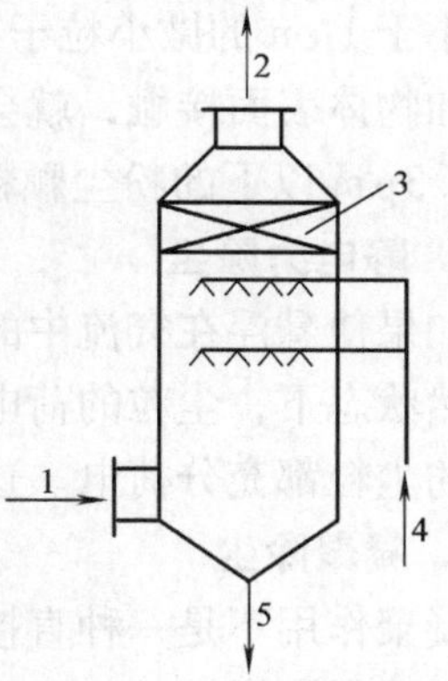


图10-23　喷淋塔

1—有害气体入口　2—净化气体出口
3—液滴分离器　4—吸收剂入口
5—吸收剂出口

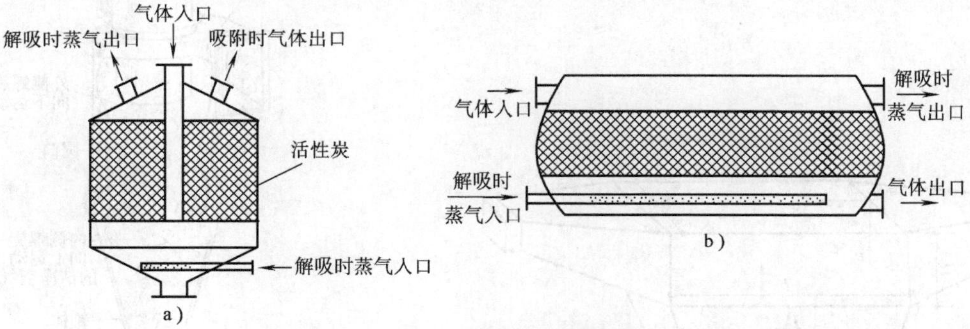


图10-24　固定式吸附床

a）立式　b）卧式

## 10.6.2　除尘

目前通风工程中使用的除尘器主要有重力沉降室、惯性除尘器、旋风除尘器、过滤式除尘器、洗涤式除尘器、静电除尘器等，这些除尘器在除尘过程中主要利用了以下一种或几种除尘方式。

**1. 重力除尘**

利用重力作用使尘粒自然沉降，是重力除尘的基本原理。由于尘粒的沉降速度一般较小，这种方法只适用于粗大的尘粒。

**2. 离心力除尘**

含尘气流做圆周运动时，由于惯性离心力的作用，尘粒和气流会产生相对运动，使尘粒从气流中分离。离心力除尘是旋风除尘器工作的主要机理。

**3. 惯性碰撞除尘**

含尘气流在运动过程中遇到物体的阻挡（如挡板、纤维、水滴等）时，气流要改变方向进行绕流，细小的尘粒会随气流一起流动，粗大的尘粒具有较大的惯性，它会脱离流线，保持自身的惯性运动，这样尘粒就和物体发生了碰撞。这种现象称为惯性碰撞，惯性碰撞是过滤式除尘器、湿式除尘器和惯性除尘器的主要除尘机理。

**4. 接触阻留**

细小的尘粒随气流一起绕流时，如果流线紧靠物体（纤维或液滴）表面，有些尘粒因与物体发生接触而被阻留，这种现象称为接触阻留。另外，当尘粒尺寸大于纤维网眼而被阻留时，这种现象称为筛滤作用。粗孔或中孔的泡沫塑料过滤器主要依靠筛滤作用进行除尘。

**5. 扩散除尘**

小于1μm的微小粒子在气体分子撞击下，像气体分子一样做布朗运动。如果尘粒在运动过程中和物体表面接触，就会从气流中分离，这个机理称为扩散。在利用洗涤除尘和过滤式除尘器时，0.3μm以下的粉尘颗粒，主要是利用扩散作用除去的。

**6. 静电力除尘**

如果使悬浮在气流中的尘粒带有一定的电荷，就可以通过静电力使它从气流中分离出来。由于自然状态下，尘粒的荷电量很小，因此要得到较好的除尘效果，必须设置专门的高压电场，使所有的尘粒都充分荷电。这就是静电除尘器的工作原理。

**7. 凝聚除尘**

凝聚作用不是一种直接的除尘机理，它是通过超声波、蒸汽凝结、加湿等凝聚作用，可以使微小粒子凝聚增大，然后再用一般的除尘方法去除。

图10-25～图10-30所示为几种常见的除尘器。

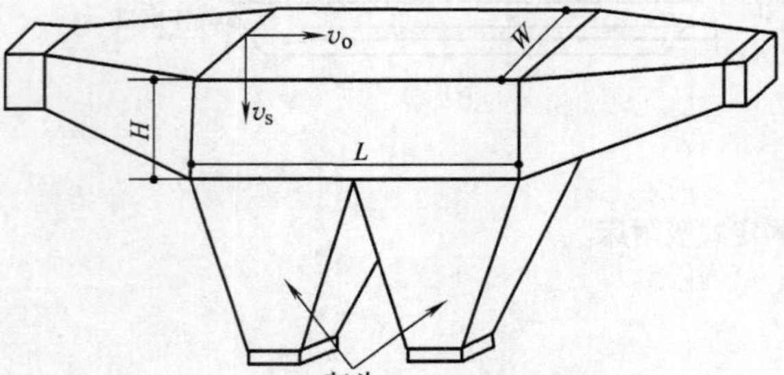


图10-25 重力沉降室

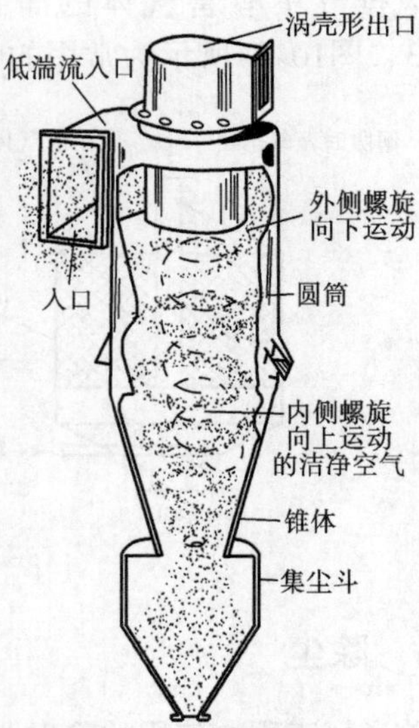


图10-26 旋风除尘器

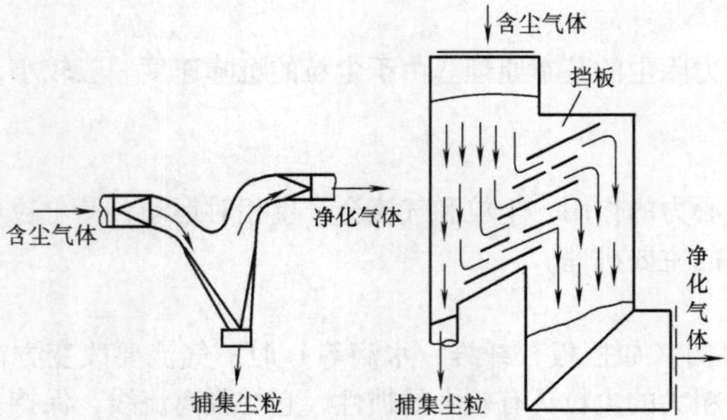


图10-27 惯性除尘器

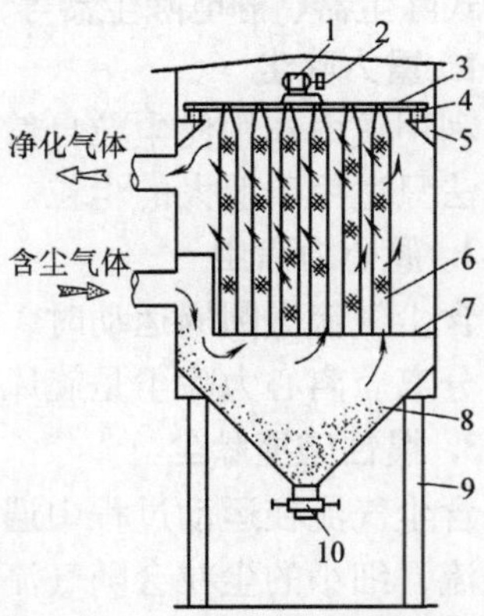


图10-28 过滤式除尘器

1—电动机 2—偏心块 3—振动架
4—橡胶垫 5—支座 6—滤袋 7—花板
8—灰斗 9—支柱 10—密封插板

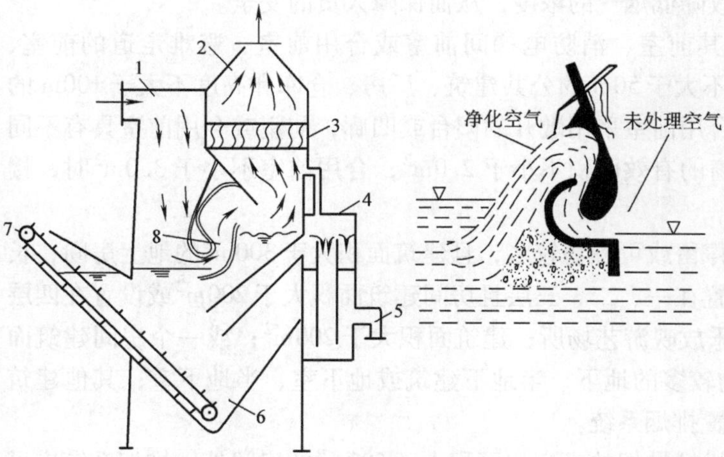


图10-29　洗涤式除尘器

1—含尘气体入口　2—净化气体出口　3—挡水板　4—溢流箱　5—溢流口　6—泥浆斗　7—刮板运输机　8—S形通道

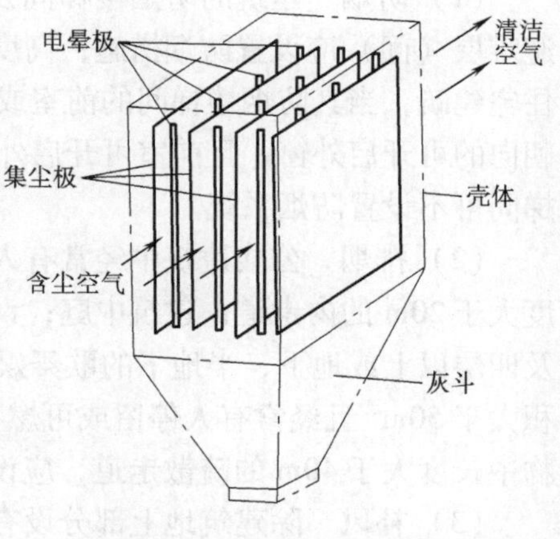


图10-30　静电式除尘器

## 10.7　建筑消防通风

为保证火灾时人员的疏散安全，无论普通建筑还是高层建筑，都必须在防烟楼梯间及前室、消防电梯间及前室、避难走道的前室和避难层、超过20m的疏散走道、中庭、面积大于100m²的歌舞娱乐场所、公共建筑内大于300m²且可燃物较多的房间等部位设置消防通风系统，包括机械加压送风、自然开窗排烟、机械排烟等，有时排风排烟系统进行组合，成为排风排烟共用系统。

### 10.7.1　概述

大型建筑和高层建筑一般具有体积大、功能复杂、远离地面的人员多、垂直方向通道多等特点，一旦发生火灾，烟气很容易沿走廊、楼梯间、电梯间、管道井等通道扩散，造成火势的迅速蔓延。

火灾烟气中所含一氧化碳、二氧化碳、氟化氢、氯化氢等多种有毒成分以及高温缺氧都会对人体造成极大的危害。及时排除烟气，对保证人员安全疏散，控制火势蔓延，便于扑救火灾具有重要作用。对于一座建筑，当其中某部位着火时，应采取有效的排烟措施排除可燃物燃烧产生的烟气和热量，使该局部空间形成相对负压区；对非着火部位及疏散通道等应采取防烟措施，以阻止烟气侵入，以利人员的疏散和灭火救援。因此，在建筑内设置排烟设施，在建筑内人员必须经过的安全疏散区设置防烟设施，十分必要。

### 10.7.2　建筑的防烟与排烟

建筑中的防烟可采用机械加压送风防烟方式或可开启外窗的自然排烟方式及机械排烟方式。其中防烟楼梯间及其前室、消防电梯间前室或合用前室应设置防烟设施。

**1. 设置防烟、排烟设施的部位**

建筑防烟系统是根据建筑高度、使用性质等因素采用自然通风方式或机械加压送风方式，减少人员停留部位和疏散通道烟气的进入。建筑的排烟是将各防火分区内划分的各防烟分区的烟气通过自然或机械排烟的方法排出，有效降低烟气的浓度，从而保障人员的安全。

（1）防烟 建筑的防烟楼梯间及其前室、消防电梯间前室或合用前室、避难走道的前室、避难层（间）应设置防烟措施；高度不大于50m的公共建筑、厂房、仓库和高度不大于100m的住宅建筑，当其防烟楼梯间的前室或合用前室采用敞开的阳台或凹廊，前室或合用前室具有不同朝向的可开启外窗，且前室可开启外窗的有效面积不小于2.0$m^2$，合用前室不小于3.0$m^2$时，楼梯间可不设置防烟系统。

（2）排烟 公共建筑中经常有人停留或可燃物较多，且建筑面积大于300$m^2$的地上房间；长度大于20m的内走道；建筑中庭；设置在一、二、三层且房间建筑面积大于200$m^2$或设置在四层及四层以上或地下、半地下的歌舞娱乐放映游艺场所；建筑面积大于200$m^2$；或一个房间建筑面积大于50$m^2$且经常有人停留或可燃物较多的地下、半地下建筑或地下室、半地下室；其他建筑物中长度大于40m的疏散走道，应设置排烟系统。

（3）补风 除建筑地上部分设有机械排烟的走道或面积小于500$m^2$的房间外，排烟系统应设置补风系统。补风系统应直接从室外引入空气，补风量不应小于排烟量的50%且应与排烟系统联动开闭。

**2. 系统的设计原则**

1）尽量采用可开启外窗的自然通风防烟设施，开窗面积应满足消防防烟的相关规定。可开启外窗应方便开启，设置在高处的可开启外窗应设置距地面高度为1.3～1.5m的开启装置。多层建筑宜采用自然排烟系统。总建筑面积小于3000$m^2$的单层厂房、仓库的自然排烟系统可采用在顶部设置可熔性采光带（窗）。

2）采用机械加压送风方式的防烟楼梯间，其楼梯间、前室、合用前室及消防电梯前室，应分别设置送风井（管）道、送风口（阀）和送风机。剪刀楼梯的两个楼梯间、前室、合用前室的机械加压送风系统也应分别独立设置。机械加压送风风机可采用轴流风机或中、低压离心风机。送风机的进风口宜直通室外，设在送风系统的下部，进风口不应与排烟风机出风口设在同一层面，必须在同一层面时，进风口与排烟口应分开布置。竖向布置时，进风口应在排烟机出风口的下方，两者边缘最小垂直距离不应小于3.0m；水平布置时，两者边缘最小水平距离不应小于10.0m。送风机应设置在专用机房内。当送风机出风管或进风管上安装单向风阀或电动风阀时，应采取火灾时阀门自动开启的措施。加压送风口除直灌式送风方式外，楼梯间宜每隔2～3层设一个常开式百叶送风口；前室、合用前室应每层设一个常闭式加压送风口，并应设手动开启装置；送风口的风速不宜大于7m/s；送风口不宜设置在被门挡住的部位。

3）设置排烟系统时应划分防烟分区，防烟分区不应跨越防火分区。防烟分区面积不宜大于2000$m^2$；采用隔墙等形成封闭的分隔空间时，该空间应作为一个防烟分区；防烟分区应采用挡烟垂壁、结构梁及隔墙等划分；防烟分区内的储烟仓高度不应小于空间净高的10%，且不应小于500mm，同时应保证疏散所需的清晰高度；同一个防烟分区应采用同一种排烟方式；室内或走道的任一点至防烟分区内最近的排烟口或排烟窗的水平距离不应大于30m；当采用自然通风方式排烟，室内高度超过6m，且满足自然对流条件时，其水平距离可增加25%；设置排烟设施的建筑内，敞开楼梯和自动扶梯穿越楼板的开口部应设置挡烟垂壁等设施。

4）排烟口或排烟阀应按防烟分区设置，且应与排烟风机联锁，当任一排烟口或排烟阀开启时，排烟风机应能自行启动；排烟口或排烟阀平时为关闭时，应设置手动和自动开启装置；排烟口应设置在顶棚或靠近顶棚的墙面上，且与附近安全出口沿走道方向相邻边缘之间的最小水平距离不应小于1.50m；设在顶棚上的排烟口，距可燃构件或可燃物的距离不应小于1.00m；设置机械排烟系统的地下、半地下场所，除歌舞娱乐放映游艺场所和建筑面积大于50$m^2$的房间外，排烟口可设置在疏散走道；防烟分区内的排烟口距最远点的水平距离不应超过 30m，如图 10-31 所示。

5）机械补风口的风速不宜大于 10m/s，人员密集场所补风口的风速不宜大于 5m/s；自然补风口的风速不宜大于 3m/s。补风系统可采用疏散外门、手动或自动可开启外窗等自然进风方式以及机械送风方式。风机应设置在专用机房内。补风口与排烟口设置在同一空间内相邻的防烟分区时，补风口位置不限；当补风口与排烟口设置在同一防烟分区时，补风口应设在储烟仓下沿以下，补风口与排烟水平距离不应小于 5m。

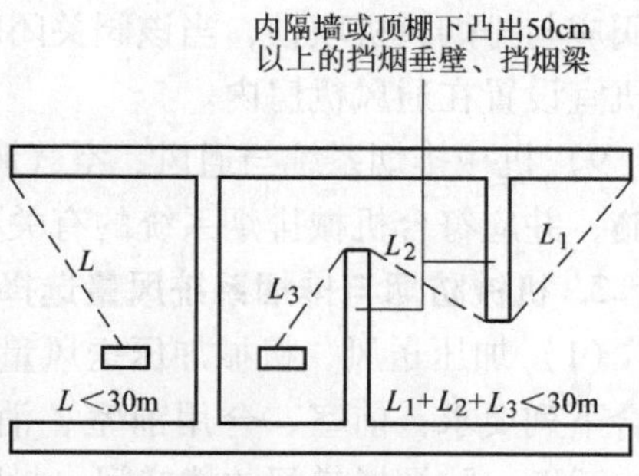


图 10-31　排烟口距最远点的水平距离

6）建筑的中庭，应根据建筑的构造、烟气流向等条件，选择设置自然排烟或机械排烟系统。无回廊的中庭，周围场所应设置排烟系统，中庭的每层周边应设置挡烟垂壁；有回廊的中庭，当回廊周围场所的任一单间面积大于或等于 $100m^2$ 时，周围场所应设排烟系统，回廊可不设置排烟，但回廊与中庭之间应设置挡烟垂壁；有回廊的中庭，当回廊周围场所的各个单间面积均小于 $100m^2$ 时，周围场所可不设置排烟系统，回廊应设置排烟系统，且回廊与中庭之间应设置挡烟垂壁；中庭排烟量计算应符合规范规定。

7）送风井（管）道应采用不燃烧材料制作，且宜优先采用光滑井（管）道，不宜采用土建井道。当采用金属管道时，管道设计风速不应大于 20m/s；当采用非金属材料管道时，管道设计风速不应大于 15m/s；当采用土建井道时，管道设计风速不应大于 10m/s。机械加压送风管道宜设置在管道井内，且不应与其他管道共用管道井。防烟与排烟系统中的管道、风口及阀门等必须采取可靠的防火安全措施，并应符合机械排烟系统的有关要求。防烟与排烟系统中的管道、风口及阀门等必须采用不燃材料制作。排烟管道应采取隔热防火措施或与可燃物保持不小于 150mm 的距离。排烟管道管材的厚度可参照表 10-6 执行。其他材料的风道厚度参见《通风与空调工程施工质量验收规范》有关条款。

**表 10-6　排烟管道管材的厚度**

| 风道直径 $D$ 或长边尺寸 $b$/mm | 圆形风管 | 矩形风管 | | 除尘系统风管 |
|---|---|---|---|---|
| | | 低、中压系统 $p \leqslant 1500$Pa | 高压系统 $p > 1500$Pa | |
| $D$（$b$）≤320 | 0.5 | 0.5 | 0.75 | 1.5 |
| 320 < $D$（$b$）≤450 | 0.6 | 0.6 | 0.5 | 1.5 |
| 450 < $D$（$b$）≤630 | 0.75 | 0.6 | 0.75 | 2.0 |
| 630 < $D$（$b$）≤1000 | 0.75 | 0.75 | 1.0 | 2.0 |
| 1000 < $D$（$b$）≤1250 | 1.0 | 1.0 | 1.0 | 2.0 |
| 1250 < $D$（$b$）≤2000 | 1.2 | 1.0 | 1.2 | 按设计 |
| 2000 < $D$（$b$）≤4000 | 按设计 | 1.2 | 按设计 | 按设计 |

注：1. 本表不适用于地下人防及防火隔墙的预埋管。

2. 排烟系统风管的板材厚度可按高压系统选用。

3. 特殊除尘系统风管的板材厚度应符合设计要求。

4. 螺旋风管的钢板厚度可适当减小 10% ~15%。

8）排烟支管上应设置当烟气温度超 280℃时能自行关闭的排烟防火阀，排烟口的风速不宜大于 10. 0m/s。排烟风机应能在 280℃的环境条件下连续工作不少于 30min，其全压应满足排烟系统最不利环路的要求，排烟量也应考虑 10% ~20% 的漏风量；在排烟风机入口处总管上的排烟阀应与排烟风机联锁，当该阀关闭时，排烟风机应能停止运转。排烟风机和用于排烟补风的送风机宜设置在通风机房内。

9）机械排烟系统与通风、空气调节系统宜分开设置。当合用时，必须采取可靠的防火安全措施，并应符合机械排烟系统的有关要求。

**3. 机械防烟与排烟系统风量选择与计算**

（1）加压送风　机械加压送风量应满足走廊至前室至楼梯间的压力呈递增分布，余压值应符合下列要求：前室、合用前室、消防电梯前室、封闭避难层（间）与走道之间的压差应为25～30Pa，防烟楼梯间的楼梯间、封闭楼梯间与走道之间的压差应为40～50Pa，当系统余压值超过最大允许压力差时，应采取泄压措施。楼梯间或前室、合用前室的机械加压送风量应按下列公式计算，即

$$q_{Vj}=q_{V1}+q_{V2} \tag{10-20}$$

$$q_{Vs}=q_{V1}+q_{V3} \tag{10-21}$$

式中 $q_{Vj}$——楼梯间的机械加压送风量；

$q_{Vs}$——前室或合用前室的机械加压送风量；

$q_{V1}$——门开启时，达到规定风速值所需的送风量（$m^3/s$）；

$q_{V2}$——门开启时，规定风速值下，其他门缝漏风总量（$m^3/s$）；

$q_{V3}$——未开启的常闭送风阀的漏风总量（$m^3/s$）。

防烟楼梯间的楼梯间、前室的机械加压送风量见表10-7，当计算结果与表不一致时，应采用较大值。

**表10-7　防烟楼梯间的楼梯间、前室的机械加压送风量**

| 系统负担高度 $h$/m | 送风部位 | 加压送风量/($m^3$/h) | 条件说明 |
|---|---|---|---|
| $24\leqslant h<50$ | 消防电梯前室 | 13 800～15 700 | 楼梯间自然通风 |
| $50\leqslant h<100$ | | 16 000～20 000 | |
| $24<h\leqslant50$ | 前室、合用前室 | 16 300～18 100 | |
| $50<h\leqslant100$ | | 18 400～22 000 | |
| $24<h\leqslant50$ | 封闭楼梯间、防烟楼梯间的楼梯间 | 25 400～28 700 | 前室不送风 |
| $50<h\leqslant100$ | | 40 000～46 400 | |
| $24<h\leqslant50$ | 楼梯间 | 17 800～20 200 | 防烟楼梯间的楼梯间及合用前室分别加压送风 |
| | 合用前室 | 10 200～12 000 | |
| $50<h\leqslant100$ | 楼梯间 | 28 200～32 600 | |
| | 合用前室 | 12 300～15 800 | |

注：1. 表中风量按开启2.0m×1.6m的双扇门确定。当采用单扇门时，其风量可乘以0.75的系数计算，当设有多个疏散门时，其风量应乘以开启疏散门的数量，最多按3扇疏散门开启计算。

2. 表中未考虑防火分区跨越楼层时的情况，当防火分区跨越楼层时应重新计算。

3. 表中风量的选取应按建筑高度或层数、风道材料、防火门漏风量等因素综合确定。

（2）排烟　建筑面积小于或等于500$m^2$的房间（防烟分区、挡烟垂壁、不到顶的隔断构造都不算房间），其单位排烟量应不小于60$m^3$/(h·$m^2$)，或设置有效面积不小于该房间建筑面积1%的排烟窗；建筑面积大于500$m^2$小于或等于2 000$m^2$的办公室，其排烟量不应小于60 000$m^3$/h或设置有效面积不小于该房间建筑面积1%的排烟窗；建筑面积大于500$m^2$小于或等于1 000$m^2$的商场和其他公共建筑的室内场所，其排烟量不应小于60 000$m^3$/h或设置有效面积不小于该室

内场所建筑面积1%的排烟窗。当建筑面积大于1 000$m^2$，其排烟量不应小于表10-8中的数值，或设置自然排烟窗，其面积应根据表10-8及排烟风速1.2m/s计算。当排烟风机担负多个防烟分区时，其风量应按最大一个防烟分区的排烟量、风管（风道）的漏风量及其他未开启排烟阀或排烟口的漏风量之和计算。

**表10-8 商场和其他公共建筑室内场所、汽车库的排烟量**

| 清晰高度/m | 商场/($m^3$/h) | | 其他公共建筑/($m^3$/h) | |
|---|---|---|---|---|
| | 无喷淋 | 设有喷淋 | 无喷淋 | 设有喷淋 |
| 2.5及以下 | 140 000 | 60 000 | 115 000 | 60 000 |
| 3.0 | 147 000 | 60 000 | 121 000 | 60 000 |
| 3.5 | 155 000 | 60 000 | 129 000 | 60 000 |
| 4.0 | 164 000 | 66 000 | 137 000 | 60 000 |
| 4.5 | 174 000 | 73 000 | 147 000 | 65 000 |
| 汽车库的排烟量（不应小于30 000$m^3$/h） | | | | |
| 汽车库的净高/m | 汽车库的排烟量/($m^3$/h) | 汽车库的净高/m | 汽车库的排烟量/($m^3$/h) | |
| 3.0及以下 | 30 000 | 7.0 | 36 000 | |
| 4.0 | 31 500 | 8.0 | 37 500 | |
| 5.0 | 33 000 | 9.0 | 39 000 | |
| 6.0 | 34 500 | 9.0以上 | 40 500 | |
| 原《高层建筑防火设计规范》排烟量规定 | | | | |
| 条件和部位 | | 单位排烟量/[$m^3$/(h·$m^2$)] | 换气次数/(次/h) | 备注 |
| 担负1个防烟分区，室内净高大于6m且不划分防烟分区的空间 | | 60 | | 单台风机排烟量不应小于7 200$m^3$/h |
| 担负2个及2个以上防烟分区 | | 120 | | 按最大防烟分区计算 |
| 中庭体积≤17 000$m^3$ | | | 6 | 中庭体积大于17 000$m^3$时，排烟量不小于102 000$m^3$/h |
| 中庭体积>17 000$m^3$ | | | 4 | |

当公共建筑中庭周围场所设有机械排烟时，中庭的排烟量可按周围场所中最大排烟量的2倍数值计算，且不应小于107 000$m^3$/h或25$m^2$的有效开窗面积；当公共建筑中庭周围仅需在回廊设置排烟或周围场所均设置自然排烟时，中庭的排烟量应按照相关规定进行计算。

**4. 建筑的防烟排烟**

建筑特别是高层建筑，由于人员疏散所需时间长，消防人员到达着火现场困难等原因，使得火灾往往会造成更大的经济损失和人员伤亡。因此，建筑需要有完善的防排烟设施。

按照由原《建筑设计防火设计规范》《高层建筑设计防火设计规范》整合后的GB 50016—2014《建筑设计防火设计规范》，对民用建筑按照其建筑高度、功能、火灾危险性和扑救难易程度等进行分类，并以该分类为基础，在耐火等级、防火间距、防火分区、安全疏散、灭火设施等方面对民用建筑的防火设计提出了不同的要求，以实现保障建筑消防安全与保证工程建设和提高投资效益的统一。民用建筑的分类见表10-9。

**表10-9 民用建筑的分类**

| 名称 | 高层民用建筑 | | 单、多层民用建筑 |
|---|---|---|---|
| | 一类 | 二类 | |
| 住宅建筑 | 建筑高度大于54m的住宅建筑（包括设置商业服务网点的住宅建筑） | 建筑高度大于27m，但不大于54m的住宅建筑（包括设置商业服务网点的住宅建筑） | 建筑高度不大于27m的住宅建筑（包括设置商业服务网点的住宅建筑） |
| 公共建筑 | 1. 建筑高度大于50m的公共建筑<br>2. 任一楼层建筑面积大于1000m²的商店、展览、电信、邮政、财贸金融建筑和其他多种功能组合的建筑<br>3. 医疗建筑、重要公共建筑<br>4. 省级及以上的广播电视和防灾指挥调度建筑、网局级和省级电力调度建筑<br>5. 藏书超过100万册的图书馆、书库 | 除一类高层公共建筑外的其他高层公共建筑 | 1. 建筑高度大于24m的单层公共建筑<br>2. 建筑高度不大于24m的其他公共建筑 |

注：1. 表中未列入的建筑，其类别应根据本表类比确定。
2. 除本规范另有规定外，宿舍、公寓等非住宅类居住建筑的防火要求，应符合本规范有关公共建筑的规定。
3. 除本规范另有规定外，裙房的防火要求应符合本规范有关高层民用建筑的规定。

表10-9中将民用建筑分为居住建筑和公共建筑两大类，居住建筑包括住宅建筑、宿舍建筑等，分为高层民用建筑和单层、多层民用建筑。在防火方面，除住宅建筑外，其他类型居住建筑的火灾危险性与公共建筑接近，其防火要求绝大部分需按公共建筑的有关规定执行。公共建筑中具有两种和两种以上的公共使用功能称为多种功能组合，但住宅建筑的下部设置商业服务网点时，该建筑仍为住宅建筑。

建筑设计中应合理划分防火分区，将建筑物的平面和空间以防火墙和防火门、窗等以及楼板分成若干防火区域，防火分区的作用在于发生火灾时，将火势控制在一定的范围内，以便控制火灾蔓延，有利于灭火救援，减少火灾损失。当有未封闭的开口连接多个楼层时，防火分区的建筑面积需将这些相连通的面积叠加计算，还包括各类楼梯间的建筑面积。

GB 50016—2014《建筑设计防火设计规范》对防烟和排烟设施给出了设置原则，取消了原《高层建筑设计防火设计规范》中防烟排烟的详细技术规定，拟通过《建筑防烟排烟系统技术规范》给出具体技术条款及措施。结合现行相关规范，将该部分内容进行总结概括，供参考。

1）建筑高度小于或等于50m的公共建筑、工业建筑和建筑高度小于或等于100m的住宅建筑，当前室或合用前室采用机械加压送风方式的防烟系统，且其加压送风口设置在前室的顶部或正对前室入口的墙面上时，楼梯间可采用自然通风方式的防烟系统；当前室的加压送风口未设置在前室的顶部或正对前室入口的墙面上时，防烟楼梯间的楼梯间应采用机械加压送风方式的防烟系统。建筑高度大于50m的公共建筑、工业建筑和建筑高度大于100m的住宅建筑，其防烟楼梯间的楼梯间、前室、合用前室及消防电梯前室应采用机械加压送风方式的防烟系统。建筑高度大于100m的高层建筑，其机械加压送风系统应竖向分段独立设置，且每段高度不应超过100m。

2）楼梯间应设置机械加压送风系统，前室可不设置；楼梯间、合用前室应分别独立设置机械加压送风系统；剪刀楼梯的两个楼梯间、前室、合用前室的机械加压送风系统应分别独立设置。建筑高度大于32m的高层建筑，应采用楼梯间两点部位送风的方式，送风口之间距离不宜小于建筑高度的1/2。加压送风口不宜设在影响人员疏散的部位。

3）楼梯间的地下部分与地上部分，其机械加压送风系统宜分别独立设置。当受建筑条件限制，需要共用机械加压送风系统时，应按下列公式分别计算地上、地下部分的加压送风量，相加后作为共用加压送风系统风量，且应采取有效措施满足地上、地下送风量的要求。

4）采用机械加压送风的场所不应设置百叶窗，且不宜设置可开启外窗。

建筑通过加压送风或排烟的方法，尽可能地降低防烟楼梯间及前室、人员疏散走廊等通道的烟气浓度，保持消防电梯前室等通道不被浓烟所充斥；利用挡烟垂壁、加压送风、排烟或切断空调系统等防排烟措施，尽可能降低烟气蔓延的速度，及时排除火灾热量，控制火灾的蔓延，从而有效地提高人员疏散和消防人员进入火场的速度，降低人员受伤的可能性，保证人员疏散的安全。

机械加压送风是利用风机对某一建筑区域加压来阻挡烟气向该区域的蔓延，其过程如图10-32所示。

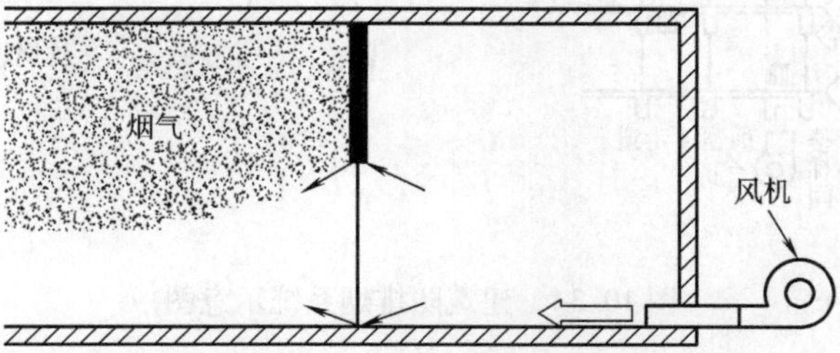


图10-32　机械加压送风防烟示意图

在建筑中，往往会依据建筑的功能特点在不同的区域采用不同的排烟方法，如图10-33所示。

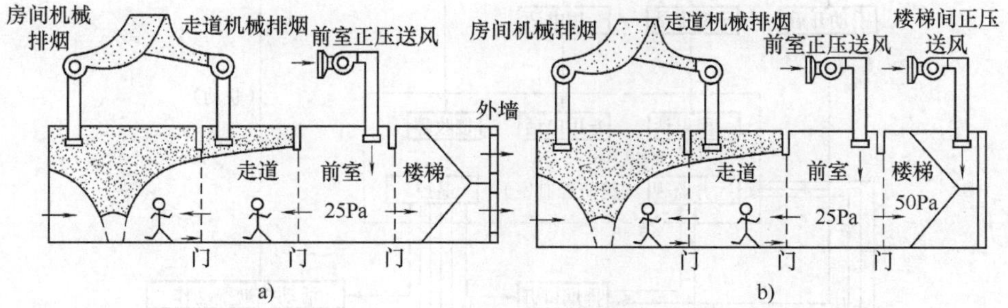


图10-33　建筑防排烟方式示意图

a）防烟楼梯间可开启外窗的面积能够满足自然排烟的需要，采用自然排烟的方式

b）防烟楼梯间没有自然排烟条件，采用了机械加压送风系统

图10-34所示的建筑中，防烟楼梯间和前室采用了机械加压送风系统，走道中设置了机械排烟系统，楼梯间每隔三层设置一个送风口，前室每层都设置一个送风口。

控制机械防排烟系统和设施在火灾发生后按照正确的顺序动作是保证建筑物内人员能够及时疏散和消防人员顺利到达火场的关键。消防控制系统要依据建筑物内设置的防排烟设施来进行程序的设计，图10-35所示为一个典型的空调房间机械排烟系统控制程序。当火灾发生后，人员或报警装置通过各种渠道向消防控制室报警，同时人员可以通过手动开启排烟口，也可以由消防控制室遥控房间内的排烟口开启，排烟口与排烟风机联动来启动整个排烟系统，同时使整个空调系统当中的所有风机停止运转。

在实际工程中，有时将排风、排烟系统合并为共用系统，这时需要正确使用防火阀（常

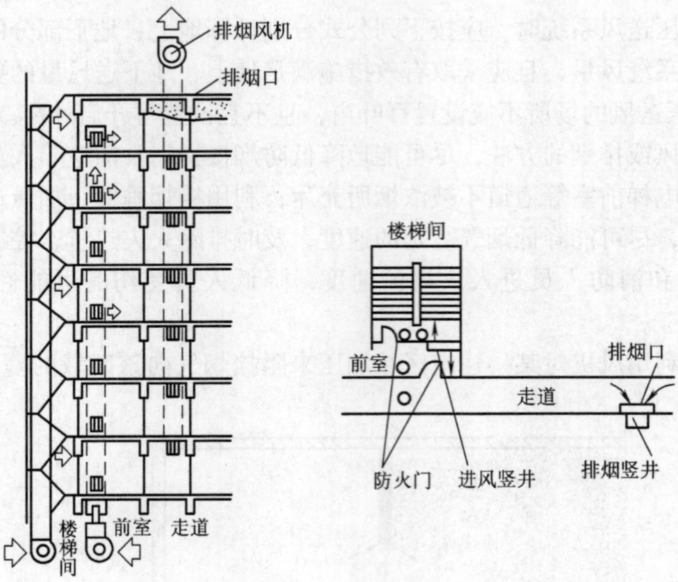


图 10-34 建筑防排烟系统示意图

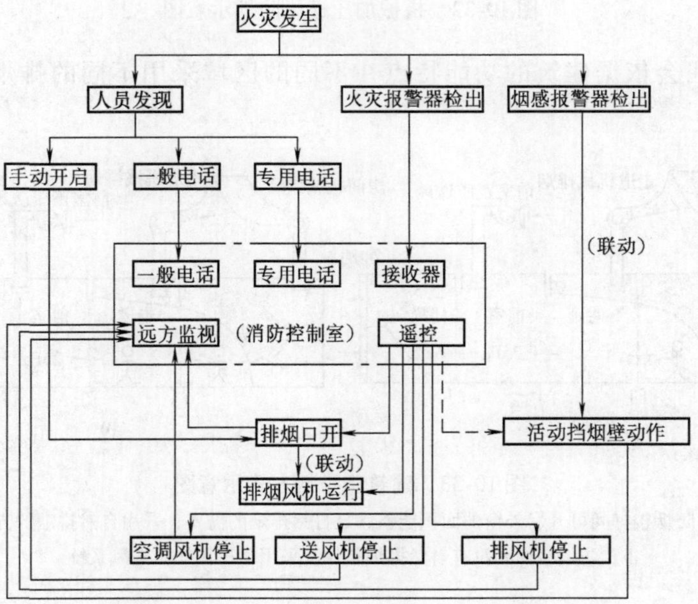


图 10-35 空调房间机械排烟系统控制程序

开，70℃关闭）、排烟阀（常闭，80℃开启，280℃关闭）、防火排烟阀（组合阀，常开，70℃关闭，80℃再开启，280℃关闭）将系统进行功能分割，并合理设置排风口（可在上部或下部）、排烟口（上部）的位置。由于排风量和排烟量不尽相同，还需要对排风风机、排烟风机进行合理配置，可以分别选择排风排烟风机或选择双速风机。图 10-36 所示为排风排烟共用系统示意图。

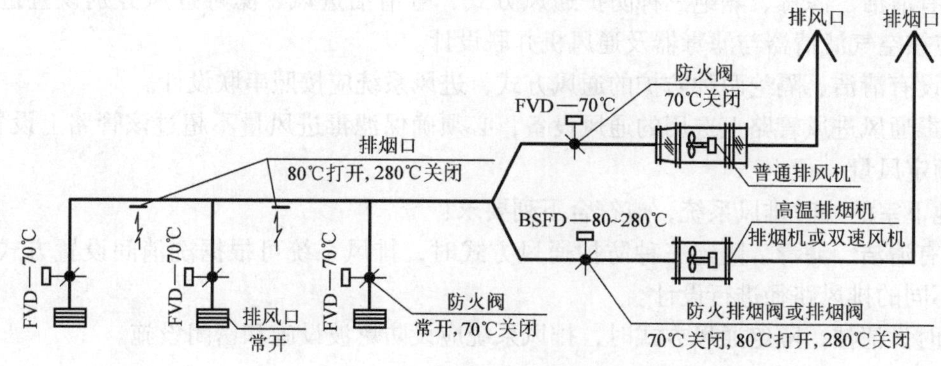


图10-36　排风排烟共用系统示意图

## 10.8　人防建筑通风简介

防空地下室的供暖通风与空气调节设计，必须确保战时防护要求，并应满足战时及平时的转换使用要求。对于平战结合的乙类防空地下室和核5级、核6级、核6B级的甲类防空地下室设计，应充分利用当地自然条件，并结合地面建筑的实际情况，合理地组织、利用自然通风。采用自然通风的防空地下室，其平面布置应保证气流通畅，并应避免死角和短路，尽量减少风口和气流通路的阻力。战时使用和平战两用的机械通风进风口、排风口，宜采用竖井分别设置在室外不同方向，进风口与排风口的水平距离不应小于10m，进风口应设在空气流畅、清洁处，风口下缘高出室外地面的高度（绿地）为0.5m，其他地面为1m。当平时使用要求与战时防护要求不一致时，应采取平战转换措施。

人防工程的通风设计主要依据GB 50038—2005《人民防空地下室设计规范》、GB 50098—2009《人民防空工程设计防火规范》、GB 50134—2004《人民防空工程施工及验收规范》、GB 50019—2015《工业建筑供暖通风与空气调节设计规范》及GB 50736—2012《民用建筑供暖通风与空气调节设计规范》执行。

防空地下室的通风设计，战时应按防护单元设置独立的系统，平时宜结合防火分区设置系统，防空地下室的供暖通风与空气调节系统应分别与上部建筑的供暖通风与空气调节系统分开设置。防空地下室的供暖通风与空气调节系统选用的设备及材料，应满足防护和使用功能的要求，同时应满足防潮、卫生以及平时使用时的防火要求，且便于施工安装和维修。供暖通风与空气调节设计，宜根据防空地下室的不同功能，分别对设备、设备房间及管道系统采取相应的降噪措施，通风机应根据不同使用要求，选用节能和低噪声产品。战时电源无保障的防空地下室应采用电动、人力两用通风机，通风管道应采用符合卫生标准的不燃材料制作。

战时的通风多为防护通风，其中战时医疗救护工程、专业队队员掩蔽部、人员掩蔽工程以及食品站、生产车间和电站控制室、区域供水站的防空地下室，应设置清洁通风、滤毒通风和隔绝通风；战时为物资库的防空地下室，应设置清洁通风和隔绝防护，滤毒通风的设置可根据实际需要确定。设有清洁通风、滤毒通风和隔绝通风的防空地下室，由于清洁通风和滤毒通风新风量的要求不同，因此应在防护（密闭）门的门框上部设置相应的战时通风方式信息（信号）显示装置。

防空地下室的战时进风系统，应符合下列要求：

1）设有清洁、滤毒、隔绝三种防护通风方式，且清洁进风、滤毒进风合用进风机时，进风系统应按照空气滤清器与滤毒器并联、与通风机串联设计。

2）设有清洁、滤毒、隔绝三种防护通风方式，且清洁进风、滤毒进风分别设置进风机时，进风系统应按空气滤清器与滤毒器及通风机并联设计。

3）只设有清洁、隔绝两种防护的通风方式，进风系统应按照串联设计。

4）滤毒通风进风管路上选用的通风设备，必须确保滤毒进风量不超过该管路上设置的过滤吸收器的额定风量。

防空地下室的战时排风系统，应符合下列要求：

1）设有清洁、滤毒、隔绝三种防护通风方式时，排风系统可根据洗消间设置方式的不同，分别按照不同的排风路径进行设计。

2）战时设清洁、隔绝通风方式时，排风系统应设防爆波设施和密闭设施。

## 思考题与习题

1. 通风的方式有哪些？各方式有什么特点？
2. 送风系统的组成有哪些？
3. 排风系统的组成有哪些？
4. 如何选择全面通风风量？
5. 有害气体及粉尘的处理方式有哪些？
6. 建筑消防通风主要包括哪些内容？
7. 防火分区与排烟分区设置的区别是什么？
8. 室外进风口的布置原则是什么？
9. 自然排烟和机械防烟排烟设计的注意事项是什么？

# 第 11 章 空气调节系统

人们的生活、工作以及产品生产环节，都离不开环境的影响，采用技术手段创造并保持一定要求的空气环境就是空气调节的任务。空调技术在促进国民经济和科学技术的发展，提高人们的物质文化生活水平等方面都起着重要的作用。

## 11.1 空气调节的基础知识

### 11.1.1 湿空气的组成、性质与状态参数

湿空气是构成空气环境的主体，也是空调的基本介质。从通风空调技术的角度看，湿空气是由干空气和水蒸气混合而成的。湿空气通常可以用压力、温度、湿度等参数来度量和描述，这些参数称为湿空气的状态参数。

在实际工程计算中，将湿空气近似看作理想气体，其精度是足够的。因此，可用理想气体状态方程来表示干空气和水蒸气的主要状态参数——压力、温度、质量体积等的相互关系，即

$$p_g V = m_g R_g T \text{ 或 } p_g v_g = R_g T$$

$$p_q V = m_q R_q T \text{ 或 } p_q v_q = R_q T \tag{11-1}$$

式中　$p_g$、$p_q$——干空气与水蒸气的压力（Pa）；

$V$——湿空气的体积（$m^3$）；

$m_g$、$m_q$——干空气与水蒸气的质量（kg）；

$R_g$、$R_q$——干空气与水蒸气的气体常数，$R_g = 287\text{J}/(\text{kg}\cdot\text{K})$，$R_q = 461\text{J}/(\text{kg}\cdot\text{K})$；

$T$——湿空气的热力学温度（K）。

由式（11-1）可知，$v_g = V/m_g$、$v_q = V/m_q$ 分别为干空气和水蒸气的质量体积（$m^3/kg$）。干空气与水蒸气的密度则应为质量体积的倒数，即 $\rho_g = 1/v_g$，$\rho_q = 1/v_q$。

湿空气的密度为干空气和水蒸气的密度之和。由于湿空气的密度在标准条件（1 个标准大气压，20℃）下相差较小，在工程上取 $1.2\text{kg}/m^3$ 已足够精确。

在空调中，除湿空气的压力、温度、密度外，还涉及一些常用参数，现分别列出如下：

（1）含湿量　含湿量 $d$ 是指湿空气中与 1kg 干空气同时并存的水蒸气质量，即

$$d = \frac{m_q}{m_g} \tag{11-2}$$

式中　$m_q$——水蒸气质量（kg）；

$m_g$——干空气质量（kg）。

由于干空气和水蒸气具有与湿空气相同的容积和温度，并且都遵循理想气体状态方程和道尔顿定理，因此，式（11-2）又可写为

$$d=\frac{m_{\mathrm{q}}}{m_{\mathrm{g}}}=\frac{p_{\mathrm{q}}VR_{\mathrm{g}}T}{p_{\mathrm{g}}VR_{\mathrm{q}}T}=\frac{R_{\mathrm{g}}}{R_{\mathrm{q}}}\frac{p_{\mathrm{q}}}{B-p_{\mathrm{q}}}=\frac{287}{461}\frac{p_{\mathrm{q}}}{B-p_{\mathrm{q}}}=0.622\frac{p_{\mathrm{q}}}{B-p_{\mathrm{q}}} \tag{11-3}$$

式中 $B$——大气压力。

（2）相对湿度 湿空气的相对湿度定义为空气中水蒸气分压力 $p_{\mathrm{q}}$ 和同温度下饱和水蒸气分压力 $p_{\mathrm{q,b}}$ 的百分率，用符号 $\varphi$ 或 RH 表示。

$$\varphi=\frac{p_{\mathrm{q}}}{p_{\mathrm{q,b}}}\times 100\% \tag{11-4}$$

将 $p_{\mathrm{q}}=\varphi p_{\mathrm{q,b}}$ 代入式（11-3）中，可以得到含湿量的另一种表达式，即

$$d=0.622\frac{\varphi p_{\mathrm{q,b}}}{B-\varphi p_{\mathrm{q,b}}} \tag{11-5}$$

（3）露点温度 湿空气的露点温度在数值上等于与其含湿量和大气压相等的饱和湿空气的温度。含湿量和水蒸气分压力相等时，湿空气的露点温度也相等。因此，当大气压一定时，露点温度与湿空气的含湿量和水蒸气分压力相关。当湿空气被冷却，冷却温度低于空气的露点温度时，就会出现结露现象，因此，露点温度是空气结露与否的临界温度。

（4）湿球温度 假设有一个理想的绝热加湿器，加湿器内装有温度恒定为 $t_{\mathrm{s}}^*$ 的纯水。若进入加湿器的湿空气状态参数为 $p$、$t$、$d$、$h$，加湿器内的纯水蒸发对湿空气进行加湿，使湿空气在离开加湿器时达到饱和状态，其状态参数为 $p$、$t_{\mathrm{s}}^*$、$d_{\mathrm{s}}^*$、$h_{\mathrm{s}}^*$。这时，出口空气温度与水温相同，水分蒸发所需热量全部取自湿空气，这个过程称为理想绝热饱和过程。在理想绝热饱和过程中，需要不断地向加湿器水池中补充压力为 $p$、温度为 $t_{\mathrm{s}}^*$ 的纯水，则定义 $t_{\mathrm{s}}^*$ 为具有参数 $p$、$t$、$d$、$h$ 的湿空气的热力学湿球温度，也称绝热饱和温度。热力学湿球温度 $t_{\mathrm{s}}^*$ 是湿空气的一个独立参数，只取决于湿空气的初始状态。热力学湿球温度只存在于理想绝热饱和过程中，因此，$t_{\mathrm{s}}^*$ 是一个假想参数。由于绝热加湿器并非实际装置，一般则利用湿球温度计所读出的湿球温度 $t_{\mathrm{s}}$ 近似代替热力学湿球温度。

（5）比焓 湿空气可以近似认为是干空气和水蒸气的混合物，因此湿空气比焓的计算式为

$$h=c_{p,\mathrm{g}}t+d(h_{\mathrm{q},0}+c_{p,\mathrm{q}}t)=1.01t+d(2500+1.84t) \tag{11-6}$$

式中 $c_{p,\mathrm{g}}$——干空气的质量定压热容，$c_{p,\mathrm{g}}=1.01\mathrm{kJ/(kg\cdot K)}$；

$t$——空气温度（℃）；

$h_{\mathrm{q},0}$——0℃时水的汽化热，取 $h_{\mathrm{q},0}=2500\ \mathrm{kJ/kg}$；

$c_{p,\mathrm{q}}$——水蒸气的质量定压热容，$c_{p,\mathrm{q}}=1.84\mathrm{kJ/(kg\cdot K)}$。

在湿空气的诸多状态参数中，压力、温度是易测的，含湿量与比焓不易直接测量，相对湿度可测，但一般方法不够准确。因此，用干湿球温度计测定空气状态就成为常用的手段。

### 11.1.2 焓湿图

焓湿图能够反映空气的热物理性质以及各种空气处理过程。我国现在采用的焓湿图是 $h$-$d$ 图（见图 11-1），以比焓 $h$ 为纵坐标，含湿量 $d$ 为横坐标。为使图面展开，线条清晰，两坐标之间的夹角由常用的 90°扩展为 135°。$h$-$d$ 图中包含了 $t$、$d$、$\varphi$、$h$ 四组等值线和一条水蒸气分压力线。图 11-1 中 $\varphi=100\%$ 线称为饱和曲线，曲线上的空气达到饱和状态，曲线左上方为未饱和空气区，右下方为过饱和空气区。在图 11-1 的上部有一条水平线，标有与含湿量对应的水蒸气分压力刻度值。

在图 11-1 的右下角示出不同热湿比值的等值线。热湿比定义为

$$\varepsilon = \frac{\Delta h}{\Delta d} \tag{11-7}$$

进而，如有某状态的湿空气，其热量变化为 $\pm Q$，湿量变化为 $\pm W$，则其热湿比为

$$\varepsilon = \frac{\pm Q}{\pm W} \tag{11-8}$$

可见，热湿比有正负并代表湿空气状态变化的方向。

应当指出，图 11-1 给出的 $h$-$d$ 图是以标准大气压（海平面，760mmHg）作出的。当某地区的海拔与海平面有较大差别时，使用此图会产生较大的误差。因此，不同地区应使用符合本地大气压的 $h$-$d$ 图。

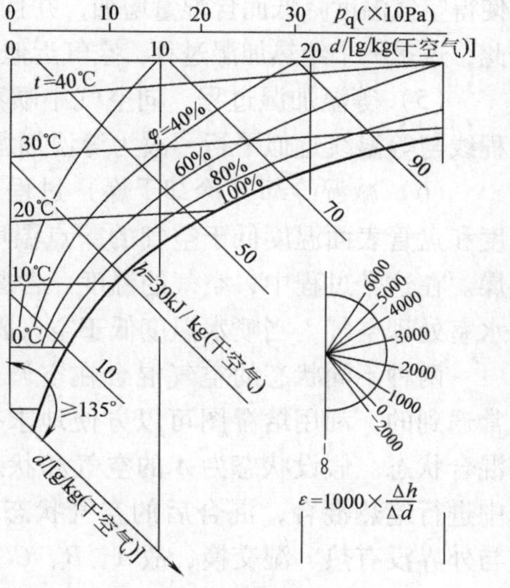

图 11-1　焓湿图

## 11.1.3　焓湿图的应用

利用焓湿图可以简化空调工程中大量复杂的分析和计算过程，它是空调工程中十分重要的工具。

焓湿图上的每一个点代表了湿空气的一个状态，而每一条线则表示了湿空气的一个状态变化过程（或空气处理过程）。图 11-2 绘制了六种典型的空气处理过程：

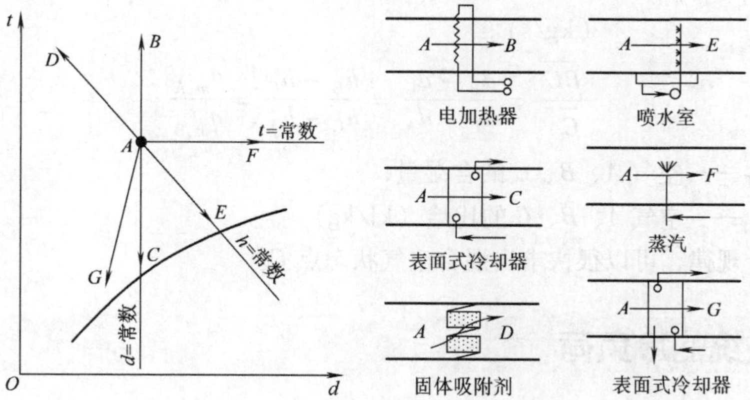

图 11-2　六种典型的空气处理过程

（1）等湿（干式）加热过程　空气调节中常用表面式空气加热器或电加热器来加热空气。当湿空气通过加热器时获得了热量，提高了温度，但含湿量并没有变化。因此，空气状态变化是一个等湿、增焓、升温的过程，焓湿图上过程线为 $A \to B$。

（2）等湿（干式）冷却过程　当用表面式空气冷却器处理空气时，如果表面式冷却器的进水温度和盘管表面温度都比空气露点温度高，则空气将在含湿量不变的情况下冷却，其焓值必相应减少。因此，空气状态变化是一个等湿、减焓、降温的过程，焓湿图上过程线为 $A \to C$。

（3）等焓减湿过程　用固体吸附剂（例如硅胶）处理空气时，由于吸附剂表面存在水蒸气压力差和电场，使得水蒸气被吸附，空气的含湿量降低，空气失去潜热而得到水蒸气凝结时放出的汽化热使温度升高，但焓值基本不变。因此，空气近似按等焓、减湿、升温过程变化，焓湿图上过程线为 $A \to D$。

（4）等焓加湿过程　用喷水室喷循环水处理空气时，水吸收空气中的热量而蒸发为水蒸气，

使得空气温度降低而含湿量增加，并且趋于饱和。此时，循环水温将稳定在空气的湿球温度上。因此，这是一个绝热加湿过程，空气近似按等焓、加湿、降温过程变化，焓湿图上过程线为 $A \to E$。

（5）等温加湿过程　向空气中喷蒸汽，空气吸收水蒸气后，其焓和含湿量都将增加。该过程线与等温线近似平行，故为等温加湿过程，焓湿图上过程线为 $A \to F$。

（6）减湿冷却（冷却干燥）过程　如果用表面冷却器处理空气，当表面式冷却器的进水温度和盘管表面温度低于空气的露点温度时，空气中的水蒸气将凝结为水，从而使空气冷却并干燥。在这个过程中，空气的温度、含湿量以及焓都会减少，焓湿图上过程线为 $A \to G$。如果用喷水室处理空气，当喷水温度低于空气露点温度时，也能实现减湿冷却（冷却干燥）过程。

两种不同状态的空气混合在空调系统的设计过程中是经常遇到的，利用焓湿图可以方便地求得两种或多种湿空气的混合状态。假设状态为 $A$ 的空气和状态为 $B$ 的空气在混合箱中进行绝热混合，混合后的空气状态为 $C$。由于混合过程中与外界没有热、湿交换，故 $A$、$B$、$C$ 三点必然在同一直线上，如图 11-3 所示。在实际工程中，由于混合箱对周围环境的热损失很小，因此，可以近似认为是绝热过程。根据热平衡和湿平衡原理，可以得到下列关系式

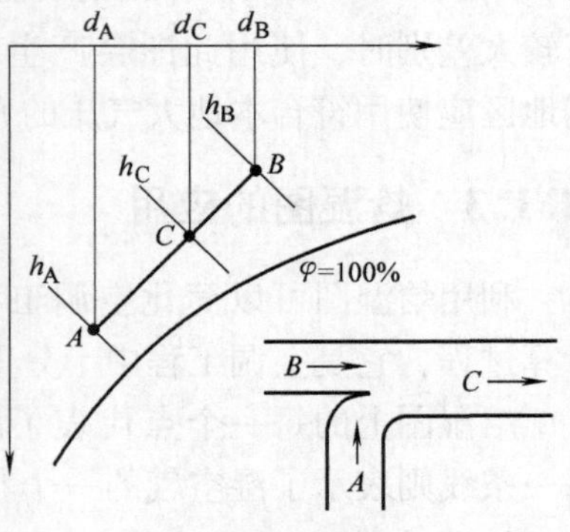

图 11-3　空气混合过程

$$q_{m,C} = q_{m,A} + q_{m,B} \tag{11-9}$$

式中　$q_{m,A}$、$q_{m,B}$、$q_{m,C}$——空气 $A$、$B$、$C$ 的质量流量（kg/s）。

$$\frac{\overline{BC}}{\overline{CA}} = \frac{d_B - d_C}{d_C - d_A} = \frac{h_B - h_C}{h_C - h_A} = \frac{q_{m,A}}{q_{m,B}} \tag{11-10}$$

式中　$d_A$、$d_B$、$d_C$——空气 $A$、$B$、$C$ 的含湿量；

$h_A$、$h_B$、$h_C$——空气 $A$、$B$、$C$ 的比焓（kJ/kg）。

利用上述混合规律，可以很快求出混合空气状态点 $C$。

## 11.2　空调系统的冷负荷

空调房间负荷的计算是确定空调系统送风量和空调设备容量的基本依据。空调房间的设计要求、建筑物的热工性能、空调系统的形式、空气处理过程的方式、新风量的大小等决定了空调系统的设计冷负荷。

### 11.2.1　空调房间设计要求

**1. 室内空气设计参数**

空调房间的温度和湿度要求，通常是用空调基数和空调精度两组指标来规定的。空调基数是指室内空气所要求的基准温度和基准相对湿度；空调精度是指空调区内温度、相对湿度的允许波动范围。例如，$t = (20 \pm 1)$℃ 和 $\varphi = (50 \pm 10)\%$ 中，20℃和50%是空调基数，±1℃和±10%是空调精度。

室内空气参数的确定对于民用和公共建筑而言，主要取决于对舒适性的要求，并考虑地区的经济条件和尽可能节能等因素。根据 GB 50019—2015《工业建筑供暖通风与空气调节设计规范》中的规定，舒适性空调室内计算参数如下：

夏季：温　　度　24～28℃
　　　相对湿度　40%～65%
　　　风　　速　≤0.3m/s
冬季：温　　度　18～22℃
　　　相对湿度　40%～60%
　　　风　　速　≤0.2m/s

工业建筑中室内空气参数的选择应按工艺过程的要求来确定，同时在有人操作时，也应兼顾人体热舒适的需要。由于工艺生产过程的不断改进，生产的产品质量日益提高，品种不断增加，相应地在空气环境参数的控制要求方面也有所提高。因此，室内空气设计参数需经工艺人员慎重研究后确定。

**2. 室外空气计算参数**

室外空气参数对空调设计而言，主要从两个方面影响系统的设计容量：一是由于室内外存在温差而通过建筑围护结构的传热量；二是空调系统采用的新鲜空气量在其状态不同于室内空气状态时，需要消耗一定的能量将其处理到室内空气状态。因此，确定室外空气的设计参数时，既不应选择多年不遇的极端值，也不应任意降低空调系统对服务对象的保证率。

室外空气计算参数一般由多年（30 年）气象数据的统计分析得到。我国现行标准 GB 50019—2015《工业建筑供暖通风与空气调节设计规范》和 GB 50736—2012《民用建筑供暖通风与空气调节设计规范》中规定，选择下列统计值作为空调室外空气计算参数：冬季空气调节室外计算温度采用历年不保证 1d 的日平均温度；冬季空气调节室外计算相对湿度采用累年最冷月平均相对湿度；夏季空气调节室外计算干球温度采用历年平均不保证 50h 的干球温度；夏季空气调节室外计算湿球温度采用历年平均不保证 50h 的湿球温度；夏季空气调节室外计算日平均温度采用历年平均不保证 5d 的日平均温度。

## 11.2.2　空调房间冷负荷

为了维持空调房间内的温度、湿度要求，就必须及时排除进入室内的热量。在单位时间内从室内除去的热量，称为室内冷负荷，它包含显热和潜热两部分。如果把潜热量表示为单位时间内排除的水分，则可称其为湿负荷。

房间得热量是指某一时刻由室内和室外热源进入房间的热量总和。得热量并不一定立即成为室内冷负荷。瞬时得热中的显热部分包括以对流方式传递的热量和以辐射方式传递的热量，以对流方式传递的显热得热和潜热得热部分，直接散放到房间空气中，立刻构成房间瞬时冷负荷；而以辐射方式传递的显热得热量，首先被围护结构和室内设备所吸收并贮存于其中，当围护结构和室内设备表面温度高于室内温度后，所贮存的热量再借助于对流方式逐时放出，从而形成冷负荷。得热量转化为室内冷负荷的过程中，由于围护结构的蓄热和放热效应，造成数量上的衰减和时间上的延迟。图 11-4 反映了瞬时荧光灯得热/太阳辐射得热形成的冷负荷之间的关系。

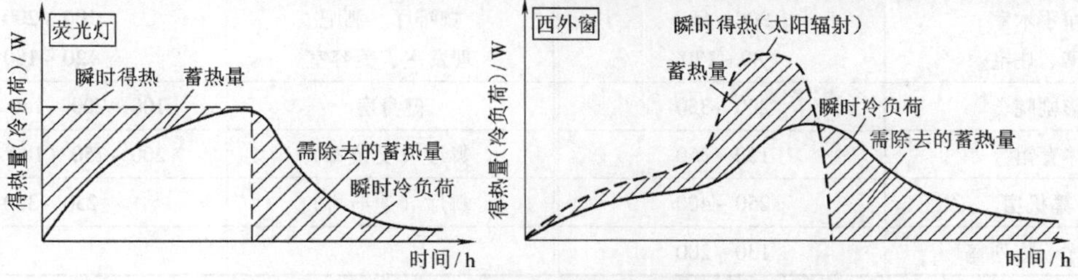


图 11-4　瞬时荧光灯得热/太阳辐射得热形成的冷负荷

室内冷负荷包括建筑围护结构传入室内热量（太阳辐射进入的热量和室内外空气温差经围护结构传入的热量）形成的冷负荷，人体散热形成的冷负荷，灯光照明散热形成的冷负荷，以及其他设备散热形成的冷负荷。在我国暖通空调工程中，一般采用冷负荷系数法计算室内冷负荷，冷负荷系数法是建立在传递函数法的基础上，便于工程上进行手算的一种简化计算方法。

## 11.2.3 制冷系统冷负荷

制冷系统的冷负荷是指制冷系统中制冷剂在蒸发器中所吸收的热量，即制冷机的总装机容量，又称为制冷量。制冷系统冷负荷应包括以下几部分：

1）新风负荷。

$$Q = q_{m,\mathrm{W}}(h_{\mathrm{W}} - h_{\mathrm{N}}) \tag{11-11}$$

式中 $q_{m,\mathrm{W}}$——新风量（kg/s），按表11-1取值；

$h_{\mathrm{W}}$、$h_{\mathrm{N}}$——室外、室内空气焓值（kJ/kg）。

2）空调系统中再加热量。

3）风机、泵的机械能所转变的得热量。

4）风管、水管的传热量。

5）其他得热量（顶棚回风时，部分灯光热量）。

其中，3）、4）、5）三项造成的附加冷负荷，可以综合考虑乘以系数1.1~1.2。

**表11-1 公共建筑最小新风量**

| 房间类型 | 新风量/［$m^3$/（h·人）］ |
|---|---|
| 办公室 | 30 |
| 大堂、四季厅 | 10 |
| 客房 | 30 |

注：本表摘自GB 50736—2012《民用建筑供暖通风与空气调节设计规范》。

## 11.2.4 空调冷负荷概算

民用建筑在方案设计阶段，往往需要预估建筑物空调负荷，这时可根据空调冷负荷概算指标进行粗略估算。表11-2列出了国内部分建筑的空调冷负荷概算指标。将冷负荷概算指标乘以建筑物的空调面积，即可得到冷负荷。

**表11-2 部分建筑空调冷负荷概算指标**

| 建筑（房间类型） | 冷负荷概算指标/（W/$m^2$） | 建筑（房间类型） | 冷负荷概算指标/（W/$m^2$） |
|---|---|---|---|
| 百货大楼、商场 | 180~300（125~180） | 会堂、报告厅 | 150~200 |
| 办公楼 | 90~150（80~110） | 宾馆客房 | 80~120（80~110） |
| 医院病房 | 100~150（70~100） | 西餐厅 | 160~200 |
| 手术室 | 120~180 | 中餐厅、宴会厅 | 180~350 |
| 洁净手术室 | 300~500 | 咖啡厅、酒吧 | 100~200 |
| 公寓、住宅 | 80~130 | 理发室、美容室 | 120~180 |
| 影剧院 | 200~350 | 健身房 | 100~200（150~200） |
| 体育馆 | 120~350 | 舞厅（交谊舞） | 200~250（140~200） |
| 计算机房 | 250~400 | 舞厅（迪斯科） | 250~350 |
| 展览厅、陈列室 | 130~200 | | |

注：括号中的数据为CJJ34—2010《城镇供热管网设计规范》推荐值。

## 11.3　空调系统

空调系统主要由空气处理设备和空气输送管道以及空气分配装置组成，根据需要，它能组成许多形式的系统。

### 11.3.1　空调系统分类

空调系统按其用途可分为舒适性空调和工艺性空调。舒适性空调（简称舒适空调）是为室内人员创造舒适健康环境的空调系统，主要用于商业建筑、居住建筑、公共建筑以及交通工具等。工艺性空调（又称工业空调）是为工业生产或科学研究提供特定室内环境的空调系统，例如，许多电子元件的质量都受到空气微粒的影响，所以电子元件都要求在洁净厂房中制造；药品工业不仅要求一定的空气温湿度，还需要控制空气的洁净度。

此外，按承担室内热负荷、冷负荷和湿负荷的介质种类不同，空调系统可分为全空气系统、全水系统、空气-水系统和冷剂系统；按空气处理设备的集中程度，可分为集中式空调系统、半集中式空调系统和分散式空调系统（局部机组）；按被处理空气的来源，可分为封闭式空调系统（再循环系统）、直流式空调系统（全新风）和混合式空调系统。

以上是主要的分类方法，实际上空调系统还可以根据另外一些原则进行分类。例如，根据系统的风量固定与否，可分为定风量和变风量空调系统；根据系统风道内空气流速的高低，可分为低速（$v<8\mathrm{m/s}$）和高速（$v=20\sim30\mathrm{m/s}$）空调系统；根据系统精度不同，可分为一般性空调系统和恒温恒湿空调系统；根据系统运行时间不同，可分为全年性空调系统和季节性空调系统等。

本节主要介绍舒适空调系统。

### 11.3.2　定风量空调系统

**1. 单风道定风量空调系统**

普通全空气系统就是低速单风道定风量系统，也是集中式空调系统的一种。它是最典型、出现最早、至今仍广泛使用的空调系统。常用的有一次回风系统和二次回风系统。

一次回风系统（见图11-5）又称露点送风系统，是最典型的全空气空调系统，回风仅在热湿处理设备前混合一次，经冷却处理到接近饱和的状态点（称机器露点），送出一种参数的空气。通常利用最大送风温差送风，当送风温差受限时，利用再热满足送风温度。一次回风系统适用于对送风温差要求不高的公共民用建筑以及室内散湿量较小的场合。

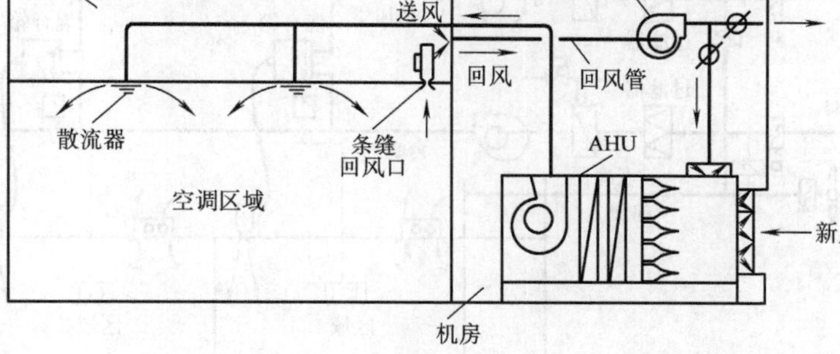


图11-5　一次回风系统

二次回风系统中回风在热湿处理设备前后各混合一次，第二次回风量并不负担室内负荷，仅提高送风温度或增加换气次数。在相同送风条件下，二次回风系统可节省一次回风系统的再热量。二次回风系统适用于：送风温差受限，而不容许利用热源进行再热；室内散湿量较大，用最大送风温差送风的送风量不能满足换气次数；对室内有恒温要求的场合；高换气次数的洁净房间。

如果空调区域由多个不同负荷特点的房间或空间构成，采用单区定风量系统就不合适了。此时，采用多区定风量系统可以满足大型或复杂建筑物中不同区域对负荷的不同要求。多区单风道定风量再热式系统（见图11-6）是常用的多区系统。空气处理机组集中对空气进行冷却除湿处理，从机房送出同一参数的送风，通过一个或多个送风干管输送到不同的空调区域，每个区域安装一个带再热盘管的末端装置，这样每个区域根据各自设定的温度或负荷变化调节再热量达到需要的送风温度。

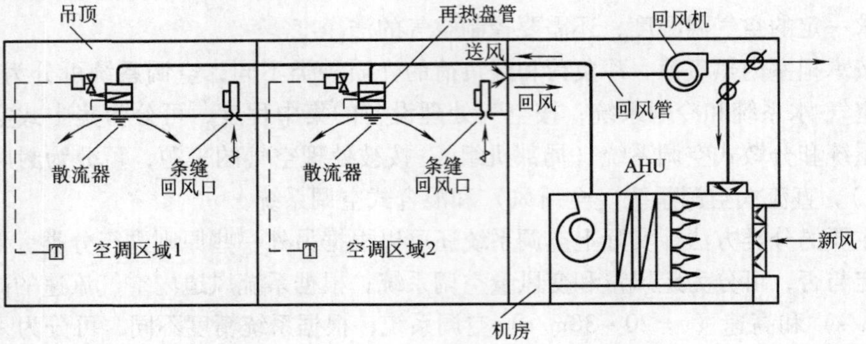


图11-6 多区单风道定风量再热式系统

## 2. 双风道定风量空调系统

双风道定风量空调系统（见图11-7）是一种多区定风量系统。该系统有两条送风管道，分别送冷风和热风。空气处理机组中的表冷器对一部分空气进行冷却除湿，通过冷风管送到每个区域，剩余的空气通过空气加热器加热后由热风管送到每个区域。冷风和热风在每个区域的混合箱内按一定比例混合，然后送入室内。混合箱上设有带温度控制器的混合阀，根据室内温度变化调节冷热风的混合比例，混合空气以适当的送风温度送出。送风量通过弹簧式的控制风门保持恒定。定风量双风道系统在功能上与单风道再热式系统相似，但是，混合箱不需加装盘管，因此系统维修简单而且不存在漏水问题。

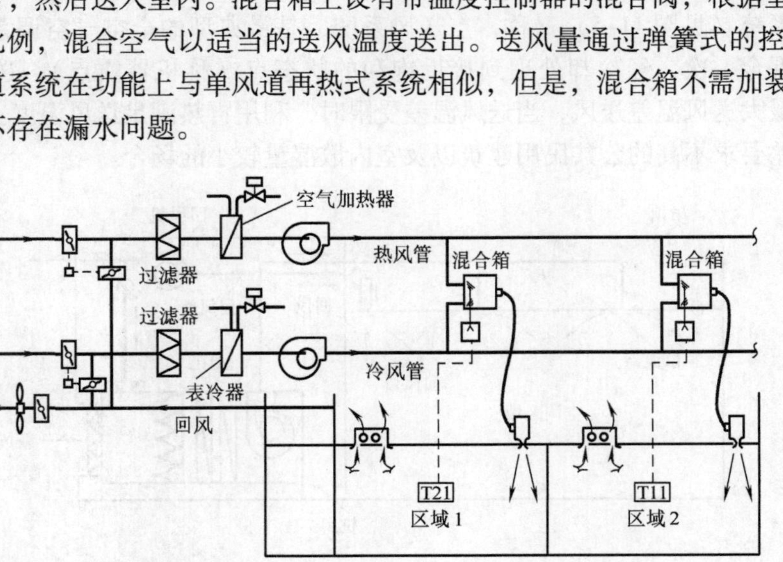


图11-7 双风道定风量空调系统

## 11.3.3　变风量空调系统

变风量空调系统（Variable Air Volume，VAV）是相对于定风量系统而言的，前面介绍的定风量系统是通过改变送风温度而风量不变来适应室内负荷的变化；而变风量系统是送风温度不变，用改变风量的方法来适应负荷的变化。与定风量系统相比，变风量空调系统具有五个特点：①全年变风量运行，大量节约能耗；②室内相对湿度控制质量较差；③新风比不变时，送风量调小使得新风量减少，影响室内空气品质；④风量调小时室内气流分布受影响；⑤变风量末端设备造价高，控制系统较复杂。

**1. 单风道变风量系统**

单区单风道变风量系统一般由空气处理机组、单风道送风管、变风量末端装置、柔性风管、送回风口、回风管以及回风机等构成。其空气处理机组与定风量系统一样，集中处理的空气送入空调区域的末端装置。当负荷变化时，变风量末端装置根据室内温度调节送风量，以维持室内温度。单区单风道变风量系统主要用于室内体育场馆、候机厅以及某些工业系统。

再热式变风量系统是一种多区变风量系统，每个区域安装一个再热式变风量末端装置，根据区域负荷的变化调节送风量和再热量，以保持室内设定的温度。对于大型建筑物，内区可以采用普通变风量末端装置提供冷风，外区采用再热式变风量末端装置提供冷风或热风，如图11-8所示。

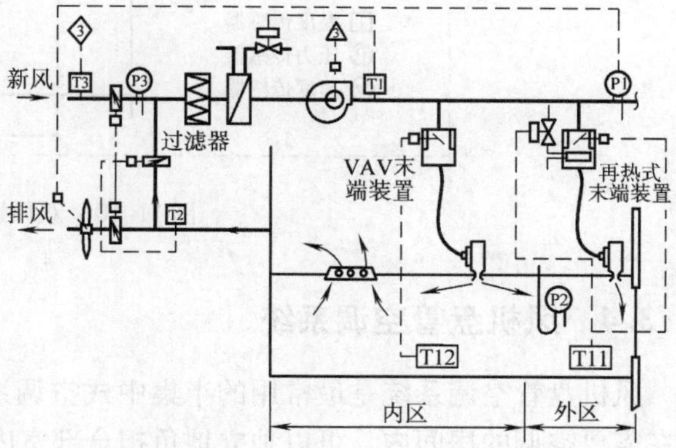


图11-8　再热式变风量系统

风机动力型变风量系统（见图11-9）是在建筑物内区的每个空调区域安装一个普通变风量末端装置，在建筑物外区的每个空调区域安装一个风机动力型末端装置。风机动力型末端装置简称风机动力箱，通常由一台离心风机、变风量装置、加热盘管（或电加热器）、粗效过滤器、风阀、外壳以及相应的控制元件组成。根据结构和运行的特点，风机动力箱分为串联和并联两种。风机动力箱系统最大的优点：系统是变风量的，而室内送风是恒定的，避免了小负荷时VAV系统因送风量减小而带来的气流分布不稳定以及室内冷凝的缺点。但这种系统的能耗比常规变风量系统高（多了箱内风机的能耗），带来了噪声，同时增加了投资和维护费用。

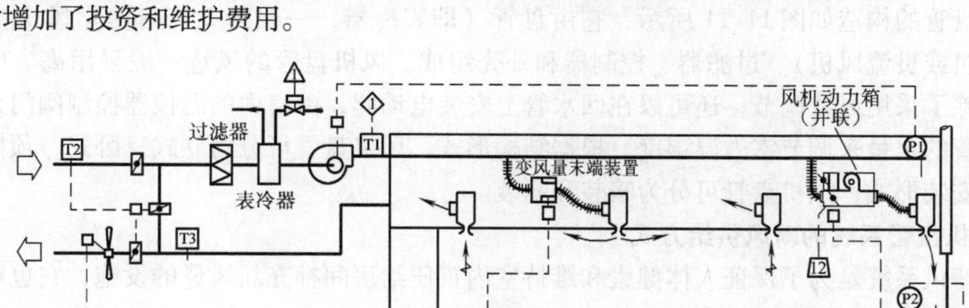


图11-9　风机动力型变风量系统

**2. 双风道变风量系统**

双风道变风量系统（见图11-10）送出两种参数的空气——冷风和热风。对于建筑物周边区域，冷风和热风通过设在每个区域或房间内的变风量混合箱送入室内；对于建筑物内区，采用普通变风量末端装置全年提供冷风。双风道变风量系统适应性强，能够更好地满足区域负荷的变化以及对新风量的要求。双风道变风量系统的室内送风量较大，可以避免气流分布不稳定对室内温度的影响。此外，双风道变风量系统的成本比单风道再热式变风量系统低。

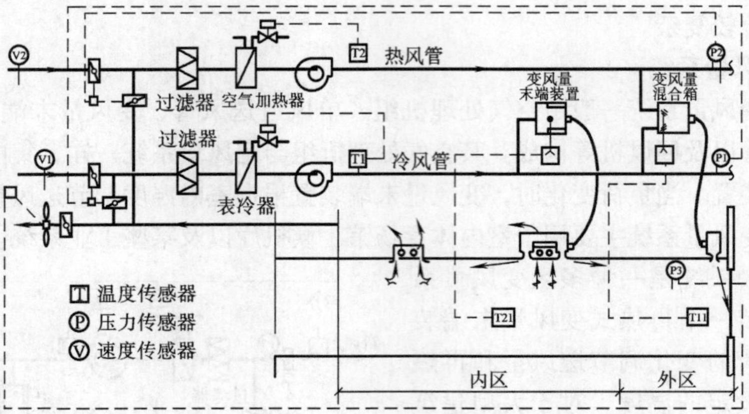


图11-10 双风道变风量系统

## 11.3.4 风机盘管空调系统

风机盘管空调系统是最常用的半集中式空调系统。风机盘管（Fan Coil Unit，FCU）通常设置在需要空调的房间内，可以独立地负担全部室内负荷。但为了满足室内空气品质的需要，通常和新风处理系统组成风机盘管加新风的空调形式，对于集中设置的新风系统，还可以负担部分室内负荷。

风机盘管空调系统的主要优点是布置灵活，节省建筑空间，各房间可独立控制室内温湿度，防止空气交叉污染，节省系统运行能耗；主要缺点是维护工作量大，对机组质量有较高的要求，室内气流分布较差，风机盘管运行时有噪声。

**1. 风机盘管**

风机盘管的构造如图11-11所示，它由盘管（即表冷器，一般为2~3排）、风机（前向多翼离心风机或贯流风机）、过滤器、控制器和外壳组成。风机盘管的风量一般采用高、中、低三档调速。除了采用风量调节，还可以在回水管上安装电动阀，由室内的温控器控制阀门开度，改变进入盘管的水量来调节室内温湿度。根据结构形式，风机盘管可分为立式、卧式、顶棚式和柱式；根据安装形式，风机盘管可分为暗装和明装。

**2. 风机盘管系统的新风供给方式**

独立新风系统是为了保证人体健康和维持室内正压给房间补充新风量的设施，它也可以承担部分室内负荷。新风供给方式主要有以下几种方式：

（1）房间缝隙自然渗入　这种方式简单易行，初投资与运行费用低；但室内温度不均匀，卫生条件差，风机盘管承担新风负荷，机组长时间在湿工况下运行。因此，这种方式适用于人少、无正压要求、清洁度要求不高的空调房间，或新风系统布置有困难的建筑。

（2）机组背面开洞或通过风管直接引入新风　这种方式多适用于冷剂空调系统的末端风盘设

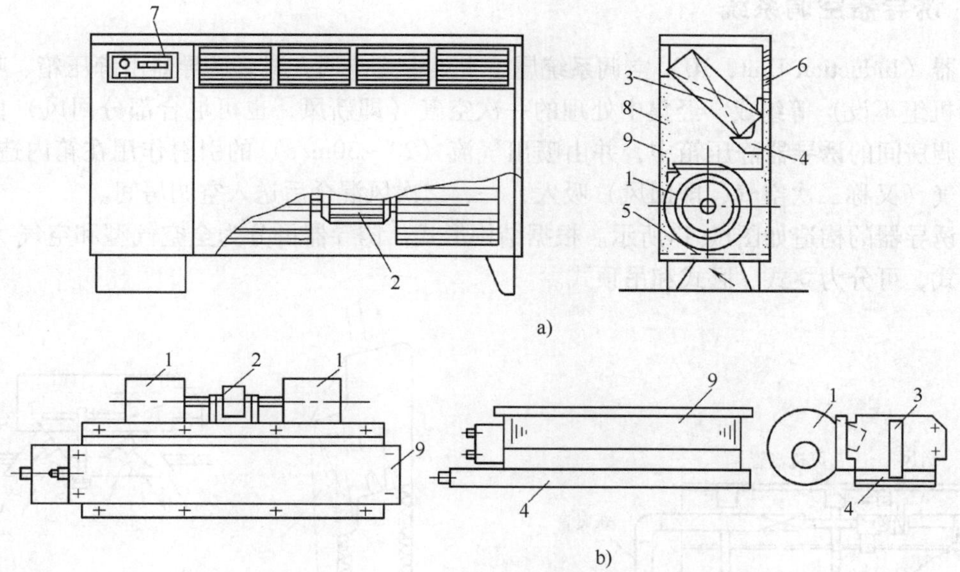


图11-11　风机盘管的构造

a）立式明装　b）卧式暗装

1—风机　2—电动机　3—盘管　4—凝结水盘　5—进风口　6—出风格栅

7—控制器　8—吸声材料　9—箱体

备，新风口可调节，冬、夏季采用最小新风量，过渡季节采用最大新风量，初投资与运行费用低；但室内直接受到新风负荷变化的影响，机组长时间在湿工况下运行，须采取防尘、防噪声、防雨、防冻措施。因此，这种方式适用于人少、要求低的空调房间以及新风系统布置有困难的建筑。

（3）单设新风系统，独立供给室内（见图11-12）　这种方式单设新风机组，可随室外气象变化进行调节，保证室内湿度与新风量的要求；但投资大、占空间较多，在条件允许的建筑中，可尽量采用此种方式。新风进入室内有两种方式，一种是单独设置新风口直接送入室内；另一种是将新风送入到风机盘管的回风箱处或风机盘管的送风道中，与风盘共用出风口。这两种方式对减少室内风口数量有一定效果，是目前常用的新风送入方式之一，如图11-13所示。

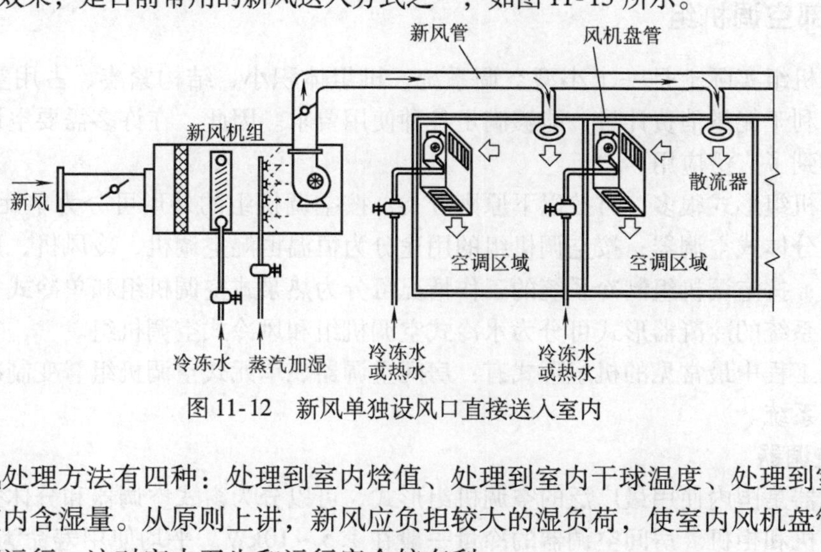


图11-12　新风单独设风口直接送入室内

常用的新风处理方法有四种：处理到室内焓值、处理到室内干球温度、处理到室内含湿量以及处理到低于室内含湿量。从原则上讲，新风应负担较大的湿负荷，使室内风机盘管尽可能在析湿量小的工况下运行，这对室内卫生和运行安全较有利。

## 11.3.5 诱导器空调系统

诱导器（Induction Unit，IU）空调系统属于半集中式空调方式。诱导器由静压箱、喷嘴、盘管（有的机组不设）等组成。经集中处理的一次空气（即新风，也可混合部分回风）由风机送入设在空调房间的诱导器静压箱中，并由喷出气流（20～30m/s）的引射作用在箱内造成负压，将室内空气（又称二次空气，即回风）吸入，一、二次风混合后送入空调房间。

典型诱导器的构造如图11-14所示。根据结构形式，诱导器可分为全空气型和空气-水型；根据安装形式，可分为立式、卧式和吊顶式。

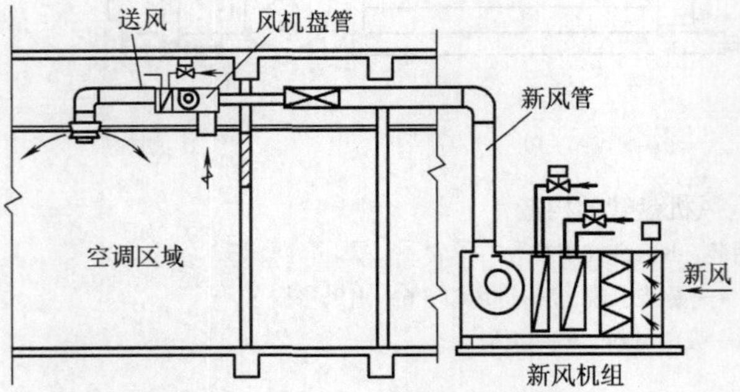


图 11-13 新风送入风机盘管回风箱内

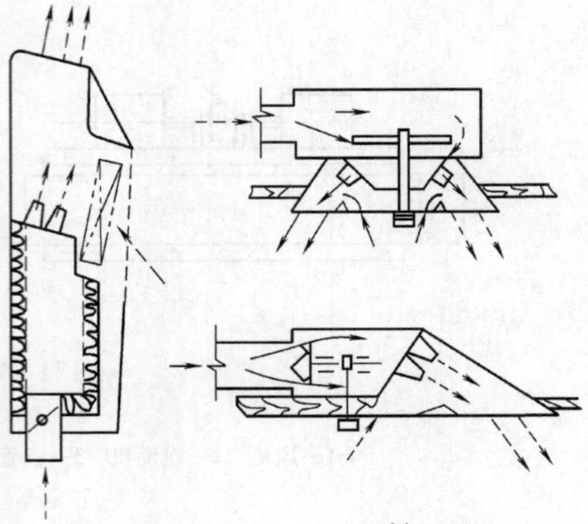


图 11-14 诱导器的构造
a) 立式 b) 吊顶式

和风机盘管系统一样，诱导器空调系统也属于空气-水空调系统。诱导器系统一般仅处理新风，且可应用高速送风，故机房尺寸和管道断面比全空气系统小，节约建筑空间，能保证每个房间的新风卫生情况较好。可用于旧建筑加设空调或高层建筑，特别适用于低温送风方式。但这种系统有一定的缺点，如空气输送动力消耗大，个别调节不灵活，新风（一次风）管道必须跟随诱导器的位置进行布置，不易控制末端装置的噪声等。

## 11.3.6 局部空调机组

局部空调机组实际上是一个小型空调系统，机组体积小、结构紧凑、占用空间少，安装方便、工期短，利于能量消费计量，能够满足各种使用要求。因此，在许多需要空调的场合，特别是舒适空调得到了广泛应用。

局部空调机组形式很多，可按以下原则分类：按空调机组的外形可分为单元柜式空调机组、窗式空调器和分体式空调器；按空调机组的用途分为恒温恒湿空调机、冷风机、房间空调器和特殊用途的机组；按空调机组制冷系统的工作情况可分为热泵式空调机组和单冷式空调机组；按空调机组中制冷系统的冷凝器形式可分为水冷式空调机组和风冷式空调机组。

舒适空调工程中最常见的机组形式有：房间空调器、单元式空调机组、变制冷剂流量系统和水环热泵空调系统。

**1. 房间空调器**

房间空调器是国内使用最广泛的空调机组形式，可以分为窗式空调器和分体式空调器，室内机又分为壁挂机和柜机。房间空调器的冷量一般在1.5～10kW，平均使用寿命为10年左右。目前多采用既可制冷又可制热的热泵式空调器，常用的制冷剂为HCFC—22，推荐使用环保冷媒

HFC—407C 和 HFC—410A。

窗式空调器是一种整体式机组，无供暖能力的机组称单冷机，由内部保温隔板分成两部分：室内部分（包括蒸发器、毛细管和风机）和室外部分（包括冷凝器、压缩机和风机、电动机）。目前多采用热泵式窗式空调器（见图11-15），该空调器的结构与普通窗式空调器类似，只是多了一个四通换向阀，用以实现冷、热工况的切换，可用于夏季供冷、冬季供暖。部分热泵式空调器中通常设有电加热器，冬季用于辅助加热。

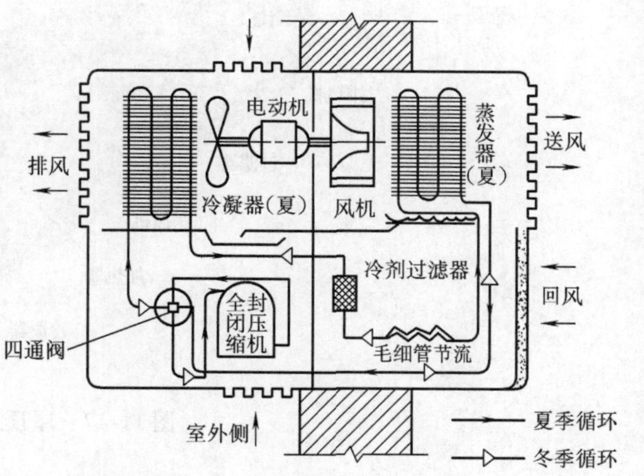

图 11-15　热泵式窗式空调器原理图

分体式空调器（见图 11-16）由室内机和室外机构成，室内机包括蒸发器（冷凝器）、进风口、送风口、风机和过滤器，分为壁挂机和柜式机，其中柜式机功率和体积较大，适用于较大空间。室外机包括压缩机、冷凝器（蒸发器）和风机，形式上分为侧出风和上出风两种，适合安装在建筑的不同位置。分体式空调器将产生噪声的压缩机安装在室外，有利于改善空调房间的环境。

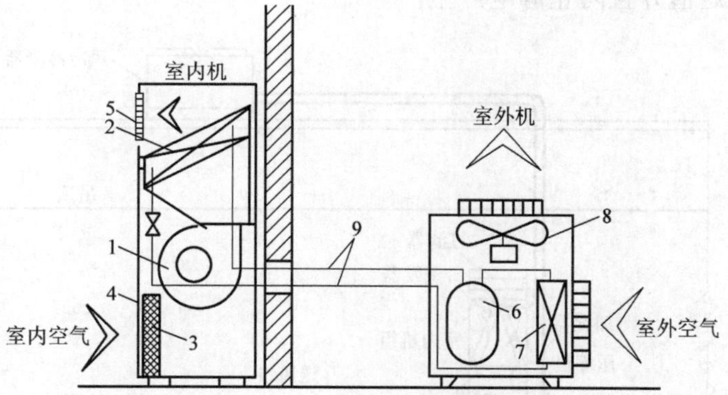

图 11-16　分体式空调器原理图

1—离心风机　2—蒸发器（冷凝器）　3—过滤器　4—进风口　5—送风口
6—压缩机　7—冷凝器（蒸发器）　8—轴流风机　9—制冷剂管道

**2. 单元式空调机组**

单元式空调机组是中小型商业建筑和工业建筑中经常选用的空调系统形式。一个典型的单元式空调机组由送风管、回风管、散流器、回风口、制冷（供暖）设备以及控制系统构成，可直接对空气进行加热、冷却、加湿、去湿等处理。近年来，单元式空调机组以其结构紧凑、占地面积小、能量调节范围广、安装和使用方便等优点，被越来越多地应用于中小型空调系统中。下面介绍几种常见的单元式空调机组。

屋顶式空调机组是一种大、中型单元式整体机组。整个机组由送风机、直接膨胀式蒸发器、过滤器、混合箱、活塞式/螺杆式压缩机、风冷/蒸发式冷凝器、自控系统以及其他附件构成，主要设备部件都组装在机壳内（见图 11-17），多安装在屋顶，故称屋顶式空调机组。屋顶式空调机组的制冷量通常为 10～774kW，送风量为 565～37 750L/s。

室内空调机组一般安装在机房或设备间内，其制冷量通常为 10～350kW，送风量一般为

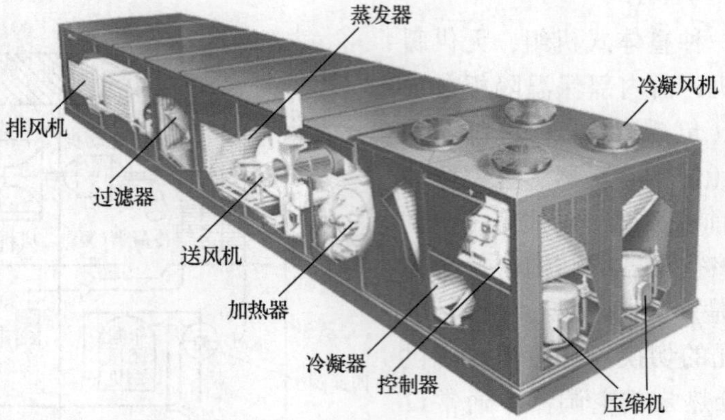


图 11-17 屋顶式空调机组

565 ~18 880L/s。室内空调机组和屋顶式空调机组的最大区别在于其冷凝器的布置：如果是风冷冷凝器，采用分体式，冷凝器放在室外；如果是水冷冷凝器，采用整体式。中小型室内空调机组也可以直接安装在地板上，利用风管送风或直接送风。

计算机房多使用专用恒温恒湿空调机组，图 11-18 所示为下送风、上回风空调系统。机组中通常安装中效过滤器，必要时设置高效过滤器。此外，机组中还设置了蒸汽加湿器，以保持冬季室内相对湿度达到设定值并且防止静电产生。

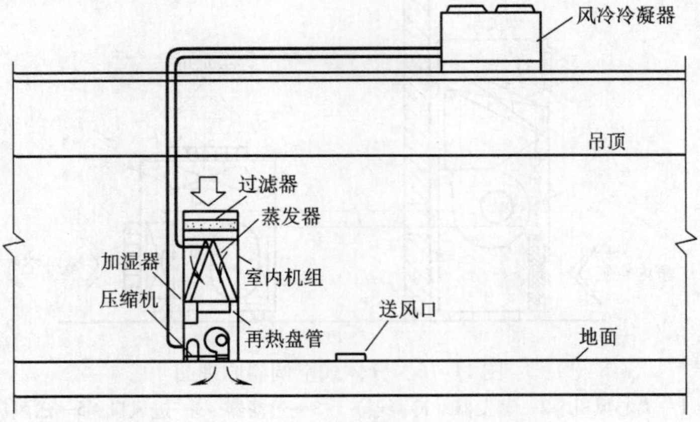


图 11-18 计算机房专用空调机组

**3. 变制冷剂流量系统**

变制冷剂流量（Variable Refrigerant Volume，VRV）系统由一台室外机、多台室内机、制冷剂配管和自控设备组成，如图 11-19 所示。室外机压缩机分为变频调节和数码涡旋容量调节两种形式，根据室内机负荷变化自动调节制冷剂流量。室内机有盘管、风机、电子膨胀阀等部件，按其外形分为天花板嵌入式、风管式、壁挂式等机型，其中壁挂式室内机的冷媒分配器（电子膨胀阀）需外置。每台室外机可以配置多台不同规格、不同容量的室内机，连接成独立的系统。在 VRV 系统中，制冷剂配管长度最大可达 100m，室内外机之间的高差可达 50m。

VRV 系统的主要优点是设备少、管路简单、布置灵活、节省建筑面积与空间，具有一定的节能效果，运行管理方便、维修简单。因此，VRV 系统适用于多居室的家庭或别墅、中小型建筑以及旧建筑加装空调的场合。

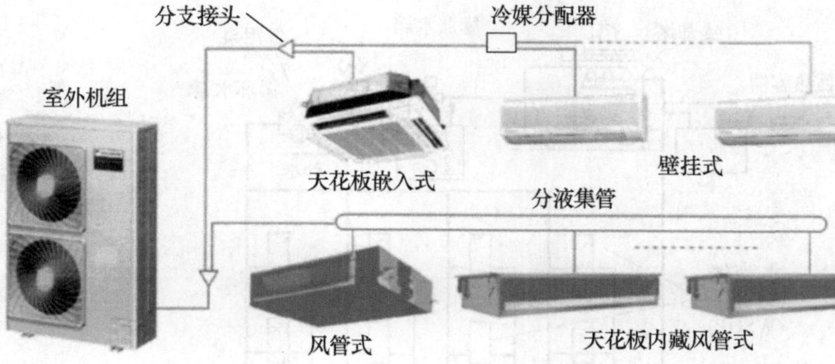


图 11-19　变制冷剂流量系统

#### 4. 水环热泵空调系统

水环热泵系统是小型水源热泵机组（水－空气热泵）的一种应用方式。水源热泵机组由制冷剂/空气换热器、制冷剂/水换热器、离心风机、单级或两级转子压缩机、毛细管、四通换向阀、外壳以及其他附件组成，其结构和制冷/供暖模式如图11-20所示。常用的水源热泵机组有立式暗装、立式明装以及卧式暗装。

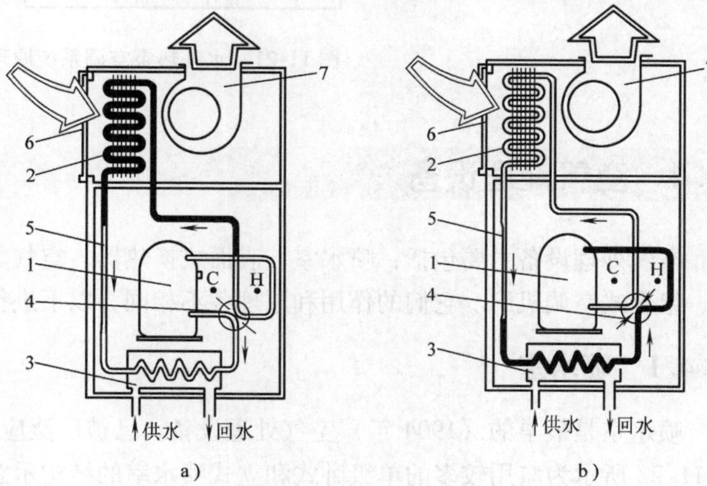


图 11-20　水源热泵工作原理图

a）制冷方式　b）供暖方式

1—压缩机　2—制冷剂/空气换热器　3—制冷剂/水换热器　4—四通换向阀　5—毛细管　6—过滤器　7—风机

水环热泵空调系统用水环路将多台小型水/空气热泵机组并联在一起，构成一个以回收建筑物内余热为主要特点的热泵供暖、供冷的空调系统。典型的水环热泵空调系统如图11-21所示，整个系统由室内水源热泵、闭式冷却塔、加热设备、两台循环水泵（一用一备）、蓄热容器、控制系统、管道以及必要的附件构成。

在夏季，所有热泵机组都处于制冷工况，向环路中释放热量，冷却塔全面运行，将冷凝热释放到大气中，使水温下降到35℃以下流回热泵机组。在过渡季节，大型建筑周边区域的热泵机组从水环路吸热以供暖，内区热泵机组向水环路放热以供冷，通过水环路将内区的热量传递给周边区域，水环路的水温取决于周边区域的热负荷与内区冷负荷之比，通常维持在13～35℃。因此，水环热泵空调系统比常规空调系统节能。在冬季，大部分机组制热，循环水温下降，低于13℃时，加热设备开始运行。

水环热泵空调系统的主要优点是建筑物热回收效果好，系统可同时供冷、供暖，便于各房间分户计量，系统布置紧凑、简洁灵活，用户调节方便，便于安装和管理。从节能和热回收考虑，水环热泵系统宜用在建筑规模较大的场合，内区面积要大于或接近于周边区，即两者冷热负荷相当为好。由于水环热泵系统对建筑层高和外立面均无影响，还适用于已有建筑的空调增设工程。

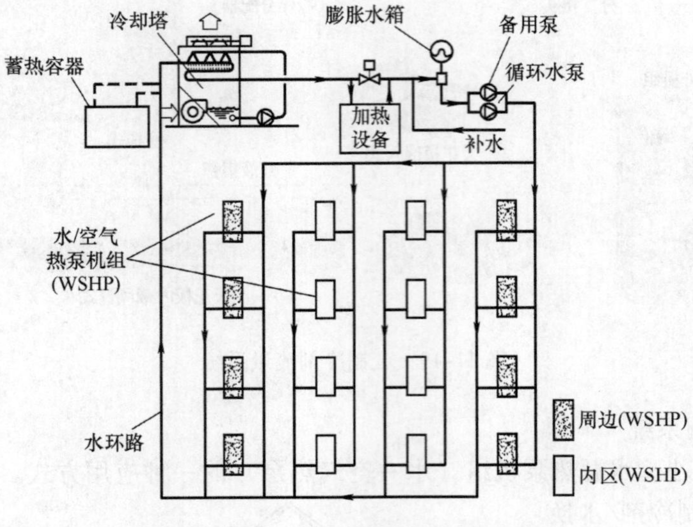


图 11-21 水环热泵空调系统原理图

## 11.4 空气处理设备

空气处理设备主要包括：喷水室、表面式换热器、空气加湿设备、空气减湿设备、空气过滤器、组合式空调机组。它们的作用和原理各不相同，以下进行一些简单介绍。

### 11.4.1 喷水室

喷水室是最早的（1904 年）空气处理设备，已被广泛应用于空气的加湿、冷却和净化处理。图 11-22 所示为应用较多的单级卧式和立式喷水室的结构示意图。喷水室主要由喷嘴与排管、前后挡水板、外壳、底池（或水箱）以及管路系统等组成。喷水室通常用涂有防水涂料的塑料或镀锌钢板做外壳。水箱有两种形式：一种是与外壳做成一体，位于喷水室的底部；另一种是单独安装一个水箱，用于收集或混合循环水和冷冻水。独立水箱一般由钢、不锈钢或钢筋混凝土制成。如果使用冷冻水喷淋，必须采用独立水箱并且对水箱进行外保温。在喷水室的入口处设有前挡水板，空气经前挡水板进入喷水空间，使得空气和水能够充分接触。在喷水室的出口处设有波纹状的后挡水板，通常用便于清洁维修的塑料和不锈钢制成。空气经过后挡水板时，使夹在其中的水滴分离出来，以减少空气的过水量。用于检修的检查门设在喷水室的外壳上，为防止漏水应密封。大多数喷水室设置两排喷嘴对喷，如图 11-22a 所示。喷嘴通常用铜、塑料或尼龙制成，由带喷孔（直径为 3～5.5mm）的顶盖、喷嘴本体以及水的入口构成。喷嘴排管之间的间距通常为 0.9～1.35m，而喷水室的总长度为 1.2～2.1m。喷水室可以实现多种空气处理过程，包括对空气进行冷却加湿、冷却除湿以及洗涤和净化。因此，在对空调房间的温湿度要求较高的场合，如纺织厂、卷烟厂等工艺性空调系统，喷水室得到了广泛应用。

双级喷水室是风路和水路都串联起来的喷水室（见图 11-23），它的主要特点是空气的温降（升）、焓降（升）都较大，被处理空气的终态相对湿度较高，一般可达到 100%。由于在双级喷水室中水被重复使用，所以水的温升较大，用水量小。因此，双级喷水室常用于使用自然冷（热）源的地方。

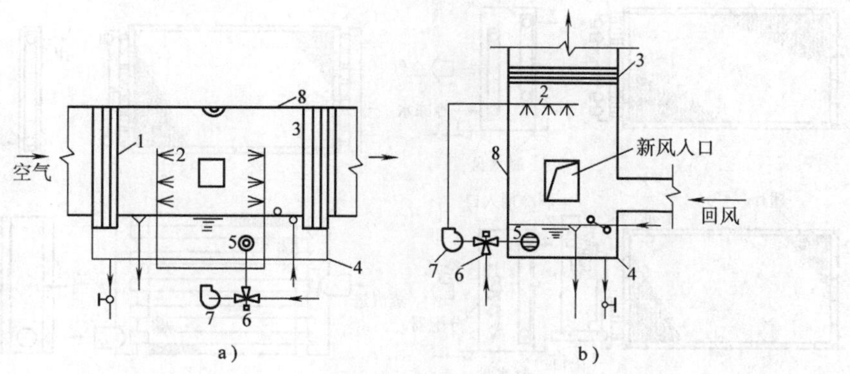


图 11-22 喷水室的构造

a）卧式喷水室 b）立式喷水室

1—前挡水板 2—喷嘴与排管 3—后挡水板 4—底池 5—滤水器 6—三通阀 7—水泵 8—外壳

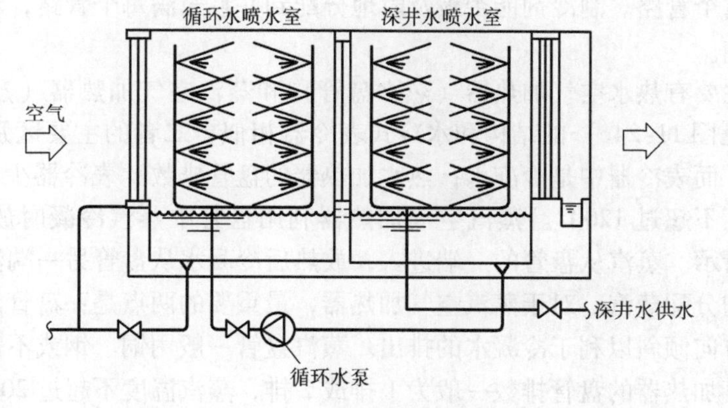


图 11-23 双级喷水室原理图

## 11.4.2 表面式换热器

与喷水室相比，表面式换热器（简称表冷器）具有结构简单，占地少，对水的清洁度要求不高，水侧阻力小等优点，所以应用广泛。表面式换热器包括空气加热器和表面式冷却器两大类，前者用蒸汽或热水做热媒，后者用冷水或制冷剂做冷媒。

表面式冷却器分为水冷式和直接蒸发式两类。水冷式表冷器（见图 11-24a）以冷冻水（或冷盐水和乙二醇）作为冷媒，当空气经过盘管和翅片的外表面时，被冷冻水冷却或冷却除湿。为了获得更好的传热效果，表冷器中空气和水一般是按逆流布置。盘管通常是用直径为 15mm、壁厚为 0.25 ~0.5mm 的铜管加工而成。铜管间的纵向轴心间距是 20 ~ 30mm，横向轴心间距是 25 ~ 40mm。盘管沿气流方向按顺排或叉排形式布置成 4 排、6 排或 8 排，以供用户选择。采用叉排布置的表冷器可以提高换热效率，并且增大空气的压降。

直接蒸发式表冷器（见图 11-24b）中，制冷剂（通常是 HCFC—22、HFC—134a、HFC—404A、HFC—410A、HFC—407A 或 HFC—407C）在盘管内蒸发并直接膨胀，对空气进行冷却和除湿，而空气中的水蒸气在盘管的外表面冷凝。这种类型的盘管相当于制冷系统中的蒸发器，因此，也称为直接蒸发式表冷器或湿盘管。在直接蒸发式表冷器中，冷媒或制冷剂被送入分配器，

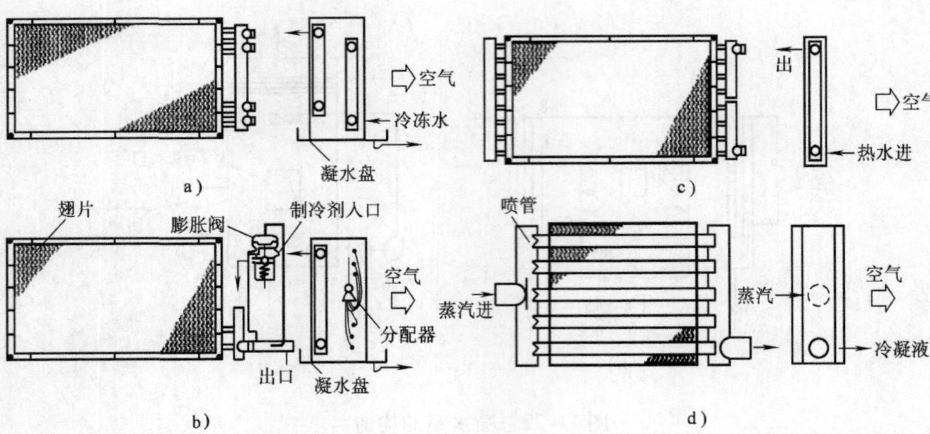


图 11-24 表面式换热器

a) 水冷式表冷器 b) 直接蒸发式表冷器 c) 热水空气加热器 d) 蒸汽空气加热器

再均匀地输送到每个管路。制冷剂能否被及时地分配到并且充满每个管路，对直接蒸发式表冷器的性能有很大影响。

空气加热器主要有热水空气加热器（热水盘管）和蒸汽空气加热器（蒸汽盘管）两类。热水空气加热器（见图 11-24c）的结构和水冷式表冷器相似，二者的主要区别在于：加热器盘管中的介质是热水，而表冷器中是冷冻水；热水加热器的盘管排数比表冷器少，一般为 1 排、2 排或 4 排，热水温度不超过 120℃。蒸汽空气加热器利用盘管中蒸汽冷凝时放出的潜热来加热空气，如图11-24d所示。蒸汽从盘管的一端进入，放热后冷凝水从盘管另一端流出。在蒸汽入口处装有挡板用于均匀分配蒸汽。对于蒸汽空气加热器，最重要的两点是：盘管能够自由地膨胀和收缩；盘管向回流方向倾斜以利于冷凝水的排出。蒸汽盘管一般用铜、钢或不锈钢制成。市场上可供选择的蒸汽空气加热器的盘管排数一般为 1 排或 2 排，蒸汽温度不超过 200℃。

## 11.4.3 空气加湿设备

对于舒适空调，空气处理机组中一般不需要设加湿段，只有在冬季室外空气特别干燥的情况下才设置加湿段。对用于医疗房间和生产过程的工艺性空调（如制药车间、半导体生产车间、纺织厂、计算机房等），空气处理机组中必须设置加湿设备。

空气的加湿方法较多，常见的有：喷水室加湿、喷蒸汽加湿、电热（极）式加湿器、离心式加湿器、超声波加湿器。干蒸汽加湿器和电热（极）加湿器是商业和工业空调系统中，除喷水室外应用最广泛的加湿设备。无论采用蒸汽加湿器还是电加湿器，都是一个近似等温的加湿过程。因此，这两类加湿器又被称为等温加湿器。

干蒸汽加湿器（见图 11-25a）是利用锅炉等加热设备产生的蒸汽对空气进行加湿处理。由于蒸汽加湿器需要较高的蒸汽压力，因此加湿器的噪声大。此外，蒸汽加湿器只能用于有蒸汽源的建筑物中。

当建筑物没有可利用的蒸汽源时，可以选用电热（极）加湿器。电热加湿器是在水槽中放入管状电热元件，元件通电后将水加热产生蒸汽。电极加湿器（见图 11-25b）则是利用三根铜棒或不锈钢棒插入盛水的容器中作为电极，当电极与三相电源接通后，靠电流从水中流过产生的热量把水加热形成蒸汽。由于电热（极）加湿器加湿面积小、耗电量大，因此主要用于小型空气处理机组。

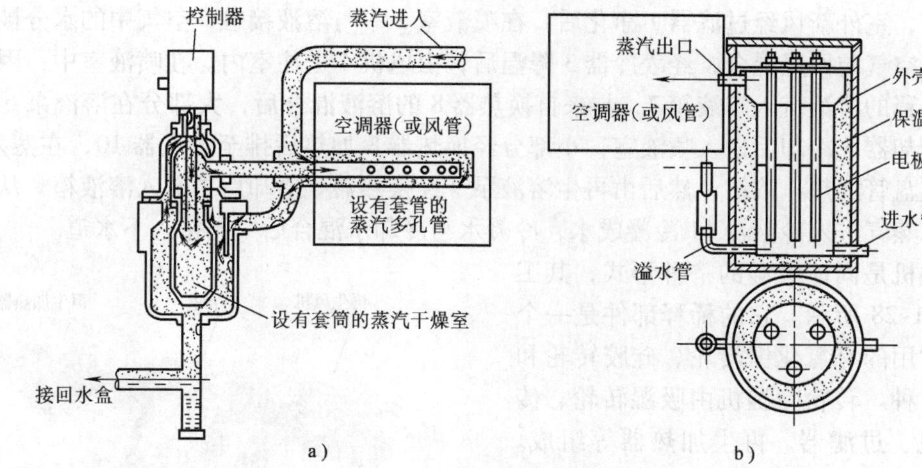


a）　　　　b）

图11-25　加湿器

a）干蒸汽加湿器　b）电极加湿器

## 11.4.4　空气减湿设备

用前述的喷水室和表冷器都能对空气进行减湿处理。除此之外，还有几种减湿方法，如升温通风法、冷冻减湿机减湿法、固体吸湿剂法和液体吸湿剂法。

冷冻减湿机（见图11-26）又常常被称为除湿机或降湿机，由制冷系统和风机等组成。当潮湿空气流过蒸发器时，由于蒸发器表面的温度低于空气露点温度，空气温度降低，处于过饱和状态，此时有部分水蒸气凝结出来，从而达到去湿的目的。降温减湿后的空气再流过冷凝器，吸收高温气态制冷剂凝结放出的热量，空气温度升高，相对湿度减小，最后进入室内。因此，冷冻减湿机常用于对湿度要求低的生产工艺、产品贮存以及产湿量大的地下建筑等场所。

一些盐类的水溶液是液体吸湿剂，这些溶液表面的水蒸气分压力很低，因此有很强的吸收水蒸气能力。溶液吸收水分后自身浓度变低，吸湿能力下降，因此需要用加热的方法使之再生。根据溶液再生方法不同，可将液体吸湿剂减湿系统分成蒸发冷凝式和空气再生式两类。常用的液体吸湿剂有氯化锂、氯化钙、三甘醇等水溶液。图11-27所示是一个使用氯化锂溶液的蒸发冷凝再

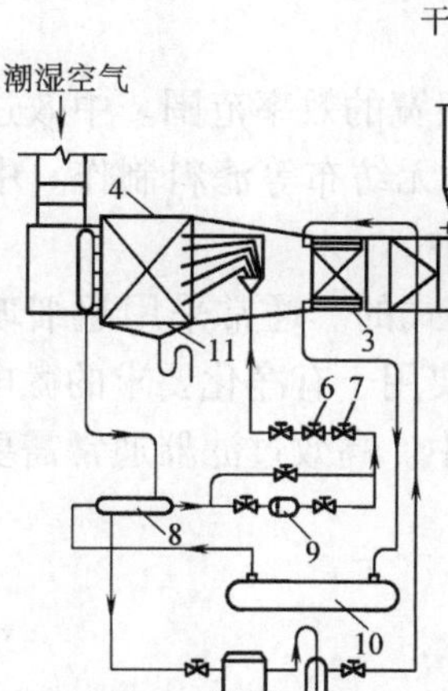


图11-26　冷冻减湿机原理图

1—压缩机　2—送风机　3—冷凝器　4—蒸发器
5—油分离器　6、7—节流装置　8—换热器
9—过滤器　10—储液器　11—集水器

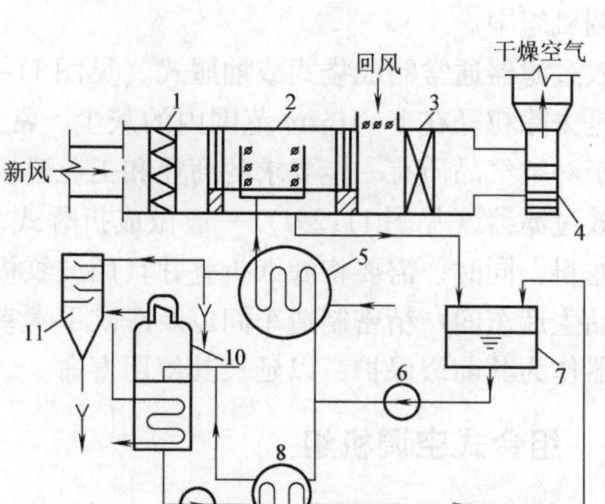


图11-27　蒸发冷凝再生式减湿系统

1—过滤器　2—喷液室　3—表冷器　4—风机
5—溶液冷却器　6—溶液泵　7—溶液箱
8—换热器　9—再生溶液泵　10—蒸发器　11—冷凝器

生式减湿系统，室外新风经过滤器1净化后，在喷液室2中与溶液接触，空气中的水分被溶液吸收。减湿后的空气与回风混合，经表冷器3降温后，由风机4送往室内。在喷液室中，因吸收空气中水分而稀释的溶液流入溶液箱7，与来自换热器8的溶液混合后，大部分在溶液泵6的作用下，经溶液冷却器5冷却后送入喷液室，小部分经换热器8加热后排至蒸发器10，在蒸发器中，稀溶液被蒸汽盘管加热、浓缩，然后由再生溶液泵9经换热器8冷却后再送入溶液箱。从蒸发器上部排出的水蒸气进入冷凝器11冷凝成水，冷凝水与冷却水混合后一同排入下水道。

转轮除湿机是固体吸湿的一种形式，其工作原理如图11-28所示。它的稀释部件是一个干燥转轮，常用的有氯化锂转轮、硅胶转轮和分子筛转轮三种。转轮除湿机由吸湿转轮、传动装置、风机、过滤器、再生加热器等组成。除湿机工作时，轮子慢慢转动，需要除湿的空气经过转轮的一部分区域，空气中的水分即被吸湿材料吸收或吸附，随后干燥的空气由风机送至室内。与此同时，另一部分空气（再生风）先被加热，然后经过转轮的剩余区域，将转轮吸收的水分排走。由于转轮一直在缓慢旋转，使得吸湿和再生可以连续进行。

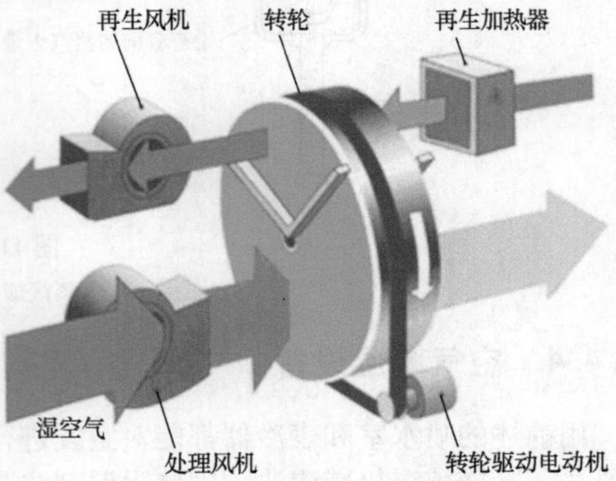

图11-28 转轮除湿机工作原理图

## 11.4.5 空气过滤器

空气过滤器是获得合适室内空气品质的重要设备。空调工程中常用的过滤器按效率可分为粗效过滤器、中效过滤器和高效过滤器三类。

粗效过滤器有平板式（见图11-29a）、折叠式（见图11-29b）和袋式过滤器（见图11-29c）三种。为减少清洗过滤器的工作量，并提高运转维护水平，可以采用自动卷绕式空气过滤器（见图11-29d）。粗效过滤器的主要作用是去除粒径在10μm以上的大颗粒灰尘，滤料一般为自然或人造纤维，如玻璃纤维、胶粘金属丝网以及无纺布。粗效过滤器被广泛应用于民用和商业建筑的空调机组中。

中效过滤器通常制成袋式或抽屉式（见图11-29e），具有很宽的效率范围。中效过滤器的主要作用是去除粒径在1~10μm范围内的灰尘，常用玻璃纤维、无纺布等滤料制作。中效过滤器主要用于对空气品质有一定要求的商业和工业建筑的空调机组中。

高效过滤器（见图11-29f）一般做成折叠式，也有做成袋式的。通常采用超细玻璃纤维滤纸作为滤料，同时，需要将滤纸折叠并且用波纹板隔开。它主要用于有净化要求的微电子生产车间、药品生产车间、精密制造车间以及医院手术室的空调机组中。高效过滤器通常需要粗效或中效过滤器作为其前级保护，以延长其使用寿命。

## 11.4.6 组合式空调机组

对空气进行各种热、湿、净化等处理的设备称为空气处理机组。空气处理机组主要有两大类：组合式空调机组和整体式空调机组。组合式空调机组由各种功能的模块（称为功能段）组合而成，用户可以根据自己的需要选择不同的功能段进行组合。组合式空调机组的标准分段有回风机段、混合段、预热段、过滤段、表冷段、喷水段、蒸汽加湿段、再热段、送风机段、能量回收段、消声段和中间段等。整体式空调机组在工厂中组装成一体，具有固定的功能。这种机组结

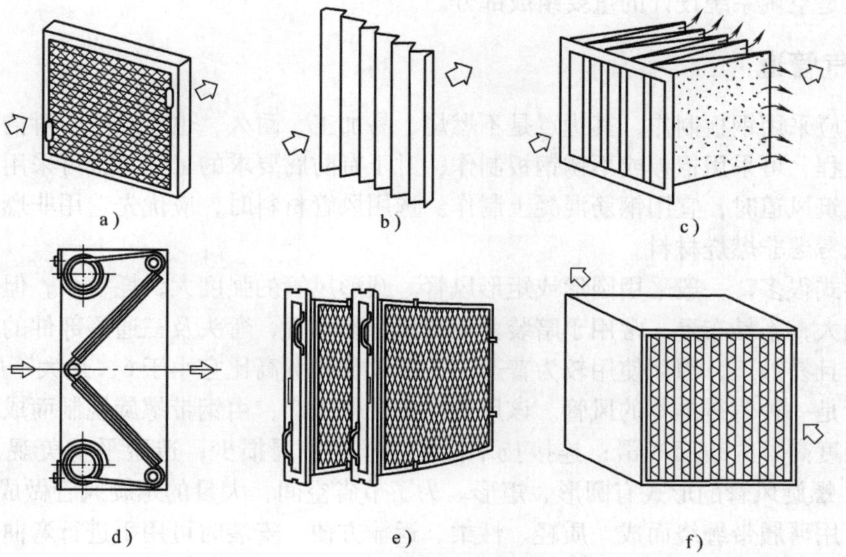


图11-29　过滤器类型

a）平板式过滤器　b）折叠式过滤器　c）袋式过滤器

d）自动卷绕式过滤器　e）抽屉式过滤器　f）高效过滤器

构紧凑、体形较小，适用于需要对空气处理的功能不多，机房面积较小的场合。

根据机组的结构特点，空气处理机组还可分为卧式空调机组和立式空调机组两类。按水平方向进行组合的机组称为卧式空调机组，如图11-30所示。卧式空调机组通常用于处理风量较大的系统中，大多数安装在空调机房中，少量小型卧式空调机组安装在房间吊顶中。立式空调机组中各功能段沿垂直方向叠置组合，需要的安装空间较小，多用于处理风量较小的系统中。

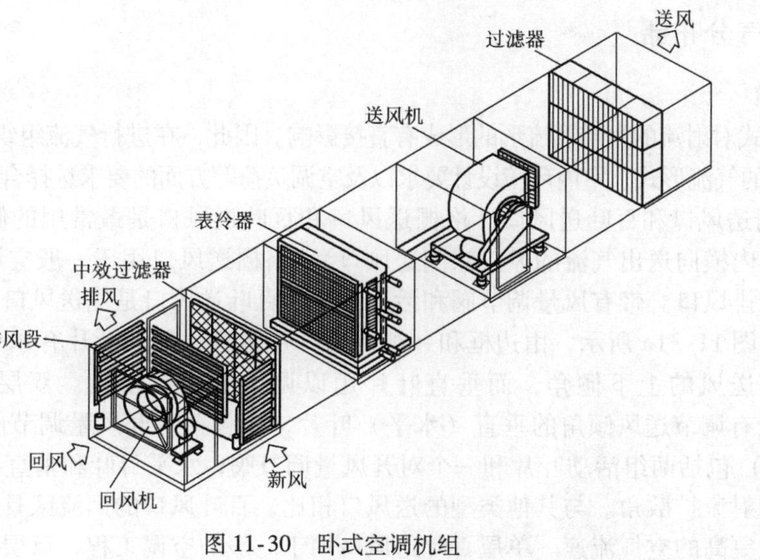


图11-30　卧式空调机组

## 11.5　空气的输送与分配

经过处理的定量空气要通过空气管道输送到被调节的空间，并通过一定形式的送风口将送入空间的空气合理地分配，以达到空间内工作区的温湿度或其他控制参数满足使用要求。因此，空气输送与分配是空调系统设计的重要组成部分。

## 11.5.1 空气管道

风管一般应采用钢板制作，其优点是不燃烧、易加工、耐久，也较经济。对洁净要求高或有特殊要求的工程，可采用铝板或不锈钢板制作；对于有防腐要求的工程，也可采用塑料或玻璃钢制作。采用建筑风道时，宜用钢筋混凝土制作。选用风管材料时，应优先选用非燃烧材料。保温材料也应优先考虑非燃烧材料。

风管的形式很多，一般采用圆形或矩形风管。圆形风管的强度大，耗材少，但加工工艺较复杂，占用空间大，不易布置，常用于暗装。矩形风管易布置，弯头及三通等部件的尺寸较圆形风管的部件小，且易加工，因而使用较为普遍。矩形风管的宽高比宜小于6，最大不应超过10。

螺旋风管是一种值得推荐的风管。该风管系机械化生产，由钢带螺旋绕制而成。其特点是加工质量好、强度高、内表面光滑；连接技术简单、牢靠、漏损少；造型平整美观，适合于明装（也可暗装）。螺旋风管的形式有圆形、矩形。为了节省空间，大量的螺旋风管做成扁圆形。

柔性风管用薄履带缠绕而成，质轻、性柔、运输方便。安装时可用手进行弯曲、拉直，但价格高。常用的柔性风管有铝制软风管和带超细玻璃棉保温的铝制软风管两种。其规格为 $DN75 \sim DN500$。

风管内的风速控制见表11-3。这个建议的控制风速已综合考虑了风管的初投资、系统的运行费用和空气流动对周围环境的影响。

**表11-3 风管内的风速控制**

| 风管类别 | 干管/(m/s) | 支管/(m/s) |
|---|---|---|
| 钢板及塑料风管 | 6~14 | 2~8 |
| 砖及混凝土风道 | 4~12 | 2~6 |

此外，设计风管时各并联环路之间的压力损失的差值应保持在小于15%的范围内。

## 11.5.2 空气分布器

### 1. 送风口

送风口形式对射流的发展及流形的形成有直接影响。因此，在进行气流组织设计时，应根据房间的装修、需要的气流形式、室内环境设计要求以及空调负荷等方面的要求选择合适的送风口形式。

（1）格栅送风口和百叶送风口　格栅送风口和百叶送风口是最常用的侧送风口（安装在侧墙上部向房间内横向送出气流的风口叫侧送风口）。格栅送风口用于一般空调工程的送风，也可用作回风口和排风口。带有风量调节阀和活动叶片的百叶送风口是侧送风口中用得最多的，单层百叶送风口如图11-31a所示，由边框和一组活动叶片构成。活动叶片有水平和垂直两种，水平叶片用以调节送风的上下倾角，而垂直叶片用以调节射流扩散角。双层百叶送风口（见图11-31b）不仅有调节送风倾角的垂直（水平）叶片，还包括对开风量调节阀。三层百叶送风口（见图11-31c）包括两组活动叶片和一个对开风量调节阀，水平百叶和垂直百叶可以同时调节送风上下倾角和射流扩散角。与其他类型的送风口相比，百叶风口的回流区具有更低的携带比、更长的射程以及更高的空气流速。单层百叶送风口用于一般的空调工程，双层百叶送风口用于较高精度的空调工程，而三层百叶送风口则用于高精度的空调工程。

（2）散流器　散流器是安装在顶棚上的送风口，可以向各个方向送出空气。普通散流器由一组装有固定导流叶片的同心圆环和外框（或外壳）构成，如图11-32a所示。使用不同类型的同心圆环和导流叶片，散流器可以实现一面出风、两面出风、三面出风或四面出风。散流器送风具有射程较短、风速较低且分布均匀、控制区内温度分布较均匀的特点。普通散流器有圆形、方

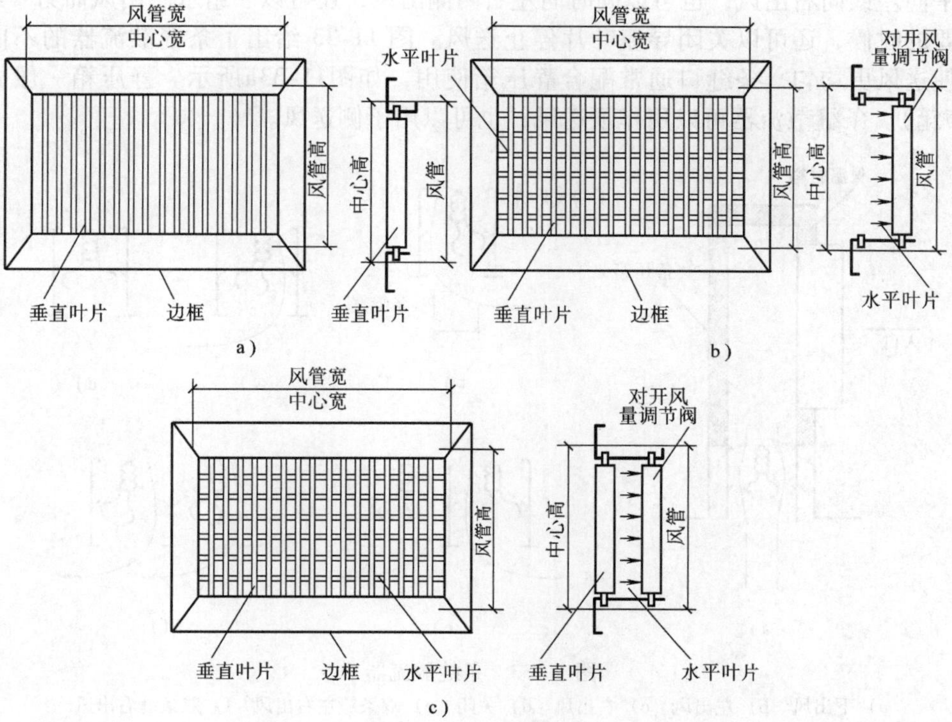


图 11-31　百叶送风口
a）单层百叶送风口（垂直叶片）　b）双层百叶送风口（水平叶片）
c）三层百叶送风口（垂直和水平叶片）

形和矩形三种，其中，方形散流器用得最多。图 11-32b 所示是一种高诱导比的散流器，可以实现大温差送风，因此，适用于冰蓄冷系统中的冷风分布。此外，还有孔板散流器（见图 11-32c)，采用孔板增加了诱导效果，而且这种散流器可以与顶棚装饰很好地配合。

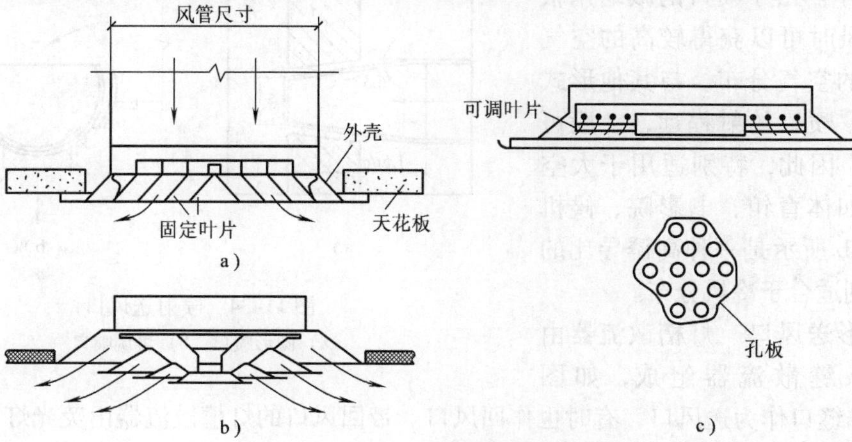


图 11-32　散流器
a）方形和矩形散流器　b）可调散流器　c）孔板散流器

（3）条缝散流器　条缝散流器由静压箱、一组或多组条缝口以及导流叶片构成。条缝的宽度有 13mm、19mm、25mm 和 38mm 四种规格，最常用的是 19mm 和 25mm 两种。条缝的长度有 600mm、900mm、1200mm、1500mm 和 1800mm 五种规格，可以根据需要选用。对于单条缝散流器，只能水平或垂直出风。对于多组条缝散流器（2 组、3 组、4 组），调节导流叶片的位置，可以实现水平向左或向右出风，也可以同时向左右两侧出风，还可以一组水平出风而另一组垂直出风。在必要的时候，还可以关闭导流叶片停止送风。图 11-33 给出了条缝散流器的不同出风形式。为了使送风更均匀，条缝口通常配合静压箱使用，如图11-33a所示。静压箱一般做内保温(兼作吸声箱)。条缝散流器可以用作顶送风，也可以用于侧送风。

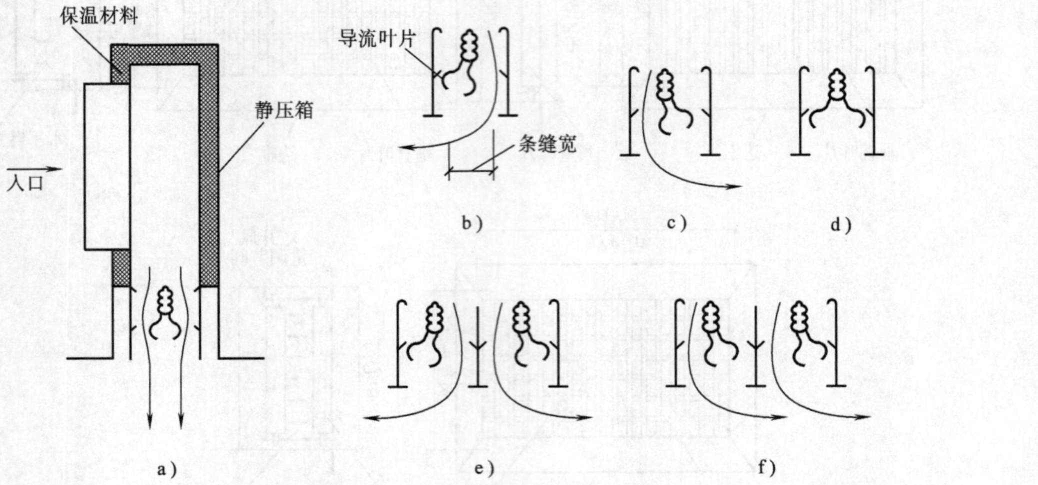


图 11-33 条缝散流器

a) 下出风 b) 左出风 c) 右出风 d) 关闭 e) 双条缝左右出风 f) 双条缝右出风

(4) 孔板送风口 处理后的空气经过开有若干小孔的天花板向下均匀送入空调房间，这种风口形式叫孔板送风口。孔板送风口的最大特点是送风均匀，气流速度衰减快。孔板送风口通常用于要求空气流速较低并且温度控制精度高[(20±0.056)℃]的工业生产过程中，或者是一些要求保持较小空气流速（0.2m/s）的室内体育馆，如羽毛球馆和乒乓球馆。

(5) 喷口 喷口是一种圆形送风口，如图 11-34a 所示。由于喷口的减缩角很小，所以在出风时可以获得较高的空气流速和更均匀的空气分布。与其他形式的送风口相比，喷口的射程远，一般可达到 10～30m。因此，特别适用于大空间公共建筑，如体育馆、电影院、候机厅等。图 11-34b 所示是一种高诱导比的可调喷口，特别适合于冷风分布。

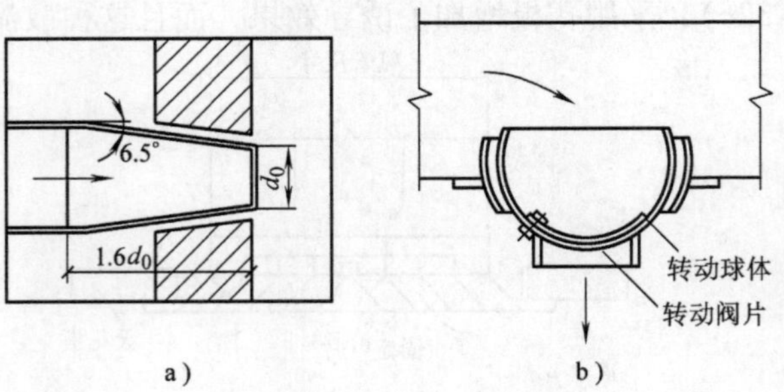


图 11-34 喷射送风口

a) 圆形喷口 b) 可调喷口

(6) 灯槽形送风口 灯槽散流器由荧光灯槽和条缝散流器组成，如图 11-35a所示。条缝口作为送风口，有时也作回风口。带回风口的灯槽散流器由荧光灯槽、条缝散流器和回风口组成，如图 11-35b 所示。灯槽形送风口可以使荧光灯周围空气维持较低温度，提高荧光灯的工作效率；也可将荧光灯、送风口、回风口结合成一个整体，便于布置；还可降低室内冷负荷，减少能耗。

**2. 回风、排风口**

由于回风、排风口的汇流场对房间气流组织影响比较小，因此其形式比较简单，有的只在孔口加一金属网格，也有装格栅和百叶的。回风口的形状和位置根据气流组织要求而定，通常要与

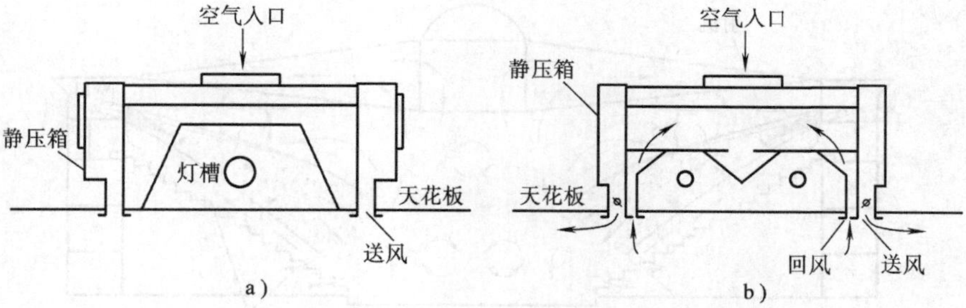


图 11-35 灯槽散流器
a）普通型 b）带回风口型

建筑装饰相配合。回风、排风口形式可以简单，但要求应有调节风量的装置。

## 11.5.3 空调房间气流组织形式

气流组织就是根据室内人员的要求，将处理过的空气以一定形式送入空调房间。合理的气流组织能够将处理过的空气均匀地送出，以最经济的方式获得健康舒适的室内环境，或满足一定工艺要求的环境。由于气流组织是空气调节的最后一个过程，并且发生在空调房间内，因此气流组织是否合理，不仅直接影响房间的空调效果，还影响空调系统的能耗。

气流组织形式决定了室内工作区空气的分布情况。而气流组织形式主要取决于送回风口的形式和位置、送风参数（送风温度、速度）、室内空气的温度、湿度和速度以及建筑物的结构特点等。其中，送风口的性能和送风参数是影响室内气流组织最主要的因素。

室内气流组织形式有多种，下面介绍常见的几种形式。

**1. 侧送风**

上侧送风是把侧送风口布置在房间侧墙或风道侧面上，空气由送风口横向送出，送风射流贴附在顶棚表面流动，气流吹到对面墙上折转下落到工作区以较低速度流过工作区，再由回风口排出。根据房间跨度大小，可以布置成单侧送单侧回和双侧送双侧回等多种形式，如图 11-36 所示。侧送风的主要特点是：由于送风气流在到达工作区之前已经与房间内的空气进行了比较充分的混合，从而使工作区具有比较均匀、稳定的温度分布；射流气体在室内形成大的回旋涡流，工作区处于回流区；射流流程比较长，可以加大送风温差。此外，侧送风还具有管路布置简单、施工方便等优点。上侧送风常用的送风口有格栅送风口、百叶送风口和条缝形送风口。

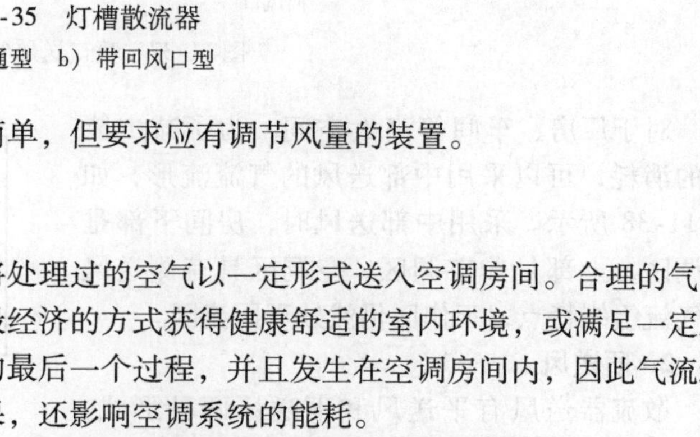


图 11-36 上侧送风气流分布

对于高大空间多采用喷口进行侧送风，图 11-37 所示为一个影剧院采用喷口送风后室内气流分布的情况。处理后的空气通过喷口以较高的速度和较大的风量以较小的倾角射出，射流到达最低的看台后折回，最后由布置在座位下面的回风口排出。射流在室内形成两个循环气流，使工作区（看台）处于回流区。这种送风方式射程远、系统简单、投资少，可满足一般舒适性要求，适用于大型体育馆、影剧院、礼堂等高大空间的公共建筑和工业建筑的空调系统。

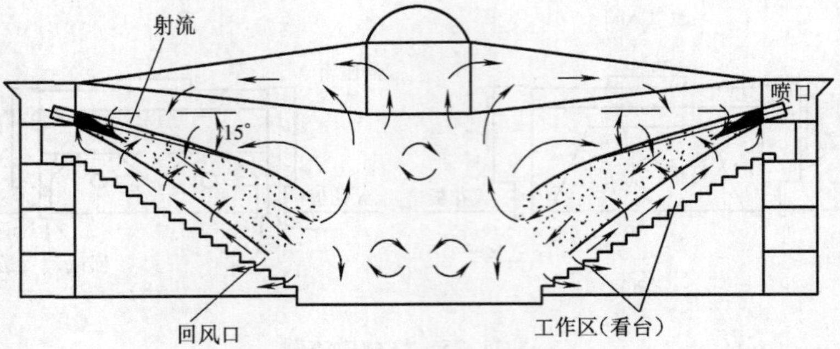


图 11-37 喷口送风气流分布

对于厂房、车间等高大空间，为了减少能量的消耗，可以采用中部送风的气流流形，如图 11-38 所示。采用中部送风时，房间下部是空调区，上部是非空调区。空调区具有侧送风的气流组织特点，工作区仍然处于回流区。

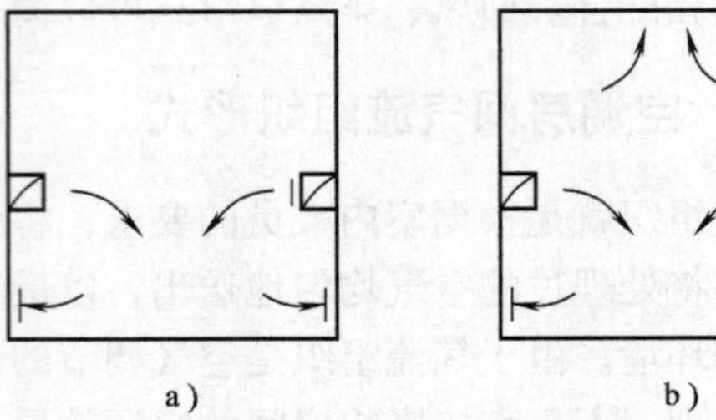


图 11-38 中部送风气流分布
a) 下回风 b) 上下回风

**2. 顶送风**

散流器送风有平送风和下送风两种形式，如图 11-39 所示。散流器平送风的主要特点是射流扩散快，射程短，工作区具有较均匀的温度和速度分布。散流器下送风射流以 20°～30°的扩散角向下射出，在风口附近（混合段）与室内空气混合后形成稳定的下送气流，通过工作区后从回风口排出。对于变风量系统，通常选用高诱导比的散流器作为送风口。采用散流器送风时通常设置吊顶，需要的房间层高较高，因而初投资比侧送风高。

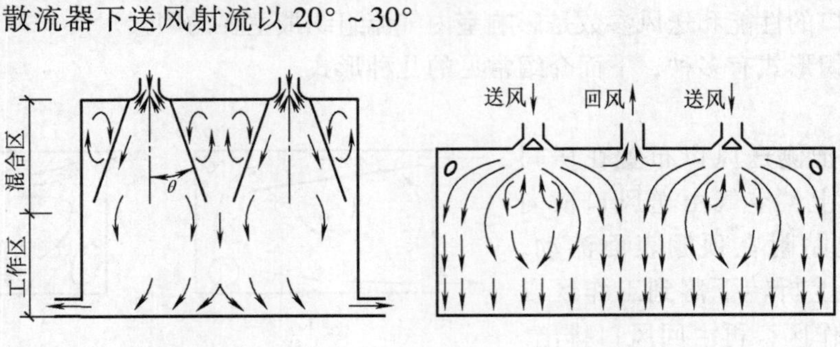


图 11-39 散流器送风气流分布
a) 下送风 b) 平送风

孔板送风的气流分布如图 11-40 所示。当孔口风速≥3m/s、送风温差≥3℃、风量≥60$m^3$/（$m^2$·h)时，全孔板下方形成下送直流（见图 11-40a），送入的空气不与室内原有空气混合，而是像活塞一样将室内原有空气压出，适用于对室内空气品质要求高的洁净室。当孔口风速和送风温差较小时，全孔板下方形成不稳定流（见图 11-40b），区域温差小，适用于恒温精度要求高的空调场合。局部孔板下方一般是不稳定流（见图 11-40c），适用于射流下方有局部热源或局部区域恒温精度要求高的场合。

**3. 下送风**

对于室内余热量大的场合，如计算机房、演播大厅等，常采用地板送风、顶棚回风的下送风

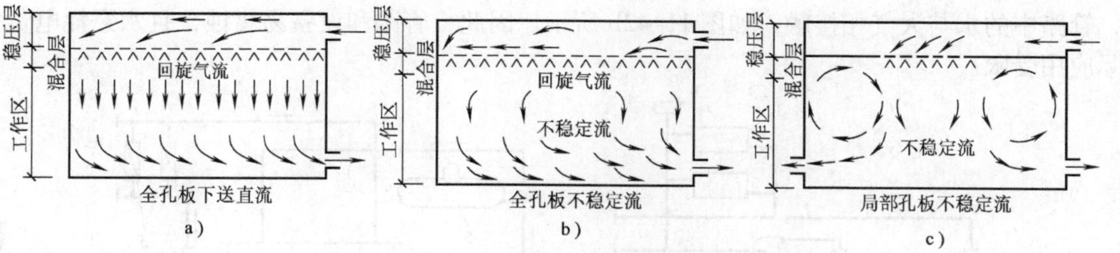


图 11-40　孔板送风气流分布

系统，气流流形如图 11-41a 所示。采用地板送风，地面需架空，下部空间布置送风管，把空气分配到地板送风。送出的气流卷吸下部的部分空气，在工作区形成许多小的混合气流。工作区内人体和热物体周围的空气变热而形成热射流，卷吸周围空气向上升，污染的热气流通过上部回风口排出房间。这种气流模式能保证工作区有较高的空气品质，也称为置换通风。此外，由于从顶部排风，可以带走荧光灯产生的热量，从而降低了房间冷负荷。

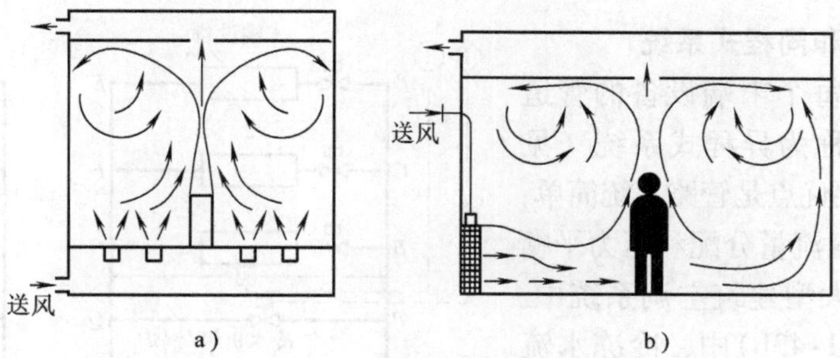


图 11-41　下送风气流流形

a）地板送风　b）下部侧送（置换通风）

图 11-41b 所示是下部低速送风的室内气流分布：送风口速度很低，一般约为 0.3m/s；送风口位置一般位于房间侧面下部距地面 0.5m 以内的地方。温度低的送风气流沿地面扩散开，在下部形成一层温度较低的送风气流，室内人体和热物体周围的空气变热而形成热射流，卷吸周围空气向上升。如果射流卷吸所需的空气量小于下部的送风量，则这区域内的空气保持向上流动；当到达一定高度（称为固定面）后，卷吸所需空气量增多而大于下部送风量时，将卷吸顶棚返回的气流，因此上部有回流的混合区。

## 11.6　空调水系统

水系统是空调系统的一个重要组成部分，把冷热源、空气处理机组以及末端设备连接起来的设备和管路系统称为空调水系统。空调水系统包括冷冻水系统、冷却水系统和热水系统。

### 11.6.1　冷冻水系统

冷冻水系统利用管路和水泵，把冷冻水从冷源输送到空气处理单元、风机盘管或混合风箱等。冷冻水的参数范围：冷冻水供水温度 5～9℃，一般为 7℃；冷冻水供回水温差 5～10℃，一般为 5℃。根据系统的运行特点，冷冻水系统可分为如下系统：

**1. 开式系统和闭式系统**

闭式系统中，冷、热水在盘管、加热器、冷水机组、锅炉以及其他换热器中流动，形成一个封闭的环路，环路中的水不与大气接触，如图 11-42a 所示，在工程实际中广泛应用。开式系统中，管路中的水与大气相接触，如图11-42b所示。因此，管路和设备易腐蚀，且水泵耗电量大，实际应用受限。

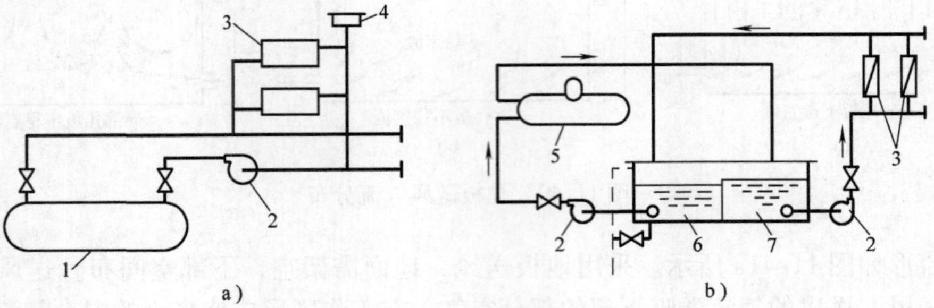


图11-42 开式系统与闭式系统

a）闭式系统 b）开式系统

1—壳管蒸发器 2—水泵 3—空气冷却器 4—膨胀水箱

5—卧式壳管式蒸发器 6—回水箱 7—冷水箱

**2. 异程式系统和同程式系统**

当冷冻水流过每个末端设备的管道长度都不相同时，称为异程式系统（见图11-43a）。其主要优点是管路系统简单，初投资小；但要注意流量分配和压力平衡的问题，特别是在大型建筑空调系统中。同程式系统（见图11-43b）中，冷冻水流过每个末端设备的管道长度都相同。同程式系统可以较好地解决流量分配和压力平衡的问题，但是管路系统较复杂，使得系统的初投资较高。

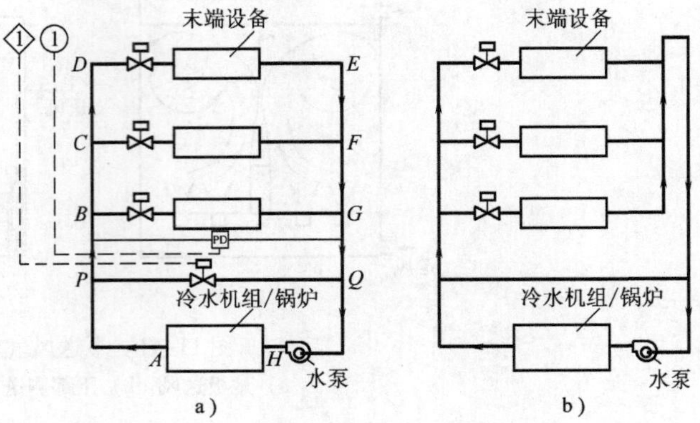


图11-43 同程式系统与异程式系统

a）异程式系统 b）同程式系统

**3. 两管制、三管制和四管制系统**

根据供回水管的数目不同，可分为两管制、三管制和四管制系统。两管制系统由供水干管和回水干管组成，如图11-44a所示。其优点是系统简单，初投资少，因此绝大多数空调水系统都采用两管制。但这种系统不适用于要求全年空调的建筑中。三管制系统分别设置供冷、供暖管路，冷、热回水管路共用。三管制系统的优点是能同时满足供冷、供暖的要求，但其最大缺点是有冷、热混合损失，投资较高。因此，在实际工程中应用最少。四管制系统由热水供水干管、热水回水干管、冷水供水干管和冷水回水干管组成，如图11-44b所示。四管制系统可以同时供冷、供暖，在季节变换时不需要进行冷、热转换。但是，这种系统的初投资高，且管路系统复杂。

**4. 定流量系统和变流量系统**

定流量系统中的循环水量保持定值，负荷变化时，可通过供回水支管上的三通调节阀调节供回水量混合比，从而调节供水温度。系统简单，操作方便，不需要复杂的自控设备，缺点是输送能耗始终为设计最大值。变流量系统中供回水温度保持定值，供水流量随着系统负荷的改变而变化。变流量系统的输送能耗随负荷减少而降低，水泵容量和电耗小，但系统需配备自控装置。

**5. 单级泵系统和双级泵系统**

单级泵系统的冷、热源侧和负荷侧只用一组循环水泵，系统简单、初投资少，它又分为单级泵定流量系统和变流量系统。单级泵定流量系统（见图11-45a）的用户盘管可以用三通阀调节水量，以适应室内冷热负荷变化；而单级泵变流量系统（见图11-45b）的用户盘管可以用二通

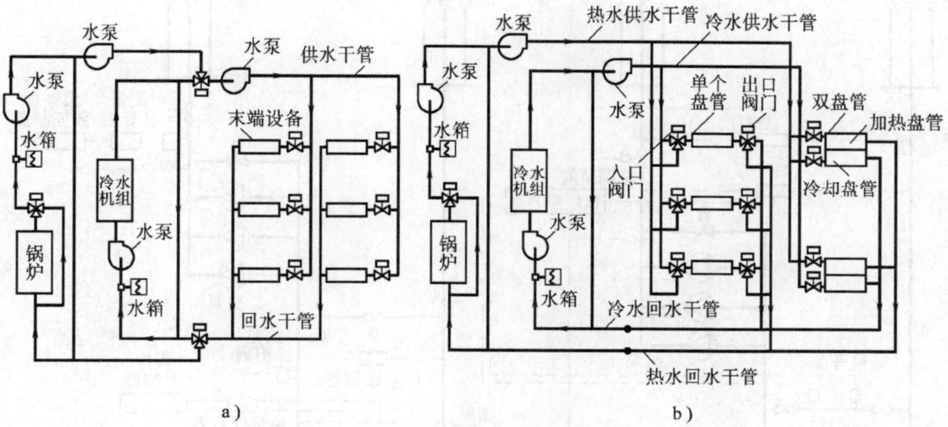


图11-44　空调系统两管制与四管制

a）两管制系统　b）四管制系统

阀调节水量，以适应室内冷热负荷变化。

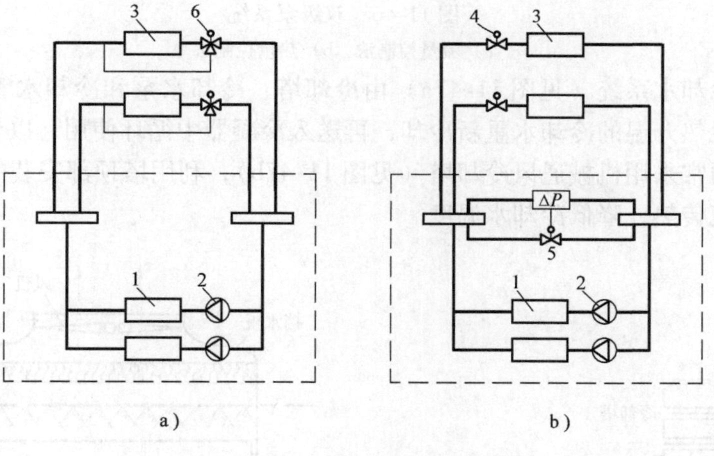


图11-45　单级泵系统

a）定流量系统　b）变流量系统

1—冷水机　2—循环水泵　3—末端设备　4—二通阀　5—旁通调节阀　6—三通阀

双级泵系统的冷、热源侧和负荷侧分别设置循环水泵，可以实现负荷侧水泵变流量运行，能节省输送能耗，并能适应供水分区不同压降的需要，系统总压力低。但该系统较复杂，初投资较高。冷、热源侧通常采用流量控制法或热量控制法进行控制，如图11-46所示。

## 11.6.2　冷却水系统

在冷水机组中，用温度较低的水带走制冷剂冷凝时放出的热量，从而把冷凝器中高温高压的气态制冷剂冷凝为低温高压的液态制冷剂。对于制冷量较大的冷水机组或水源热泵机组，常采用水作为冷却剂，冷却水通常来自于冷却塔或天然冷源（河水、湖水、海水、井水），冷却水的温度与当地气候条件相关。

按照冷却水供水方式可分为直流式和循环式冷却水系统。直流式系统的冷却水在经过冷凝器升温后，直接排入河道、下水道或小区的综合用水系统的管道。其特点是节能，但不利于水资源

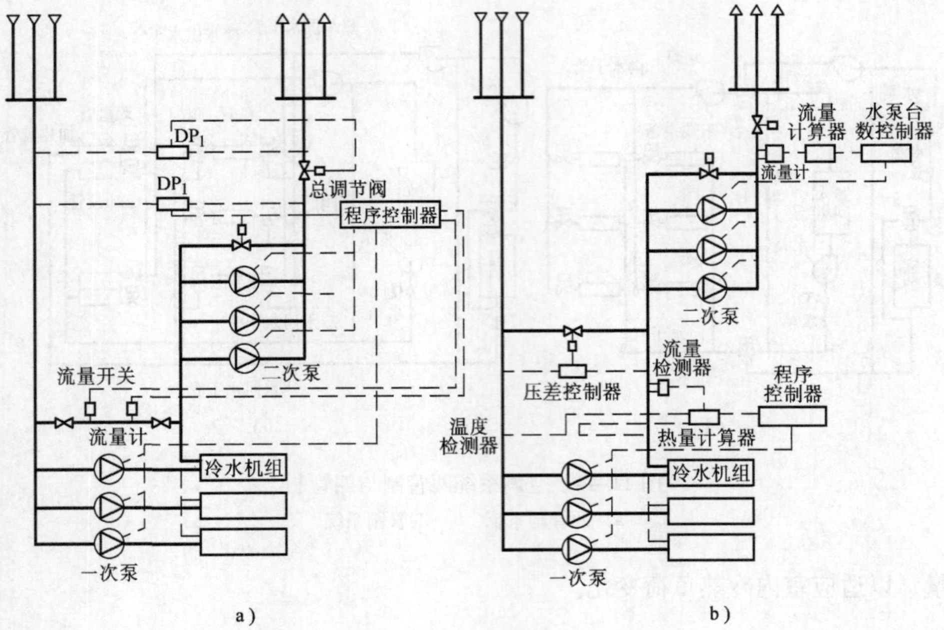


图 11-46 双级泵系统

a) 流量控制法 b) 热量控制法

的保护。循环式冷却水系统（见图 11-47a）由冷却塔、冷却水泵和冷却水管路组成。采用冷却塔把在冷凝器中吸热升温的冷却水重新冷却，再送入冷凝器中循环使用，以节约水资源。在循环式冷却水系统中通常采用机械通风冷却塔（见图 11-47b），利用塔顶部安装的风机使水和空气上下对流，实现对流传热，降低冷却水温度。

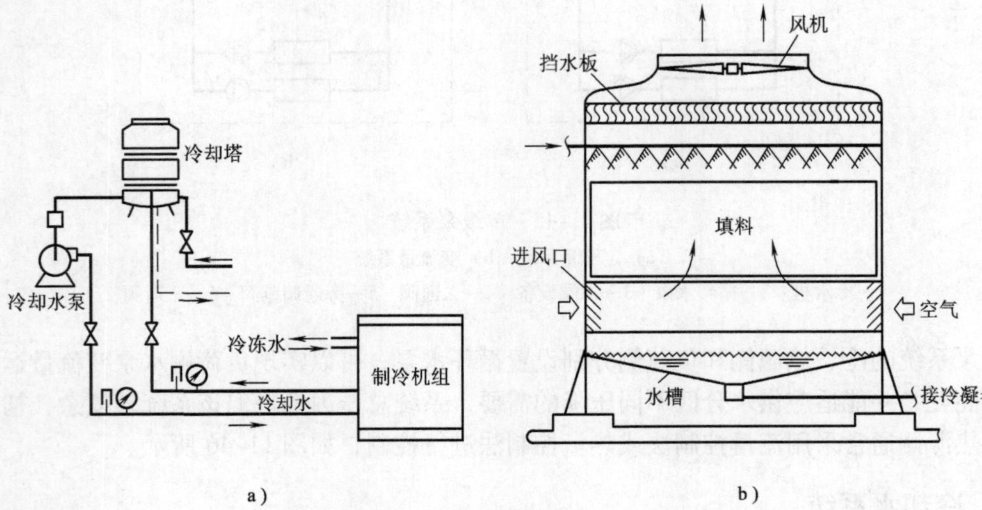


图 11-47 循环式冷却水系统

a) 冷却水系统 b) 冷却塔结构

## 11.6.3 管道及其附件

### 1. 管道

风机盘管机组、整体式空调器、组合式空调机组等运行过程中产生的冷凝水，必须及时予以排走。沿水流方向，冷凝水管道应保持不小于0.1%的坡度，且不允许有积水部位。冷凝水管道宜采用聚氯乙烯塑料管或镀锌钢管，不宜采用焊接钢管。为了防止冷凝水管道表面结露，应采取必要的保温和隔汽措施。

**2. 管路附件**

集管也称分水器和集水器，一般是为了便于连接通向各个环路的许多并联管道而设置的，在一定程度上也起到均压作用。

空调水系统中所有有可能积聚空气的“气囊”顶点，均应设置自动放空气器。在连接放空气器时，应将局部管道的直径加大。

在空调水系统中的孔板、水泵、换热器等设备的入口管道上，均应安设过滤器，以防止杂质进入，污染或堵塞这些设备。常用的是Y形过滤器，它具有外形尺寸小、安装清洗方便的特点。

在水系统中，安装平衡阀不仅可以调节或截断流量，还可以通过排污口，排除管段中的存水。平衡阀的主要用途是解决分支管路间的流量分配，保证各环路的流量符合设计要求，所以各个分支管路上应同时安装。

在高层建筑中，在供、回水管道的适当部位还应设置减压稳压阀，可以有效地降低阀后管路和设备的承压，从而替代水系统的竖向分区。

## 11.7 空调系统的冷热源

空调系统夏天要对空气进行降温除湿，要求有冷源；冬季则要对空气进行加热，要求有热源。空调系统的冷源主要是制冷装置，而热源主要是蒸汽、热水以及电热，此外，还有既能供冷又能供暖的冷热源一体化设备，如热泵机组、直燃型冷热水机组。

### 11.7.1 电制冷装置

电制冷装置即蒸气压缩式制冷系统，广泛用于家用冰箱（冰柜）、汽车空调、超市用制冷以及大多数的住宅、商业和工艺用空调中。

单级理想蒸气压缩制冷的工作流程如图11-48所示。压缩机排出的高温高压气体进入冷凝器，将热量传递给冷却水或空气而冷凝成液体（放热过程）。液体经过节流机构（膨胀阀）节流降压（节流过程），成为低压气液混合物进入蒸发器，吸收冷冻水热量而全部汽化（吸热过程）。然后，气体被吸进压缩机压缩（压缩过程），完成制冷循环。

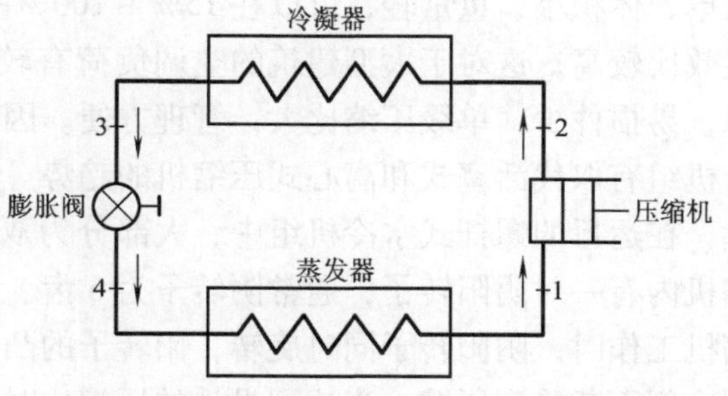

图11-48 单级理想蒸气压缩制冷的工作流程

蒸气压缩制冷被广泛用于舒适性和工艺性空调系统中。根据蒸发器中放热介质的不同，电制冷机组可分为冷水机组和冷风机组两大类。

**1. 冷水机组**

在这一类机组中，制冷剂在蒸发器中吸收水中的热量而蒸发，机组向空调系统提供冷水，因此称为冷水机组。在压缩式制冷冷水机组中，若冷凝器中吸收制冷剂热量的工质为水，则称为水冷式冷水机组。根据压缩机类型不同，常见的水冷压缩式冷水机组有离心式冷水机组、螺杆式冷水机组和活塞式冷水机组三类，下面分别介绍。

（1）活塞式冷水机组　活塞式冷水机组是民用建筑空调制冷中采用时间最长，使用数量最多的一种机组，它具有制造简单、价格低廉、运行可靠、使用灵活等优点，在民用建筑空调中占有重要地位。

活塞式压缩机的结构和工作原理如图11-49所示，压缩机的机体由气缸体和曲轴箱组成。气缸中装有活塞，曲轴箱中装有曲轴，通过连杆与活塞连接起来。在气缸顶部装有吸气阀和排气阀，通过吸气腔和排气腔，分别与排气管和吸气管相连。当曲轴被电动机带动而旋转时，通过连杆的传动，活塞便在气缸内做上下往复运动，在吸、排气阀的配合下完成对制冷剂蒸气的吸入、压缩和输送。

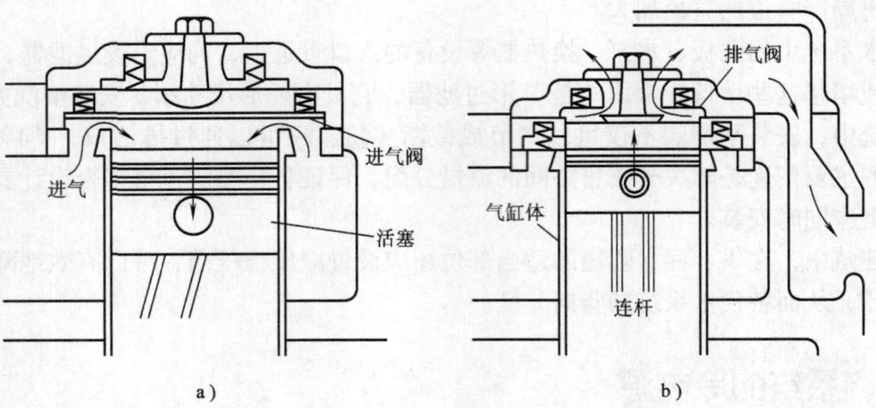


图11-49 活塞式压缩机的结构和工作原理
a）吸气过程 b）压缩和排气过程

对于舒适性和工艺性空调系统，活塞式制冷压缩机采用的冷媒通常为R22、R134a、R404A、R407A和R407C。我国制造的活塞式制冷压缩机多为中型和小型，其单机制冷量范围为1～300kW。为了增加活塞式冷水机组的容量，出现了多机头机组，即采用多台压缩机联合运行的方式，使得某些机组的总制冷量可达1500kW以上。

（2）螺杆式冷水机组 螺杆式冷水机组已有多年的发展和应用历史，它的主要优点是结构简单、体积小、重量轻，可以在15%～100%的范围内对制冷量进行无级调节，且在低负荷时的能效比较高，这对于大型建筑的空调负荷有较好的适应性。此外，螺杆式水冷机组运行比较平稳，易损件少，单级压缩比大，管理方便。因此，在大、中型容量的商业和工业空调系统中，螺杆机组有取代活塞式和离心式压缩机的趋势。

在运行的螺杆式水冷机组中，大部分为双螺杆式，其构造和工作过程如图11-50a所示。压缩机内有一对阴阳转子，通常阴转子为6齿、阳转子为4齿或阴转子为7齿、阳转子为5齿。压缩机工作时，阴阳转子同时旋转，阳转子的凸齿与阴转子的凹槽之间的工作容积逐渐减小，气态制冷剂不断受到压缩。当达到设计的压缩比时，凸齿与凹槽的继续旋转使排气口打开，高压气态制冷剂被排出，同时，凸齿与凹槽的初始端又吸入一部分低压制冷剂蒸气，保证了压缩过程的连续不断进行。

双螺杆机组在制造和使用过程中存在着阴阳螺杆配合精度要求较高、修理困难、轴承承受推力太大、机组噪声较大等缺点，因此部分厂商侧重发展单螺杆机组。单螺杆压缩机的工作原理如图11-50b所示。该压缩机的主要部件是一个单螺杆和两个行星齿轮转子。制冷剂通过吸气管吸入螺杆沟槽中，随着螺杆的旋转，带动行星齿轮旋转而使进气口关闭。继续旋转螺杆，槽内气态制冷剂在齿轮转子和螺杆沟槽的共同作用下被压缩，直至达到排气压力时，从螺杆另一侧排出，由此完成一个压缩过程。与双螺杆机组相比，单螺杆机组具有使用寿命长、维修工作量小、制冷

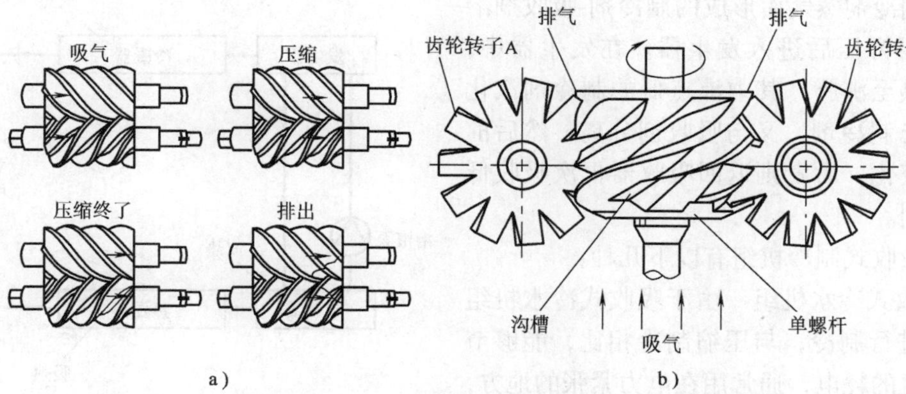


图 11-50　螺杆压缩机的工作过程

a）双螺杆　b）单螺杆

系数高、振动及运行噪声低、尺寸小等优点。

（3）离心式冷水机组　离心式冷水机组是目前大中型商业建筑空调系统中使用最广泛的一种机组，常采用的制冷剂是 R22、R123 和 R134a。离心式压缩机是依靠气体动能的改变来提高压力（部分动能转化为静压）。离心式压缩机中带叶片的工作轮称为叶轮，根据叶轮的数量可以分为单级、双级和三级离心式制冷压缩机。双级离心压缩机工作时，制冷剂蒸气通过进口导流叶片进入第一级叶轮，蒸气被叶轮压缩后，通过扩压器排出，进入第二级叶轮，制冷剂蒸气进一步被压缩，压缩后的气体再次进入扩压器。由于扩压器是一个截面面积逐渐扩大的环形通道，气体流过扩压器时，速度减小而压力提高。由扩压器出来的高压蒸气最后进入蜗壳，引导出压缩机。

离心式冷水机组的制冷量一般为 350～35 000kW，具有重量轻、制冷系数较高、运行平稳、容量调节方便、噪声较低、维修及运行管理方便等优点，主要缺点是小制冷量时机组能效比明显下降，负荷太低时可能发生喘振现象，使机组运行工况恶化。

**2. 冷风机组**

在这一类机组中，蒸发器为直接膨胀式盘管，制冷剂在盘管中吸热蒸发，直接对空气进行冷却，因此称为冷风机组。冷风机组中的压缩机通常为活塞式、螺杆式和转子式。这类机组的容量较小，常见的有房间空调器和单元式空调机组。

## 11.7.2　吸收式制冷

吸收式制冷和蒸气压缩式制冷一样，都是利用制冷剂液体在汽化时要吸收汽化热的物理特性来实现制冷的。所不同的是蒸气压缩式制冷是靠消耗机械功或电能使热量从低温热源转移到高温热源；而吸收式制冷则是依靠消耗热能来完成这种非自发过程的。吸收式制冷使用的工质是两种物质组成的二元溶液，称为“工质对”。溴化锂-水溶液是空调用吸收式制冷系统常用的工质对，水为制冷剂，溴化锂为吸收剂。

吸收式制冷系统（见图 11-51）主要由四大设备组成：发生器、冷凝器、蒸发器和吸收器。构成两个循环环路：制冷剂循环和吸收剂循环。制冷剂循环由蒸发器、冷凝器和膨胀阀组成。高压气态制冷剂在冷凝器中向冷却水放热被凝结为液态后，经节流机构（膨胀阀）减压降温进入蒸发器。在蒸发器中，该液体被汽化为低压制冷剂蒸气，同时吸取被冷却介质的热量产生制冷效应。这些过程与蒸气压缩式制冷是一样的。吸收剂循环主要由吸收器、发生器和溶液泵组成。在吸收器中，用液态吸收剂吸收蒸发器产生的低压气态制冷剂，以达到维持蒸发器内低压的目的。

吸收剂吸收制冷剂蒸气而形成的制冷剂-吸收剂溶液，经溶液泵升压后进入发生器。在发生器中，该溶液被加热至沸腾，其中沸点低的制冷剂汽化形成高压气态制冷剂，又与吸收剂分离，然后前者去冷凝器液化，后者则返回吸收器再次吸收低压气态制冷剂。

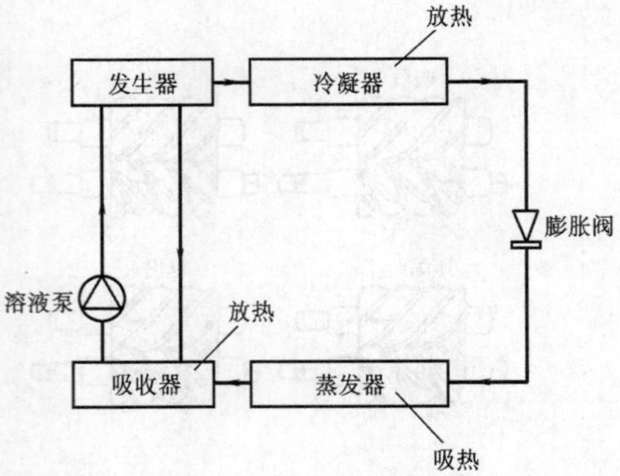


图 11-51 吸收式制冷系统

常用的吸收式制冷机组有以下几种：

（1）吸收式冷水机组 由于吸收式冷水机组是利用热能进行制冷，与压缩制冷相比，能够节省压缩制冷机的耗电，通常用在电力紧张的地方，但需要提供蒸汽或高温热水。

（2）直燃型双效溴化锂冷水机组 又称非电空调主机，由于自带热源，可以实现一机既可供冷又可供暖的效果，是使用最多的一种吸收式冷水机组。所谓“双效”是指在机组中设有高压与低压两个发生器，而“直燃”是指利用燃烧器直接加热溴化锂水溶液。该机组由蒸发器、吸收器、汽液分离器、高温换热器、低温换热器、高温溶液泵、低温溶液泵、制冷剂泵以及制冷剂节流机构构成。吸收式冷水机组的主要特点是以燃气或燃油为动力，大大节省了电力。该类机组的另一个特点是由于传热面积大、传热温差小，机组运行工况较为稳定。然而，传热面积大会增加金属的耗量，因此，直燃型双效溴化锂冷水机组的初投资比压缩式冷水机组高。但是，这类机组的运行费用低，尤其是在燃油或燃气可以方便获得的地区，初投资的回收期可以缩短到几年。

## 11.7.3 热泵机组

热泵机组的制冷机与常规制冷机的主要区别是带有四通转换阀，可以在机组内实现冷凝器和蒸发器的转换，完成制冷制热工况的转换，可以实现夏季供冷、冬季供暖。

根据低温热源的特点，通常把热泵分为空气源热泵和地源热泵。

**1. 空气源热泵**

空气源热泵以室外空气作为冷热源，在冬季供暖时，室外空气作为提供热量的热源；而夏季供冷时，室外空气则作为释放热量的热源。由于空气无处不在，因此空气源热泵是居住建筑和商业建筑中使用最广泛的热泵机组，如家用空调、商用单元式热泵空调机组和风冷热泵冷热水机组。它的优点是安装方便，使用简单；主要缺点是室外空气温度越低时，室内热量需求量越大，而机组供热量反而减少，效率越低。此外，在寒冷的冬季，空气源热泵的室外盘管（蒸发器）会结霜，并影响制热效果，这时需要采用除霜循环加以消除。

**2. 地源热泵**

地源热泵又可分为地下水源热泵、土壤源热泵以及地表水热泵，常见形式如图 11-52 所示。

地下水源热泵（简称 GWHP）在夏季供冷时以井水作为热源，而冬季供暖时以井水作为低温热源。根据有关资料提供的数据，当井的深度超过 9m 时，井水温度全年变化不大。与空气源热泵相比，地下水源热泵的 SPF 和季节 EER 都较高，而且机组运行性能不受室外空气影响，常年保持稳定。因此，在当地地下水政策允许的条件下，地下水源热泵非常适合于多层住宅和多层商业建筑的空气调节。地下水源热泵的主要缺点是初投资高，系统维护费用高，受当地地下水政策限制。土壤源热泵是以大地为热源对建筑进行空气调节的技术。与空气源热泵相比，机组 COP 值高，制冷制热效率稳定。根据地下盘管的铺设方式，土壤源热泵分为水平式和垂直式两类。水平式土壤源热泵实质上是一种闭式水源热泵系统，在实际工程中，这一类土壤源热泵系统应用最多。地表水热泵系统在结构上与地下水源热泵类似，主要利用地表水系（如河水或湖水）作为热源或热汇。通常采用塑料管、铜管或板式换热器构成闭式水环路，以减少水换热器中的水垢。

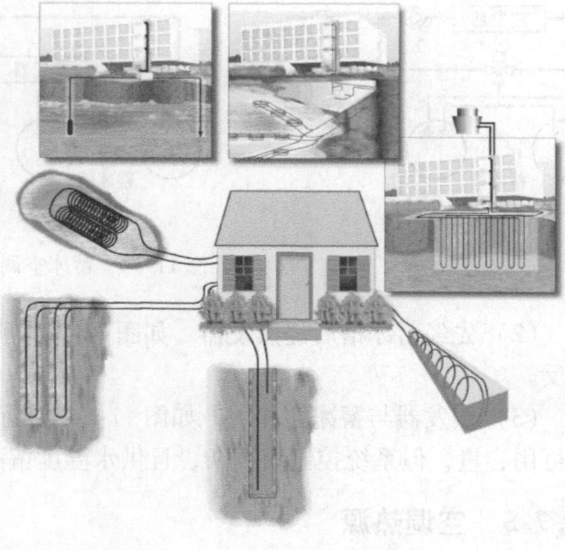

图 11-52 地源热泵示意图

## 11.7.4 蓄冷

由于工业发展和人民物质文化生活水平的提高，空调的普及率逐渐增长，电力消耗增长迅速，高峰电力紧张。与此同时，由于“分时电价”政策以及某些激励性政策，推动了使用离峰电力的积极性，这就使离峰蓄冷技术得到了重视和发展。

蓄冷空调的主要优点是制冷设备容量和装设功率小于常规空调系统，可减少30%~50%，转移电力高峰期用电负荷，系统运行费用比常规系统低，制冷机组满负荷运行比例增大，状态稳定，提高了设备利用率。但是蓄冷系统并不一定节电，只是合理使用峰谷段的电能。

蓄冷常用的介质有冷水、冰以及某些低温共溶的无机或有机物。蓄冰的方法有多种，就使用冷却介质而言，有冷媒直接蒸发冷却制冰和用盐水间接冷却制冰。间接制冰时所用盐水一般为乙二醇水溶液，质量分数为25%~30%，由制冷机维持进入蓄冰槽的盐水温度为-3~-6℃。

就冰体形成的过程而言，有静态和动态蓄冰之分。静态蓄冰是指冰体由生长、增厚至蓄冰完成的整个过程是稳定的、不发生移动的；而动态蓄冰是指在冷表面的冷却作用下，形成一定冰层厚度时使其脱落，再重新结冰，再使其脱落的变化过程。

按具体的蓄冰方法来分有盘管式蓄冰、全冻结式蓄冰和容器式蓄冰等静态蓄冰方法。盘管式蓄冰（见图11-53）是将制冷剂或盐水通入盘管，盘管在水槽内绕行。蓄冰工况时，水槽内的水降温，当管表面水温低于0℃时，则在盘管管壁外表面结冰，当冰的厚度达到40~60mm时，蓄冰工况结束。全冻结式蓄冰与盘管式蓄冰类似，也采取管外结冰方式，不同点在于蓄冰桶（槽）内的盘管多用聚乙烯软管，多采用乙二醇水溶液作为二次（中间）冷媒。容器式蓄冰是指在一定形状的小容器内充水并加入成核剂，将数量足够多的小容器堆积在蓄冰桶（槽）内，以低温盐水通过各容器使其内的水结冰。

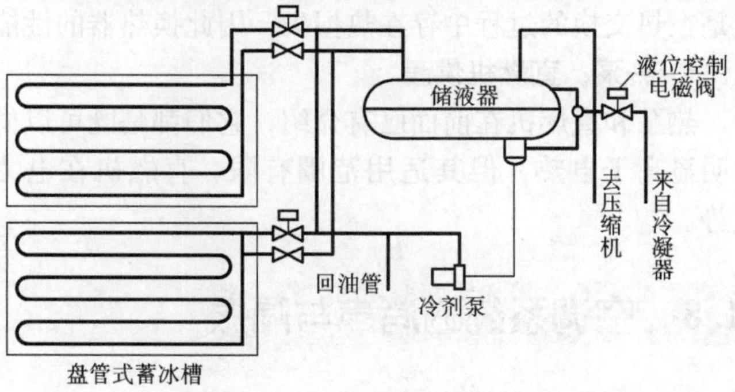


图 11-53 盘管式蓄冰系统

分量蓄存的蓄冰空调系统在供冷时的运行模式有三种：

（1）先经蒸发器后经蓄冰槽 如图11-54a所示，这种模式对提高制冷机容量，提高效率有利，但由于进入蓄冰槽的水温与槽内温差减少，使得释放冷量的速率降低，同时蓄冰槽的部分显热容量将不能利用。

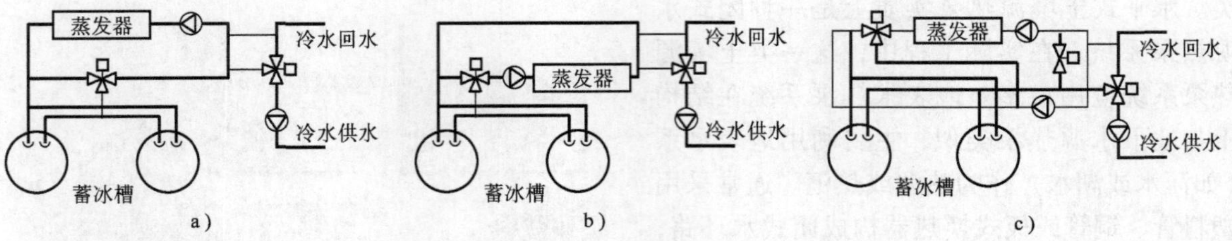


图 11-54 蓄冰空调系统三种运行模式

（2）先经蓄冰槽后经蒸发器 如图 11-54b 所示，其运行效果与先经蒸发器后经蓄冰槽模式相反。

（3）蒸发器与蓄冰槽并用 如图 11-54c 所示，这种模式兼顾了制冷机容量、效率和蓄冰槽的可用容量，但系统控制较复杂，且供水温度偏高。

### 11.7.5 空调热源

空调系统的热源主要有热水、蒸汽和电热，常用的热源装置有：锅炉、热泵、热力管网与换热器以及直燃机。

**1. 锅炉供暖**

锅炉是最传统同时又是目前应用最广泛的一种热源装置。供暖用锅炉分为热水锅炉和蒸汽锅炉。在空调热水系统中，由于空调机组及整个水系统要随建筑的使用要求进行调节与控制，因此采用热水锅炉直接供应空调系统热水的方式不是十分合适，通常需要设置中间换热器。而蒸汽锅炉适用范围广，既可以直接使用，又可以通过热交换使用其热量；同时，也为冬季空调加湿提供了条件。

**2. 热交换站供暖**

热交换站的一次热媒通常来自自备锅炉房或城市热网。采用换热器的主要优点是一次热媒的热源系统与空调供暖的水系统完全分开，使空调热水系统的设计不受一次热媒的影响。其主要缺点是在热交换的过程中存在热损失，因此换热器的性能是设计中要考虑的主要因素。

**3. 热泵、直燃机供暖**

热泵和直燃机在前面已有介绍，它们都是既可以供冷也可以供暖的装置。热泵供暖的性能系数明显高于电热，但其适用范围有限。直燃机在电力紧张、燃油或燃气充足的地区有很大的优势。

## 11.8 空调系统的消声与隔振

建筑物内部的噪声、振动源主要是由于设置空调、给排水、电气设备后产生的，其中以空调设备产生的噪声影响最大。

### 11.8.1 室内噪声标准

房间内允许的噪声级别称为室内噪声标准，即室内噪声控制标准。人耳对声音的感受不仅和声压有关，而且和频率相关。因此，室内噪声标准应给出不同频率下允许的声压级。目前均采用由国际标准化组织（ISO）提出的 NR 噪声评价曲线，如图 11-55 所示。声级计测得的“A”档读数 $L_A$ 与相应的噪声评价曲线 NR 有如下换算关系，即

$$NR = L_A - 5 \qquad (11\text{-}12)$$

建筑室内允许噪声一般可用允许噪声级表示，表11-4列出了各类公共及民用建筑的允许噪声标准供设计参考。室外环境噪声控制与空调装置也有关，如设置在室外的空气源热泵、冷却塔、水泵等的噪声必须遵循环保要求。

## 11.8.2　空调系统的噪声源

空调系统中的主要噪声源是通风机。通风机噪声的大小与叶片形式、片数、风量、风压等因素有关。风机噪声是由叶片驱动空气产生的湍流引起的宽频带气流噪声以及相应的旋转噪声所组成的，风机产生的噪声大小通常用声功率级表示。空调系统中，由于风道内气流流速和压力的变化以及对管壁和障碍物的作用而引起的气流噪声，在高速风道中这种噪声不能被忽视，而在低速风道内（风管内风速 < 0.8m/s），即使存在气流噪声但与较大的声源相叠加，可以忽略。因而从减少噪声考虑，应尽可能地采用较小的风速。空调设备噪声包括风机、压缩机运转噪声、电动机轴承噪声和电磁噪声，其中以风机和压缩机噪声为主。除此之外，还有入射到风管内而传入室内的噪声。

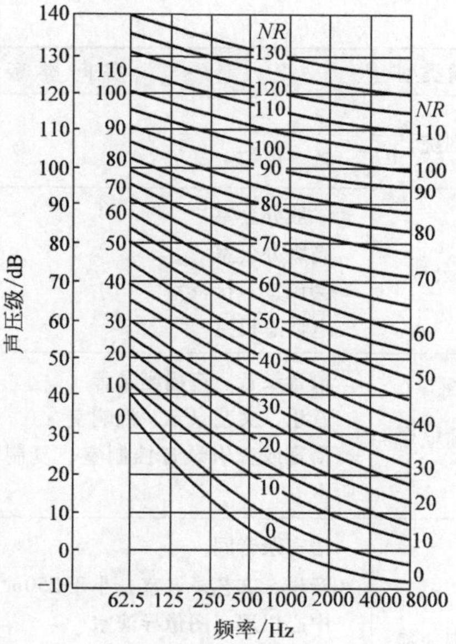

图11-55　噪声评价曲线（NR曲线）

表11-4　室内允许的最高噪声级（A声级）　（单位：dB）

| 建筑类型 | 房间类型 | 特级 | 一级 | 二级 | 三级 |
|---|---|---|---|---|---|
| 住宅 | 卧室、书房、卧室兼起居室 | | 40 | 45 | 50 |
| | 起居室 | | 45 | 50 | 50 |
| 宾馆 | 客房 | 35 | 40 | 45 | 55 |
| | 会议室 | 40 | 45 | 50 | 50 |
| | 多功能厅 | 40 | 45 | 50 | |
| | 办公室 | 45 | 50 | 55 | 55 |
| | 餐厅、宴会厅 | 50 | 55 | 60 | |
| 医院 | 病房、医务人员休息室 | | 40 | 45 | 50 |
| | 门诊室 | | 55 | 55 | 60 |
| | 手术室 | | 45 | 45 | 50 |
| | 听力测试室 | | 25 | 25 | 30 |
| 学校 | 一般教室 | | 40 | | |
| | 有特殊安静要求的房间 | | | 50 | |
| | 无特殊安静要求的房间 | | | | 55 |
| 图书馆 | 研究室、专业阅览室、缩微、善本阅览室、视听室、报告厅、普通阅览室 | | 40 | | |
| 电影院 | 甲等 | | 40 | | |
| | 乙、丙等 | | 45 | | |
| | 有立体声 | | 40 | | |

（续）

| 建筑类型 | 房 间 类 型 | 特级 | 一级 | 二级 | 三级 |
| --- | --- | --- | --- | --- | --- |
| 剧院 | 甲等 | | 35（NR30） | | |
| | 乙、丙等 | | 40（NR35） | | |
| 办公楼 | 一般办公室 | | ≤55 | | |
| | 高级办公室 | | ≤40 | | |
| | 会议室、接待室 | | ≤50 | | |
| | 电话总机室 | | ≤60 | | |
| 广播电台 | 语音录音、广播剧录音 | | 20（NR15） | | |
| | 音乐、文艺录音、混响室 | | 25（NR20） | | |
| | 语言或音乐录音控制室、复制室、视听室、标准审听室 | | 30（NR25） | | |
| 电视演播 | 语言录音间 | | 20（NR15） | | |
| | 音乐、文艺录音室，小于250m² 的演播室 | | 25（NR20） | | |
| | 中心机房、图像导演室 | | 35（NR30） | | |
| | 中心机房（无人值班）、磁带库 | | 40（NR35） | | |
| | 文艺录音、音乐录音控制室，音响导演室，电子编辑室，大于250m² 的演播室 | | 30（NR25） | | |

风管输送空气到房间的过程中，噪声有各种衰减。噪声在直管中可被管材吸收一部分，还有部分噪声能穿透到管外。此外，在风管转弯处和断面变化处以及风管开口处，还将有一部分噪声被反射，从而引起噪声的衰减，这对空调房间是有利的，因而在消声设计中均予以计入。风机噪声经管道系统传递至末端风口，在从风口到房间的突扩过程中，有一部分声能反射回风管内，产生衰减。此外，由于房间内的家具、内壁和设备等的吸声作用，进入房间的噪声在进入人耳前又一次衰减。在进行空调系统消声设计时，应考虑噪声的衰减。

## 11.8.3 消声器

消声器是由吸声材料按不同的消声原理设计成的构件，根据不同的消声原理可以分为阻性型、共振型、膨胀型和复合型等类型。

**1. 阻性消声器**

阻性消声器是把吸声材料固定在气流流动的管道内壁，或按一定的方式在管道内排列起来。当声能入射到吸声材料上，由于吸声材料的松散性和多孔性，使一部分声能转化为热能而被吸收。阻性消声器对中、高频噪声消声效果显著，但对低频噪声消声效果较差。常见的阻性消声器有管式、片式、声流式、消声弯头等，如图11-56所示。

**2. 膨胀性消声器**

膨胀性消声器由风管和小室相连而成，又称为抗性消声器。其消声原理是利用通道截面的突变，使沿通道传播的声波反射回声源方向，起到消声作用。通常要求消声器的膨胀比（大小断面面积比）大于5。膨胀性消声器对中、低频噪声消声效果较好。但消声频率较窄、空气阻力大、占用空间大，不适用于机房较小的场合。

**3. 共振性消声器**

共振性消声器（见图11-57）在管道上开孔，并与共振腔相连。当外界噪声的频率和共振吸声结构的固有频率相同时，引起小孔孔颈处空气柱强烈共振，空气柱与颈壁剧烈摩擦，消耗声能，起到消声作用。共振性消声器一般用以消除低频噪声，但频率的选择性较强，消声频率范围很窄。

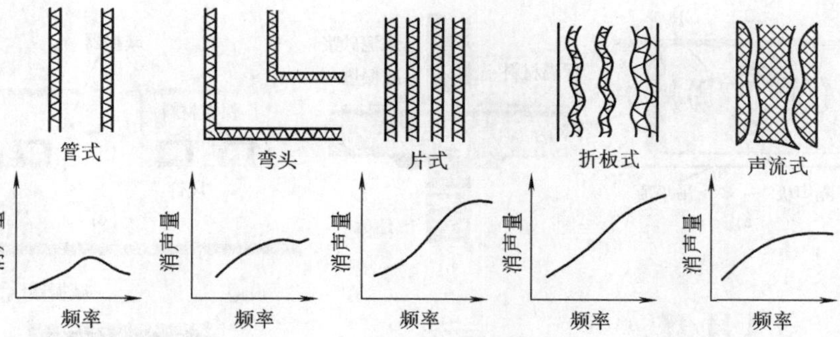


图 11-56　阻性消声及消声频谱特性

**4. 复合型消声器**

复合型消声器又称为宽频带消声器，它利用阻性消声器对中高频噪声的消声效果好，膨胀性消声器和共振性消声器对低频噪声消声效果好的特点，综合设计成从低频到高频噪声范围内都具有较好消声效果的消声器。

**5. 消声静压箱**

在风机出口处或在空气分布器前设置静压箱并贴以吸声材料，既可以稳定气流，又可以利用箱断面的突变和箱体内表面的吸声作用对风机噪声做有效的衰减。

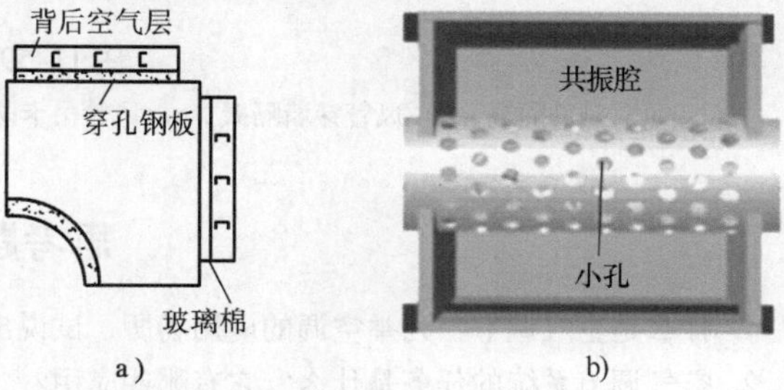


图 11-57　共振性消声器

a）共振性消声弯头　b）共振性消声器的构造

## 11.8.4　空调装置的隔振

空调系统的噪声除了通过空气传播到室内外，还可能通过建筑物的结构和基础进行传播。例如，转动的风机和压缩机所产生的振动可以直接传给基础，并以弹性波的形式从机器基础沿房屋结构传到室内，并以噪声的形式出现，这种噪声称为固体声。通常可以用非刚性连接来达到削弱由机器传给基础的振动，即在振源和基础之间设弹性构件（如弹簧避振器、橡胶、软木等），使振动得以衰减。此外，为了防止连接管路的振动传递，通常在风机、水泵、压缩机等运转设备的进出口管路上设置隔振软管，在管道的支吊架、穿墙处做隔振处理。以下是几种减振器的形式，如图 11-58 所示。常采用的一些隔振措施如图 11-59 所示。

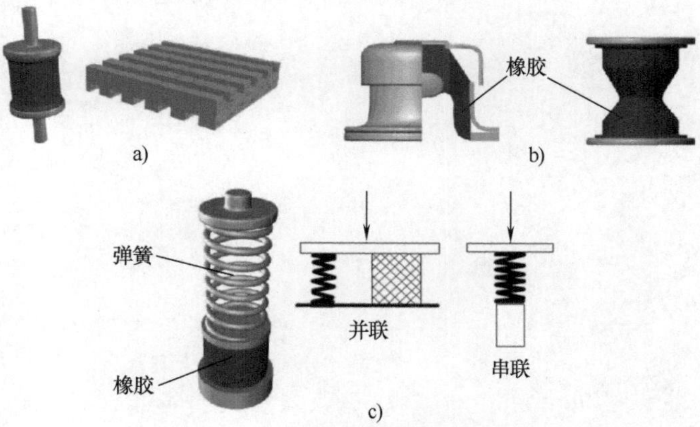


图 11-58　减振器的形式

a）压缩型　b）复合型　c）剪切型

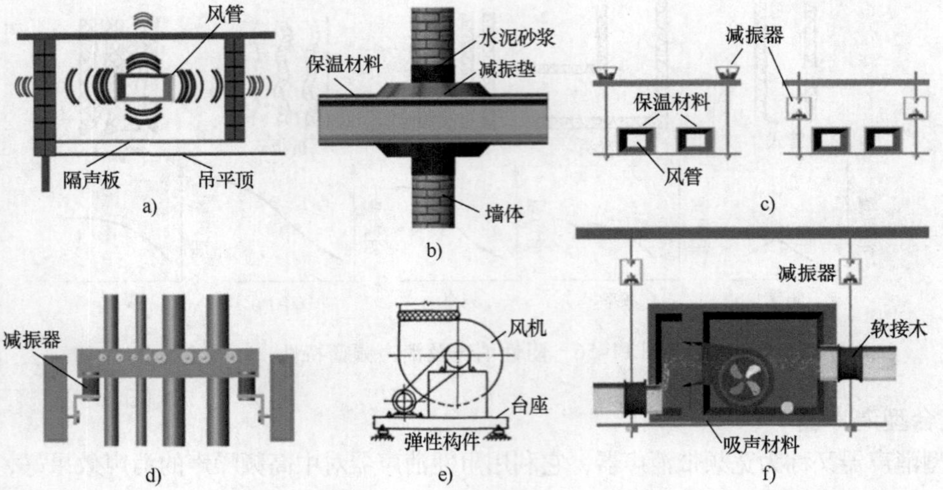


图 11-59 隔振措施

a）风道隔振 b）风管穿墙隔振 c）风管吊卡防振 d）水管防振 e）风机隔振 f）悬挂风机防振

## 思考题与习题

1. 什么是空气调节？列举空调的应用场所，试说出一些日常生活中采用的改善空气环境的简易办法。
2. 空气调节系统的任务是什么？它有哪些应用？
3. 空气调节系统是由哪几部分组成的？常见的空气调节系统有哪几种形式？它们各自有什么特点？
4. 空调系统是如何分类的？
5. 试比较各种形式消声器的优缺点及其适应性。
6. 选择消声器应考虑哪些问题？
7. 空气如何加湿、去湿？
8. 空调送风方式有哪些？各适合什么环境？
9. 什么是空调的气流组织？
10. 集中空调的水系统有哪些？各有什么特点？
11. 空调系统的制冷方式有哪些？

# 第 12 章

# 燃气供应

燃气是一种较为理想的清洁燃料，具有热值高、宜输送、使用方便等优点，被广泛应用在国民经济的各个领域。燃气还具有易燃、易爆和带有部分有害物质等特性，因此，在生产、储存、输配和使用过程中，应当引起高度的重视，避免发生重大事故。

## 12.1　燃气系统

燃气系统包括燃气的生产、输配和使用三个环节，本章节仅介绍输配和使用环节。

### 12.1.1　概述

**1. 燃气的种类**

城市民用和工业用燃气是由几种气体组成的混合气体，其中含有可燃气体和不可燃气体。可燃气体有碳氢化合物、氢和一氧化碳，不可燃气体有二氧化碳、氮和氧等。燃气的种类很多，城市用气主要有以下三种：

（1）天然气　天然气的主要成分是甲烷，一般可分为四种：一种是气井气，是自由喷出地面的，即纯天然气；另一种是溶解于石油中，同石油一起开采出来的石油伴生气；还有含石油轻质馏分的凝析气田气和从井下煤层抽出的煤矿矿井气。天然气是优质燃料，是理想的城市气源。但它通常没有气味，故需加臭以防漏气造成事故。

（2）人工燃气　人工燃气可分为：固体燃料干馏煤气、固体燃料气化煤气、油制气、高炉煤气。它具有强烈的气味及毒性，含有硫化氢、萘、苯、氨、焦油等杂质，需净化后才能使用。

（3）液化石油气　液化石油气是开采和炼制石油过程中，作为副产品而获得的一部分碳氢化合物。

各种燃气成分的构成、低热值与爆炸极限见表12-1。

**2. 燃气管道的分类**

我国城市燃气管道可按用途和输送压力分类，按用途分类可分为长距离输气管道、城市燃气管道和工业企业燃气管道；按输送压力分类可分为七类管道，详见表12-2；按照燃气系统压力级制分类，可分为两级系统、三级系统和多级系统，其分级和组成见表12-3。

**表 12-1 燃气成分的构成、低热值与爆炸极限**

| 燃气类别 | | | 组成（体积分数）（%） | | | | | | | | | 低热值/($kJ/m^3$) | 爆炸极限（体积分数）（%） | |
|---|---|---|---|---|---|---|---|---|---|---|---|---|---|---|
| | | | 可燃成分 | | | | | | 不燃成分 | | | | | |
| | | | $CH_4$ | $C_3H_8$ | $C_4H_{10}$ | $C_nH_m$ | CO | $H_2$ | $CO_2$ | $O_2$ | $N_2$ | | 下限 | 上限 |
| 天然气 | | 纯天然气 | 98 | 0.3 | 0.3 | 0.4 | | | | | 1.0 | 36 442 | 5 | 15.0 |
| | | 油田伴生气 | 81.7 | 6.0 | 4.70 | 4.90 | | | 0.7 | 0.2 | 1.8 | 48 383 | 4.2 | 14.2 |
| | | 矿井气 | 52.4 | | | | | | 4.6 | 7.0 | 36.0 | 18 811 | 6.5 | 16.85 |
| 人工燃气 | 干馏煤气 | 焦炉煤气 | 23.4 | | | 2.0 | 8.6 | 59.2 | 2.0 | 1.2 | 3.6 | 17 618 | 4.5 | 38.5 |
| | | 直立炭化炉煤气 | 18 | | | 1.7 | 17 | 56 | 5 | 0.3 | 2 | 16 136 | 4.9 | 40.9 |
| | | 立箱炉煤气 | 25 | | | | 9.5 | 55 | 6 | 0.5 | 4 | 16 119 | 5.7 | 42.2 |
| | 气化煤气 | 发生炉煤气 | 1.8 | 0.4 | | | 30.4 | 8.4 | 2.2 | 0.4 | 56.4 | 5744 | 21.5 | 67.5 |
| | | 水煤气 | 1.2 | | | | 34.4 | 52.0 | 8.2 | 0.2 | 4.0 | 10 383 | 6.2 | 70.4 |
| | | 压力气化煤气 | 18 | | | 0.7 | 18 | 56 | 3 | 0.3 | 4 | 15 407 | 5.5 | 47 |
| | 油制气 | 重油催化裂解气 | 16.6 | | | 5 | 10.5 | 58.1 | 6.6 | 0.7 | 2.5 | 16 521 | 4.7 | 42.9 |
| | | 重油蓄热热解气 | 28.5 | | | 32.17 | 2.7 | 31.51 | 2.12 | 0.6 | 2.4 | 34 780 | 3.7 | 25.7 |
| | | 重油氧化法制气 | 0.4 | | | | 44.8 | 47.6 | 5.9 | 0.1 | 1.2 | 10 940 | 6.4 | 72.5 |
| | 高炉煤气 | | 0.3 | | | | 28.0 | 2.7 | 10.5 | | 58.5 | 3936 | 22.6 | 56.2 |
| 液化石油气 | | | 1.5 | 5.5 | 30 | 63 | | | | | | 123 306 | 1.7 | 9.7 |

**表 12-2 城市燃气管道的输送压力**

| 燃气管道分类 | 压力范围 |
|---|---|
| 低压煤气管道 | $p \leqslant 0.01$MPa |
| 中压 B 煤气管道 | $0.01\text{MPa} < p \leqslant 0.2$MPa |
| 中压 A 煤气管道 | $0.2\text{MPa} < p \leqslant 0.4$MPa |
| 次高压 B 煤气管道 | $0.4\text{MPa} < p \leqslant 0.8$MPa |
| 次高压 A 煤气管道 | $0.8\text{MPa} < p \leqslant 1.6$MPa |
| 高压 B 煤气管道 | $1.6\text{MPa} < p \leqslant 2.5$MPa |
| 高压 A 煤气管道 | $2.5\text{MPa} < p \leqslant 4.0$MPa |

**表 12-3 燃气管道按压力级制分级和组成**

| 系统名称 | 组成 | 适用范围 |
|---|---|---|
| 两级系统 | 低压—中压或低压—高压（≤0.6MPa） | 低压气源以低压一级管网系统供给燃气的输配方式，一般只适用于小城镇 |
| 三级系统 | 低压—中压—高压（≤0.6MPa） | 中压燃气管道经中—低压调压站调至低压，由低压管网向用户供气；或由低压气源厂和储气柜供应的燃气经压送机加至中压，由中压管网输气，再通过区域调压器调至低压，由低压管道向用户供气；在系统中设置储配站以调节用气不均匀性 |
| 多级系统 | 低压—中压—二级高压（<0.6MPa 或<1.2MPa） | 高压燃气从城市天然气接收站（天然气站）或气源厂输出，由高压管网输气，经区域高—中压调压器调至中压，输入中压管网，再经区域中—低压调压器调成低压，由低压管网供应燃气用户；在燃气供应区域内设置储气柜，用于调节不均匀性，目前多采用管道储气来调节用气的不均匀性，适用于城市供气系统 |

**3. 城镇燃气的质量要求**

（1）热值高　城镇燃气应尽量选择热值较高的气源。燃气热值过低，输配系统的投资和金属耗量就会增加。只有在特殊情况下，经技术经济比较认为合理时，才允许使用热值较低的燃气作为城镇气源。燃气低发热值一般应大于14.7MJ/$m^3$，当小城镇采用人工燃气做气源时，燃气的热值可适当降低，但不应低于11.7MJ/$m^3$。

（2）毒性小　为防止燃气泄漏引起中毒，确保用气安全，城镇燃气中的一氧化碳等有毒成分的含量必须控制。

（3）杂质少　城镇燃气供应中，常常由于燃气中的杂质及有害成分影响燃气的安全供应。杂质可引起燃气系统的设备故障、仪表失灵、管道阻塞、燃具不能正常使用，甚至造成事故。

**4. 城镇燃气的输送**

（1）天然气、人工煤气的管道输送　天然气或人工煤气经过净化后即可输入城镇燃气管网，城镇燃气管网通常包括街道煤气管网和居住小区煤气管网两部分。

在大城市里，街道煤气管网大都布置成环状，只有边缘地区才采用枝状管网。燃气由街道高压管网或次高压管网，再经居住小区燃气调压站，进入街道中压管网。然后，经过区域的燃气调压站，进入街道低压管网，再经居住小区管网而接入用户。临近街道的建筑物也可直接由街道管网引入。在小城市里，一般采用中—低压或低压煤气管网。图12-1所示为燃气环状式管网示意图。

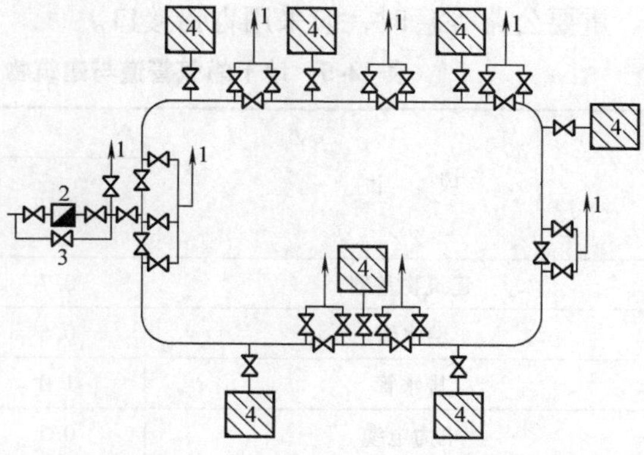

图12-1　燃气环状式管网布置

1—放散管　2—调压装置　3—引入装置　4—用气单位

（2）燃气管道的敷设　燃气管道的敷设方式有架空敷设和埋地敷设两种。厂区及对环境要求不高的地方多采用架空敷设。燃气管道应尽量平行于道路或建筑敷设，系统应简单明显，以便于安装和维修。架空敷设的燃气管道不允许穿越爆炸危险品生产车间、仓库、变电所、通风间等建筑，以免发生意外事故。架空敷设的燃气管道均采用钢管，室外燃气管道架空敷设时，每隔100～200m设接地装置，接地电阻不得大于20Ω。

城镇燃气管道多采用埋地敷设，管道埋设时应与建筑物或道路平行，宜敷设在人行道或绿化带内，管道距建筑物基础应不小于2m；与其他地下管道的水平净距为1.0m；与树木应保持1.2m的水平距离。不得通过堆积易燃易爆材料和具有腐蚀物的场地。埋地管宜埋设在土壤冰冻线以下0.1～0.2m的土层内，埋地管道不得在地下穿过建筑物或构筑物，居住区燃气管不能与其他室外地下管道同沟敷设，以免管道发生漏气时经地沟渗入建筑物内；燃气管道不得平行敷设在有轨电车的轨道之下，在穿越铁路或其他主要干管时，应敷设在套管内，套管两端应密封。地下燃气管道严禁在地沟内敷设。

为保证安全及管道安装维修方便，燃气管道与各种管道的最小净距以及与构筑物的间距值分别参见表12-4和表12-5。

表 12-4 地下燃气管道与构筑物或相邻管道之间的垂直净距 （单位：m）

| 项目 | | 地下燃气管道（当有套管时，以套管计） |
|---|---|---|
| 给水管、排水管或其他燃气管道 | | 0.15 |
| 热力管的管沟底（或顶） | | 0.15 |
| 电缆 | 直埋 | 0.50 |
| | 在导管内 | 0.15 |
| 铁路轨道 | | 1.20 |
| 有轨电车轨道 | | 1.00 |

埋地敷设的中、低压燃气管道主要采用铸铁管、镀锌钢管和PE塑料管。$DN \leqslant 250$mm，采用焊接钢管或无缝钢管；$DN \geqslant 300$mm，一般采用卷焊钢管。采用金属管时应做好防腐或采用防止电化学腐蚀管道的保护措施。埋地燃气管道当管材采用铸铁管时，一般采用承插连接，低压燃气管道采用石棉水泥接口，中压燃气管道采用耐油的橡胶圈石棉水泥接口，有特殊要求（如通过铁路、重要公路等）时，应采用青铅接口。

表 12-5 地下燃气管道与建筑物、构筑物或相邻管道之间的水平净距 （单位：m）

| 项目 | | 地下燃气管道 | | | | |
|---|---|---|---|---|---|---|
| | | 低压 | 中压 | | 高压 | |
| | | | B | A | B | A |
| 建筑物基础 | | 0.7 | 1.5 | 2.0 | 4.0 | 6.0 |
| 给水管 | | 0.5 | 0.5 | 0.5 | 1.0 | 1.5 |
| 排水管 | | 1.0 | 1.2 | 1.2 | 1.5 | 2.0 |
| 电力电缆 | | 0.5 | 0.5 | 0.5 | 1.0 | 1.5 |
| 通信电缆 | 直埋 | 0.5 | 0.5 | 0.5 | 1.0 | 1.5 |
| | 在导管内 | 1.0 | 1.0 | 1.0 | 1.0 | 1.5 |
| 其他燃气管道 | $DN \leqslant 300$mm | 0.4 | 0.4 | 0.4 | 0.4 | 0.4 |
| | $DN > 300$mm | 0.5 | 0.5 | 0.5 | 0.5 | 0.5 |
| 热力管 | 直埋 | 1.0 | 1.0 | 1.0 | 1.5 | 2.0 |
| | 在管沟内 | 1.0 | 1.5 | 1.5 | 2.0 | 4.0 |
| 电杆（塔的基础） | ≤35kV | 1.0 | 1.0 | 1.0 | 1.0 | 1.0 |
| | >35kV | 5.0 | 5.0 | 5.0 | 5.0 | 5.0 |
| 通信照明电杆（至电杆中心） | | 1.0 | 1.0 | 1.0 | 1.0 | 1.0 |
| 铁路钢轨 | | 5.0 | 5.0 | 5.0 | 5.0 | 5.0 |
| 有轨电车钢轨 | | 2.0 | 2.0 | 2.0 | 2.0 | 2.0 |
| 街树（至树中心） | | 1.2 | 1.2 | 1.2 | 1.2 | 1.2 |

采用焊接钢管螺纹连接时，填料为聚四氟乙烯生料带、黄粉甘油调和剂、厚白漆等，不得使用麻丝为填料。管材采用焊接时，$DN > 50$mm 采用电焊连接，$DN \leqslant 50$mm 采用氧乙炔焊焊接。燃气管道与法兰、阀门、设备连接时，应采用法兰连接，阀门应设在阀门井内。

燃气管道系统中还包含了吸收管道热胀冷缩的管道补偿器、清除燃气管道中凝水的凝水器、关断阀门以及调压器等设施。图 12-2 所示为燃气管道用波纹补偿器，图 12-3 所示为中压凝水器安装图，图 12-4 所示为小型调压器。

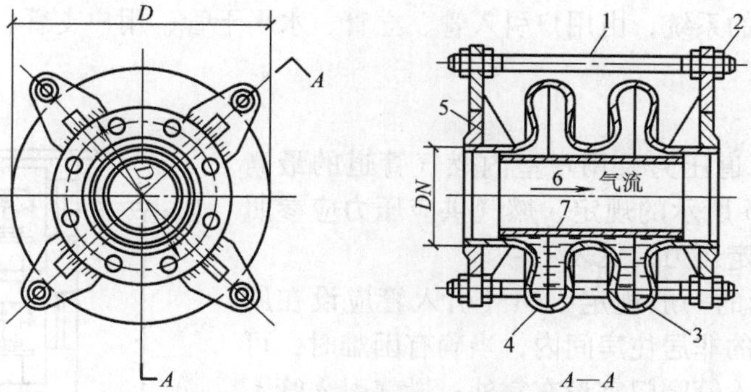


图 12-2 燃气管道用波纹补偿器

1—螺杆 2—螺母 3—波节 4—石油沥青 5—法兰 6—套管 7—注入孔

（3）液化石油气供应 液态液化石油气在石油炼制厂产生后，可采用管道输送，也可采用汽车或火车槽车、槽船运输到储配站或灌瓶站后再用管道或钢瓶灌装，经供应站供应用户。

供应站到用户根据供应范围、户数、燃烧设备的需用量等因素，可采用单瓶、瓶组和管道系统供应。其中单瓶供应常用 15kg 钢瓶供居民使用；瓶组供应常采用钢瓶并联供应公共建筑或小型工业建筑的用户；管道供应方式则适用于居民小区、大型工厂职工住宅区或锅炉房。

钢瓶内液态液化石油气的饱和蒸气压按绝对压力计一般为 70～800kPa，靠室内温度可自然气化。但供燃气燃具及燃烧设备使用时，还要经过钢瓶上调压器减压到（2.8±0.5）kPa［即（280±50）$mmH_2O$］。单瓶系统一般钢瓶置于厨房，而瓶组供应系统的并联钢瓶、集气管及调压阀等应设置在单独房间。

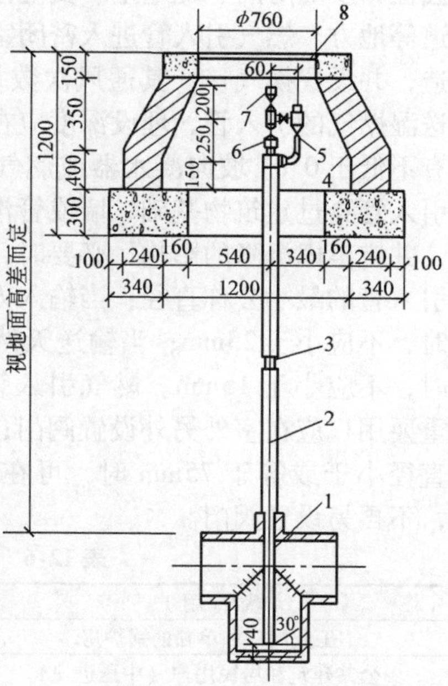


图 12-3 中压凝水器安装图

1—中压凝水 2—套管 3—抽水管

4—井体 5、6—阀门 7—堵头 8—井盖

## 12.1.2 室内燃气系统

### 1. 燃气系统的构成

室内燃气系统的构成随城市燃气系统的供气方式不同而有所变化，图 12-5 所示为由城市低

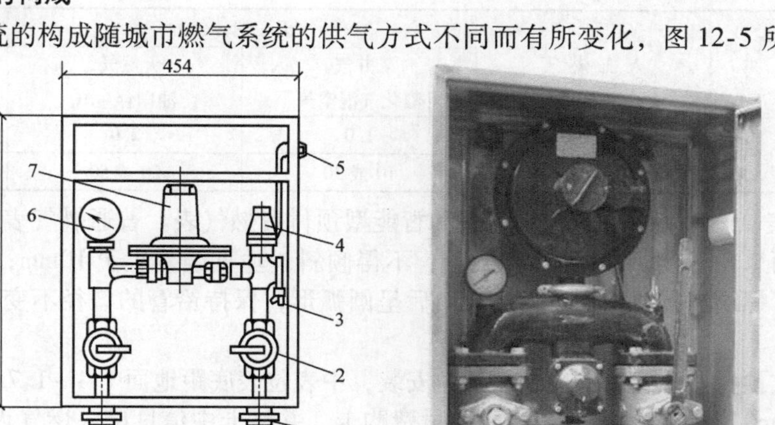


图 12-4 小型调压器

1—接口法兰 2—球阀 3—测压旋塞 4—安全阀 5—安全阀放散口 6—压力表 7—调压器

压燃气管网直接供气的系统，由用户引入管、立管、水平干管、用户支管、燃气计量表、用具连接管和燃气用具组成。

**2. 燃气管道**

（1）室内燃气管道压力 用户室内燃气管道的最高压力不应大于表12-6所示的规定，燃气供应压力应参照用气设备燃烧器的额定压力，见表12-7。

（2）燃气引入管的一般规定 燃气引入管应设在厨房或走廊等便于检修的非居住房间内，当确有困难时，可以从楼梯间引入，引入管阀门宜设在室外；燃气引入管不得敷设在卧室、浴室、地下室、易燃或易爆品的仓库、有腐蚀性介质的房间、配电室、变电室、电缆沟、烟道和进风道等地方。燃气引入管进入密闭室时，密闭室必须进行改造，并设置换气口，其通风次数每小时不得少于3次；输送湿燃气的引入管，埋设深度应在土壤冰冻线以下，并应有不低于0.01坡向凝水器或燃气分配管道的坡度；燃气引入管穿过建筑物基础、墙或管沟时，均应设置在套管中，并应考虑沉降的影响，必要时，应考虑补偿措施。燃气引入管的最小公称直径：当输入人工煤气和矿井气等燃气时，不应小于25mm；当输送天然气和液化石油气等燃气时，不应小于15mm。燃气引入管阀门宜设置在室内，对重要用户应在室外另外设置阀门；地上低压燃气引入管的直径小于或等于75mm时，可在室外设置带堵丝的三通，不再另设置阀门。

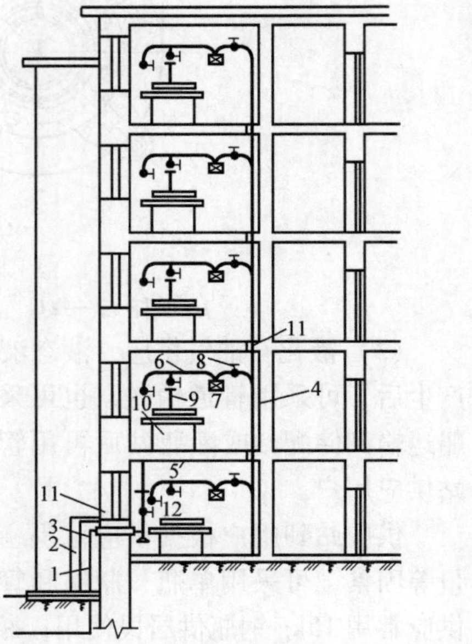


图12-5 燃气供应系统剖面图

1—用户引入管 2—砖台 3—保温层 4—立管 5—水平干管 6—用户支管 7—燃气计量表 8—表前阀门 9—燃气灶具连接管 10—燃气灶 11—套管 12—燃气热水器接头

**表12-6 用户室内燃气管道的最高压力（表压）**

| 燃气用户 | 最高压力/MPa |
|---|---|
| 工业用户和单独的锅炉房 | 0.4 |
| 公共建筑和居民用户（中压进户） | 0.2 |
| 公共建筑和民用用户（低压用户） | 0.01 |

注：当进户管道燃气使用户燃具前燃气压力超过燃具最大允许工作压力时，在用户燃气表或燃具前应加燃气调压器。

**表12-7 用气设备燃烧器的额定压力（表压）** （单位：MPa）

| 燃气 / 燃烧器 | 人工燃气 | 天然气 | | 液化石油气 |
|---|---|---|---|---|
| | | 矿井气、液化气混空气 | 天然气、油田伴生气 | |
| 低压 | 1.0 | 1.0 | 2.0 | 2.8或5.0 |
| 中压 | 10或30 | 10或30 | 20或50 | 30或100 |

（3）燃气表 燃气表分为普通燃气表和智能型预付费燃气表。普通燃气表多采用高位安装，安装高度距地面1.8m，水平放置在托架上，不得倾斜，垂直偏差小于10mm；进出口管道应采用钢管或铅管，螺纹连接要严密，铅管弯曲后呈圆弧形，保持铅管的口径不变，不应产生凹瘪，如图12-6所示。

智能型卡式预付费燃气表一般中、低位安装，中表位表底距地面1.4~1.7m；低表位表底距地面不少于0.1m。预付费的燃气表需提前付费购卡，并将卡中信息读入燃气表，表内阀门打开供气，当预购金额用完，阀门关闭，停止供气。卡式燃气表一般装有电池，当电池耗尽后，表内的阀门也会关闭断气。图12-7所示为智能型卡式煤气表。

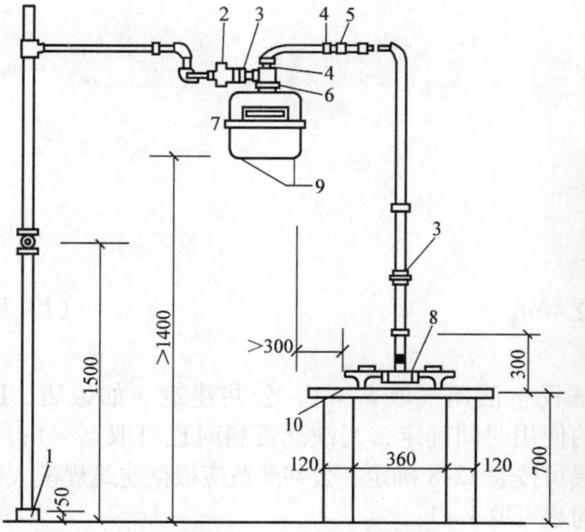


图12-6 普通燃气表的高位安装

1—套管 2—转心门 3—油任 4—塑料接头

5—管箍 6—塑料三通 7—煤气表 8—煤气灶

9—角铁 30mm×3mm 10—水磨石灶板 700mm×500mm×35mm

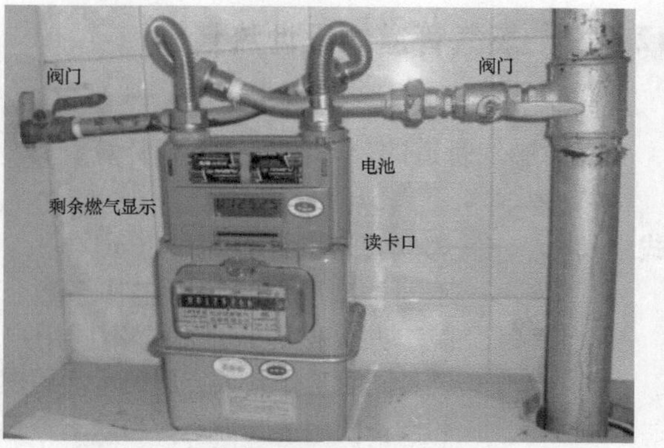


图12-7 智能型卡式煤气表（低位安装）

**3. 燃气设备**

（1）燃气灶 常见的燃气灶是双火眼燃气灶，由炉体、工作面及燃烧器组成。还有三眼、六眼等多种民用燃气灶。从使用安全考虑，家用厨房燃气灶一般要靠近不易燃墙壁放置。燃气灶边至墙面要有50～100mm的距离。大型燃气灶应放在房间的居中位置，以便于四周使用。

（2）燃气热水器 燃气热水器是一种局部热水的加热设备，可以用作生活热水供应以及户内供暖热源，目前直排式热水器已被禁用，多使用直接从室外进气和排烟的平衡式热水器。图12-8所示为平衡式燃气热水器结构示意图。

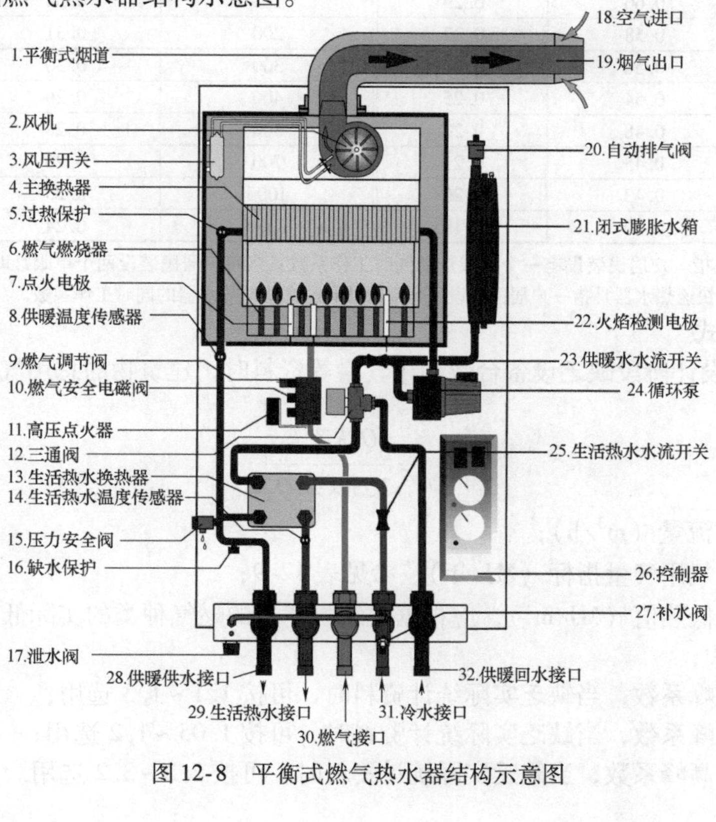


图12-8 平衡式燃气热水器结构示意图

# 12.2 建筑内部燃气管道计算

## 12.2.1 燃气管道的设计流量

### 1. 流量计算公式

室内燃气管道的计算流量按下式计算，即

$$q_{V,\mathrm{h}} = k_{\mathrm{t}} \sum kNq_{V,\mathrm{n}} \tag{12-1}$$

式中 $q_{V,\mathrm{h}}$——燃气管道的计算流量（$m^3/h$）；

$k_{\mathrm{t}}$——不同类型用户的同时工作系数，居民生活用气取 $k_{\mathrm{t}}=1$，公共建筑（如饭店、医院、办公楼等）应根据不同用户的使用时间确定，当缺乏资料时也可取 $k_{\mathrm{t}}=1$；

$k$——燃具同时工作系数，居民生活用燃具可按表12-8确定，公共建筑应根据建筑规模大小和设备使用情况确定，当缺乏资料时也可取 $k=1$；

$N$——同一类型燃具数目；

$q_{V,\mathrm{n}}$——燃具的额定流量（$m^3/h$）。

**表12-8 居民生活用燃具的同时工作系数 $k$**

| 户数 \ 每户燃具 | 燃气双眼灶 | 燃气双眼灶和快速热水器 | 户数 \ 每户燃具 | 燃气双眼灶 | 燃气双眼灶和快速热水器 |
|---|---|---|---|---|---|
| 1 | 1.00 | 1.00 | 40 | 0.39 | 0.18 |
| 2 | 1.00 | 0.56 | 50 | 0.38 | 0.178 |
| 3 | 0.85 | 0.44 | 60 | 0.37 | 0.176 |
| 4 | 0.75 | 0.38 | 70 | 0.36 | 0.174 |
| 5 | 0.68 | 0.35 | 80 | 0.35 | 0.172 |
| 6 | 0.64 | 0.31 | 90 | 0.345 | 0.171 |
| 7 | 0.60 | 0.29 | 100 | 0.34 | 0.17 |
| 8 | 0.58 | 0.27 | 200 | 0.31 | 0.16 |
| 9 | 0.56 | 0.26 | 300 | 0.30 | 0.15 |
| 10 | 0.54 | 0.25 | 400 | 0.29 | 0.14 |
| 15 | 0.48 | 0.22 | 500 | 0.28 | 0.138 |
| 20 | 0.45 | 0.21 | 700 | 0.26 | 0.134 |
| 25 | 0.43 | 0.20 | 1000 | 0.25 | 0.13 |
| 30 | 0.40 | 0.19 | 2000 | 0.24 | 0.12 |

注：1. 燃气双眼灶是指一户居民装设有一个双眼灶的同时工作系数；当每户居民装设两个单眼灶时，也可参照本表计算。
2. 燃气双眼灶和快速热水器是指一户居民装设一个双眼灶和一个快速热水器的同时工作系数。

### 2. 流量估算公式

当方案或初步设计阶段缺乏设备台数和用气量等资料时，建筑物的总用气流量可按用气量指标和下式进行估算

$$q_{V,\mathrm{j}} = \frac{Q_{\mathrm{n}} k_{\mathrm{y}} k_{\mathrm{r}} k_{\mathrm{s}}}{365 \times 24 Q_{\mathrm{s}}} \tag{12-2}$$

式中 $q_{V,\mathrm{j}}$——估算流量（$m^3/h$）；

$Q_{\mathrm{n}}$——年燃气用气量指标（MJ/年），参见表12-9；

$Q_{\mathrm{s}}$——燃气低热值（$MJ/m^3$），应根据建筑物使用的燃气种类的实际低热值确定，参见表12-10；

$k_{\mathrm{y}}$——月高峰系数，当缺乏实际统计资料时，可按1.1～1.3选用；

$k_{\mathrm{r}}$——日高峰系数，当缺乏实际统计资料时，可按1.05～1.2选用；

$k_{\mathrm{s}}$——小时高峰系数，当缺乏实际统计资料时，可按2.2～3.2选用。

表 12-9 用气量指标

| 类别 | | 单位 | 用气量指标 |
|---|---|---|---|
| 住宅 | | MJ/（人·年）[$1.0\times10^4$kcal/（人·年）] | 1884～3140（45～75） |
| 职工食堂 | | MJ/（人·年）[$1.0\times10^4$kcal/（人·年）] | 1884～2303（45～55） |
| 饮食业 | | MJ/（座·年）[$1.0\times10^4$kcal/（座·年）] | 7955～9211（190～220） |
| 托儿所 | 全托 | MJ/（人·年）[$1.0\times10^4$kcal/（人·年）] | 1884～2512（45～60） |
| 幼儿园 | 日托 | MJ/（人·年）[$1.0\times10^4$kcal/（人·年）] | 1256～1675（30～40） |
| 旅馆 | 有餐厅 | MJ/（床位·年）[$1.0\times10^4$kcal/（床位·年）] | 3350～5024（80～120） |
| 招待所 | 无餐厅 | MJ/（床位·年）[$1.0\times10^4$kcal/（床位·年）] | 670～1047（16～25） |
| 高级宾馆 | | MJ/（床位·年）[$1.0\times10^4$kcal/（床位·年）] | 8374～10 467（200～250） |
| 医院 | | MJ/（床位·年）[$1.0\times10^4$kcal/（床位·年）] | 2931～4187（70～100） |
| 理发店 | | MJ/（人·年）[$1.0\times10^4$kcal/（人·年）] | 3.35～4.19（0.08～0.1） |

注：1. 职工食堂的用气量包括做副食和热水在内。
2. 表中指标未包括浴用热水。

表 12-10 各种燃气的低热值 （单位：$MJ/m^3$）

| 液化石油气 | 石油伴生气 | 天然气 | 炼焦煤气 | 上海城市煤气 |
|---|---|---|---|---|
| 104.7 | 40.5 | 35.8 | 17.4 | 13.6 |

## 12.2.2 燃气管道的计算

燃气管道的计算可按下述步骤进行：布置燃气管道及燃具，绘制管道平面及系统图并确定最不利工作点；将各管段按顺序编号，由引入口编至最不利工作点，凡是管径变化或流量变化处均应编号；求出各管段的额定流量，根据各管段的供气用具数查表 12-8 的同时工作系数值 $k$，可求得各管段的计算流量；由系统图求得各管段的长度，并根据计算流量初步确定各管段的管径；算出各管段的局部阻力系数 $\zeta$，求出其当量长度，可得管段的计算长度；根据管段流量及已定管径，可由图 12-9～图 12-11 求得 $\zeta=1$ 时的 $l_2$，即 $d/\lambda$（$\lambda$ 为沿程阻力系数）；计算各管段的单位长度压降值后，乘以管段计算长度，即得该管段的阻力损失；计算各管段的附加压头，求各管段的实际压力损失；求室内燃气管道的总压力降（由引入口至最不利工作点）；以总压力降与允许压力降相比较，如不合适，则可改变个别管段的管径。

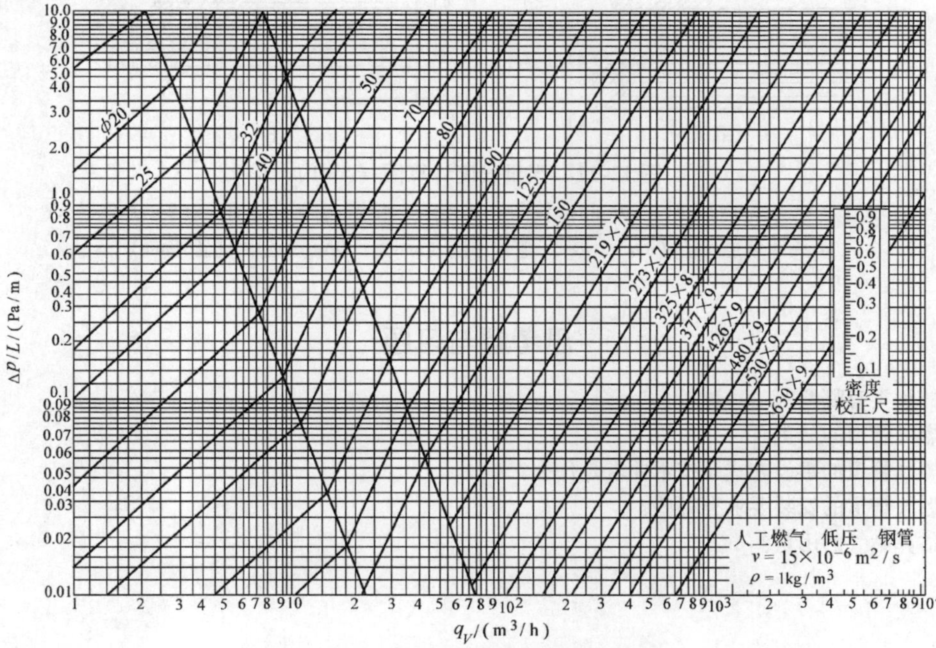


图 12-9 人工低压燃气管道水力计算图

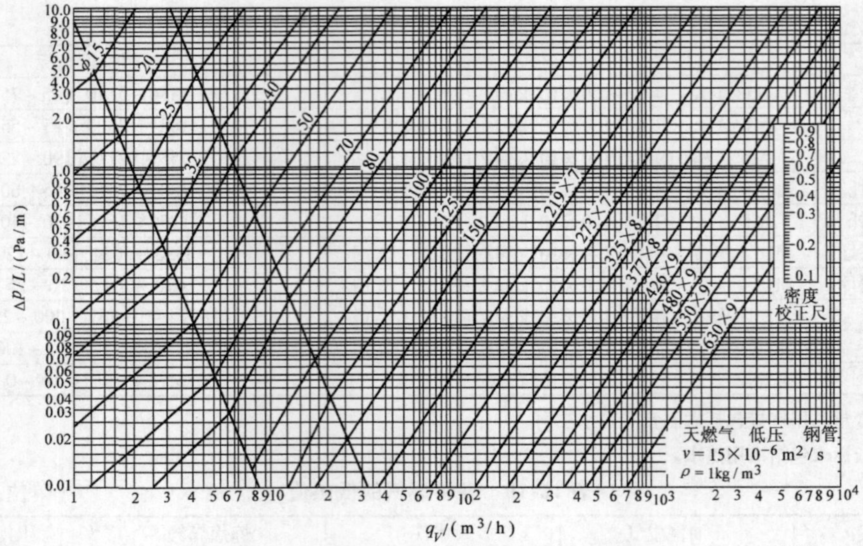


图 12-10 低压天然气管道水力计算图

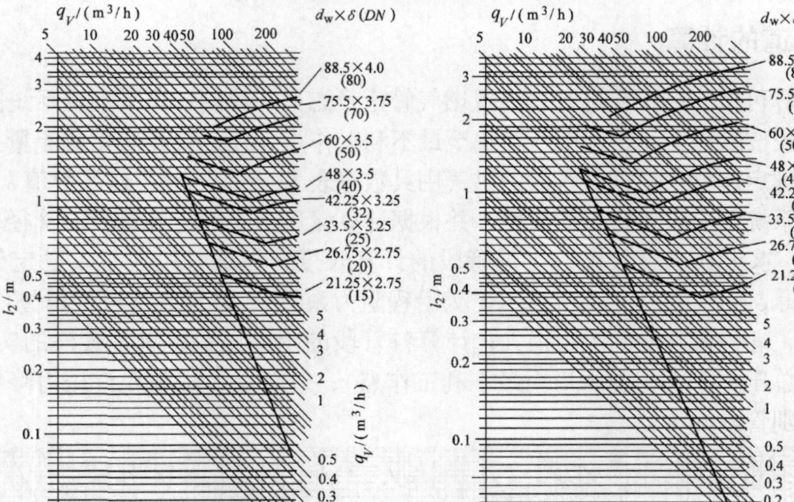


图 12-11 当量长度计算图（$\zeta=1$）

a）人工燃气（标准状态时 $\nu=25\times10^{-6}\mathrm{m^2/s}$） b）天然气（标准状态时 $\nu=15\times10^{-6}\mathrm{m^2/s}$）

$d_w$——管道外径（mm） $\delta$——管壁厚度（mm） $DN$——公称直径（mm）

## 思考题与习题

1. 燃气的种类有哪些？
2. 简述燃气管道的分类。
3. 室外燃气管道的敷设方式及技术要求是什么？
4. 室内燃气管道的安装要求有哪些？
5. 如何估算燃气的用量？

第4篇

# 建 筑 电 气

# 第 13 章

# 电工基础知识

## 13.1　电路的基本概念

### 13.1.1　电荷与电场

**1. 电荷**

世界上的物质都是由分子构成的，而分子是由原子构成的，原子可以分裂为一个原子核和一些围绕原子核旋转的电子。原子核又可分为质子和中子，其中质子带有正电荷，中子不带电，所以原子核带有正电荷，电子带有负电荷。物体在失去电子后带有正电荷；获得多余的电子时，便带有负电荷。一般用 $Q$ 或 $q$ 来表示电荷所带的电荷量，电荷量的单位是库仑，用符号 C 表示。每个质子所带的电荷量和每个电子所带的电荷量是相等的，均为 $1.6\times10^{-19}$C。

电荷是一种客观存在的物质，既不能创造，也不能消失，只能从一个物体转移到另一个物体，这就是电荷守恒定律。

**2. 电场**

带电物体的周围存在着电场。静止电荷产生的电场不随时间的变化而变化，这一电场称为静电场。如果把一个实验电荷放到电场里，实验电荷就会受到力的作用，这种力就是电场力。

**3. 电场力**

电场力的大小不仅和带电体所带电荷量有关，还与它们的形状、大小及周围的介质有关，如图 13-1 所示。

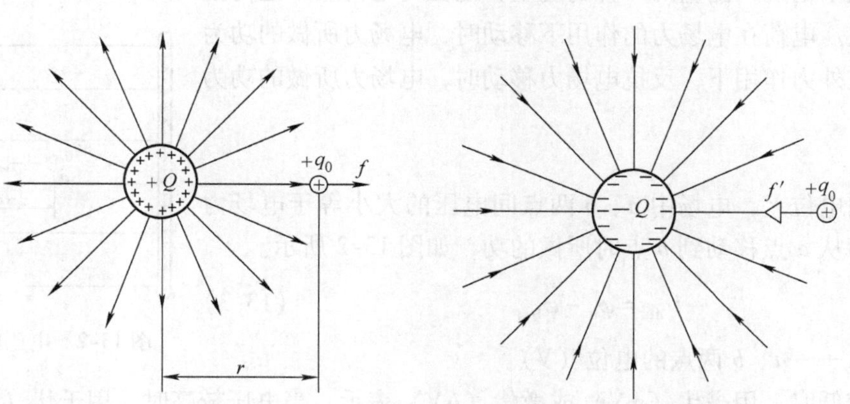


a)　　　b)

图 13-1　带电球体周围的电场

a）一个带正电荷球体周围的电场　b）一个带负电荷球体周围的电场

当两个带电物体之间的距离比带电物体的大小大得多时，就可以把带电体看作点电荷，点电荷之间的作用力可以用库仑定律求得，即

$$F=\frac{q_1q_2}{4\pi\varepsilon r^2} \tag{13-1}$$

式中 $F$——两个点电荷之间的作用力（N）；

$q_1$、$q_2$——两个点电荷的电荷量（C）；

$r$——两个点电荷之间的距离（m）；

$\varepsilon$——介电常数，与电介质的性质有关。

**4. 电场强度**

为了定量地描述电场，引入了电场强度的概念。在静电场中某一确定的点放有一实验正电荷，该电荷所受的力与它所带的电荷量之比是一个常数，这个比值称为电场强度，用符号 $E$（单位：N/C）表示，即

$$E=\frac{F}{q_0} \tag{13-2}$$

电场中任意一点的电场强度，在数值上等于放在该点的单位正电荷所受的电场力的大小；电场强度的方向就是正电荷受力的方向。故电场强度是一个既有大小又有方向的矢量。在实用制单位中，电场强度的单位用 V/m（伏/米）表示。

## 13.1.2 电位与电压

**1. 电位**

有带电体的存在就有电场的存在，电荷在电场中受到电场力的作用，因此电荷在电场中移动就需要做功。通常把电场力将单位正电荷从某点移动到参考点（参考点的电位为零）所做的功称为该点的电位。

电场中每一点都有一个确定的电位值，电位可以看成是单位正电荷在该点所具有的电位能，单位用伏特（V）表示。

电位是表示电场内能量的一种物理量，电位与电荷所带电荷量的大小无关，只与电荷在电场中的位置有关。电荷在电场力的作用下移动时，电场力所做的功为正值；电荷在外力作用下，反抗电场力移动时，电场力所做的功为负值。

**2. 电压**

电压又叫电位差，电场中 $a$、$b$ 两点间电压的大小等于电场力把单位正电荷从 $a$ 点移动到 $b$ 点时所做的功，如图 13-2 所示。

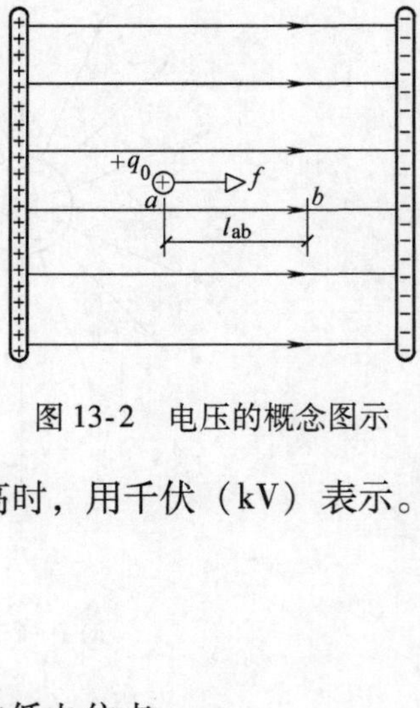

图 13-2 电压的概念图示

$$U_{ab}=\varphi_a-\varphi_b \tag{13-3}$$

式中 $\varphi_a$、$\varphi_b$——$a$、$b$ 两点的电位（V）。

当电压较低时，用毫伏（mV）或微伏（μV）表示，当电压较高时，用千伏（kV）表示。

$$1\text{mV}=10^{-3}\text{V}$$

$$1\mu\text{V}=10^{-6}\text{V}$$

$$1\text{kV}=10^{3}\text{V}$$

电压的方向一般规定为电位降低的方向为正，即从高电位点指向低电位点。

## 13.1.3　电流与电流强度

**1. 电流**

金属导体中的自由电子在电场力的作用下，会向电场强度的反方向移动。电荷有规律的定向运动，就形成了电流。同时规定了正电荷运动的方向就是电流的方向。

在图13-3导线$AB$中，电子的运动方向是由$A$向$B$，电流的正方向则由$B$向$A$。

图13-3　电流的方向

**2. 电流强度**

电流强度是指每秒钟通过导体某一截面的电荷量的多少，电流强度一般简称电流，用符号$I$表示。$Q$表示通过导线某一截面的电量，$t$表示电量$Q$通过该导体截面所需要的时间，则电流（电流强度）公式为

$$I=\frac{Q}{t} \tag{13-4}$$

电流的单位用安培表示，符号为A。如果每秒钟有1C的电量通过导体的某一截面，此时的电流就是1A。

当电流较小时，用毫安（mA）或微安（μA）表示，当电流较大时，用千安（kA）表示。

$$1\text{mA}=10^{-3}\text{A}$$
$$1\mu\text{A}=10^{-6}\text{A}$$
$$1\text{kA}=10^{3}\text{A}$$

## 13.1.4　电源力和电动势

**1. 电源力**

在各种不同的电源中产生电位差的原因是不同的，但有一个共同的特点就是能把电源内部导体中所存在的正、负电荷分别向两极推动，使一个极具有一定量的正电荷，另一个极具有一定量的负电荷，这样在电源的两极之间就形成了电场，出现了一定的电位差。通常把电源内部具有推动电荷移动的作用力称为电源力。

**2. 电动势**

电源力将单位正电荷从电源的负极经电源的内部移动到电源的正极所做的功，称为电源的电动势，常用$E$来表示。

$$E=\frac{W_{BA}}{q_0} \tag{13-5}$$

$W_{BA}$表示在图13-4中电源力将电荷$q_0$从负极$B$移动到正极$A$所做的功。电动势$E$的正方向规定从电源的低电位（电源的负极）指向高电位（电源的正极），即电位升高的方向。

电动势的单位与电压的单位相同，都是用伏特（V）表示的。

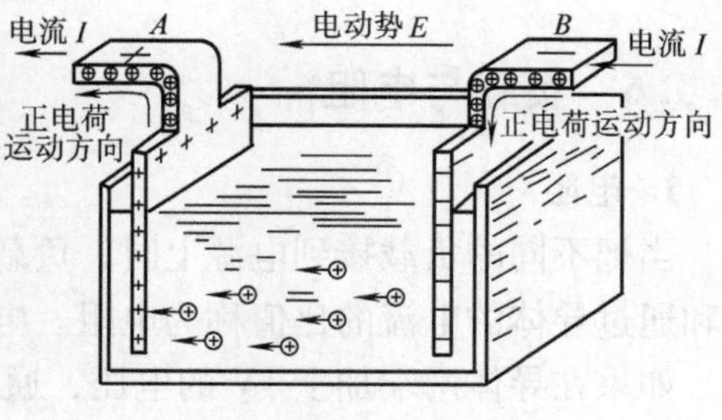

图13-4　电源的电动势

## 13.1.5　电路

电路就是电流所流经的路径，由电源、负载、连接导线和开关三个基本部分组成。

如图13-5所示，当电路的开关接通时，灯泡发光，说明电路中有电流通过。

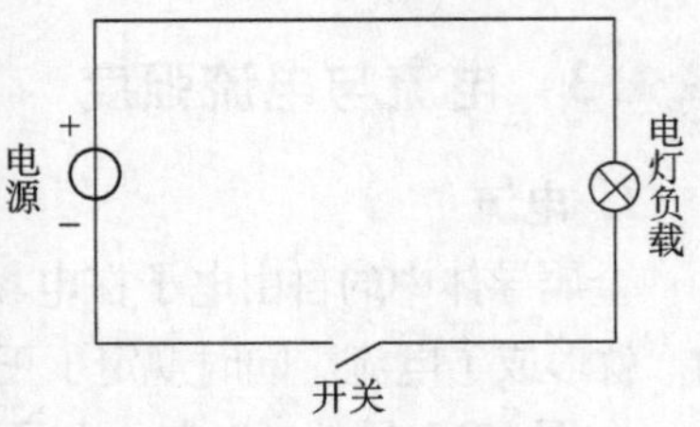

图 13-5 最简单的电路

在图 13-5 中电池是整个电路的电源，电源是把其他形式的能量转换为电能的设备。在电路中，电源是维持电路中电流流动的原动力，并使电路两端保持一定的电位差，使正电荷源源不断地从高电位经负载流向低电位，负电荷源源不断地从低电位经负载流向高电位，形成稳定的电流。

电灯是整个电路的负载，负载是消耗电能的设备，它可以把电能转换为其他形式的能量。负载是各种用电设备，如电灯是把电能转换为光能；电热设备是把电能转换为热能；电动机是把电能转换为机械能等。

导线和开关是电源和负载之间不可缺少的连接和控制部件，起传输和分配电能的作用。开关有控制和保护电气设备的作用，当开关闭合时，电路中才有电流通过负载。

根据电路开关的工作状态一般将电路分为正常状态、开路状态、短路状态三种。正常状态是指额定工作状态，即电路中的电源、负载的电压、电流、频率等处于电气设备所允许的工作条件；开路状态是指当电路的开关断开时，电路中的电流为零，电源两端的电压值就是电源的电动势；短路状态是指电路将一部分负载短接，即电压不等的两点被电阻为零的导体连接，其结果是电路中的电流将突然增大，破坏了原电路的稳定。

基本电路元件有五种，即电阻元件、电感元件、电容元件、理想电压源和理想电流源。

将图 13-5 的原理接线图画成图 13-6。图 13-6a 中将电源用理想电压源来表示，$E$ 表示电源和它的电动势，“+”表示电源的正极，“−”表示电源的负极。在内电路中，电流从电源的“−”极指向电源的“+”极；在外电路中，电流从高电位点指向低电位点，箭头的方向即表示电流的正方向。电压的正方向正好与电动势的方向相反，其正方向也是从高电位点指向低电位点，当电路的电压方向与电流的方向是一致时，则电压、电流之间的方向称为关联参考方向，如图 13-6c 中的电压、电流的方向。图 13-6b、c 是图 13-6a 的另外两种表示方法。

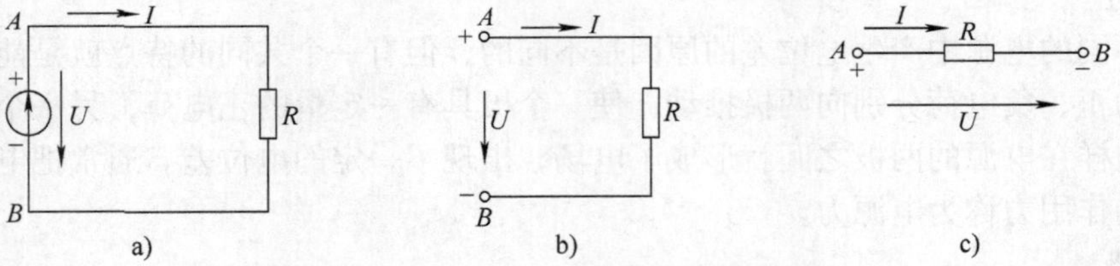

图 13-6 电路图的几种画法

a）用电动势表示电源 b）用端电压表示电源 c）图 a 和图 b 的简单画法

## 13.1.6 负载与电阻

### 1. 电阻

当把不同的负载接到电源上时，负载中通过的电流大小是不同的。通常把加在导体两端的电压和通过导体的电流的比值称为电阻。电阻的单位是欧姆（Ω），符号为 $R$。

如果在导体两端加上 1V 的电压，通过导体的电流是 1A，则该导体的电阻就是 1Ω，即

$$1\Omega = \frac{1\text{V}}{1\text{A}}$$

导体的电阻不仅与导体的材料种类有关，而且与导体的尺寸有关。实验证明，同一材料导体的电阻和导体的横截面面积成反比，与导体的长度成正比，用公式表示为

$$R = \rho \frac{L}{S} \tag{13-6}$$

式中　$L$——导体的长度（m）；

$S$——导体的横截面面积（$m^2$）；

$\rho$——导体的电阻率（Ω·m）。

**2. 电阻与温度的关系**

导电材料的电阻值不仅与材料本身的性质及材料的尺寸有关，还与温度有关。银、铜、铝等金属导体的电阻值随温度的升高而升高，碳的电阻值随温度的升高而减小。为了计算导电材料在不同温度下的电阻值，通常把导体的温度每升高1℃时，它的电阻值增大的百分数称为电阻的温度系数，用符号 $\alpha$ 表示。$\alpha$ 为正值时，表示导体的电阻随温度的升高而增大；$\alpha$ 为负值时，表示导体的电阻随温度的升高而减小。

一般情况下，可以认为导体电阻值与温度变化率成正比，电阻与温度的变化关系可以表示为

$$R_2 = R_1[1 + \alpha(T_2 - T_1)]$$

式中　$R_1$——导体的起始温度 $T_1$ 时的电阻值（Ω）；

$R_2$——导体在温度为 $T_2$ 时的电阻值（Ω）；

$\alpha$——电阻的温度系数。

**3. 电导**

为了计算方便，导体的电阻值有时用它的倒数，即电导表示，电导用符号 $G$ 表示，单位是西门子，简称西，用S表示。电导与电阻的关系为

$$G = \frac{1}{R} \tag{13-7}$$

## 13.1.7　电功率与电能

**1. 电能**

电能是衡量电场做功的物理量。电能的定义是电场力将单位正电荷从某点移动到另一点所做的功。设某段电路 $ab$ 中有电流流过，$ab$ 两点间的电压为 $U$，在 $t$ 秒内将电荷 $Q$ 从 $a$ 点移动到 $b$ 点所做的功表示为

$$W = UIt \tag{13-8}$$

上式表示在 $t$ 秒钟内电场力所做的功，也就是消耗在电阻 $R$ 上的电能。电能的单位是焦耳（J），1J等于电压为1V，电流为1A，在1s内所做的功。

**2. 功率**

功率表示电路元件中能量变换的速度，电场力在 $ab$ 段电路中，单位时间内所做的功就叫功率，用 $P$ 表示。

$$P = \frac{W}{t} \tag{13-9}$$

式中　$P$——功率（W）；

$W$——电场力所做的功（J）；

$t$——时间（s）。

实际应用中经常使用的功率单位有千瓦（kW）、瓦（W）和毫瓦（mW），换算关系为

$$1\text{kW} = 10^3\text{W}$$

$$1\text{mW} = 10^{-3}\text{W}$$

电源的功率等于电源的电动势 $E$ 与电流 $I$ 的乘积，即

$$P = EI \tag{13-10}$$

负载的功率等于负载两端的电压和通过负载的电流的乘积，即

$$P = UI \tag{13-11}$$

## 13.2 直流电路的基本定律

### 13.2.1 部分电路欧姆定律

导体中电流 $I$ 的大小与加在导体两端的电压 $U$ 成正比，与导体的电阻 $R$ 成反比，这个关系称为欧姆定律。欧姆定律是计算电路的最基本定律。

如图 13-7 所示，在一闭合回路中的一段电路，如果不含电源，仅有负载，那么该段电路被称为部分电路，其欧姆定律的表达式为

$$I = \frac{U}{R} \tag{13-12}$$

当已知电流和电阻时，可以求出电压，即

$$U = IR \tag{13-13}$$

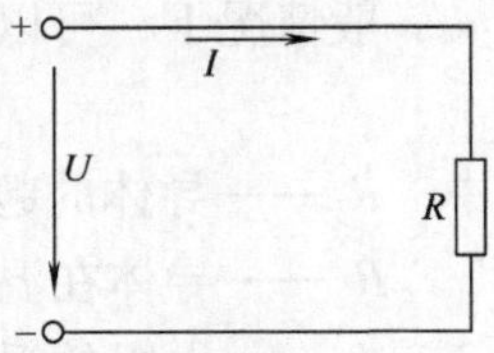

图 13-7 部分电路的欧姆定律

当已知电压和电流时，可以求出电阻，即

$$R = \frac{U}{I} \tag{13-14}$$

部分电路的欧姆定律反映了部分电路中电压、电流和电阻三者之间的关系，是分析和计算部分电流各物理量的主要依据。

### 13.2.2 全电路欧姆定律

图 13-8 所示是一简单的闭合回路，$r_0$ 是电源的内阻，$R$ 是线路的负载。当连接导线的电阻忽略不计时，根据欧姆定律可知，电源内阻上的电压降为$U_0 = Ir_0$，负载上的电压降为 $U = IR$，所以

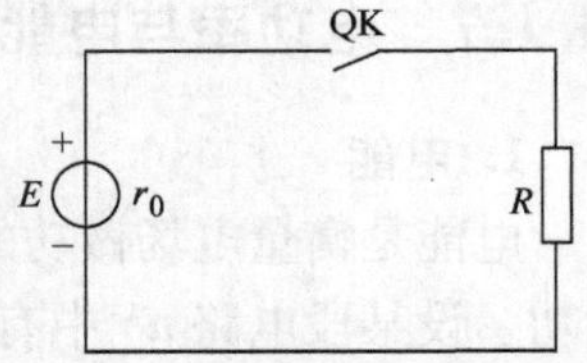

图 13-8 全电路的欧姆定律

$$E = U_0 + U = Ir_0 + IR = I(r_0 + R) \tag{13-15}$$

$$I = \frac{E}{r_0 + R} \tag{13-16}$$

这一关系称为全电路的欧姆定律，其定义为在闭合回路中，电路中电流等于该电路中的电动势除以整个电路的总电阻。即在闭合回路中，电流的大小与电源的电动势成正比，与整个电路的电阻成反比。

## 13.3 负载的连接

### 13.3.1 负载的串联

如果把几个电阻首尾相连，在这几个电阻中通过的是同一电流，这种连接方式叫串联。如图13-9所示，$R_1$、$R_2$ 与 $R_3$ 就是串联电阻，通过电流是同一电流 $I$。

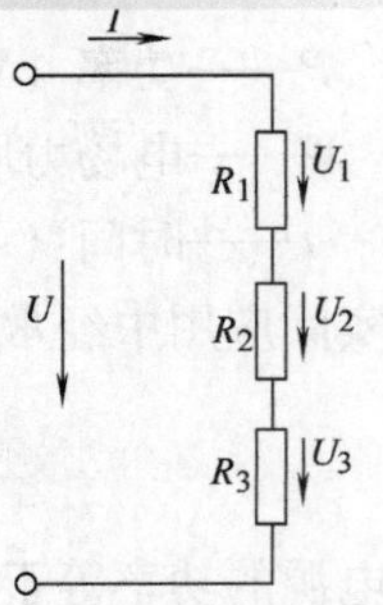

图 13-9 电阻串联电路

串联电路的特点是：

1）串联电路中，电流处处相同，且为同一电流，根据欧姆定律，

串联电路的电流为

$$I=\frac{U}{R_1+R_2+\cdots+R_n} \tag{13-17}$$

2）串联电路两端的总电压等于各电阻上分电压之和，即

$$U=U_1+U_2+\cdots+U_n=IR_1+IR_2+\cdots+IR_n \tag{13-18}$$

3）串联电路的总电阻等于所有电阻之和，即

$$R=R_1+R_2+\cdots+R_n \tag{13-19}$$

当 $R_1=R_2=R_3=\cdots=R_n=R$ 时，则总电阻为

$$\sum R=nR \tag{13-20}$$

串联电路的总电阻必定要大于电路中任何一个分电阻，故串联电阻越串越大。

4）串联电阻上的电压与电阻值成正比，电阻值越大，所分得的电压越大。

$$U_1:U_2:U_3=R_1:R_2:R_3 \tag{13-21}$$

5）各电阻所消耗的功率与电阻的阻值成正比，串联电路的总功率等于各电阻功率之和。

总功率

$$P=I^2R=I^2(R_1+R_2+\cdots+R_n)=P_1+P_2+\cdots+P_n \tag{13-22}$$

由于串联电路中电压分配与电阻值成正比，当电源电压高于负载额定电压时，可以采用串联电阻构成的分压器来降低供电电压，以满足负载的要求。

### 13.3.2　负载的并联

每个电阻的两端分别接在一起，每个电阻两端所承受的是同一电压，这种连接方式称为并联，如图 13-10 所示。

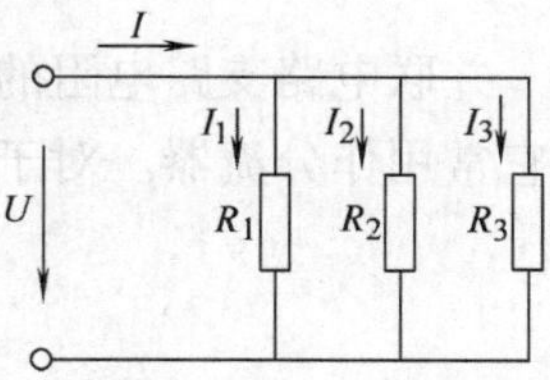

图 13-10　电阻的并联

电阻并联电路有以下几个特点：

1）各个电阻两端的电压相等，都等于外电压，这是并联电路的主要特征。

2）每个支路的电流和电阻成反比，电阻越小，支路的电流越大；电阻越大，支路的电流越小。

$$I_1=\frac{U}{R_1}$$

$$I_2=\frac{U}{R_2}$$

得到

$$\frac{I_1}{I_2}=\frac{R_2}{R_1} \tag{13-23}$$

3）并联电路的总电流等于各个分支电流之和，即

$$I=I_1+I_2+I_3+\cdots+I_n \tag{13-24}$$

4）并联电路总电阻的倒数等于各支路电阻倒数之和。

$$\begin{aligned} I &= I_1+I_2+I_3+\cdots+I_n \\ &= \frac{U}{R_1}+\frac{U}{R_2}+\frac{U}{R_3}+\cdots+\frac{U}{R_n} \\ &= U\left(\frac{1}{R_1}+\frac{1}{R_2}+\frac{1}{R_3}+\cdots+\frac{1}{R_n}\right) \\ &= \frac{U}{R} \end{aligned}$$

所以总电阻的倒数为

$$\frac{1}{R}=\frac{1}{R_1}+\frac{1}{R_2}+\frac{1}{R_3}+\cdots+\frac{1}{R_n} \tag{13-25}$$

用电导表示，即

$$G=G_1+G_2+G_3+\cdots+G_n \tag{13-26}$$

由以上的分析可知，并联电路的总电阻总小于任何一个支路的电阻，所以并联电阻总是越并越小。

5）并联电路中消耗的总功率等于各个支路电阻消耗的功率之和。

各支路电阻所消耗的功率与各支路电阻的阻值成反比，电阻越小，消耗的功率越大。在并联电路中，若有

$$I=I_1+I_2$$

两边同乘以 $U$，则得

$$UI=UI_1+UI_2 \tag{13-27}$$

故得

$$P=P_1+P_2 \tag{13-28}$$

各支路消耗的功率的比为

$$P_1:P_2=\frac{U^2}{R_1}:\frac{U^2}{R_2} \tag{13-29}$$

$$\frac{P_1}{P_2}=\frac{R_2}{R_1} \tag{13-30}$$

并联电路支路电阻的变化虽然不会影响其他支路的电流，但是会改变总电流的分配比例，所以它常用作分流器。对于只有两个电阻并联的电路，分支电流和总电流的关系可由下式求得，即

$$\frac{I_1}{I}=\frac{I_1}{I_1+I_2}=\frac{\dfrac{U}{R_1}}{\dfrac{U}{R_1}+\dfrac{U}{R_2}}=\frac{R_2}{R_1+R_2} \tag{13-31}$$

同理

$$\frac{I_2}{I}=\frac{R_1}{R_1+R_2} \tag{13-32}$$

## 13.4 正弦交流电路的基本概念

### 13.4.1 交流电

如果电流或电压每经过一定时间（$T$）就重复变化一次，则此种电流、电压被称为周期性交流电流或电压，可表达为

$$u(t)=u(t+T) \tag{13-33}$$

交流电的波形有正弦波、方波、三角波、锯齿波等，如图13-11所示。

### 13.4.2 正弦交流电

正弦电压和电流都是按正弦规律周期性随时间变化的，其波形图可用正弦曲线来表示，如图13-12所示。

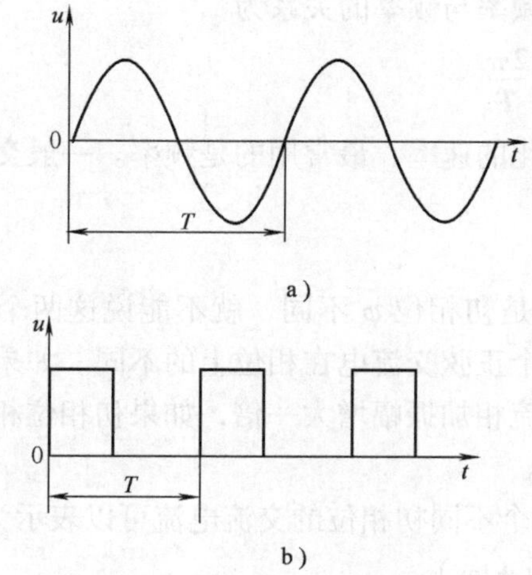


图 13-11 交流电压的波形

a) 正弦波 b) 方波

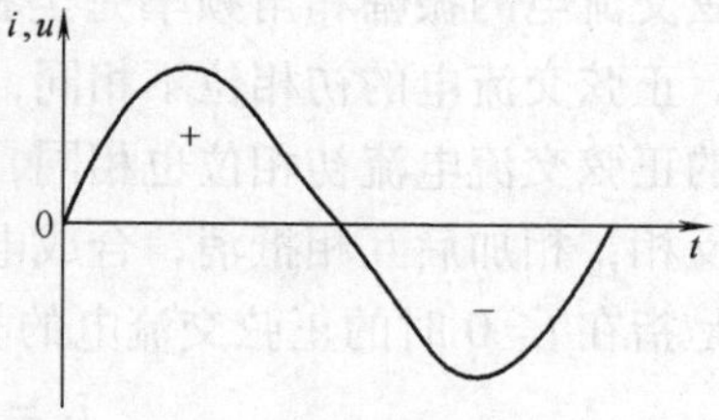


图 13-12 正弦交流电的波形

图 13-13 中“+”表示电流（或电压）为正值，称为正半周，电流（或电压）的实际方向与参考方向一致；“-”表示电流（或电压）为负值，或称为负半周，实际方向与参考方向相反。

### 13.4.3 正弦交流电的三要素

正弦电压和正弦电流等物理量统称为正弦量。正弦量的特征表现在电压和电流变化的快慢、大小及初值三个方面，分别由频率（或周期）、幅值（或有效值）和初相位来确定。

正弦交流电流的数学表达式为

$$i = I_m \sin(\omega t + \varphi) \tag{13-34}$$

从式（13-34）中可以看出，一个正弦交流电流有三个基本要素。

1）$I_m$ 为振幅值，电流在瞬时变化中所能达到的最大值。

2）$\omega$ 为角频率，单位时间正弦电流相位的变化。

3）$\varphi$ 为初相位，$t$ 为 0 时，正弦波相位的初始值，决定正弦交流电的初始幅值。

一个正弦交流电知道了振幅、角频率和初相位，那么正弦交流电就完全确定了，因此把这三个基本量称为正弦交流电的三要素。

**1. 周期、频率和角频率**

正弦交流电随时间不断地交替变化，交流电流从零开始增加到正的最大值，然后逐渐减小到零，接着又改变方向到负的最大值，又逐渐增大到零，这样完成正负一周的变化所需要的时间称为周期。用符号 $T$ 表示，单位为秒，周期越短，表明交流电的变化越快。

在单位时间内交流电重复变化的周期数称为频率，用字母 $f$ 表示，即

$$f = \frac{1}{T} \tag{13-35}$$

频率的单位为赫兹（Hz）。

频率和周期互为倒数。频率为 100Hz 的交流电，周期为 $\frac{1}{100}$s；周期为 $\frac{1}{50}$s 的交流电频率为 50Hz。

我国电力的标准频率为 50Hz，国际上多采用此标准，但美国、日本采用的标准为 60Hz。

在正弦函数中，常以弧度为角度单位，因此角频率与频率的关系为

$$\omega = 2\pi f = \frac{2\pi}{T} \tag{13-36}$$

频率、周期和角频率都可以用来表示交流电变化的速率，最常用的是频率。一般交流市电的频率为50Hz，周期为0.02s。

**2. 初相位及相位差**

两个正弦交流电的振幅和角频率完全相同，但是初相位 $\varphi$ 不同，就不能说这两个正弦交流电完全相同。正弦交流电的初相位不相同，反映两个正弦交流电在相位上的不同。如果两个振幅和频率相同的正弦交流电流初相位也相同，则两电流相加振幅增大一倍，如果初相位相差 $\pi$，则两电流完全反相，相加后互相抵消，合成电流为零。

初相位是指在 $t=0$ 时的正弦交流电的相位，两个不同初相位的交流电流可以表示为

$$i_1 = I_{m1}\sin(\omega t + \varphi_1) \tag{13-37}$$

$$i_2 = I_{m2}\sin(\omega t + \varphi_2) \tag{13-38}$$

实际上初相位与时间的起点选择有关，时间起点不同初相位也不同。$t=0$ 时，函数值为零，则初相位为零。函数值为正，初相位为正；函数值为负，初相位为负。

**3. 瞬时值和有效值**

正弦量在任一瞬间的值称为瞬时值，用小写字母表示，如 $e$、$i$、$u$ 分别表示电动势、电流和电压的瞬时值。

瞬时值中最大的值称为幅值或最大值，如 $E_m$、$I_m$、$U_m$ 分别表示电动势、电流和电压的幅值。

说明或计量正弦交流电时一般不使用幅值或瞬时值，而用有效值。有效值是从电流的热效应来规定的。在同一周期时间内，正弦交流电流 $i$ 和直流电流 $I$ 对同一电阻具有相同的热效应，就用 $I$ 表示 $i$ 的有效值。在同一周期时间内，正弦交流电流 $i$ 和直流电流 $I$ 对同一电阻具有相同的热效应。

$$\int_0^T i^2 R\mathrm{d}t = I^2 RT$$

正弦交流电的有效值等于将正弦交流电的瞬时值平方后取一个周期的平均值再开方，所以又称为方均根值。

$$I = \sqrt{\frac{1}{T}\int_0^T i^2 \mathrm{d}t} = \sqrt{\frac{1}{T}\int_0^T I_m^2 \sin^2\omega t\mathrm{d}t} \tag{13-39}$$

其中

$$\int_0^T \sin^2\omega t\mathrm{d}t = \int_0^T \frac{1-\cos 2\omega t}{2}\mathrm{d}t = \frac{T}{2} \tag{13-40}$$

$$I = \sqrt{\frac{1}{T}I_m^2 \frac{T}{2}} = \frac{I_m}{\sqrt{2}} \tag{13-41}$$

如果正弦交流电电流的有效值用 $I$ 表示，电压有效值用 $U$ 表示，与最大值的关系为

$$I = \frac{1}{\sqrt{2}}I_m = 0.707I_m \quad U = \frac{1}{\sqrt{2}}U_m = 0.707U_m$$

或

$$I_m = \sqrt{2}I = 1.414I \quad U_m = \sqrt{2}U = 1.414U$$

在交流电气设备中所给出的电压、电流均为有效值，平时接触到的交流电压220V或380V均是指有效值。电工仪表测得的电压和电流值也是有效值。

## 13.4.4　正弦交流电的负载

### 1. 电阻元件

在正弦交流电路中，电阻两端的电压和电流的关系同样也符合欧姆定律。图13-13所示为接在一个交流电路中的电阻负载和波形图。

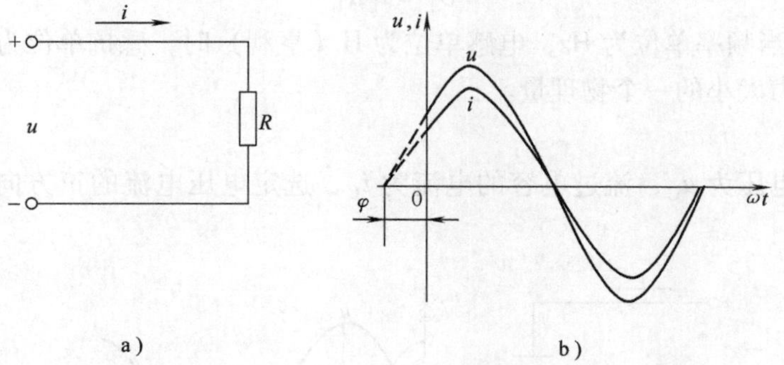


图13-13　电阻元件上电压与电流的关系

a) 电路图　b) 波形图

根据欧姆定律

$$u = iR \tag{13-42}$$

设电压和电流的正方向一致，流过电阻的电流为

$$i_R = I_m \sin(\omega t + \varphi) \tag{13-43}$$

电阻两端的电压为

$$u_R = i_R R = RI_m \sin(\omega t + \varphi) = U_{Rm} \sin(\omega t + \varphi) = \sqrt{2} U \sin(\omega t + \varphi) \tag{13-44}$$

### 2. 电感元件

一个电感线圈，忽略它的电阻，看作只有电感 $L$ 的理想元件。当这样一个电感线圈接入交流电路中时，如果两端电压为 $u_L$，流过的电流为 $i_L$，选定电压、电流的正方向一致，如图13-14a所示。

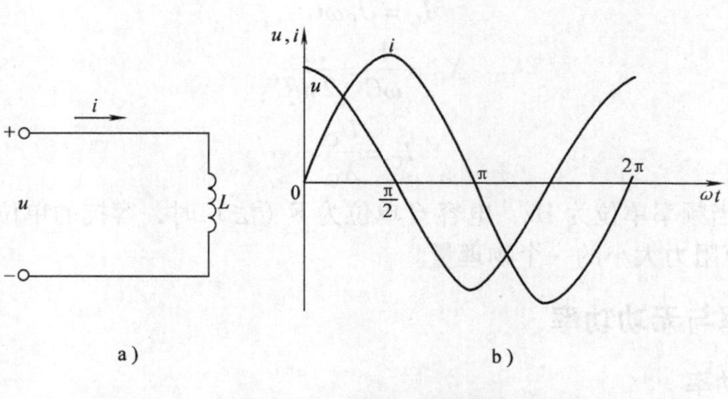


图13-14　电感元件上电压与电流的关系

a) 电路图　b) 波形图

设电流为

$$i_L = I_{Lm} \sin\omega t \tag{13-45}$$

则电感两端的自感电压为

$$u_L = U_{Lm}\sin\left(\omega t + \frac{\pi}{2}\right) \tag{13-46}$$

写成有效值的形式为

$$U_L = I_L\omega L \tag{13-47}$$

令

$$X_L = \omega L = 2\pi fL \tag{13-48}$$

则

$$U_L = I_L X_L \tag{13-49}$$

$X_L$ 称为感抗，当频率单位为 Hz，电感单位为 H（亨利）时，感抗单位为 Ω，它是反映电感元件对交流电流阻力大小的一个物理量。

**3. 电容元件**

设电容两端的电压为 $u_C$，流过电容的电流为 $i_C$，选定电压电流的正方向一致，如图13-15a所示。

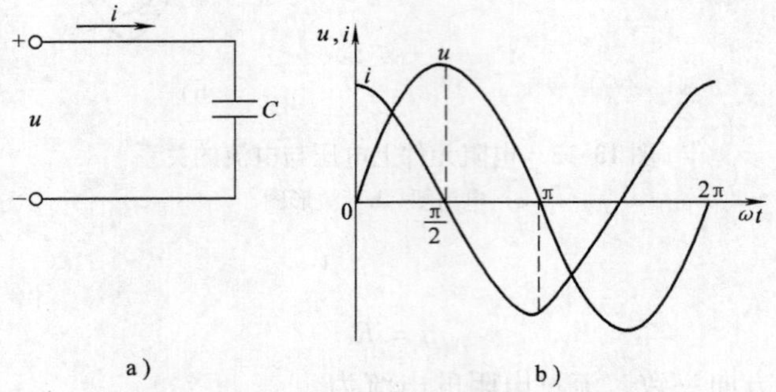


图 13-15 电容元件上电压与电流的关系
a）电路图 b）波形图

当

$$u_C = U_{Cm}\sin\omega t \tag{13-50}$$

则流过电路中的电流为

$$I_C = I_{Cm}\sin\left(\omega t + \frac{\pi}{2}\right) \tag{13-51}$$

$$I_C = U_C\omega C \tag{13-52}$$

令

$$X_C = \frac{1}{\omega C} = \frac{1}{2\pi fC} \tag{13-53}$$

则

$$I_C = \frac{U_C}{X_C} \tag{13-54}$$

$X_C$ 称为容抗，当频率单位为 Hz，电容 $C$ 单位为 F（法）时，容抗的单位为 Ω。容抗是反映电容元件对交流电流阻力大小的一个物理量。

## 13.4.5 有功功率与无功功率

**1. 电阻元件的功率**

交流电路中，任一瞬间电路元件上的电压与电流瞬时值的乘积，称为该元件的瞬时功率，用小写英文字母 $p_R$ 表示，即 $p_R = u_R i_R$。

由于瞬时功率随时间变化，不能给出一个确定的功率值，所以在工程上都是计算平均功率，即瞬时功率在一个周期内的平均值，用大写英文字母 $P_R$ 表示。

电阻元件在交流电路中是一个耗能元件，和直流电路中的功率计算公式一样，电阻元件在交流电路中平均功率的计算式可写成

$$P_R = U_R I_R = I_R^2 R = \frac{U_R^2}{R} \tag{13-55}$$

平均功率反映元件实际消耗电能的大小，因此又称为有功功率，或简称功率。

**2. 电感元件的功率**

电感元件上的交流瞬时功率为

$$P_L = \frac{1}{2} U_{Lm} I_{Lm} \sin 2\omega t = U_L I_L \sin 2\omega t \tag{13-56}$$

上式说明，电感元件上的瞬时功率是随时间变化的正弦函数，频率是电流（或电压）频率的两倍。

瞬时功率的最大值为 $U_L I_L$，称为无功功率，以 $Q_L$ 表示，它说明电源和电感元件之间能量交换的最大速率。

$$Q_L = U_L I_L = I_L^2 X_L = \frac{U_L^2}{X_L} \tag{13-57}$$

当电压单位为 V，电流单位为 A 时，无功功率的单位为乏（var）。

**3. 电容元件的功率**

电容元件上瞬时功率为

$$P_C = \frac{1}{2} U_{Cm} I_{Cm} \sin 2\omega t = U_C I_C \sin 2\omega t \tag{13-58}$$

电容元件的瞬时功率也是随时间变化的正弦函数，频率是电压（或电流）频率的两倍。

瞬时功率的最大值 $U_C I_C$ 称为无功功率，它代表电源和电容元件之间能量交换的最大速率，以 $Q_C$ 表示。

$$Q_C = U_C I_C = I_C^2 X_C = \frac{U_C^2}{X_C} \tag{13-59}$$

## 13.5　三相交流电路

### 13.5.1　三相交流电的电源电动势

能供给三相交流电的设备称为三相交流电源。通常三相交流电是由三相交流发电机产生的，图 13-16 所示为三相交流发电机示意图。

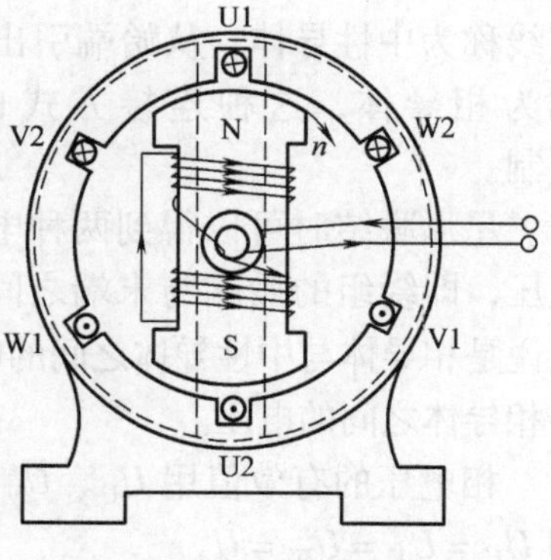

图 13-16　三相交流发电机示意图

1）由于发电机三相绕组的结构相同，因此产生的感应电动势的最大值相等，用 $E_m$ 表示，即 $E_m = E_{Um} = E_{Vm} = E_{Wm}$。

2）由于三相绕组以相同的角速度在磁场中旋转，所以三个感应电动势的角频率相同。

3）三相绕组在空间互差 120°，故三个感应电动势的相位差互为 120°。

以上三个条件都满足的电动势，称为三相对称电动势。

以 $e_U$ 为参考正弦量，三相对称电动势表示为

$$e_U = E_m \sin\omega t$$
$$e_V = E_m \sin(\omega t - 120°)$$
$$e_W = E_m \sin(\omega t + 120°)$$

图 13-17 所示为三相对称电动势的波形图和相量图。

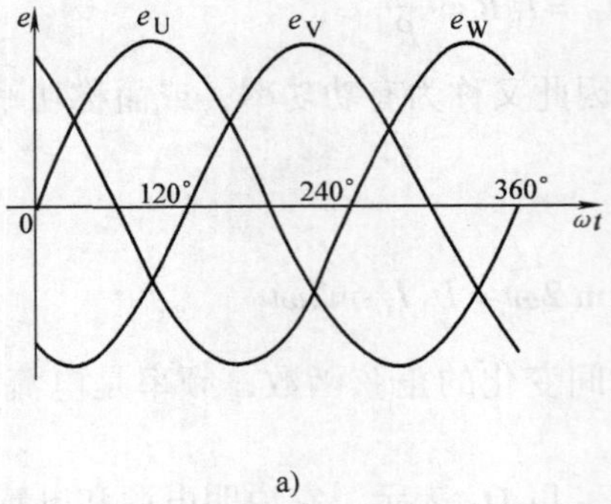


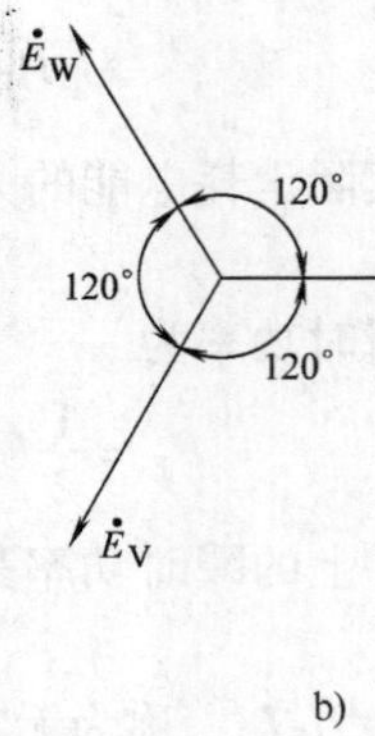


图 13-17 三相对称电动势的波形图和相量图

a）波形图 b）相量图

如果把三个电动势的相量加起来，构成一个闭合的三角形，即

$$\dot{E}_U + \dot{E}_V + \dot{E}_W = 0 \tag{13-60}$$

上式说明三相对称电动势的相量和等于零。

如果将三个电动势的瞬时值加起来，经过运算也可以得到

$$e_U + e_V + e_W = 0 \tag{13-61}$$

在图 13-21a 中的波形图上，把任一瞬间三个电动势加起来，也会得到同样的结果。也就是说，三相对称电动势在任一瞬间的代数和都等于零。

## 13.5.2 三相交流电源的连接形式

### 1. 电源的星形联结

将三个绕组的末端 U2、V2、W2 连在一起，由 U1、V1、W1 三个始端引连接线，这种连接方式就叫星形联结，如图 13-18 所示。

星形联结时，三个末端连接在一起的点称为中性点，用“N”表示。从中性点引出的连接线称为中性导体，从始端引出的三根连接线称为相导体，这种连接方式也称为三相四线制。

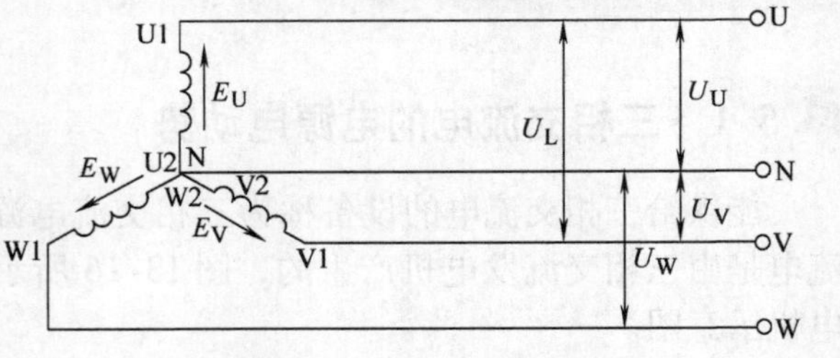


图 13-18 三相对称电源的星形联结

星形联结时可以得到两种电压，一种是相电压，即绕组的始端与末端之间的电压，也可以说是相导体与中性导体之间的电压；另一种是线电压，即各绕组始端与始端之间的电压，也就是各相导体之间的电压。

相电压的有效值用 $U_U$、$U_V$ 或 $U_W$ 表示，一般用 $U_\phi$ 表示，三个相电压的有效值大小相等，即 $U_U = U_V = U_W = U_\phi$。

线电压的有效值用 $U_{UV}$、$U_{VW}$或 $U_{WU}$表示，一般用 $U_L$ 表示。同样三个线电压的有效值大小也相等，即 $U_{UV} = U_{VW} = U_{WU} = U_L$。三个相电压和线电压分别对称。

各相电动势的正方向规定为从绕组的末端指向始端，那么相电压的正方向就是从绕组的始端指向末端。线电压的正方向习惯按 U、V、W 顺序规定，如 $U_{UV}$就是从 U 端指向 V 端。

电源连接成星形时，相电压与线电压显然是不相等的。线电压与相电压之间的关系为

$$U_L = \sqrt{3}U_\phi \tag{13-62}$$

这就是说，电源为星形联结时，线电压等于相电压的$\sqrt{3}$倍。

通常讲的电压 220V 和 380V，是指电源星形联结时的相电压和线电压值，即 $380V=\sqrt{3}\times 220V$。

**2. 电源的三角形联结**

电源的三角形联结就是把第一个绕组的末端和第二个绕组的始端依次相连，如 U2 接 V1，V2 接 W1，W2 接 U1，连接成一个闭合回路，再从三个顶点引出三根相线向外送电，如图 13-19 所示。

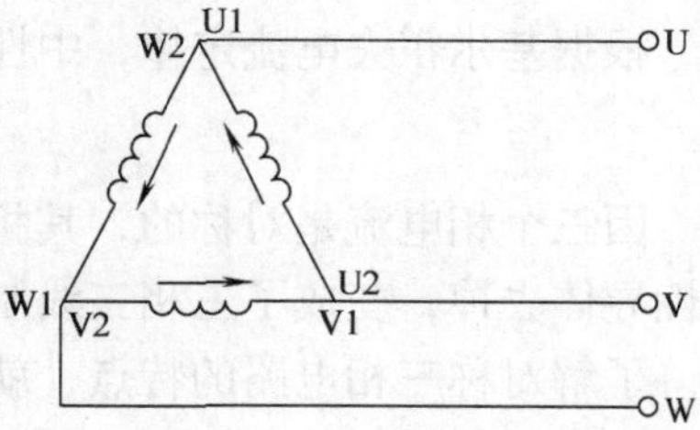

图 13-19 三相电源的三角形联结

三个绕组连成三角形时，线电压就是相电压，即

$$U_L=U_\phi \tag{13-63}$$

## 13.5.3 三相对称负载的连接形式

三相电路的负载由三部分组成，其中每一部分叫作一相负载，负载阻抗相等的三相负载叫对称三相负载。

三相负载的连接也有星形和三角形两种联结方式。

**1. 负载的星形联结**

星形联结的三相电源线电压为 380V。许多用电器件的额定电压均为 220V，因此这些电器就不能接在三相电源的相导体之间，而应接在相导体与中性导体之间，它的相电压为 220V，正好满足电器额定电压的要求，中性导体就成了负载的公共端，这种连接方式叫做负载的星形联结，如图 13-20 所示。

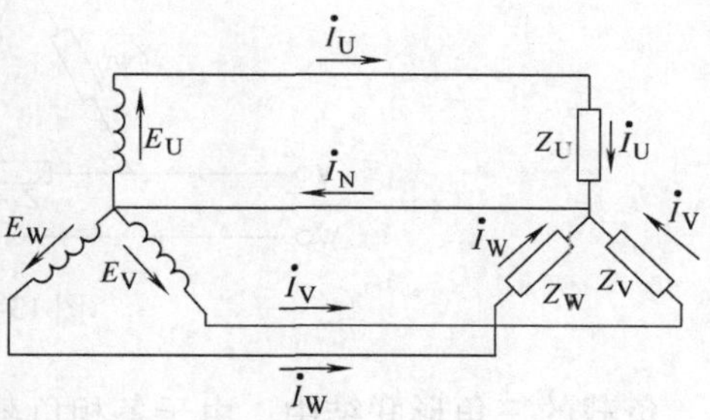

图 13-20 三相负载的星形联结

假设各相负载的阻抗分别用 $Z_U$、$Z_V$、$Z_W$ 表示，这种用四根导线把电源和负载连接起来的三相电路，称为三相四线制。

假设导线的阻抗很小，可忽略不计，那么负载的线电压与电源的线电压相等。如中性导体阻抗也可忽略不计，则负载的中性点的电位与电源中性点的电位相同，负载的相电压和相应的电源相电压也相等。

已知各相负载两端的电压之后，可以计算每相电流，这个电流流经各相负载，所以叫相电流，其有效值为

$$I_U=\frac{U_U}{Z_U}\quad I_V=\frac{U_V}{Z_V}\quad I_W=\frac{U_W}{Z_W}$$

各相负载的相电压与相电流之间的相位差，可按下式关系算出，即

$$\tan\varphi_U=\frac{X_U}{R_U}\quad \tan\varphi_V=\frac{X_V}{R_V}\quad \tan\varphi_W=\frac{X_W}{R_W}$$

如果 $X_U=X_V=X_W=X$，$R_U=R_V=R_W=R$，这样的三相负载就称为三相对称负载。三个相电流的有效值相等，各相的相电压与相电流之间的相位差也相等，三个相电流之间的相位差必为 120°，即

$$I_U=I_V=I_W=I_\phi$$

$$\varphi_U=\varphi_V=\varphi_W=\varphi$$

在各相导体中流过的电流称为线电流，用 $I_L$ 表示。对星形联结的电路来说，线电流等于相电流，即

$$I_L = I_\phi$$

根据基尔霍夫电流定律，中性导体电流 $I_N$ 是三相电流之和，即

$$\dot{I}_N = \dot{I}_U + \dot{I}_V + \dot{I}_W \tag{13-64}$$

因三个相电流是对称的，其相量和必定等于零，所以中性导体里没有电流流过，这样可以把中性导体去掉，变成了三相三线制的电路。

了解对称三相电路的特点，就能计算出三相三线制电路中的电流。

1）在负载对称的情况下，电源中性点与负载中性点的电位相同，无论有无中性导体，各相负载两端的电压都等于电源的各相电压，所以加在三相负载上的电压是对称的三相电压。

2）在三相对称电路中，只要计算出一相电流，其他两相电流可按对称电流的关系直接写出。

这样对称三相电路可以作为单相电路计算。

**2. 负载的三角形联结**

负载的三角形联结，可用图 13-21 所示的电路来表示。

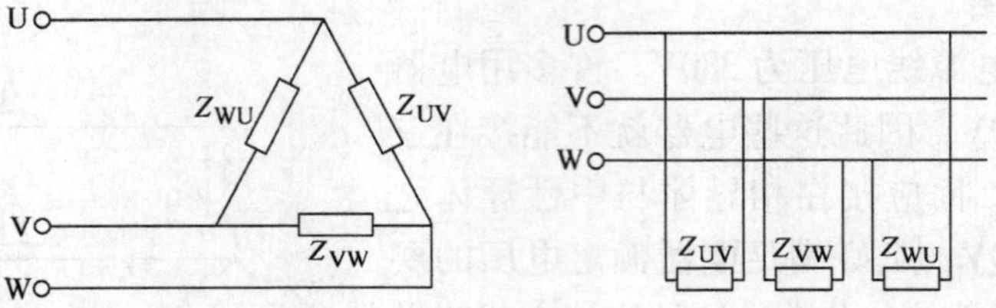


图 13-21 负载的三角形联结

负载的三角形联结中，由于各相负载都直接跨在电源的相导体之间，所以各相负载的相电压与电源的线电压相等，即

$$U_{UV} = U_{VW} = U_{WU} = U'_\phi$$

式中 $U'_\phi$——负载的相电压。

负载作三角形联结时，相电流和线电流是不一样的。如三相电动机这样的对称负载，它的三相电流也应是对称的，在计算相电流时，只要求求出一相。

$$I_{UV} = \frac{U_{UV}}{Z_{UV}} \quad I_{VW} = \frac{U_{VW}}{Z_{VW}} \quad I_{WU} = \frac{U_{WU}}{Z_{WU}}$$

$$I_{UV} = I_{VW} = I_{WU} = I_L = \frac{U_\phi}{Z_\phi}$$

$$\varphi_{UV} = \varphi_{VW} = \varphi_{WU} = \varphi$$

$$\tan\varphi = \frac{X}{R}$$

由相电流求出各线电流的大小和相位，三个相电流是对称的，所以三个线电流也是对称的。线电流在相位上比相应的相电流滞后 30°，其关系是

$$I_L = \sqrt{3} I_\phi \tag{13-65}$$

由上式说明对称三相负载三角形联结时，线电流等于相电流的$\sqrt{3}$倍。

### 13.5.4 三相不对称负载的连接形式

负载对称的三相电路的特点是三相负载阻抗均相等，电压和电流都是对称的。当负载阻抗不相等时，就构成了三相不对称电路。最常见的三相不对称负载是照明电路。

照明电路一般都采用三相四线制，在设计安装时尽量把电灯均匀分布在各相电路中，如图13-22所示。通常把中性导体接地，使它的电位与大地相同，以保证安全。

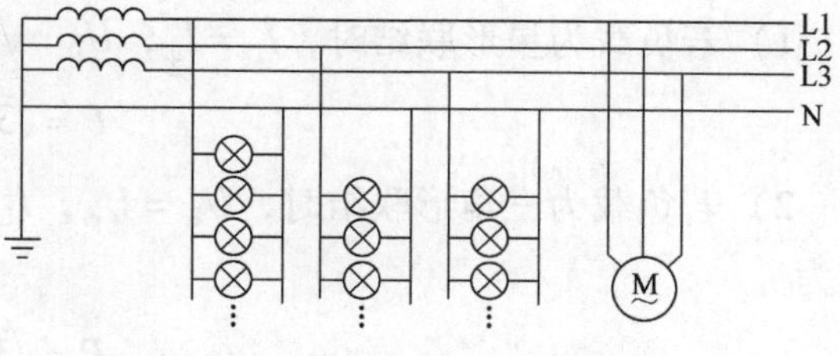

图13-22 三相负载的组成

对于照明电路，即使在设计时各相负载是对称的，但实际上经常是有的电灯开，有的电灯关，或线路中某处发生短路或断路故障，在一般情况下，各相负载也是不对称的。采用三相四线制使电源的每一相单独地对负载的每一相供电，这可保证在电灯负载不对称时，各相电灯两端的电压不变。

在三相四线制中，各种负载两端的电压就等于相电压，与各相负载的变化没有关系。也可以说，负载中性点的电位与电源中性点的电位总是相同的。即使某相断相，也只是该相中全部负载断电，中性点的电位不变，其他两相负载的电压仍为电源的相电压，负载仍正常工作。所不同的是，在负载对称时，三相对称的负载电流的相量和等于零，中性导体无电流；负载不对称时，三相负载电流的相量和不等于零，中性导体有电流通过。根据基尔霍夫电流定律可知，中性导体电流为

$$I_N = I_U + I_V + I_W$$

因此可得出结论，中性导体的作用就在于使星形联结的不对称负载的相电压保持对称。这样低压照明电路都应该采用三相四线制，且中性导体不允许接入开关设备，最好采用机械强度较好的铜线作为中性导体。

由单相负载组成不对称Y形三相负载，安装时总是力求各相负载接近对称，中性导体电流一般小于各相电流。

因为中性点有位移，即使电源中性点接地，但负载中性点与大地电位不等，因此中性导体和接地导体是有区别的。在安全保护措施上接地和接零也是不同的。

### 13.5.5 三相电路功率的计算

**1. 有功功率**

一个负载两端加上正弦交流电压 $u$，流过电流 $i$，那么该负载所消耗的平均功率为

$$P = UI\cos\varphi \tag{13-66}$$

式中 $U$、$I$——相电压和相电流的有效值；

$\varphi$——相电压与相电流之间的相位差。

在三相电路里，负载消耗的平均功率应该等于各相平均功率之和，即

$$P = P_U + P_V + P_W = U_U I_U \cos\varphi_U + U_V I_V \cos\varphi_V + U_W I_W \cos\varphi_W \tag{13-67}$$

式中 $U_U$、$U_V$、$U_W$——三相负载的相电压；

$I_U$、$I_V$、$I_W$——三相负载的相电流；

$\varphi_U$、$\varphi_V$、$\varphi_W$——相电压与相电流之间的相位差。

在对称的三相交流电路中，相电压、相电流及其之间的相位差都应相同，即为

$$U_U = U_V = U_W = U_\phi$$

$$I_U = I_V = I_W = I_\phi$$
$$\varphi_U = \varphi_V = \varphi_W = \varphi$$

则三相负载功率可表示为

$$P = 3U_\phi I_\phi \cos\varphi_\phi \tag{13-68}$$

1）若负载为星形联结时，$I_L = I_\phi$，$U_L = \sqrt{3}U_\phi$，代入式（13-68），三相负载的平均功率为

$$P = \sqrt{3}U_L I_L \cos\varphi_\phi$$

2）若负载为三角形联结时，$U_L = U_\phi$，$I_L = \sqrt{3}I_\phi$，代入式（13-68），则三相负载的平均功率为

$$P = \sqrt{3}U_L I_L \cos\varphi_\phi$$

由此可见，在对称的三相电路中，不论负载的连接是哪种形式，对称三相负载的平均功率（有功功率）都是

$$P = \sqrt{3}U_L I_L \cos\varphi_\phi \tag{13-69}$$

**2. 无功功率**

在三相电路里，负载消耗的无功功率应该等于各相无功功率之和，即

$$Q = Q_U + Q_V + Q_W = U_U I_U \sin\varphi_U + U_V I_V \sin\varphi_V + U_W I_W \sin\varphi_W \tag{13-70}$$

对称三相负载的无功功率是

$$Q = \sqrt{3}U_L I_L \sin\varphi_\phi = 3U_\phi I_\phi \sin\varphi_\phi \tag{13-71}$$

**3. 三相视在功率**

负载为不对称三相负载时，三相视在功率为

$$S = \sqrt{P^2 + Q^2} \tag{13-72}$$

负载为对称三相负载时，三相视在功率为

$$S = \sqrt{P^2 + Q^2} = 3U_\phi I_\phi = \sqrt{3}U_L I_L \tag{13-73}$$

**4. 功率因数**

$$\cos\varphi = \frac{P}{S} \tag{13-74}$$

在对称负载的情况下，$\cos\varphi$ 是一相负载的功率因数，即为负载的阻抗角。在不对称负载中，各相功率因数不同，三相负载的功率因数值无实际意义。

## 思考题与习题

1. 电路主要由哪些部分组成？各部分的主要功能是什么？

2. 简述电压、电位、电动势的区别。电源内部电荷移动和电源外部电荷移动的原因是否一样？

3. 什么是电流？电路中存在持续电流的条件是什么？

4. 在图 13-23 中，当选 $c$ 点为参考点时，已知：$U_a = -6V$，$U_b = -3V$，$U_d = -2V$，$U_e = -4V$。求 $U_{ab}$、$U_{cd}$。若选 $d$ 点为参考点，则各点电位各是多少？

5. 如图 13-24 所示，已知某电源的电动势为 1.65V，在电源的两端接有一个阻值为 5Ω 的电阻，测得电路中的电流为 300mA，求电源的端电压和内阻。

6. 如图 13-25 所示，$E = 220V$，负载电阻 $R = 219\Omega$，电源内阻 $r = 1\Omega$，试求：负载电阻消耗的功率 $P_{负}$、电源内阻消耗的功率 $P_{内}$ 及电源提供的功率 $P$。

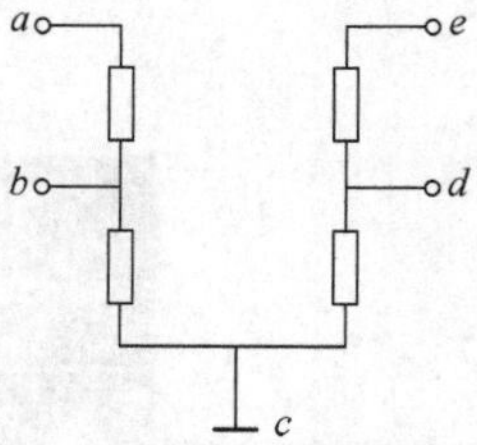


图 13-23　题4图

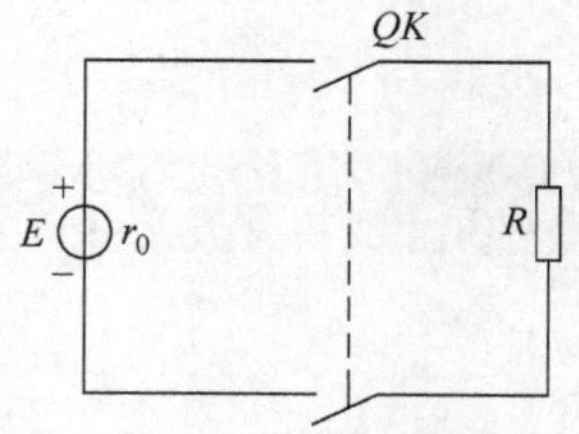


图 13-24　题5图

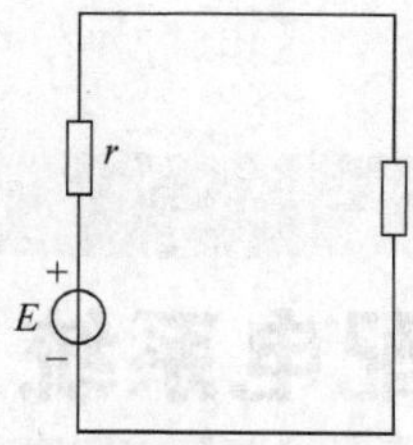


图 13-25　题6图

7. 已知电路如图 13-26 所示，试计算 $a$、$b$ 两端的电阻。

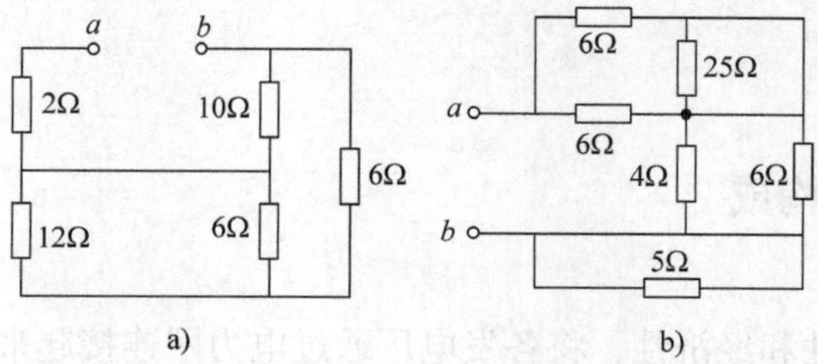


图 13-26　题7图

8. 已知工频正弦电压 $U_{ab}$ 的最大值为 311V，初相位为 $-60°$，其有效值为多少？写出其瞬时值表达式；当 $t=0.0025$s时，$U_{ab}$ 的值为多少？

9. 图 13-27 中，$U_1=40V$，$U_2=30V$，$i=10\sin(314t)A$，则 $U$ 为多少？并写出其瞬时值表达式。

10. 如图 13-28 所示，对称三相负载星形联结，已知每相阻抗为 $Z=31+j22\Omega$，电源线电压为380V，求三相交流电路的有功功率、无功功率、视在功率和功率因数。

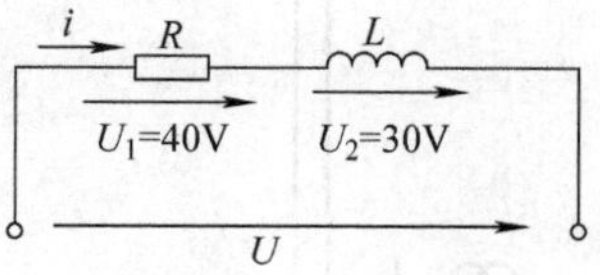


图 13-27　题9图

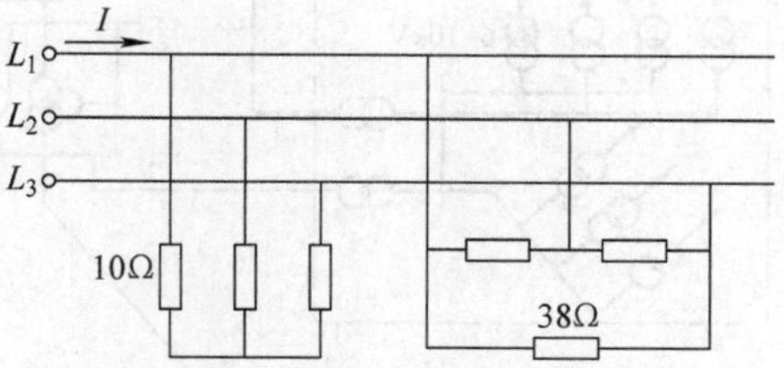


图 13-28　题10图

# 第 14 章

# 建筑供配电系统

## 14.1 供配电系统

### 14.1.1 供配电系统的构成

**1. 电力系统的构成**

为了提高供电的可靠性和经济性，将各发电厂通过电力网连接起来，并联运行，组成庞大的联合动力系统。将各种类型发电厂中的发电机、升压（降压）变压器、输电线路以及各种用电设备组联系在一起构成的统一的整体，用以实现完整的发电、输电、变电、配电和用电。

由发电厂的发电机、升压及降压变电设备、电力网及电能用户（用电设备）组成的系统统称为电力系统，如图 14-1 所示。

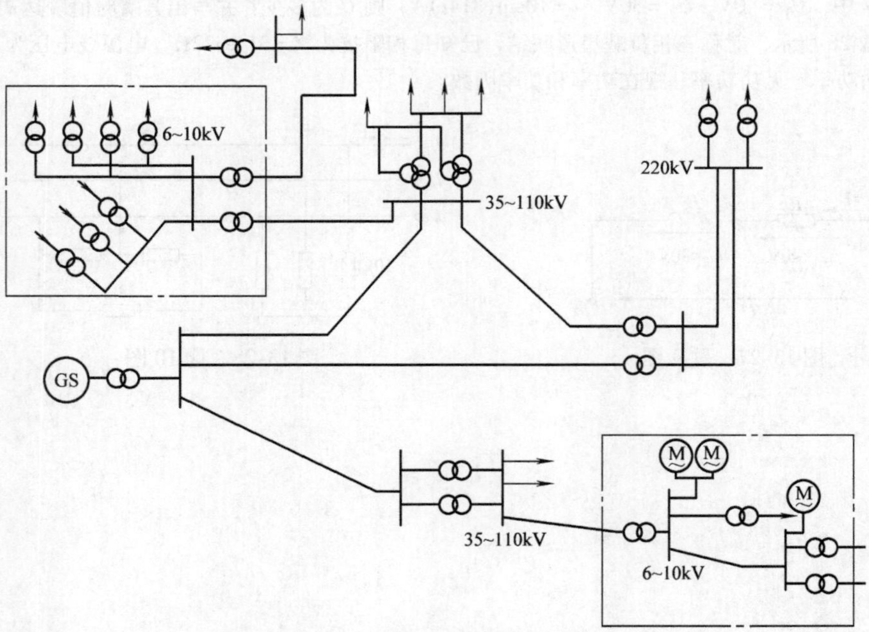


图 14-1 电力系统的示意图

（1）发电厂 发电厂是生产电能的场所，在这里可以把自然界中的一次能源转换为用户可以直接使用的二次能源——电能。根据发电厂所取用的一次能源不同，主要有火力发电厂、水力发电厂、核能发电厂等发电形式，此外还有潮汐发电、地热发电、太阳能发电、风力发电等。

无论发电厂采用哪种发电形式，最终将其他能源转换为电能的设备是发电机。

（2）电力网 电力网的主要作用是变换电压、传送电能，由升压和降压变电所和与之对应的电力线路组成，负责将发电厂生产的电能经过输电线路，送到用户（用电设备）。

（3）电力用户（用电设备） 电力用户主要是消耗电能的场所，将电能通过用电设备转换为满足用户需求的其他形式的能量，如电动机将电能转换为机械能、电热设备将电能转换为热能、照明设备将电能转换为光能等。

**2. 电能传输的过程**

发电机生产的电能，受发电机制造电压的限制，不能远距离输送。因此，通常使发电机的电压经过升压达 220～500kV，再通过超高压远距离输电网送往远离发电厂的城市或工业集中地区，通过那里的区域降压变电所将电压降到 35～110kV，然后再用 35～110kV 的高压输电线路将电能送至区域降压变电所，降至 6～10kV 配电或终端变电所，如图 14-2 所示。

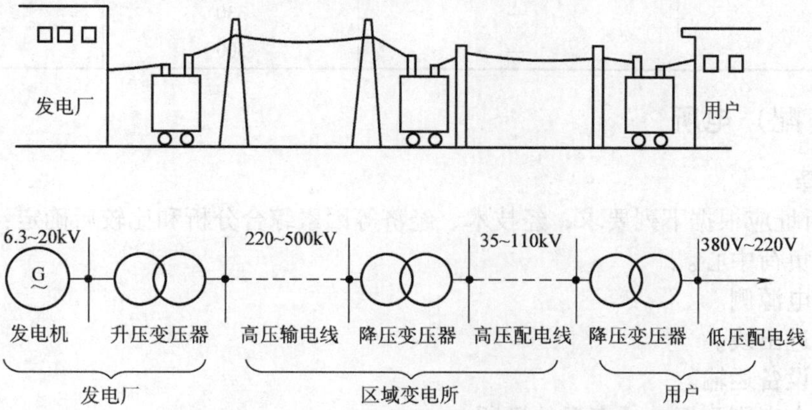


图 14-2 从发电厂到用户的送电过程示意图

**3. 配电系统的组成**

（1）供电电源 配电系统的电源可以取自电力系统的电力网或企业、用户的自备发电机。

（2）配电网 配电网的主要作用是接受电能、变换电压、分配电能，由企业或用户的总降压变电所（或高压配电所）、高压输电线路、车间降压变电所（或配电所）、低压配电线路组成，负责将电源得到的电能经过输电线路直接输送到用电设备。

（3）用电设备 用电设备是指专门消耗电能的电气设备。据统计，用电设备中 60%～70% 是电动机类设备，30%～40% 是照明用电设备。

实际上配电系统的基本结构与电力系统是极其相似的，所不同的是配电系统的电源是电力系统中的电力网。

**4. 供电电压**

配电系统中的用电设备根据额定电压分为高压用电设备和低压用电设备。高压用电设备主要指额定电压在 1kV 以上，低压用电设备的额定电压在 1kV 以下。

表 14-1 所示是我国交流电网和电力设备的额定电压。

**表 14-1 我国交流电网和电力设备的额定电压**

| 电网和用电设备额定电压/kV | 交流发电机额定线电压/kV | 变压器额定电压 | |
|---|---|---|---|
| | | 一次电压/kV | 二次电压/kV |
| 0.22 | 0.23 | 0.22 | 0.23 |
| 0.38 | 0.40 | 0.38 | 0.40 |
| 3 | 3.15 | 3 及 3.15 | 3.15 及 3.3 |
| 6 | 6.3 | 6 及 6.3 | 6.3 及 6.6 |
| 10 | 10.5 | 10 及 10.5 | 10.5 及 11 |
| — | 15.75 | 15.75 | — |

（续）

| 电网和用电设备额定电压/kV | 交流发电机额定线电压/kV | 变压器额定电压 | |
|---|---|---|---|
| | | 一次电压/kV | 二次电压/kV |
| 35 | — | 35 | 38.5 |
| 60 | — | 60 | 66 |
| 110 | — | 110 | 121 |
| 154 | — | 154 | 169 |
| 220 | — | 220 | 242 |
| 330 | — | 330 | 363 |
| 500 | — | 500 | 525 |

## 14.1.2 变（配）电所

**1. 所址选择**

变电所的所址应根据下列要求，经技术、经济等因素综合分析和比较后确定：

1）宜接近负荷中心。

2）宜接近电源侧。

3）应方便进出线。

4）应方便设备运输。

5）不应设在有剧烈振动或高温的场所。

6）不宜设在多尘或有腐蚀性物质的场所，当无法远离时，不应设在污染源盛行风向的下风侧，或应采取有效的防护措施。

7）不应设在厕所、浴室、厨房或其他经常积水场所的正下方处，也不宜设在与上述场所相贴邻的地方。当贴邻时，相邻的隔墙应做无渗漏、无结露的防水处理。

8）当与有爆炸危险的建筑物毗连时，变电所的所址应符合现行国家标准 GB 50058—2014《爆炸危险环境电力装置设计规范》的有关规定。

9）不应设在地势低洼和可能积水的场所。

10）不宜设在对防电磁干扰有较高要求的设备机房的正上方、正下方或与其贴邻的场所，当需要设在上述场所时，应采取防电磁干扰的措施。

油浸变压器的车间内变电所，不应设在三、四级耐火等级的建筑物内；当设在二级耐火等级的建筑物内时，建筑物应采取局部防火措施。

在多层建筑物或高层建筑物的裙房中，不宜设置油浸变压器的变电所，当受条件限制必须设置时，应将油浸变压器的变电所设置在建筑物首层靠外墙的部位，且不得设置在人员密集场所的正上方、正下方、贴邻处以及疏散出口的两旁。高层主体建筑内不应设置油浸变压器的变电所。

在多层或高层建筑物的地下层设置非充油电气设备的配电所、变电所时，应符合下列规定：

1）当有多层地下层时，不应设置在最底层；当只有地下一层时，应采取抬高地面和防止雨水、消防水等积水的措施。

2）应设置设备运输通道。

3）应根据工作环境要求加设机械通风、去湿设备或空气调节设备。

高层或超高层建筑物根据需要可以在避难层、设备层和屋顶设置配电所、变电所，但应设置设备的垂直搬运及电缆敷设的措施。

露天或半露天的变电所，不应设置在下列场所：

1）有腐蚀性气体的场所。

2）挑檐为燃烧体或难燃体和耐火等级为四级的建筑物旁。

3）附近有棉、粮及其他易燃、易爆物品集中的露天堆场。

4）容易沉积可燃粉尘、可燃纤维、灰尘或导电尘埃且会严重影响变压器安全运行的场所。

**2. 型式**

变电所型式的选择应符合下列规定：

1）负荷较大的车间和动力站房，宜设附设变电所、户外预装式变电站或露天、半露天变电所。

2）负荷较大的多跨厂房，负荷中心在厂房的中部且环境许可时，宜设车间内变电所或预装式变电站。

3）高层或大型民用建筑内，宜设户内变电所或预装式变电站。

4）负荷小而分散的工业企业，民用建筑和城市居民区，宜设独立变电所或户外预装式变电站。当条件许可时，也可设附设变电所。

5）城镇居民区、农村居民区和工业企业的生活区，宜设户外预装式变电站，当环境允许且变压器容量小于或等于400kVA时，可设杆上式变电站。

**3. 布置**

非充油的高、低压配电装置和非油浸型的电力变压器，可设置在同一房间内，当二者相互靠近布置时，应符合下列规定：

1）在配电室内相互靠近布置时，二者的外壳均应符合现行国家标准GB 4208—2008《外壳防护等级（IP代码）》中IP2X防护等级的有关规定。

2）在车间内相互靠近布置时，二者的外壳均应符合现行国家标准GB 4208—2008《外壳防护等级（IP代码）》中IP3X防护等级的有关规定。

户内变电所每台油量大于或等于100kg的油浸三相变压器，应设在单独的变压器室内，并应有储油或挡油、排油等防火设施。

有人值班的变电所，应设单独的值班室。值班室应与配电室直通或经过通道相通，且值班室应有直接通向室外或通向变电所外走道的门。当低压配电室兼作值班室时，低压配电室的面积应适当增大。

变电所宜单层布置。当采用双层布置时，变压器应设在底层，设于二层的配电室应设搬运设备的通道、平台或孔洞。

高、低压配电室内，宜留有适当的配电装置备用位置。低压配电装置内，应留有适当数量的备用回路。

由同一配电所供给一级负荷用电的两回电源线路的配电装置，宜分开布置在不同的配电室；当布置在同一配电室时，配电装置宜分列布置；当配电装置并排布置时，在母线分段处应设置配电装置的防火隔板或有门洞的隔墙。

供给一级负荷用电的两回电源线路的电缆不宜通过同一电缆沟；当无法分开时，应采用阻燃电缆，且应分别敷设在电缆沟或电缆夹层的不同侧的桥（支）架上；当敷设在同一侧的桥（支）架上时，应采用防火隔板隔开。

大、中型和重要的变电所宜设辅助生产用房。

## 14.1.3　配电系统

**1. 放射式接线**

从电源点用专用开关及专用线路直接送到用户或设备的受电端，沿线没有其他负荷分支的接线方式称为放射式接线，也称专用线供电。

当配电系统采用放射式接线时，引出线发生故障时互不影响，供电可靠性较高，切换操作方便，保护简单。但其有色金属消耗量较多，采用的开关设备较多，投资大。

这种接线多用于用电设备功率大、负荷性质重要、潮湿及腐蚀性环境的场所供电。

电缆配电网放射式接线形式主要有单回路放射式、双回路放射式、带低压开闭所放射式，如图 14-3 所示。

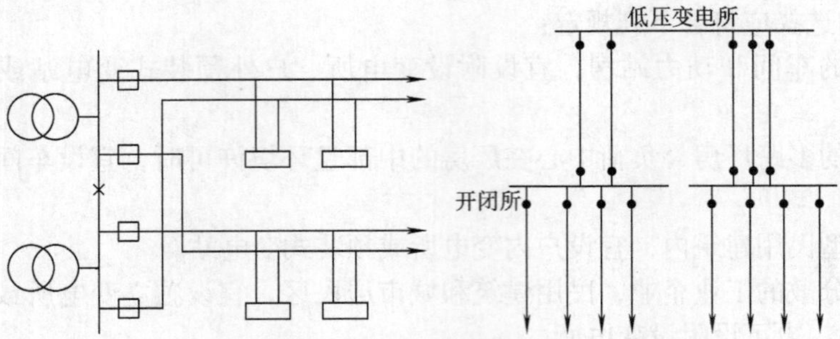


图 14-3 放射式接线图

**2. 树干式接线**

树干式接线是指由高压电源母线上引出的每路出线，沿线要分别连到若干个负荷点或用电设备的接线方式。

树干式接线的特点是：有色金属消耗量较少，采用的开关设备较少；但其干线发生故障时，影响范围大，供电可靠性较差。这种接线多用于用电设备功率小而分布较均匀的用电设备。

树干式接线有直接树干式和链串树干式，如图 14-4 所示。

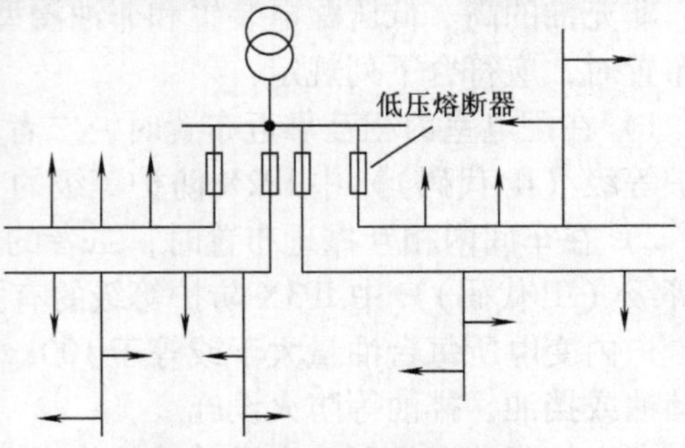


图 14-4 树干式接线图

**3. 环式**

普通环式接线是在同一个变电站的供电范围内，把不同的两回配电线路的末端或中部连接起来构成环式网络，如图 14-5 所示。

## 14.1.4 负荷等级与供电要求

电力负荷应根据对供电可靠性的要求及中断供电在对人身安全、经济损失上所造成的影响程度进行分级。

**1. 一级负荷**

符合下列情况之一时，应视为一级负荷：

1）中断供电将造成人身伤害时。

2）中断供电将在经济上造成重大损失时。

3）中断供电将影响重要用电单位的正常工作时。

在一级负荷中，当中断供电将造成人员伤亡或重大设备损坏或发生中毒、爆炸和火灾等情况的负荷，以及特别重要场所的不允许中断供电的负荷，应视为一级负荷中特别重要的负荷。

**2. 二级负荷**

符合下列情况之一时，应视为二级负荷：

1）中断供电将在经济上造成较大损失时。

2）中断供电将影响较重要用电单位的正常工作时。

**3. 三级负荷**

不属于一级和二级负荷者应为三级负荷。

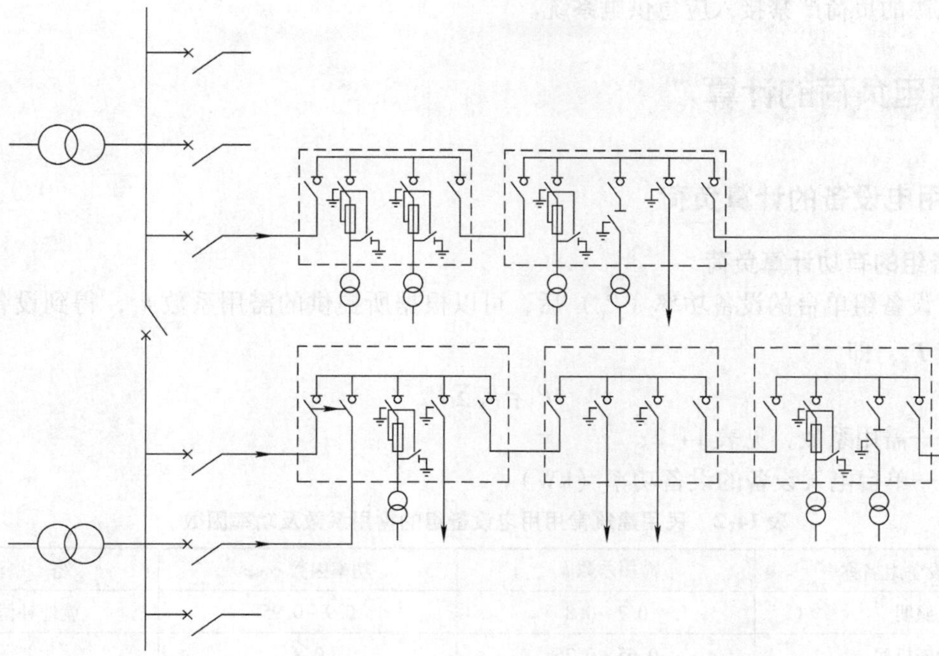

图14-5　普通环式

**4. 一级负荷供电**

一级负荷应由双重电源供电，当一电源发生故障时，另一电源不应同时受到损坏。

一级负荷中特别重要的负荷供电，应符合下列要求：

1）除应由双重电源供电外，尚应增设应急电源，并严禁将其他负荷接入应急供电系统。

2）设备的供电电源的切换时间，应满足设备允许中断供电的要求。

下列电源可作为应急电源：

1）独立于正常电源的发电机组。

2）供电网络中独立于正常电源的专用的馈电线路。

3）蓄电池。

4）干电池。

应急电源应根据允许中断供电的时间选择，并应符合下列规定：

1）允许中断供电时间为15s以上的供电，可选用快速自启动的发电机组。

2）自投装置的动作时间能满足允许中断供电时间的，可选用带有自动投入装置的独立于正常电源之外的专用馈电线路。

3）允许中断供电时间为毫秒级的供电，可选用蓄电池静止型不间断供电装置或柴油机不间断供电装置。

应急电源的供电时间，应按生产技术上要求的允许停车过程时间确定。

应急电源与正常电源之间，应采取防止并列运行的措施。当有特殊要求，应急电源向正常电源转换需短暂并列运行时，应采取安全运行的措施。

**5. 二级负荷供电**

二级负荷的供电系统，宜由两回线路供电。在负荷较小或地区供电条件困难时，二级负荷可由一回6kV及以上专用的架空线路供电。

各级负荷的备用电源设置可根据用电需要确定。

备用电源的负荷严禁接入应急供电系统。

# 14.2 用电负荷的计算

## 14.2.1 用电设备的计算负荷

**1. 设备组的有功计算负荷**

在计算设备组单台的设备功率（$P_e$）后，可以根据所提供的需用系数 $k_x$，得到设备组的有功计算负荷 $P_j$，即

$$P_j = k_x \sum P_e \tag{14-1}$$

式中 $k_x$——需用系数，见表14-2；

$P_e$——单台电气设备的设备功率（kW）。

**表14-2 民用建筑常用用电设备组的需用系数及功率因数**

| 用电设备组名称 | | 需用系数 $k_x$ | 功率因数 $\cos\varphi$ | 备 注 |
|---|---|---|---|---|
| 照明 | | 0.7~0.8 | 0.9~0.95 | 就地补偿后 |
| 冷冻机房 | | 0.65~0.75 | 0.8 | |
| 锅炉房、热力站 | | 0.65~0.75 | 0.75 | |
| 水泵房 | | 0.6~0.7 | 0.8 | |
| 通风机 | | 0.6~0.7 | 0.8 | |
| 电梯 | | 0.18~0.22 | 0.8 | 交流梯 |
| 厨房 | | 0.35~0.45 | 0.85 | |
| 洗衣房 | | 0.3~0.35 | 0.85 | |
| 窗式空调 | | 0.35~0.45 | 0.8 | |
| 舞台照明 | 100~200kW | 0.6 | 1 | |
| | 200kW以上 | 0.5 | 1 | |

**2. 设备组的无功计算负荷**

设备组的无功计算负荷 $Q_j$ 为

$$Q_j = P_j \tan\varphi \tag{14-2}$$

式中 $\tan\varphi$——用电设备组的功率因数角的正切值；

$P_j$——有功计算负荷（kW）。

**3. 设备组的计算容量**

设备组的计算容量 $S_j$ 为

$$S_j = \sqrt{P_j^2 + Q_j^2} \tag{14-3}$$

式中 $P_j$——有功计算负荷（kW）；

$Q_j$——无功计算负荷（kvar）。

**4. 设备组的计算电流**

设备组的计算电流 $I_j$ 为

$$I_j = \frac{S_j}{\sqrt{3}U_N} \tag{14-4}$$

式中　$S_j$——设备组的计算容量（kVA）；

$U_N$——设备组的额定电压（kV）。

**5. 设备组的功率因数**

设备组的功率因数 $\cos\varphi$ 为

$$\cos\varphi = \frac{P_j}{S_j} \tag{14-5}$$

### 14.2.2　负荷密度估算法

负荷密度估算法是已知不同类型的负荷在单位面积上的需求量，乘以建筑面积或使用面积得到的负荷量。如某餐厅面积为 $200m^2$，负荷密度为 $120VA/m^2$，则此餐厅的负荷量是 24kVA。

## 14.3　电气设备的选择

### 14.3.1　变压器

变压器是变电所内主要的设备之一。变压器是根据电磁感应原理制成的一种静止的电能转换设备，用来将交流电由一种等级的电压与电流转换为同频的另一种等级的电压与电流。变压器具有变换电压、变换电流和变换阻抗三种功能。

**1. 变压器的种类**

变压器按照用途一般可分为电力变压器和特殊变压器两大类。电力变压器是供电网中输配用的变压器；特种变压器是特殊电源、控制系统、通信装置中的用途特殊、性能特殊、结构特殊的变压器。变压器按相数分，有单相、三相或多相变压器；根据作用分为升压变压器、降压变压器、接地变压器；根据绕组数量分为自耦变压器、两绕组变压器、三绕组变压器；根据冷却方式分为干式变压器自冷式、干式变压器风冷式、油浸自冷式、油浸风冷式、油浸水冷式等各种变压器。图 14-6 所示为常用的两种电力变压器。

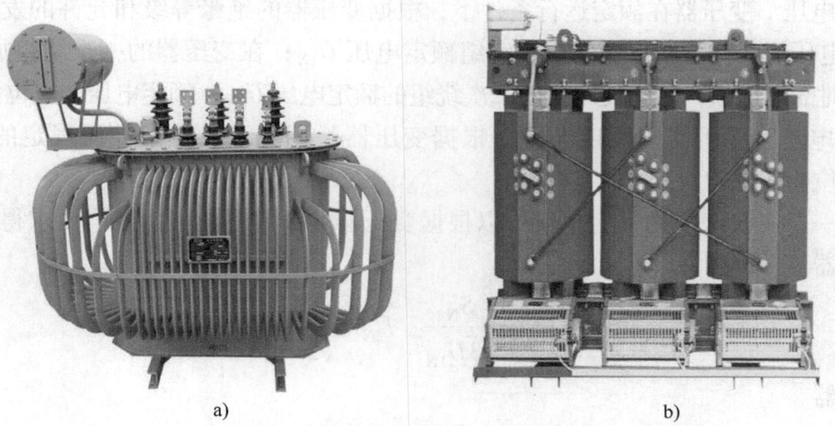

图 14-6　常用的两种电力变压器

a）油浸式变压器　b）干式变压器

**2. 变压器的技术参数**

变压器的主要参数包括相数、额定容量、额定电压、电压比、额定电流、阻抗电压、损耗（空载损耗和负载损耗，即铁损和铜损）、温升和接线组别。

图 14-7 所示为一台三相电力变压器的铭牌。

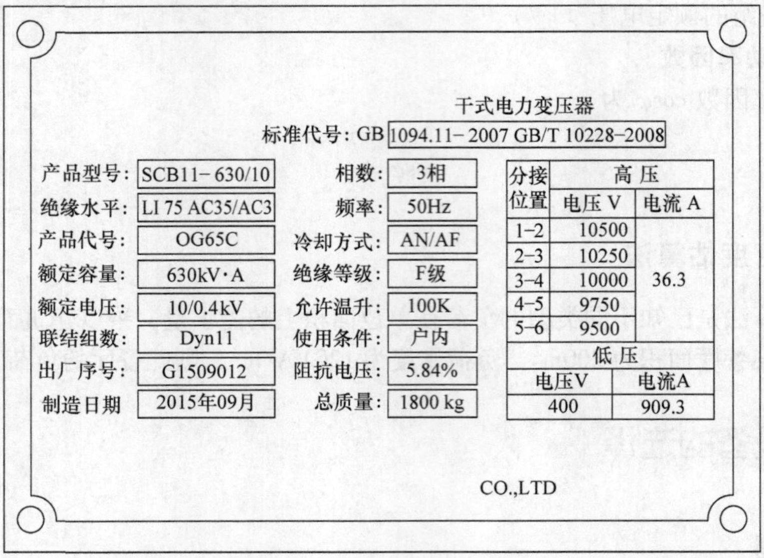


图 14-7 三相电力变压器的铭牌

变压器的主要技术数据的含义如下：

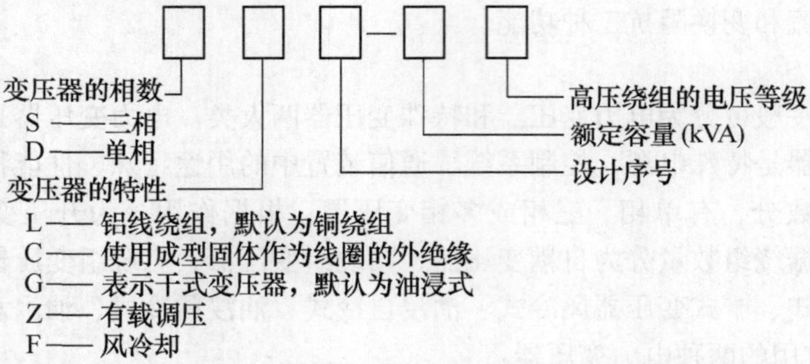


（1）额定电压　变压器在额定运行条件下，根据变压器的绝缘等级和允许的发热条件所确定的一次绕组的电压值，称为变压器的一次绕组额定电压 $U_{1N}$；在变压器的一次绕组加上额定电压，二次绕组空载时的电压值，称为变压器的二次绕组的额定电压 $U_{2N}$。额定电压的单位为千伏（kV）。

（2）额定电流　变压器的额定电流是根据变压器长期允许发热条件而规定的满载电流值。额定电流的单位为安培（A）。

变压器的一、二次绕组的额定电流可以根据变压器的额定容量和额定电压求得。

三相变压器

$$XI_{1N} = \frac{S_N}{\sqrt{3}U_{1N}} \quad I_{2N} = \frac{S_N}{\sqrt{3}U_{2N}} \tag{14-6}$$

单相变压器

$$I_{1N} = \frac{S_N}{U_{1N}} \quad I_{2N} = \frac{S_N}{U_{2N}} \tag{14-7}$$

（3）额定容量　变压器的额定容量是指变压器在额定使用条件下，变压器的输出视在功率。额定容量的单位为千伏安（kVA）。

## 14.3.2　电动机

三相异步电动机分成两个基本部分，即定子（固定部分）和转子（旋转部分）。三相异步电动机的构造如图 14-8 所示。

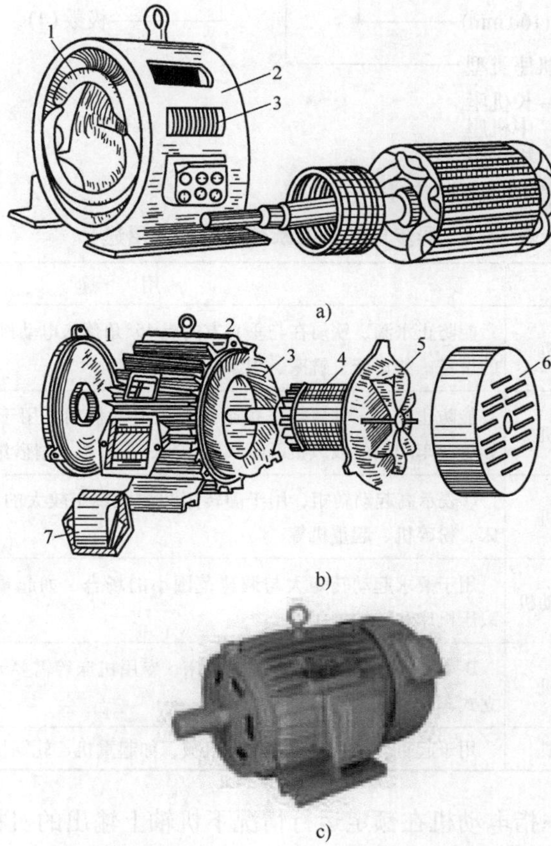


图 14-8　三相异步电动机的构造

1—端盖　2—定子　3—定子绕组　4—转子　5—风扇
6—风扇罩　7—接线盒

三相交流异步电动机的选用，主要从选用电动机的功率、工作电压、种类、型式及其保护电器考虑。

电动机铭牌上的数据是正确使用电动机的依据。现以 Y160M—4 型电动机为例，说明铭牌上各数据的意义。

电动机铭牌示例：

| | | |
|---|---|---|
| ×××电机厂 | 编号×××× | |
| | 三相异步电动机 | |
| 型号　Y160M—4 | 功率　11kW | 频率　50Hz |
| 电压　380V | 电流　22.6A | 接法　△ |
| 转速　1460r/min | 温升　75℃ | 绝缘等级　E |
| 功率因数　0.84 | 重量　150kg | 工作方式　$S_1$ |
| 防护等级　IP44 | 出厂年月××××年×月 | |

（1）型号 Y系列是通用的封闭式笼型三相异步电动机，该系列电动机采用国际通用标准，型号具体说明如下：

Y 160 M — 4 IP

异步电动机系列——Y

机座中心高(160mm)——160

机座类型——M

L——长机座

M——中机座

S——短机座

极数(4)——4

外壳防护等级——IP

异步电动机的系列型号及其用途见表14-3。

**表14-3 异步电动机的系列型号及其用途**

| 型号 | 名称 | 用途 |
|---|---|---|
| Y | 防护式笼型异步电动机 | 能防止水滴、铁屑在与垂直方向成45°角落入电动机内，用于对起动无特殊要求的设备，如车床、铣床、水泵、鼓风机等 |
| | 封闭式笼型异步电动机 | 能防止灰尘、铁屑等飞扬杂物侵入电动机内，用于灰尘多与水土飞溅的场合，如铸造车间用的鼓风机、带式运输机、混砂机、清砂滚筒等 |
| YQ | 防护式笼型异步电动机 | Q表示高起动转矩，用于静转矩和惯性转矩较大的机械负载，如磨床、锻压机床、粉碎机、起重机等 |
| YR | 防护式绕线转子异步电动机 | 用于要求起动转矩大与调速范围小的场合，如起重机、卷扬机、桥式起重机、锻压机床和转炉等 |
| YD | 封闭式多速异步电动机 | D表示多速，用于各种万能机床、专用机床等需要调速的机器设备中，如车床、立式车床、铣床、钻床、磨床等 |
| YZ | 防护式笼型异步电动机 | 用于起重、冶金及冶金辅助机械，如起重机、轧钢机等 |

（2）功率 铭牌上的功率指电动机在额定运行情况下机轴上输出的机械功率。

（3）电压 铭牌上的电压指电动机的额定电压，它表示电动机定子绕组对应某种接法（D接法或Y接法）时应加的电源线电压。

（4）电流 铭牌上的电流指电动机的额定电流，它表示电动机在额定电压下，轴上输出额定功率时的定子线电流。

（5）接法 目前笼型三相异步电动机接线盒中的六根引出线，改用U1、U2、V1、V2、W1、W2表示，其中U1、U2表示第一相绕组始末端，V1、V2表示第二相绕组始末端，W1、W2表示第三相绕组始末端。

在接电源之前，这六个引出线端必须正确联结。联结方法有Y和D两种接法，如图14-9所示。

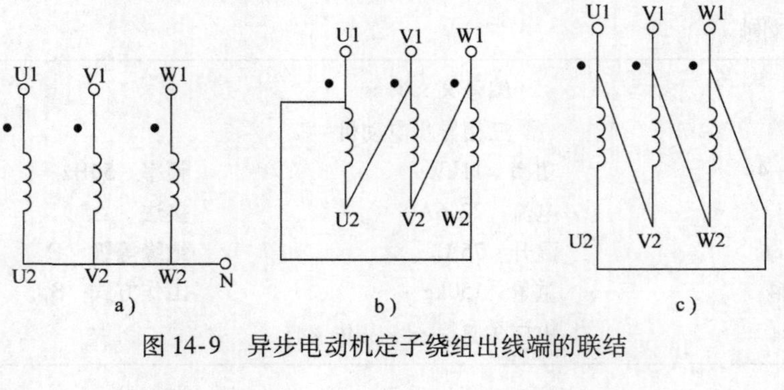


图14-9 异步电动机定子绕组出线端的联结

（6）转速　铭牌上的转速指电动机在额定功率下的转速。

（7）功率因数　铭牌上的功率因数指电动机在额定运行时定子电路的功率因数。三相异步电动机的功率因数较低，额定负载时为0.7～0.9，而在轻载和空载时更低，空载时只有0.2～0.3。因此，必须正确选择电动机的容量，并力求缩短空载运行时间。

（8）防护等级

IP□□

外壳防护等级标志字母

防止固体异物进入内部及防止人体触及内部带电或运动部分的防护等级（第一位□）：

0——无防护
1——防大于50mm的固体异物
2——防大于12mm的固体异物
3——防大于2.5mm的固体异物
4——防大于1mm的固体异物
5——防尘
6——尘密

防止水进入内部达有害程度的防护等级（第二位□）：

0——无防护
1——防滴（垂直水滴）
2——15°防滴（当外壳从正常位置倾斜15°以内时，垂直水滴无有害影响）
3——防淋水（与垂直60°范围以内的淋水无有害影响）
4——防溅水（任何方向溅水无有害影响）
5——防喷水（任何方向溅水无有害影响）
6——防猛烈海浪
7——防浸水影响（水压、时间有规定）
8——防潜水影响（长期潜水）

（9）温升　铭牌上的温升指电动机在运行中定子绕组发热而升高的温度。电动机的容许温升与绝缘的等级有关，见表14-4。

**表14-4　绝缘等级与温升**

| 绝缘等级 | A | E | B | F | H | C |
|---|---|---|---|---|---|---|
| 允许最热点温度/℃ | 105 | 120 | 130 | 155 | 180 | 180以上 |
| 最高允许温升（环境温度为40℃）/℃ | 60 | 75 | 80 | 100 | 125 | — |

表14-5中规定的最高允许温升，是指在环境温度为40℃时的允许温升值。各种绝缘等级下铁心平均温度与定子绕组最热点温度的差值，A、E级约为5℃，B级约为10℃，F、H级约为15℃。

## 14.3.3　低压电器

低压电器的分类与用途见表14-5。

**表14-5　低压电器的分类与用途**

| 分类名称 | | 主要品种 | 用途 |
|---|---|---|---|
| 配电电器 | 断路器 | 万能式空气断路器<br>塑料外壳式断路器<br>限流式断路器<br>直流快速断路器<br>灭磁断路器<br>漏电保护断路器 | 用作交流、直流线路的过载、短路或欠电压保护，也可用于不频繁通断操作电路<br>灭磁断路器用于发电机励磁电路保护<br>漏电保护断路器用于人身触电保护 |
| | 熔断器 | 有填料封闭管式熔断器<br>保护半导体器件熔断器<br>无填料密闭管式熔断器<br>自复熔断器 | 用作交流、直流线路和设备的短路和过载保护 |

（续）

| 分类名称 | | 主要品种 | 用途 |
|---|---|---|---|
| 配电电器 | 刀开关 | 熔断器式刀开关<br>大电流刀开关<br>负荷开关 | 用作电气隔离，也能接通与分断电路额定电流 |
| | 转换开关 | 组合开关<br>换向开关 | 主要作为两种及两种以上电源或负载的转换和通断电路用 |
| 控制电器 | 接触器 | 交流接触器<br>直流接触器<br>真空接触器<br>半导体接触器 | 用作远距离频繁地起动或控制交流、直流电动机以及接通分断正常工作的主电路和控制电路 |
| | 控制继电器 | 电流继电器<br>电压继电器<br>时间继电器<br>中间继电器<br>热继电器<br>温度继电器 | 在控制系统中，用作控制其他电器或用作主电路的保护 |
| 控制电器 | 起动器 | 电磁起动器<br>手动起动器<br>农用起动器<br>自耦减压起动器<br>Y-△起动器 | 用作交流电动机的起动或正反向控制 |
| | 控制器 | 凸轮控制器<br>平面控制器 | 用于电气控制设备中转换主回路或励磁回路的接法，以达到电动机起动、换向和调速 |
| | 主令电器 | 按钮<br>限位开关<br>微动开关<br>万能转换开关 | 用作接通、分断控制电路，以发布命令或用作程序控制 |
| | 电阻器 | 铁基合金电阻器 | 用作改变电路参数或变电能为热能 |
| 控制电器 | 变阻器 | 励磁变阻器<br>起动变阻器<br>频敏变阻器 | 用作发电机调压以及电动机的平滑起动和调速 |
| | 电磁铁 | 起重电磁铁<br>牵引电磁铁<br>制动电磁铁 | 用于起重操纵或牵引机械装置 |

**1. 低压断路器**

表示低压断路器性能的主要指标有通断能力和保护特性。通断能力是指开关在指定的工作条件及在规定的电压下接通和分断的最大电流值（kA）；保护特性主要分为过电流保护、过载保护和欠电压保护三种。

图14-10所示是不同类型的低压断路器。

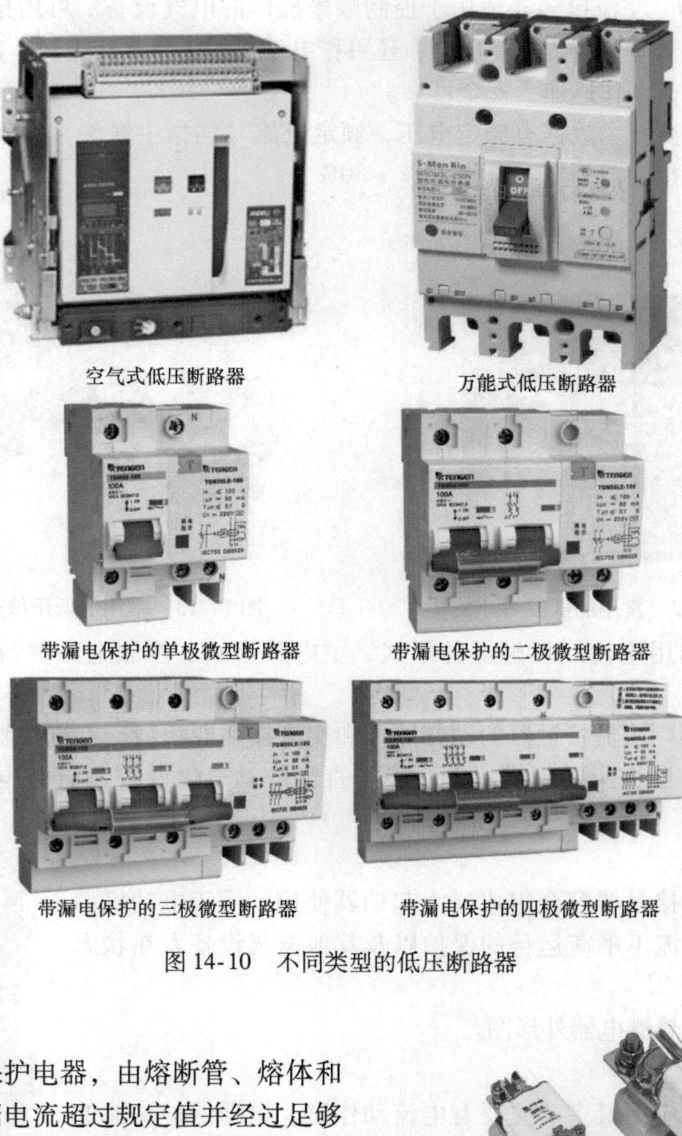

空气式低压断路器　万能式低压断路器

带漏电保护的单极微型断路器　带漏电保护的二极微型断路器

带漏电保护的三极微型断路器　带漏电保护的四极微型断路器

图 14-10　不同类型的低压断路器

**2. 熔断器**

熔断器是一种保护电器，由熔断管、熔体和插座三部分组成。当电流超过规定值并经过足够时间后，熔体熔化，电路断开，对电路和设备起短路或过载保护。熔断器按其结构形式可分为：有填料封闭管式、无填料密闭管式、半封闭插入式和自复熔断器。

图 14-11 所示为常用的低压熔断器。

图 14-11　常用的低压熔断器

**3. 刀开关**

刀开关是一种简单的低压开关，只能手动接通或切断电路，通常用作低压线路的隔离开关，它有明显可见的断路点。如果按极数分，刀开关有单极、双极、三极三种，每种又有单投和双投之分。

图 14-12 所示是常用的低压刀开关。

**4. 接触器**

接触器主要有交流接触器和直流接触器，图 14-13 是常用的低压接触器。

（1）交流接触器　交流接触器适用于控制频繁操作的电气设备。可用按钮操作，作远距离分、合电动机或电容器等负荷的控制电器，还可作电动机的正、反转控制。自身具备灭弧罩，可以带负荷分、合电路，动作迅速，安全可靠。

交流接触器的主要技术数据有额定电压、额定电流（均指主触头）、电磁线圈额定电压等，通常负荷额定电流为接触器额定电流的70% ~80%。

图 14-12　常用的低压刀开关

图 14-13　常用的低压接触器

交流接触器的选用应按照接触器的形式、主电路参数、控制电路参数和辅助电路参数来确定。

（2）直流接触器　直流接触器的动作原理和交流接触器相似。直流接触器主要适用于远距离接通与分断电路，还适用于频繁起动、停止直流电动机以及控制直流电动机的换向或反接制动。

**5. 热继电器**

热继电器主要与接触器配合组成磁力起动器使用，用于电动机的过载保护、断相和电流不平衡运行的保护以及其他电气设备发热状态的保护。

图 14-14 所示是热继电器外形图。

图 14-14　热继电器外形图

**6. 漏电保护器**

漏电保护器目前应用最多的主要有电流动作型，根据保护功能的不同可分为漏电（保护）开关、漏电断路器、漏电继电器和漏电保护插座。

一般情况下，漏电保护器用作手握式用电设备的漏电保护时，其动作电流为15mA；潮湿（水下）或高空场所的用电设备的动作电流为6 ~10mA；医疗用电设备为6mA；建筑施工工地的用电设备为15 ~30mA；家用电器或照明回路应小于或等于30mA；成套开关柜、分配电箱等上一级保护的动作电流应在100mA 以上；用于总保护的在200 ~500mA；防止电气火灾的漏电保护的动作电流为300mA。

## 14.4　电缆、导线和母线槽

### 14.4.1　电缆

**1. 电力电缆**

常用电缆的型号与应用场所见表14-6。

**表 14-6　常用电缆型号与应用场所**

| 分类 | 规格型号 | 名称 | 使用范围 |
|---|---|---|---|
| 电力电缆 | VV VLV | 聚氯乙烯绝缘，聚氯乙烯（聚乙烯）护套电力电缆 | 敷设在室内、隧道及管道中，电缆不能承受机械外力作用 |
| | VY VLY | 聚乙烯护套电力电缆 | |
| | VV22 VLV22 VV23 VLV23 | 聚氯乙烯绝缘，聚氯乙烯（聚乙烯）护套，钢带铠装电力电缆 | 敷设在室内、隧道内，可直埋土壤，电缆能承受机械外力作用 |
| | VV32 VLV32 VV33 VLV33 VV42 VLV42 VV43 VLV43 | 聚氯乙烯绝缘，聚氯乙烯（聚乙烯）护套，钢丝铠装电力电缆 | 敷设在高落差地区，电缆能承受机械外力作用及相当的拉力 |
| | YJV YJLV | 交联聚乙烯绝缘，聚氯乙烯（聚乙烯）护套电力电缆 | 敷设在室内、隧道及管道中，电缆不能承受机械外力作用 |
| | YJV22 YJLV22 YJV23 YJLV23 | 交联聚乙烯绝缘，聚氯乙烯（聚乙烯）护套，钢带铠装电力电缆 | 敷设在室内、隧道内，可直埋土壤，电缆能承受机械外力作用 |
| | YJV32 YJLV32 YJV33 YJLV33 YJV42 YJLV42 YJV43 YJLV43 | 交联聚乙烯绝缘，聚氯乙烯（聚乙烯）护套，钢丝铠装电力电缆 | 敷设在高落差地区，电缆能承受机械外力作用及相当的拉力 |

电缆的结构如图 14-15 所示。

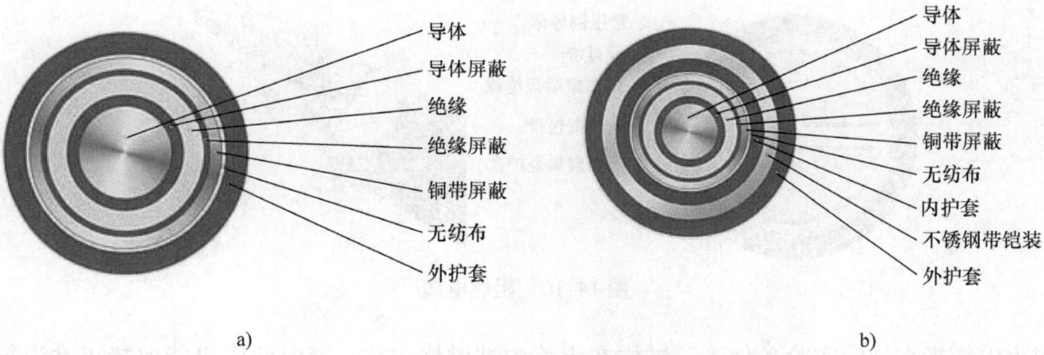


图 14-15　交联聚乙烯绝缘电力电缆
a）单芯交联聚乙烯绝缘电力电缆　b）单芯交联聚乙烯绝缘钢带铠装电力电缆

## 2. 特种电缆

特种电缆的型号与应用场所见表 14-7。

**表 14-7　特种电缆的型号与应用场所**

| 分类 | 规格型号 | 名称 | 使用范围 |
|---|---|---|---|
| 阻燃型 | ZR－X | 阻燃电缆 | 敷设在对阻燃有要求的场所 |
| | GZR－X GZR | 隔氧层阻燃电缆 | 敷设在对阻燃要求特别高的场所 |
| | WDZR－X | 低烟无卤阻燃电缆 | 敷设在对低烟无卤和阻燃有要求的场所 |
| | GWDZR GWDZR－X | 隔氧层低烟无卤阻燃电缆 | 电缆敷设在要求低烟无卤阻燃性能特别高的场所 |

（续）

| 分类 | 规格型号 | 名称 | 使用范围 |
|---|---|---|---|
| 耐火型 | NH－X | 耐火电缆 | 敷设在对耐火有要求的室内、隧道及管道中 |
| | GNH－X | 隔氧层耐火电缆 | 除耐火外要求高阻燃的场所 |
| | WDNH－X | 低烟无卤耐火电缆 | 敷设在有低烟无卤耐火要求的室内、隧道及管道中 |
| | GWDNH<br>GWDNH－X | 隔氧层低烟无卤耐火电缆 | 电缆除低烟无卤耐火特性要求外，对阻燃性能有更高要求的场所 |
| 防水 | FS－X | 防水电缆 | 敷设在地下水位常年较高，对防水有较高要求的地区 |
| 耐寒 | H－X | 耐寒电缆 | 敷设在环境温度常年较低，对抗低温有较高要求的地区 |
| 环保 | FYS－X | 环保型防白蚁、防鼠电缆 | 用于白蚁和鼠害严重的地区以及有阻燃要求地区的电力电缆、控制电缆 |

注：X代表电缆型号。

阻燃电缆指在规定实验条件下，试样被燃烧，在撤去实验火源后，火焰的蔓延仅在限定范围内，残焰或残灼在限定时间内能自行熄灭的电缆。特性是在火灾情况下有可能被烧坏而不能运行，但可阻止火势的蔓延，如图14-16所示。

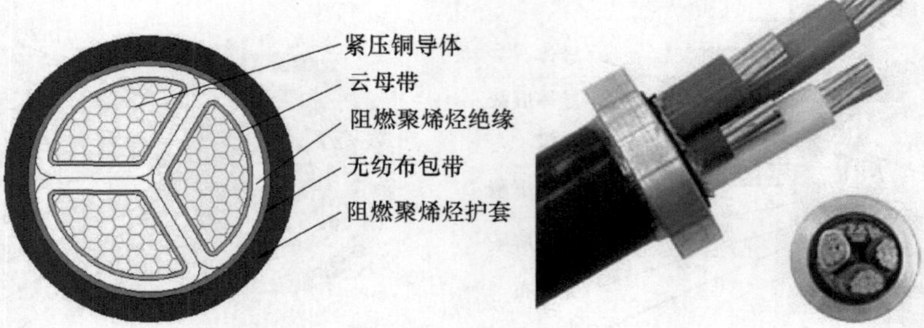


图14-16　阻燃电缆

耐火电缆指在规定实验条件下，试样在火焰中被燃烧，在一定时间内仍能保持正常运行的性能。特性是电缆在燃烧条件下仍然能维持该线路一段时间的正常工作，如图14-17所示。

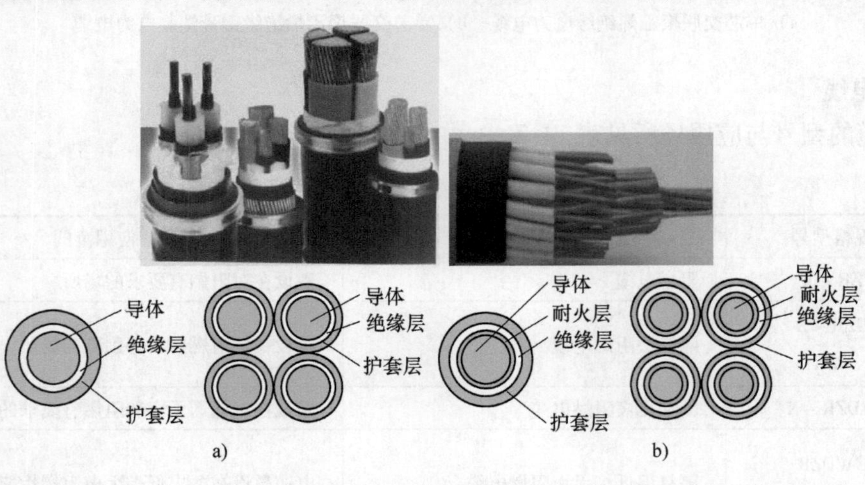


图14-17　耐火电缆

a）普通电缆的截面　b）耐火电缆的截面

耐火电缆与阻燃电缆的主要区别是：耐火电缆在火灾发生时能维持一段时间的正常供电，而阻燃电缆不具备这个特性。耐火电缆主要使用在应急电源至用户消防设备、火灾报警设备、通风排烟设备、疏散指示灯、紧急电源插座、紧急用电梯等供电回路。

普通耐火电缆分为 A 类和 B 类：B 类电缆能够在 750 ~ 800℃ 的火焰中和额定电压下耐受燃烧至少 90min 而电缆不被击穿。在改进耐火层制造工艺和增加耐火层等方法的基础上又研制了 A 类耐火电缆，它能够在 950 ~ 1000℃ 的火焰中和额定电压下耐受燃烧至少 90min 而电缆不被击穿。A 类耐火电缆的耐火性能优于 B 类。

**3. 预分支电缆**

预分支电缆是工厂在生产主干电缆时按用户设计图样预制分支线的电缆，分支线预先制造在主干电缆上，分支线截面大小和分支线长度等是根据设计要求决定的。预分支电缆是高层建筑中母线槽供电的替代产品，具有供电可靠、安装方便、占建筑面积小、故障率低、价格便宜、免维修维护等优点，广泛应用于高中层建筑、住宅楼、商厦、宾馆、医院电气竖井内垂直供电，也适用于隧道、机场、桥梁、公路等额定电压为 0.6/1kV 的配电线路中。

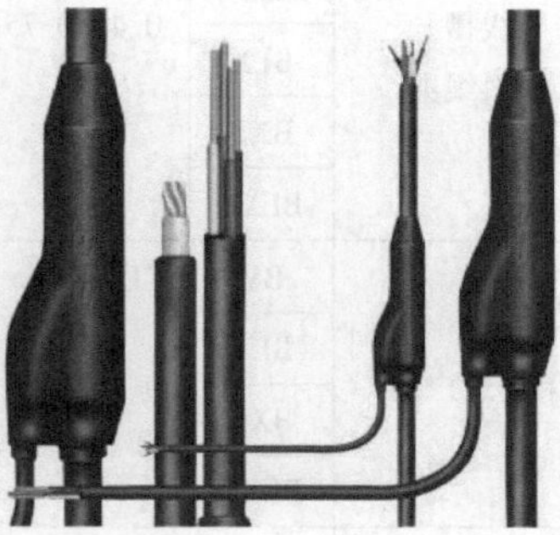

图 14-18　预分支电缆外形

预分支电缆按应用类型分有三种类型：普通型、阻燃型、耐火型。其外形结构如图14-18所示。

**4. 穿刺预分支电缆**

穿刺预分支电缆采用 IPC 绝缘穿刺线夹由主干电缆分接，不需剥去电缆的绝缘层即可做电缆分支，接头完全绝缘，且接头耐用，耐扭曲，防振、防水、防腐蚀老化，安装简便可靠，可以在现场带电安装，不需使用终端箱、分线箱，而且主干电缆从 10 ~ 120$mm^2$，分支电缆从 10 ~ 95$mm^2$ 任意组合选用。

穿刺预分支电缆的结构如图 14-19 所示。

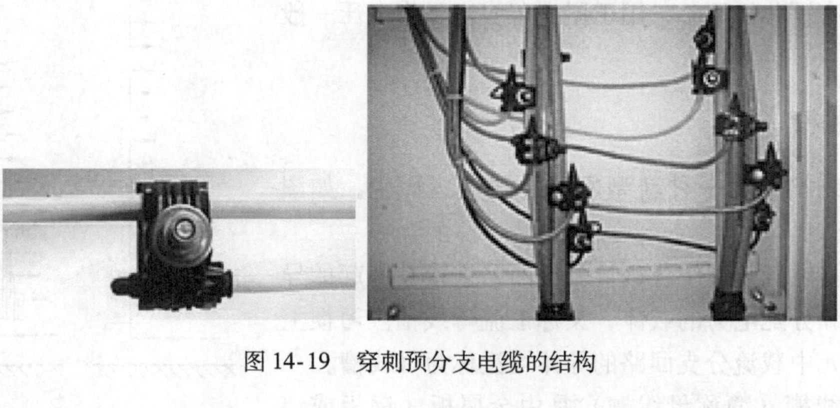

图 14-19　穿刺预分支电缆的结构

## 14.4.2　绝缘导线

绝缘导线常用型号与应用场所见表 14-8。

表 14-8 绝缘导线常用型号与应用场所

| 敷设方式 | 导线型号 | 额定电压/kV | 产品名称 | 最小截面面积/mm² | 附注 |
|---|---|---|---|---|---|
| 吊灯用软线 | RVS | 0.25 | 铜芯聚氯乙烯绝缘绞型软线 | 0.5 | |
| | RFS | | 铜芯丁腈聚氯乙烯复合物绝缘软线 | | |
| 穿管<br>线槽<br>塑料线夹 | BV | 0.45/0.75 | 铜芯聚氯乙烯绝缘电线 | 1.5 | |
| | BLV | | 铝芯聚氯乙烯绝缘电线 | 2.5 | |
| | BX | | 铜芯橡胶绝缘电线 | 1.5 | |
| | BLX | | 铝芯橡胶绝缘电线 | 2.5 | |
| | BXF | | 铜芯氯丁橡胶绝缘电线 | 1.5 | |
| | BLXF | | 铝芯氯丁橡胶绝缘电线 | 2.5 | |
| 架空进户线 | BV | 0.45/0.75 | 铜芯聚氯乙烯绝缘电线 | 10 | 距离应不超过 25m |
| | BLV | | 铝芯聚氯乙烯绝缘电线 | | |
| | BXF | | 铜芯氯丁橡胶绝缘电线 | | |
| | BLXF | | 铝芯氯丁橡胶绝缘电线 | | |
| 架空线 | JKLY | 0.6/1 | 交联聚乙烯绝缘架空电缆 | 16（25） | |
| | JKLYJ | 10 | 交联聚乙烯绝缘架空电缆 | | 居民小区不小于 35mm² |
| | LJ | | 铝芯绞线 | 25（35） | |
| | LGJ | | 钢芯铝绞线 | | |

一般常用绝缘导线有以下几种：

（1）橡胶绝缘导线 型号：BLX—铝芯橡胶绝缘电线，BX—铜芯橡胶绝缘电线。

（2）聚氯乙烯绝缘导线（塑料线） 型号：BLV—铝芯塑料线，BV—铜芯塑料线。

绝缘导线有铜芯、铝芯，用于屋内布线，工作电压一般不超过 500V。

## 14.4.3 母线槽

插接式母线槽作为一种新型配电导线应运而生，如图 14-20 所示。

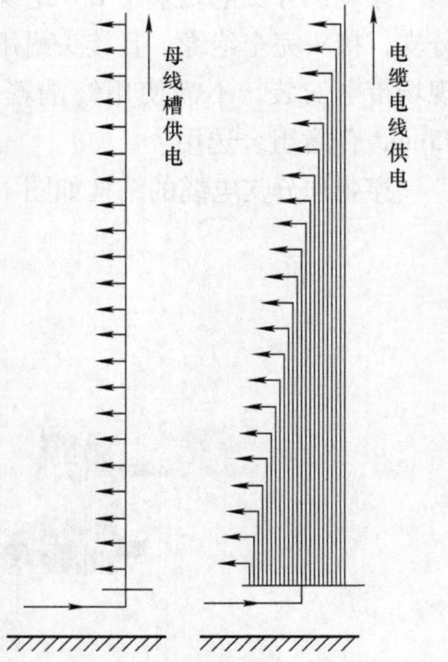

图 14-20 母线槽与电缆供电对比

母线槽是将电气装置中各截流分支回路连接在一起的导体。它是汇集和分配电力的载体，又称汇流母线槽。习惯上把各个配电单元中载流分支回路的导体均泛称为母线槽。

封闭式母线槽（简称母线槽）是由金属板（钢板或铝板）为保护外壳、导电排、绝缘材料及有关附件组成的母线系统。它可制成每隔一段距离设有插接分线盒的插接型封闭母线，也可制成中间不带分线盒的馈电型封闭式母线，如图 14-21 所示。

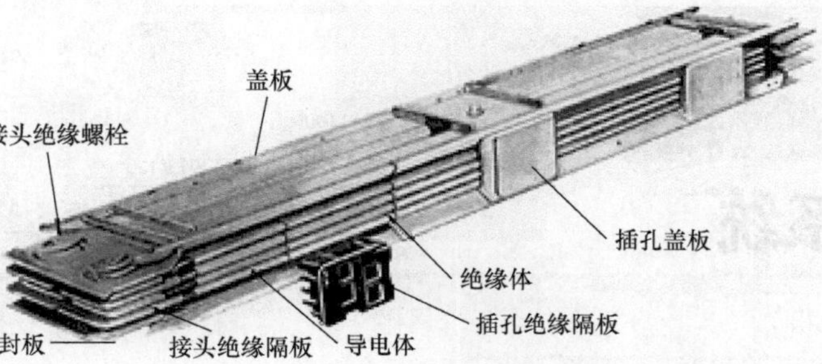


图 14-21　母线槽的构成

## 思考题与习题

1. 说明各个配电系统组成部分的功能。
2. 绘出配电系统接线型式。
3. 如何确定负荷等级?
4. 在饭店中的一组负荷内有空调风机的设备容量为 35kW，$k_x = 0.75$，$\cos\varphi = 0.8$；电热器的设备容量为 18kW，$k_x = 0.8$，$\cos\varphi = 0.8$；照明设备容量为 40kW，$k_x = 0.8$，$\cos\varphi = 0.98$，采用同一线路低压三相四线 220V/380V 供电，试求这一供电线路上的计算有功功率、无功功率、视在功率及电流。
5. 绘出三相异步电动机的接线图。
6. 常用低压电器有哪些？各自的功能有何不同?
7. 常用电缆有哪些？应用范围是什么?
8. 耐火电缆与阻燃电缆的主要区别是什么?

# 第 15 章

# 电气照明系统

## 15.1　照明的基础知识

### 15.1.1　基本物理量

**1. 光通量**

光是能量的一种形态，这种能量能从一个物体传播到另一个物体，在传播过程中无需任何物质作为媒介，这种能量的传递方式称为辐射。

光源在单位时间内向周围空间辐射出使人眼产生光感觉的能量称为光通量，符号为 $\Phi$，单位为流明（lm）。

光源在单位时间内向四周空间辐射的能量称为辐射通量，它由各种波长的辐射通量组成，各种波长的辐射通量相加，即为总辐射通量。只有可见光区的辐射通量能转变为光通量。光通量的大小取决于辐射功率的大小和光谱光效率。波长为 555nm 的辐射通量能够完全转变为光通量。

**2. 发光强度**

光源在给定方向上单位立体角内辐射的光通量称为光源在该方向上的发光强度，符号为 $I$，单位为坎德拉（cd）。发光强度是表征光源（物体）发光能力大小的物理量。

如图 15-1 所示，对于各方向均匀辐射光通量的光源，各方向的发光强度相等，其值为

$$I = \frac{\Phi}{\omega} \tag{15-1}$$

式中　$\Phi$——光源在 $\omega$ 立体角内所辐射出的光通量（lm）；

$\omega$——光源发光范围的立体角（sr）。

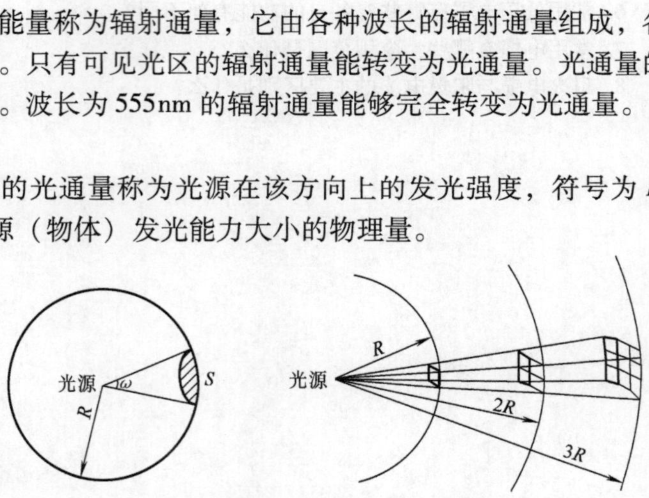


图 15-1　发光强度的定义图示

$$\omega = \frac{S}{R^2} \tag{15-2}$$

式中　$R$——球的半径（cm）；

$S$——与 $\omega$ 立体角相对应的球表面积（$cm^2$）。

**3. 照度**

照度表示被照物体表面单位面积接收到的光通量，用符号 $E$ 表示，单位为勒克斯（lx）。

如果光通量 $\Phi$（lm）均匀地投射在面积为 $S(m^2)$ 的表面上，则该平面的照度值为

$$E = \frac{\Phi}{S} \tag{15-3}$$

当采用某方向发光强度为 $I_\theta$ 的点状光源照明时，被照表面上某点的照度与它至光源的距离（$R$）的平方成反比，与入射角的余弦（$\cos\theta$）成正比。三者的关系如图 15-2 所示。

$$E = \frac{I_\theta \cos\theta}{R^2} \tag{15-4}$$

由于照度不考虑被照物体表面的性质（反射、透射和吸收），也不考虑观察者在哪个方向，因此它只能表明光度的强弱，并不表示被照物体的明暗程度。

**4. 亮度**

如图 15-3 所示，光源在给定方向单位投影面积上的发光强度，称为光源在该方向上的亮度，符号为 $L$，单位为 $cd/m^2$。

$$L = \frac{I_\theta}{S\cos\theta} \tag{15-5}$$

人眼对明暗的感觉不是取决于物体上的照度，而是取决于物体在眼睛视网膜上成像的照度。这是由两个因素决定的，一是物体在垂直于观察方向上的投影面积决定了像的大小；二是物体（被照物体可以看作是间接发光体）在指定方向上的发光强度决定了像接收的光通量，故引入“亮度”的概念，它是衡量照明质量的一个重要依据。

上述四个物理量的关系如图 15-4 所示。

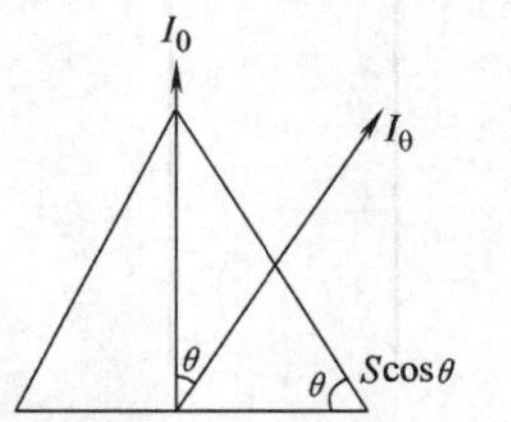


图 15-2 入射角与照度的关系

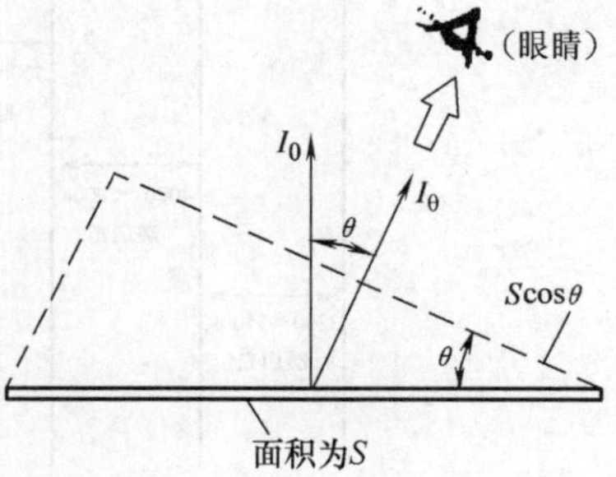


图 15-3 亮度的定义

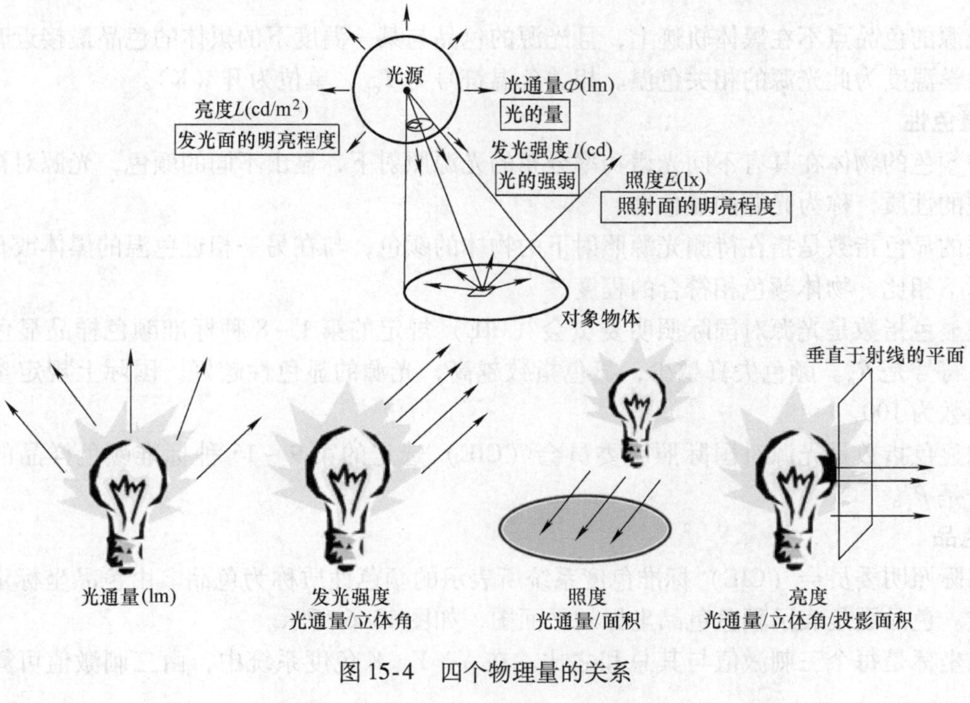


图 15-4 四个物理量的关系

## 15.1.2 光源颜色

**1. 色温**

色温是电光源的技术参数之一。当光源的发光颜色与黑体（能吸收全部光能的物体）加热到某一温度所发出的光的颜色相同（与气体放电光源相似）时，称该温度为光源的颜色温度，简称色温（对于气体放电光源称为相关色温）。

色温以热力学温标来表示，单位为K，即将一标准黑体加热，温度升高到一定程度时，光源的颜色开始由深红→浅红→橙红→白→蓝，逐步改变。色温在3000K下，光色偏红，给人以温暖感觉；色温超过6000K，光色偏蓝，给人以清冷的感觉，如图15-5所示。

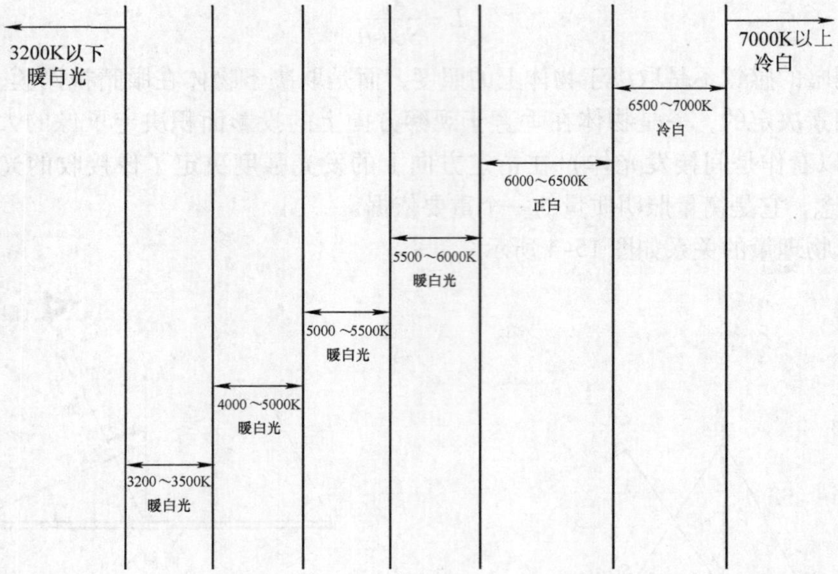


图15-5 色温

当光源的色品点不在黑体轨迹上，且光源的色品与某一温度下的黑体的色品最接近时，该黑体的热力学温度为此光源的相关色温。相关色温符号为$T_{cp}$，单位为开（K）。

**2. 显色性**

同一颜色的物体在具有不同光谱功率分布的光源照射下，显出不同的颜色，光源对被照物体颜色显现的性质，称为光源的显色性。

光源的显色指数是指在待测光源照射下的物体的颜色，与在另一相近色温的黑体或日光参照光源照射下相比，物体颜色相符合的程度。

一般显色指数是光源对国际照明委员会（CIE）规定的第1～8种标准颜色样品显色指数的平均值，符号是$R_a$。颜色失真越少，显色指数越高，光源的显色性越好。国际上规定参照光源的显色指数为100。

特殊显色指数是光源对国际照明委员会（CIE）选定的第9～15种标准颜色样品的显色指数，符号是$R_i$。

**3. 色品**

用国际照明委员会（CIE）标准色度系统所表示的颜色性质称为色品。由色品坐标定义的色刺激性质。色品图是表示颜色色品坐标的平面图，如图15-6所示。

色品坐标是每个三刺激值与其总和之比。在$X$、$Y$、$Z$色度系统中，由三刺激值可算出色品

坐标 $x$、$y$、$z$。

### 15.1.3 眩光

**1. 眩光的概念**

眩光是由于视野中的亮度分布或亮度范围的不适宜，或存在极端的对比，以致引起不舒适感觉或降低观察细部或目标的能力的视觉现象，如图 15-7 所示。

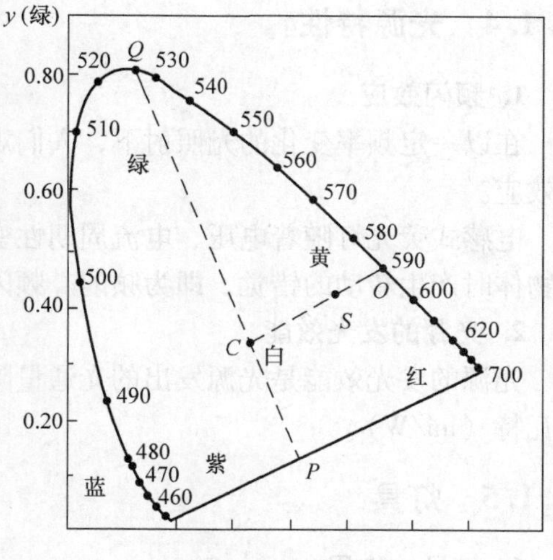


图 15-6 色品图

直射眩光是由视野中，特别是在靠近视线方向存在的发光体所产生的眩光。

不舒适眩光指产生不舒适感觉，但并不一定降低视觉对象的可见度的眩光。

反射眩光是由视野中的反射引起的眩光，特别是在靠近视线方向看见反射像所产生的眩光。

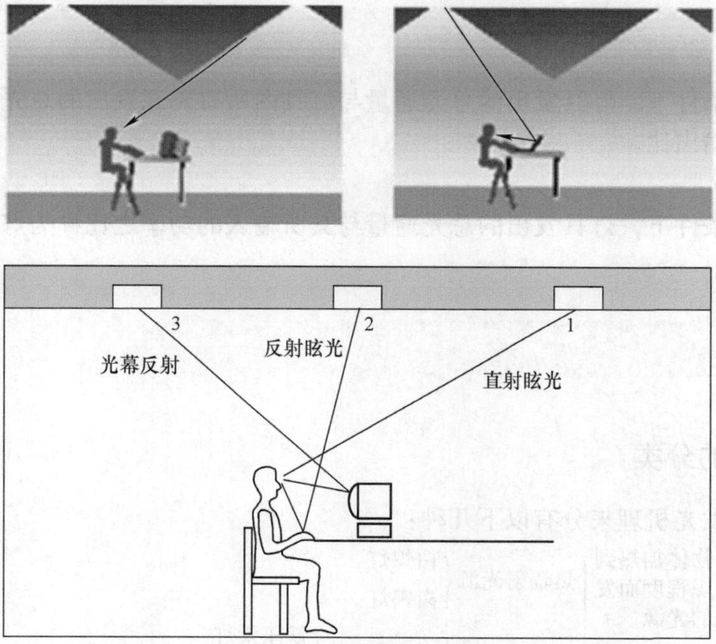


图 15-7 眩光

光幕反射是由视觉对象产生的镜面反射，它使视觉对象的对比降低，以致部分或全部难以看清细部。

**2. 眩光值**

统一眩光值是国际照明委员会（CIE）用于度量处于室内视觉环境中的照明装置发出的光对人眼引起不舒适感主观反应的心理参量。

眩光值是国际照明委员会（CIE）用于度量体育场馆和其他室外场地照明装置对人眼引起不舒适感主观反应的心理参量。

光源位置的眩光效应如图 15-8 所示。

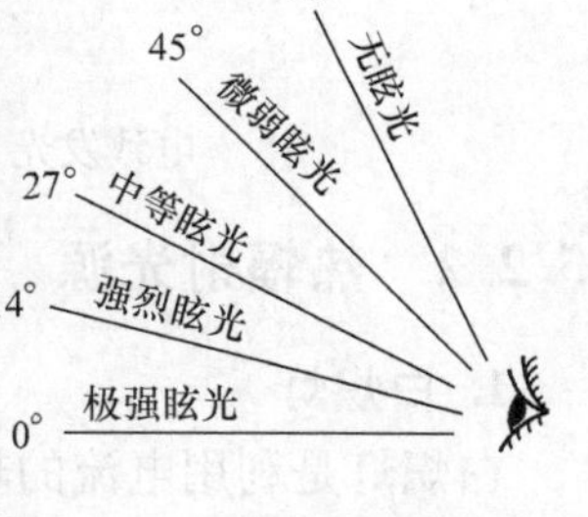


图 15-8 光源位置的眩光效应

### 15.1.4 光源特性

**1. 频闪效应**

在以一定频率变化的光照射下，人们观察到物体运动显现出不同于其实际运动的现象称为频闪效应。

电感式荧光灯随着电压、电流周期性变化，光通量也周期性地发生强弱变化，使人眼观察静止物体时产生转动的错觉，即为频闪。频闪会使人产生不舒服的感觉，降低工作效率。

**2. 光源的发光效能**

光源的发光效能是光源发出的光通量除以光源功率所得之商，简称光源的光效，单位为流明每瓦特（lm/W）。

### 15.1.5 灯具

**1. 灯具的作用**

灯具的作用是固定和保护电光源，并使之与电源安全可靠地连接，合理分配光通量，装饰、美化环境。

**2. 灯具效率**

在规定的使用条件下，灯具发出的总光通量与灯具内所有光源发出的总光通量之比称为灯具效率，也称灯具光输出比。

**3. 灯具效能**

在规定的使用条件下，灯具发出的总光通量与其所输入的功率之比称为灯具效能，单位为流明每瓦特（lm/W）。

## 15.2 电光源

### 15.2.1 电光源的分类

按照电光源的发光机理来分有以下几种：

- 将物体加热到白炽程度而发光的光源——热辐射光源
  - 白炽灯
  - 卤钨灯
- 利用气体或蒸气的放电而发光的光源——气体放电灯
  - 金属
    - 汞灯
      - 低压汞灯
      - 高压汞灯
    - 钠灯
      - 低压钠灯
      - 高压钠灯
  - 金属卤化物（如镝灯、钪钠灯、钠铊铟灯）
  - 惰性气体
    - 氙灯
    - 汞氙灯
- 电致发光——特殊光源：发光二极管

### 15.2.2 热辐射光源

**1. 白炽灯**

白炽灯是利用电流的热效应制成的。当电流通过灯丝，灯丝热到白炽状态（物体温度达到1700℃以上就发白光，这种状态称为白炽状态）时，就会发出很亮的光，可供照明。

白炽电灯的灯丝是用熔点高的钨制成的，发光时温度在 2000℃ 以上。为了防止钨在高温下氧化，小功率的灯泡都抽成真空，60W 以上的灯泡充入氮、氩等气体。充气灯泡里的气体可以阻碍钨丝在高温下升华，灯丝温度可以提高到 2400 ~ 2700℃。灯丝的温度越高，消耗的电能中转化成的光能越多。

白炽灯是靠钨丝白炽体的高温热辐射发光，结构简单，使用方便，显色性好。但因热辐射中只有 2% ~3% 为可见光，光效低，抗振性较差。灯丝发热蒸发出的钨分子在玻璃灯泡上有黑化现象，平均寿命一般达 1000h。电源电压变化会直接影响白炽灯的使用寿命和光效。

白炽灯经常用在建筑物室内照明和施工工地的临时照明，聚光灯的额定电压有 220V 和 36V（安全电压），可用于地下室施工照明或手持临时照明。

**2. 卤钨灯**

卤钨灯是白炽光源的一种，因灯内充入卤化物而得名，如图 15-9 所示。

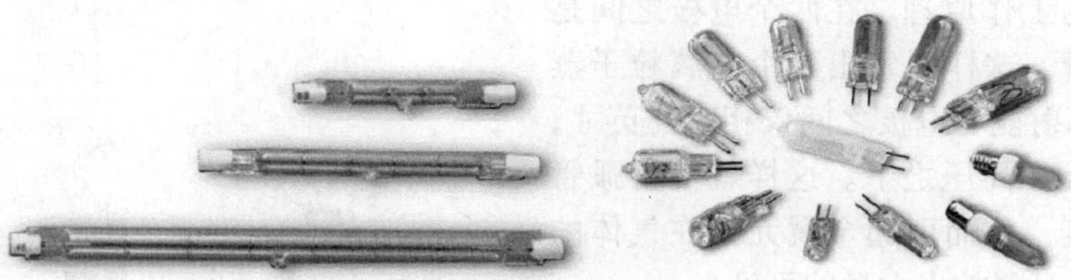

图 15-9　卤钨灯

由于“卤钨循环”的作用，使得这种灯的玻璃壁不易发黑，光的衰退很小，它同普通白炽灯泡相比，在同样寿命情况下有更高的光效，而且体积大为缩小，光通量维持率好，因此已广泛应用于宾馆、商场、柜台、舞厅及家庭中作为装饰照明，在交通运输、电视及仪器方面也已大量使用。

卤钨灯包括碘钨灯、溴钨灯。在白炽灯泡中充入微量的卤化物，利用卤钨循环提高光效，光效比白炽灯高 30%。

为了使卤钨循环顺利进行，卤钨灯必须水平安装，倾斜角不得大于 4°，不允许采用人工冷却措施（如电风扇冷却），工作时的管壁温度可高达 600℃，不能与易燃物接近，灯脚的引入线采用耐高温的导线。

卤钨灯的抗振性、耐电压波动性都比白炽灯差，但显色性很好，经常用于电视转播等场合。

## 15.2.3　气体放电灯

**1. 低压气体放电灯**

低压气体放电灯内气体的总压强约为 1% 大气压，如低压钠灯、荧光灯、紫外线灯、感应无极灯等。

荧光灯是利用汞蒸气在外加电源作用下产生弧光放电，可以发出少量的可见光和大量的紫外线，紫外线再激励管内壁的荧光粉使之发出大量的可见光。荧光灯由镇流器、灯管、启辉器和灯座组成。

荧光灯的特点是光效高，使用寿命长，光谱接近日光，显色性好。缺点是功率因数低，有频闪效应，不宜频繁开启。目前多使用电子镇流器的荧光灯，其功率因数可以达到 0.9 以上。

荧光灯比白炽灯节电 70%，适用于办公室、宿舍及顶棚高度低于 5m 的车间等室内照明。紧凑型荧光灯光效比普通荧光灯高 5%，细管型荧光灯比普通荧光灯节电 10%，因此，紧凑型和细管型荧光灯是当今“绿色照明工程”实施方案中推出的高效节能电光源。

荧光灯一般用在图书馆、教室、隧道、地铁、商场等对显色性要求较高的场所。

低压钠灯是利用低压钠蒸气放电发光的电光源，在它的玻璃外壳内涂以红外线反射膜，是光衰较小和光效最高的电光源。

低压钠灯发出的是单色黄光，用于对光色没有要求的场所，但它的“透雾性”表现得非常出色，特别适合于高速公路、交通道路、市政道路、公园、庭院照明，能使人清晰地看到色差比较小的物体。

低压钠灯也是替代高压汞灯节约用电的一种高效灯种，应用场所也在不断扩大。

**2. 高压气体放电灯（HID 灯）**

高压气体放电灯内气体的总压强在 1 ~ 10 个大气压，如高压汞灯、高压钠灯、金属卤化物灯、微波硫灯、长弧氙灯等。

高压气体放电灯的工作原理在某种程度上类似于荧光灯的工作原理。在两个电极之间是充满气体的弧管，这样引发出一个金属粒子蒸气，从而产生辐射能，电极之间仅相距几英寸，在管内的气体处在高压之下。这样就使得弧管产生极高的温度，从而引起金属元素在气体的压力之下聚集并且释放出大量的可见光。

高压气体放电灯（HID 灯）主要有汞灯、金属卤素灯、钠灯。这些灯在弧管里输入了气体，从而引起每一种灯都有不同的颜色，提高整体灯的光效，如图 15-10 所示。

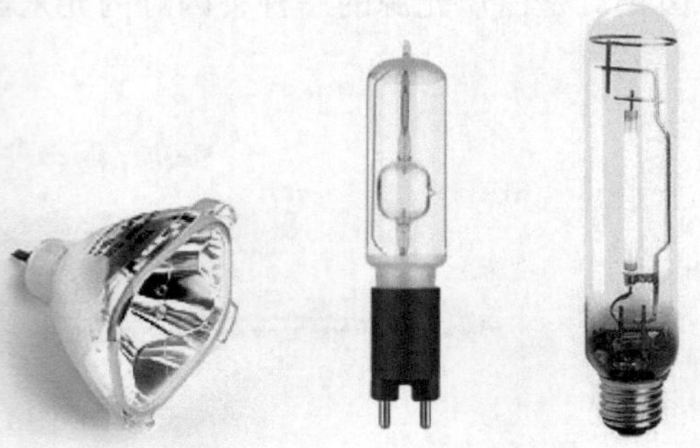

a)　　b)　　c)

图 15-10　高压气体放电灯（HID 灯）

a）荧光高压汞灯　b）金属卤素灯　c）高压钠灯

荧光高压汞灯（水银灯）的外玻璃壳内壁涂有荧光粉，它能将汞蒸气放电时辐射的紫外线转变为可见光，以改善光色，提高光效。荧光高压汞灯光效高（30 ~ 50lm/W），寿命长（5000h），应用于庭院、街道、广场、工业厂房、车站、施工现场等场所的照明。

金属卤素灯的结构与高压汞灯相似，在其发光管内添加金属卤（以碘为主）化物，利用金属卤化物在高温下分解产生金属蒸气和汞蒸气的混合物，激发放电辐射出特征光谱。选择适当的金属卤化物并控制它们的比例，就可得到白光。金属卤化物灯具有较高的光效（76 ~ 110lm/W），寿命长（10 000h），显色性极好，适用于繁华街道、美术馆、展览馆、体育馆、商场、体育场、广场及高大厂房等。

高压钠灯利用高压钠蒸气放电，其辐射光的波长集中在人眼感受较灵敏的区域内，故其光效高，寿命长，但显色性差。高压钠灯的光效（60 ~ 125lm/W）之高为各种电光源之首，它是用于交通和广场照明的光源。近几年研制成功的高显色性高压钠灯，其色温与白炽灯相近，提高了显色性，在不少场所可以代替白炽灯，从而节省了电能。

**3. 超高压放电灯**

超高压放电灯内的气体总压强大于 10 个大气压，如超高压氙灯、超高压汞灯等。超高压放电灯发光体较小，近似高亮度点光源，便于控光。

## 15. 2. 4　电致发光光源

**1. 电致发光的概念**

电致发光是固体发光材料在电场激发下产生的发光现象，是将电能直接转换为光能的过程。

利用这种现象制成的器件称为电致发光器件，如发光二极管、半导体激光器、液晶显示器、阴极射线管、等离子显示器等。

**2. LED 光源**

LED 光源实质是 PN 结二极管，如图 15-11 所示。

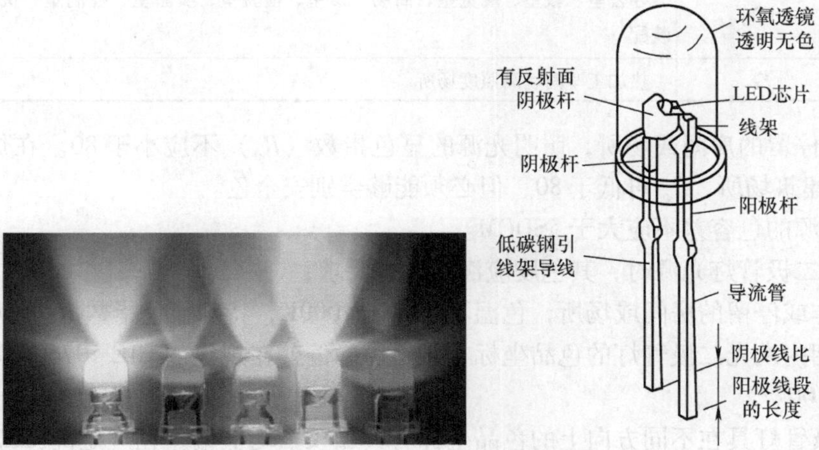


图 15-11　LED 光源

电流从阳极流向阴极自由电子与空穴复合引起光子发射。不同的半导体材料发出不同的单色光，发光的强弱与正向电流有关。

LED 光源采用 6～24V 低压电源或电流源供电，光效达到 15～50lm/W，红色表面亮度可达 3000cd/m$^2$，使用 100 000h 后，光衰为初始的 50%，有黄、橙、红、蓝、绿和白光系列颜色，显色指数大于 70，色温在 3600～11 000K。

## 15.2.5　光源的选择

**1. 选择原则**

当选择光源时，应满足显色性、启动时间等要求，并应根据光源、灯具及镇流器等的效率或效能、寿命等在进行综合技术经济分析比较后确定。

**2. 选择光源的方法**

照明设计应按下列条件选择光源：

1）灯具安装高度较低的房间宜采用细管直管形三基色荧光灯。

2）商店营业厅的一般照明宜采用细管直管形三基色荧光灯、小功率陶瓷金属卤化物灯；重点照明宜采用小功率陶瓷金属卤化物灯、发光二极管灯。

3）灯具安装高度较高的场所，应按使用要求，采用金属卤化物灯、高压钠灯或高频大功率细管直管形荧光灯。

4）旅馆建筑的客房宜采用发光二极管灯或紧凑型荧光灯。

5）照明设计不应采用普通照明白炽灯，对电磁干扰有严格要求，且其他光源无法满足的特殊场所除外。

**3. 应急照明光源**

应急照明应选用能快速点亮的光源。

**4. 颜色相关参数的选择**

照明设计应根据识别颜色要求和场所特点，选用相应显色指数的光源。

室内照明光源色表特征及适用场所宜符合表15-1所示的规定。

表15-1 室内照明光源色表特征及适用场所

| 相关色温/K | 色表特征 | 适用场所 |
|---|---|---|
| <3300 | 暖 | 客房、卧室、病房、酒吧 |
| 3300~5300 | 中间 | 办公室、教室、阅览室、商场、诊室、检验室、实验室、控制室、机加工车间、仪表装配 |
| >5300 | 冷 | 热加工车间、高照度场所 |

长期工作或停留的房间或场所，照明光源的显色指数（$R_a$）不应小于80。在灯具安装高度大于8m的工业建筑场所，$R_a$ 可低于80，但必须能够辨别安全色。

选用同类光源的色容差不应大于5SDCM。

当选用发光二极管灯光源时，其色度应满足下列要求：

1）长期工作或停留的房间或场所，色温不宜高于4000K，特殊显色指数 $R_a$ 应大于零。

2）在寿命期内发光二极管灯的色品坐标与初始值的偏差在规定的CIE 1976均匀色度标尺图中，不应超过0.007。

3）发光二极管灯具在不同方向上的色品坐标与其加权平均值偏差在规定的CIE 1976均匀色度标尺图中，不应超过0.004。

## 15.3 照明器

照明器是灯具和电光源的总称。

### 15.3.1 配光曲线

配光指的是照明器在空间各个方向上的光强分布。

配光特性是指表示光源或照明器的光强在空间各个方向分布状态的解析式、表格或曲线。

配光曲线表示灯具或光源发射出的光在空间的分布情况。

**1. 对称性质**

配光曲线的轴向对称是旋转对称，各个方向配光曲线基本对称，如图15-12所示。

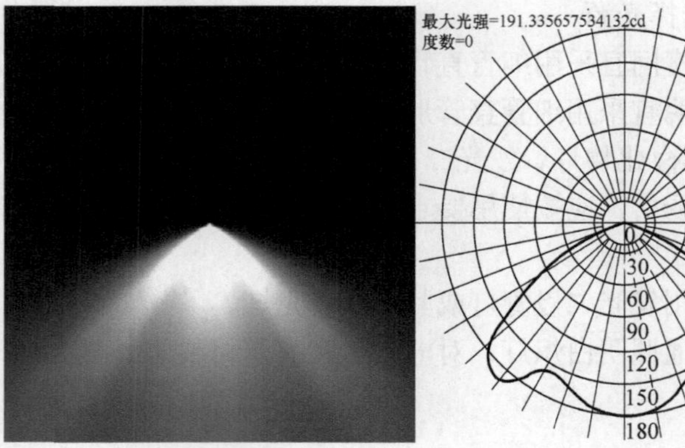


图15-12 旋转对称

配光曲线的对称是灯具C0°和C180°剖面配光对称，同时C90°和C270°剖面配光对称。

配光曲线的非对称是 C0° – C180°和 C90° – C270°任意一个剖面配光不对称，如图 15-13 所示。

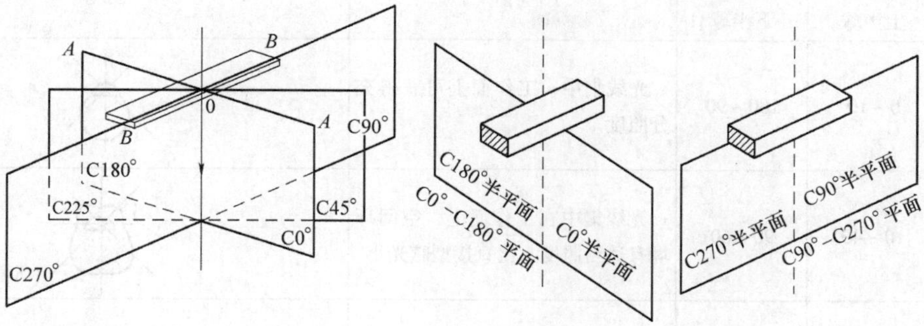


图 15-13　非对称

**2. 光束角度**

灯具的光束角度分为窄配光（<20°）、中配光（20°~40°）、宽配光（>40°）。对应的配光曲线如图 15-14 所示。

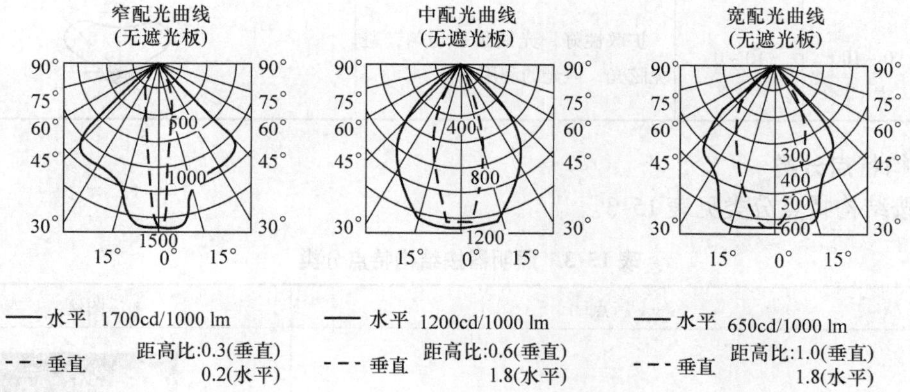


图 15-14　不同光束角度的配光曲线

## 15.3.2　照明器的种类

**1. 按用途分类**

照明器按照其用途不同分为功能性照明器和装饰性照明器。

（1）功能性照明器　选用时首先考虑保护光源、提高光效、降低眩光的影响，其次考虑装饰效果，如民用照明器、工矿照明器、舞台照明器、车船照明器、防爆照明器、标志照明器、水下照明器和路灯照明器等。

（2）装饰性照明器　一般由装饰部件围绕光源组合而成，其作用主要是美化环境、烘托气氛，此类照明器首先考虑照明器的造型和光线的色泽，其次考虑照明器的效率和限制眩光。

**2. 按光通量在空间的分布分类**

当照明器采用不同的照明器，其光通量在空间的分布状况是不同的。一般室内照明器按光通量在上、下半球空间分配比例不同分为直接型、半直接型、漫射型、半间接型和间接型。其不同类型照明器光通量的分类如表 15-2 所示。

**表 15-2 照明器按光通量分类**

| 类别 | 光通量分布特性（%） | | 特点 | 图例 |
|---|---|---|---|---|
| | 上半球 | 下半球 | | |
| 直接型 | 0～10 | 100～90 | 光线集中，工作面上可获得充分照度 |  |
| 半直接型 | 10～40 | 90～60 | 光线集中在工作面上，空间环境有适当照度，比直接型眩光小 | 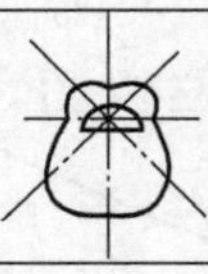 |
| 漫射型 | 40～60 | 60～40 | 空间各方向光通量基本一致，无眩光 | 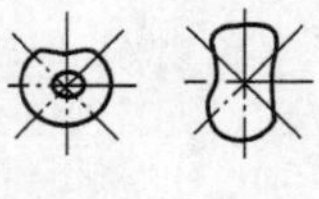 |
| 半间接型 | 60～90 | 40～10 | 增加反射光的作用，使光线比较均匀柔和 | 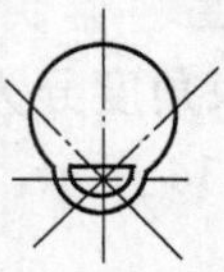 |
| 间接型 | 90～100 | 10～0 | 扩散性好，光线柔和均匀，避免眩光，但光的利用率低 | 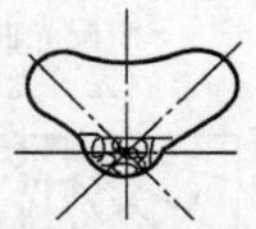 |

### 3. 按结构特点分类

照明器按结构特点分类见表 15-3。

**表 15-3 照明器按结构特点分类**

| 结构型式 | 特点 | 图例 |
|---|---|---|
| 开启型 | 光源与外界空间直接接触（无罩） | 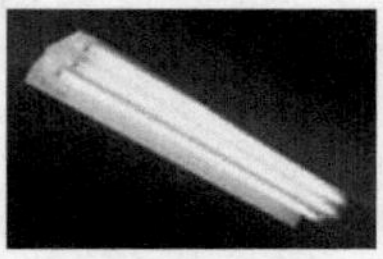 |
| 闭合型 | 透明罩将光源包合起来，但内外空气仍能自由流通 | 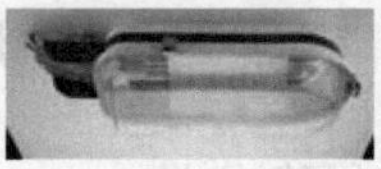 |
| 密闭型 | 透明罩固定处封闭严密，与外界隔绝相当可靠，内外空气不能流通 |  |
| 防爆型 | 符合《防爆电气设备制造检验规程》的要求，能安全地在有爆炸危险性介质的场所使用。有安全型和隔爆型两种<br>安全型在正常运行时不产生火花电弧；或把正常运行时产生的火花电弧的部件放在独立的隔爆室内<br>隔爆型在照明器的内部产生爆炸时，火焰通过一定间隙的防爆面后，不会引起照明器外部的爆炸 |  |

（续）

| 结构型式 | 特点 | 图例 |
|---|---|---|
| 防振型 | 照明器采取防振措施，安装在有防振动的设施上 |  |

**4. 按安装方式分类**

照明器按安装方式分类及其特点见表15-4。

**表15-4　照明器按安装方式分类及其特点**

| 安装方式 | 特点 |
|---|---|
| 壁灯 | 安装在墙壁上、庭柱上，用于局部照明、装饰照明或没有顶棚的场所 |
| 吸顶灯 | 将照明器吸附在顶棚面上，主要用于没有吊顶的房间。吸顶式的光带适用于计算机房、变电站等 |
| 嵌入式 | 适用于有吊顶的房间，照明器是嵌入在吊顶内安装的，可以有效消除眩光。与吊顶结合能形成美观的装饰艺术效果 |
| 半嵌入式 | 将照明器的一半或一部分嵌入顶棚，其余部分露在顶棚外，介于吸顶式和嵌入式之间。适用于顶棚吊顶深度不够的场所，在走廊处应用较多 |
| 吊灯 | 是最普通的一种照明器的安装形式，主要利用吊杆、吊链、吊管、吊灯线来吊装照明器 |
| 地脚灯 | 主要作用是照明走廊，便于人员行走。应用在医院病房、公共走廊、宾馆客房、卧室等 |
| 台灯 | 主要放在写字台上、工作台上、阅览桌上，作为书写阅读使用 |
| 落地灯 | 主要用于高级客房，宾馆，带茶几、沙发的房间以及家庭的床头或书架旁 |
| 庭院灯 | 灯头或灯罩多数向上安装，灯管和灯架多数安装在庭院地坪上，特别适用于公园、街心花园、宾馆以及机关学校的庭院内 |
| 道路广场灯 | 主要用于夜间的通行照明。广场灯用于车站前广场、机场前广场、港口、码头、公共汽车站广场、立交桥、停车场、集合广场、室外体育场等 |
| 移动式灯 | 用于室内、外移动性的工作场所以及室外电视、电影的摄影等场所 |
| 自动应急照明灯 | 适用于宾馆、饭店、医院、影剧院、商场、银行、邮电局、地下室、会议室、动力站房、人防工程、隧道等公共场所。可以作为应急照明、紧急疏散照明、安全防灾照明等 |

## 15.3.3　照明器的选择

**1. 认证**

选择的照明灯具、镇流器应通过国家强制性产品认证。

**2. 效率**

在满足眩光限制和配光要求条件下，应选用效率或效能高的灯具，并应符合下列规定：

1）直管形荧光灯灯具的效率不应低于表15-5所示的规定。

**表15-5　直管形荧光灯灯具的效率**

| 灯具出光口形式 | 开敞式 | 保护罩（玻璃或塑料） | | 格栅 |
|---|---|---|---|---|
| | | 透明 | 棱镜 | |
| 灯具效率（%） | 75 | 70 | 55 | 65 |

2）紧凑型荧光灯筒灯灯具的效率不应低于表15-6所示的规定。

表 15-6 紧凑型荧光灯筒灯灯具的效率

| 灯具出光口形式 | 开敞式 | 保护罩 | 格栅 |
|---|---|---|---|
| 灯具效率（%） | 55 | 50 | 45 |

3）小功率金属卤化物灯筒灯灯具的效率不应低于表 15-7 所示的规定。

表 15-7 小功率金属卤化物灯筒灯灯具的效率

| 灯具出光口形式 | 开敞式 | 保护罩 | 格栅 |
|---|---|---|---|
| 灯具效率（%） | 60 | 55 | 50 |

4）高压气体放电灯灯具的效率不应低于表 15-8 所示的规定。

表 15-8 高压气体放电灯灯具的效率

| 灯具出光口形式 | 开敞式 | 保护罩或格栅 |
|---|---|---|
| 灯具效率（%） | 75 | 60 |

5）发光二极管灯筒灯灯具的效率不应低于表 15-9 所示的规定。

表 15-9 发光二极管灯筒灯灯具的效率

| 色温 | 2700K | | 3000K | | 4000K | |
|---|---|---|---|---|---|---|
| 灯具出光口形式 | 开敞式 | 保护罩 | 开敞式 | 保护罩 | 开敞式 | 保护罩 |
| 灯具效率（%） | 55 | 60 | 60 | 65 | 65 | 70 |

6）发光二极管平面灯灯具的效率不应低于表 15-10 所示的规定。

表 15-10 发光二极管平面灯灯具的效率

| 色温 | 2700K | | 3000K | | 4000K | |
|---|---|---|---|---|---|---|
| 灯具出光口形式 | 开敞式 | 保护罩 | 开敞式 | 保护罩 | 开敞式 | 保护罩 |
| 灯具效率（%） | 60 | 65 | 65 | 70 | 70 | 75 |

**3. 防护类型**

各种场所严禁采用触电防护的类别为 0 类的灯具。

**4. 灯具的选择**

灯具的选择应符合下列规定：

1）特别潮湿的场所，应采用相应防护措施的灯具。

2）有腐蚀性气体或蒸汽场所，应采用满足相应防腐蚀要求的灯具。

3）高温场所，宜采用散热性能好、耐高温的灯具。

4）多尘埃的场所，应采用防护等级不低于 IP5X 的灯具。

5）在室外的场所，应采用防护等级不低于 IP54 的灯具。

6）装有锻锤、大型桥式起重机等振动、摆动较大的场所，应有防振和防脱落的措施。

7）易受机械损伤、光源自行脱落可能造成人员伤害或财物损失的场所，应有防护措施。

8）有爆炸或火灾危险场所，应符合国家现行有关标准的规定。

9）有洁净度要求的场所，应采用不易积尘、易于擦拭的洁净灯具，并应满足洁净场所的相关要求。

10）需防止紫外线照射的场所，应采用隔紫外线灯具或无紫外线光源。

直接安装在普通可燃材料表面的灯具，应符合现行国家标准 GB 7000.1—2015《灯具 第1部分：一般要求与试验》的有关规定。

**5. 镇流器的选择**

镇流器的选择应符合下列规定：

1）荧光灯应配用电子镇流器或节能电感镇流器。

2）对频闪效应有限制的场合，应采用高频电子镇流器。

3）镇流器的谐波、电磁兼容应符合现行国家标准 GB 17625.1—2012《电磁兼容 限值 谐波电流发射限值（设备每相输入电流≤16A）》和 GB 17743—2007《电气照明和类似设备的无线电骚扰特性的限值和测量方法》的有关规定。

4）高压钠灯、金属卤化物灯应配用节能电感镇流器；在电压偏差较大的场所，宜配用恒功率镇流器；功率较小者可配用电子镇流器。

5）高压气体放电灯的触发器与光源的安装距离应满足现场使用的要求。

## 15.4 照明设计

### 15.4.1 照明设计的内容

照明设计的主要内容有以下几点：

1）确定照明方式和照明种类。

2）选择光源和灯具类型。

3）进行照度计算，确定光源的安装功率。

4）选择供电电压和供电方式。

5）确定照明配电系统。

6）选择导线和电缆的型号和布线方式。

7）选择配电装置、照明开关和其他电气设备。

8）绘制照明平面布置图，同时汇总安装容量，列出主要设备和材料清单。

### 15.4.2 照明方式和种类

**1. 照明方式**

照明方式的确定应符合下列规定：

1）工作场所应设置一般照明（为照亮整个场所而设置的均匀照明）。

2）当同一场所的不同区域有不同照度要求时，应采用分区一般照明（为照亮工作场所中某一特定区域，而设置的均匀照明）。

3）在一个工作场所内不应只采用局部照明（特定视觉工作用的、为照亮某个局部而设置的照明）。

4）对于作业面照度要求较高，只采用一般照明不合理的场所，宜采用混合照明（由一般照明与局部照明组成的照明）。

5）当需要提高特定区域或目标的照度时，宜采用重点照明（为提高指定区域或目标的照度，使其比周围区域突出的照明）。

照明方式如图 15-15 所示。

**2. 照明种类**

照明种类的确定应符合下列规定：

1）室内工作及相关辅助场所，均应设置正常照明（在正常情况下使用的照明）。

2）当下列场所正常照明电源失效时，应设置应急照明（因正常照明的电源失效而启用的照明。应急照明包括疏散照明、安全照明、备用照明）：

① 需确保正常工作或活动继续进行的场所，应设置备用照明（用于确保正常活动继续或暂时继续进行的应急照明）。

② 需确保处于潜在危险之中的人员安全的场所，应设置安全照明（用于确保处于潜在危险之中的人员安全的应急照明）。

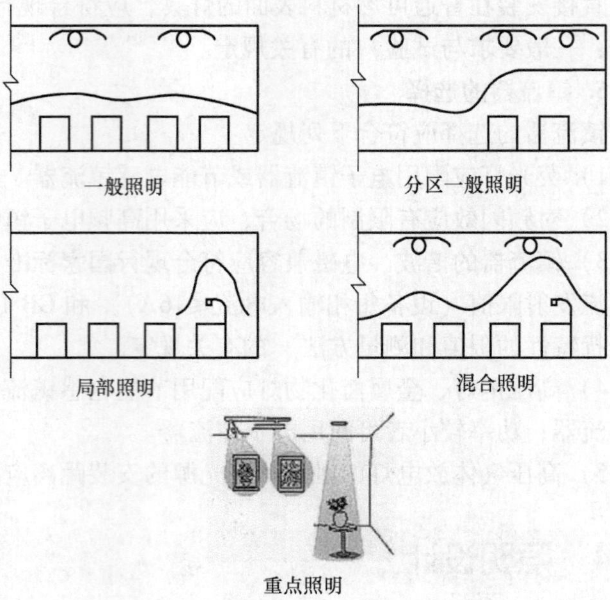


图 15-15 照明方式

③ 需确保人员安全疏散的出口和通道，应设置疏散照明（用于确保疏散通道被有效地辨认和使用的应急照明）。

3）需在夜间非工作时间值守或巡视的场所应设置值班照明（非工作时间为值班所设置的照明）。

4）需警戒的场所，应根据警戒范围的要求设置警卫照明（用于警戒而安装的照明）。

5）在危及航行安全的建筑物、构筑物上，应根据相关部门的规定设置障碍照明（在可能危及航行安全的建筑物或构筑物上安装的标识照明）。

照明种类如图 15-16 所示。

图 15-16 照明种类

## 15.4.3　照度

### 1. 照度标准值

照度标准值应按 0.5lx、1lx、2lx、3lx、5lx、10lx、15lx、20lx、30lx、50lx、75lx、100lx、150lx、200lx、300lx、500lx、750lx、1000lx、1500lx、2000lx、3000lx、5000lx 分级。

### 2. 照度的调整

符合下列一项或多项条件，作业面或参考平面的照度标准值可提高一级：

1）视觉要求高的精细作业场所，眼睛至识别对象的距离大于 500mm。

2）连续长时间紧张地视觉作业，对视觉器官有不良影响。

3）识别移动对象，要求识别时间短促而辨认困难。

4）视觉作业对操作安全有重要影响。

5）识别对象与背景辨认困难。

6）作业精度要求高，且产生差错会造成很大损失。

7）视觉能力显著低于正常能力。

8）建筑等级和功能要求高。

符合下列一项或多项条件，作业面或参考平面的照度标准值可降低一级：

1）进行很短时间的作业。

2）作用精度或速度无关紧要。

3）建筑等级和功能要求较低。

### 3. 照度对比

作业面邻近周围照度可低于作业面照度，但不宜低于表 15-11 所示的数值。

**表 15-11　作业面邻近周围照度**　（单位：lx）

| 作业面照度 | 作业面邻近周围照度 |
|---|---|
| ≥750 | 500 |
| 500 | 300 |
| 300 | 200 |
| ≤200 | 与作业面照度相同 |

注：作业面邻近周围指作业面外宽度不小于 0.5m 的区域。

作业面背景区域一般照明的照度不宜低于作业面邻近周围照度的 1/3。

### 4. 维护系数

维护系数是照明装置在使用一定周期后在规定表面上的平均照度或平均亮度，与该装置在相同条件下新装时在同一表面上所得到的平均照度或平均亮度之比。

照明设计的维护系数应按表 15-12 所示选用。

### 5. 照度偏差

设计照度与照度标准值的偏差不应超过 ±10%。

## 15.4.4　眩光限制

### 1. 遮光角

灯具遮光角是灯具出光口平面与刚好看不见发光体的视线之间的夹角。

长期工作或停留的房间或场所，选用的直接型灯具的遮光角不应小于表 15-13 所示的规定。

表 15-12 照明设计的维护系数

| 环境污染特征 | | 房间或场所举例 | 灯具最少擦拭次数/(次/年) | 维护系数值 |
|---|---|---|---|---|
| 室内 | 清洁 | 卧室、办公室、影院、剧场、餐厅、阅览室、教室、病房、客房、仪器仪表装配间、电子元器件装配间、检验室、商店营业厅、体育馆、体育场等 | 2 | 0.8 |
| 室内 | 一般 | 机场候机厅、候车室、机械加工车间、机械装配车间、农贸市场等 | 2 | 0.7 |
| 室内 | 污染严重 | 公用厨房、锻工车间、铸工车间、水泥车间等 | 3 | 0.60 |
| 开敞空间 | | 雨篷、站台 | 2 | 0.65 |

表 15-13 直接型灯具的遮光角

| 光源平均亮度/($cd/m^2$) | 遮光角/(°) |
|---|---|
| 1~20 | 10 |
| 20~50 | 15 |
| 50~500 | 20 |
| ≥500 | 30 |

**2. 限制眩光措施**

防止或减少光幕反射和反射眩光应采取下列措施：

1）应将灯具安装在不易形成眩光的区域内。

2）可采用低光泽度的表面装饰材料。

3）应限制灯具出光口表面发光亮度。

4）墙面的平均照度不宜低于50lx，顶棚的平均照度不宜低于30lx。

**3. 平均亮度限值**

有视觉显示终端的工作场所，在与灯具中垂线呈65°~90°范围内的灯具平均亮度限值应符合表15-14所示的规定。

表 15-14 灯具平均亮度限值 (单位：$cd/m^2$)

| 屏幕分类 | 屏幕亮度>$200cd/m^2$ | 屏幕亮度≤$200cd/m^2$ |
|---|---|---|
| 亮背景暗字体或图像 | 3000 | 1500 |
| 暗背景亮字体或图像 | 1500 | 1000 |

## 15.4.5 照明节能

**1. 照明功率密度**

照明功率密度是单位面积上一般照明的安装功率（包括光源、镇流器或变压器等附属用电器件），单位为瓦特每平方米（$W/m^2$）。

应在满足规定的照度和照明质量要求的前提下，进行照明节能评价。

照明节能应采用一般照明的照明功率密度值（LPD）作为评价指标。照明设计的房间或场所的照明功率密度应满足规定要求。

**2. 照明节能措施**

选用的照明光源、镇流器的能效应符合相关能效标准的节能评价值。

照明场所应以用户为单位计量和考核照明用电量。

一般场所不应选用卤钨灯，对商场、博物馆显色要求高的重点照明可采用卤钨灯。

一般照明不应采用荧光高压汞灯。

一般照明在满足照度均匀度条件下，宜选择单灯功率较大、光效较高的光源。

当公共建筑或工业建筑选用单灯功率小于或等于25W的气体放电灯时，除自镇流荧光灯外，其镇流器宜选用谐波含量低的产品。

下列场所宜选用配用感应式自动控制的发光二极管灯：

1）旅馆、居住建筑及其他公共建筑的走廊、楼梯间、厕所等场所。

2）地下车库的行车道、停车位。

3）无人长时间逗留，只进行检查、巡视和短时操作等的工作场所。

**3. 天然光利用**

房间的采光系数或采光窗地面积比应符合现行国家标准GB 50033—2013《建筑采光设计标准》的有关规定。

当有条件时，宜利用各种导光和反光装置将天然光引入室内进行照明。

宜利用太阳能作为照明能源。

### 15.4.6 照明配电及控制

**1. 照明电压**

一般照明光源的电源电压应采用220V；1500W及以上的高压气体放电灯的电源电压宜采用380V。

安装在水下的灯具应采用安全特低电压（SELV）供电，其交流电压值不应大于12V，无纹波直流供电不应大于30V。

当移动式和手提式灯具采用Ⅲ类灯具时，应采用安全特低电压供电，其电压限值应符合下列规定：

1）在干燥场所交流供电不大于50V，无纹波直流供电不大于120V。

2）在潮湿场所交流供电不大于25V，无纹波直流供电不大于60V。

照明灯具的端电压不宜大于其额定电压的105%，且应符合下列规定：

1）一般工作场所不宜低于其额定电压的95%。

2）当远离变电所的一般小面积工作场所难以满足1）要求时，可为90%。

3）应急照明和用安全特低电压供电的照明不宜低于其额定电压的90%。

**2. 照明配电系统**

供照明用的配电变压器的设置应符合下列规定：

1）当电力设备无大功率冲击性负荷时，照明和电力宜共用变压器。

2）当电力设备有大功率冲击性负荷时，照明宜与冲击性负荷接自不同变压器；当需接自同一变压器时，照明应由专用馈电线供电。

3）当照明安装功率较大或谐波含量较大时，宜采用照明专用变压器。

应急照明的供电应符合下列规定：

1）疏散照明的应急电源宜采用蓄电池（或干电池）装置，或蓄电池（或干电池）与供电系统中有效地独立于正常照明电源的专用馈电线路的组合，或采用蓄电池（或干电池）装置与自备发电机组组合的方式。

2）安全照明的应急电源应和该场所的供电线路分别接自不同变压器或不同馈电干线，必要时可采用蓄电池组供电。

3）备用照明的应急电源宜采用供电系统中有效地独立于正常照明电源的专用馈电线路或自备发电机组。

三相配电干线的各相负荷宜平衡分配，最大相负荷不宜大于三相负荷平均值的115%，最小相负荷不宜小于三相负荷平均值的85%。

正常照明单相分支回路的电流不宜大于16A，所接光源数或发光二极管灯具数不宜超过25个；当连接建筑装饰性组合灯具时，回路电流不宜大于25A，光源数不宜超过60个；连接高压气体放电灯的单相分支回路的电流不宜大于25A。

电源插座不宜和普通照明灯接在同一分支回路。

在电压偏差较大的场所，宜设置稳压装置。

使用电感镇流器的气体放电灯应在灯具内设置电容补偿，荧光灯功率因数不应低于0.9，高压气体放电灯功率因数不应低于0.85。

在气体放电灯的频闪效应对视觉作业有影响的场所，应采用下列措施之一：

1）采用高频电子镇流器。

2）相邻灯具分接在不同相序。

当采用Ⅰ类灯具时，灯具的外露可导电部分应可靠接地。

当照明装置采用安全特低电压供电时，应采用安全隔离变压器，且二次侧不应接地。

照明分支线路应采用铜芯绝缘电线，分支线截面面积不应小于1.5mm$^2$。

主要供给气体放电灯的三相配电线路，其中性线截面应满足不平衡电流及谐波电流的要求，且不应小于相线截面。当3次谐波电流超过基波电流的33%时，应按中性线电流选择线路截面，并应符合现行国家标准GB 50054—2011《低压配电设计规范》的有关规定。

**3. 照明控制**

公共建筑和工业建筑的走廊、楼梯间、门厅等公共场所的照明，宜按建筑使用条件和天然采光状况采取分区、分组控制措施。

公共场所应采用集中控制，并按需要采取调光或降低照度的控制措施。

旅馆的每间（套）客房应设置节能控制型总开关；楼梯间、走道的照明，除应急疏散照明外，宜采用自动调节照度等节能措施。

住宅建筑共用部位的照明，应采用延时自动熄灭或自动降低照度等节能措施。当应急疏散照明采用节能自熄开关时，应采取消防时强制点亮的措施。

除设置单个灯具的房间外，每个房间照明控制开关不宜少于2个。

当房间或场所装设两列或多列灯具时，宜按下列方式分组控制：

1）生产场所宜按车间、工段或工序分组。

2）在有可能分隔的场所，宜按每个有可能分隔的场所分组。

3）电化教室、会议厅、多功能厅、报告厅等场所，宜按靠近或远离讲台分组。

4）除上述场所外，所控灯列可与侧窗平行。

有条件的场所，宜采用下列控制方式：

1）可利用天然采光的场所，宜随天然光照度变化自动调节照度。

2）办公室的工作区域，公共建筑的楼梯间、走道等场所，可按使用需求自动开关灯或调光。

3）地下车库宜按使用需求自动调节照度。

4）门厅、大堂、电梯厅等场所，宜采用夜间定时降低照度的自动控制装置。

大型公共建筑宜按使用需求采用适宜的自动（含智能控制）照明控制系统。其智能照明控制系统宜具备下列功能：

1）宜具备信息采集功能和多种控制方式，并可设置不同场景的控制模式。

2）当控制照明装置时，宜具备相适应的接口。

3）可实时显示和记录所控照明系统的各种相关信息并可自动生成分析和统计报表。

4）宜具备良好的中文人机交互界面。

5）宜预留与其他系统的联动接口。

## 思考题与习题

1. 光的度量有哪些主要参数？它们的物理意义及单位是什么？
2. 什么是眩光、不舒适眩光？如何克服眩光？
3. 光源有哪些分类？
4. 照明灯具的选择原则是什么？
5. 灯具选择有哪些规定？
6. 照度设计包括哪些内容？
7. 什么是照明方式？照明方式有哪几种？
8. 供照明用的配电变压器的设置有何规定？
9. 应急照明的供电应符合哪些规定？

# 第 16 章
# 建筑弱电系统

## 16.1 有线电视系统

### 16.1.1 类型

**1. 业务类型**

有线电视网络承载的业务类型可分为广播电视类、互动电视类、网络服务业务类、互联网接入业务类、互联网数据传送增值业务类、多媒体通信类、媒体内容服务类等。有线电视网络业务如图 16-1 所示。

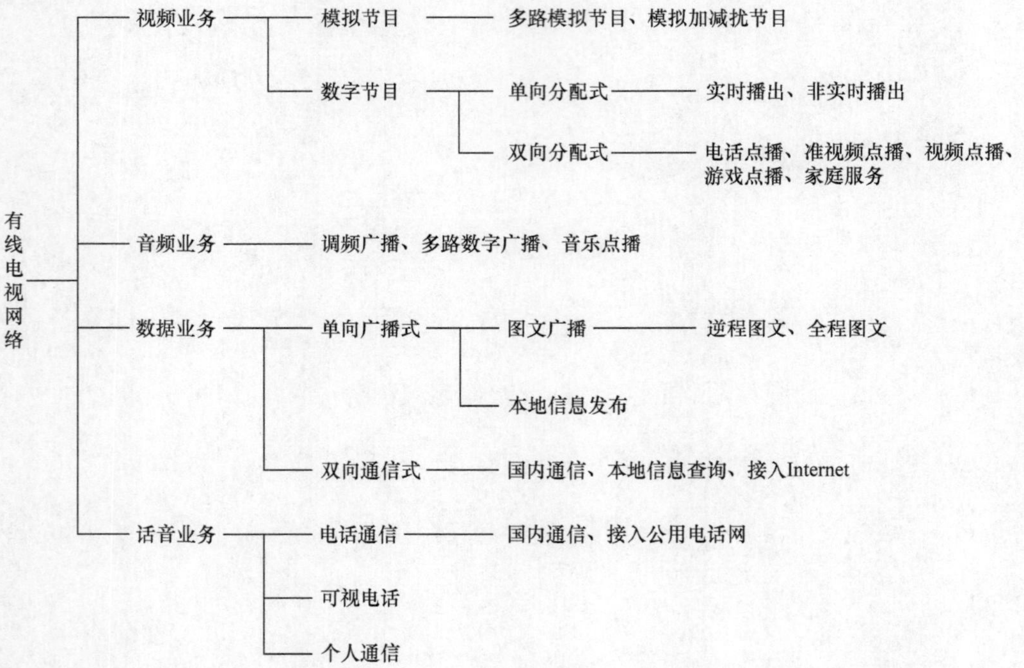


图 16-1　有线电视网络业务

**2. 网络构成**

根据承载业务的不同，将有线电视网络分为 A、B 两个平台，每个平台的承载网均可由城域网、接入网和骨干网构成，如图 16-2 所示。A 平台的接入网可由传输层和分配层构成，B 平台的城域网可由核心层、汇聚层和接入层构成，如图 16-3 所示。

**3. 规模**

按网络规模的大小将有线电视网络分为 A、B、C 三类。每一类网络所服务的用户数宜符合

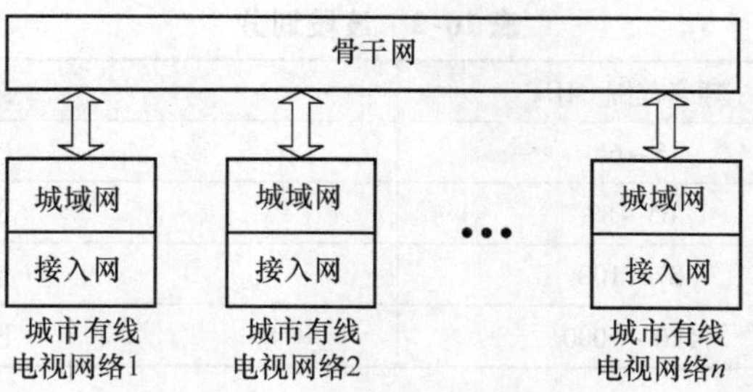


图 16-2　有线电视网络构成

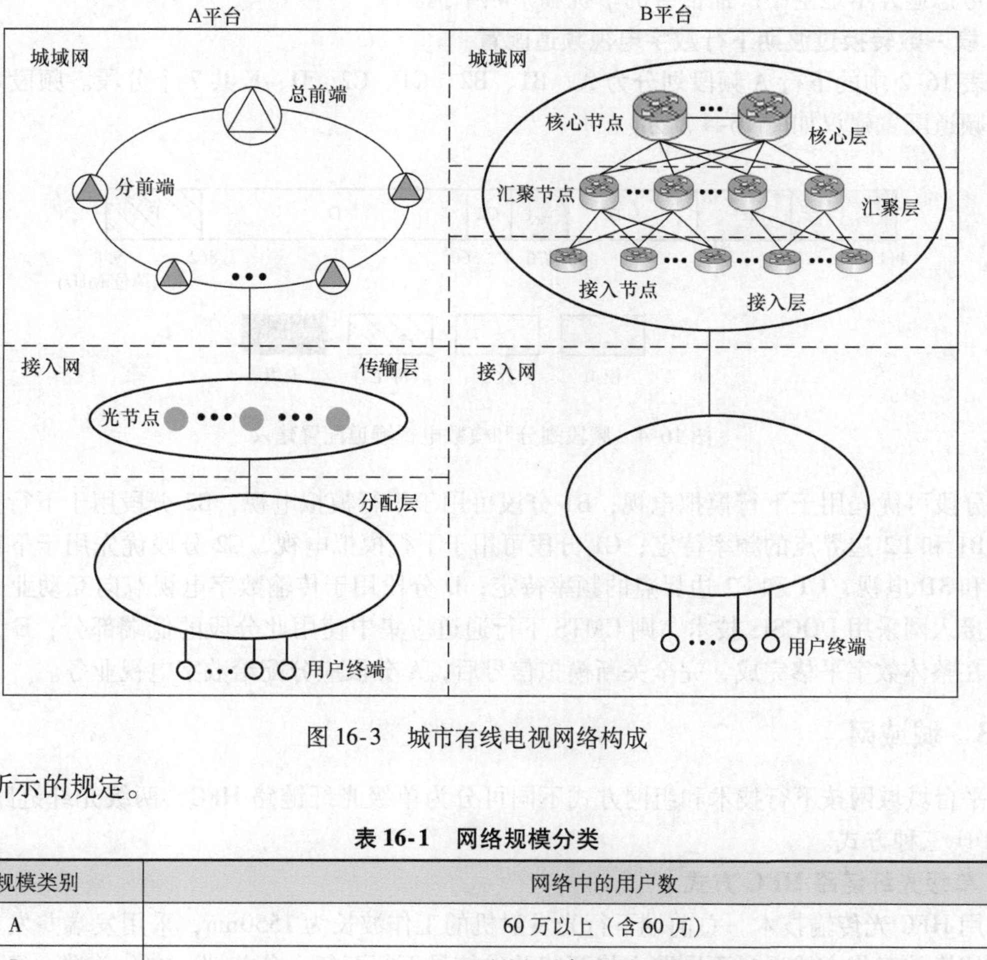


图 16-3　城市有线电视网络构成

表 16-1 所示的规定。

**表 16-1　网络规模分类**

| 网络规模类别 | 网络中的用户数 |
| --- | --- |
| A | 60 万以上（含 60 万） |
| B | 10 万以上（含 10 万）、60 万以下 |
| C | 10 万以下 |

## 16.1.2　HFC（Hybrid Fiber – Coaxial）网络

### 1. HFC 网络的概念

HFC 网络是光纤和同轴电缆相结合的混合网络。HFC 通常由光纤干线、同轴电缆支线和用户配线网络三部分组成，从有线电视台出来的节目信号先变成光信号在干线上传输，到用户区域后把光信号转换成电信号，经分配器分配后通过同轴电缆送到用户。

### 2. 波段及频率划分

波段及频率划分见表 16-2。

表 16-2 波段划分

| 波段名称 | 频率范围/MHz | 业务内容 |
|---|---|---|
| R | 5～65 | 上行业务 |
| X | 65～87 | 过渡带 |
| FM | 87～108 | 声音广播业务 |
| A | 110～1000 | 下行业务 |

调频广播的频率配置在 87～108MHz。载频之间的间隔不应小于 400kHz，同时载波频点的指配还应考虑避开本地空中广播信号的干扰和中频干扰。

**3. 模－数转换过渡期下行数字电视频道配置**

将表 16-2 中的下行 A 频段划分为 A、B1、B2、C1、C2、D、E 共 7 个分段。频段划分和模数电视频道配置建议如图 16-4 所示。

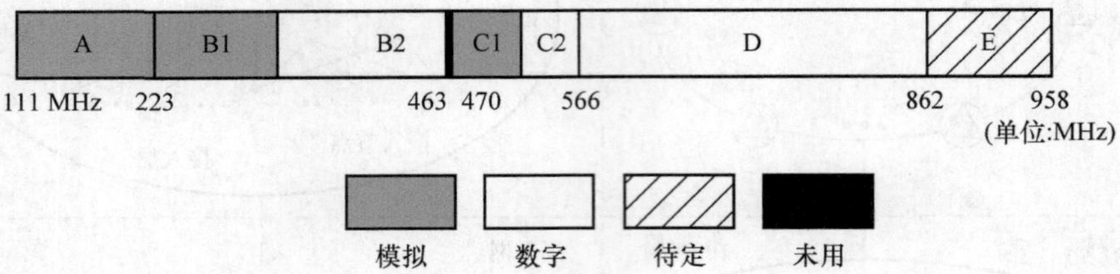


图 16-4 频段划分和模数电视频道配置建议

A 分段可优先用于下行模拟电视；B1 分段可用于下行模拟电视，B2 分段用于下行标清数字电视，B1 和 B2 边界点的频率待定；C1 分段可用于下行模拟电视，C2 分段优先用于下行高清数字电视和 3D 电视，C1 和 C2 边界点的频率待定；D 分段用于传输数字电视双向互动业务下行信号，若接入网采用 DOCSIS 技术，则 CMTS 下行通道应集中使用此分段的低端部分；E 分段用途待定。在整体数字平移完成，完全关断模拟信号后，A 分段应分配给数字电视业务。

### 16.1.3 城域网

A 平台城域网按下行技术和组网方式不同可分为单级光纤链路 HFC、两级光纤链路 HFC 和基带 SDH 三种方式。

**1. 单级光纤链路 HFC 方式**

采用 HFC 光传输技术。总前端下行光发射机的工作波长为 1550nm，采用发端并发、收端用光开关切换的工作方式通过不同路由将两路并发信号下行至每个分前端。在分前端，经光开关切换后的光信号被 EDFA 放大和分配后分送每个光节点，此时从总前端到光节点之间传输的射频信号在光域实际上是一级光网络。系统框图如图 16-5 所示。

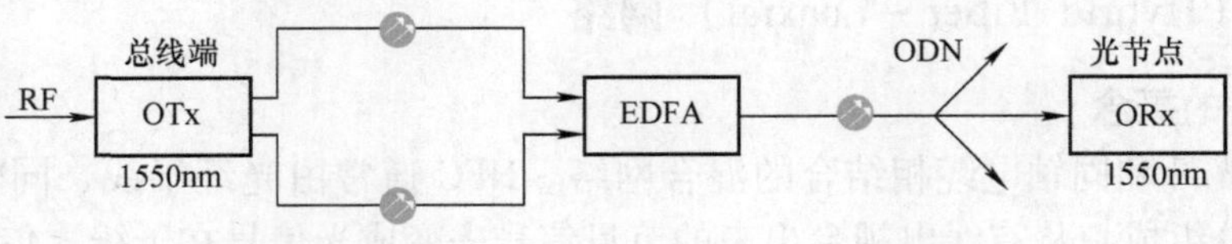


图 16-5 单级光纤链路 HFC 系统框图

OTx—光发射机 ORx—光接收机 EDFA—掺铒光放大器 ODN—光分配网 RF—下行信号

**2. 两级光纤链路 HFC 方式**

同样采用 HFC 光传输技术。总前端下行光发射机的工作波长为 1550nm 或 1310nm，采用发端并发、收端用光开关或电开关切换的工作方式通过不同路由将两路并发信号下行至每个分前端。在分前端，经切换后光接收机输出的电信号被 1310nm 光发射机转换为光信号，分别送往各光节点。此时从总前端到光节点之间传输的射频信号在光域上是两级级联光网络。系统框图如图 16-6 所示。

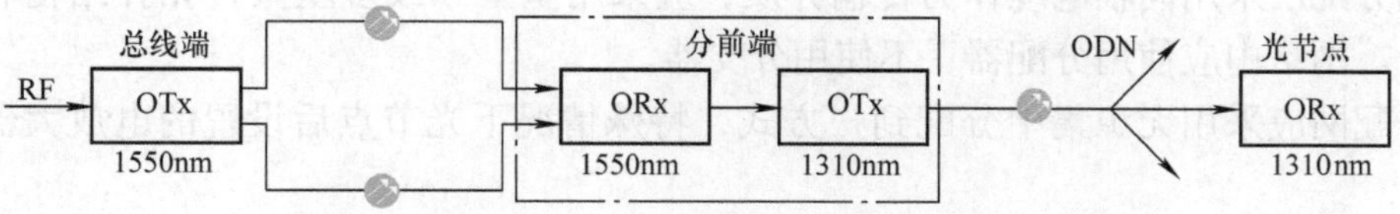


图 16-6　两级光纤链路 HFC 系统框图

OTx—光发射机　ORx—光接收机　ODN—光分配网

**3. 基带 SDH**（Synchronous Digital Hierarchy，同步数字体系）**方式**

传输网采用 SDH/DWDM（Dense Wavelength Division Multiplexing）数字传输方式。数字基带节目信号从总前端经 SDH 自愈环网送到分前端后，从 ADM 的支路侧输出 $N\times$DS3。经适配器转换还原为 DVB/ASI MPTS，经 QAM 调制器调制并混合后输出至 HFC 光发射机。系统框图如图 16-7 所示。

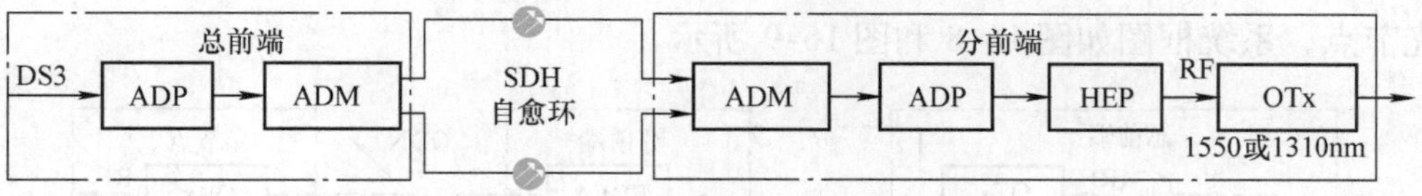


图 16-7　基带 SDH 城域网系统框图

ADP—雪崩二极管　DS3—传输接口

OTx—光发射机　ADM—分插复用器　HEP—前端处理　RF—下行信号

城市有线电视网络 A 平台城域网应优先采用 HFC 方式，当 HFC 光传输技术不能满足信号传输质量要求时，采用基带 SDH 方式；省级及以上有线电视网络应采用基带 SDH 方式。

## 16.1.4　接入网

**1. 传输层**

A 平台接入网传输层应以光纤为传输介质，可采用星型拓扑结构。光节点至分前端的上行数据通道宜采用工作波长为 1310nm 的 HFC 设备，也可利用 B 平台接入网实现。

用户规模较小的分前端可设计为光交接箱。光交接箱位置宜选择在建设用地红线内。每个光交接箱所覆盖的光节点不宜超过 16 个。A 平台城域网光纤主环线路上不宜设置光交接箱。工业区和已规划的经济技术开发区应适当设立光交接箱。

有很高双向业务需求的别墅区宜采用光纤到户（FTTH）方式。暂不开通 FTTH 的城市有线电视网络，其每个光节点所服务的用户数不应超过 200 户；有较高双向业务需求的小区，每个光节点所服务的用户数不宜超过 20 户；普通小区每个光节点所服务的用户数不宜超过 50 户；每个乡镇光节点所服务的用户数不宜超过 200 户。

光节点下行出口射频电平范围为(100 ±2)dBμV，上行入口射频电平范围为 90 ~100dBμV。

社区节点到楼节点间光缆布线宜采用星型拓扑结构，当需采用多级星型结构时不宜超过两级级联。光缆敷设时尽量采用同管道/杆路的原则。

分前端至每个光节点应设置不少于4芯光纤，分前端至每个社区光节点应设置不少于8芯光纤，至每个楼光节点应设置4～8芯光纤，对用户超过100户的高层建筑则应设置不少于8芯光纤。

**2. 分配层**

接入网分配层采用同轴电缆作为传输介质，应采用星型（或多星型）拓扑结构和等功率电平分配设计。网络中应使用分配器，不使用分支器。

电缆分配网应采用无源集中分配到户方式，特殊情况下光节点后设置的电放大器不应超过一级。

应采用同轴电缆集中供电方式对光站、电缆放大器等有源设备供电。供电器宜采用60V或90V交流电输出。

用户分配线路应按以下指标设计：下行分配损耗满足（26±5）dB，用户终端至单位增益点的上行反向链路损耗不应超过30dB，同一单位增益点下任意两个用户终端之间的反向链路损耗差应不超过6dB。

用户终端入口射频电平范围为（68±3）dBμV。

对用户密度很高的高层建筑，可拆分为多个普通楼头节点进行设计。

**3. DOCSIS**（Data Over Cable Service Interface Specifications）**组网方式**

当下行采用单级光纤链路HFC方式时，CMTS（Cable Modem Terminal Systems）可布置于总前端或光节点，系统框图如图16-8和图16-9所示。

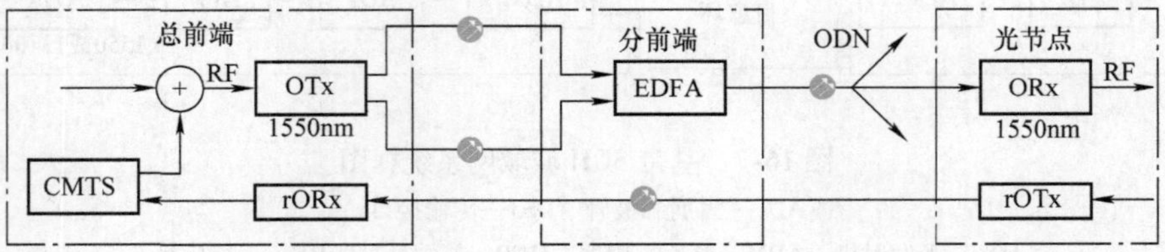


图16-8 单级光纤链路HFC方式下CMTS总前端部署系统框图

rOTx—反向光发射机 rORx—反向光接收机 CMTS—Cable Modem 前端系统

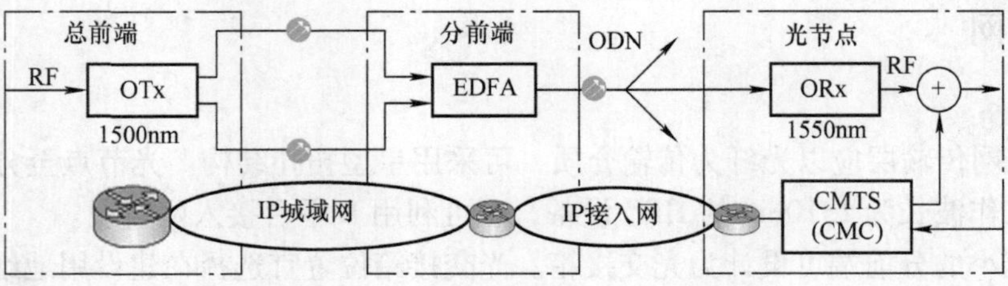


图16-9 单级光纤链路HFC方式下CMTS光节点部署系统框图

CMC—同轴电缆媒介转换设备

当采用两级光纤链路HFC方式时，CMTS除可布置于总前端或光节点外，还可布置于分前端，如图16-10所示。

A类和B类网络的CMTS应布置于分前端。不设分前端的C类网络CMTS布置于总前端，设置分前端的C类网络CMTS可布置于总前端或分前端。当CMTS布置于光节点时，宜采用C－

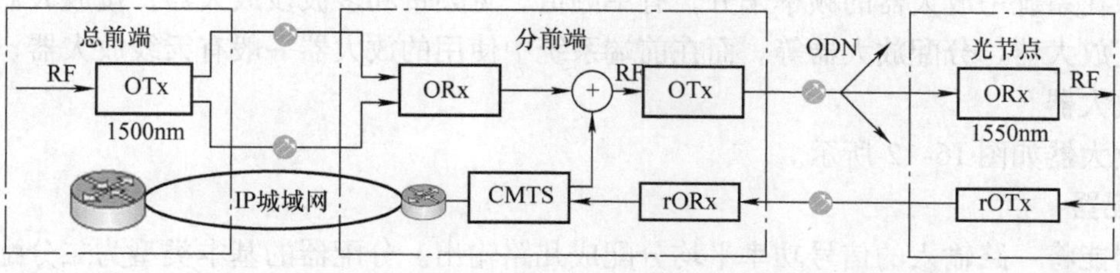


图 16-10　两级光纤链路 HFC 方式下 CMTS 分前端部署系统框图

DOCSIS（C 指的是中国，即中国提出的有线电缆数据服务接口规范）技术组网。

## 16.1.5　用户分配网络

用户分配网络系统通常是由延长分配放大器、分支器、分配器、串接单元分支线、分支线、用户线和用户终端盒构成的，如图 16-11 所示。

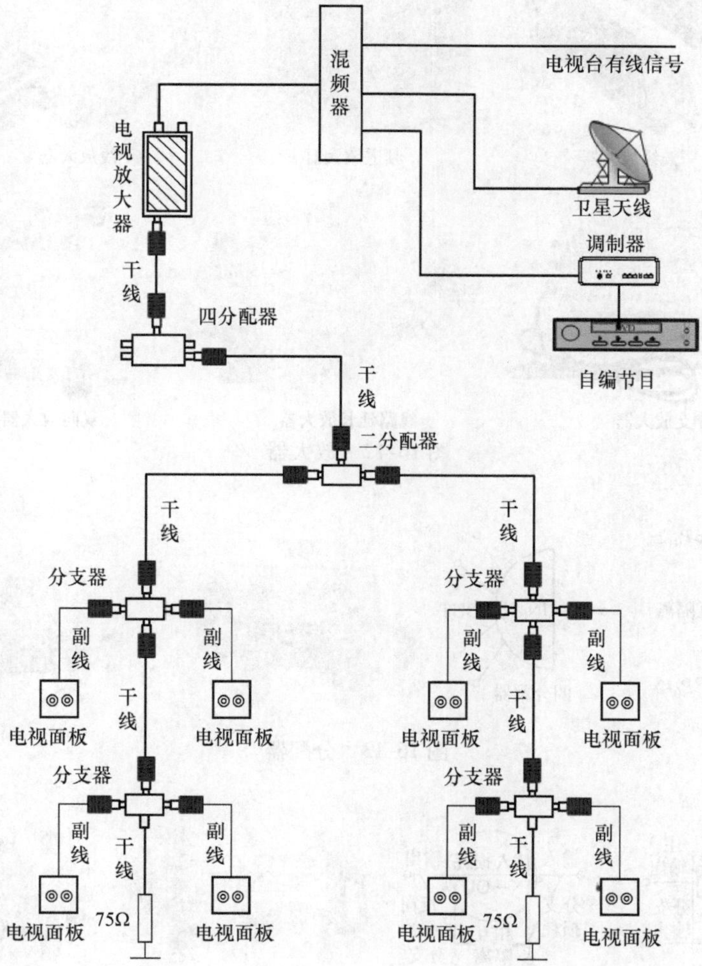


图 16-11　用户分配网络

### 1. 放大器

放大器可以根据不同的特性有多种分类，比如按照系统中使用的位置来分，有前端和线路放大器；按照在系统中放大器的频率来分，有单频道、宽频带和多波段放大器；按放大器的结构来分，有分支放大器、分配放大器等。而在前端系统中使用的放大器一般有天线放大器、频道放大器和宽带放大器。

各种放大器如图16-12所示。

**2. 分配器**

分配器能将一路输入的信号功率平均分配成几路输出。分配器的基本类型为二分配器和三分配器，在此基础上可扩展派生出四分配器、六分配器等，如图16-13所示。

**3. 分支器**

同分配器一样，分支器也是一种进行信号功率分配的装置。但与分配器不同的是，分配器平均分配功率，而分支器是从干线中取出一小部分信号功率分送给用户，大部分功率继续沿干线向下传输。分支器是串接在线路中的，分支输出有一路、二路、四路等，如图16-14所示。

天线放大器

频道放大器

干线放大器

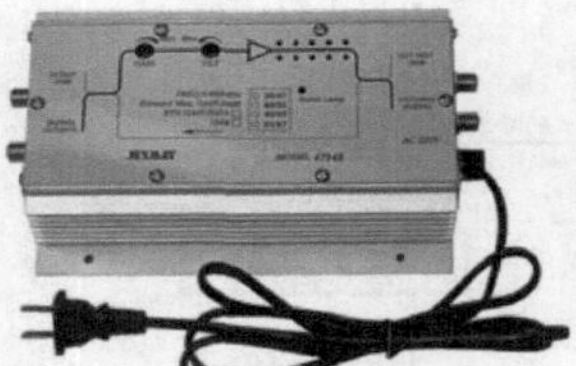
分支放大器

线路延长放大器

双向放大器

图16-12 放大器

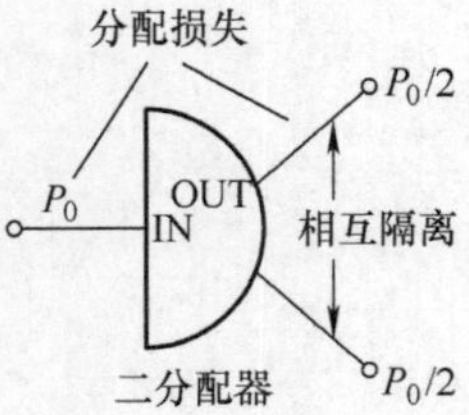

二分配器

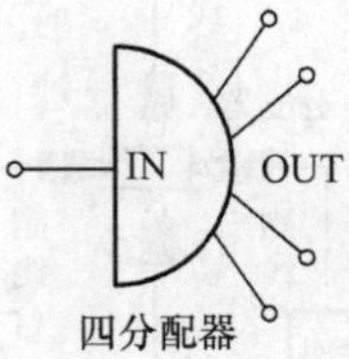

四分配器

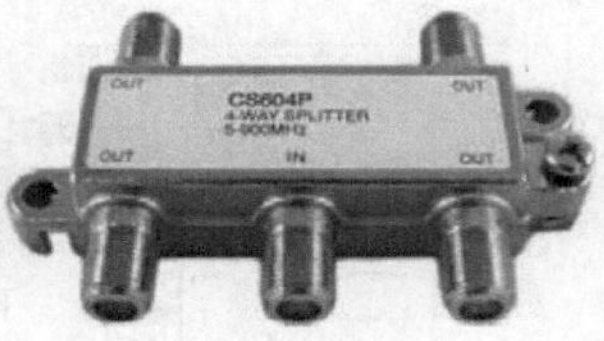


图16-13 分配器

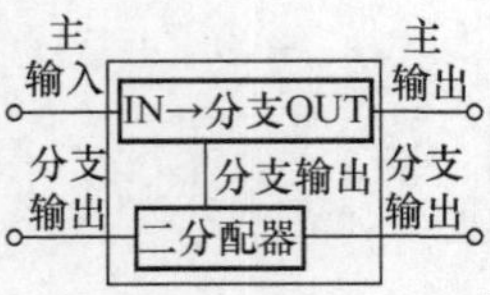

a)

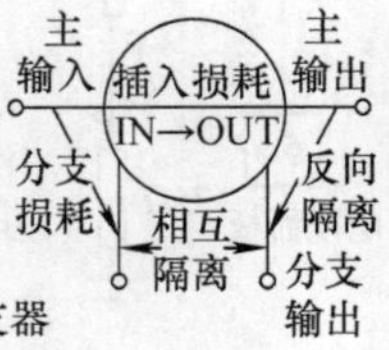

二分支器

b)

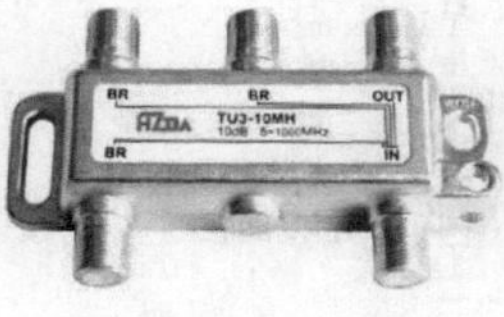
二分支器

八分支器

图16-14 分支器

在分支器中信号的传输是有方向性的，因此分支器又称定向耦合器，可作为混合器使用。分支器的主要性能指标有插入损耗、分支损耗、相互隔离度和反向隔离度等。

分支器是将射频电信号功率不等地分配给各路，有主路和支路之分，支路就有各种衰减量，从而构成一个系列。同时，分支器的主输出口空余时，也必须接75Ω的负载。

**4. 用户终端盒**

用户终端盒是CATV分配系统与用户电视机相连的部件。

面板分为单输出孔和双输出孔（TV、FM）。在双输出孔电路中要求TV和FM输出间有一定的隔离度，以防止相互干扰。为了安全，在两处电缆芯线之间接有高压电容器。

**5. 机顶盒**

有线电视数字机顶盒由数字电视广播接收前端、MPEG解码器、视音频和图形处理器、电缆调制解调器、CPU、存储器以及各种接口电路组成。

有线电视数字机顶盒可以通过内置的电缆调制解调器方便地实现Internet接入功能，并可以提供以太网接口，用来连接PC。使用电缆调制解调器的速度与电话调制解调器相比大大提高，最高可达到10Mbit/s。

### 16.1.6　同轴电缆

**1. 型号**

国产同轴电缆型号统一标准的格式如下：

电缆型号标准－特性阻抗－芯线绝缘外径－结构序号

国产同轴电缆的型号和含义见表16-3。

例如，SYV－75－3－1型电缆表示同轴射频电缆，聚乙烯绝缘，聚氯乙烯护套，特性阻抗为75Ω，芯线绝缘外径为3mm，结构序号为1。

**表16-3　同轴电缆的型号和含义**

| 分类代号 | | 绝缘材料 | | 护套材料 | | 派生特征 | |
|---|---|---|---|---|---|---|---|
| 符号 | 含义 | 符号 | 含义 | 符号 | 含义 | 符号 | 含义 |
| S | 同轴射频电缆 | Y | 聚乙烯 | V | 聚氯乙烯 | P | 屏蔽 |
| SE | 对称射频电缆 | W | 稳定聚乙烯 | Y | 聚乙烯 | Z | 综合 |
| SJ | 强力射频电缆 | F | 氟塑料 | F | 氟塑料 | | |
| SG | 高压射频电缆 | X | 橡胶 | B | 玻璃丝编制浸硅有机漆 | | |
| ST | 特性射频电缆 | I | 聚乙烯空气绝缘 | H | 橡胶 | | |
| SS | 电视电缆 | D | 稳定聚乙烯空气绝缘 | M | 棉纱编织 | | |

**2. 基本结构**

同轴电缆是用介质使内、外导体绝缘且保持轴心重合的电缆，其基本结构由内导体（单实芯导线/多芯铜绞线）、绝缘层（聚乙烯、聚丙烯、聚氯乙烯/实芯、半空气、空气绝缘）、外导体（金属管状、铝塑复合包带、编织网或铝塑复合包带）和护套（室外用黑色聚乙烯，室内用浅色的聚氯乙烯）四部分组成，如图16-15所示。

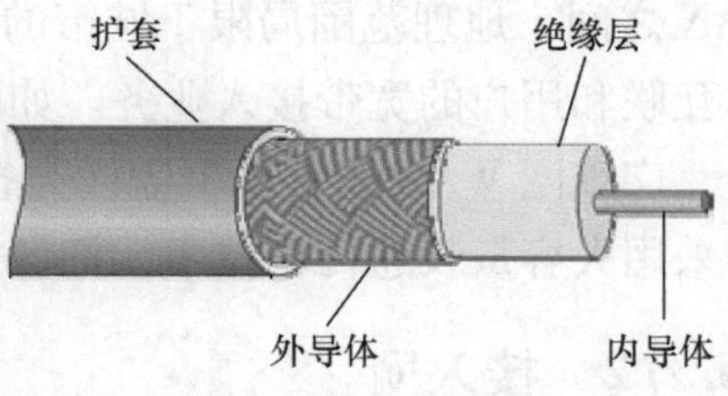

图16-15　同轴电缆的基本结构

**3. 常用电缆**

国外型号常用同轴电缆有网络用粗缆RG－8或RG－11（50Ω），细缆RG－58/U或RG－58C/U（50Ω）；RG－59（75Ω）用于CATV宽带数据网；RG－62（93Ω）用于网络电缆。

适用于 CATV 系统的国产射频同轴电缆型号有 SYKV、SYV、SYWV（Y）、SYWLY（75Ω）等系列。

## 16.2 通信系统

### 16.2.1 通信网络

**1. 按传输介质分类**

按消息传递所用的传输介质不同，通信网络可分成有线通信网和无线通信网。

有线通信网指传输介质为导线、电缆、光缆等通信形式，也可进一步分类，如载波通信网、光纤通信网等。

无线通信网是指传输介质为自由空间的通信方式，如无线电波、红外、激光等无线方式。无线通信网常见的形式有微波通信网、短波通信网、移动通信网、卫星通信网等。

**2. 按技术分类**

按所采用的技术不同，通信网络可分为 PDH 通信系统、SDH 通信系统、DWDM 通信系统、CDMA 移动通信网、ATM 网络、帧中继 FR 网等。

PDH 通信系统和 SDH 通信系统分别是指采用准同步数字体系 PDH 和同步数字体系 SDH 进行传输的通信系统，可以用于光纤通信网、微波通信网和卫星通信网。

DWDM 通信系统是指采用密集波分复用 DWDM 技术在光纤上实现的大容量传输网，目前主要用于长途光纤通信网。

CDMA 移动通信网是指采用码分多址 CDMA 方式实现的移动通信网，目前在第二代移动通信中的 IS－95 标准和第三代移动通信的全部标准都采用 CDMA 方式。

ATM 网络和帧中继 FR 网分别是指采用信元中继技术的异步转移模式 ATM 和快速帧中继 FR 技术实现的快速交换网，可用于城域网和广域网。

**3. 按地域分类**

按网络所能提供业务的地域范围可分成局域网 LAN、城域网 MAN 和广域网 WAN。计算机网络常采用这种分类方法。

局域网 LAN 指传输覆盖区从家庭、办公室、建筑物到园区，分布区域几百米到几公里的通信网络。常见的有办公室网、校园网等。

城域网 MAN 指传输覆盖区以城市为主，分布区域从几十公里到几百公里，介于 WAN 和 LAN 之间，地理范围局限于城市的宽带通信网络。以高速、大容量、宽带方式实现城域内 LAN 的互联和用户的宽带接入业务。如电信运营商在各城市建立的宽带网。

广域网 WAN 指传输覆盖区为省、国家和全球，分布区域几百到几万公里的通信网络。广域网采用大容量长途传输技术，把各个城域网连接起来。全球最大的广域网为 Internet 网。

### 16.2.2 接入网

**1. 定义**

所谓接入网，是指骨干网络到用户终端之间的所有设备，其长度一般为几百米到几公里。

接入网的接入方式包括铜线（普通电话线）接入、光纤接入、光纤同轴电缆（有线电视电缆）混合接入、无线接入等几种方式。

- 接入网
  - 有线接入网
    - 铜线接入网
      - 数字线对增容(DPG)
      - 高比特数字用户线(HDSL)
      - 不对称数字用户线(ADSL)
    - 光纤接入网
      - 光纤到路边(FTTC)
      - 光纤到大楼(FTTB)
      - 光纤到户(FTTH)
    - 光纤/同轴电缆混合接入网(HFC)
  - 无线接入网
    - 固定无线接入网
      - 微波
        - 一点多址(DRMA)
        - 固定无线接入(FWA)
      - 卫星
        - 甚小型天线地球站(VAST)
        - 直播卫星
    - 移动接入网
      - 无绳电话
      - 蜂窝移动电话
      - 无线寻呼
      - 卫星通信
      - 集群调度
  - 综合接入网
    - 交互式数字图像(SDV)
    - 有线+无线

**2. 要求**

地下信息管道及信息设施的建设，应该根据通信业务接入点、有线广播电视用户接入点的设置位置确定工程建设内容。在接入点部位的通信基础设施应满足各家业务经营者平等接入的需求。

建筑内通信网络应根据用户通信、信息业务的整体规划、需求及当地资源，设置公用通信网、因特网或自用通信网、局域网。

建筑内通信网络应根据管理模式，至少预留两个通信、信息网络业务经营商通信、网络设施所需的安装空间。

## 16.2.3　建筑物内网络通信

**1. 网络机房**

网络机房的位置很重要，建筑物内各个智能子系统的控制设备均设置在该机房内，通向各个建筑的子系统线缆均以该机房为起点向外辐射。

确定网络机房的位置主要技术要点如下：

1）网络机房应尽量在整个区域中心或相对中心的位置，地上及地下交通条件好，位于主干道上，地面道路较宽，地下敷设管道的条件好，弱电管道便于沿区域干道通向各栋建筑。

2）由物业管理网络机房向外敷设弱电管道的方向数应是两个以上，从而避免出线方向少使弱电管道过于集中。

3）网络机房应与管理中心办事机构建在一处，以便于相互联络及对机房的管理。

4）网络机房应选在整个建筑的一期工程范围内，通向该建筑的市政弱电线缆（即电话、有线电视及宽带网光缆）引入网络机房的敷设路径应在同一期工程范围之中，实现市政线缆引入工程与一期工程同步。

**2. 接入点**

通信业务接入点的设置直接关系到工程界面的划分，接入点可以根据通信网络的规划设于网络机房、楼内电信间（或单元门口、楼层、楼道等处）。

交接区配线设备如果设置在室内，室外地下通信管道和楼内管槽、楼内光缆与电缆、配线柜、配线架、配线箱、家居配线箱、信息插座等通信设施由房地产开发企业投资建设，并提供设备间和电信间。

室外通信线缆、室内交接区配线设备及通信业务接入点处的通信设备与配线设备由电信业务经营者投资建设。

如自建有计算机局域网，所需要的室外地下线缆也由房地产开发企业投资建设。

**3. 设置方式**

在接入点处的配线设备与通信设备应由电信业务经营者提供，并与建筑内的配线柜、配线架、配线箱等互通，如图 16-16 所示。

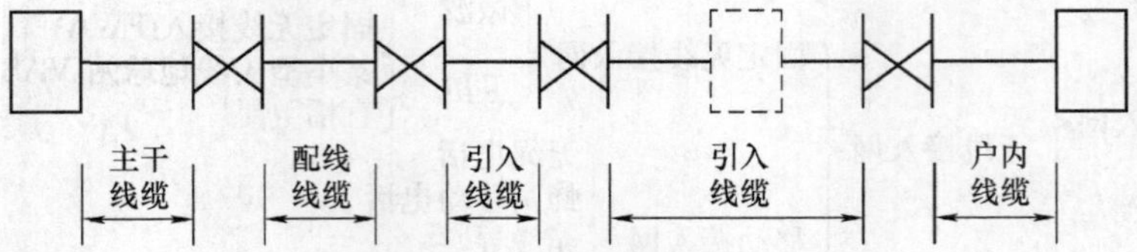


图 16-16 配线系统构成

网络机房至建筑采用一次配线到位的方式。通信业务接入点可以设置在网络机房设备间或建筑电信间等处，如图 16-17 所示。

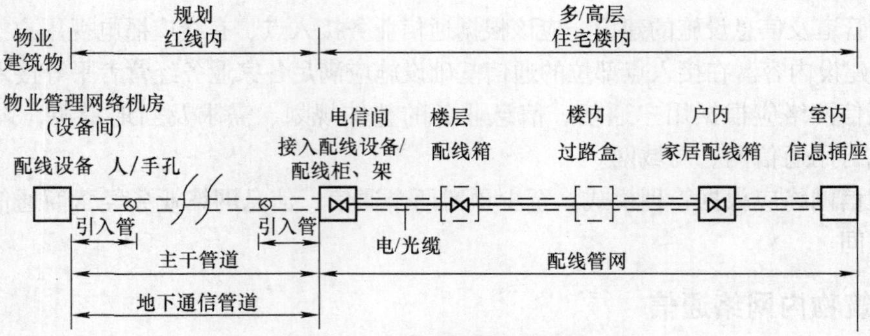


图 16-17 网络机房至建筑配线

一个配线交接区包括多个建筑，交接区的配线设备则设置于某一个建筑内（为配线柜/箱）或室外（为室外交接箱）的电信间内，如图 16-18 所示。

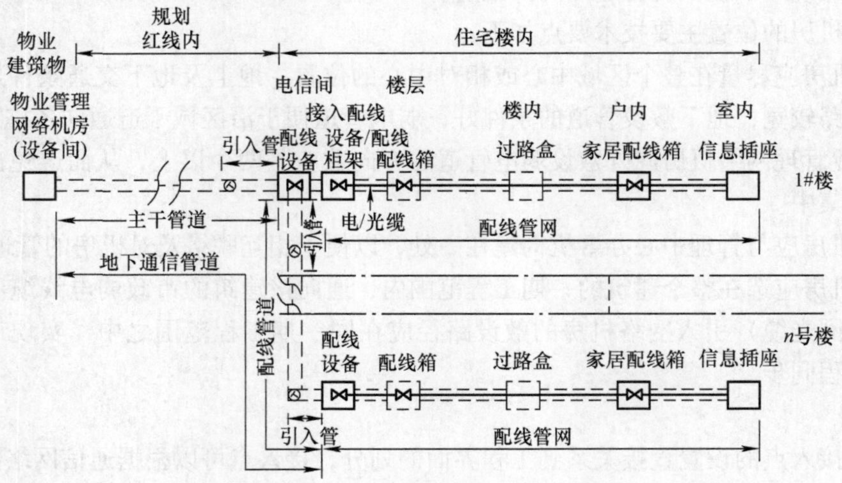


图 16-18 电信间至用户

**4. 引入**

为了满足用户多对电话线出户、计算机上网、宽带通信业务以及智能化系统对信息传输距离和带宽的要求，可将光纤直接引至楼、楼层、单元或用户内。

### 16.2.4　交接配线区

**1. 区域划分**

对于规模较大的建筑，一般是把整个建筑划分为几个组团，即由工程的总体规划及主干道所确定（分割），组团的大小与交接配线密切相关，是划分交接配线区的基础，一般一个组团为一个交接配线区，如果组团大也可被划分为多个交接配线区。

**2. 交接区**

根据建筑物范围、通信机房至设计区域的距离、用户分布密度，可设立一个或多个交接区。

**3. 交接设备容量**

交接设备容量应按接入的主干线缆和配线线缆的容量及交接设备的标称容量系列确定，并应符合下列规定：

1）电缆交接设备容量应结合交接区的范围、进入交接设备的远期电缆总容量、备用量及电缆对数的使用率（主干电缆85%～90%，配线电缆50%～70%）确定。

2）电缆交接设备接入的电缆，配线部分容量宜为主干部分容量的1.2～1.5倍。

3）光缆与电缆交接设备配线模块宜按配线线缆一次到位、主干线缆分期建设的原则确定安装容量。

进入交接箱的远期光缆与电缆总容量，指配线光缆与电缆、主干光缆与电缆以及有可能安排的箱间联络线缆等的总和。

一般情况下，主干线缆的容量小于或等于配线线缆的容量。考虑到配线线缆应按远期容量一次敷设到位，主干线缆则可以按用户需求情况分期敷设的原则，箱体能够满足的配线容量可以与接续元件的容量不一致。

电缆交接容量系列可为300对、600对、1200对、2400对等，光交接容量系列可为144芯、216芯、288芯等。

**4. 配线区**

配线区的划分应符合下列规定：

1）高层建筑宜以独立建筑物为一个配线区，其他建筑宜以50对、100对电缆或24芯、48芯光缆为基本单元划分配线区。

2）用户电话交换机、接入网设备所辖范围内的用户宜单独设置配线区。

## 16.3　火灾自动报警及消防联动系统

### 16.3.1　系统形式

火灾自动报警系统是火灾探测报警和消防联动控制系统的简称，是用来探测火灾早期特征，发出火灾报警信号，为人员疏散、防止火灾蔓延和启动自动灭火设备提供控制与指示的消防系统。其组成如图16-19所示。

**1. 区域报警系统**

仅需要报警，不需要联动自动消防设备的保护对象宜采用区域报警系统。

区域报警系统的设计应符合下列规定：

1）系统应由火灾探测器、手动火灾报警按钮、火灾声光警报器及火灾报警控制器等组成，系统中可包括消防控制室图形显示装置和指示楼层的区域显示器。

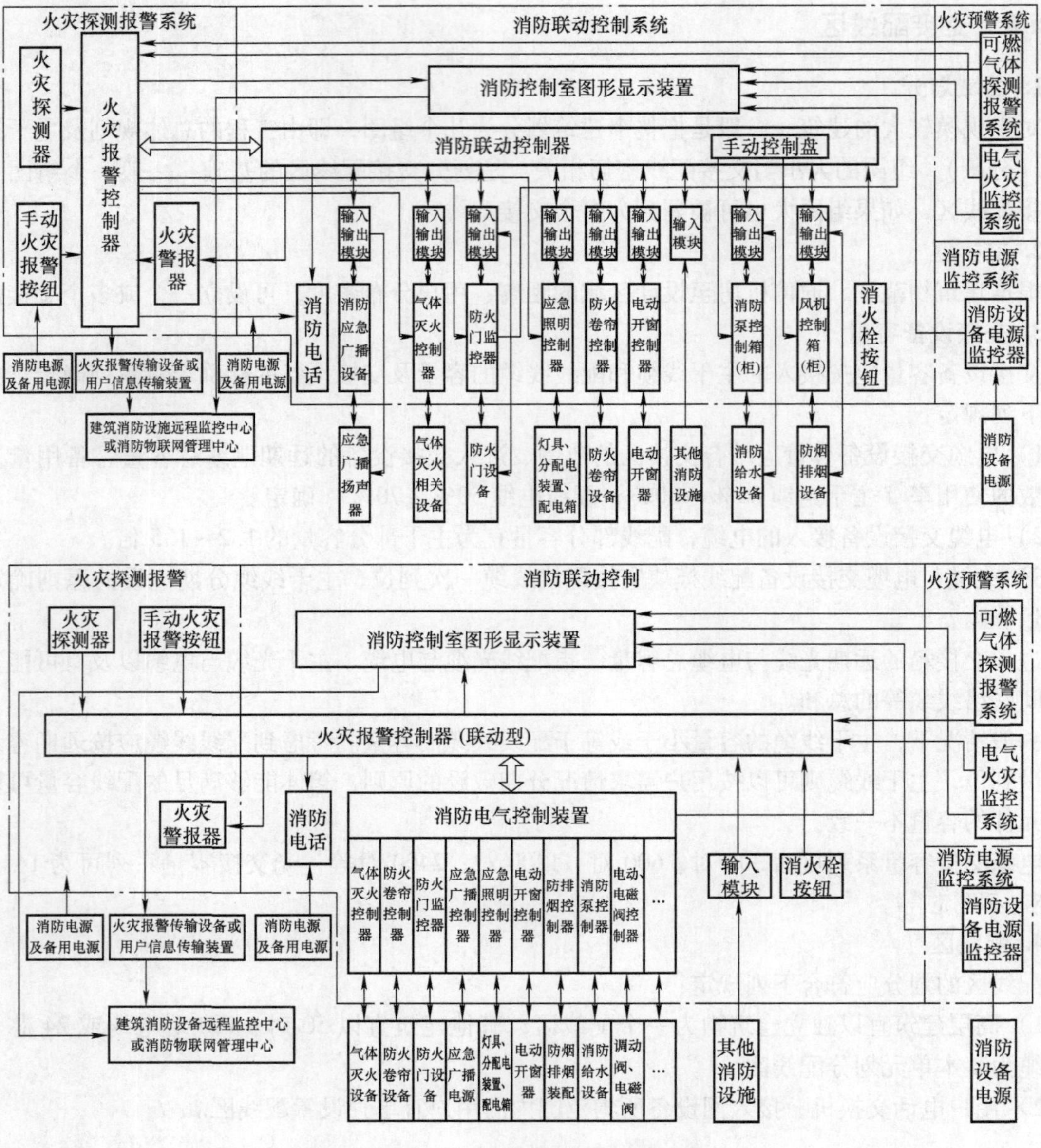


图 16-19　火灾自动报警系统的组成

2）火灾报警控制器应设置在有人值班的场所。

3）系统设置消防控制室图形显示装置时，该装置应具有传输表 16-4 和表 16-5 规定的有关信息的功能；系统未设置消防控制室图形显示装置时，应设置火警传输设备。

**表 16-4　火灾报警、建筑消防设施运行状态信息**

| 设施名称 | | 内　容 |
|---|---|---|
| 火灾探测报警系统 | | 火灾报警信息、可燃气体探测报警信息、电气火灾监控报警信息、屏蔽信息、故障信息 |
| 消防联动控制系统 | 消防联动控制器 | 动作状态、屏蔽信息、故障信息 |
| | 消火栓系统 | 消防水泵电源的工作状态，消防水泵的启停状态和故障状态，消防水箱（池）水位、管网压力报警信息及消火栓按钮的报警信息 |
| | 自动喷水灭火系统、水喷雾（细水雾）灭火系统（泵供水方式） | 喷淋泵电源工作状态，喷淋泵的启停状态和故障状态，水流指示器、信号阀、报警阀、压力开关的正常工作状态和动作状态 |

（续）

| 设施名称 | | 内　容 |
|---|---|---|
| 消防联动控制系统 | 气体灭火系统、细水雾灭火系统（压力容器供水方式） | 系统的手动、自动工作状态及故障状态，阀驱动装置的正常工作状态和动作状态，防护区域中的防火门（窗）、防火阀、通风空调等设备的正常工作状态和动作状态，系统的启停信息，紧急停止信号和管网压力信号 |
| | 泡沫灭火系统 | 消防水泵、泡沫液泵电源的工作状态，系统的手动、自动工作状态及故障状态，消防水泵、泡沫液泵的正常工作状态和动作状态 |
| | 干粉灭火系统 | 系统的手动、自动工作状态及故障状态，阀驱动装置的正常工作状态和动作状态，系统的启停信息，紧急停止信号和管网压力信号 |
| | 防烟排烟系统 | 系统的手动、自动工作状态，防烟排烟风机电源的工作状态，风机、电动防火阀、电动排烟防火阀、常闭送风口、排烟阀（口）、电动排烟窗、电动挡烟垂壁的正常工作状态和动作状态 |
| | 防火门及卷帘系统 | 防火卷帘控制器、防火门监控器的工作状态和故障状态。卷帘门的工作状态，具有反馈信号的各类防火门、疏散门的工作状态和故障状态等动态信息 |
| | 消防电梯 | 消防电梯的停用和故障状态 |
| | 消防应急广播 | 消防应急广播的启动、停止和故障状态 |
| | 消防应急照明和疏散指示系统 | 消防应急照明和疏散指示系统的故障状态和应急工作状态信息 |
| | 消防电源 | 系统内各消防用电设备的供电电源和备用电源工作状态和欠电压报警信息 |

**表16-5 消防安全管理信息**

| 序号 | 名称 | | 内　容 |
|---|---|---|---|
| 1 | 基本情况 | | 单位名称、编号、类别、地址、联系电话、邮政编码，消防控制室电话；单位职工人数、成立时间、上级主管（或管辖）单位名称、占地面积、总建筑面积、单位总平面图（含消防车道、毗邻建筑等）；单位法人代表、消防安全责任人、消防安全管理人及专兼职消防管理人的姓名、身份证号码、电话 |
| 2 | 主要建、构筑物等信息 | 建（构）筑 | 建筑物名称、编号、使用性质、耐火等级、结构类型、建筑高度、地上层数及建筑面积、地下层数及建筑面积、隧道高度及长度、建造日期、主要储存物名称及数量、建筑物内最大容纳人数、建筑立面图及消防设施平面布置图；消防控制室位置，安全出口的数量、位置及形式（指疏散楼梯）；毗邻建筑的使用性质、结构类型、建筑高度、与本建筑的间距 |
| | | 堆场 | 堆场名称、主要堆放物品名称、总储量、最大堆高、堆场平面图（含消防车道、防火间距） |
| | | 储罐 | 储罐区名称，储罐类型（指地上、地下、立式、卧式、浮顶、固定顶等），总容积，最大单罐容积及高度，储存物名称、性质和形态，储罐区平面图（含消防车道、防火间距） |
| | | 装置 | 装置区名称、占地面积、最大高度、设计日产量、主要原料、主要产品、装置区平面图（含消防车道、防火间距） |
| 3 | 单位（场所）内消防安全重点部位信息 | | 重点部位名称、所在位置、使用性质、建筑面积、耐火等级，有无消防设施，责任人姓名、身份证号码及电话 |

（续）

| 序号 | 名称 | | 内　容 |
|---|---|---|---|
| 4 | 室内外消防设施信息 | 火灾自动报警系统 | 设置部位、系统形式，维保单位名称、联系电话；控制器（含火灾报警、消防联动、可燃气体报警、电气火灾监控等）、探测器（含火灾探测、可燃气体探测、电气火灾探测等）、手动火灾报警按钮、消防电气控制装置等的类型、型号、数量、制造商；火灾自动报警系统图 |
| | | 消防水源 | 市政给水管网形式（指环状、枝状）及管径、市政管网向建（构）筑物供水的进水管数量及管径、消防水池位置及容量、屋顶水箱位置及容量、其他水源形式及供水量、消防泵房设置位置及水泵数量、消防给水系统平面布置图 |
| | | 室外消火栓 | 室外消火栓管网形式（指环状、枝状）及管径、消火栓数量、室外消火栓平面布置图 |
| | | 室内消火栓 | 室内消火栓管网形式（指环状、枝状）及管径、消火栓数量、水泵接合器位置及数量、有无与本系统相连的屋顶消防水箱 |
| | | 自动喷水灭火系统（含雨淋、水幕） | 设置部位、系统形式（指湿式、干式、预作用，开式、闭式等）、报警阀位置及数量、水泵接合器位置及数量、有无与本系统相连的屋顶消防水箱、自动喷水灭火系统图 |
| | | 水喷雾（细水雾）灭火系统 | 设置部位、报警阀位置及数量、水喷雾（细水雾）灭火系统图 |
| | | 气体灭火系统 | 系统形式（指有管网、无管网，组合分配、独立式，高压、低压等）、系统保护的防护区数量及位置、手动控制装置的位置、钢瓶间位置、灭火剂类型、气体灭火系统图 |
| | | 泡沫灭火系统 | 设置部位、泡沫种类（指低倍、中倍、高倍，抗溶、氟蛋白等）、系统形式（指液上、液下，固定、半固定等）、泡沫灭火系统图 |
| | | 干粉灭火系统 | 设置部位、干粉储罐位置、干粉灭火系统图 |
| | | 防烟排烟系统 | 设置部位、风机安装位置、风机数量、风机类型、防烟排烟系统图 |
| | | 防火门及卷帘 | 设置部位、数量 |
| | | 消防应急广播 | 设置部位、数量、消防应急广播系统图 |
| | | 应急照明及疏散指示系统 | 设置部位、数量、应急照明及疏散指示系统图 |
| | | 消防电源 | 设置部位、消防主电源在配电室是否有独立配电柜供电、备用电源形式（市电、发电机、EPS等） |
| | | 灭火器 | 设置部位、配置类型（指手提式、推车式等）、数量、生产日期、更换药剂日期 |
| 5 | 消防设施定期检查及维护保养信息 | | 检查人姓名，检查日期，检查类别（指日检、月检、季检、年检等），检查内容（指各类消防设施相关技术规范规定的内容）及处理结果，维护保养日期、内容 |
| 6 | 日常防火巡查记录 | 基本信息 | 值班人员姓名、每日巡查次数、巡查时间、巡查部位 |
| | | 用火用电 | 用火、用电、用气有无违章情况 |
| | | 疏散通道 | 安全出口、疏散通道、疏散楼梯是否畅通，是否堆放可燃物；疏散走道、疏散楼梯、顶棚装修材料是否合格 |
| | | 防火门、防火卷帘 | 常闭防火门是否处于正常工作状态，是否被锁闭；防火卷帘是否处于正常工作状态，防火卷帘下方是否堆放物品影响使用 |
| | | 消防设施 | 疏散指示标志、应急照明是否处于正常完好状态；火灾自动报警系统探测器是否处于正常完好状态；自动喷水灭火系统喷头、末端放（试）水装置、报警阀是否处于正常完好状态；室内、室外消火栓系统是否处于正常完好状态；灭火器是否处于正常完好状态 |
| 7 | 火灾信息 | | 起火时间、起火部位、起火原因、报警方式（指自动、人工等）、灭火方式（指气体、喷水、水喷雾、泡沫、干粉灭火系统，灭火器，消防队等） |

**2. 集中报警系统**

不仅需要报警，同时需要联动自动消防设备且只设置一台具有集中控制功能的火灾报警控制器和消防联动控制器的保护对象，应采用集中报警系统，并应设置一个消防控制室。

集中报警系统的设计应符合下列规定：

1）系统应由火灾探测器、手动火灾报警按钮、火灾声光警报器、消防应急广播、消防专用电话、消防控制室图形显示装置、火灾报警控制器、消防联动控制器等组成。

2）系统中的火灾报警控制器、消防联动控制器和消防控制室图形显示装置、消防应急广播的控制装置、消防专用电话总机等起集中控制作用的消防设备，应设置在消防控制室内。

3）系统设置的消防控制室图形显示装置应具有传输表16-4和表16-5规定的有关信息的功能。

**3. 控制中心报警系统**

设置两个及以上消防控制室的保护对象，或已设置两个及以上集中报警系统的保护对象，应采用控制中心报警系统。

控制中心报警系统的设计应符合下列规定：

1）有两个及以上消防控制室时，应确定一个主消防控制室。

2）主消防控制室应能显示所有火灾报警信号和联动控制状态信号，并应能控制重要的消防设备；各分消防控制室内消防设备之间可互相传输、显示状态信息，但不应互相控制。

3）系统设置的消防控制室图形显示装置应具有传输表16-4和表16-5规定的有关信息的功能。

4）其他设计应符合GB 50116—2013《火灾自动报警系统设计规范》第3.2.3条的规定。

## 16.3.2 报警区域和探测区域

**1. 报警区域**

报警区域是将火灾自动报警系统的警戒范围按防火分区或楼层等划分的单元。报警区域的划分应符合下列规定：

1）报警区域应根据防火分区或楼层划分，可将一个防火分区或一个楼层划分为一个报警区域，也可将发生火灾时需要同时联动消防设备的相邻几个防火分区或楼层划分为一个报警区域。

2）电缆隧道的一个报警区域宜由一个封闭长度区间组成，一个报警区域不应超过相连的3个封闭长度区间；道路隧道的报警区域应根据排烟系统或灭火系统的联动需要确定，且不宜超过150m。

3）甲、乙、丙类液体储罐区的报警区域应由一个储罐区组成，每个50 000$m^3$及以上的外浮顶储罐应单独划分为一个报警区域。

4）列车的报警区域应按车厢划分，每节车厢应划分为一个报警区域。

**2. 探测区域**

探测区域是将报警区域按探测火灾的部位划分的单元。探测区域的划分应符合下列规定：

1）探测区域应按独立房（套）间划分。一个探测区域的面积不宜超过500$m^2$。从主要出入口能看清其内部，且面积不超过1000$m^2$的房间，也可划为一个探测区域。

2）红外光束感烟火灾探测器和缆式线型感温火灾探测器的探测区域的长度，不宜超过100m；空气管差温火灾探测器的探测区域长度宜为20~100m。

下列场所应单独划分探测区域：

1）敞开或封闭楼梯间、防烟楼梯间。

2）防烟楼梯间前室、消防电梯前室、消防电梯与防烟楼梯间合用的前室、走道、坡道。

3）电气管道井、通信管道井、电缆隧道。

4）建筑物闷顶、夹层。

## 16.3.3 消防控制室

具有消防联动功能的火灾自动报警系统的保护对象中应设置消防控制室。

**1. 消防设备**

消防控制室内设置的消防设备应包括火灾报警控制器、消防联动控制器、消防控制室图形显示装置、消防专用电话总机、消防应急广播控制装置、消防应急照明和疏散指示系统控制装置、消防电源监控器等设备或具有相应功能的组合设备。

消防控制室应设有用于火灾报警的外线电话。

消防控制室应有相应的竣工图样、各分系统控制逻辑关系说明、设备使用说明书、系统操作规程、应急预案、值班制度、维护保养制度及值班记录等文件资料。

消防控制室送、回风管的穿墙处应设防火阀。

消防控制室内严禁穿过与消防设施无关的电气线路及管路。

消防控制室不应设置在电磁场干扰较强及其他影响消防控制室设备工作的设备用房附近。

**2. 设备布置**

消防控制室内设备的布置应符合下列规定：

1）设备面盘前的操作距离，单列布置时不应小于1.5m，双列布置时不应小于2m。

2）在值班人员经常工作的一面，设备面盘至墙的距离不应小于3m。

3）设备面盘后的维修距离不宜小于1m。

4）设备面盘的排列长度大于4m时，其两端应设置宽度不小于1m的通道。

5）与建筑其他弱电系统合用的消防控制室内，消防设备应集中设置，并应与其他设备间有明显间隔。

## 16.3.4 消防联动控制系统

**1. 自动喷水灭火系统**

自动喷水灭火系统由洒水喷头、报警阀组、水流报警装置（水流指示器或压力开关）等组件，以及管道、供水设施组成，并能在发生火灾时喷水。按照采用的喷头不同分为两类：采用闭式洒水喷头的为闭式系统，采用开式洒水喷头的为开式系统。

闭式系统的类型较多，基本类型包括湿式、干式、预作用及重复启闭预作用系统等。用量最多的是湿式系统。在已安装的自动喷水灭火系统中，有70%以上为湿式系统。湿式系统由湿式报警阀组、闭式喷头、水流指示器、控制阀、末端试水装置、管道和供水设施等组成。系统的管道内充满有压水，一旦发生火灾，喷头动作后立即喷水。

**2. 消火栓灭火系统**

采用消火栓灭火是最常用的灭火方式，它由贮水池、加压送水装置（水泵）及室内消火栓等主要设备构成，这些设备的电气控制包括水池的水位控制、消防用水和加压水泵的启动。水位控制应能显示出水位的变化情况和高、低水位报警及控制水泵的启停。

室内消火栓系统由水枪、水龙带、消火栓、消防管道等组成。为保证喷水枪在灭火时具有足够的水压，需要采用加压设备。常用的加压设备有两种：消防水泵和气压给水装置。采用消防水泵时，在每个消火栓内设置消防按钮，灭火时用小锤击碎按钮上的玻璃小窗，按钮不受压而复位，从而通过控制电路启动消防水泵，水压升高，灭火水管有水，用水枪喷水灭火。采用气压给水装置时，由于采用了气压水罐，并以气水分离器来保证供水压力，所以水泵功率较小，可采用电接点压力表，通过测量供水压力来控制水泵的启动。

**3. 气体灭火系统**

气体灭火系统是指平时灭火剂以液体、液化气体或气体状态存储于压力容器内，灭火时以气体（包括蒸汽、气雾）状态喷射作为灭火介质的灭火系统，并能在防护区空间内形成各方向均一的气体浓度，而且至少能保持该灭火浓度达到规范规定的浸渍时间，实现扑灭该防护区的空间、立体火灾。气体灭火系统由储存容器、容器阀、选择阀、液体单向阀、喷嘴和阀驱动装置组成。

**4. 泡沫灭火系统**

泡沫灭火系统是指由一整套设备和程序组成的灭火措施。常见的有压力式空气泡沫灭火系统和平衡式泡沫灭火系统。压力式空气泡沫灭火系统由比例混合器、泡沫液压力储罐、压力表、排气阀、安全阀、不锈钢阀门及管道组成，当压力水进入比例混合器时，部分水进入泡沫液压力储罐，促使泡沫液经吸液管道挤出与水自动合成混合液，流经空气泡沫产生器或泡沫炮、泡沫枪灭火。平衡压力比例混合器由平衡压力调节阀和比例混合器两大部分组成。消防泵压力水从混合器的喷嘴流入时，由于喷嘴截面小，流速高，水流以高速喷出进入扩散管。此时孔板下方形成低压区，小部分压力水进入调压室，大部分进入低压区，泡沫液在吸和压的作用下，经喷嘴与扩散管高速水混合，并流入扩散管。在这种平衡状态下，形成混合泡沫液，进行灭火。整个装置由平衡阀、持压阀、泡沫比例混合器、泡沫泵、控制柜、支架等组成。

**5. 防烟排烟系统**

防烟系统是采用机械加压送风方式或自然通风方式，防止烟气进入疏散通道的系统；排烟系统是采用机械排烟方式或自然通风方式，将烟气排至建筑物外的系统。

防烟排烟系统都是由送排风管道、管井、防火阀、门开关设备、送排风机等设备组成的。

防烟系统设置形式楼梯间正压送风。

机械排烟系统的排烟量与防烟分区有着直接的关系。高层建筑的防烟设施应分为机械加压送风的防烟设施和可开启外窗的自然防烟设施。高层建筑的排烟设施应分为机械排烟设施和可开启外窗的自然排烟设施。

自然防烟排烟系统是利用建筑的阳台、凹廊或在外墙上设置便于开启的外窗进行无组织的自然排烟方式。防烟楼梯间前室或合用前室，利用敞开的阳台、凹廊或前室内不同朝向的可开启外窗自然排烟时，该楼梯间可不设排烟设施。

**6. 防火门及防火卷帘系统**

防火门是指在一定时间内能满足耐火稳定性、完整性和隔热性要求的门，是设在防火分区间、疏散楼梯间、垂直竖井等具有一定耐火性的防火分隔物。防火门除具有普通门的作用外，更具有阻止火势蔓延和烟气扩散的作用，可在一定时间内阻止火势的蔓延，确保人员疏散。

防火卷帘系统由控制箱、电动机、手动按钮、帘布（片）、导轨和外控设备等组成。在火灾发生时起防火分区隔断作用，在火灾发生时，感烟探测器报警，火灾信号送到卷帘门控制柜，控制柜发出启动信号，卷帘门自动降到 1.8m 的位置（特殊部位的卷帘门也可一降到底），如果感温探测器报警，卷帘门才降到底。

**7. 电梯的联动**

消防联动控制器应具有发出联动控制信号强制所有电梯停于首层或电梯转换层的功能。

**8. 火灾警报和消防应急广播系统**

火灾自动报警系统应设置火灾声光警报器，并应在确认火灾后启动建筑内的所有火灾声光警报器。

未设置消防联动控制器的火灾自动报警系统，火灾声光警报器应由火灾报警控制器控制；设置消防联动控制器的火灾自动报警系统，火灾声光警报器应由火灾报警控制器或消防联动控制器控制。

公共场所宜设置具有同一种火灾变调声的火灾声警报器；具有多个报警区域的保护对象，宜选用带有语音提示的火灾声警报器；学校、工厂等各类日常使用电铃的场所，不应使用警铃作为火灾声警报器。

火灾声警报器设置带有语音提示功能时，应同时设置语音同步器。

同一建筑内设置多个火灾声警报器时，火灾自动报警系统应能同时启动和停止所有火灾声警报器工作。

火灾声警报器单次发出火灾警报时间宜为 8～20s，同时设有消防应急广播时，火灾声警报应与消防应急广播交替循环播放。

集中报警系统和控制中心报警系统应设置消防应急广播。

消防应急广播系统的联动控制信号应由消防联动控制器发出。当确认火灾后，应同时向全楼进行广播。

消防应急广播的单次语音播放时间宜为 10～30s，应与火灾声警报器分时交替工作，可采取 1 次火灾声警报器播放、1 次或 2 次消防应急广播播放的交替工作方式循环播放。

在消防控制室应能手动或按预设控制逻辑联动控制选择广播分区、启动或停止应急广播系统，并应能监听消防应急广播。在通过传声器进行应急广播时，应自动对广播内容进行录音。

消防控制室内应能显示消防应急广播的广播分区的工作状态。

消防应急广播与普通广播或背景音乐广播合用时，应具有强制切入消防应急广播的功能。

**9. 消防应急照明和疏散指示系统**

消防应急照明和疏散指示系统的联动控制设计应符合下列规定：

1）集中控制型消防应急照明和疏散指示系统，应由火灾报警控制器或消防联动控制器启动应急照明控制器实现。

2）集中电源非集中控制型消防应急照明和疏散指示系统，应由消防联动控制器联动应急照明集中电源和应急照明分配电装置实现。

3）自带电源非集中控制型消防应急照明和疏散指示系统，应由消防联动控制器联动消防应急照明配电箱实现。

当确认火灾后，由发生火灾的报警区域开始，顺序启动全楼疏散通道的消防应急照明和疏散指示系统，系统全部投入应急状态的启动时间不应大于 5s。

**10. 相关联动控制设计**

消防联动控制器应具有切断火灾区域及相关区域的非消防电源的功能，当需要切断正常照明时，宜在自动喷淋系统、消火栓系统动作前切断。

消防联动控制器应具有自动打开涉及疏散的电动栅杆等的功能，宜开启相关区域安全技术防范系统的摄像机监视火灾现场。

消防联动控制器应具有打开疏散通道上由门禁系统控制的门和庭院电动大门的功能，并应具有打开停车场出入口挡杆的功能。

## 16.4　安全防范系统

### 16.4.1　入侵报警系统

入侵报警系统是利用传感器技术和电子信息技术探测并指示非法进入或试图非法进入设防区域（包括主观判断面临被劫持或遭抢劫或其他紧急情况时，故意触发紧急报警装置）的行为、处理报警信息、发出报警信息的电子系统或网络。

**1. 系统构成**

入侵报警系统通常由前端设备（包括探测器和紧急报警装置）、传输设备、处理/控制/管理设备和显示/记录设备四部分构成。

**2. 系统模式**

根据信号传输方式的不同，入侵报警系统组建模式宜分为以下四种：

（1）分线制　探测器、紧急报警装置通过多芯电缆与报警控制主机之间采用一对一专线相连。

（2）总线制　探测器、紧急报警装置通过其相应的编址模块与报警控制主机之间采用报警总线（专线）相连。

（3）无线制　探测器、紧急报警装置通过其相应的无线设备与报警控制主机通信，其中一个防区内的紧急报警装置不得多于4个。

（4）公共网络　探测器、紧急报警装置通过现场报警控制设备和/或网络传输接入设备与报警控制主机之间采用公共网络相连。公共网络可以是有线网络，也可以是有线—无线—有线网络。

以上四种模式如图16-20所示。其中模式可以单独使用，也可以组合使用；可单级使用，也可多级使用。

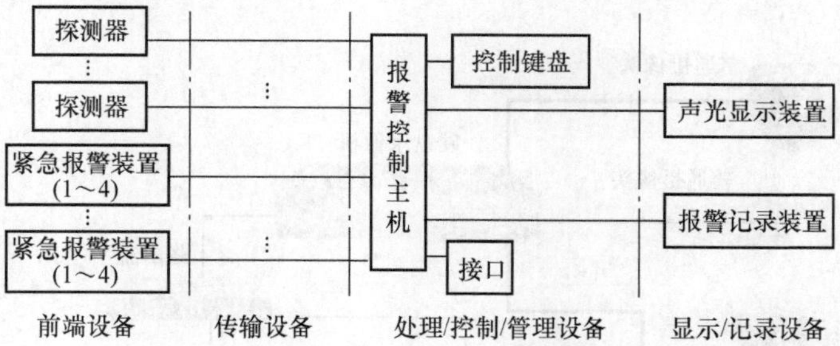


a)

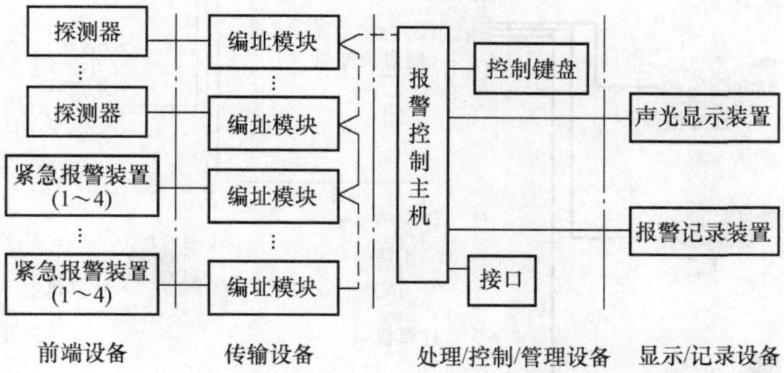


b)

图16-20　入侵报警系统组建模式

a）分线制　b）总线制

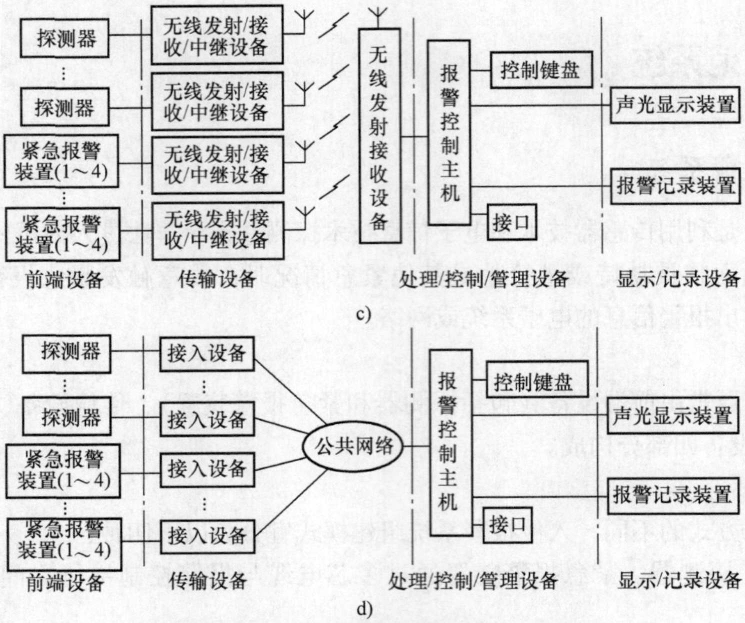


图 16-20 入侵报警系统组建模式（续）

c）无线制 d）公共网络

## 16.4.2 视频安防监控系统

视频安防监控系统是利用视频探测技术监视设防区域并实时显示、记录现场图像的电子系统或网络。

**1. 系统构成**

视频安防监控系统包括前端设备、传输设备、处理/控制设备和记录/显示设备四部分，如图16-21所示。

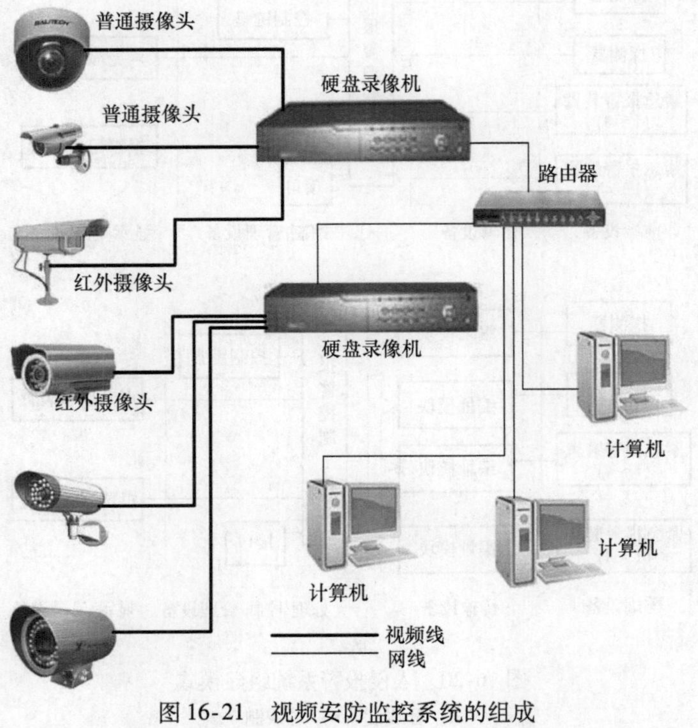


图 16-21 视频安防监控系统的组成

前端设备包括一台或多台摄像机以及与之配套的镜头、云台、防护罩、解码驱动器等。

传输设备包括电缆和/或光缆，以及可能的有线/无线信号调制解调设备等。

处理/控制设备主要包括视频切换器、云台镜头控制器、操作键盘、种类控制通信接口、电源和与之配套的控制台、监视器柜等。

记录显示设备主要包括监视器、录像机、多画面分割器等。

**2. 系统模式**

根据对视频图像信号处理/控制方式的不同，视频安防监控系统宜分为以下模式：

（1）简单对应模式　监视器和摄像机简单对应。

（2）时序切换模式　视频输出中至少有一路可进行视频图像的时序切换。

（3）矩阵切换模式　可以通过任一控制键盘，将任意一路前端视频输入信号切换到任意一路输出的监视器上，并可编制各种时序切换程序。

（4）数字视频网络虚拟交换/切换模式　模拟摄像机增加数字编码功能，被称为网络摄像机，数字视频前端也可以是别的数字摄像机。数字交换传输网络可以是以太网和DDN、SDH等传输网络。数字编码设备可采用具有记录功能的DVR或视频服务器，数字视频的处理、控制和记录措施可以在前端、传输和记录/显示的任何环节实施。

视频安防监控系统模式如图16-22所示。

## 16.4.3　出入口控制系统

**1. 系统组成**

出入口控制系统主要由识读部分、传输部分、管理/控制部分和执行部分以及相应的系统软件组成。

**2. 硬件构成模式**

出入口控制系统按其硬件构成模式不同可分为以下型式：

（1）一体型　出入口控制系统的各个组成部分通过内部连接、组合或集成在一起，实现出入口控制的所有功能。

（2）分体型　出入口控制系统的各个组成部分，在结构上有分开的部分，也有通过不同方式组合的部分。分开部分与组合部分之间通过电子、机电等手段连成一个系统，实现出入口控制的所有功能。

出入口控制系统硬件构成模式如图16-23所示。

**3. 管理/控制方式**

出入口控制系统按其管理/控制方式不同可分为以下型式：

（1）独立控制型　出入口控制系统的管理与控制部分的全部显示/编程/管理/控制等功能均在一个设备（出入口控制器）内完成。

（2）联网控制型　出入口控制系统的管理与控制部分的全部显示/编程/管理/控制功能不在一个设备（出入口控制器）内完成。其中，显示/编程功能由另外的设备完成。设备之间的数据传输通过有线和/或无线数据通道及网络设备实现。

（3）数据载体传输控制型　数据载体传输控制型出入口控制系统与联网型出入口控制系统的区别仅在于数据传输的方式不同，其管理与控制部分的全部显示/编程/管理/控制等功能不是在一个设备（出入口控制器）内完成。其中，显示/编程工作由另外的设备完成。设备之间的数据传输通过对可移动的、可读写的数据载体的输入/导出操作完成。

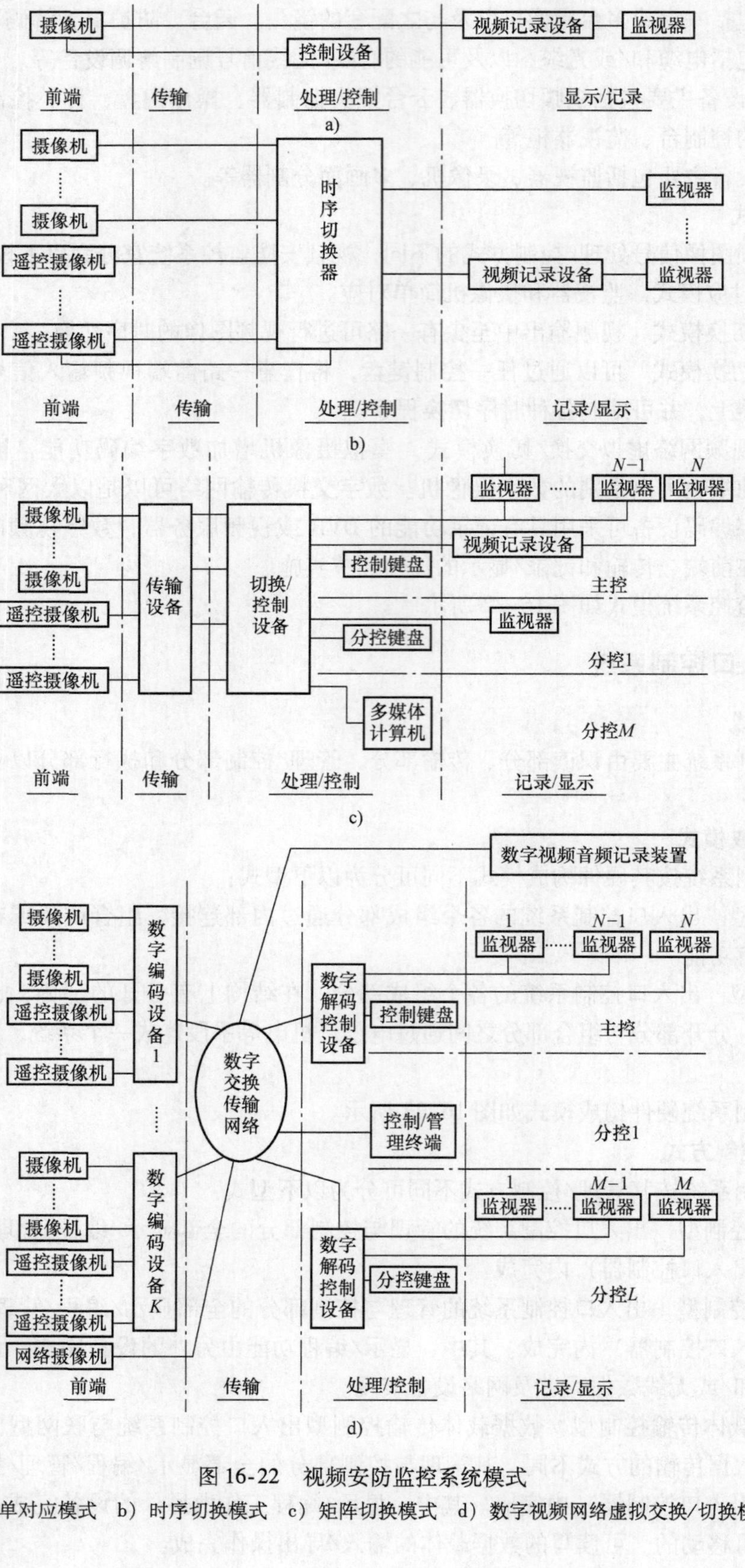


图16-22 视频安防监控系统模式

a）简单对应模式 b）时序切换模式 c）矩阵切换模式 d）数字视频网络虚拟交换/切换模式

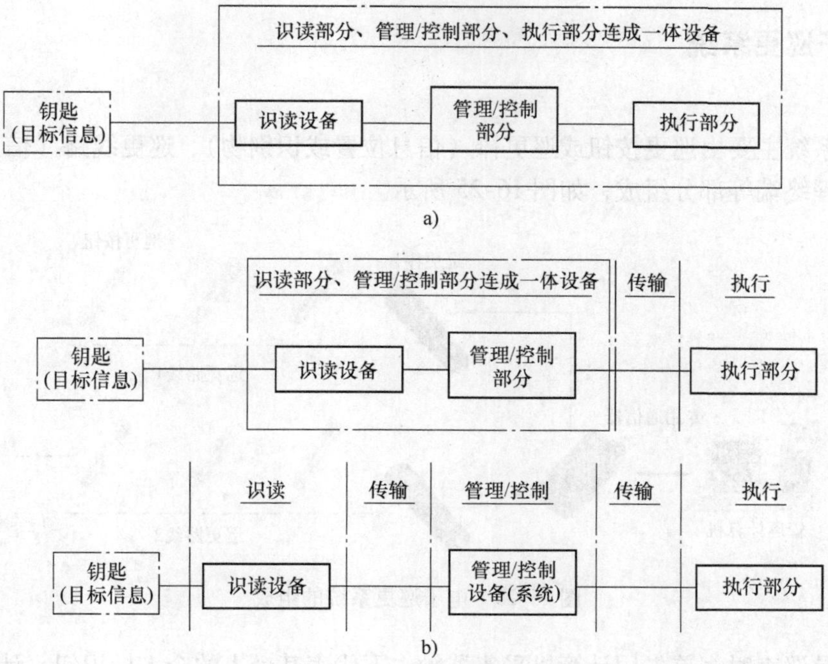


图 16-23　出入口控制系统硬件构成模式

a）一体型　b）分体型

出入口控制系统按其管理/控制方式不同分类如图 16-24 所示。

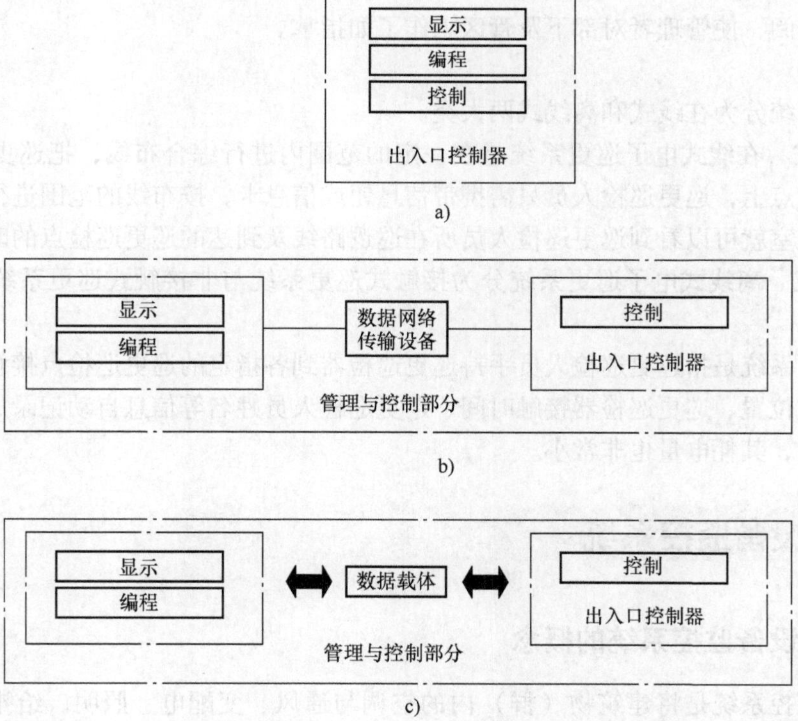


图 16-24　出入口控制系统按其管理/控制方式不同分类

a）独立控制型　b）联网控制型　c）数据载体传输控制型

### 16.4.4 电子巡更系统

**1. 组成**

电子巡更系统主要由巡更按钮或巡更棒（信息位置或识别物）、巡更线路（信息转换传递）、数据采集及管理终端等部分组成，如图16-25所示。

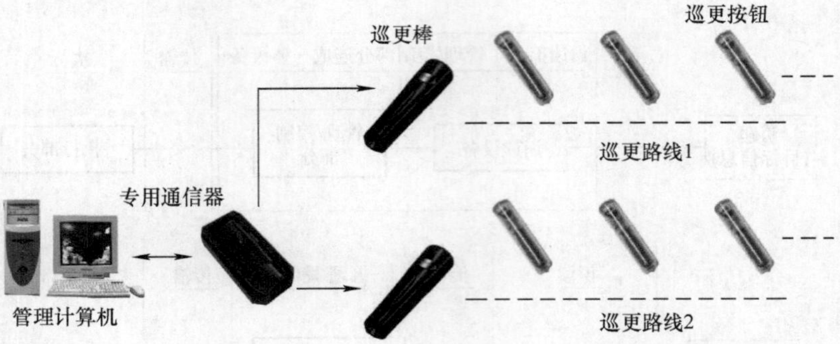


图16-25 电子巡更系统的组成

当保安人员巡查时，首先用计算机采集器触一下代表其个人的个人标识钮，计算机采集器被声明为此保安人员携带。保安人员巡查各个重要地点时用计算机采集器触一下现场的地点标识钮，计算机采集器精确地记录当时的日期、时间、地点等信息。如果保安人员发现有必要记录一些情况，则用计算机采集器触一下代表各种情况的情况标识钮，最后通过计算机阅读器把计算机采集器中的日期、时间、地点、人物和事件等信息传递给计算机，通过相应的软件处理成各种报告，供管理者查阅，使管理者对部下及管区工作了如指掌。

**2. 模式**

电子巡更系统分为在线式和离线式两大类。

（1）在线式 在线式电子巡更系统是在一定的范围内进行综合布线，把巡更巡检器设置在一定的巡更巡检点上，巡更巡检人员只需携带信息钮或信息卡，按布线的范围进行巡逻，管理者只需在中央监控室就可以看到巡更巡检人员所在巡逻路线及到达的巡更巡检点的时间。

（2）离线式 离线式电子巡更系统分为接触式巡更系统与非接触式巡更系统（也称感应式巡更系统）。

接触式巡更系统是指巡更巡检人员手持巡更巡检器到各指定的巡更巡检点接触信息钮，把信息钮上所记录的位置、巡更巡检器接触时间、巡更巡检人员姓名等信息自动记录成一条数据，工作时有声光提示，其耗电量也非常小。

## 16.5 建筑设备监控系统

### 16.5.1 建筑设备监控系统的概念

建筑设备监控系统是将建筑物（群）内的空调与通风、变配电、照明、给排水、热源与热交换、冷冻和冷却及电梯和自动扶梯等设备和系统，以集中监视、控制和管理为目的构成的综合系统，也称为楼宇自动化系统或楼宇自控系统。

## 16.5.2 供暖通风及空气调节系统

供暖通风及空气调节系统需要监控的参数包括以下内容：

**1. 空调冷热源系统**

空调冷热源系统的监控范围宜包括冷水机组、锅炉、热泵、太阳能集热设备等各种冷热源设备，换热器、冷却塔、分水器、集水器等冷热源站房常见设备，以及供暖、供冷、供汽干管等运行状态参数。

**2. 空调水系统**

空调冷热源系统的监控范围宜包括一、二次冷水循环泵，冷却水循环泵，供暖水循环泵，补水泵等各类水泵、水系统中各类阀门控制调节，以及膨胀水箱、软水箱的液位检测和水过滤器的压差检测报警。

**3. 蓄冷、热系统**

蓄冷、热系统的监控范围宜包括水槽或冰槽水温（或溶液温度）监测，换热器防冻报警，设备故障报警，蓄冷、热系统运行工况转换，工况转换阀门自动调节运行参数及蓄、放冷热量计量。

**4. 空调系统**

空调系统的监控范围宜包括新风机组、空气处理设备、风机盘管、转轮热回收装置等设备。

严寒和寒冷地区冬季使用的空气处理装置或新风机组，应具有防冻报警及联锁功能。空气处理设备中安装有过滤器时，应具有过滤器压差报警功能。采用电加热器时，应具有无风断电保护和超温报警保护功能。对辐射吊顶或干式风机盘管设备，应具有结露报警和联锁保护功能。

**5. 空气处理设备**

空气处理设备监控功能设计应符合下列规定：

1）系统应允许系统管理员手动设定送风状态设定值。

2）系统应允许管理员手动修改室内温（湿）度设定值。

3）对风机盘管系统，应允许用户通过室内控制界面修改房间温度设定值并调节风量。

4）控制系统应对空气处理设备中采用的加热器、加湿器、风阀、水阀等执行器状态进行检测，应具有允许管理员对执行器的运行状态进行手动设定的功能。

**6. 通风与防排烟系统**

通风与防排烟系统监控功能设计应符合以下规定：

1）通风与防排烟系统的监控范围包括各通风机设备。

2）通风与防排烟系统应具有检测通风机前过滤器进出口静压差，实现超限报警的功能。

3）当可燃物或危险物泄漏事故报警发生时，通风与防排烟系统应具有自动联锁启动通风机功能。

**7. 供暖通风及空气调节系统监控节能**

供暖通风及空气调节系统监控功能设计应实现以下节能功效：

1）系统应结合物业管理的要求对建筑分区域、分用户或分室设置冷、热量计量装置，建筑群中的每栋建筑及其冷热源站房应设置冷、热量计量装置，实现对空调用能系统的监控和管理。

2）间歇运行的空调系统应采取按预定时间自动启停或最优启停的节能监控措施。

3）冷热源系统应根据冷热负荷的变化，实现冷热源主机的运行台数优化控制，空调水、冷却水循环水量的优化控制，空调水供水温度、冷却水供水温度的优化控制。

4）空调末端设备应根据室内空气品质和室内外温度，优化新风供应量，降低新风能耗及尽量利用自然冷源。

### 16.5.3 给排水系统

**1. 生活给水系统**

系统监控信息的采集范围应符合下列要求：

1）建筑物生活水箱应设置启停泵液位检测及报警信息显示。

2）采用变频调速的给水系统应设置压力变送器测量给水管压力信息，对变频器的工作状态、故障状态、频率等进行检测及报警信息显示。

3）给水泵应设置运行状态及故障报警信息显示。

4）热水系统的供回水温度、压力、流量等状态信息检测，对加热设备的台数、循环水泵和补水泵的状态检测及报警信息显示。

5）给水系统中自成监控体系的系统，建筑设备监控系统相应的监控信息采集应采用通信协议与通信方式上传。

6）系统应设置在对其相应运行满足建筑综合能效管理监控策略要求的其他基础参数，作为预留条件纳入本系统的节能监控信息采集范围中。

**2. 中水系统**

中水系统的监控功能设计应符合下列规定：

1）中水箱应设置液位计测量水箱液位。

2）水泵组应设置工况检测及故障报警信息显示。

3）水过滤器宜设置前后压差检测。

4）中水系统应设置水位、水质及取样药品值检测等。

5）中水系统中自成监控体系的系统，建筑设备监控系统相应的监控信息采集应采用通信协议与通信方式上传。

6）系统应设置在对其相应运行满足建筑综合能效管理监控策略要求的其他基础参数，作为预留条件纳入本系统的节能监控信息采集范围中。

**3. 排水系统**

系统监控信息的采集范围应符合下列要求：

1）建筑物内污水池应设置污水泵液位检测及故障报警信息显示。

2）应设置污水泵运行状态显示、故障报警信息显示。

3）排水系统中自成监控体系的系统，建筑设备监控系统相应的监控信息采集应采用通信协议与通信方式上传。

4）系统应设置在对其相应运行满足建筑综合能效管理监控策略要求的其他基础参数，作为预留条件纳入本系统的节能监控信息采集范围中。

### 16.5.4 供配电系统

供配电系统应配有专用监控子系统，建筑设备监控系统宜具有重要参数的监测、报警和存储功能，不宜控制其设备操作。

**1. 高（中）压配电柜**

高（中）压配电柜的监控范围宜包括高（中）压进线、母联及出线回路断路器等。包括高（中）压进线、母联及出线断路器工作状态；进线、母联回路断路器三相电流、有功功率、有功电能；出线重要回路断路器三相电流、有功功率、有功电能。

**2. 低压配电柜**

低压配电柜的监控功能设计应符合下列规定：

1）低压配电柜的监控范围宜包括低压进线回路、出线回路断路器以及电容补偿回路等。

2）低压进线及母联断路器应设置进线失电故障的自动应急处理功能。

3）监测量包括低压进线、母联及出线断路器工作状态；进线、母联回路断路器三相电流、有功功率、有功电能；出线重要回路断路器三相电流、有功功率、有功电能；低压进线及母联断路器；电容补偿回路电容投切。

**3. 其余变配电设备**

其余变配电设备的监控功能设计应符合下列规定：

1）其余变配电设备的监控范围宜包括变压器、应急柴油发电机、大容量不停电电源、应急电源设备等。

2）设备运行参数或状态包括变压器超温报警，变压器三相绕组实时温度，应急柴油发电机工作状态，应急柴油发电机油箱油量，大容量不停电电源开关状态（市电正常、市电带载、逆变器带载），大容量不停电电源市电故障，应急电源设备（市电正常、市电带载、逆变器带载），应急电源设备市电故障。

### 16.5.5　照明系统

**1. 信息采集**

系统监控信息的采集范围应符合下列要求：

1）室内公共照明和特殊用房等照明回路的开关状态、手（自）动状态检测。

2）室外庭院照明、景观照明、立面等照明回路的开关状态、手（自）动状态检测。

3）室内（外）照明相应区域的照度检测。

4）室内（外）照明回路的开关控制。

5）根据建筑物的室内（外）照度变化或所设定参数要求，对照明的启闭时间、开启数量、实际照度参数等检测和记录。

6）对照明回路的电压、电流、功率、功率因数、谐波分量参数等进行检测和记录。

7）系统中自成监控体系的系统，建筑设备监控系统相应的监控信息采集应采用通信协议与通信方式上传。

8）系统应设置在对其相应运行满足建筑综合能效管理监控策略要求的其他基础参数，作为预留条件纳入本系统的节能监控信息采集范围中。

**2. 监控功能**

1）系统应具有分回路控制实现满足管理的功能。

2）系统应具有按照预先设定的时间表进行开关控制的功能。

3）系统宜具有结合照度传感器进行自动程序控制的功能。

4）系统宜具有采用分布式控制并带有手（自）动控制的功能。

### 16.5.6　电梯与自动扶梯系统

电梯与自动扶梯系统的监控功能设计应符合下列规定：

**1. 信息采集**

系统监控信息的采集范围应符合下列要求：

1）电梯与自动扶梯上（下）行的运行状态检测、报警信息显示及记录。

2）电梯与自动扶梯安全保护信号检测及记录。

3）电梯的层门应设置故障报警、轿厢内呼叫报警信息显示及记录。

4）电梯宜设电梯的层门开门状态、楼层信息检测及记录。

5）电梯轿厢内应设照明和风扇（空调）、井道照明、紧急迫降的远程控制。

6）自动扶梯应设远程启停控制信息检测。

7）系统中自成监控体系的系统，应采用通信协议的通信方式上传满足建筑设备监控系统所需相应的监控信息采集。

8）系统应设置在对其相应运行满足建筑综合能效管理监控策略要求的其他基础参数，作为预留条件纳入本系统的节能监控信息采集范围中。

**2. 监控**

系统的监控功能应符合下列要求：

1）系统应具有依据电梯运行状态及报警信息实现安全运行的功能。

2）系统应具有依据电梯与自动扶梯运行时间与次数累计记录实现检修信号提示的功能。

3）系统应具有视管理的需要实现自动扶梯远程控制的功能。

4）系统应具有实现对电梯轿厢内的照明和风扇（空调）、井道照明进行自动或程序控制的功能。

5）系统依据与建筑设备监控系统集成，与火灾自动报警系统联网，实现火警时联动全部电梯紧急迫降至首层的功能，及与安全防范系统联网，实现实时观察对应现场状态视频图像的功能。

## 16.5.7 建筑机电设备能耗计量与管理

公共机构的各类建筑应设置能耗监测系统，大型公共建筑还应安装用电分项计量装置。

新建、改建和扩建的公共建筑，应设置对冷热源、输配电和照明等各系统的能耗计量装置。计量装置应确保计量量值的准确、统一和运行的安全可靠。

**1. 分项及类别**

能耗计量分项应根据建筑用能的类别确定，分项能耗数据采集类别宜包括电量、水耗量、燃气量、集中供暖耗热量、集中供冷耗冷量及其他能源应用量等。

**2. 冷热量的计量**

冷热量的计量应符合下列规定：

1）对于冷、热源系统，应计量冷、热量瞬时值和累计值。

2）冷热量计量装置的选用，必须具备《制造计量器具许可证》及产品准予生产、销售的核准文件，以确保产品使用的合法性。

3）中央空调冷热量计量可选用“热量表”模式和“计时计费”模式，以实现中央空调的分户计量、按量收费。

**3. 中央空调系统计量**

中央空调系统计量应符合下列规定：

1）对于要求按建筑层面划分计量、建筑区域划分计量、以户为单元计量，可采用能量型计量系统。

2）对于计量每个风机盘管的末端能耗，可采用时间型计量系统。

**4. 电能计量**

电能计量应符合下列规定：

1）以各类公共建筑消耗能源的用途分别进行采集和管理的能耗数据为计量依据，电能计量的必要分项划分应符合下列要求：

①照明插座用电；②空调用电；③动力用电；④特殊用电等。

2）下列电力装置回路应设置有功电能表：

①10kV、35kV供配电线路；②电力用户处的有功电量计量点；③需要进行技术经济考核的50kW及以上的电动机；④根据技术经济考核和节能管理的要求，需计量有功电量的其他电力装置回路。

3）下列电力装置回路应设置无功电能表：

①无功补偿装置；②电力用户处的无功电量计量点；③根据技术经济考核和节能管理的要求，需计量无功电量的其他电力装置回路。

4）下列回路应纳入电能分项计量范围：

①变压器进出线回路；②制冷机组主供电回路；③单独供电的冷热源系统供电回路；④集中供电的分体空调回路；⑤给排水系统供电回路；⑥照明插座主回路；⑦电子信息系统机房；⑧单独计量的外供电回路；⑨特殊区供电回路；⑩电梯回路；⑪其他需要单独计量的用电回路。

以电力为主要能源的冷冻机组、锅炉等大负荷设备，应设专用电能计量装置。

## 思考题与习题

1. 有线电视系统的用户分配网络由什么构成？
2. 电视分配器与分支器有什么不同？
3. 宽带接入网技术有几种？
4. 接入网有哪些种类？
5. 接入网有哪几种接入方式？
6. 通信业务接入点可以设置在哪里？
7. 火灾自动报警系统包括哪些内容？
8. 区域报警系统的设计应符合哪些规定？
9. 集中报警系统的设计应符合哪些规定？
10. 消防联动控制系统包括哪些系统？
11. 火灾探测器的选择原则是什么？
12. 入侵报警系统的作用是什么？

# 第 17 章

# 建筑防雷与接地

## 17.1 建筑物的防雷措施

### 17.1.1 过电压

雷电是一种大气中的放电现象。在云雨形成的过程中，某部分积聚起正电荷，另一部分积聚起负电荷，当这些电荷积聚到一定程度时，就会产生放电现象，形成雷电。

**1. 直击雷**

直击雷是带电云层（雷云）与建筑物、其他物体、大地或防雷装置之间发生的迅猛放电现象，并由此伴随而产生的电效应、热效应或机械力等一系列的破坏作用。

**2. 闪电感应**

闪电放电时，在附近导体上产生的雷电静电感应和雷电电磁感应，它可能使金属部件之间产生火花放电，即闪电感应。

（1）闪电静电感应　由于雷云的作用，使附近导体上感应出与雷云符号相反的电荷，雷云主放电阶段时，先导通道中的电荷迅速中和，在导体上的感应电荷得到释放，如没有就近泄入地中就会产生很高的电位。

（2）闪电电磁感应　由于雷电流迅速变化在其周围空间产生瞬变的强电磁场，使附近导体上感应出很高的电动势。

**3. 闪电电涌侵入**

由于雷电对架空线路、电缆线路或金属管道的作用，雷电波即闪电电涌，可能沿着这些管线侵入屋内，危及人身安全或损坏设备。

闪电电涌是闪电击于防雷装置或线路上以及由闪电静电感应或雷击电磁脉冲引发，表现为过电压、过电流的瞬态波。

**4. 内部过电压**

除了雷电能够产生电涌电压和电流外，在光伏发电系统内部也会有过电压。

1）切换瞬态。在大功率电路的闭合与断开的瞬间、感性负载和容性负载的接通或断开的瞬间、大型用电系统或变压器等断开都会产生较大的开关电涌电压和电流，同样会对相关设备、线路等造成危害。

2）操作失误。

3）组件失效。

### 17.1.2 建筑物的防雷分类

建筑物应根据建筑物的重要性、使用性质、发生雷电事故的可能性和后果，按防雷要求分为三类。

**1. 第一类防雷建筑物**

在可能发生对地闪击的地区，遇下列情况之一时，应划为第一类防雷建筑物：

1）凡制造、使用或储存火炸药及其制品的危险建筑物，因电火花而引起爆炸、爆轰，会造成巨大破坏和人身伤亡者。

2）具有 0 区或 20 区爆炸危险场所的建筑物。

3）具有 1 区或 21 区爆炸危险场所的建筑物，因电火花而引起爆炸，会造成巨大破坏和人身伤亡者。

**2. 第二类防雷建筑物**

在可能发生对地闪击的地区，遇下列情况之一时，应划为第二类防雷建筑物：

1）国家级重点文物保护的建筑物。

2）国家级的会堂、办公建筑物、大型展览和博览建筑物、大型火车站和飞机场（不含停放飞机的露天场所和跑道）、国宾馆，国家级档案馆、大型城市的重要给水泵房等特别重要的建筑物。

3）国家级计算中心、国际通信枢纽等对国民经济有重要意义的建筑物。

4）国家特级和甲级大型体育馆。

5）制造、使用或储存火炸药及其制品的危险建筑物，且电火花不易引起爆炸或不致造成巨大破坏和人身伤亡者。

6）具有 1 区或 21 区爆炸危险场所的建筑物，且电火花不易引起爆炸或不致造成巨大破坏和人身伤亡者。

7）具有 2 区或 22 区爆炸危险场所的建筑物。

8）有爆炸危险的露天钢制封闭气罐。

9）预计雷击次数大于 0.05 次/a 的部、省级办公建筑物和其他重要或人员密集的公共建筑物以及火灾危险场所。

10）预计雷击次数大于 0.25 次/a 的住宅、办公楼等一般性民用建筑物或一般性工业建筑物。

**3. 第三类防雷建筑物**

在可能发生对地闪击的地区，遇下列情况之一时，应划为第三类防雷建筑物：

1）省级重点文物保护的建筑物及省级档案馆。

2）预计雷击次数大于或等于 0.01 次/a，且小于或等于 0.05 次/a 的部、省级办公建筑物和其他重要或人员密集的公共建筑物，以及火灾危险场所。

3）预计雷击次数大于或等于 0.05 次/a，且小于或等于 0.25 次/a 的住宅、办公楼等一般性民用建筑物或一般性工业建筑物。

4）在平均雷暴日大于 15d/a 的地区，高度在 15m 及以上的烟囱、水塔等孤立的高耸建筑物；在平均雷暴日小于或等于 15d/a 的地区，高度在 20m 及以上的烟囱、水塔等孤立的高耸建筑物。

## 17.1.3 建筑物的防雷措施

建筑物通常采用的防雷措施如图 17-1 所示。

**1. 防雷措施的分类**

各类防雷建筑物应设防直击雷的外部防雷装置，并应采取防闪电电涌侵入的措施。

第一类防雷建筑物和第二类防雷建筑物，还应采取防闪电感应的措施。

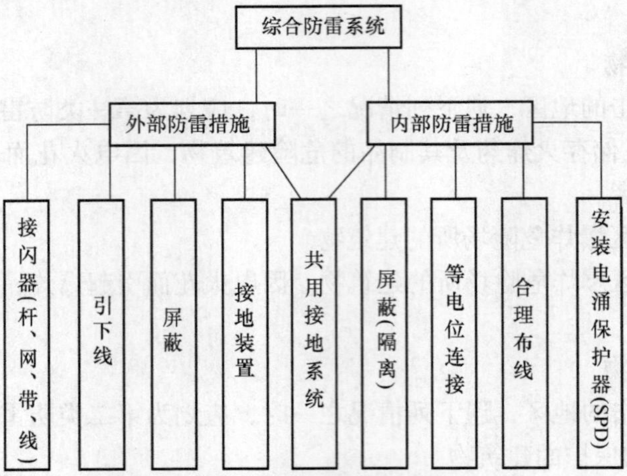

图 17-1 建筑物防雷措施

各类防雷建筑物应设内部防雷装置，并应符合下列规定：在建筑物的地下室或地面层处，建筑物金属体、金属装置、建筑物内系统、进出建筑物的金属管线应与防雷装置做防雷等电位连接；外部防雷装置与建筑物金属体、金属装置、建筑物内系统之间，还应满足间隔距离的要求。

第二类防雷建筑物还应采取防雷击电磁脉冲的措施。其他各类防雷建筑物，当其建筑物内系统所接设备的重要性高，以及所处雷击磁场环境和加于设备的闪电电涌无法满足要求时，也应采取防雷击电磁脉冲的措施。

**2. 各类建筑物防雷措施的比较**

各类建筑物防雷措施的比较见表 17-1。

表 17-1 各类建筑物防雷措施的比较

| 种类 | 防护要求 | | 第一类 | 第二类 | 第三类 |
|---|---|---|---|---|---|
| 防直击雷的外部防护防雷装置 | 滚球半径/m | | 30 | 45 | 60 |
| | 引下线间距/m | | 12 | 18 | 25 |
| | 反击间隔距离/m | | 应计算地上地下至少3m | $S_{a3} \geqslant 0.06k_c l_x$<br>有静电屏蔽物时无要求 | $S_{a3} \geqslant 0.04k_c l_x$<br>有静电屏蔽物时无要求 |
| | 等电位连接环垂直间距/m | | ≤12 | — | — |
| | 网格尺寸/m | | 5×5 或 6×4 | 10×10 或 12×8 | 20×20 或 24×16 |
| | 防侧击雷 | 高度/m | ≥30 | ≥45 | ≥60 |
| | | 水平接闪带间距/m | ≤6 | — | — |
| | | 建筑物高度对较大金属物防雷接地要求 | ≥30m，较大金属物防雷接地 | ≥45m，突出物应防雷，建筑物上部 20% 并≥60m 时按屋顶要求防雷 | ≥60m，突出物应防雷，建筑物上部 20% 并≥60m 时按屋顶要求防雷 |
| | 竖直金属物接地 | | — | 外墙内、外竖直敷设的金属管道及金属物的顶端和底端，应与防雷装置等电位连接 | |
| 接地电阻/Ω | 工频 | | ≤人身安全的接地电阻值 | | |
| | 冲击 | | 每根专设引下线≤10 | 每根专设引下线≤10 | 每根专设引下线≤30，但人口密集和火灾危险场所≤10 |
| 独立接地装置冲击接地电阻/Ω | | | 10（一般）<br>30（$\rho \leqslant 3000$mΩ） | | |

（续）

| 种类 | 防护要求 | 第一类 | 第二类 | 第三类 |
| --- | --- | --- | --- | --- |
| 防闪电感应 | 与防闪电感应接地装置连接 | 有较大金属物和突出屋面金属管 | 防爆建筑物内金属物应就近接到接地装置 | — |
| | 金属和钢筋混凝土屋面引下接地 | 周边每隔 18～24m | — | — |
| | 平行交叉敷设管道、电缆护套等金属物应跨接 | 相互间距≤100mm 时实施，跨接点间距≤30m | 除 2 区和 22 区外，相互间距≤100mm 时实施，跨接点间距≤30m | — |
| | 长金属物连接处跨接要求 | 电阻＞0.03Ω 应跨接，≥5 根螺栓连接的法兰可不跨接 | 可不跨接 | — |
| | 可与电气电子系统的接地装置公用接地/Ω | 工频接地电阻≤10 | 应与电气电子系统的接地装置共用接地 | — |
| 防闪电涌侵入 | 室外线路全线埋地 | 入户处电缆金属护套和钢管接地 | | |
| | 室外线路局部埋地 | 架空线与建筑物距离≥15m，埋地长度应计算 $L \geq 2\sqrt{\rho}$ | | |
| | 低压电缆与架空线连接处设户外型 SPD 或户内型用 IP54 箱 | 配电系统：Ⅰ级试验 $U_p \leq 2.5kV$，$I_{imp} \geq 10kA$ | | |
| | | 通信系统：D1 类 $I_{sc} \geq 2kA$ | | |
| | | 冲击接地电阻≤30Ω | | |
| | 电源引入总配电箱处设 SPD：共用接地有低压线路进出建筑物 | 试验级别　Ⅰ级<br>$U_p \leq 2.5kV$<br>$I_{imp} \geq 12.5kA$ | | |
| | 电源引入总配电箱处设 SPD：无低压线路进出建筑物 | 试验级别　Ⅰ级 | 试验级别　Ⅱ级 | |
| | | $U_p \leq 2.5kV$ | | |
| | | $I_{imp} \geq 12.5kA$ | $I_n \geq 5kA$ | |
| | 电源引入总配电箱处设 SPD：SPD 连接铜线截面积/mm² | ≥6 | ≥2.5 | |
| | 电子系统室外引入线设 SPD：金属线　实验类型 | D1 | | |
| | 电子系统室外引入线设 SPD：金属线　短路电流/kA | 2 | 1.5 | 1.0 |
| | 电子系统室外引入线设 SPD：金属线　连接铜线截面积/mm² | ≥1.2 | | |
| | 电子系统室外引入线设 SPD：光缆无金属线缆引出　实验类型 | B2 | | |
| | 电子系统室外引入线设 SPD：光缆无金属线缆引出　短路电流/A | 100 | 75 | 50 |
| | 电子系统室外引入线设 SPD：光缆无金属线缆引出　连接铜线截面积/mm² | 据具体情况确定，可小于 1.2 | | |

注：$S_{a3}$—空气中的间隔距离（m）；$k_c$—分流系数；$l_x$—引下线计算点到连接点的长度（m），连接点即金属物或电气和电子系统线路与防雷装置之间直接或通过电涌保护器相连之点；$L$—电缆铠装或穿电缆的钢管埋地直接与土壤接触的长度（m）；$\rho$—埋电缆处的土壤电阻率（Ω·m）；$U_p$—电涌保护器的电压保护水平（kV）；$I_{imp}$—冲击电流（kA）；$I_{sc}$—短路电流（kA）；$I_n$—标称放电电流（kA）。

### 17.1.4 防雷装置

#### 1. 防雷装置使用的材料及其应用条件

防雷装置使用的材料及其应用条件，宜符合表17-2所示的规定。

表17-2 防雷装置使用的材料及其应用条件

| 材料 | 使用于大气中 | 使用于地中 | 使用于混凝土中 | 耐腐蚀情况 | | |
|---|---|---|---|---|---|---|
| | | | | 在下列环境中能耐腐蚀 | 在下列环境中增加腐蚀 | 与下列材料接触形成直流电耦合可能受到严重腐蚀 |
| 铜 | 单根导体，绞线 | 单根导体，有镀层的绞线，铜管 | 单根导体，有镀层的绞线 | 在许多环境中良好 | 硫化物有机材料 | — |
| 热镀锌钢 | 单根导体，绞线 | 单根导体，钢管 | 单根导体，绞线 | 敷设于大气、混凝土和无腐蚀性的一般土壤中受到的腐蚀是可接受的 | 高氯化物含量 | 铜 |
| 电镀铜钢 | 单根导体 | 单根导体 | 单根导体 | 在许多环境中良好 | 硫化物 | — |
| 不锈钢 | 单根导体，绞线 | 单根导体，绞线 | 单根导体，绞线 | 在许多环境中良好 | 高氯化物含量 | — |
| 铝 | 单根导体，绞线 | 不适合 | 不适合 | 在含有低浓度硫和氯化物的大气中良好 | 碱性溶液 | 铜 |
| 铅 | 有镀铅层的单根导体 | 禁止 | 不适合 | 在含有高浓度硫酸化合物的大气中良好 | — | 铜、不锈钢 |

注：1. 敷设于黏土或潮湿土壤中的镀锌钢可能受到腐蚀。
2. 在沿海地区，敷设于混凝土中的镀锌钢不宜延伸进入土壤中。
3. 不得在地中采用铅。

做防雷等电位连接各连接部件的最小截面面积应符合表17-3所示的规定。连接单台或多台I级分类实验或D1类电涌保护器的单根导体的最小截面面积，还应按下式计算，即

$$S_{\min} \geqslant \frac{I_{\text{imp}}}{8}$$

式中 $S_{\min}$——单根导体的最小截面面积（$mm^2$）；
$I_{\text{imp}}$——流入该导体的雷电流（kA）。

表17-3 防雷装置各连接部件的最小截面面积

| 等电位连接部件 | 材料 | 截面面积/$mm^2$ |
|---|---|---|
| 等电位连接带（铜、外表面镀铜的钢或热镀锌钢） | Cu（铜）<br>Fe（铁） | 50 |
| 从等电位连接带至接地装置或各等电位连接带之间的连接导体 | Cu（铜） | 16 |
| | Al（铝） | 25 |
| | Fe（铁） | 50 |

（续）

| 等电位连接部件 | | | 材料 | 截面面积/mm² |
|---|---|---|---|---|
| 从屋内金属装置至等电位连接带的连接导体 | | | Cu（铜） | 6 |
| | | | Al（铝） | 10 |
| | | | Fe（铁） | 16 |
| 连接电涌保护器的导体 | 电气系统 | Ⅰ级实验的电涌保护器 | Cu（铜） | 6 |
| | | Ⅱ级实验的电涌保护器 | | 2.5 |
| | | Ⅲ级实验的电涌保护器 | | 1.5 |
| | 电子系统 | D1 类电涌保护器 | | 1.2 |
| | | 其他类的电涌保护器（连接导体的截面面积可小于 1.2mm²） | | 根据具体情况确定 |

### 2. 接闪器

接闪器的材料、结构和最小截面面积应符合表17-4所示的规定。

**表17-4 接闪器和引下线的材料、结构和最小截面面积**

| 材料 | 结构 | 最小截面面积/mm² | 备注⑩ |
|---|---|---|---|
| 铜、镀锡铜① | 单根扁铜 | 50 | 厚度2mm |
| | 单根圆铜⑦ | 50 | 直径8mm |
| | 铜绞线 | 50 | 每股线直径1.7mm |
| | 单根圆铜③④ | 176 | 直径15mm |
| 铝 | 单根扁铝 | 70 | 厚度3mm |
| | 单根圆铝 | 50 | 直径8mm |
| | 铝绞线 | 50 | 每股线直径1.7mm |
| 铝合金 | 单根扁形导体 | 50 | 厚度2.5mm |
| | 单根圆形导体③ | 50 | 直径8mm |
| | 绞线 | 50 | 每股线直径1.7mm |
| | 单根圆形导体 | 176 | 直径15mm |
| | 外表面镀铜的单根圆形导体 | 50 | 直径8mm，径向镀铜厚度至少70μm，铜纯度99.9% |
| 热浸镀锌钢② | 单根扁钢 | 50 | 厚度2.5mm |
| | 单根圆钢⑨ | 50 | 直径8mm |
| | 绞线 | 50 | 每股线直径1.7mm |
| | 单根圆钢③④ | 176 | 直径15mm |
| 不锈钢⑤ | 单根扁钢⑥ | 50⑧ | 厚度2mm |
| | 单根圆钢⑥ | 50⑧ | 直径8mm |
| | 绞线 | 70 | 每股线直径1.7mm |
| | 单根圆钢③④ | 176 | 直径15mm |

（续）

| 材料 | 结构 | 最小截面面积/$mm^2$ | 备注⑩ |
|---|---|---|---|
| 外表面镀铜的钢 | 单根圆钢（直径8mm） | 50 | 镀铜厚度至少70μm，铜纯度99.9% |
| | 单根扁钢（厚2.5mm） | | |

① 热浸或电镀锡的锡层最小厚度为1μm。

② 镀锌层宜光滑连贯，无焊剂斑点，镀锌层圆钢至少22.7$g/m^2$，扁钢至少32.4$g/m^2$。

③ 仅应用于接闪杆。当应用于机械应力没达到临界值之处，可采用直径10mm、最长1m的接闪杆，并增加固定。

④ 仅应用于入地之处。

⑤ 不锈钢中，铬的质量分数等于或大于16%，镍的质量分数等于或大于8%，碳的质量分数等于或小于0.08%。

⑥ 对埋于混凝土中以及与可燃材料直接接触的不锈钢，其最小尺寸宜增大至直径10mm的78$mm^2$（单根圆钢）和最小厚度3mm的75$mm^2$（单根扁钢）。

⑦ 在机械强度没有重要要求之处，50$mm^2$（直径8mm）可减为28$mm^2$（直径6mm），并应减小固定支架间的间距。

⑧ 当温升和机械受力是重点考虑之处时，50$mm^2$加大至75$mm^2$。

⑨ 避免在单位能量10MJ/Ω下熔化的最小截面是：铜16$mm^2$，铝25$mm^2$，钢50$mm^2$，不锈钢50$mm^2$。

⑩ 截面面积允许误差为-3%。

接闪杆采用热镀锌圆钢或钢管制成时，其直径应符合下列规定：杆长在1m以下时，圆钢不应小于12mm，钢管不应小于20mm；杆长为1~2m时，圆钢不应小于16mm，钢管不应小于25mm；独立烟囱顶上的杆，圆钢不应小于20mm，钢管不应小于40mm；接闪杆的接闪端宜做成半球状，其最小弯曲半径宜为4.8mm，最大宜为12.7mm；当独立烟囱上采用热镀锌接闪环时，其圆钢直径不应小于12mm，扁钢截面面积不应小于100$mm^2$，其厚度不应小于4mm。架空接闪线和接闪网宜采用截面面积不小于50$mm^2$的热镀锌钢绞线或铜绞线。

明敷接闪导体固定支架的间距不宜大于表17-5所示的规定。固定支架的高度不宜小于150mm。

**表17-5 明敷接闪导体和引下线固定支架的间距**

| 布置方式 | 扁形导体和绞线固定支架的间距/mm | 单根圆形导体固定支架的间距/mm |
|---|---|---|
| 安装于水平面上的水平导体 | 500 | 1000 |
| 安装于垂直面上的水平导体 | 500 | 1000 |
| 安装于从地面至高20m垂直面上的垂直导体 | 1000 | 1000 |
| 安装在高于20m垂直面上的垂直导体 | 500 | 1000 |

除第一类防雷建筑物外，金属屋面的建筑物宜利用其屋面作为接闪器，并应符合下列规定：板间的连接应是持久的电气贯通，可采用铜锌合金焊、熔焊、卷边压接、缝接、螺钉或螺栓连接；金属板下面无易燃物品时，铅板的厚度不应小于2mm，不锈钢、热镀锌钢、钛和铜板的厚度不应小于0.5mm，铝板的厚度不应小于0.65mm，锌板的厚度不应小于0.7mm；金属板下面有易燃物品时，不锈钢、热镀锌钢和钛板的厚度不应小于4mm，铜板的厚度不应小于5mm，铝板的厚度不应小于7mm；金属板无绝缘被覆层。薄的油漆保护层或1mm厚沥青层或0.5mm厚聚氯乙烯层均不属于绝缘被覆层。

除第一类防雷建筑物外，屋顶上永久性金属物宜作为接闪器，但其各部件之间均应连成电气贯通，并应符合下列规定：旗杆、栏杆、装饰物、女儿墙上的盖板等，其截面应符合表17-4所示的规定，其壁厚应符合金属屋面的建筑物宜利用其屋面作为接闪器的规格的规定；输送和储存物体的钢管和钢罐的壁厚不应小于 2.5mm；当钢管、钢罐一旦被雷击穿，其内的介质对周围环境造成危险时，其壁厚不应小于 4mm；利用屋顶建筑构件内钢筋作为接闪器应符合相关的规定。

除利用混凝土构件钢筋或在混凝土内专设钢材作为接闪器外，钢制接闪器应热镀锌。在腐蚀性较强的场所，还应采取加大其截面或其他防腐措施。不得利用安装在接收无线电视广播天线杆顶上的接闪器保护建筑物。

专门敷设的接闪器应由独立接闪杆，架空接闪线或架空接闪网，直接装设在建筑物上的接闪杆、接闪带或接闪网的一种或多种组成。专门敷设的接闪器，其布置应符合表 17-6 所示的规定。布置接闪器时，可单独或任意组合采用接闪杆、接闪带、接闪网。

表 17-6　接闪器布置

| 建筑物防雷类别 | 滚球半径 $h_r$/m | 接闪网网格尺寸(长×宽)/mm×mm |
|---|---|---|
| 第一类防雷建筑物 | 30 | ≤5×5 或≤6×4 |
| 第二类防雷建筑物 | 45 | ≤10×10 或≤12×8 |
| 第三类防雷建筑物 | 60 | ≤20×20 或≤24×16 |

接闪网应沿屋角、屋脊、屋檐和檐角等易受雷击的部位敷设，如图 17-2 所示。

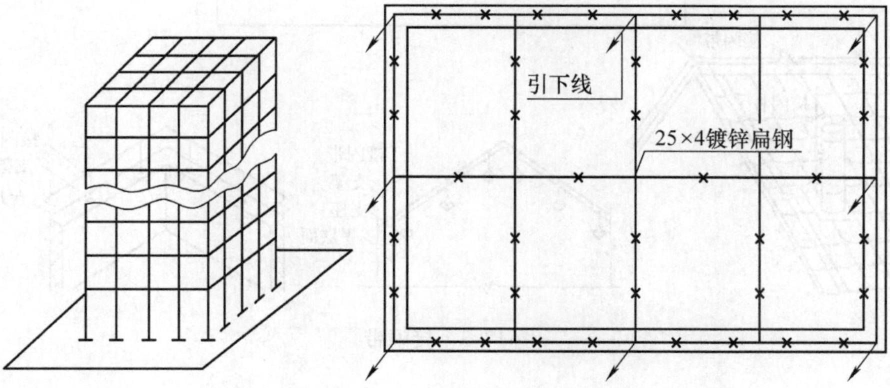


图 17-2　立体金属笼接闪网

接闪带应沿屋角、屋脊、屋檐和檐角等易受雷击的部位敷设，如图 17-3 所示。

接闪杆采用热镀锌圆钢或钢管制成时，其设置如图 17-4 所示。

金属屋面的建筑物宜利用其屋面作为接闪器。

屋顶上永久性金属物宜作为接闪器，但其各部件之间均应连成电气贯通。

**3. 引下线**

引下线的材料、结构和最小截面面积应按表 17-4 所示的规定取值。

明敷引下线固定支架的间距不宜大于表 17-5 所示的规定。

引下线宜采用热镀锌圆钢或扁钢，宜优先采用圆钢。

当独立烟囱上的引下线采用圆钢时，其直径不应小于 12mm；采用扁钢时，其截面面积不应小于 $100mm^2$，厚度不应小于 4mm。

专设引下线应沿建筑物外墙外表面明敷，并应经最短路径接地；建筑外观要求较高时可暗敷，但其圆钢直径不应小于 10mm，扁钢截面面积不应小于 $80mm^2$。

建筑物的钢梁、钢柱、消防梯等金属构件，以及幕墙的金属立柱宜作为引下线，但其各部件之间均应连成电气贯通，可采用铜锌合金焊、熔焊、卷边压接、缝接、螺钉或螺栓连接，其截面应按表 17-4 所示的规定取值，各金属构件可覆有绝缘材料。

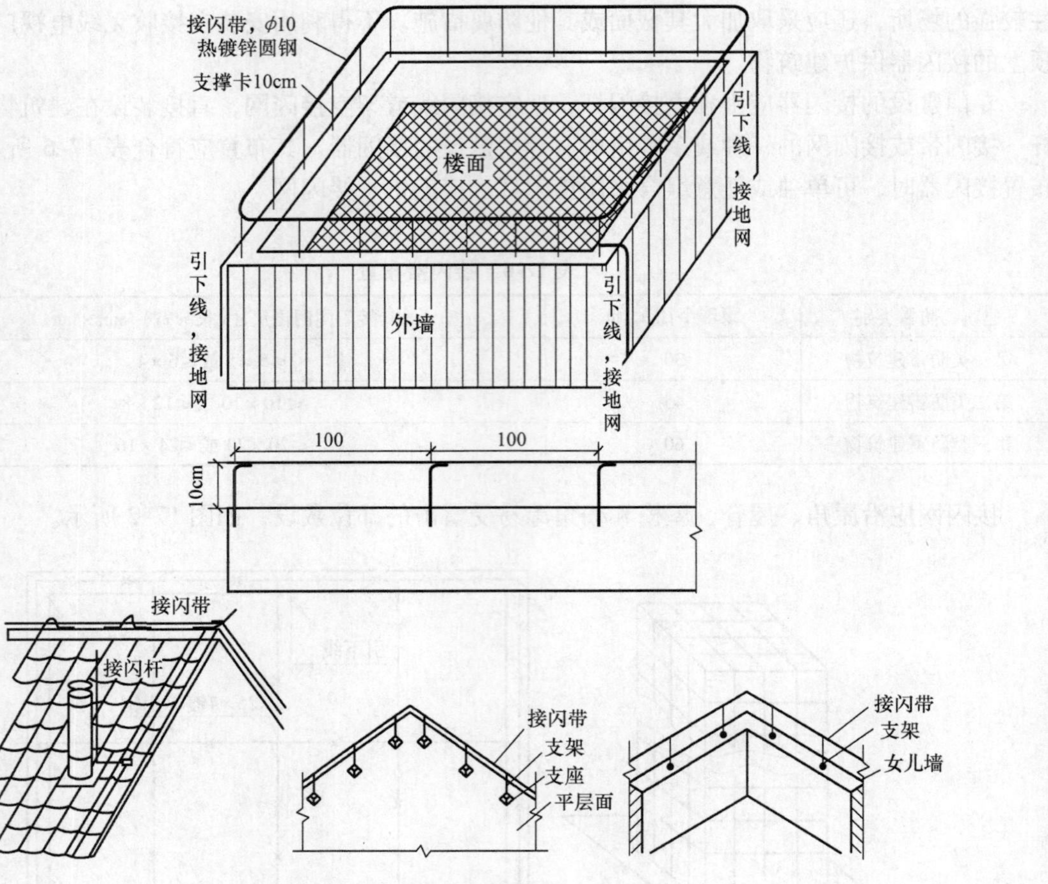


图 17-3 接闪带

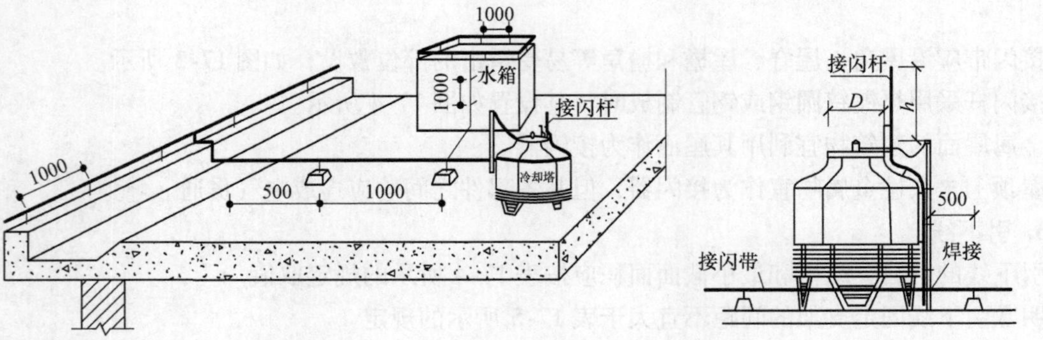


图 17-4 接闪杆的设置

当利用混凝土内钢筋、钢柱作为自然引下线并同时采用基础接地体时，可不设断接卡，但利用钢筋作为引下线时，应在室内外的适当地点设若干连接板。当仅利用钢筋作为引下线并采用埋于土壤中的人工接地体时，应在每根引下线上距地面不低于 0.3m 处设接地体连接板。采用埋于土壤中的人工接地体时应设断接卡，其上端应与连接板或钢柱焊接。连接板处宜有明显标志。

在易受机械损伤之处，地面上 1.7m 至地面下 0.3m 的一段接地线，应采用暗敷或采用镀锌角钢、改性塑料管或橡胶管等加以保护。

第二类防雷建筑物或第三类防雷建筑物为钢结构或钢筋混凝土建筑物时，在其钢构件或钢筋之间的连接满足规定并利用其作为引下线的条件下，当其垂直支柱均起到引下线的作用时，可不要求满足专设引下线之间的间距。

专设引下线应沿建筑物外墙外表面明敷，并应经最短路径接地；建筑外观要求较高时可暗敷，但其圆钢直径不应小于 10mm，扁钢截面面积不应小于 $80mm^2$。

防直击雷的专设引下线距出入口或人行道边沿不宜小于 3m。

采用多根专设引下线时，应在各引下线上距地面 0.3 ~ 1.8m 处装设断接卡，如图 17-5 所示。

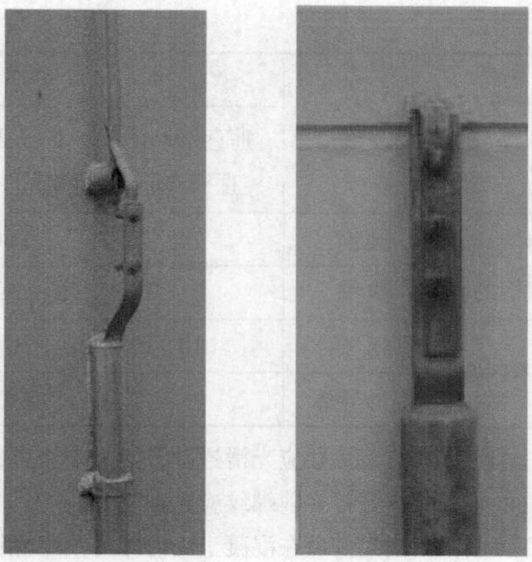

a)　　b)

图 17-5　断接卡
a）明敷　b）暗敷

**4. 接地装置**

接地体的材料、结构和最小尺寸应符合表 17-7 所示的规定。利用建筑构件内钢筋作为接地装置应符合相关的规定。

**表 17-7　接地体的材料、结构和最小尺寸**

| 材料 | 结构 | 最小尺寸 | | | 备注 |
|---|---|---|---|---|---|
| | | 垂直接地体直径/mm | 水平接地体面积/$mm^2$ | 接地板（长×宽）/mm×mm | |
| 铜、镀锡铜 | 铜绞线 | — | 50 | — | 每股直径 1.7mm |
| | 单根圆铜 | 15 | 50 | — | — |
| | 单根扁铜 | — | 50 | — | 厚度 2mm |
| | 铜管 | 20 | — | — | 壁厚 2mm |
| | 整块铜板 | — | — | 500×500 | 厚度 2mm |
| | 网格铜板 | — | — | 600×600 | 各网格边截面 25mm×2mm，网格边总长度不小于 4.8m |
| 热镀锌钢 | 圆钢 | 14 | 78 | — | — |
| | 钢管 | 20 | — | — | 壁厚 2mm |
| | 扁钢 | — | 90 | — | 厚度 3mm |
| | 钢板 | — | — | 500×500 | 厚度 3mm |
| | 网格钢板 | — | — | 600×600 | 各网格边截面 30mm×3mm，网格边总长度不小于 4.8m |
| | 型钢① | — | — | — | |
| 裸钢 | 钢绞线 | — | 70 | — | 每股直径 1.7mm |
| | 圆钢 | — | 78 | — | — |
| | 扁钢 | — | 75 | — | 厚度 3mm |

（续）

| 材料 | 结构 | 最小尺寸 | | | 备注 |
|---|---|---|---|---|---|
| | | 垂直接地体直径/mm | 水平接地体面积/$mm^2$ | 接地板（长×宽）/mm×mm | |
| 外表面镀铜的钢 | 圆钢 | 14 | 50 | — | 镀铜厚度至少250μm，铜纯度99.9% |
| | 扁钢 | — | 90（厚3mm） | — | |
| 不锈钢 | 圆形导体 | 15 | 78 | — | |
| | 扁形导体 | — | 100 | — | 厚度2mm |

注：1. 热镀锌层应光滑连贯，无焊剂斑点，镀锌层圆钢至少22.7g/$m^2$，扁钢至少32.4g/$m^2$。

2. 热镀锌之前螺纹应先加工好。

3. 当完全埋在混凝土中时才可采用裸钢。

4. 外表面镀铜的钢，铜应与钢结合良好。

5. 不锈钢中，铬的质量分数大于或等于16%，镍的质量分数大于或等于5%，钼的质量分数大于或等于2%，碳的质量分数小于或等于0.08%。

6. 截面面积允许误差为-3%。

① 不同截面的型钢，其截面不小于290$mm^2$，最小厚度3mm，可采用50mm×50mm×3mm角钢。

在符合表17-2所示的规定的条件下，埋于土壤中的人工垂直接地体宜采用热镀锌角钢、钢管或圆钢；埋于土壤中的人工水平接地体宜采用热镀锌扁钢或圆钢。

接地线应与水平接地体的截面相同。

人工钢制垂直接地体的长度宜为2.5m。其间距以及人工水平接地体的间距均宜为5m，当受地方限制时可适当减小。

人工接地体在土壤中的埋设深度不应小于0.5m，并宜敷设在当地冻土层以下，其距墙或基础不宜小于1m。接地体宜远离由于烧窑、烟道等高温影响使土壤电阻率升高的地方。

在敷设于土壤中的接地体连接到混凝土基础内起基础接地体作用的钢筋或钢材的情况下，土壤中的接地体宜采用铜制或镀铜或不锈钢导体。

在高土壤电阻率的场地，降低防直击雷冲击接地电阻宜采用下列方法：

1）采用多支线外引接地装置，外引长度不应大于有效长度。

2）接地体埋于较深的低电阻率土壤中。

3）换土。

4）采用降阻剂。

防直击雷的专设引下线距出入口或人行道边沿不宜小于3m。

接地装置埋在土壤中的部分，其连接宜采用放热焊接；当采用通常的焊接方法时，应在焊接处做防腐处理。

## 17.1.5 雷电防护措施

### 1. 建筑物防雷区域的划分

防雷区的划分应符合下列规定：

1）本区内的各物体都可能遭到直接雷击并导走全部雷电流，以及本区内的雷击电磁场强度没有衰减时，应划分为LPZ0A区。

2）本区内的各物体不可能遭到大于所选滚球半径对应的雷电流直接雷击，以及本区内的雷击电磁场强度仍没有衰减时，应划分为LPZ0B区。

3）本区内的各物体不可能遭到直接雷击，且由于在界面处的分流，流经各导体的电涌电流比 LPZ0B 区内的更小，以及本区内的雷击电磁场强度可能衰减，衰减程度取决于屏蔽措施时，应划分为 LPZ1 区。

4）需要进一步减小流入的电涌电流和雷击电磁场强度时，增设的后续防雷区应划分为 LPZ2、LPZ3、…、LPZ*n* 后续防雷区。

建筑物防雷区域的划分如图 17-6 所示。

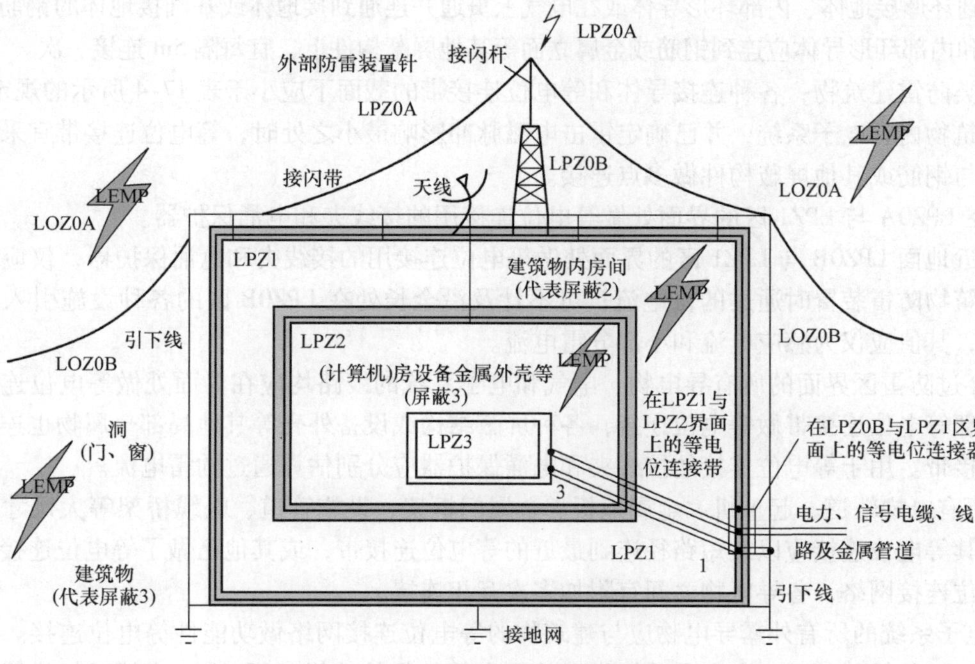


图 17-6 建筑物防雷区域的划分

安装磁场屏蔽后续防雷区、安装协调配合好的多组电涌保护器，宜按需要保护的设备数量、类型和耐压水平及其所要求的磁场环境选择。

在两个防雷区的界面上宜将所有通过界面的金属物做等电位连接。当线路能承受所发生的电涌电压时，电涌保护器可安装在被保护设备处，而线路的金属保护层或屏蔽层宜首先于界面处做一次等电位连接。

LPZ0A 与 LPZ0 区之间无实物界面。

**2. 屏蔽、接地和等电位连接的要求**

屏蔽、接地和等电位连接的要求宜联合采取下列措施：

1）所有与建筑物组合在一起的大尺寸金属件都应等电位连接在一起，并应与防雷装置相连。但第一类防雷建筑物的独立接闪器及其接地装置除外。

2）在需要保护的空间内，采用屏蔽电缆时其屏蔽层应至少在网端，并宜在防雷区交界处做等电位连接，系统要求只在一端做等电位连接时，应采用两层屏蔽或穿钢管敷设，外层屏蔽或钢管应至少在两端，并宜在防雷区交界处做等电位连接。

3）分开的建筑物之间的连接线路，若无屏蔽层，线路应敷设在金属管、金属格栅或钢筋成格栅形的混凝土管道内。金属管、金属格栅或钢筋格栅从一端到另一端应导电贯通，并应在两端分别连到建筑物的等电位连接带上；若有屏蔽层，屏蔽层的两端应连到建筑物的等电位连接带上。

4）对由金属物、金属框架或钢筋混凝土钢筋等自然构件构成的建筑物，或房间的格栅形大空间屏蔽，应将穿入大空间屏蔽的导电金属物就近与其做等电位连接。

穿过各防雷区界面的金属物和建筑物内系统，以及在一个防雷区内部的金属物和建筑物内系统，均应在界面处附近做符合下列要求的等电位连接：

1）所有进入建筑物的外来导电物均应在LPZ0A或LPZ0B与LPZ1区的界面处做等电位连接。当外来导电物、电气和电子系统的线路在不同地点进入建筑物时，宜设若干等电位连接带，并应将其就近连到环形接地体、内部环形导体或在电气上贯通并连通到接地体或基础接地体的钢筋上。环形接地体和内部环形导体应连到钢筋或金属立面等其他屏蔽构件上，宜每隔5m连接一次。

对各类防雷建筑物，各种连接导体和等电位连接带的截面不应小于表17-4所示的规定。

当建筑物内有电子系统，并已确定雷击电磁脉冲影响最小之处时，等电位连接带宜采用金属板，并应与钢筋或其他屏蔽构件做多点连接。

2）在LPZ0A与LPZ1区的界面处做等电位连接用的接线夹和电涌保护器。

在靠近地面LPZ0B与LPZ1区的界面处做等电位连接用的接线夹和电涌保护器，仅应确定闪电击中建筑物防雷装置时通过的雷电流；可不计及沿全长处在LPZ0B区的各种设施引入建筑物的雷电流，其值应仅为感应电流和小部分雷电流。

3）穿过防雷区界面的所有导电物、电气和电子系统的线路均应在界面处做等电位连接。宜采用一局部等电位连接带做等电位连接，各种屏蔽结构或设备外壳等其他局部金属物也连到局部等电位连接带。用于等电位连接的接线夹和电涌保护器应分别估算通过的雷电流。

4）所有电梯轨道、起重机、金属地板、金属门框架、设施管道、电缆桥架等大尺寸的内部导电物，其等电位连接应以最短路径连到最近的等电位连接带，或其他已做了等电位连接的金属物或等电位连接网络，各导电物之间宜附加多次互相连接。

5）电子系统的所有外露导电物应与建筑物的等电位连接网络做功能性等电位连接。电子系统不应设独立的接地装置。向电子系统供电的配电箱的保护地线（PE线）应就近与建筑物的等电位连接网络做等电位连接。

6）当电子系统为300kHz以下的模拟线路时，可采用S型等电位连接，且所有设施管线和电缆宜从ERP处附近进入该电子系统。

## 17.2 建筑物的接地系统

### 17.2.1 系统接地的型式

系统接地型式以英文字母作为代号，其意义为：

第一个字母表示电源端与地的关系：

T——电源端有一点直接接地；

I——电源端所有带电部分不接地或有一点通过阻抗接地。

第二个字母表示电气装置的外露可导电部分与地的关系：

T——电气装置的外露可导电部分直接接地，此接地点在电气上独立于电源端的接地点；

N——电气装置的外露可导电部分与电源端接地点有直接电气连接。

半字线（-）后的字母用来表示中性导体与保护导体的组合情况：

S——中性导体和保护导体是分开的；

C——中性导体和保护导体是合一的。

系统接地有下述几种型式：

**1. TN 系统**

电源端有一点直接接地，电气装置的外露可导电部分通过保护中性导体或保护导体连接到此接地点。

根据中性导体和保护导体的组合情况，TN 系统的型式有以下三种：

（1）TN-S 系统　整个系统的中性导体和保护导体是分开的，如图 17-7 所示。

（2）TN-C 系统　整个系统的中性导体和保护导体是合一的，如图 17-8 所示。

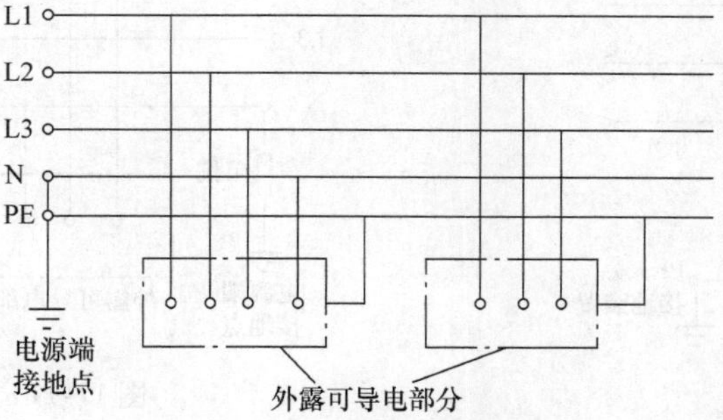


图 17-7　TN-S 系统

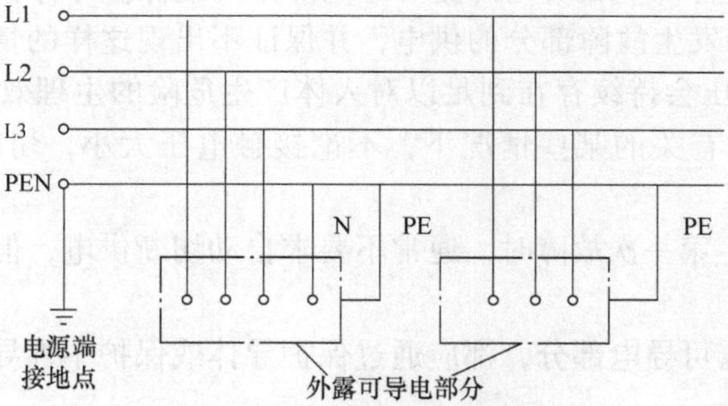


图 17-8　TN-C 系统

（3）TN-C-S 系统　系统中一部分线路的中性导体和保护导体是合一的，如图 17-9 所示。

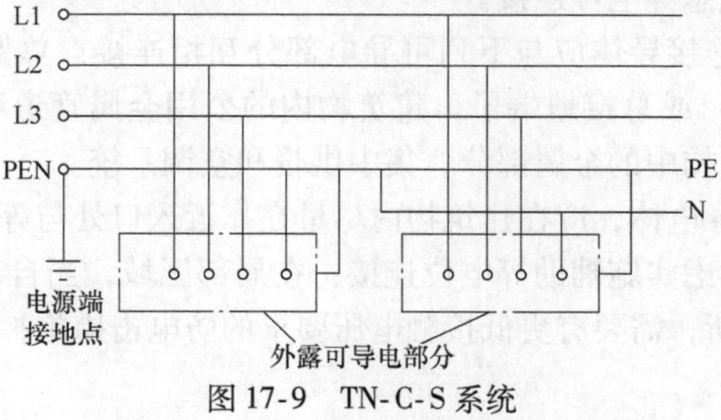


图 17-9　TN-C-S 系统

**2. TT 系统**

电源端有一点直接接地，电气装置的外露可导电部分直接接地，此接地点在电气上独立于电源端的接地点，如图 17-10 所示。

**3. IT 系统**

电源端的带电部分不接地或有一点通过阻抗接地，电气装置的外露可导电部分直接接地，如图17-11所示。

### 17.2.2 对系统接地的安全技术要求

**1. 基本要求**

1）系统接地为采用自动切断供电这一间接接触防护措施提供了必要的条件。为保证自动切断供电措施的可靠和有效，要求做到：

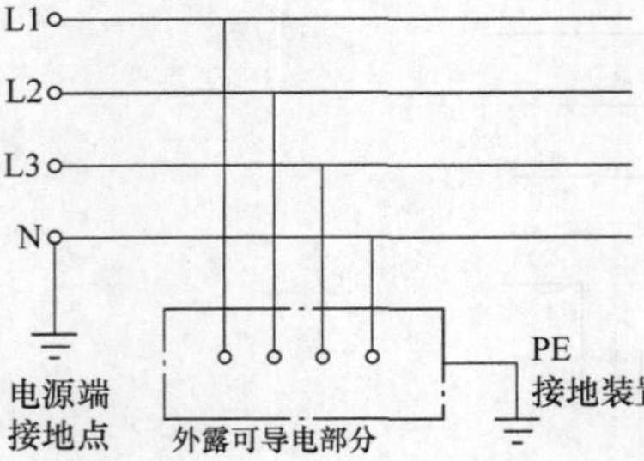


图 17-10 TT 系统

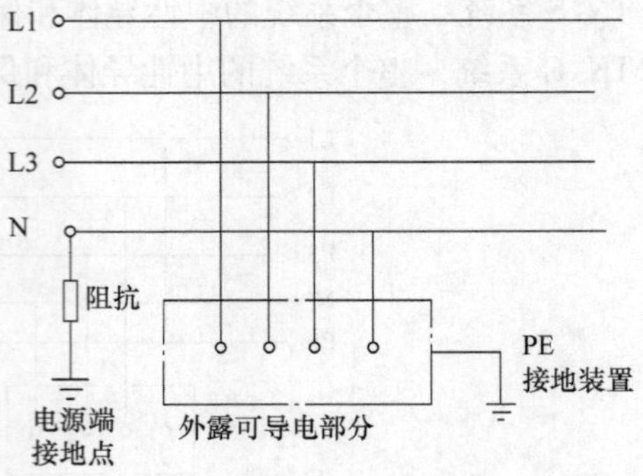


图 17-11 IT 系统

① 当电气装置中发生了带电部分与外露可导电部分（或保护导体）之间的故障时，所配置的保护电器应能自动切断发生故障部分的供电，并保证不出现这样的情况：一个超过交流 50V（有效值）的预期接触电压会持续存在到足以对人体产生危险的生理效应（在人体一旦触及它时）。在与系统接地型式有关的某些情况下，不论接触电压大小，切断时间允许放宽到不超过 5s。

对于 IT 系统，在发生第一次故障时，通常不要求自动切断供电，但必须由绝缘监视装置发出警告信号。

② 电气装置中的外露可导电部分，都应通过保护导体或保护中性导体与接地极相连接，以保证故障回路的形成。

凡可被人体同时触及的外露可导电部分，应连接到同一接地系统。

2）系统中应尽量实施总等电位连接。

建筑物内的总等电位连接导体应与下列可导电部分互相连接：总保护导体（保护线干线），总接地导体（接地线干线）或总接地端子，建筑物内的公用金属管道和类似金属构件（如自来水管、煤气管等），建筑结构中的金属部分、集中供暖和空调系统。

来自建筑物外面的可导电体，应在建筑物内尽量在靠近入口处与等电位连接导体连接。

3）在如下情况下应考虑实施辅助等电位连接：在局部区域，当自动切断供电的时间不能满足防电击要求；在特定场所，需要有更低接触电压要求的防电击措施；具有防雷和信息系统抗干扰要求。

辅助等电位连接导体应与区域内的下列可导电部分互相连接：固定设备的所有能同时触及的外露可导电部分，保护导体（包括设备的和插座内的），电气装置外的可导电部分（如果可行，还应包括钢筋混凝土结构的主钢筋）。

4）有必要时，分级安装剩余电流保护装置和火灾监控系统。

5）不得在保护导体回路中装设保护电器和开关，但允许设置只有用工具才能断开的连接点。

6）严禁将煤气管道、金属构件（如金属水管）用作保护导体。

7）电气装置的外露可导电部分不得用作保护导体的串联过渡接点。

8）保护导体必须有足够的截面，其最小截面应符合 GB 16895.3—2004《建筑物电气装置 第5－54部分：电气设备的选择和安装 接地配置、保护导体和保护联结导体》中543.1的规定。

9）连接保护导体（或PEN导体）时，必须保证良好的电气连续性。遇有铜导体与铝导体相连接和铝导体与铝导体相连接时，更应采取有效措施（如使用专门连接器）防止发生接触不良等故障。

**2. TN系统安全技术要求**

1）系统中所装设的保护电器的特性和回路的阻抗应满足下式所表达的条件，以保证在电气装置内的任何地方发生相导体与保护导体（或外露可导电部分）之间的阻抗可以忽略不计的故障时，保护电器能在规定的时间内切断其供电。

$$Z_s I_a \leqslant U_0$$

式中 $Z_s$——故障回路的阻抗（Ω）；

$I_a$——保证保护电器在规定的时间内自动动作切断供电的电流（A）；

$U_0$—对地标称电压（V）。

与 $I_a$ 有关的切断供电时间是指对于通过插座供电的末端回路或不用插座而直接向Ⅰ类手持式设备（或运行时需用手移动的设备）供电的末端回路为不超过0.4s；对于配电回路或只给固定设备供电的末端回路，为不超过5s。

2）TN系统主要由过电流保护电器提供电击防护。如果使用过电流保护电器不能满足要求时，则应采用总等电位连接或辅助等电位连接措施，也可增设剩余电流动作保护装置，或采用等电位连接措施和增设剩余电流动作保护装置等间接接触防护措施来满足要求。

TN-C系统中不能装设剩余电流动作保护装置，若必须装设时，应将系统接地的型式由TN-C改装成TN-C-S或形成局部的TT系统。

3）TN-C及TN-C-S系统中的PEN导体应满足以下要求：

① 必须按可能遭受的最高电压设置绝缘；成套开关设备和控制设备内部的PEN导体可以不这样要求。

② 电气装置外的可导电部分，不得用来替代PEN导体。

③ TN-C-S系统中的PEN导体从某点起分为中性导体和保护导体后，就不允许再合并或相互接触。

在分开点，保护导体和中性导体必须各自设有端子或母线，PEN导体必须接在供保护导体用的端子或母线上。

4）系统中的PEN导体（或保护导体）应在建筑物的入口处进行重复接地，若遇有方便接地之处，也应尽可能与地连接。

**3. TT系统安全技术要求**

1）系统中所装设的用于间接接触防护的保护电器的特性和电气装置外露可导电部分与大地间的电阻值应满足下式要求，即

$$R_A I_a \leqslant 50\text{V}$$

式中 $R_A$——电气装置的外露可导电部分与大地间的电阻（Ω）；

$I_a$——在系统出现接地故障时保证保护电器能自动动作的电流（A）。

当保护电器为剩余电流动作保护装置时，式中的 $I_a$ 为额定剩余电流动作电流 $I_{\Delta n}$；当保护电器为过电流保护电器时，$I_a$ 为下述两者之一：

① 对具有反时限特性的保护电器，为保证电器在5s内自动动作的电流。

② 对具有瞬时跳闸特性的保护电器，为保证瞬时跳闸的最小电流。

2）系统一般宜采用剩余电流动作保护装置作为电击保护，只有在上式中的 $R_A$ 值非常小的条件下，才有可能以过电流保护电器兼作电击保护。

装设剩余电流动作保护装置后，被保护设备的外露可导电部分仍必须与接地系统相连接。

**4. IT 系统安全技术要求**

系统发生相导体与外露可导电部分（或地）之间的第一次阻抗可以忽略的故障时，如果电阻值能满足下式，则不一定需要切断供电。

$$R_A I_d \leqslant 50\text{V}$$

式中 $R_A$——电气装置的外露可导电部分与大地间的电阻（Ω）；

$I_d$——相导体与外露可导电部分之间出现阻抗可以忽略的第一次故障时的电流（A）。

$I_d$ 值要计及泄漏电流和电气装置总对地阻抗。

1）为了在尽可能短的时间内发现并进而消除相导体与外露可导电部分（或地）之间的第一次故障，系统中必须装设能发出声或光信号的绝缘监视装置。

2）针对第二次接地故障而采取的自动切断供电的防护措施，其保护条件取决于电气装置的外露可导电部分的接地方式，在外露可导电部分单独地或成组地与电气上独立的接地极相连接的情况下，其保护条件可采用 TT 系统。

## 17.2.3 接地配置

接地配置、保护导体和保护联结导体如图 17-12 所示。

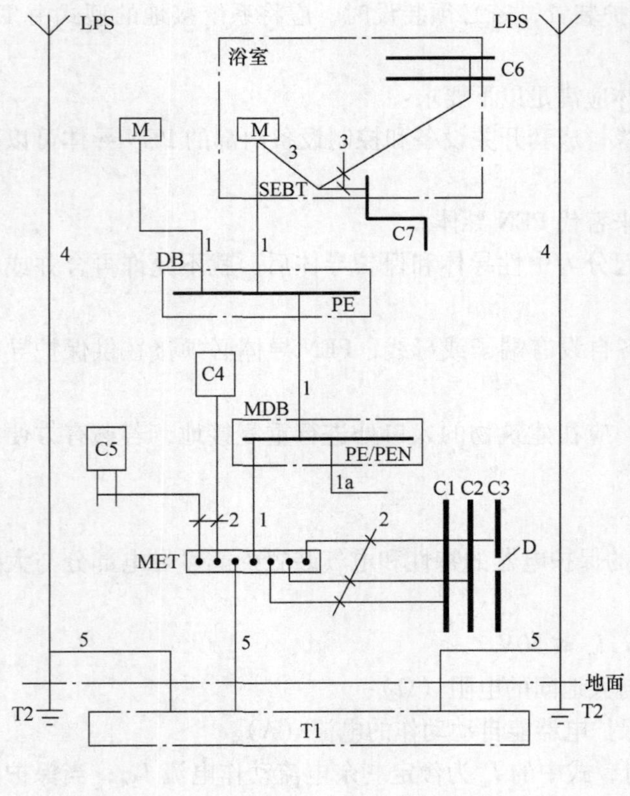


| | |
|---|---|
| C | 外界可导电部分 |
| C1 | 水管，引入的金属管 |
| C2 | 排水管，引入的金属管 |
| C3 | 插入绝缘段的燃气管，引入的金属管 |
| C4 | 空调 |
| C5 | 供暖系统 |
| C6 | 水管，如浴室里的金属水管 |
| C7 | 排水管，如浴室里的金属水管 |
| D | 插入绝缘段 |
| MDB | 总配电盘 |
| DB | 配电盘 |
| MET | 总接地端子 |
| SEBT | 辅助等电位联结端子 |
| T1 | 埋入混凝土基础内接地板或埋入土壤基础内接地板 |
| T2 | 可能安装的防雷装置的接地极 |
| LPS | 可能安装的防雷装置 |
| PE | 配电盘内的PE端子(排) |
| PE/PEN | 总配电盘内的PE/PEN端子(排) |
| M | 外露可导电部分 |
| 1 | 保护接地导体(PE) |
| 1a | 如适用，来自供电网络的保护接地导体或PEN导体 |
| 2 | 连接到总接地端子的保护联结导体 |
| 3 | 辅助联结的保护联结导体 |
| 4 | 如适用，防雷装置引下线 |
| 5 | 接地导体 |

图 17-12 接地配置、保护导体和保护联结导体

**1. 接地极**

对接地极的材料和尺寸的选择，应使其耐腐蚀又具有适当的机械强度。

从腐蚀和机械强度考虑，埋入土壤中常用材料接地极的最小尺寸见表 17-8。

**表 17-8 考虑腐蚀和机械强度，对于埋入土壤中常用材料接地极的最小尺寸**

| 材料 | 表面 | 形状 | 最小尺寸 | | | | |
|---|---|---|---|---|---|---|---|
| | | | 直径/mm | 截面面积/$mm^2$ | 厚度/mm | 镀层/护套的厚度/μm | |
| | | | | | | 单个值 | 平均值 |
| 钢 | 热浸锌①或不锈钢①② | 带状③ | | 90 | 3 | 63 | 70 |
| | | 型材 | | 90 | 3 | 63 | 70 |
| | | 深埋接地极用的圆棒 | 16 | | | 63 | 70 |
| | | 浅埋接地极用的圆线⑦ | 10 | | | | 50⑤ |
| | | 管状 | 25 | | 2 | 47 | 55 |
| | 铜护套 | 深埋接地极用的圆棒 | 15 | | | 2000 | |
| | 电镀铜护层 | 深埋接地极用的圆棒 | 14 | | | 90 | 100 |
| 铜 | 裸露 | 带状 | | 50 | 2 | | |
| | | 浅埋接地极用的圆线⑦ | | 25⑥ | | | |
| | | 绞线 | 每根 1.8 | 25 | | | |
| | | 管状 | 20 | | 2 | | |
| | 镀锡 | 绞线 | 每根 1.8 | 25 | | 1 | 5 |
| | 镀锌 | 带状④ | | 50 | 2 | 20 | 40 |

① 也能用作埋在混凝土中的电极。

② 不加镀层。

③ 例如，带圆边的轧制的带状或切割的带状。

④ 带圆边的带状。

⑤ 在目前技术条件下，连续浸镀仅能镀 50μm 厚。

⑥ 如果有经验，在腐蚀性和机械损伤极低的场所，可采用 $16mm^2$ 的圆线。

⑦ 当埋设深度不超过 0.5m 时，被认为是浅埋电极。

任何一种接地极，其功效取决于当地的土壤条件。应根据土壤条件和所要求的接地电阻值，选择一个或多个接地极。

可采用的接地极举例如下：嵌入地基的地下金属结构网（基础接地），金属板；埋在地下混凝土（预应力混凝土除外）中的钢筋，金属棒或管子，金属带或线，根据当地条件或要求所设电缆的金属护套和其他金属护层，根据当地条件或要求所设置的其他适用的地下金属网。

在选择接地极类型和确定其埋地深度时，应考虑当地的条件和相关规定，以防止在土壤干燥和冻结的情况下，接地极的接地电阻增加到有损电击防护措施的程度。

应注意在接地配置中采用不同材料时的电解腐蚀问题。用于输送可燃液体或气体的金属管道，不应用作接地极。

**2. 接地导体**

对于埋入土壤里的接地导体，其截面面积应按表 17-9 所示确定。

表 17-9 埋在土壤中的接地导体的最小截面面积

| 保护 | 有防机械损伤保护 | 无防机械损伤保护 |
|---|---|---|
| 有防腐蚀保护 | 铜：2.5$mm^2$；铁：10$mm^2$ | 铜：16$mm^2$；铁：16$mm^2$ |
| 无防腐蚀保护 | 铜：25$mm^2$；铁：50$mm^2$ | |

接地导体与接地极的连接应牢固，且有良好的导电性能。这种连接应采用铝热焊、压接器、夹具或其他机械连接器。机械接头应按厂家的说明书安装。若采用夹具，则不得损伤接地极或接地导体。

仅靠锡焊连接的连接件或固定件，不能提供可靠的机械强度。

**3. 总接地端子**

在采用保护联结的每个装置中都应配置有总接地端子，并应将下列导体与其连接：保护联结导体，接地导体，保护导体，功能接地导体（若相关）。

当保护导体已通过其他保护导体与总接地端子连接时，则不需要把每根保护导体直接接到总接地端子上。建筑物的总接地端子，通常可用于功能接地的目的。对信息技术而言，它被认作是接至接地极网络的连接点。

接到总接地端子上的每根导体，都应能被单独地拆开。这种连接应当牢固可靠，而且只是用工具才能拆开。拆开方法可与总接地端子的设置统一考虑，以便于接地电阻的测量。

## 17.2.4 保护导体

**1. 最小截面面积**

每根保护导体的截面面积都应满足关于自动切断电源所要求的条件，而且能承受预期的故障电流。保护导体的截面面积可按计算，也可按表 17-10 所示进行选定。连接保护导体的端子尺寸，应能容纳按本条所规定尺寸的导体。

表 17-10 保护导体的最小截面面积

| 相导体截面面积 $S/mm^2$ | 相应保护导体的最小截面面积/$mm^2$ | |
|---|---|---|
| | 保护导体与相导体使用相同材料 | 保护导体与相导体使用不同材料 |
| $S\leqslant16$ | $S$ | $\frac{k_1}{k_2}S$ |
| $16<S\leqslant35$ | 16① | $\frac{k_1}{k_2}16$ |
| $S>35$ | $\frac{S}{2}$ | $\frac{k_1}{k_2}\frac{S}{2}$ |

注：1. $k_1$ 是相导体的 $k$ 值，它是根据导体和绝缘的材料选取的。$K$ 是由保护导体、绝缘和其他部分的材料以及初始和最终温度决定的系数。

2. $k_2$ 是保护导体的 $k$ 值，由相应参数选择的。

① 对于 PEN 导体，其截面面积仅在符合中性导体尺寸确定原则的问题下，才允许减小。

不属于电缆的一部分或不与相导体共处于同一外护物之内的每根保护导体，其截面面积不应小于相述相应尺寸：有防机械损伤保护，则铜为 2.5$mm^2$，铝为 16$mm^2$；没有防机械损伤保护，则铜为 4$mm^2$，铝为 16$mm^2$。

**2. 保护导体类型**

保护导体由下列一种或多种导体组成：多芯电缆中的导体；与带电导体共用的外护物（绝缘的或裸露的导体）；固定安装的裸露的或绝缘的导体；符合规定条件的金属电缆护套、电缆屏蔽层、电缆铠装、金属编织物、同心导体、金属导管。

如果装置中包括带金属外护物的设备，例如低压开关设备、控制设备或母线槽系统，若其金属外护物或框架同时满足以下三项要求，则可用作保护导体：

1）应能利用结构或适当的连接，使对机械、化学或电化学损伤的防护性能得到保证，从而保证它们的电气连续性。

2）它们应符合最小截面面积的要求。

3）在每个预留的分接点上，应允许与其他保护导体连接。

下列金属部分不允许用作保护导体或保护联结导体：金属水管，含有可燃性气体或液体的金属管道；正常使用中承受机械应力的结构部分，柔性或可弯曲金属导管（用于保护接地或保护联结目的而特别设计的除外），柔性金属部件，支撑线。

**3. 保护导体的电气连续性**

保护导体对机械伤害、化学或电化学损伤、电动力和热动力等应具有适当的防护性能。

为便于检验和测试，除如下所列各项外，保护导体的接头都应是可接近的：填充复合填充物的接头；封装的接头；在金属导管内和槽盒内的接头；按设备标准，已成为设备的一部分的接头。

在保护导体内，不应串入开关器件。但为了便于测试，可设置能用工具拆开的接头。在采用接地电气监测时，不应将专用器件（如动作传感器、线圈）串接在保护导体中。器具的外露可导电部分不应用于构成其他设备保护导体的一部分。

**4. PEN 导体**

PEN 导体只能在固定的电气装置中采用，而且考虑到机械强度原因，其截面面积不应小于 $10mm^2$（铜）或 $16mm^2$（铝）。

PEN 导体应按它可能遭受的最高电压加以绝缘。

如果从装置的任一点起，中性导体和保护导体分别采用单独的导体，则不允许将该中性导体再连接到装置的任何其他接地部分（如由 PEN 导体分接出的保护导体）。然而，允许由 PEN 导体分接出的保护导体和中性导体都超过一根以上。对保护导体和中性导体，可分别设置单独的端子或母线。在这种情况下，PEN 导体应接到为保护导体预设的端子或母线上。

外部可导电部分不应用作 PEN 导体。

**5. 保护和功能共用接地**

保护和功能共用接地用途的导体，应满足有关保护导体的要求，它也应符合相关的功能要求。

对于信息技术电源的直流回路的 PEL 或 PEM 导体，也可用作功能接地和保护接地两种共用功能的导体。

外部可导电部分不应用作 PEL 和 PEM 导体。

**6. 保护导体的配置**

当过电流保护器用作电击防护时，保护导体应合并到与带电导体同一布线系统中，或设置在靠它们最近的地方。

**7. 保护导体电流超过 10mA 的加强型保护导体**

对于预期用作永久性连接，且所用的保护导体电流又超过 10mA 的用电设备，应按下述要求设置加强型保护导体：对保护导体的全长应采用截面面积至少为 $10mm^2$ 的铜导体或 $16mm^2$ 的铝导体；或再用一根截面面积至少与用作间接接触防护所要求的保护导体相同，而且一直敷设到那样一点，该点保护导体的截面面积不小于 $10mm^2$（铜）或 $16mm^2$（铝）。这就要求该用电器具对第二根保护导体要设置单独的接线端子。

在中性和保护导体合用一根导体（PEN 导体），且该导体一直敷设至设备的端子上的 TN-C 系统中，则保护导体的电流可视为负荷电流。

通常具有大保护导体电流的用电设备与装有剩余电流保护电器的装置可能不兼容。

## 17.2.5 保护联结导体（等电位联结导体）

1）接到总接地端子的保护联结导体。对于总等电位联结的保护联结导体和按要求接到总接地端子的保护联结导体，其截面面积都不应小于 $6mm^2$（铜）、$16mm^2$（铝）、$50mm^2$（钢）。

2）用作辅助连接的保护联结导体。连接两个外露可导电部分的保护联结导体，其电导不应小于接到外露可导电部分的较小的保护导体的电导。

连接外露可导电部分和外部可导电部分的保护联结导体，其电导不应小于相应保护导体二分之一截面面积所具有的电导。

等电位连接线和接地母排应分别采用铜线和铜板，如图 17-13 所示。

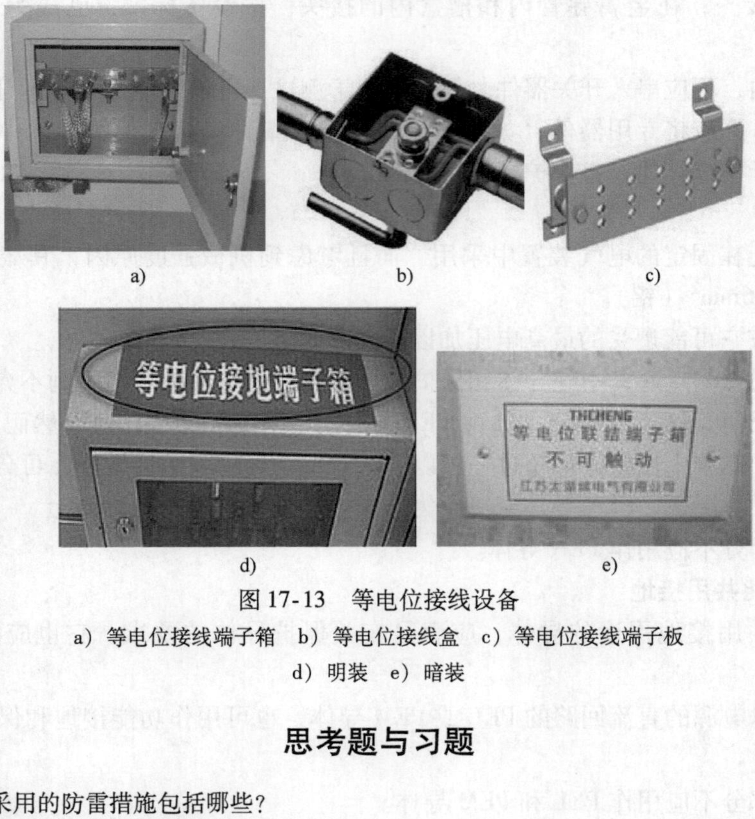


图 17-13 等电位接线设备

a）等电位接线端子箱 b）等电位接线盒 c）等电位接线端子板

d）明装 e）暗装

## 思考题与习题

1. 建筑物通常采用的防雷措施包括哪些？
2. 第一类防雷建筑物有哪些防雷措施？
3. 接闪杆有哪些规格？
4. 引下线有哪些规格？
5. 系统接地的型式有哪些？
6. 对接地装置有何要求？
7. 保护导体的配置有何要求？

# 附　　录

## 附录 A　给水钢管(水煤气管)水力计算表

(单位:流量 $q_g$ 为 L/s、管径 $DN$ 为 mm、流速 $v$ 为 m/s、单位管长的压力损失 $i$ 为 kPa/m)

| $q_g$ | DN15 | | DN20 | | DN25 | | DN32 | | DN40 | | DN50 | | DN60 | | DN80 | | DN100 | |
|---|---|---|---|---|---|---|---|---|---|---|---|---|---|---|---|---|---|---|
| | $v$ | $i$ | $v$ | $i$ | $v$ | $i$ | $v$ | $i$ | $v$ | $i$ | $v$ | $i$ | $v$ | $i$ | $v$ | $i$ | $v$ | $i$ |
| 0.05 | 0.29 | 0.284 | | | | | | | | | | | | | | | | |
| 0.07 | 0.41 | 0.518 | 0.22 | 0.111 | | | | | | | | | | | | | | |
| 0.10 | 0.58 | 0.985 | 0.31 | 0.208 | | | | | | | | | | | | | | |
| 0.12 | 0.70 | 1.37 | 0.37 | 0.288 | 0.23 | 0.086 | | | | | | | | | | | | |
| 0.14 | 0.82 | 1.82 | 0.43 | 0.380 | 0.26 | 0.113 | | | | | | | | | | | | |
| 0.16 | 0.94 | 2.34 | 0.50 | 0.485 | 0.30 | 0.143 | | | | | | | | | | | | |
| 0.18 | 1.05 | 2.91 | 0.56 | 0.601 | 0.34 | 0.176 | | | | | | | | | | | | |
| 0.20 | 1.17 | 3.54 | 0.62 | 0.72 | 0.38 | 0.213 | 0.21 | 0.05 | | | | | | | | | | |
| 0.25 | 1.46 | 5.51 | 0.78 | 1.09 | 0.47 | 0.318 | 0.26 | 0.07 | 0.20 | 0.03 | | | | | | | | |
| 0.30 | 1.76 | 7.93 | 0.93 | 1.53 | 0.56 | 0.442 | 0.32 | 0.10 | 0.24 | 0.05 | | | | | | | | |
| 0.35 | | | 1.09 | 2.04 | 0.66 | 0.586 | 0.37 | 0.141 | 0.28 | 0.08 | | | | | | | | |
| 0.40 | | | 1.24 | 2.63 | 0.75 | 0.748 | 0.42 | 0.17 | 0.32 | 0.08 | | | | | | | | |
| 0.45 | | | 1.40 | 3.33 | 0.85 | 0.932 | 0.47 | 0.22 | 0.36 | 0.11 | 0.21 | 0.031 | | | | | | |
| 0.50 | | | 1.55 | 4.11 | 0.94 | 1.13 | 0.53 | 0.26 | 0.40 | 0.13 | 0.23 | 0.037 | | | | | | |
| 0.55 | | | 1.71 | 4.97 | 1.04 | 1.35 | 0.58 | 0.31 | 0.44 | 0.15 | 0.26 | 0.044 | | | | | | |
| 0.60 | | | 1.86 | 5.91 | 1.13 | 1.59 | 0.63 | 0.37 | 0.48 | 0.18 | 0.28 | 0.051 | | | | | | |
| 0.65 | | | 2.02 | 6.94 | 1.22 | 1.85 | 0.68 | 0.43 | 0.52 | 0.21 | 0.31 | 0.059 | | | | | | |
| 0.70 | | | | | 1.32 | 2.14 | 0.74 | 0.49 | 0.56 | 0.24 | 0.33 | 0.068 | 0.20 | 0.020 | | | | |
| 0.75 | | | | | 1.41 | 2.46 | 0.79 | 0.56 | 0.60 | 0.28 | 0.35 | 0.077 | 0.21 | 0.023 | | | | |
| 0.80 | | | | | 1.51 | 2.79 | 0.84 | 0.63 | 0.64 | 0.31 | 0.38 | 0.085 | 0.23 | 0.025 | | | | |
| 0.85 | | | | | 1.60 | 3.16 | 0.86 | 0.70 | 0.68 | 0.35 | 0.40 | 0.096 | 0.24 | 0.028 | | | | |
| 0.90 | | | | | 1.69 | 3.54 | 0.95 | 0.78 | 0.72 | 0.39 | 0.42 | 0.107 | 0.25 | 0.0311 | | | | |
| 0.95 | | | | | 1.79 | 3.94 | 1.00 | 0.86 | 0.76 | 0.43 | 0.45 | 0.118 | 0.27 | 0.0342 | | | | |
| 1.00 | | | | | 1.88 | 4.37 | 1.05 | 0.95 | 0.80 | 0.47 | 0.47 | 0.129 | 0.28 | 0.0376 | 0.20 | 0.016 | | |
| 1.10 | | | | | 2.07 | 5.28 | 1.16 | 1.14 | 0.87 | 0.56 | 0.52 | 0.153 | 0.31 | 0.0444 | 0.22 | 0.019 | | |
| 1.20 | | | | | | | 1.27 | 1.35 | 0.95 | 0.66 | 0.56 | 0.180 | 0.34 | 0.0518 | 0.24 | 0.022 | | |
| 1.30 | | | | | | | 1.37 | 1.59 | 1.03 | 0.76 | 0.61 | 0.208 | 0.37 | 0.0599 | 0.26 | 0.026 | | |
| 1.40 | | | | | | | 1.48 | 1.84 | 1.11 | 0.88 | 0.66 | 0.237 | 0.40 | 0.0683 | 0.28 | 0.029 | | |
| 1.50 | | | | | | | 1.58 | 2.11 | 1.19 | 1.01 | 0.71 | 0.270 | 0.42 | 0.0772 | 0.30 | 0.033 | | |
| 1.60 | | | | | | | 1.69 | 2.40 | 1.27 | 1.14 | 0.75 | 0.304 | 0.45 | 0.0870 | 0.32 | 0.037 | | |
| 1.70 | | | | | | | 1.79 | 2.71 | 1.35 | 1.29 | 0.80 | 0.340 | 0.48 | 0.0969 | 0.34 | 0.041 | | |
| 1.80 | | | | | | | 1.90 | 3.04 | 1.43 | 1.44 | 0.85 | 0.378 | 0.51 | 0.107 | 0.36 | 0.046 | | |

（续）

| $q_g$ | DN15 | | DN20 | | DN25 | | DN32 | | DN40 | | DN50 | | DN60 | | DN80 | | DN100 | |
|---|---|---|---|---|---|---|---|---|---|---|---|---|---|---|---|---|---|---|
| | v | i | v | i | v | i | v | i | v | i | v | i | v | i | v | i | v | i |
| 1.90 | | | | | | | 2.00 | 3.39 | 1.51 | 1.61 | 0.89 | 0.418 | 0.54 | 0.119 | 0.38 | 0.051 | | |
| 2.0 | | | | | | | | | 1.59 | 1.78 | 0.94 | 0.460 | 0.57 | 0.130 | 0.40 | 0.056 | 0.23 | 0.014 |
| 2.2 | | | | | | | | | 1.75 | 2.16 | 1.04 | 0.549 | 0.62 | 0.155 | 0.44 | 0.066 | 0.25 | 0.017 |
| 2.4 | | | | | | | | | 1.91 | 2.56 | 1.13 | 0.645 | 0.68 | 0.182 | 0.48 | 0.077 | 0.28 | 0.020 |
| 2.6 | | | | | | | | | 2.07 | 3.01 | 1.22 | 0.749 | 0.74 | 0.210 | 0.52 | 0.090 | 0.30 | 0.023 |
| 2.8 | | | | | | | | | | | 1.32 | 0.869 | 0.79 | 0.241 | 0.56 | 0.103 | 0.32 | 0.026 |
| 3.0 | | | | | | | | | | | 1.41 | 0.998 | 0.85 | 0.274 | 0.60 | 0.117 | 0.35 | 0.029 |
| 3.5 | | | | | | | | | | | 1.65 | 1.36 | 0.99 | 0.365 | 0.70 | 0.155 | 0.40 | 0.039 |
| 4.0 | | | | | | | | | | | 1.88 | 1.77 | 1.13 | 0.468 | 0.81 | 0.198 | 0.46 | 0.050 |
| 4.5 | | | | | | | | | | | 2.12 | 2.24 | 1.28 | 0.586 | 0.91 | 0.246 | 0.52 | 0.062 |
| 5.0 | | | | | | | | | | | 2.35 | 2.77 | 1.42 | 0.723 | 1.01 | 0.30 | 0.58 | 0.074 |
| 5.5 | | | | | | | | | | | 2.59 | 3.35 | 1.56 | 0.875 | 1.11 | 0.358 | 0.63 | 0.089 |
| 6.0 | | | | | | | | | | | | | 1.70 | 1.04 | 1.21 | 0.421 | 0.69 | 0.105 |
| 6.5 | | | | | | | | | | | | | 1.84 | 1.22 | 1.31 | 0.494 | 0.75 | 0.121 |
| 7.0 | | | | | | | | | | | | | 1.99 | 1.42 | 1.41 | 0.573 | 0.81 | 0.139 |
| 7.5 | | | | | | | | | | | | | 2.13 | 1.63 | 1.51 | 0.657 | 0.87 | 0.158 |
| 8.0 | | | | | | | | | | | | | 2.27 | 1.85 | 1.61 | 0.748 | 0.92 | 0.178 |
| 8.5 | | | | | | | | | | | | | 2.41 | 2.09 | 1.71 | 0.844 | 0.98 | 0.199 |
| 9.0 | | | | | | | | | | | | | 2.55 | 2.34 | 1.81 | 0.946 | 1.04 | 0.221 |
| 9.5 | | | | | | | | | | | | | | | 1.91 | 1.05 | 1.10 | 0.245 |
| 10.0 | | | | | | | | | | | | | | | 2.01 | 1.17 | 1.15 | 0.269 |
| 10.5 | | | | | | | | | | | | | | | 2.11 | 1.29 | 1.21 | 0.295 |
| 11.0 | | | | | | | | | | | | | | | 2.21 | 1.41 | 1.27 | 0.324 |
| 11.5 | | | | | | | | | | | | | | | 2.32 | 1.55 | 1.33 | 0.354 |
| 12.0 | | | | | | | | | | | | | | | 2.42 | 1.68 | 1.39 | 0.385 |
| 12.5 | | | | | | | | | | | | | | | 2.52 | 1.83 | 1.44 | 0.418 |
| 13.0 | | | | | | | | | | | | | | | | | 1.50 | 0.452 |
| 14.0 | | | | | | | | | | | | | | | | | 1.62 | 0.524 |
| 15.0 | | | | | | | | | | | | | | | | | 1.73 | 0.602 |
| 16.0 | | | | | | | | | | | | | | | | | 1.85 | 0.685 |
| 17.0 | | | | | | | | | | | | | | | | | 1.96 | 0.773 |
| 18.0 | | | | | | | | | | | | | | | | | 2.31 | 1.07 |

# 附录 B 给水塑料管水力计算表

（单位：流量 $q_g$ 为 L/s、管径 $DN$ 为 mm、流速 $v$ 为 m/s、单位管长的压力损失 $i$ 为 kPa/m）

| $q_g$ | *DN*15 | | *DN*20 | | *DN*25 | | *DN*32 | | *DN*40 | | *DN*50 | | *DN*60 | | *DN*80 | | *DN*100 | |
|---|---|---|---|---|---|---|---|---|---|---|---|---|---|---|---|---|---|---|
| | $v$ | $i$ | $v$ | $i$ | $v$ | $i$ | $v$ | $i$ | $v$ | $i$ | $v$ | $i$ | $v$ | $i$ | $v$ | $i$ | $v$ | $i$ |
| 0.10 | 0.50 | 0.275 | 0.26 | 0.060 | | | | | | | | | | | | | | |
| 0.15 | 0.75 | 0.564 | 0.39 | 0.123 | 0.23 | 0.033 | | | | | | | | | | | | |
| 0.20 | 0.99 | 0.940 | 0.53 | 0.206 | 0.30 | 0.055 | 0.20 | 0.020 | | | | | | | | | | |
| 0.30 | 1.49 | 0.193 | 0.79 | 0.422 | 0.45 | 0.113 | 0.29 | 0.040 | | | | | | | | | | |
| 0.40 | 1.99 | 0.321 | 1.05 | 0.703 | 0.61 | 0.188 | 0.39 | 0.067 | 0.24 | 0.021 | | | | | | | | |
| 0.50 | 2.49 | 4.77 | 1.32 | 1.04 | 0.76 | 0.279 | 0.49 | 0.099 | 0.30 | 0.031 | | | | | | | | |
| 0.60 | 2.98 | 6.60 | 1.58 | 1.44 | 0.91 | 0.386 | 0.59 | 0.137 | 0.36 | 0.043 | 0.23 | 0.014 | | | | | | |
| 0.70 | | | 1.84 | 1.90 | 1.06 | 0.507 | 0.69 | 0.181 | 0.42 | 0.056 | 0.27 | 0.019 | | | | | | |
| 0.80 | | | 2.10 | 2.40 | 1.21 | 0.643 | 0.79 | 0.229 | 0.48 | 0.071 | 0.30 | 0.023 | | | | | | |
| 0.90 | | | 2.37 | 2.96 | 1.36 | 0.792 | 0.88 | 0.282 | 0.54 | 0.088 | 0.34 | 0.029 | 0.23 | 0.018 | | | | |
| 1.00 | | | | | 1.51 | 0.955 | 0.98 | 0.340 | 0.60 | 0.106 | 0.38 | 0.035 | 0.25 | 0.014 | | | | |
| 1.50 | | | | | 2.27 | 1.96 | 1.47 | 0.698 | 0.90 | 0.217 | 0.57 | 0.072 | 0.39 | 0.029 | 0.27 | 0.010 | | |
| 2.00 | | | | | | | 1.96 | 1.160 | 1.20 | 0.361 | 0.76 | 0.119 | 0.52 | 0.049 | 0.36 | 0.020 | 0.24 | 0.000 |
| 2.50 | | | | | | | 2.46 | 1.730 | 1.50 | 0.536 | 0.95 | 0.517 | 0.65 | 0.072 | 0.45 | 0.030 | 0.30 | 0.011 |
| 3.00 | | | | | | | | | 1.81 | 0.741 | 1.14 | 0.245 | 0.78 | 0.099 | 0.54 | 0.042 | 0.36 | 0.016 |
| 3.50 | | | | | | | | | 2.11 | 0.974 | 1.33 | 0.322 | 0.91 | 0.131 | 0.63 | 0.055 | 0.42 | 0.021 |
| 4.00 | | | | | | | | | 2.41 | 0.123 | 1.51 | 0.408 | 1.04 | 0.166 | 0.72 | 0.069 | 0.48 | 0.026 |
| 4.50 | | | | | | | | | 2.71 | 0.152 | 1.70 | 0.503 | 1.17 | 0.205 | 0.81 | 0.086 | 0.54 | 0.032 |
| 5.00 | | | | | | | | | | | 1.89 | 0.606 | 1.30 | 0.247 | 0.90 | 0.104 | 0.60 | 0.039 |
| 5.50 | | | | | | | | | | | 2.08 | 0.718 | 1.43 | 0.293 | 0.99 | 0.123 | 0.66 | 0.046 |
| 6.00 | | | | | | | | | | | 2.27 | 0.838 | 1.56 | 0.342 | 1.08 | 0.143 | 0.72 | 0.052 |
| 6.50 | | | | | | | | | | | | | 1.69 | 0.394 | 1.17 | 0.165 | 0.78 | 0.062 |
| 7.00 | | | | | | | | | | | | | 1.82 | 0.445 | 1.26 | 0.188 | 0.84 | 0.071 |
| 7.50 | | | | | | | | | | | | | 1.95 | 0.507 | 1.35 | 0.213 | 0.90 | 0.080 |
| 8.00 | | | | | | | | | | | | | 2.08 | 0.569 | 1.44 | 0.238 | 0.96 | 0.090 |
| 8.50 | | | | | | | | | | | | | 2.21 | 0.632 | 1.53 | 0.265 | 1.02 | 0.102 |
| 9.00 | | | | | | | | | | | | | 2.34 | 0.701 | 1.62 | 0.294 | 1.08 | 0.111 |
| 9.50 | | | | | | | | | | | | | 2.47 | 0.772 | 1.71 | 0.323 | 1.14 | 0.121 |
| 10.00 | | | | | | | | | | | | | | | 1.80 | 0.354 | 1.20 | 0.134 |

# 附录 C 排水塑料管水力计算表（$n=0.009$）

（单位：$de$：mm，$v$：m/s，$q_V$：L/s）

| 坡度 | $h/D=0.5$ | | | | | | | | | | $h/D=0.6$ | | | |
|---|---|---|---|---|---|---|---|---|---|---|---|---|---|---|
| | $de=50$ | | $de=75$ | | $de=90$ | | $de=110$ | | $de=125$ | | $de=160$ | | $de=200$ | |
| | $v$ | $q_V$ | $v$ | $q_V$ | $v$ | $q_V$ | $v$ | $q_V$ | $v$ | $q_V$ | $v$ | $q_V$ | $v$ | $q_V$ |
| 0.003 | | | | | | | | | | | 0.74 | 8.38 | 0.86 | 15.24 |
| 0.0035 | | | | | | | | | 0.63 | 3.48 | 0.80 | 9.05 | 0.93 | 16.46 |
| 0.004 | | | | | | | 0.62 | 2.59 | 0.67 | 3.72 | 0.85 | 9.68 | 0.99 | 17.60 |
| 0.005 | | | | | 0.60 | 1.64 | 0.69 | 2.90 | 0.75 | 4.16 | 0.95 | 10.82 | 1.11 | 19.67 |
| 0.006 | | | | | 0.65 | 1.79 | 0.75 | 3.18 | 0.82 | 4.55 | 1.04 | 11.85 | 1.21 | 21.55 |
| 0.007 | | | 0.63 | 1.22 | 0.71 | 1.94 | 0.81 | 3.43 | 0.89 | 4.92 | 1.13 | 12.80 | 1.31 | 23.28 |
| 0.008 | | | 0.67 | 1.31 | 0.75 | 2.07 | 0.87 | 3.67 | 0.95 | 5.26 | 1.20 | 13.69 | 1.40 | 24.89 |
| 0.009 | | | 0.71 | 1.39 | 0.80 | 2.2 | 0.92 | 3.89 | 1.01 | 5.58 | 1.28 | 14.52 | 1.48 | 26.40 |
| 0.01 | | | 0.75 | 1.46 | 0.84 | 2.31 | 0.97 | 4.10 | 1.06 | 5.88 | 1.35 | 15.30 | 1.56 | 27.82 |
| 0.011 | | | 0.79 | 1.53 | 0.88 | 2.43 | 1.02 | 4.30 | 1.12 | 6.17 | 1.41 | 16.05 | 1.64 | 29.18 |
| 0.012 | 0.62 | 0.52 | 0.82 | 1.60 | 0.92 | 2.53 | 1.07 | 4.49 | 1.17 | 6.44 | 1.48 | 16.76 | 1.71 | 30.48 |
| 0.015 | 0.69 | 0.58 | 0.92 | 1.79 | 1.03 | 2.83 | 1.19 | 5.02 | 1.30 | 7.20 | 1.65 | 18.74 | 1.92 | 34.08 |
| 0.02 | 0.80 | 0.67 | 1.06 | 2.07 | 1.19 | 3.27 | 1.38 | 5.80 | 1.51 | 8.31 | 1.90 | 21.64 | 2.21 | 39.35 |
| 0.025 | 0.90 | 0.74 | 1.19 | 2.31 | 1.33 | 3.66 | 1.54 | 6.48 | 1.68 | 9.30 | 2.13 | 24.19 | 2.47 | 43.99 |
| 0.026 | 0.91 | 0.76 | 1.21 | 2.36 | 1.36 | 3.73 | 1.57 | 6.61 | 1.72 | 9.48 | 2.17 | 24.67 | 2.52 | 44.86 |
| 0.03 | 0.98 | 0.81 | 1.30 | 2.53 | 1.46 | 4.01 | 1.68 | 7.10 | 1.84 | 10.18 | 2.33 | 26.50 | 2.71 | 48.19 |
| 0.035 | 1.06 | 0.88 | 1.41 | 2.74 | 1.58 | 4.33 | 1.82 | 7.67 | 1.99 | 11.00 | 2.52 | 28.63 | 2.93 | 52.05 |
| 0.04 | 1.13 | 0.94 | 1.50 | 2.93 | 1.69 | 4.63 | 1.95 | 8.20 | 2.13 | 11.76 | 2.69 | 30.60 | 3.13 | 55.65 |
| 0.045 | 1.20 | 1.00 | 1.59 | 3.10 | 1.79 | 4.91 | 2.06 | 8.70 | 2.26 | 12.47 | 2.86 | 32.46 | 3.32 | 59.02 |
| 0.05 | 1.27 | 1.05 | 1.68 | 3.27 | 1.89 | 5.17 | 2.17 | 9.17 | 2.38 | 13.15 | 3.01 | 34.22 | 3.50 | 62.21 |
| 0.06 | 1.39 | 1.15 | 1.84 | 3.58 | 2.07 | 5.67 | 2.38 | 10.04 | 2.61 | 14.40 | 3.30 | 37.48 | 3.83 | 68.15 |
| 0.07 | 1.50 | 1.24 | 1.99 | 3.87 | 2.23 | 6.12 | 2.57 | 10.85 | 2.82 | 15.56 | 3.56 | 40.49 | 4.14 | 73.61 |
| 0.08 | 1.60 | 1.33 | 2.13 | 4.14 | 2.38 | 6.54 | 2.75 | 11.60 | 3.01 | 16.63 | 3.81 | 43.28 | 4.42 | 78.70 |

# 附录 D 机制铸铁排水管水力计算表（$n$=0.009）

（单位：$de$：mm，$v$：m/s，$q_V$：L/s）

| 坡度 | $h/D$=0.5 | | | | | | | | $h/D$=0.6 | | | |
|---|---|---|---|---|---|---|---|---|---|---|---|---|
| | $de$=50 | | $de$=75 | | $de$=50 | | $de$=75 | | $de$=50 | | $de$=75 | |
| | $v$ | $q_V$ | $v$ | $q_V$ | $v$ | $q_V$ | $v$ | $q_V$ | $v$ | $q_V$ | $v$ | $q_V$ |
| 0.005 | 0.29 | 0.29 | 0.38 | 0.85 | 0.47 | 1.83 | 0.54 | 3.38 | 0.65 | 7.23 | 0.79 | 15.57 |
| 0.006 | 0.32 | 0.32 | 0.42 | 0.93 | 0.51 | 2.00 | 0.59 | 3.71 | 0.72 | 7.92 | 0.87 | 17.06 |
| 0.007 | 0.35 | 0.34 | 0.45 | 1.00 | 0.55 | 2.16 | 0.64 | 4.00 | 0.77 | 8.56 | 0.94 | 18.43 |
| 0.008 | 0.37 | 0.36 | 0.49 | 1.07 | 0.59 | 2.31 | 0.68 | 4.28 | 0.83 | 9.15 | 1.00 | 19.70 |
| 0.009 | 0.39 | 0.39 | 0.52 | 1.14 | 0.62 | 2.45 | 0.72 | 4.54 | 0.88 | 9.70 | 1.06 | 20.90 |
| 0.01 | 0.41 | 0.41 | 0.54 | 1.20 | 0.66 | 2.58 | 0.76 | 4.78 | 0.92 | 10.23 | 1.12 | 22.03 |
| 0.011 | 0.43 | 0.43 | 0.57 | 1.26 | 0.69 | 2.71 | 0.80 | 5.02 | 0.97 | 10.72 | 1.17 | 23.10 |
| 0.012 | 0.45 | 0.45 | 0.59 | 1.31 | 0.72 | 2.83 | 0.84 | 5.24 | 1.01 | 11.20 | 1.23 | 24.13 |
| 0.015 | 0.51 | 0.50 | 0.66 | 1.47 | 0.81 | 3.16 | 0.93 | 5.86 | 1.13 | 12.52 | 1.37 | 26.98 |
| 0.025 | 0.66 | 0.64 | 0.86 | 1.90 | 1.04 | 4.08 | 1.21 | 7.56 | 1.46 | 16.17 | 1.77 | 34.83 |
| 0.03 | 0.72 | 0.70 | 0.94 | 2.08 | 1.14 | 4.47 | 1.32 | 8.29 | 1.60 | 17.71 | 1.94 | 38.15 |
| 0.035 | 0.78 | 0.76 | 1.02 | 2.24 | 1.23 | 4.83 | 1.43 | 8.95 | 1.73 | 19.13 | 2.09 | 41.21 |
| 0.04 | 0.83 | 0.81 | 1.09 | 2.40 | 1.32 | 5.17 | 1.53 | 9.57 | 1.85 | 20.45 | 2.24 | 44.05 |
| 0.045 | 0.88 | 0.86 | 1.15 | 2.54 | 1.40 | 5.48 | 1.62 | 10.15 | 1.96 | 21.69 | 2.38 | 46.72 |
| 0.05 | 0.93 | 0.91 | 1.21 | 2.68 | 1.47 | 5.78 | 1.71 | 10.70 | 2.07 | 22.87 | 2.50 | 49.25 |
| 0.06 | 1.02 | 1.00 | 1.33 | 2.94 | 1.61 | 6.33 | 1.87 | 11.72 | 2.26 | 25.05 | 2.74 | 53.95 |
| 0.07 | 1.10 | 1.08 | 1.44 | 3.17 | 1.74 | 6.83 | 2.02 | 12.66 | 2.45 | 27.06 | 2.96 | 58.28 |
| 0.08 | 1.17 | 1.15 | 1.54 | 3.39 | 1.86 | 7.31 | 2.16 | 13.53 | 2.61 | 28.92 | 3.17 | 62.30 |

# 附录E $k_1=1$ 时雨水斗最大汇水面积

（单位：$m^2$）

| 系统形式 | 雨水斗直径/mm | 小时降雨厚度 $h$/（mm/h） | | | | | | | | | | | |
|---|---|---|---|---|---|---|---|---|---|---|---|---|---|
| | | 50 | 60 | 70 | 80 | 90 | 100 | 110 | 120 | 140 | 160 | 180 | 200 |
| 单斗系统 | 75 | 684 | 570 | 489 | 428 | 380 | 342 | 311 | 285 | 244 | 214 | 190 | 171 |
| | 100 | 1116 | 930 | 797 | 698 | 620 | 558 | 507 | 465 | 399 | 349 | 310 | 279 |
| | 150 | 2268 | 1890 | 1620 | 1418 | 1260 | 1134 | 1031 | 945 | 810 | 709 | 630 | 567 |
| | 200 | 3708 | 3090 | 2647 | 2318 | 2060 | 1854 | 1685 | 1545 | 1324 | 1159 | 1030 | 927 |
| 多斗系统 | 75 | 569 | 474 | 406 | 356 | 316 | 284 | 259 | 237 | 203 | 178 | 158 | 142 |
| | 100 | 929 | 774 | 663 | 581 | 516 | 464 | 422 | 387 | 332 | 290 | 258 | 232 |
| | 150 | 1865 | 1554 | 1331 | 1166 | 1036 | 932 | 847 | 777 | 666 | 583 | 518 | 466 |
| | 200 | 2822 | 2352 | 2016 | 1764 | 1568 | 1411 | 1283 | 1176 | 1008 | 882 | 784 | 706 |

# 附录F $k_1=1$，$h_5=100$mm/h 时多斗悬吊管最大允许汇水面积

（单位：$m^2$）

| 坡度 | 管径/mm，$h/D=0.8$ | | | | | |
|---|---|---|---|---|---|---|
| | 75 | 100 | 150 | 200 | 250 | 300 |
| 0.005 | 60 | 129 | 379 | 817 | 1480 | 2408 |
| 0.006 | 65 | 141 | 415 | 896 | 1621 | 2638 |
| 0.007 | 71 | 152 | 449 | 967 | 1751 | 2849 |
| 0.008 | 75 | 163 | 480 | 1034 | 1872 | 3046 |
| 0.009 | 80 | 172 | 509 | 1097 | 1986 | 3231 |
| 0.010 | 84 | 182 | 536 | 1156 | 2093 | 3406 |
| 0.012 | 92 | 199 | 587 | 1266 | 2293 | 3731 |
| 0.014 | 100 | 215 | 634 | 1368 | 2477 | 4030 |
| 0.016 | 107 | 230 | 678 | 1462 | 2648 | 4308 |
| 0.018 | 113 | 244 | 719 | 1551 | 2800 | 4569 |
| 0.020 | 119 | 257 | 758 | 1635 | 2960 | 4816 |
| 0.022 | 125 | 270 | 795 | 1715 | 3105 | 5052 |
| 0.024 | 131 | 281 | 831 | 1791 | 3243 | 5276 |
| 0.026 | 136 | 293 | 865 | 1864 | 3375 | 5492 |
| 0.028 | 141 | 304 | 897 | 1935 | 3503 | 5699 |
| 0.030 | 146 | 315 | 929 | 2002 | 3626 | 5899 |

# 附录 G　$k_1=1$ 时立管最大汇水面积

（单位：$m^2$）

| $h_5$/（mm/h） | 管径/mm | | | $h_5$/（mm/h） | 管径/mm | | |
|---|---|---|---|---|---|---|---|
| | 100 | 150 | 200 | | 100 | 150 | 200 |
| 50 | 1368 | 3024 | 5625 | 110 | 624 | 1373 | 2452 |
| 60 | 1140 | 2520 | 4500 | 120 | 570 | 1260 | 2250 |
| 70 | 976 | 2158 | 3855 | 140 | 488 | 1079 | 1927 |
| 80 | 855 | 1890 | 3375 | 160 | 427 | 945 | 1687 |
| 90 | 760 | 1680 | 3000 | 180 | 380 | 840 | 1500 |
| 100 | 684 | 1512 | 2700 | 200 | 342 | 756 | 1350 |

# 附录 H　$k_1=1$，$h_5=100$mm/h 时敞开系统埋地管最大允许汇水面积

（单位：$m^2$）

| 坡　度 | 管径/mm | | | | | | | | | |
|---|---|---|---|---|---|---|---|---|---|---|
| | $h/D=0.50$ | | | | $h/D=0.65$ | | | $h/D=0.80$ | | |
| | 150 | 200 | 250 | 300 | 350 | 400 | 450 | 500 | 550 | 600 |
| 0.003 | 139 | 300 | 544 | 885 | 2020 | 2884 | 3948 | 6757 | 8713 | 10 989 |
| 0.004 | 161 | 346 | 628 | 1022 | 2332 | 3330 | 4559 | 7803 | 10 061 | 12 688 |
| 0.005 | 180 | 387 | 702 | 1143 | 2607 | 3723 | 5097 | 8724 | 11 248 | 14 186 |
| 0.006 | 197 | 424 | 770 | 1252 | 2856 | 4078 | 5583 | 9556 | 12 322 | 15 540 |
| 0.007 | 213 | 458 | 831 | 1352 | 3085 | 4405 | 6031 | 10 322 | 13 309 | 16 786 |
| 0.008 | 227 | 490 | 888 | 1445 | 3292 | 4709 | 6447 | 11 035 | 14 229 | 17 944 |
| 0.009 | 241 | 520 | 942 | 1533 | 3498 | 4995 | 6838 | 11 705 | 15 091 | 19 033 |
| 0.010 | 254 | 548 | 993 | 1616 | 3688 | 5265 | 7209 | 12 337 | 15 908 | 20 063 |
| 0.012 | 279 | 600 | 1088 | 1770 | 4040 | 5768 | 7896 | 13 515 | 17 426 | 21 978 |
| 0.014 | 301 | 648 | 1176 | 1912 | 4363 | 6230 | 8529 | 14 598 | 18 822 | 23 738 |
| 0.016 | 322 | 693 | 1257 | 2044 | 4665 | 6660 | 9118 | 15 606 | 20 122 | 25 377 |
| 0.018 | 341 | 735 | 1333 | 2168 | 4948 | 7065 | 9671 | 16 553 | 21 343 | 26 917 |
| 0.020 | 360 | 775 | 1405 | 2285 | 5216 | 7446 | 10 195 | 17 448 | 22 497 | 28 373 |
| 0.025 | 402 | 866 | 1571 | 2555 | 5831 | 8326 | 11 398 | 19 508 | 25 153 | — |
| 0.030 | 441 | 949 | 1721 | 2799 | 6388 | 9120 | 12 486 | 21 369 | — | — |

# 附录I $k_1=1$，$h_5=100mm/h$ 时密闭系统埋地管最大允许汇水面积

（单位：$m^2$）

| 坡 度 | 管径/mm | | | | | | | | | |
|---|---|---|---|---|---|---|---|---|---|---|
| | 150 | 200 | 250 | 300 | 350 | 400 | 450 | 500 | 550 | 600 |
| 0.003 | 279 | 600 | 1089 | 1770 | 2634 | 3813 | 5220 | 6912 | 8914 | 11 242 |
| 0.004 | 321 | 693 | 1259 | 2044 | 3083 | 4403 | 6027 | 7983 | 10 293 | 12 981 |
| 0.005 | 360 | 775 | 1405 | 2285 | 3448 | 4922 | 6739 | 8925 | 11 508 | 14 513 |
| 0.006 | 394 | 849 | 1539 | 2503 | 3777 | 5392 | 7382 | 9777 | 12 606 | 15 899 |
| 0.007 | 425 | 917 | 1663 | 2704 | 4079 | 5824 | 7974 | 10 550 | 13 616 | 17 172 |
| 0.008 | 255 | 980 | 1778 | 2891 | 4361 | 6226 | 8524 | 11 289 | 14 556 | 18 358 |
| 0.009 | 483 | 1040 | 1886 | 3066 | 4626 | 6604 | 9041 | 11 974 | 15 440 | 19 472 |
| 0.010 | 509 | 1096 | 1987 | 3232 | 4876 | 6961 | 9530 | 12 322 | 16 275 | 20 525 |
| 0.012 | 557 | 1200 | 2177 | 3540 | 5341 | 7626 | 10 440 | 13 827 | 17 827 | 22 484 |
| 0.014 | 602 | 1297 | 2352 | 3846 | 5769 | 8237 | 11 277 | 13 934 | 19 257 | 24 286 |
| 0.016 | 644 | 1386 | 2514 | 4088 | 6167 | 8805 | 12 055 | 15 966 | 20 586 | 25 962 |
| 0.018 | 682 | 1470 | 2667 | 4336 | 6541 | 9340 | 12 786 | 16 934 | 21 835 | 27 537 |
| 0.020 | 720 | 1550 | 2811 | 4571 | 6895 | 9845 | 13 478 | 17 850 | 23 016 | 29 027 |
| 0.025 | 804 | 1733 | 3143 | 5111 | 7709 | 11 007 | 15 069 | 19 958 | 25 733 | — |
| 0.030 | 881 | 1899 | 3443 | 5599 | 8445 | 12 057 | 16 507 | 21 862 | — | — |

# 参考文献


[1] 李亚峰．建筑给水排水工程［M］．2 版．北京：机械工业出版社，2011.
[2] 李亚峰．建筑消防工程［M］．北京：机械工业出版社，2013.
[3] 李亚峰．高层建筑给水排水工程［M］．2 版．北京：机械工业出版社，2015.
[4] 李亚峰，张吉库．建筑给水排水施工图识读［M］．2 版．北京：化学工业出版社，2012.
[5] 高明远，岳秀萍．建筑给水排水工程学［M］．北京：中国建筑工业出版社，2002.
[6] 姜湘山，周佳新，等．实用建筑给水排水工程设计与 CAD［M］．北京：机械工业出版社，2004.
[7] 中华人民共和国公安部．GB 50974—2014 消防给水及消火栓系统技术规范［S］．北京：中国计划出版社，2014.
[8] 谢水波，等．建筑给水排水与消防工程［M］．长沙：湖南大学出版社，2003.
[9] 中华人民共和国住房和城乡建设部．GB 50016—2014 建筑设计防火规范［S］．北京：中国计划出版社，2014.
[10] 北京市城市节约用水办公室．中水工程实例及评析［M］．北京：中国建筑工业出版社，2003.
[11] 李亚峰，马学文，余海静，等．建筑消防工程［M］．北京：机械工业出版社，2013.
[12] 王增长．建筑给水排水工程［M］．北京：高等教育出版社，2004.
[13] 中国人民解放军总后勤部基建营房部．GB 50336—2002 建筑中水设计规范［S］．北京：中国计划出版社，2014.
[14] 中华人民共和国住房和城乡建设部．GB 50015—2003 建筑给水排水设计规范［S］．北京：中国计划出版社，2003.
[15] 中华人民共和国建设部 GB 50335—2002 污水再生利用工程设计规范［S］．北京：中国计划出版社，2003.
[16] 高明远，岳秀萍．建筑设备工程［M］．北京：中国建筑工业出版社，2005.
[17] 中华人民共和国住房和城乡建设部．GB 50052—2009 供配电系统设计规范［S］．北京：中国计划出版社，2010.
[18] 中国建筑标准设计研究院．14X505-1 火灾自动报警系统设计规范图示［M］．北京：中国计划出版社，2014.
[19] 中华人民共和国住房和城乡建设部．GB 50053—2013 20kV 及以下变电所设计规范［S］．北京：中国计划出版社，2014.
[20] 中华人民共和国住房和城乡建设部．GB 50034—2013 建筑照明设计标准［S］．北京：中国建筑工业出版社，2014.
[21] 中华人民共和国住房和城乡建设部．GB 50116—2013 火灾自动报警系统设计规范［S］．北京：中国计划出版社，2014.
[22] 中华人民共和国住房和城乡建设部．GB 50057—2010 建筑物防雷设计规范［S］．北京：中国计划出版社，2011.
[23] 中华人民共和国广播电影电视部．GB 50200—1994 有线电视系统工程技术规范［S］．北京：中国计划出版社，2004.
[24] 中华人民共和国建设部．GB 50217—2007 电力工程电缆设计规范［S］．北京：中国计划出版社，2007.
[25] 中华人民共和国建设部．GB 50311—2007 综合布线系统工程设计规范［S］．北京：中国标准出版社，2007.
[26] 中华人民共和国住房和城乡建设部．GB/T 50314—2015 智能建筑设计标准［S］．北京：中国计划出版社，2015.
[27] 中华人民共和国住房和城乡建设部．JGJ 16—2008 民用建筑电气设计规范［S］．北京：中国建筑工业出版社，2008.
[28] 全国电气安全标准化技术委员会．GB 14050—2008 系统接地的型式及安全技术要求［S］．北京：中国标准

出版社，2009.
[29] 中华人民共和国公安部. GB 50348—2004 安全防范工程技术规范 [S]. 北京：中国计划出版社，2004.
[30] 中华人民共和国公安部. GB 50394—2007 入侵报警系统工程设计规范 [S]. 北京：中国计划出版社，2007.
[31] 全国安全防范报警系统标准化技术委员会. GB 50395—2007 视频安防监控系统工程设计规范 [S]. 北京：中国计划出版社，2007.
[32] 全国安全防范报警系统标准化技术委员会. GB 50396—2007 出入口控制系统工程设计规范 [S]. 北京：中国计划出版社，2007.
[33] 高明远，岳秀萍. 建筑设备工程 [M]. 北京：中国建筑工业出版社，2005.
[34] 邵宗义，曹兴，邹声华. 建筑设备施工安装技术 [M]. 北京：机械工业出版社，2007.
[35] 王汉青. 通风工程 [M]. 北京：机械工业出版社，2008.
[36] 黄翔. 空调工程 [M]. 2版. 北京：机械工业出版社，2013.
[37] 邵宗义. 施工安装技术 [M]. 北京：机械工业出版社，2011.